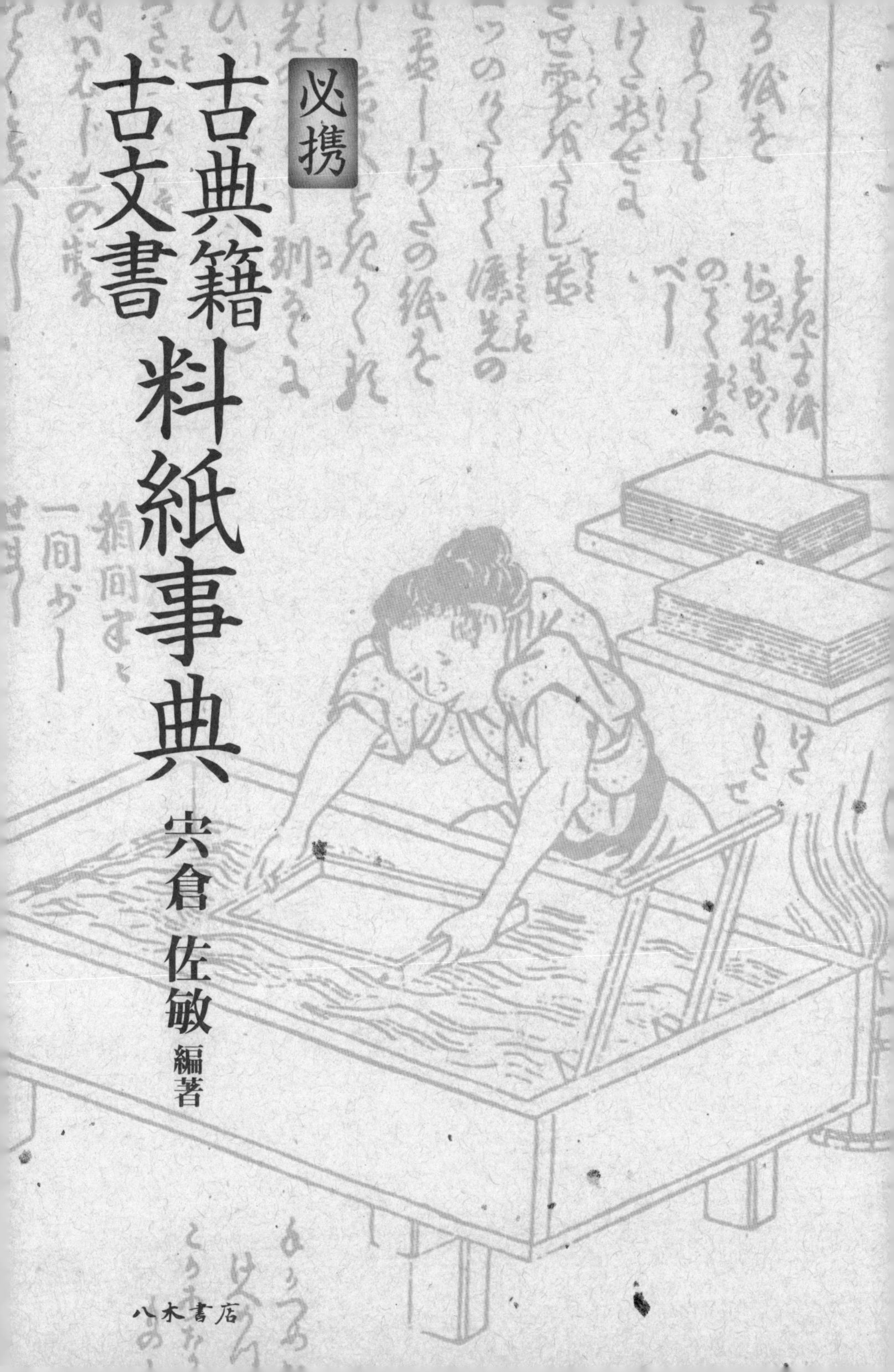

必携

古典籍古文書料紙事典

宍倉佐敏 編著

八木書店

はじめに

中国で発明された製紙技術は、朝鮮半島を経て、日本へ伝えられたといわれている。紙が歩んできた道は、仏教の伝来と深い関わりがある。遺品はみられないが、天武《てんむ》天皇二年（六七二）の飛鳥・川原寺における一切経《いっさいきょう》の書写が事実なら、膨大な量の紙が使われたことになる。しかも書写に耐えうる紙の生産は、生産技術に加えて高度な加工技術が必要である。高い技術は一朝一夕に身に付くものではない。推古《すいこ》天皇一八年（六一〇）に高句麗《こうくり》の僧曇徴《どんちょう》が紙の製法に通じていたとも理解できる説が『日本書紀』に掲載されているが、これより以前から、日本では紙が生産されていたと考えるべきであろう。

紙は人類が文化活動を営むためには重要なものである。とくに仏教文化の興隆は、日本における紙文化の発展に大きな影響を与えた。

たとえば、光明皇后《こうみょうこうごう》発願の『五月一日経』や、聖武《しょうむ》天皇勅願の『金光明最勝王経』や『紺紙銀字華厳経』（二月堂焼経）が書写されている。また宝亀元年（七七〇）には、称徳《しょうとく》天皇の勅願で世界最古の印刷物といわれる『百万塔陀羅尼《ひゃくまんとうだらに》』が制作され、法隆寺など十大寺に納められている。このほか、『賢愚経《けんぐきょう》』は、大聖武《おおじょうむ》や荼毘紙《だびし》とも呼ばれる厚手の白色紙で、近年までは楮《こうぞ》にある種の香抹を漉き込んだ紙ともいわれていた。

平安時代になると、紺紙に金銀字で書いた装飾経の『中尊寺経』をはじめ、素紙《そし》に黄檗《きはだ》を塗布した『大般若経』や、漉き返した薄墨色の楮紙《ちょし》に経文が書写された『法華経』など、膨大な量の写経料紙がみられる。

鎌倉時代に入ると、武士が政治の中心に位置するようになったが、写経には平安時代の影響が残り、装飾された『法華経』・『阿弥陀経』・『般若心経』などの一切経のほか、宗教活動の基本となる各種の経典が版行され、和紙の印刷物が出現した。春日版《かすがばん》・高野版《こうやばん》・五山版《ござんばん》などとして知られるもので、これらの料紙も多数残されている。

一方、中世以降、武士や庶民階級も、文字の読み書きをするようになると、紙の需要は増大し、手紙・公文書・詠草料紙などとして、料紙の実物も多量に残されるようになる。

これらの料紙はほとんどが典籍、つまり漢籍・仏典・和書・写経・古記録の写本あるいは印刷本の料紙として、また古文書などの料紙として伝わっている。そして古典籍・古文書などとして調査・分類・整理されてはいるが、和紙の資料としての研究は非常に少ない。

今度、八木書店の薦めで、三〇数年間の古典籍・古文書料紙の調査研究の成果を、総合的にまとめると同時に、具体的な調査方法なども掲載して、近世以前の和紙調査結果として発表した。とくに、「第二部　料紙の調査事例」には調査した資料の具体例を数多く掲げた。第二部第一章〜第三章は表面観察による調査、第四章〜第六章は繊維分析による調査の結果である。適宜参照いただきたい。

本書を活用し、料紙研究が活発になることを切に願う次第である。

宍倉　佐敏

目　次

第四章　観察と撮影方法（吉野敏武）

『律』第３　職制律（広橋家旧蔵　鎌倉前期書写　重要文化財　本文 206 頁）

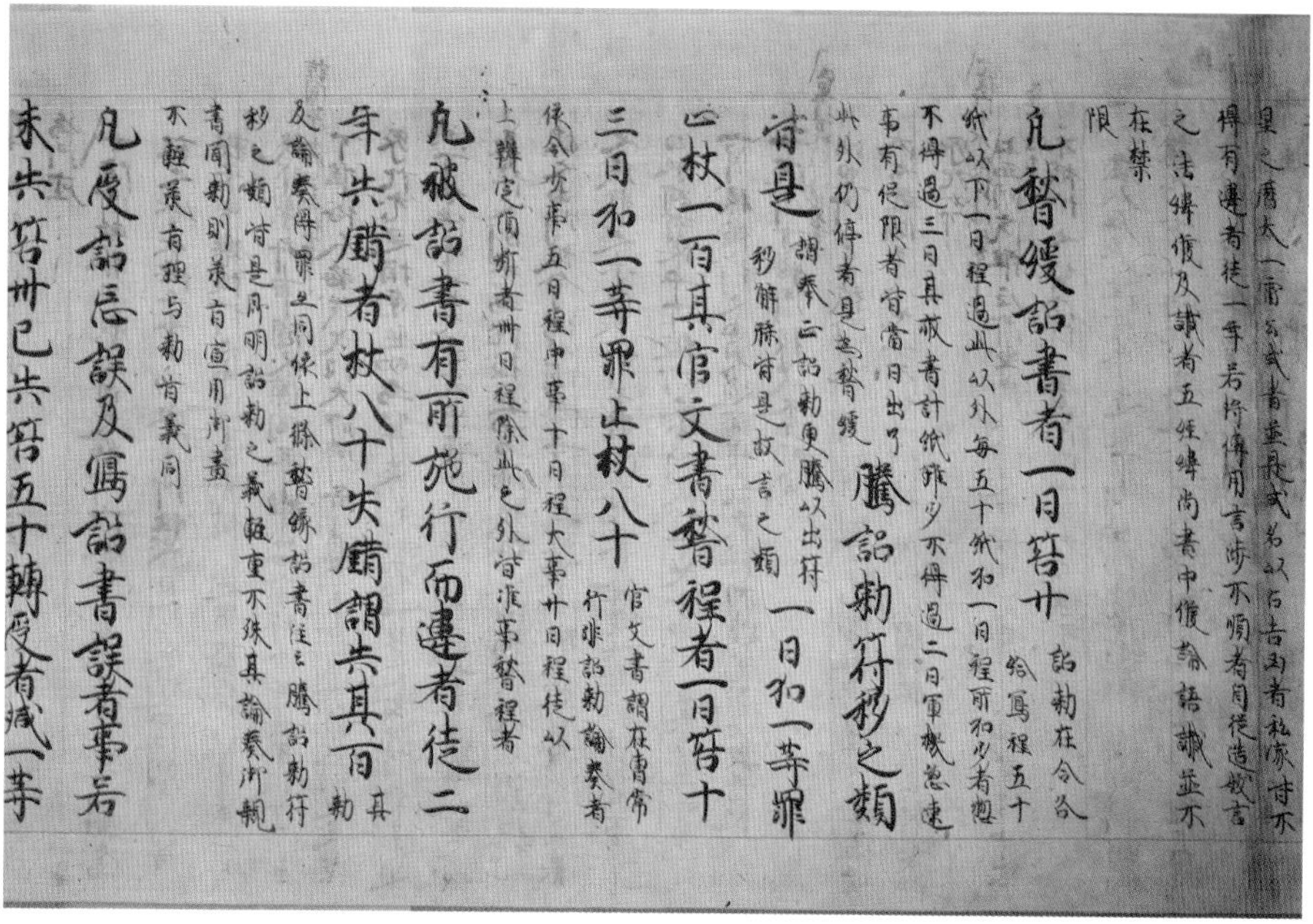

（第 15 紙表）

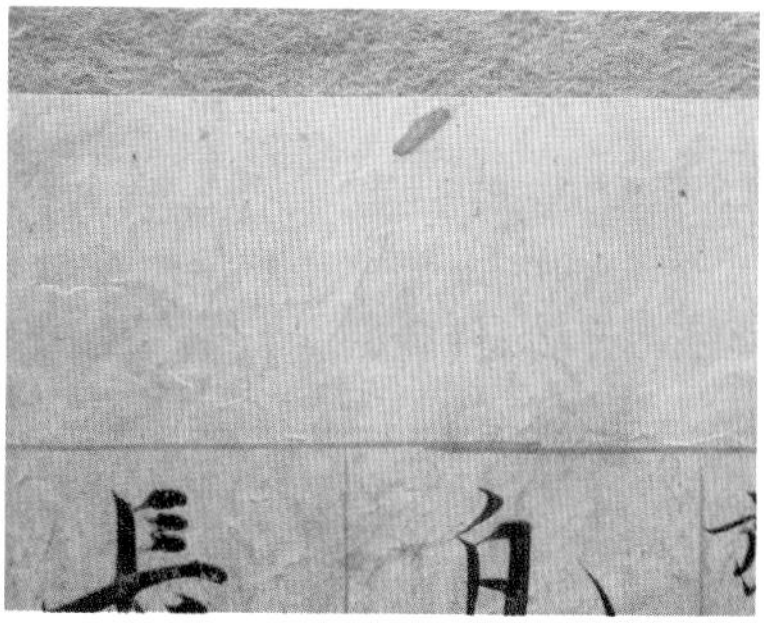

チリ（第三紙表）

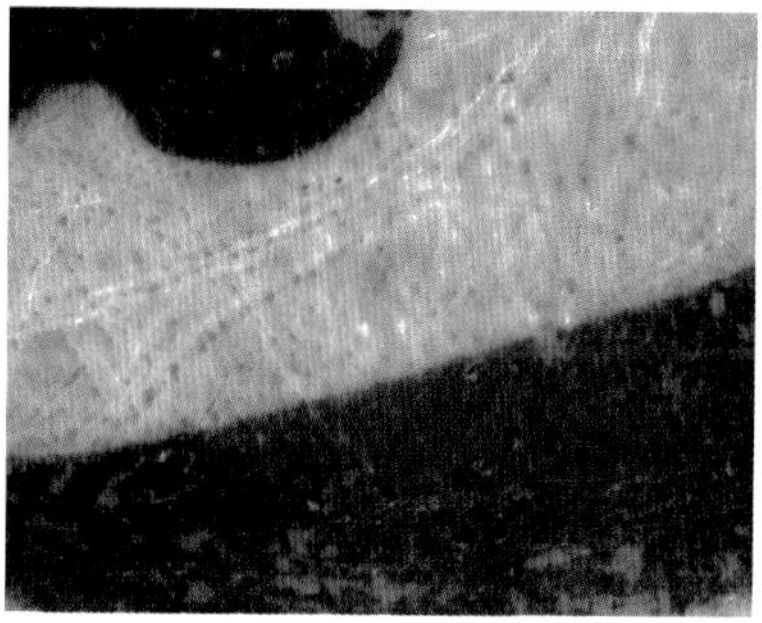

（第一紙表）

切断された未蒸解繊維（第三紙表）

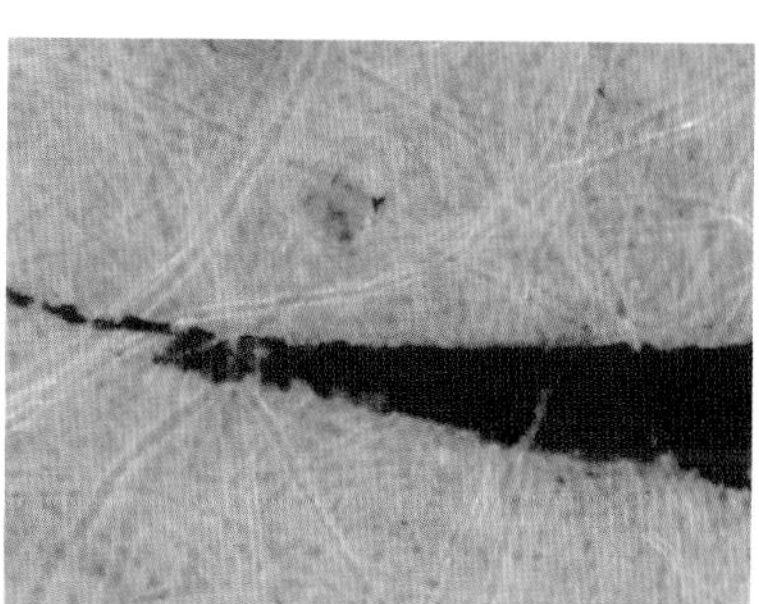

（第一紙裏）

『**寛平遺誡**』（醍醐寺旧蔵　13世紀中頃書写　重要文化財　本文207頁）

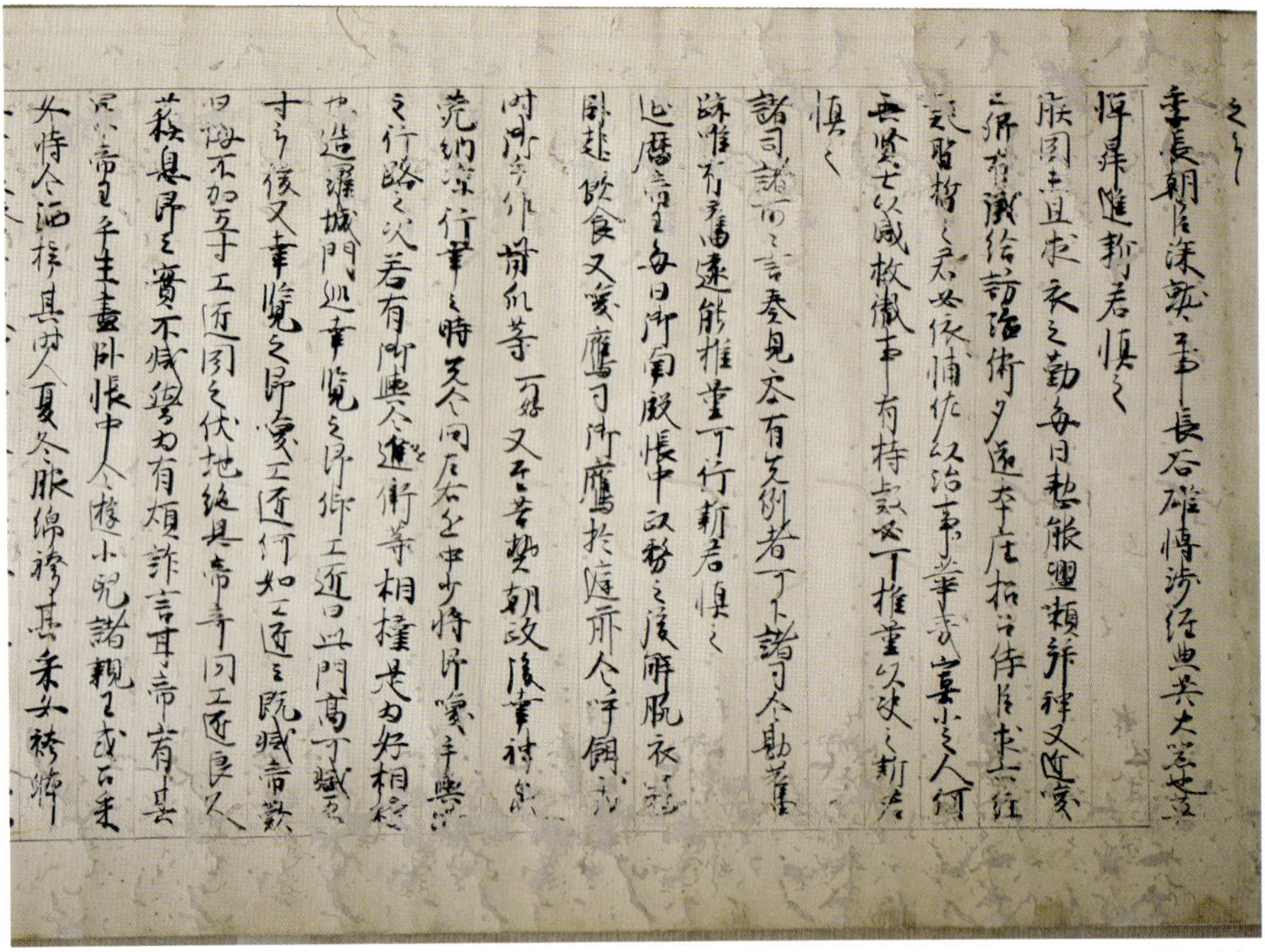

（第4紙）

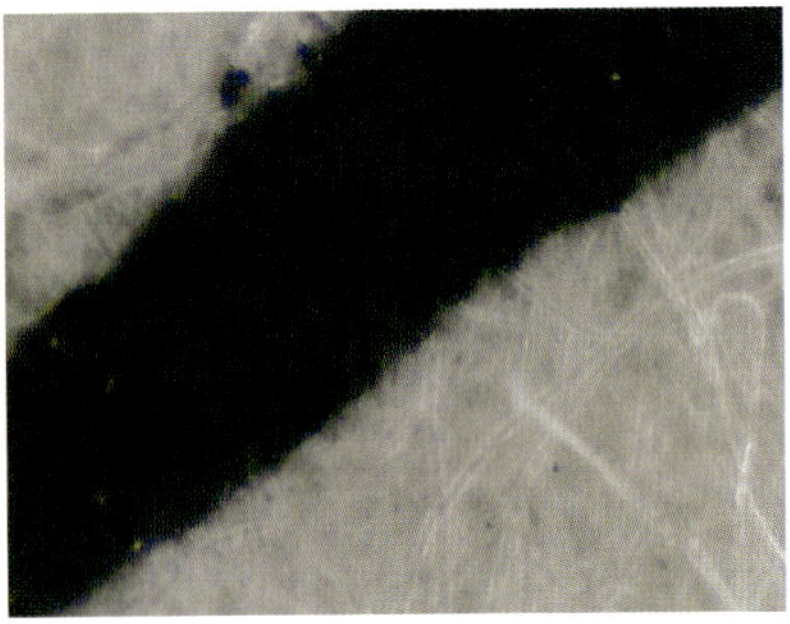

（第一紙表）

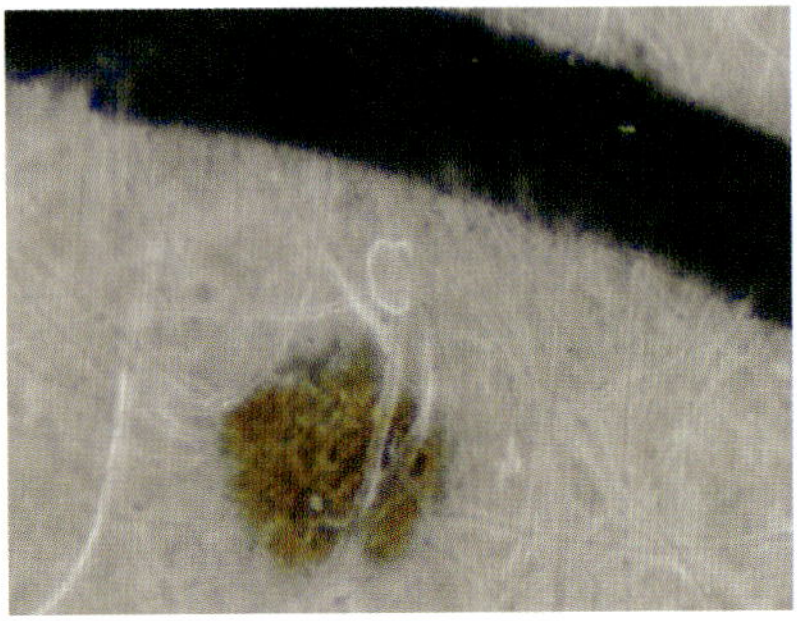

異物（第一紙表）

『**九条殿遺誡**』（1213年以前書写　本文208頁）

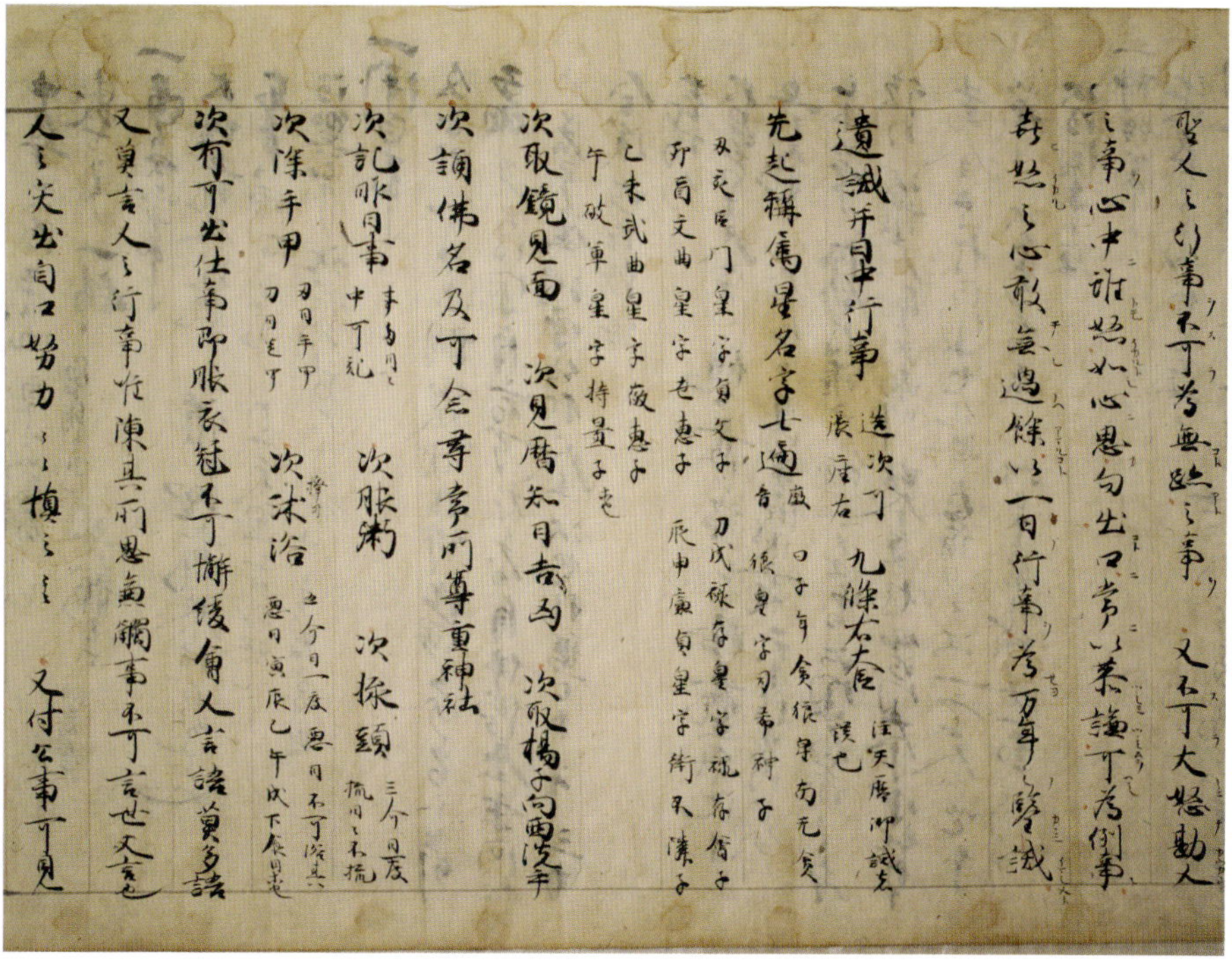
聖人之行事不可為無跡之事　又不可大怒動人
之事心中雖怒如心思勿出口常以柔謹可為例事
喜怒之心敢無過餘以一日行事為万年之警誡
遺誡并日中行事　造次可展座右　九條右大臣　注天暦御誡誤也
先起稱屬星名字七遍微音
子年貪狼星字司希神子　丑亥巨門星字貞文子　寅戌禄存星字禄存會子
卯酉文曲星字卓恵子　辰申廉貞星字衛不隣子
巳未武曲星字薇恵子
午破軍星字持量子也
次取鏡見面　次見暦知日吉凶　次取楊枝向西洗手
次誦佛名及可念尋常所尊重神社
次記昨日事　次服粥　次梳頭
次除手甲　次沐浴
次有可出仕事即服衣冠不可懈緩會人言語莫多語
又莫言人之行事但陳其所思無觸事不可言也
人之災出自口　努力々々慎々々　又付公事可見

（第2紙表）

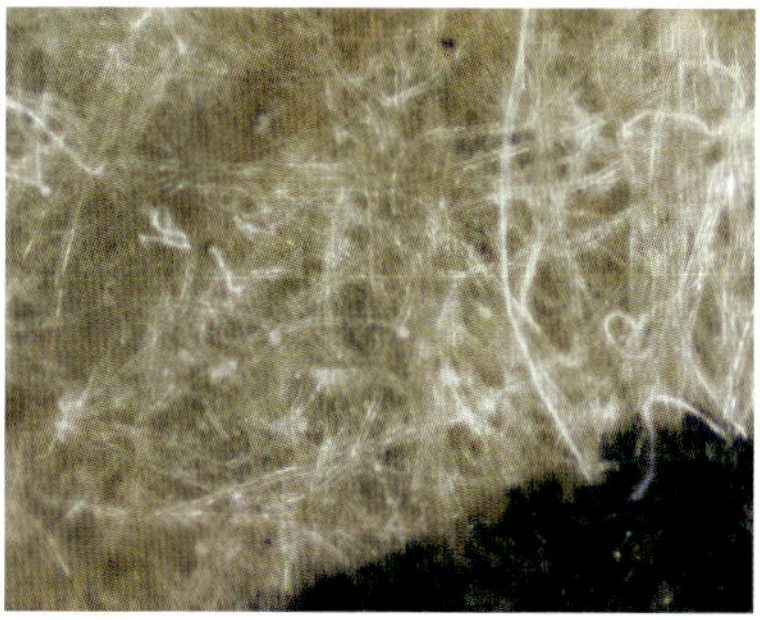
（同裏）

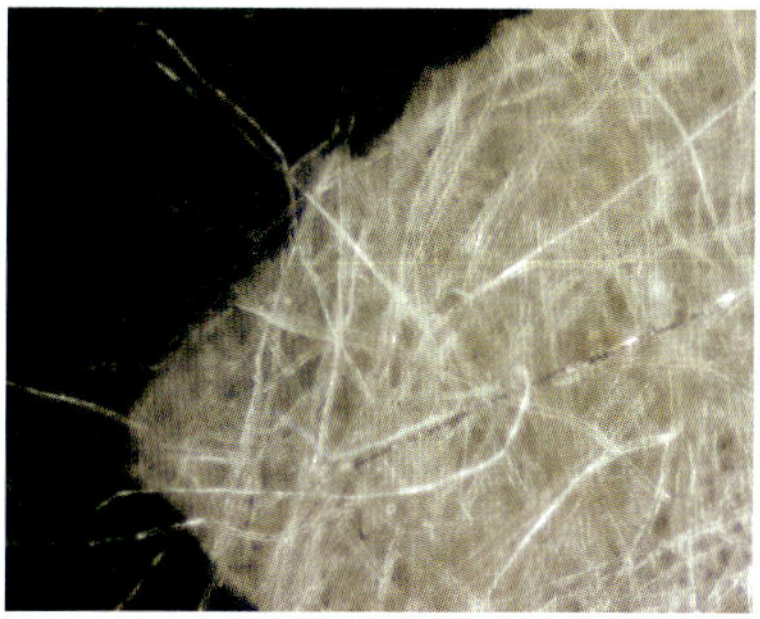
（本体部分・第一紙表）

『西宮記』臨時５（壬生家旧蔵　中世前期書写　重要美術品　本文209頁）

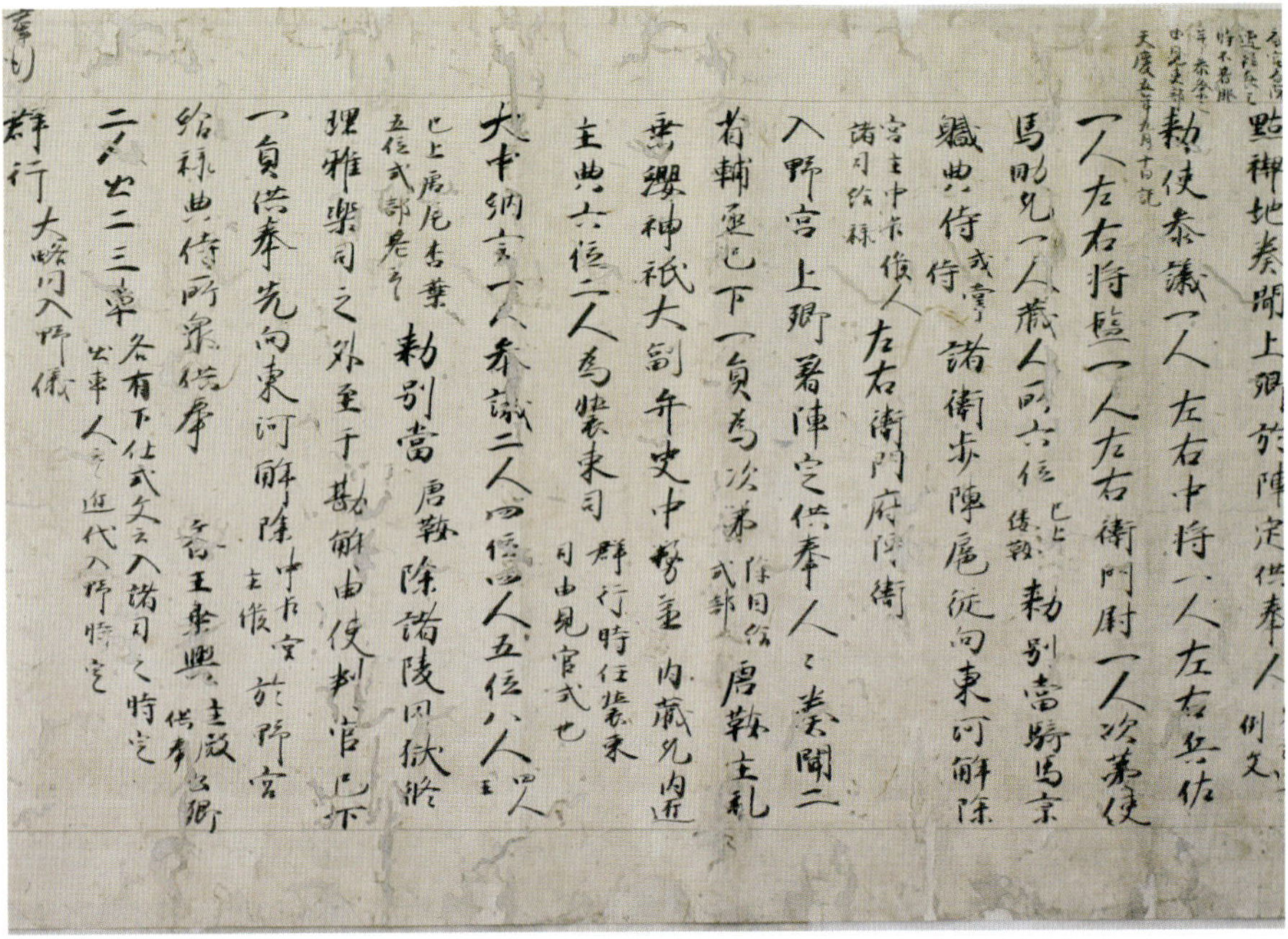

（第２紙）　（第１紙表）

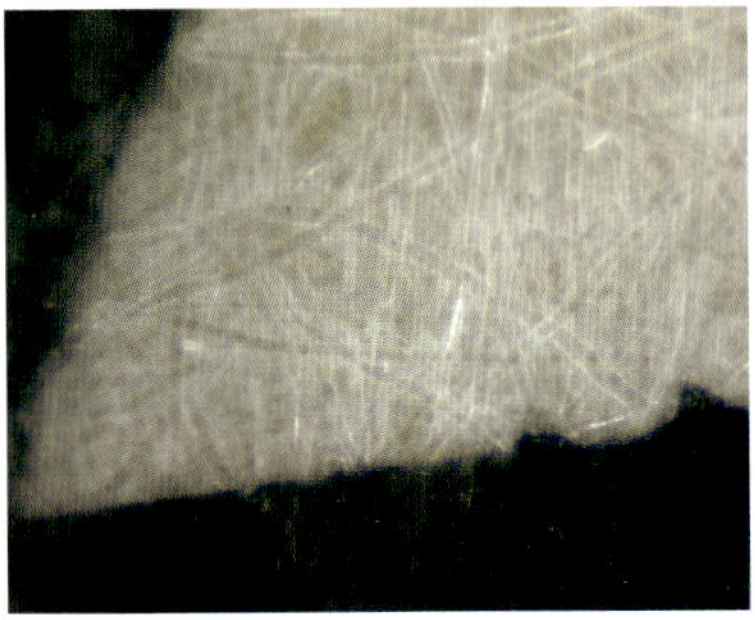

（第一紙表）

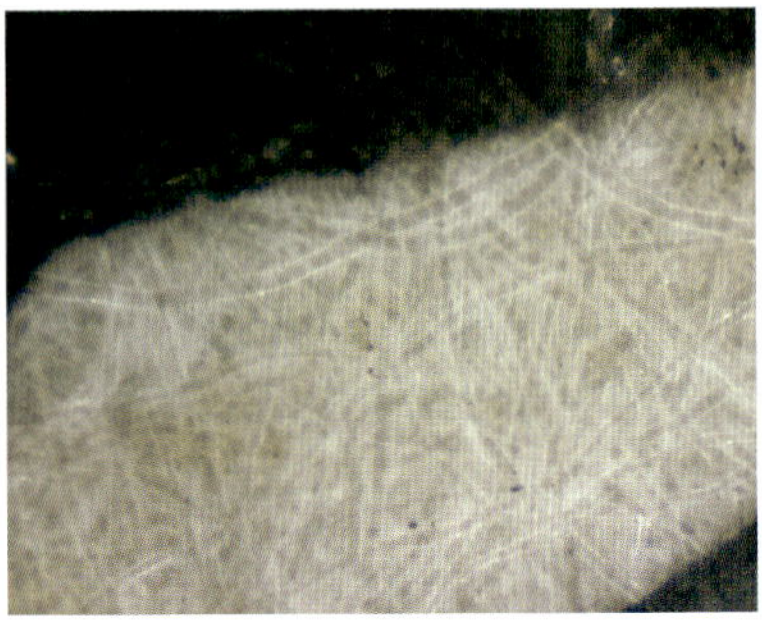

（第一紙表）

『延喜式』巻 50（三条西家旧蔵　中世前期以前書写　重要文化財　本文 210 頁）

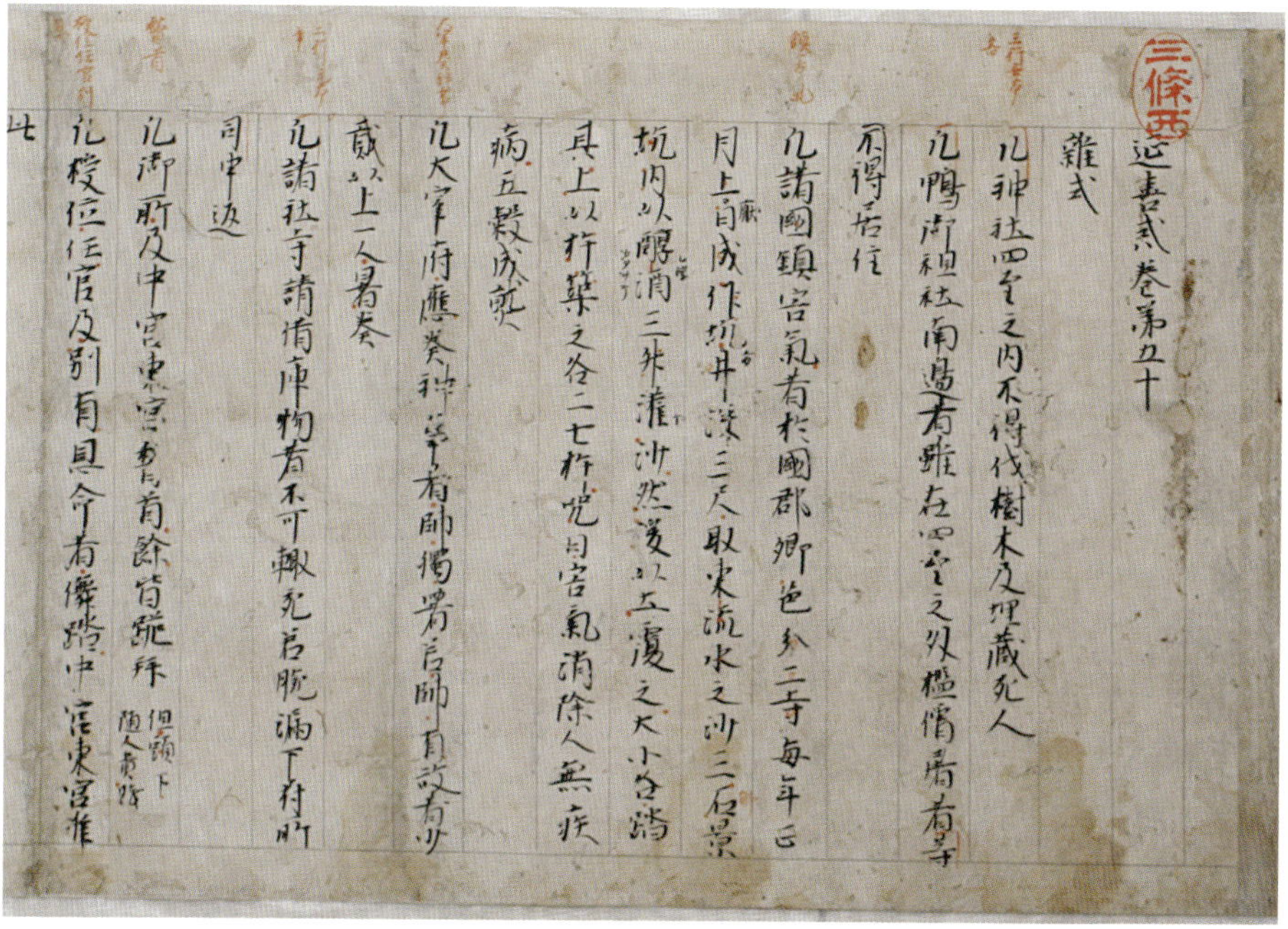

延喜式巻第五十
雑式
凡神社四至之内不得伐樹木及埋蔵死人
凡鴨御祖社南邊雖在四至之外濫僧屠者等
不得居住
凡諸国鎮害気者於国郡郷邑各三寺毎年正
月上旬成作坑丼深三尺取東流水之沙二石置
坑内以醴酒三升灌沙然後以土覆之大小各踏
其上以柞葉之各二七枚咒曰害気消除人無疫
病五穀成熟
凡大宰府應奏神寺有師独署名師自放有少
貳以上一人署奏
凡諸社守請倫庫物者不可輙允名従漏下行所
司申送
凡御所及中宮東宮東西前餘皆跪拝 但頭下随人貴賤
凡授位任官及別有恩命有慶踏中宮東宮拝

（第 1 紙）

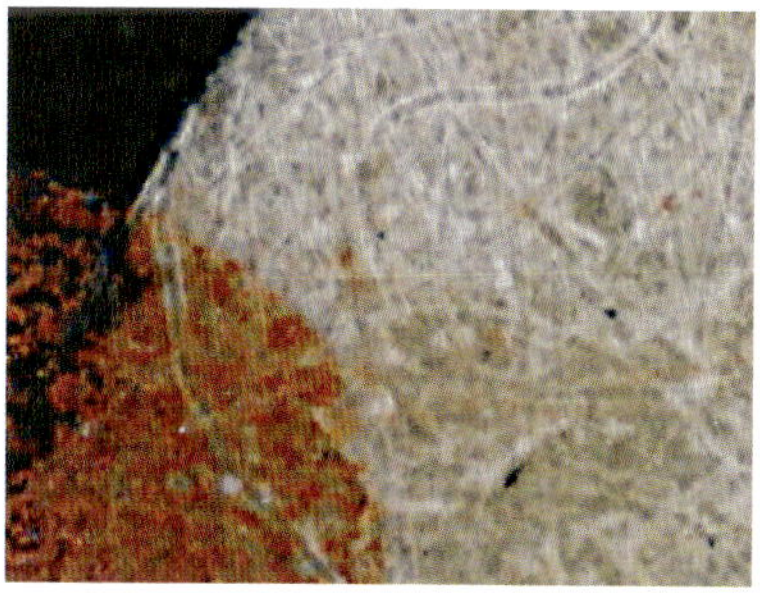

丹（第一紙表）

（第一紙表）

『別聚符宣抄』（広橋家旧蔵　中世前期以前書写　重要文化財　本文 211 頁）

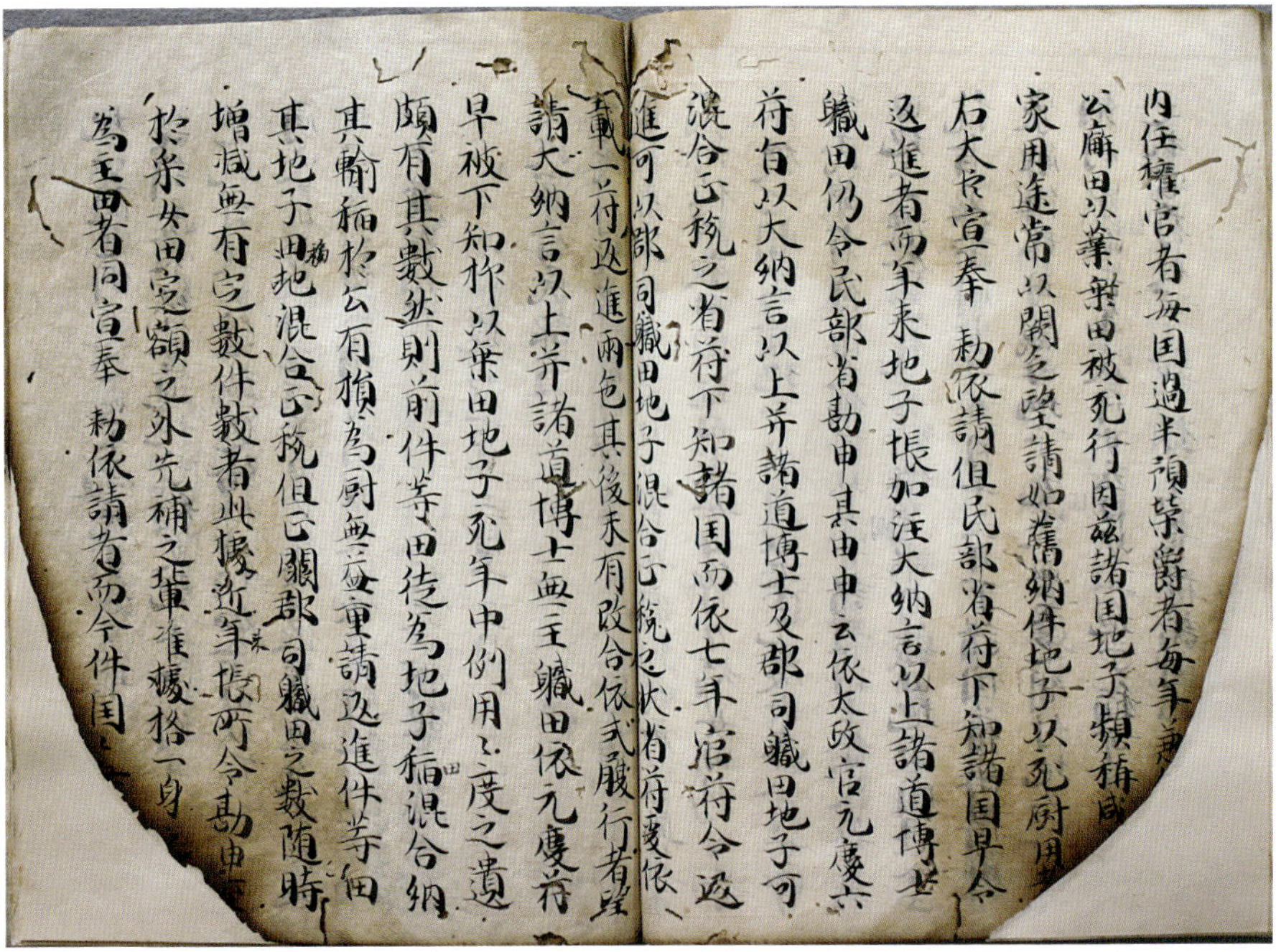

（第 48 丁表）　（第 47 丁裏）

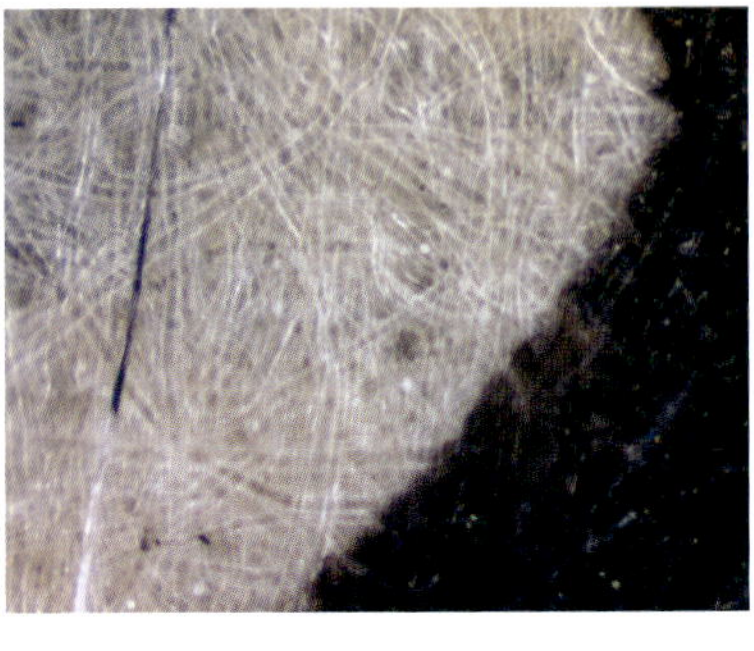

（第一丁裏）

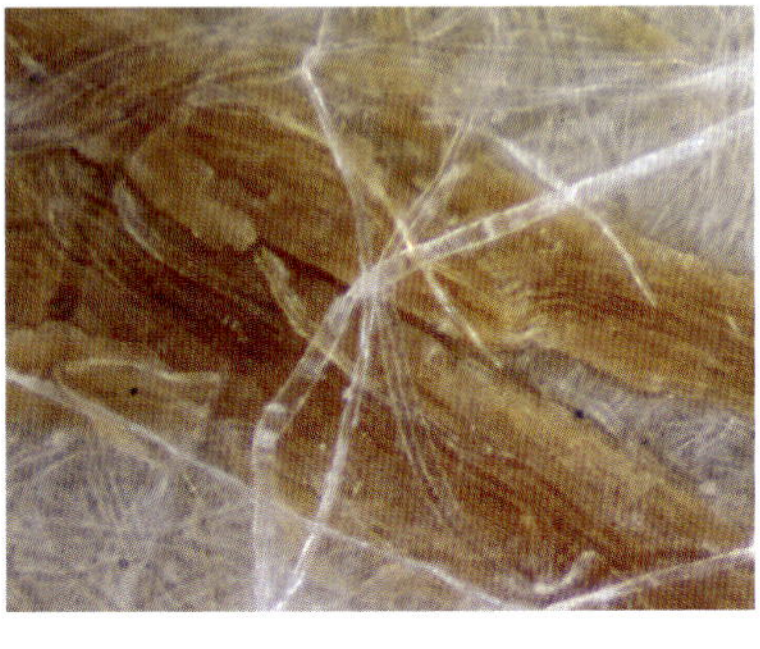

未蒸解繊維（第一丁表）

『北山抄』（広橋家旧蔵　古代末～中世前期書写　本文 212 頁）

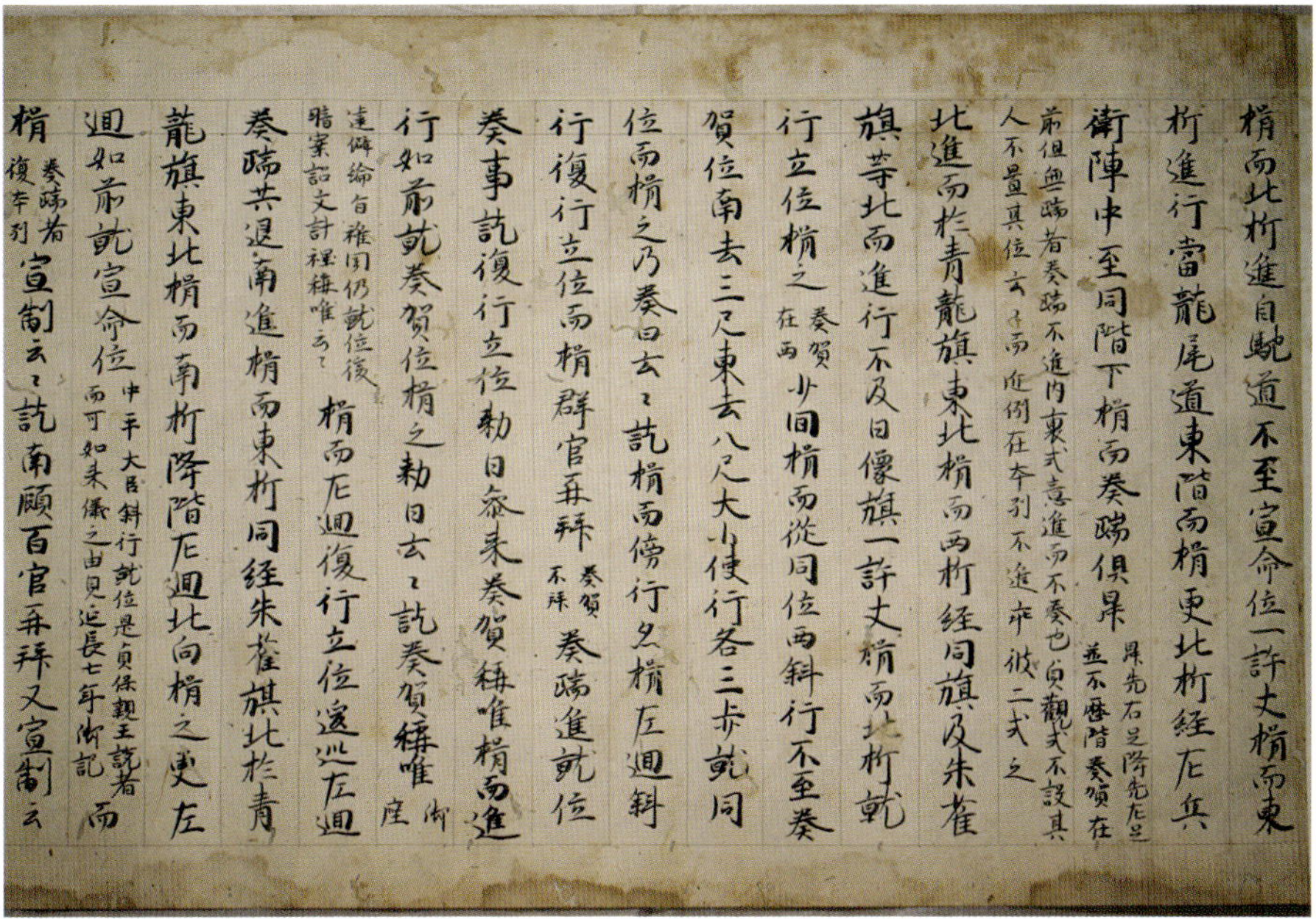

（第１紙表）

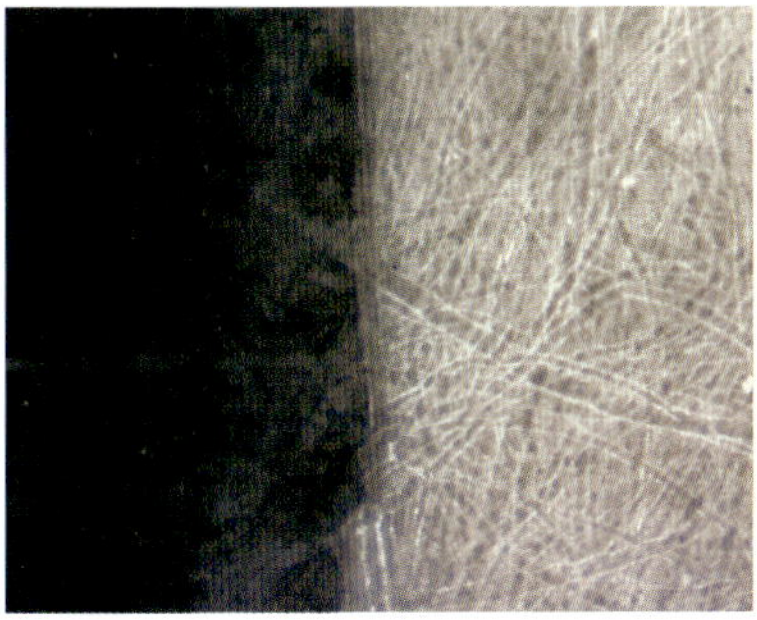

（第一紙表）

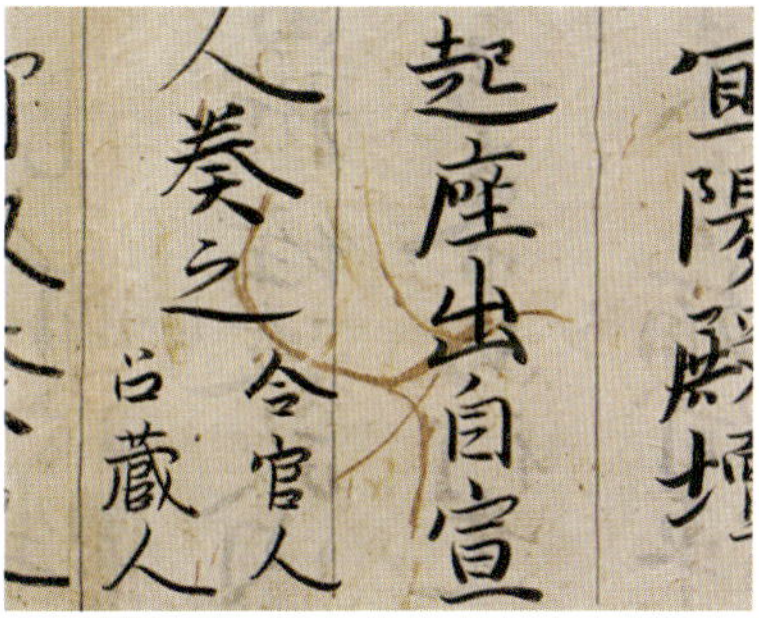

未蒸解繊維（第一九紙）

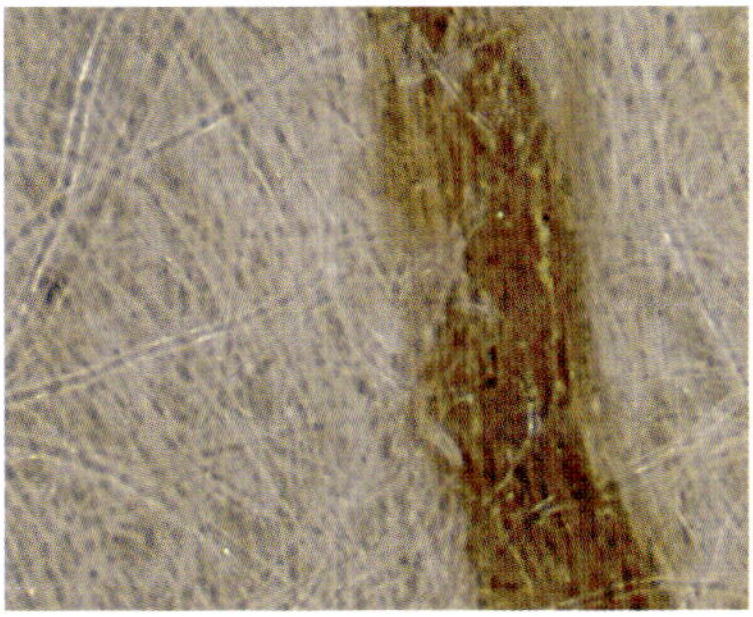

未蒸解繊維（第四紙表）

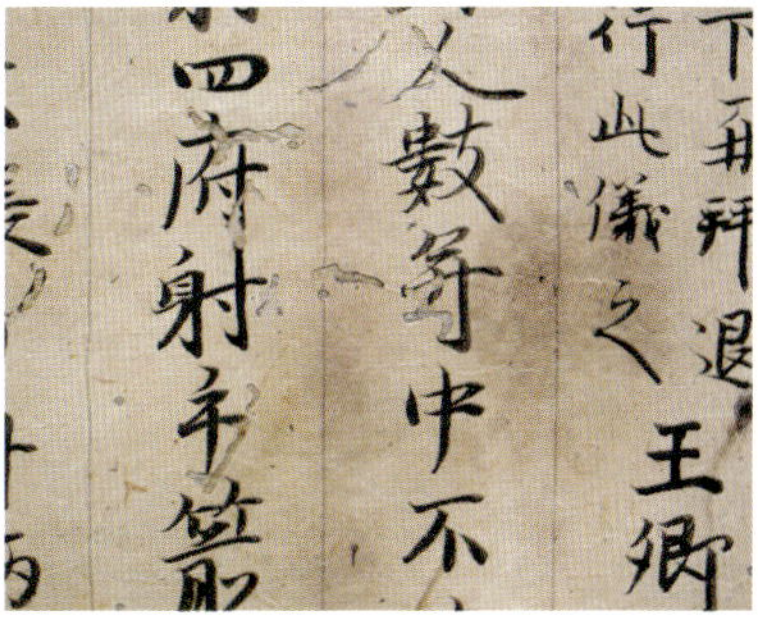

紫色カビ（第四紙）

『春記』（鎌倉初期書写　重要文化財　本文 213 頁）

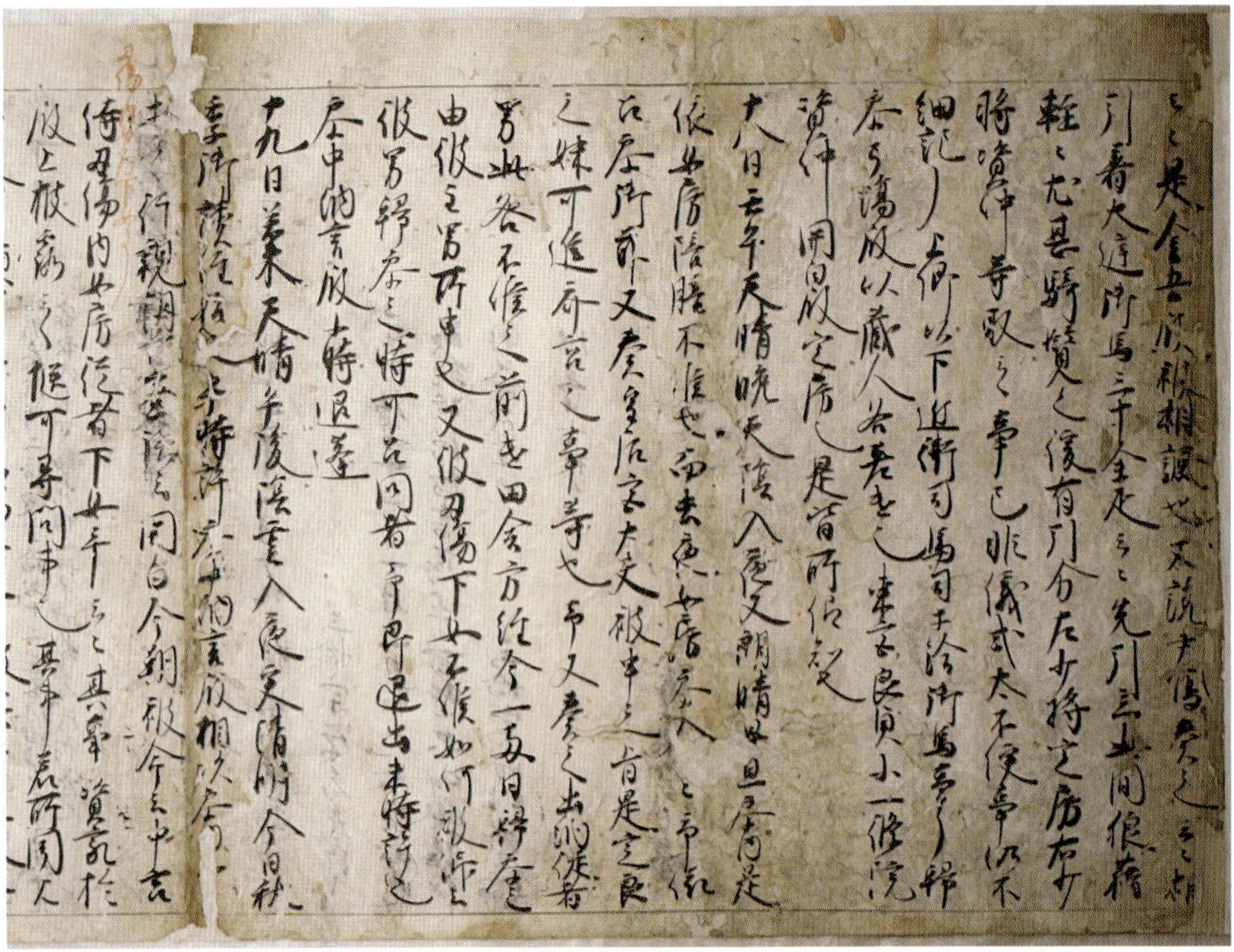

（第 1 紙表）

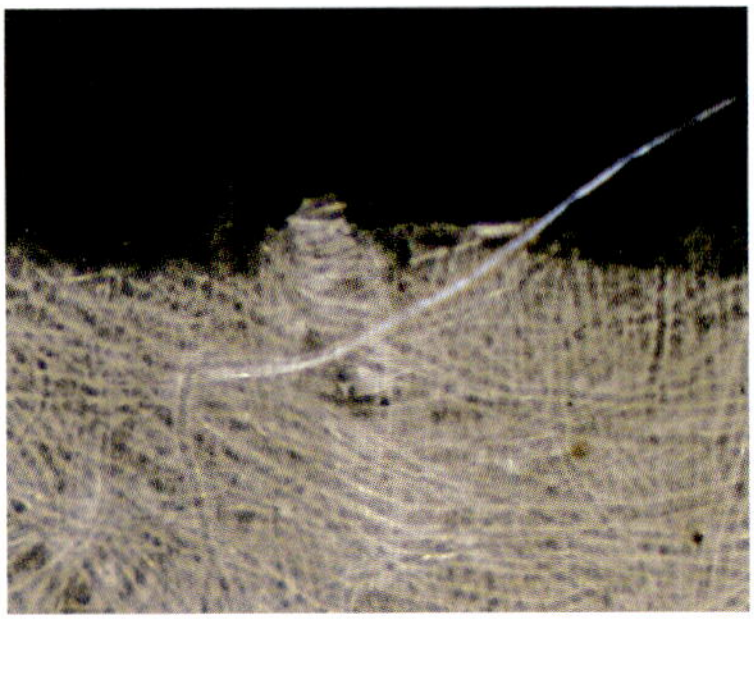

（第一紙裏）

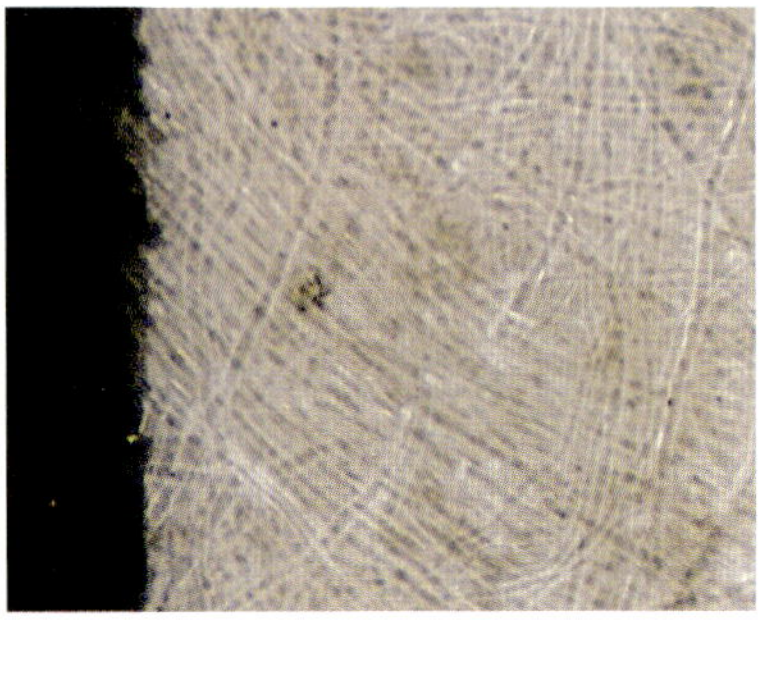

（第一紙表）

『扶桑略記』巻 4（広橋家旧蔵　1233 年書写　重要文化財　本文 214 頁）

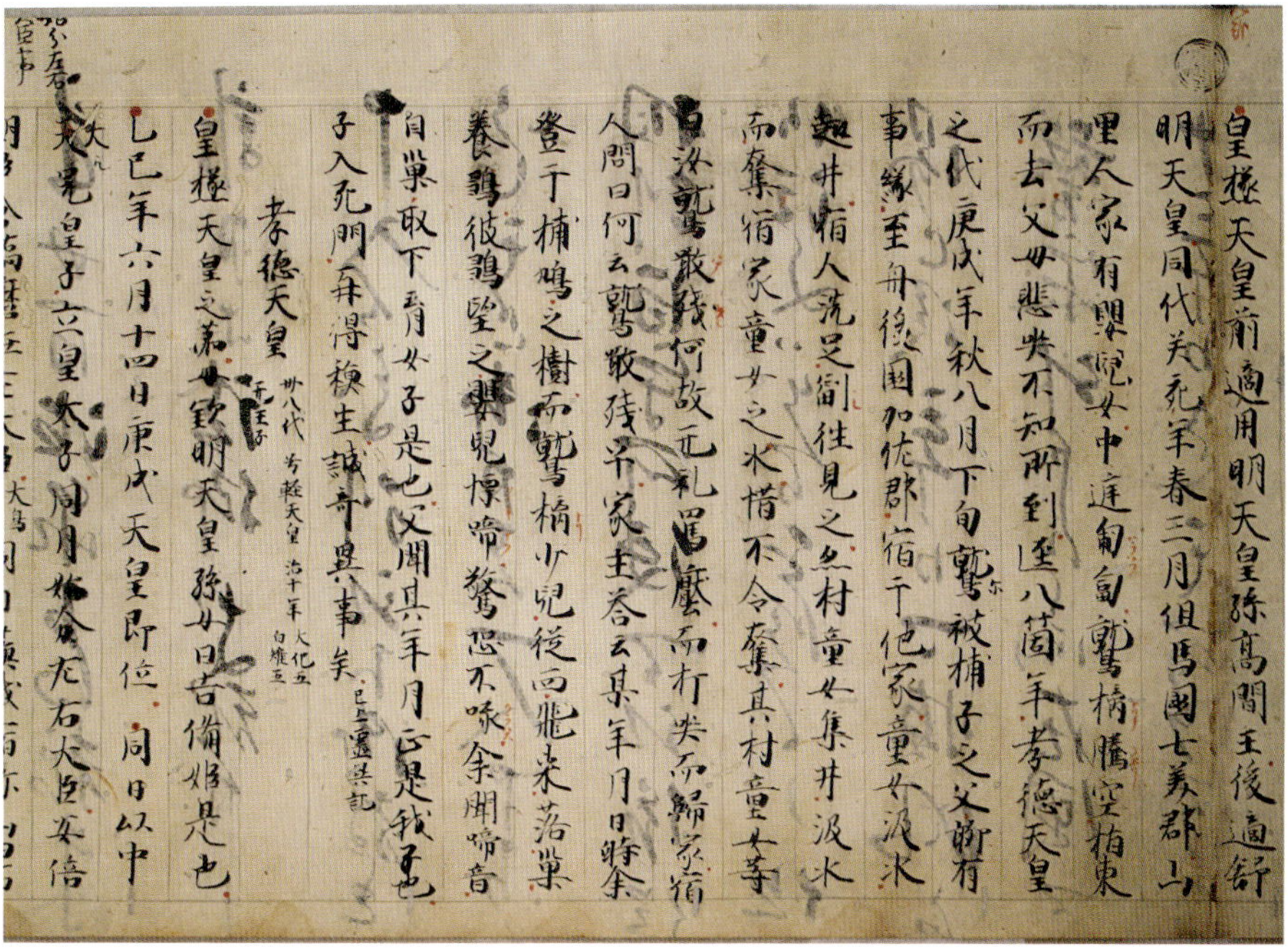

（第 10 紙表）

（第一紙表）

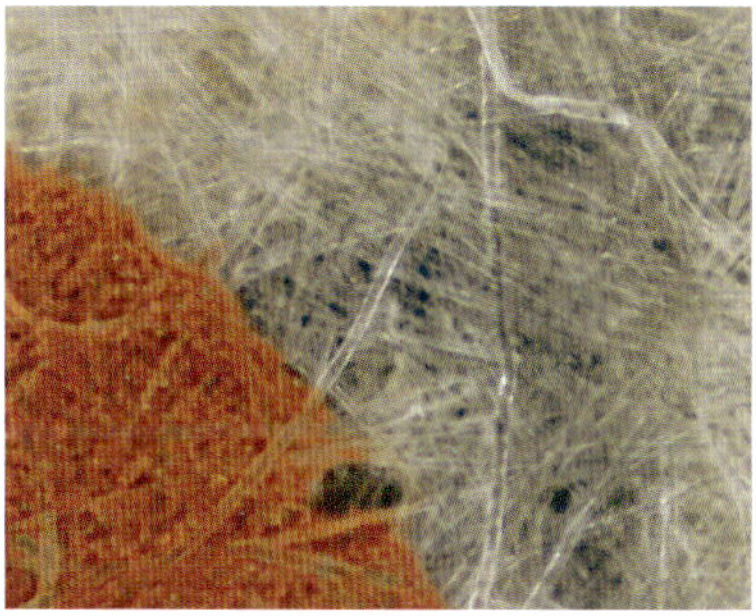

丹（第四紙表）

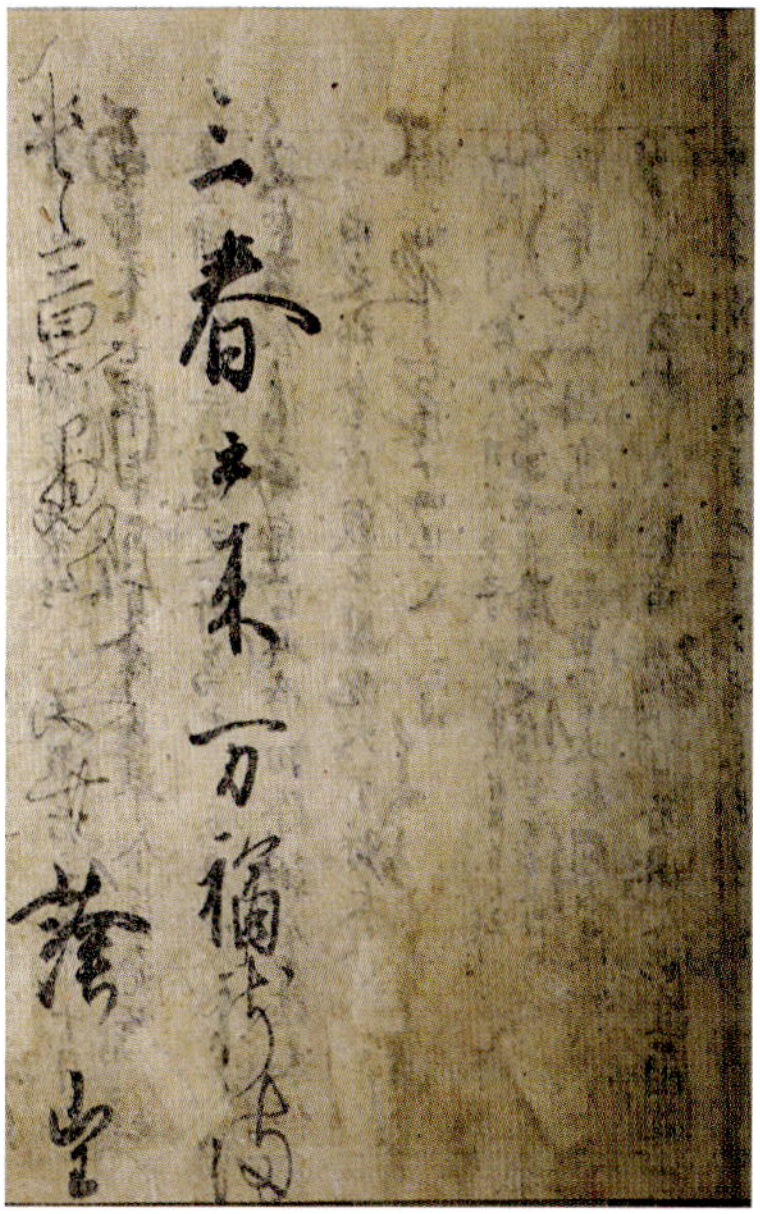

墨映（第一六紙裏）

『愚昧記』承安２年巻（三条家旧蔵　1172 年成立　自筆本　重要文化財　本文 215 頁）

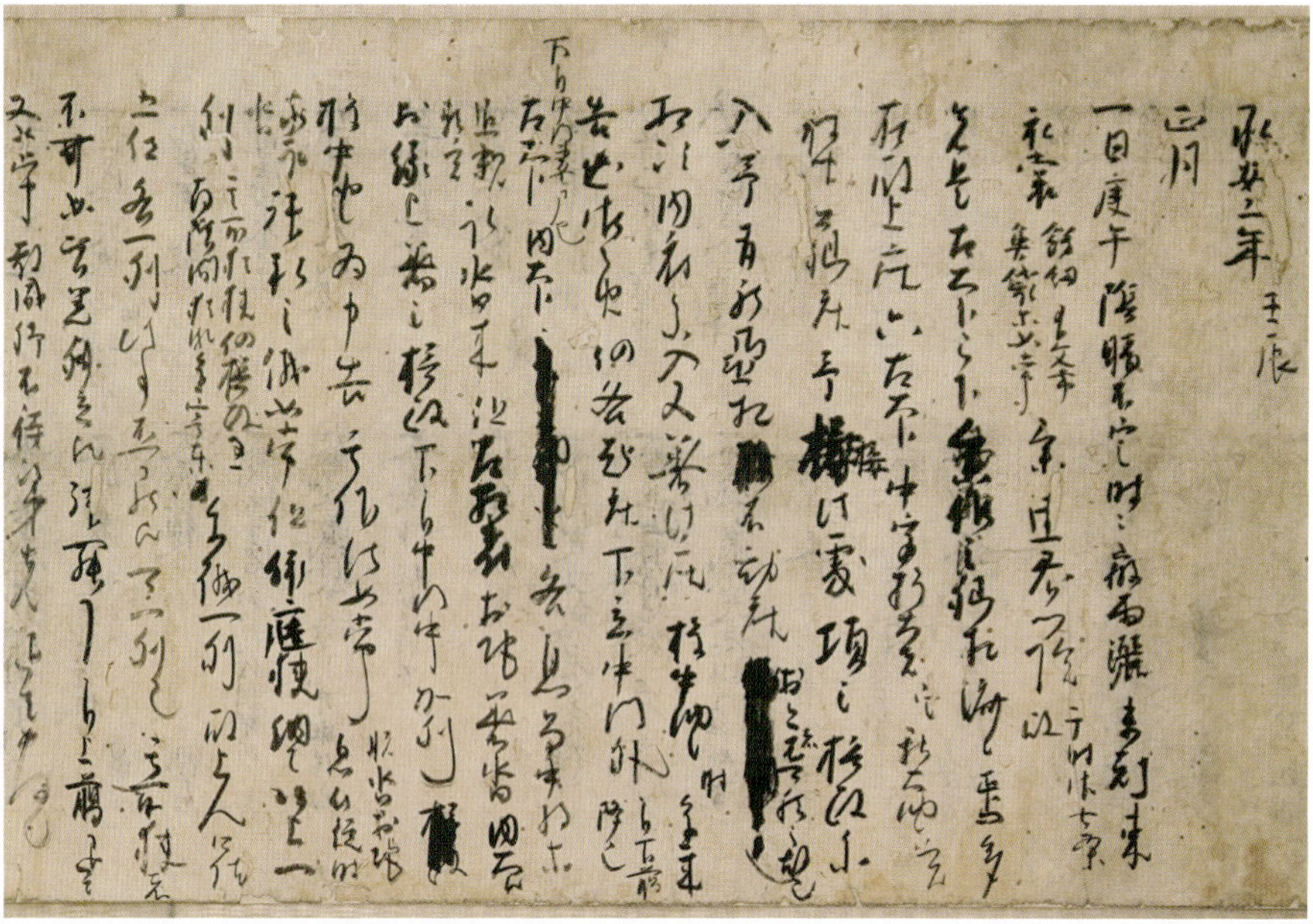

（第１紙裏＝日記面）

『中右記部類』（全体写真は次頁）

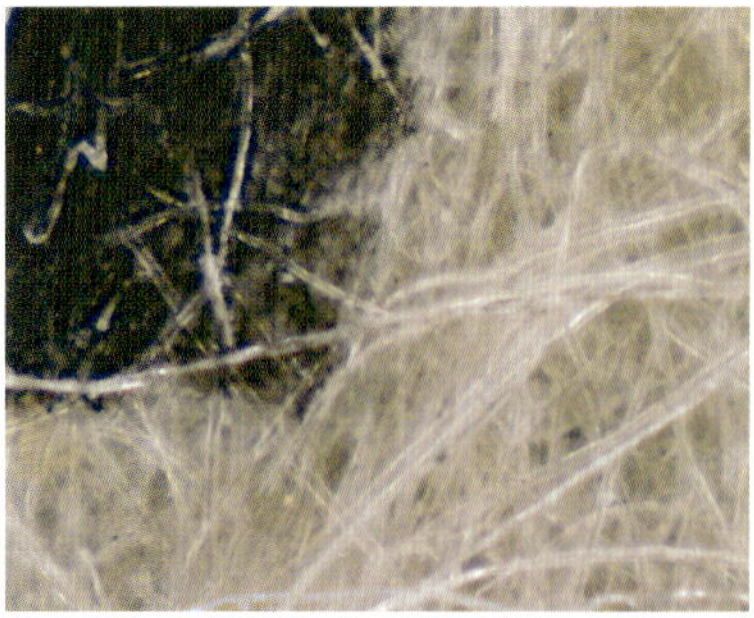

巻七（漢詩集面・第一紙）

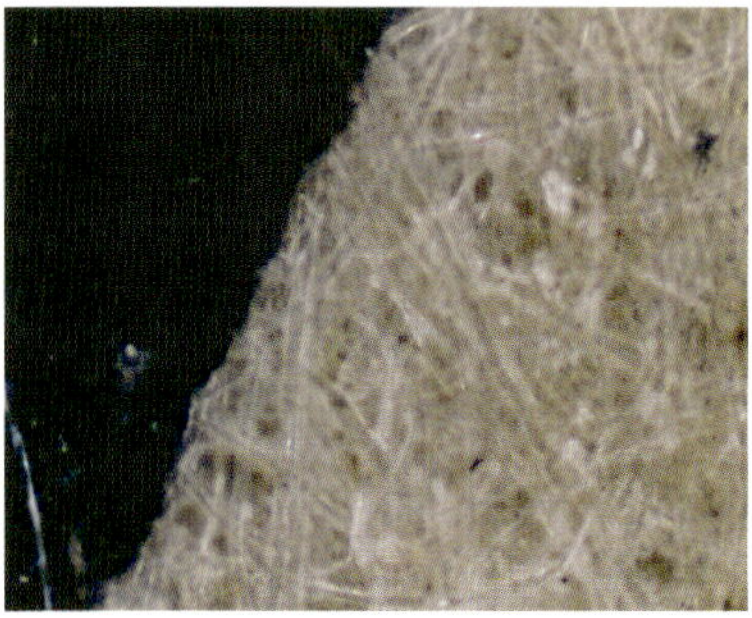

巻一九（部類面・第一紙）

『愚昧記』

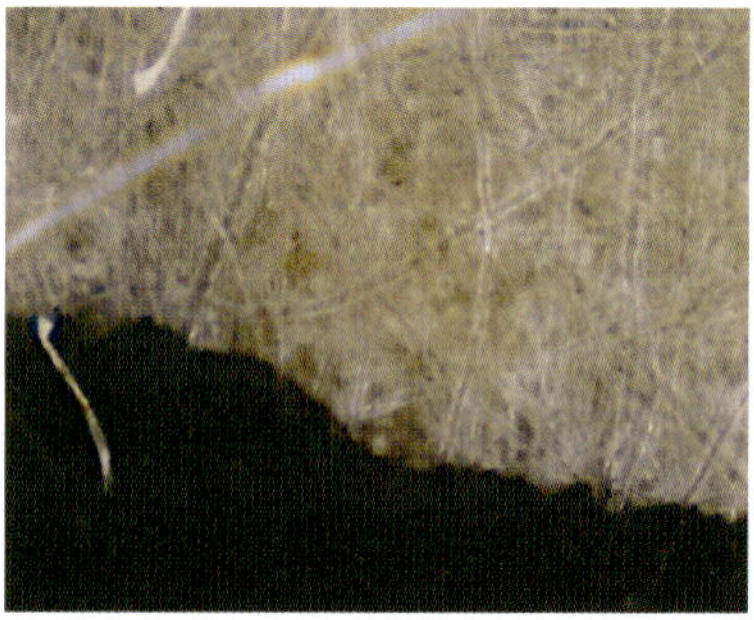

（第一紙表・具注暦①）

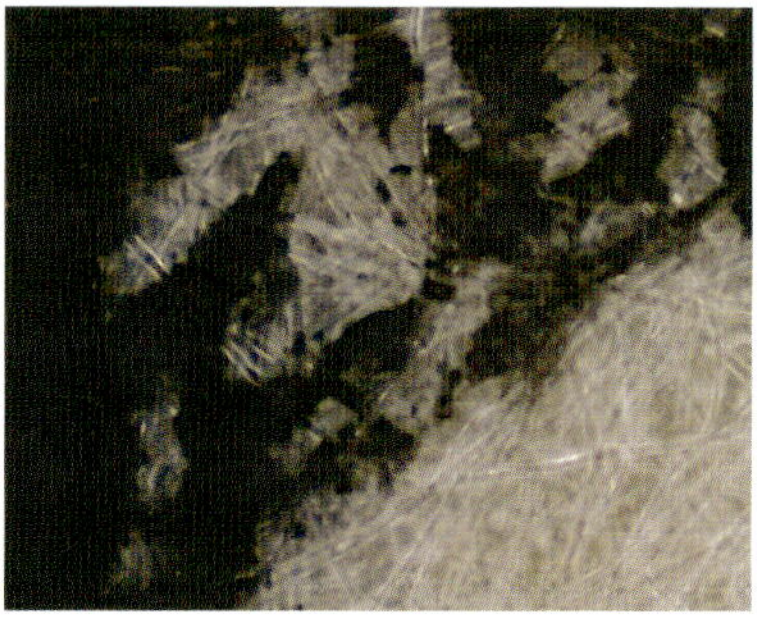

（第一紙裏・日記）

『中右記部類』巻 7（九条家旧蔵　平安末～鎌倉初期書写　重要文化財　本文 216 頁）

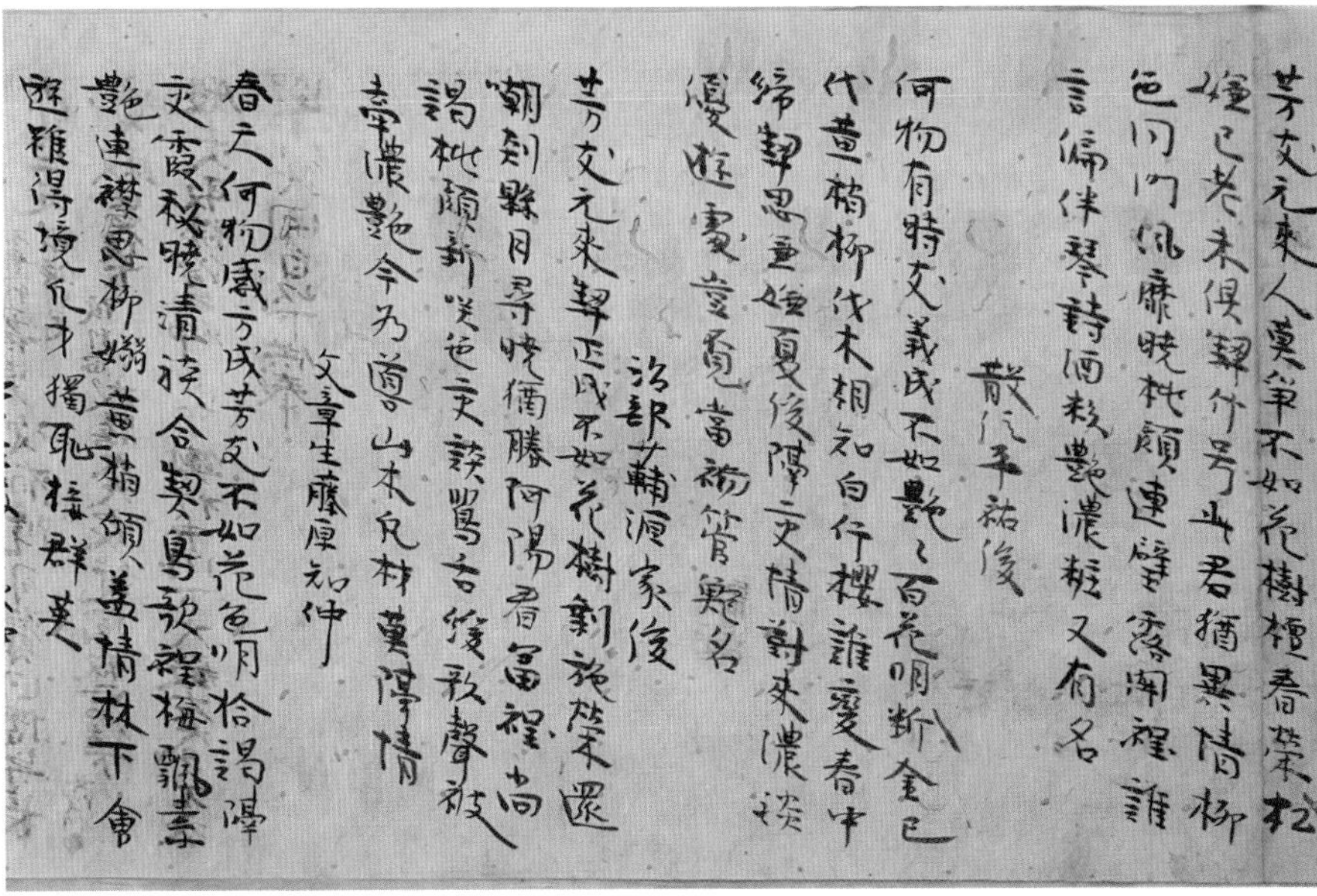

（第 1 紙表＝漢詩集面）

『中右記部類』巻 19

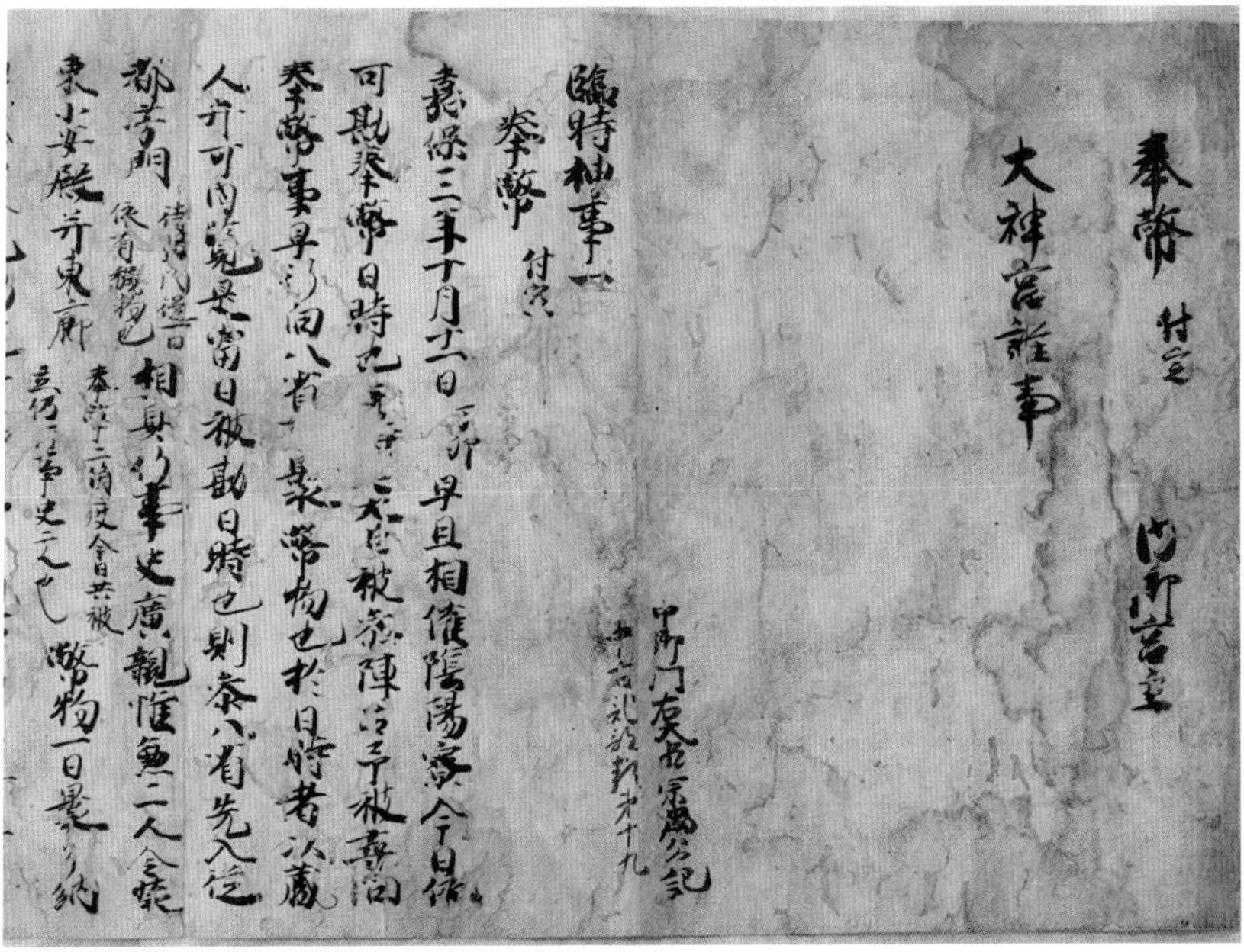

（第 1 紙裏＝中右記部類面）

『顕広王記』巻5（神祇伯家旧蔵　1176年成立　自筆本　重要文化財　本文218頁）

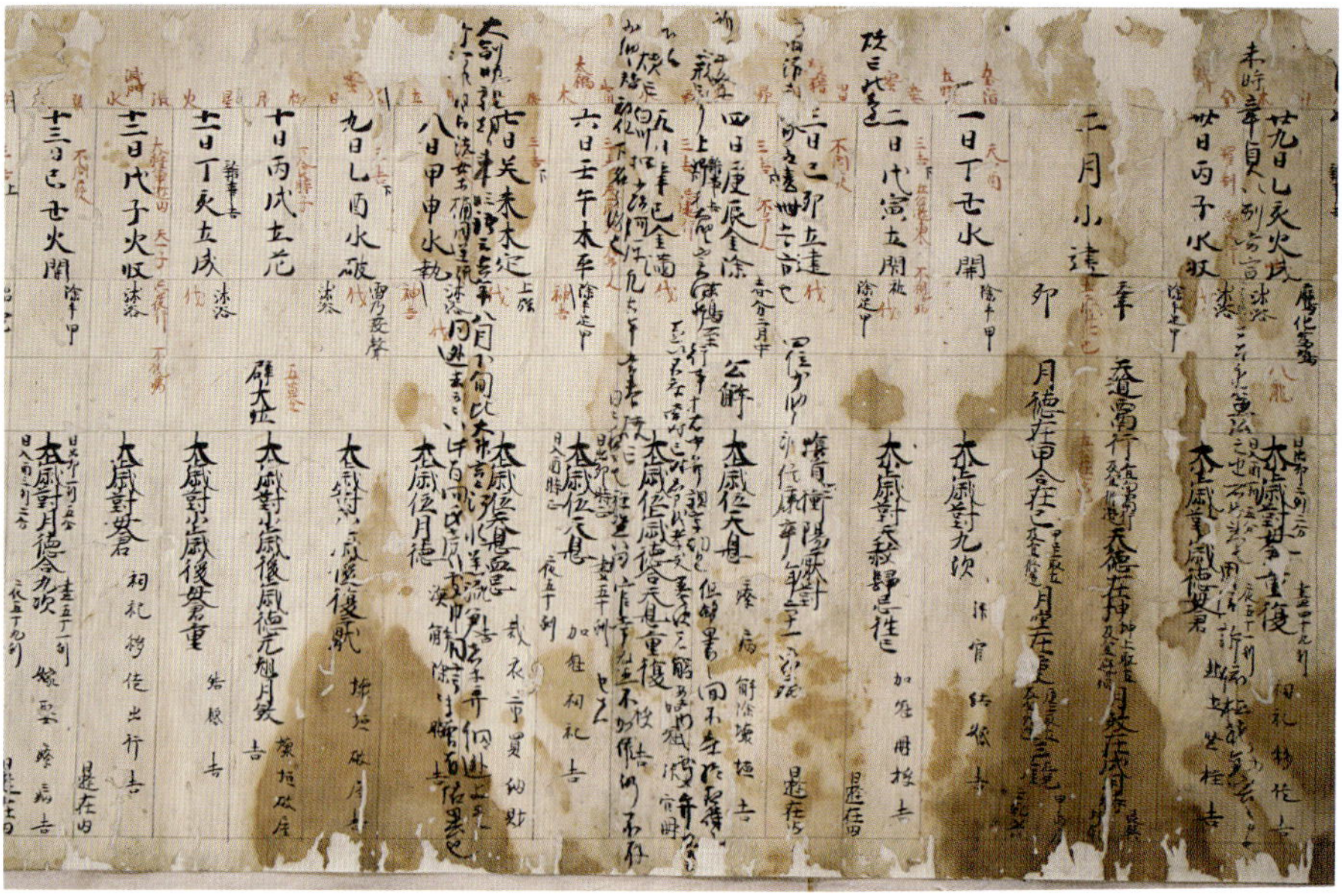

（第1紙）

小型花押（第一〇紙裏）

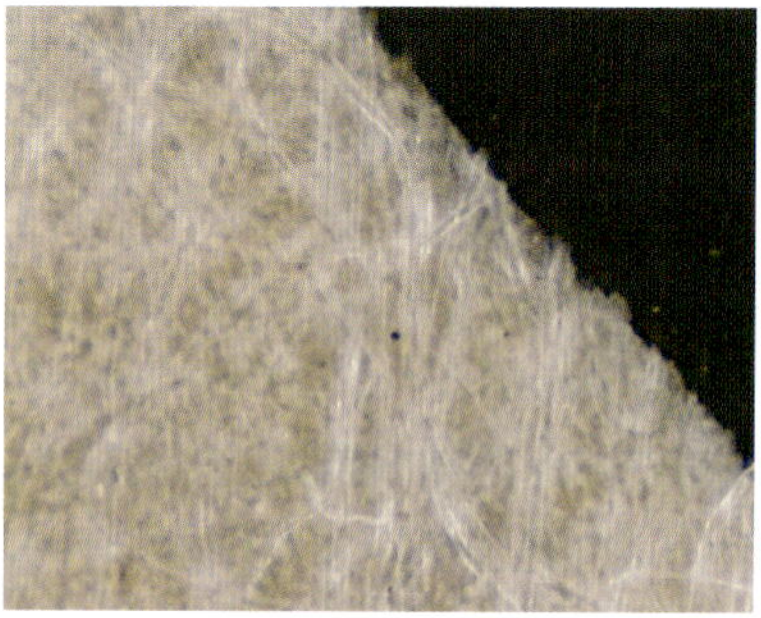

巻三（第二紙表）

【参考】『仲資王記』安元三年
小型墨印（第一紙裏）

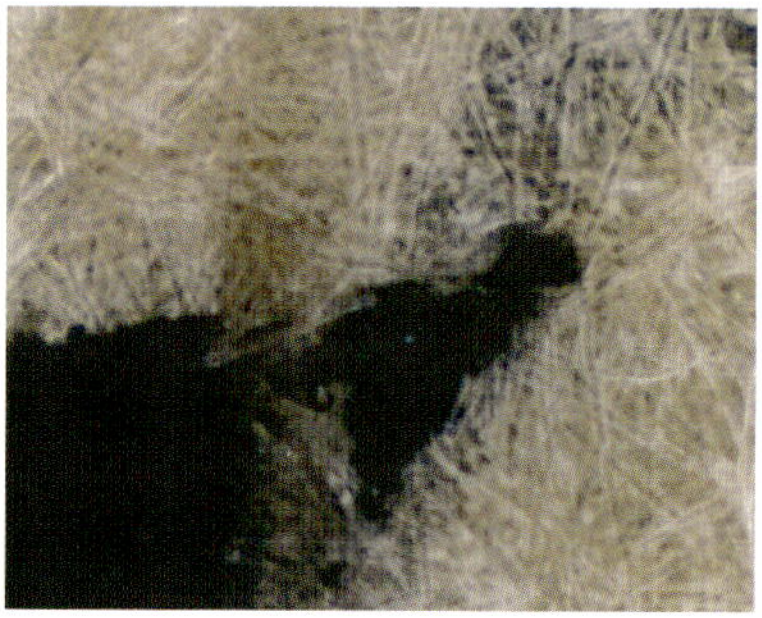

巻三（第二紙裏）

『**阿不幾乃山陵記**』（高山寺旧蔵　重要文化財　本文 219 頁）

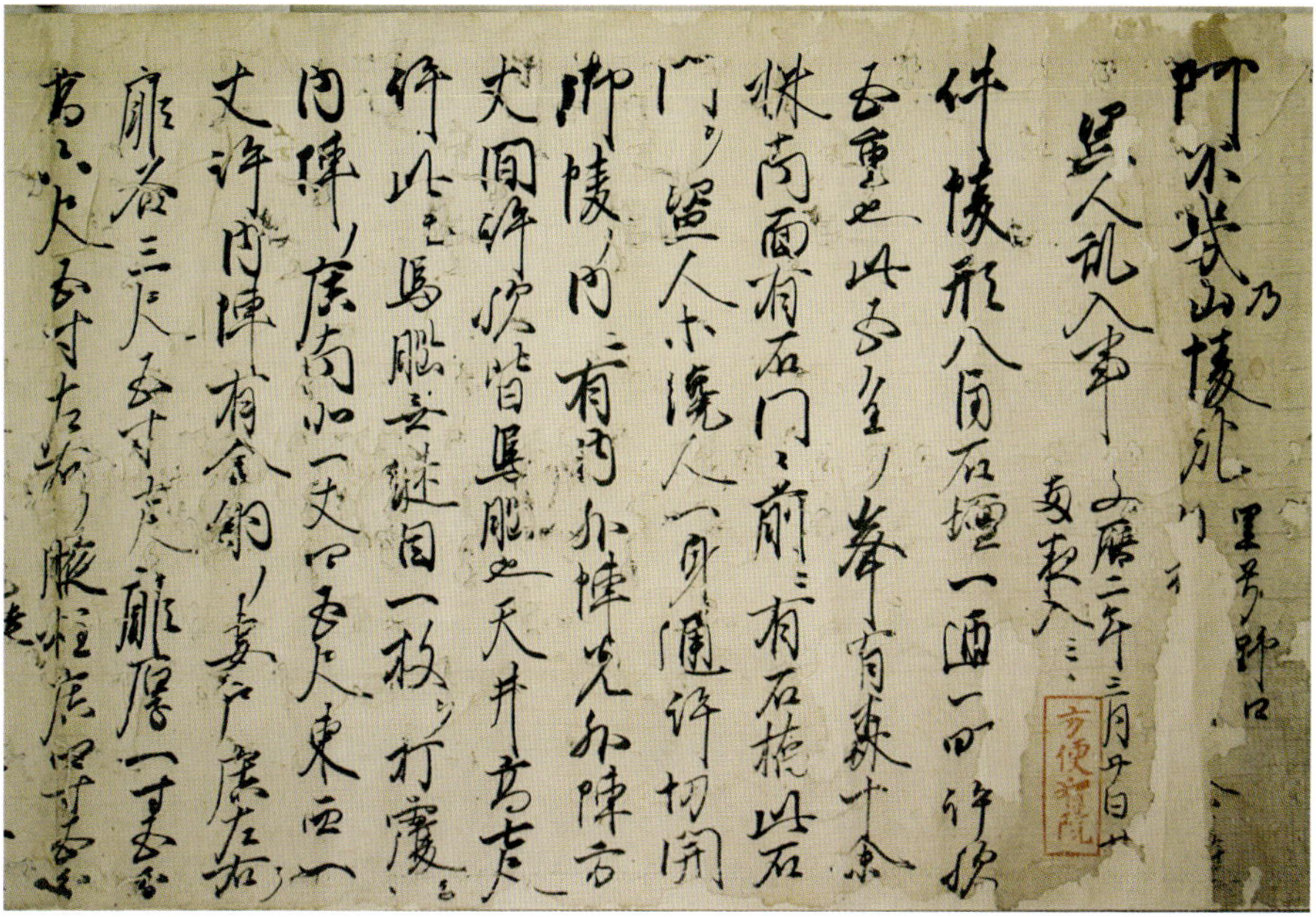

（第 1 紙）

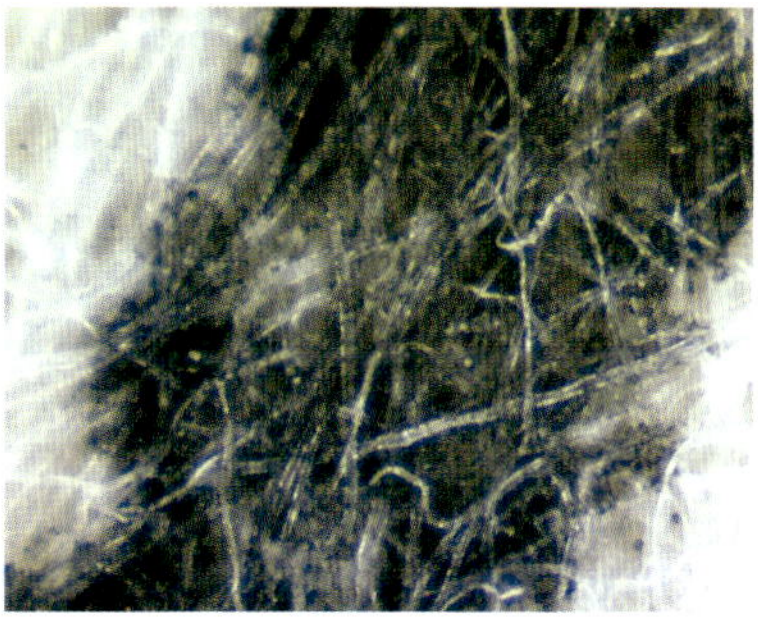

（第一紙表）

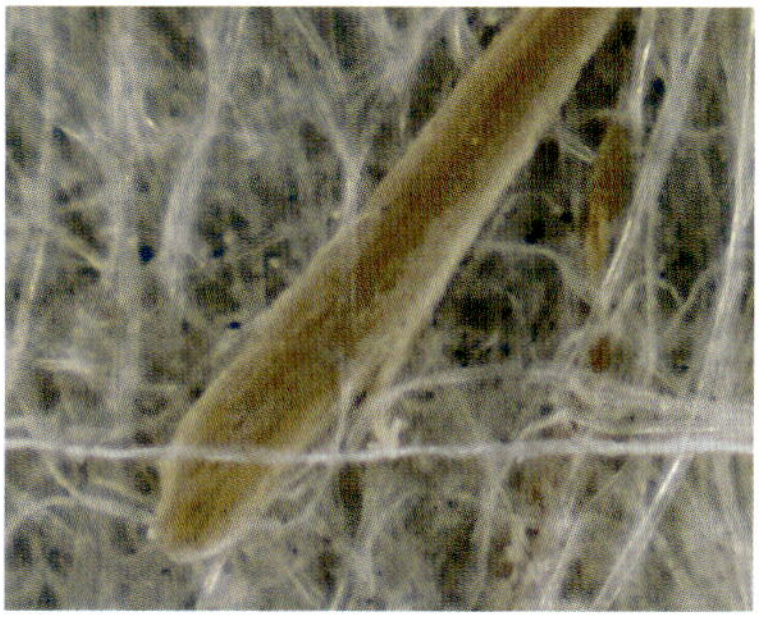

未蒸解繊維（第一紙表）

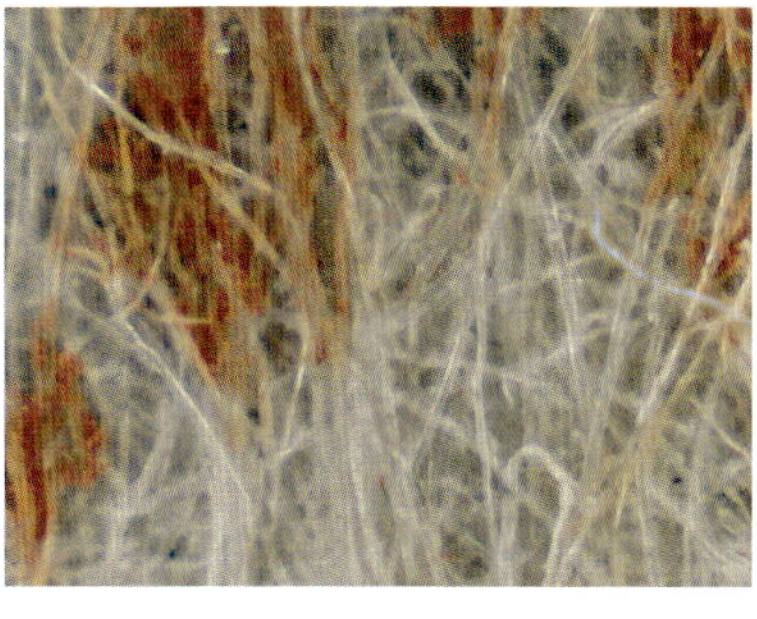

（第一紙）

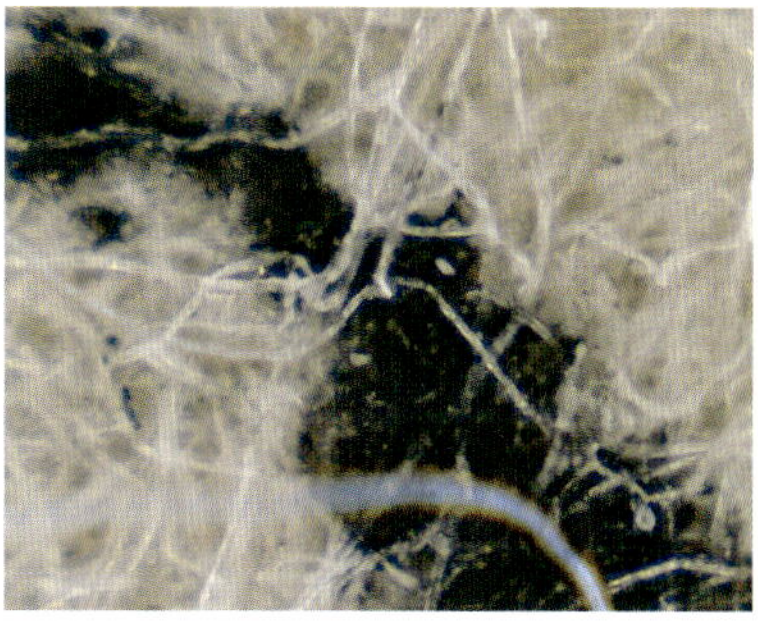

（旧外題）

『**醍醐雑事記**』〔**異本**〕（中世前期書写　本文220頁）

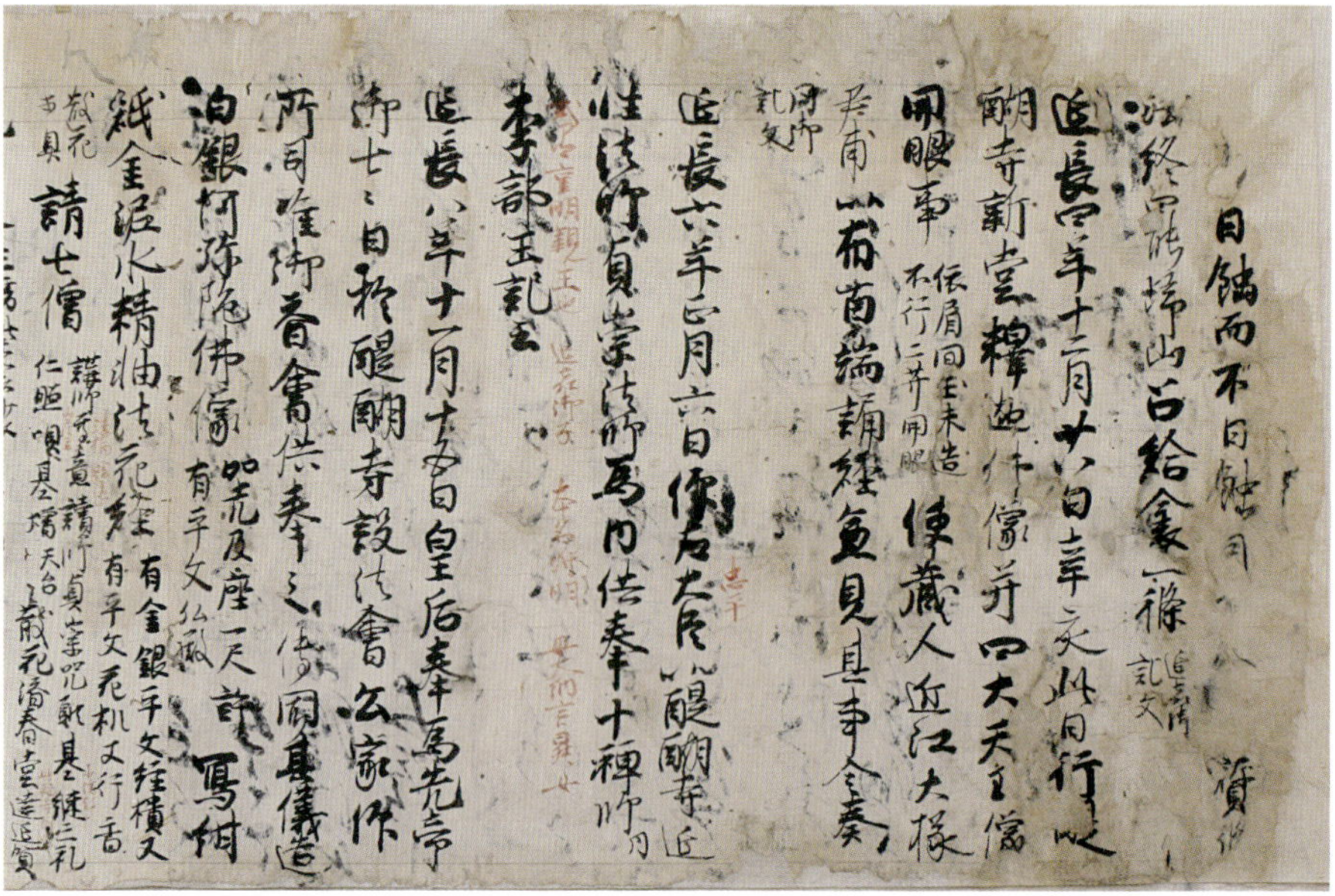

（第１紙）

文字拡大（第一紙表）

（第一紙表）

文字拡大（第二紙表）

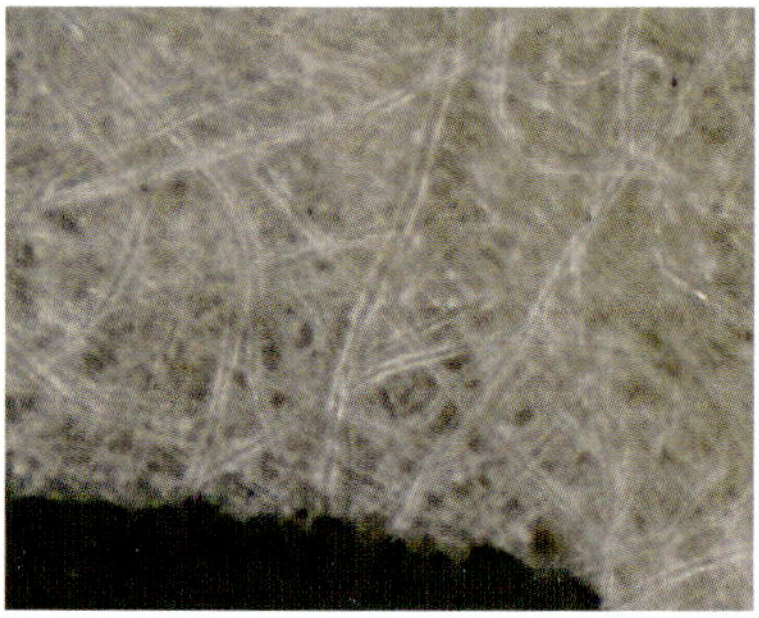

（同上）

『源氏物語』若紫（烏丸家旧蔵　13 世紀前半書写　重要文化財　本文 221 頁）

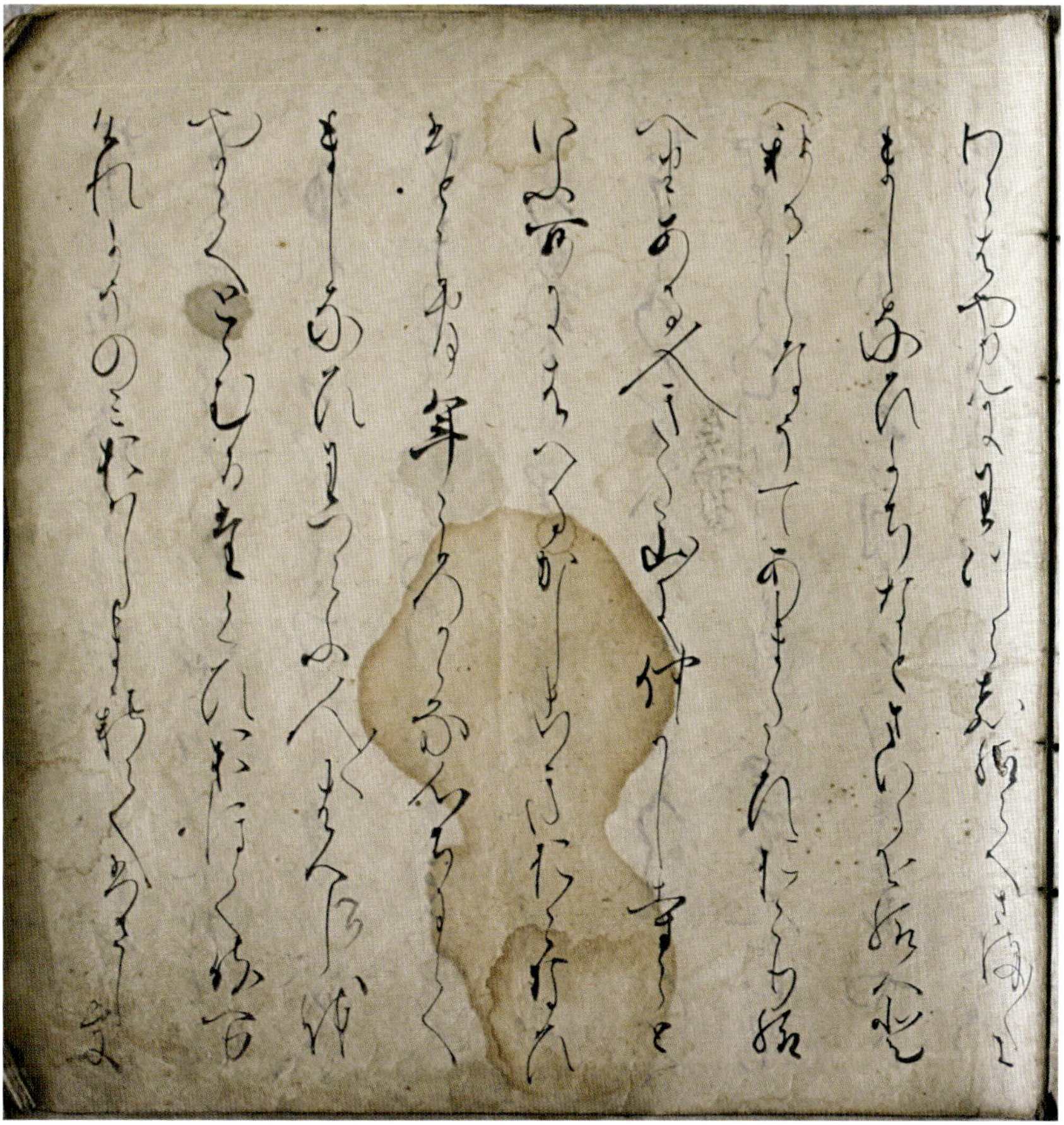

（第 1 丁表）

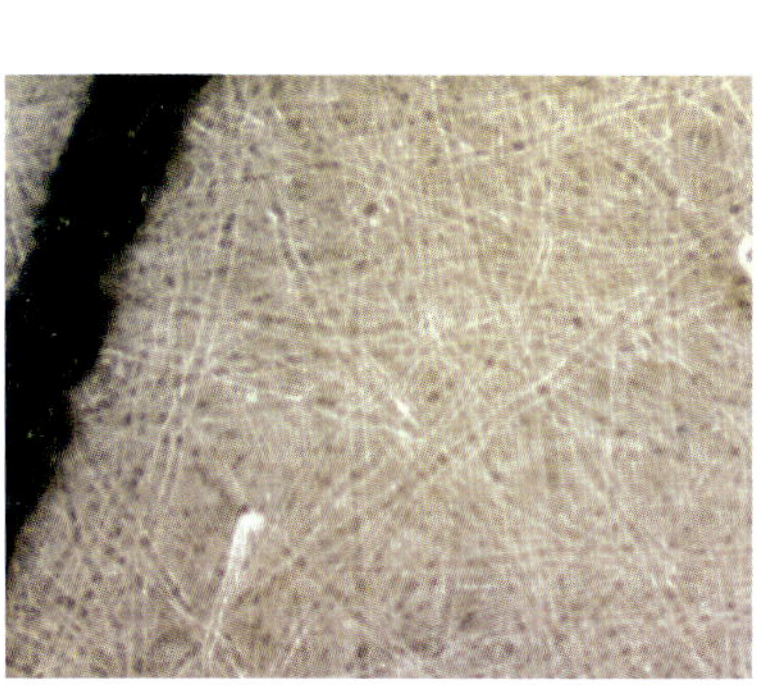

（第一丁裏）

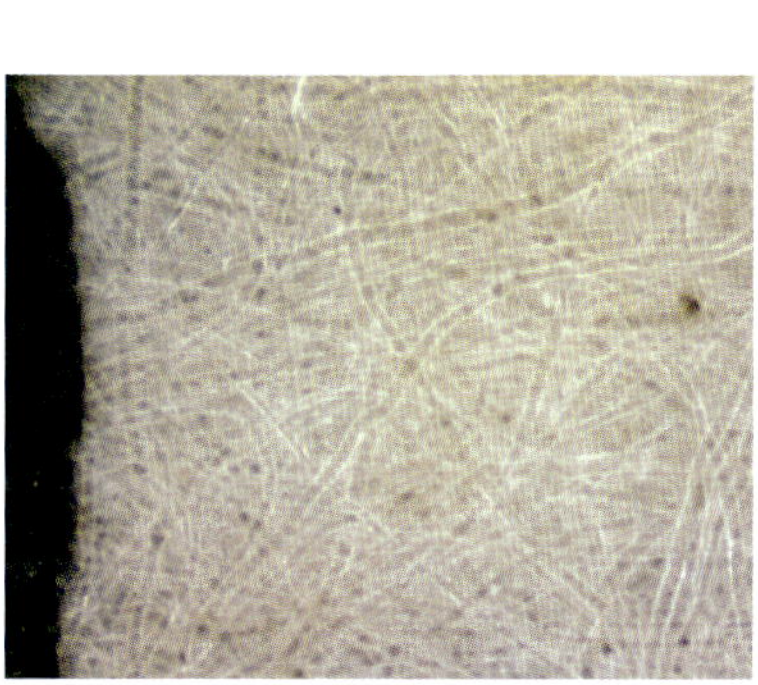

（第一丁表）

『万葉集』第 11（烏丸家旧蔵　鎌倉初期書写　重要文化財　本文 222 頁）

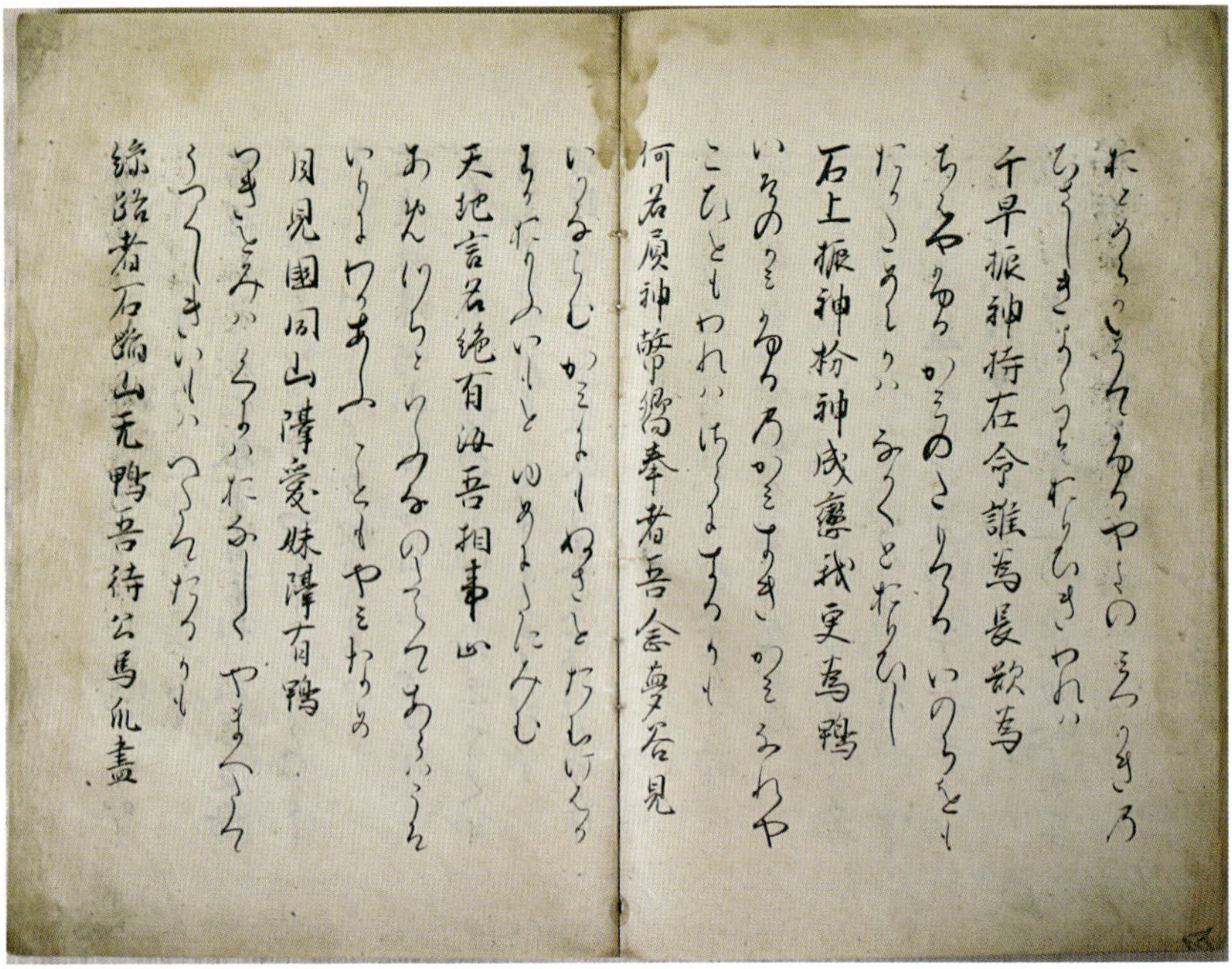

（第 12 丁表）　（第 11 丁裏）

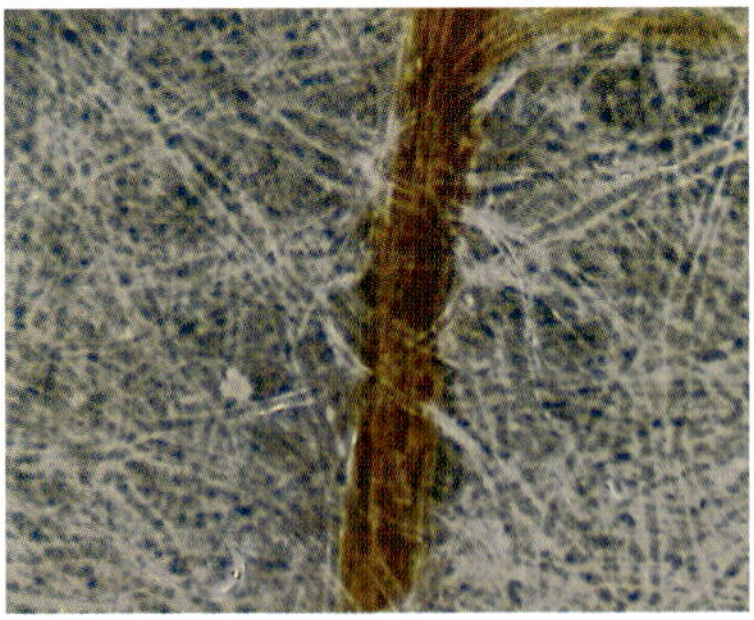

未蒸解繊維（第一丁）

（第一丁裏）

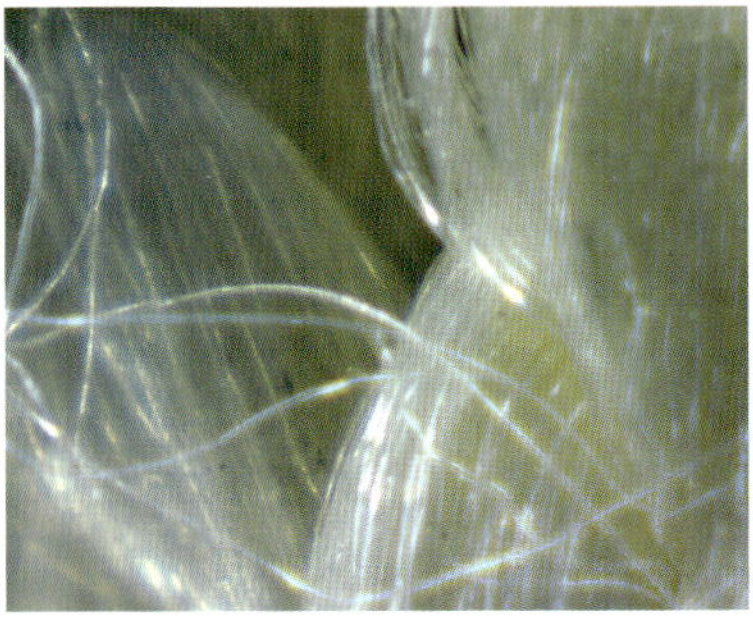

旧綴糸

文字拡大（第四丁裏）

（表）「天平六年（七三四）五月一日 造仏所作物帳」

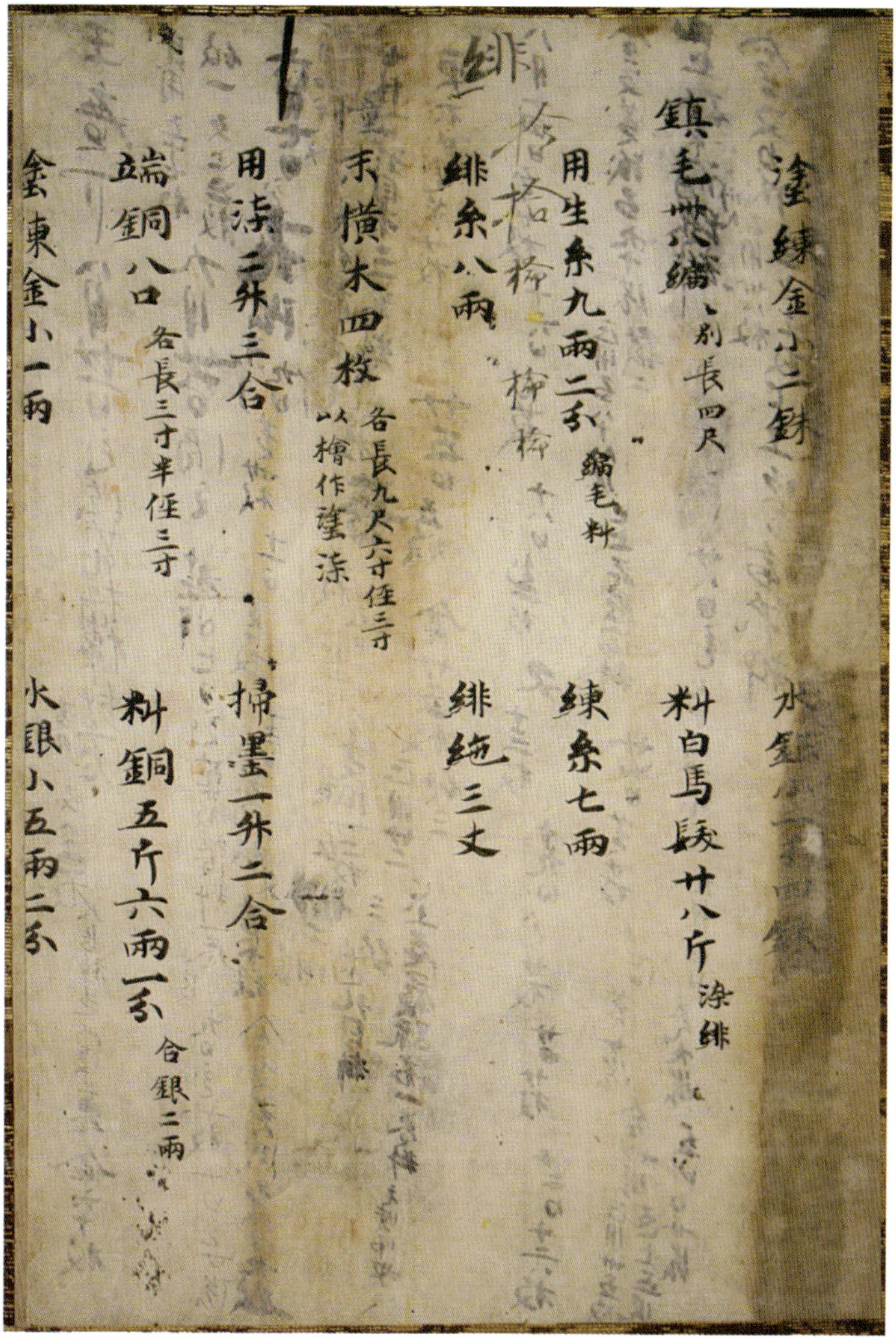
塗錬金小二銖
水銀小一兩四銖
鎮毛卌八編、別長四尺
料白馬鬣廿八斤 染緋
用生糸九兩二分 編毛料
練糸七兩
緋糸八兩
緋絁三丈
末横木四枚 各長九尺六寸径三寸 以檜作塗漆
用漆二升三合
掃墨一升二合
端銅八口 各長三寸半径三寸
料銅五斤六兩一分 合銀二兩
塗金小一兩
水銀小五兩二分

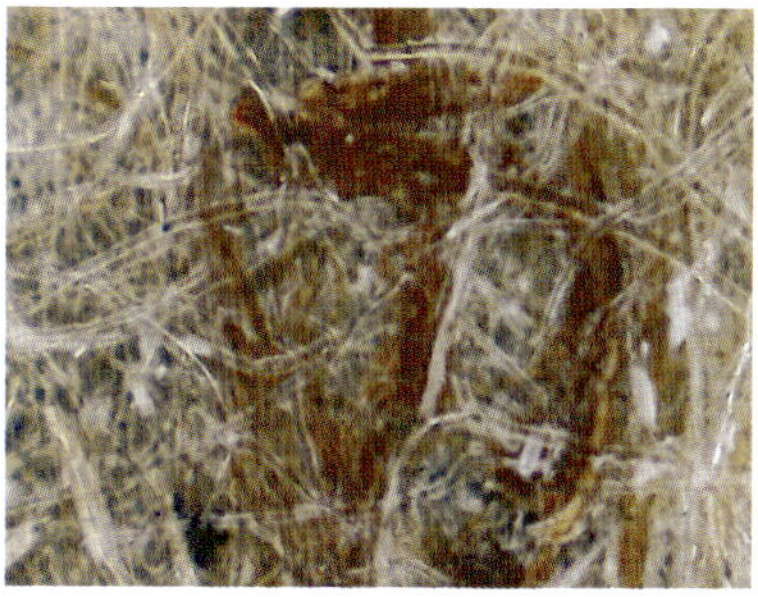
大豆糊（表面）

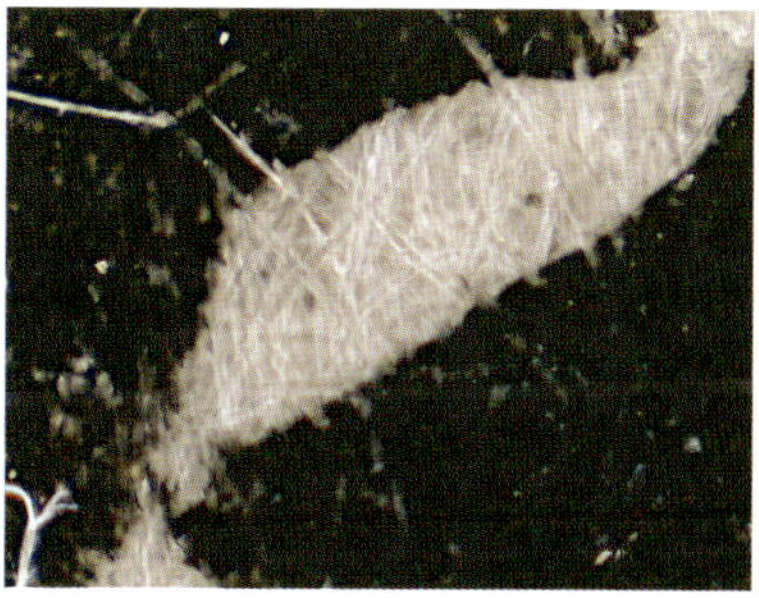
（表面）

『正倉院流出文書』1—2（本文250頁）

（裏）「天平一五年（七四三）写集論疏充紙帳」

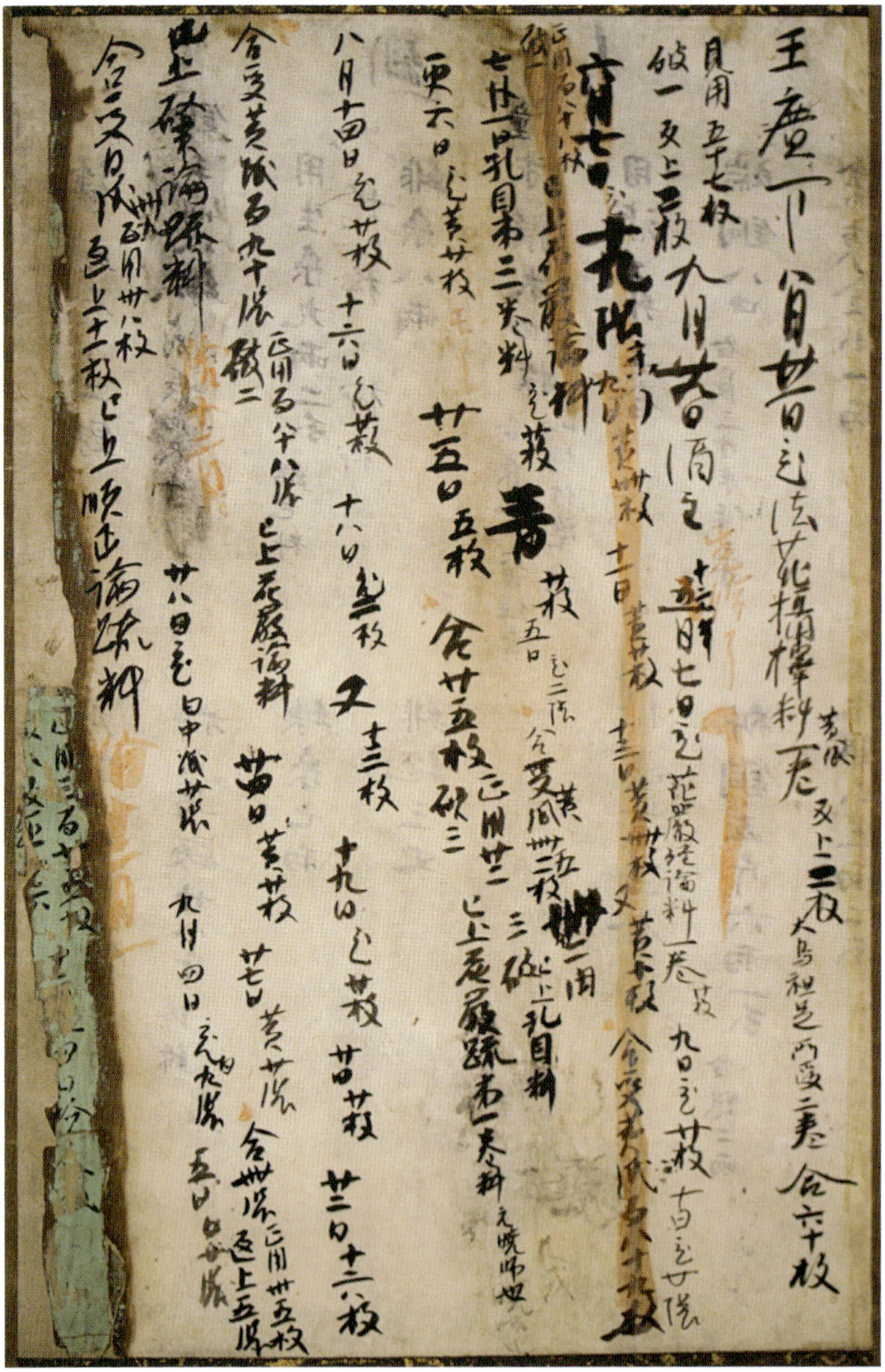

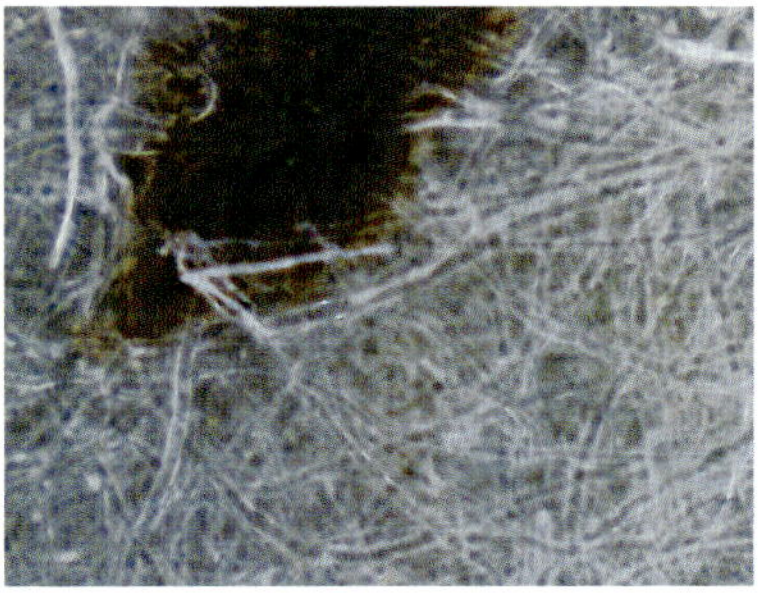

未蒸解繊維（裏面）

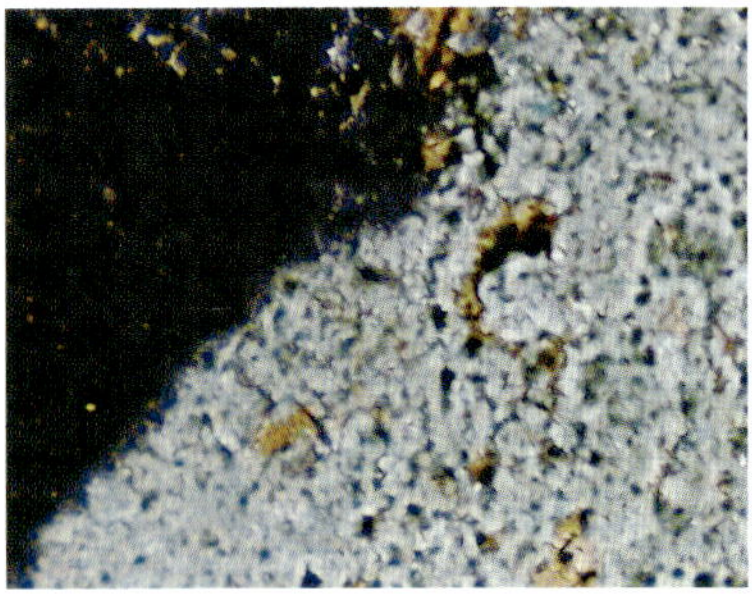

顔料（裏面）

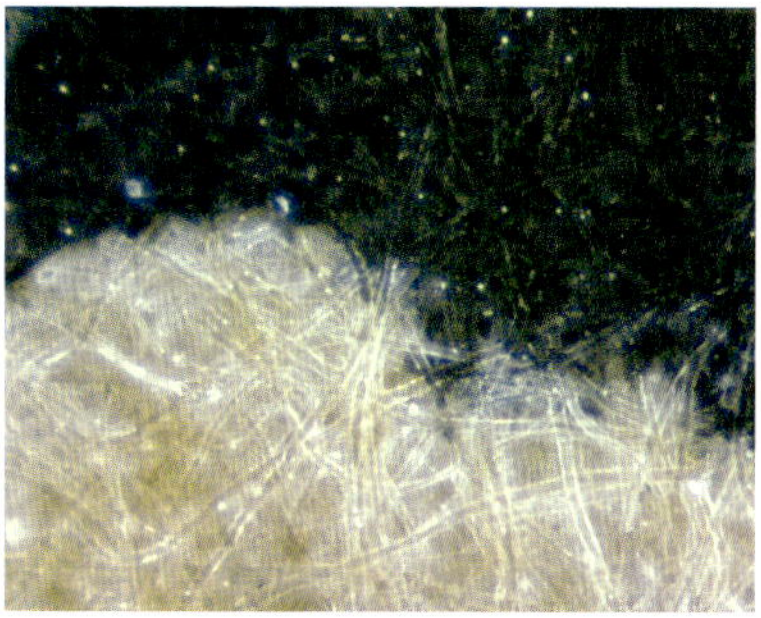

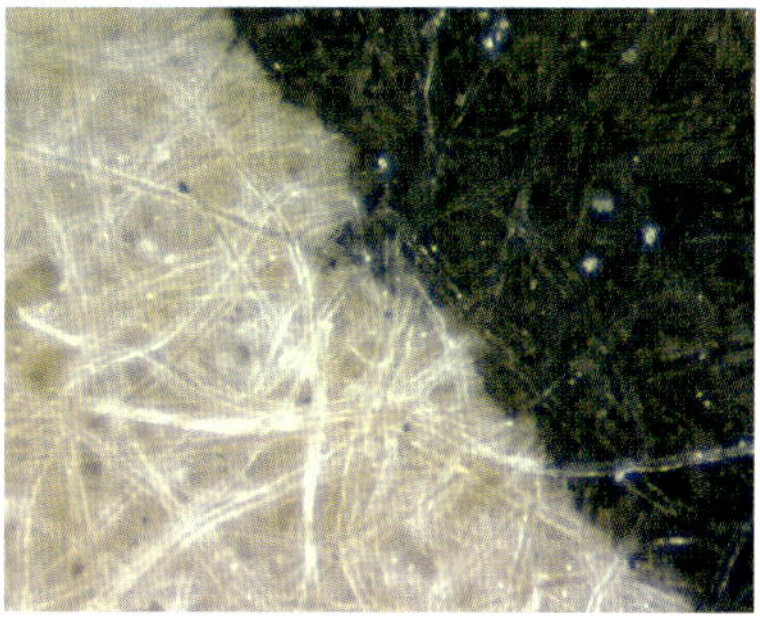

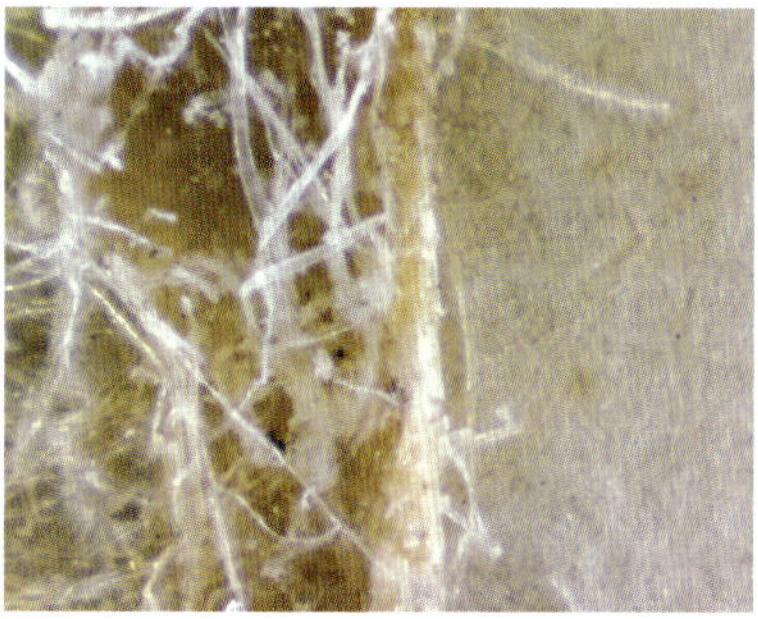

未蒸解繊維

重ね書き（本文二行目）

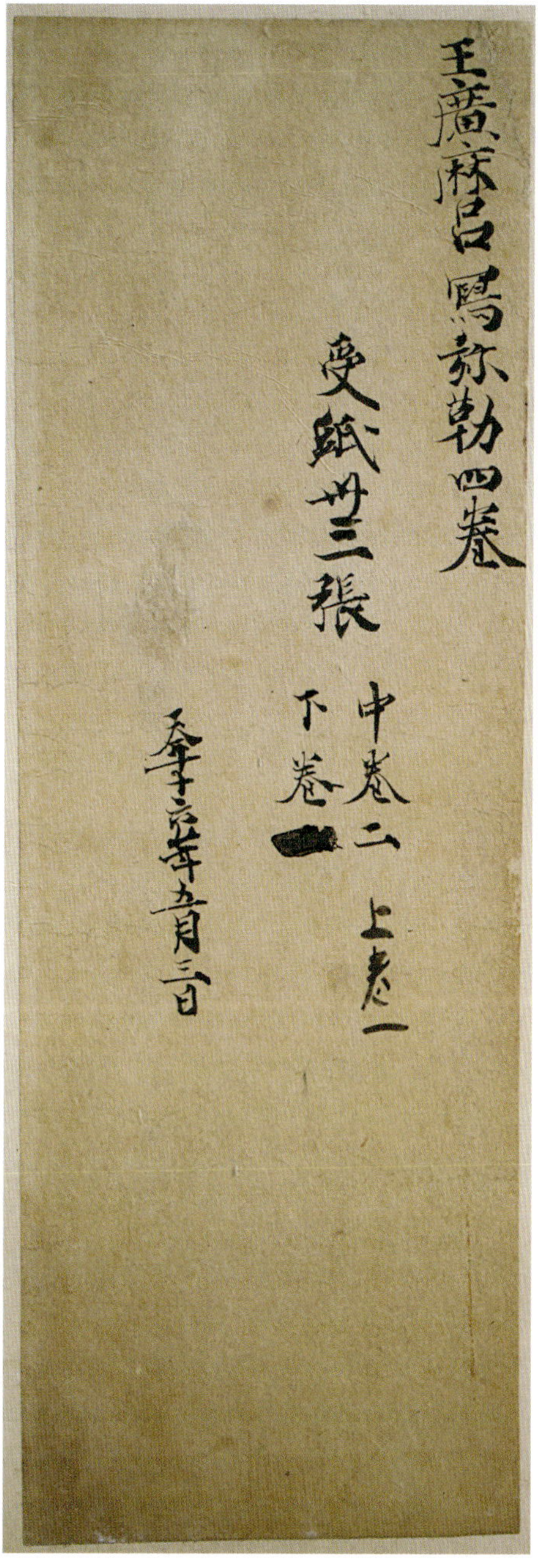

『正倉院流出文書』3（本文252頁）

「天平宝字二年（七五八）三月一五日　新羅飯万呂請暇解」

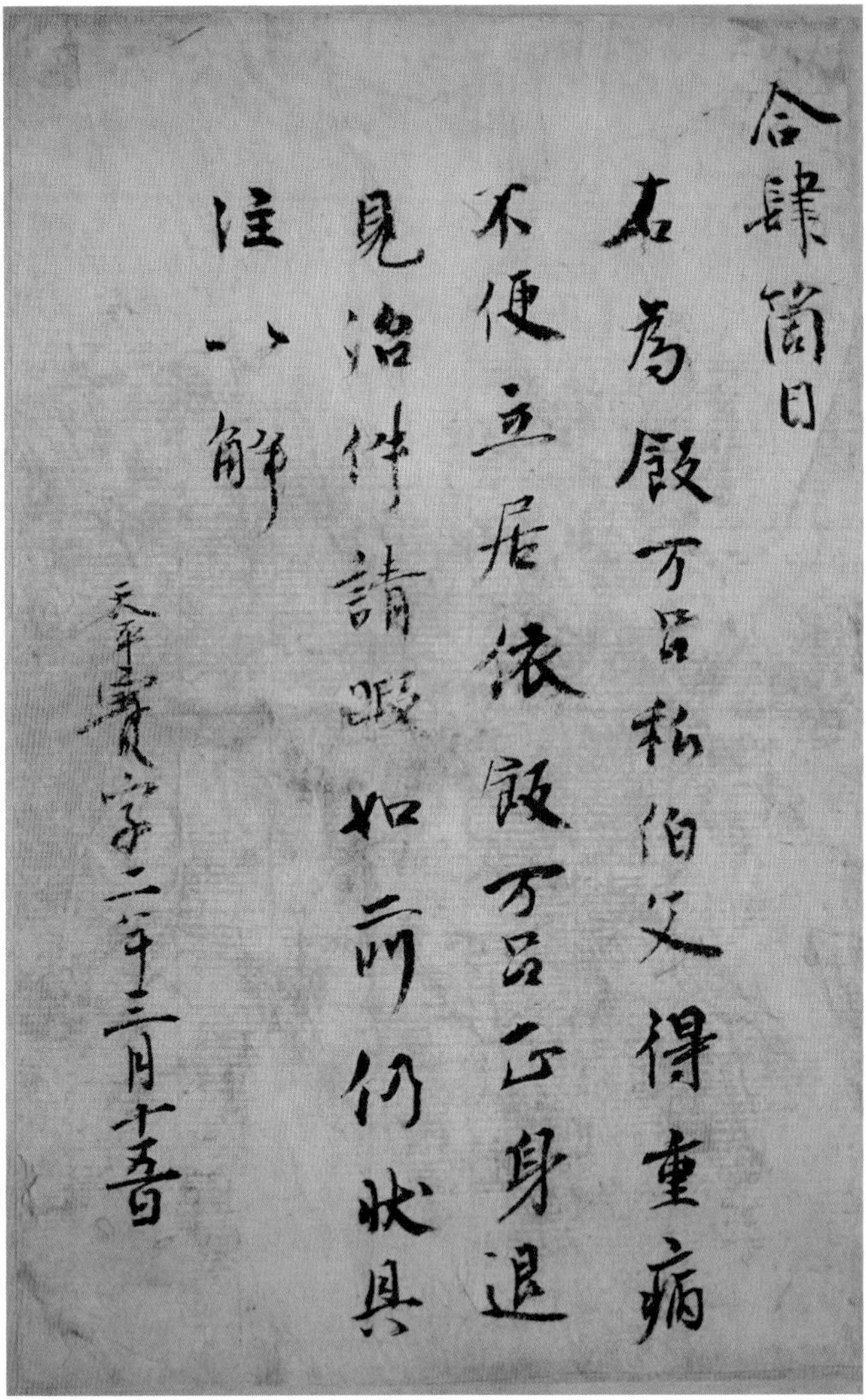
合肆箇日
右為飯万呂私伯父得重病
不便立居依飯万呂正身退
見治件請暇如前仍状具
注以解
天平寶字二年三月十五日

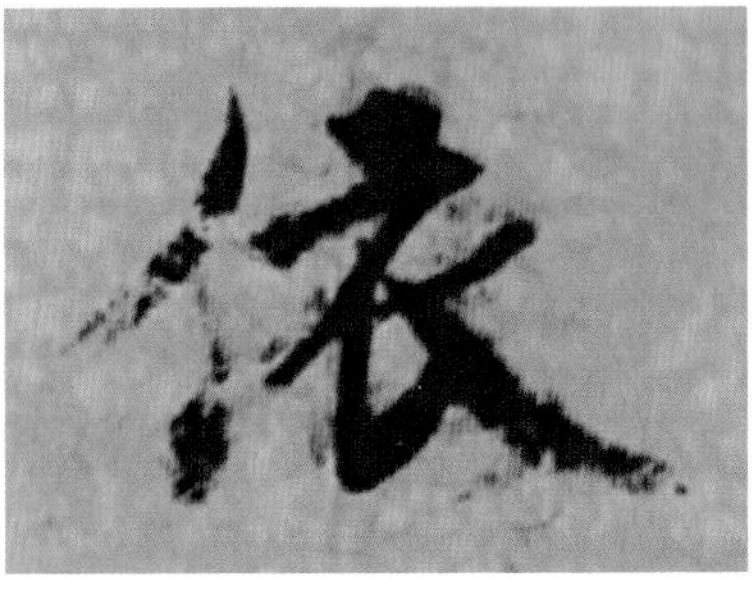

「依」の文字（本文二行目）

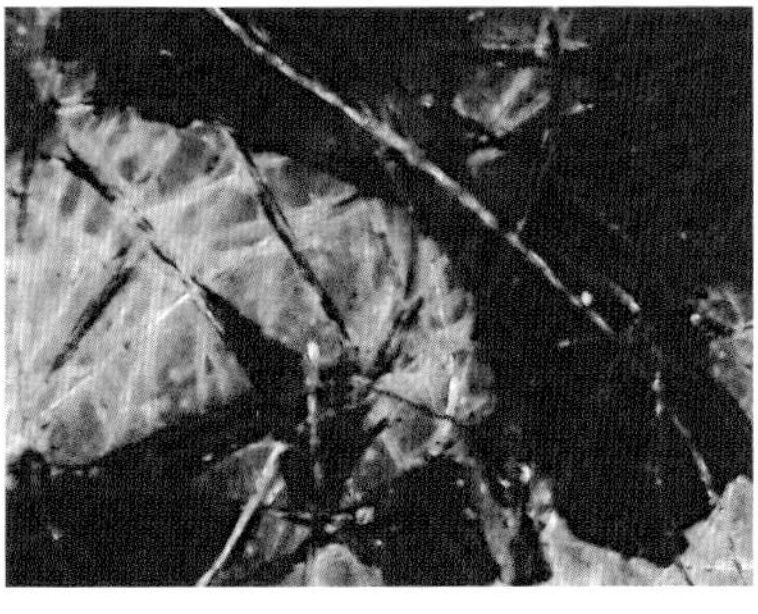

「宝亀三年（七七二）九月二五日　答他虫麻呂手実」

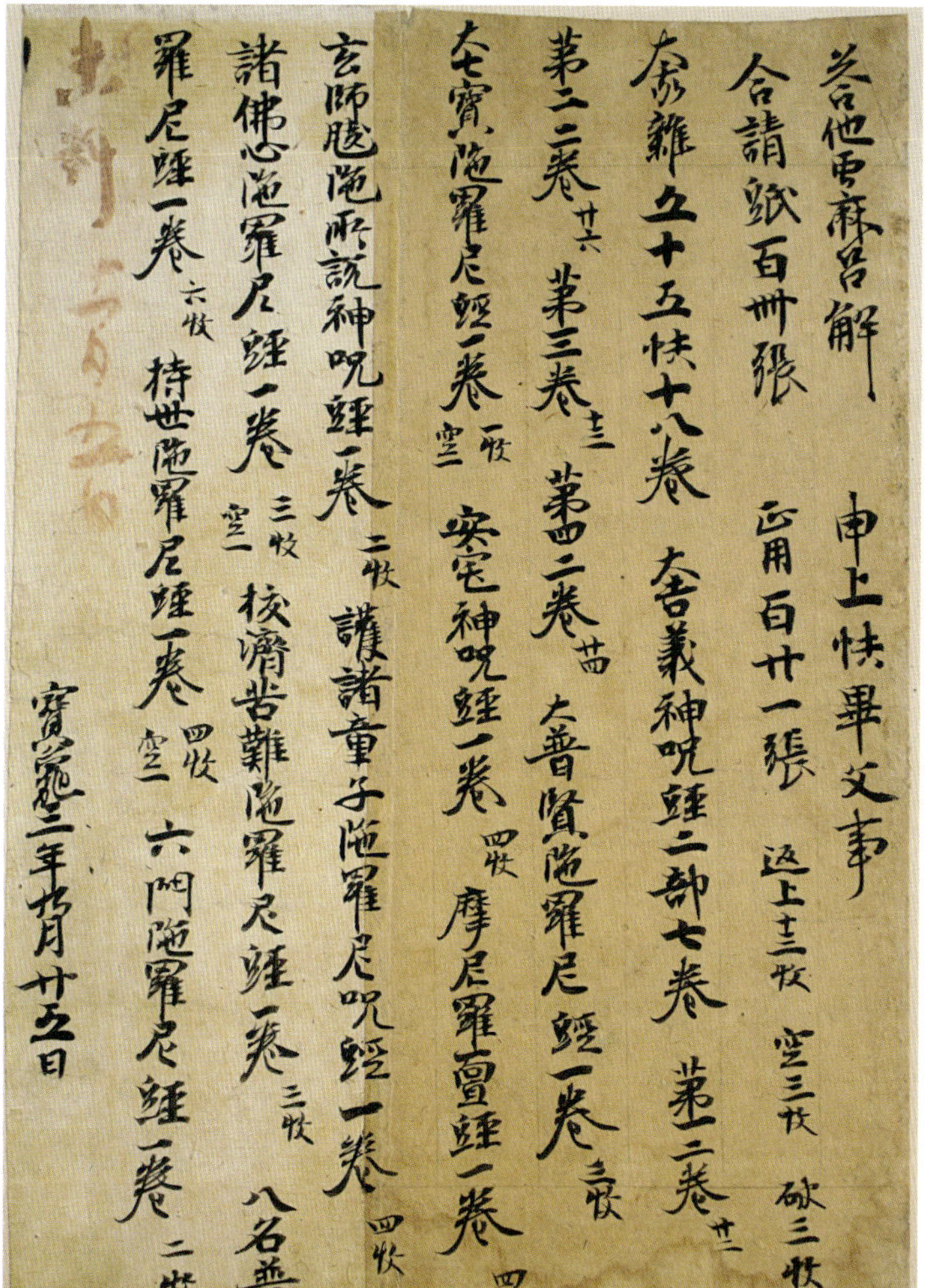

答他虫麻呂解　申上帙畢文事
合請紙百卌張　正用百廿一張　返上十三枚　空三枚　破三枚
奈雑五十五帙十八巻　大吉義神呪経二部七巻　第二巻廿三
第二巻廿六　第三巻十三　第四二巻廿四　大普賢陀羅尼経一巻十三枚
大七寶陀羅尼経一巻一枚空一　安宅神呪経一巻四枚　摩尼羅亶経一巻四枚
玄師颰陀所説神呪経一巻二枚　護諸童子陀羅尼呪経一巻四枚
諸佛心陀羅尼経一巻三枚空一　救済苦難陀羅尼経一巻三枚　八名普密
羅尼経一巻六枚　持世陀羅尼経一巻四枚空一　六門陀羅尼経一巻二枚
寶亀三年九月廿五日

（第二紙）

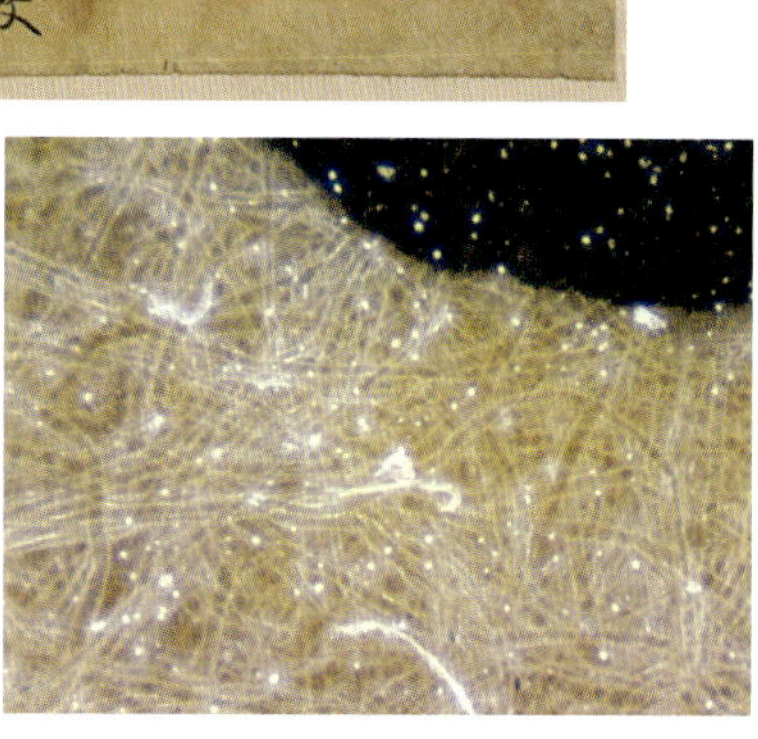
（第一紙）

『**正倉院流出文書**』**5**　「宝亀 4 年（773）7 月 13 日　无下雑物納帳」（本文 254 頁）

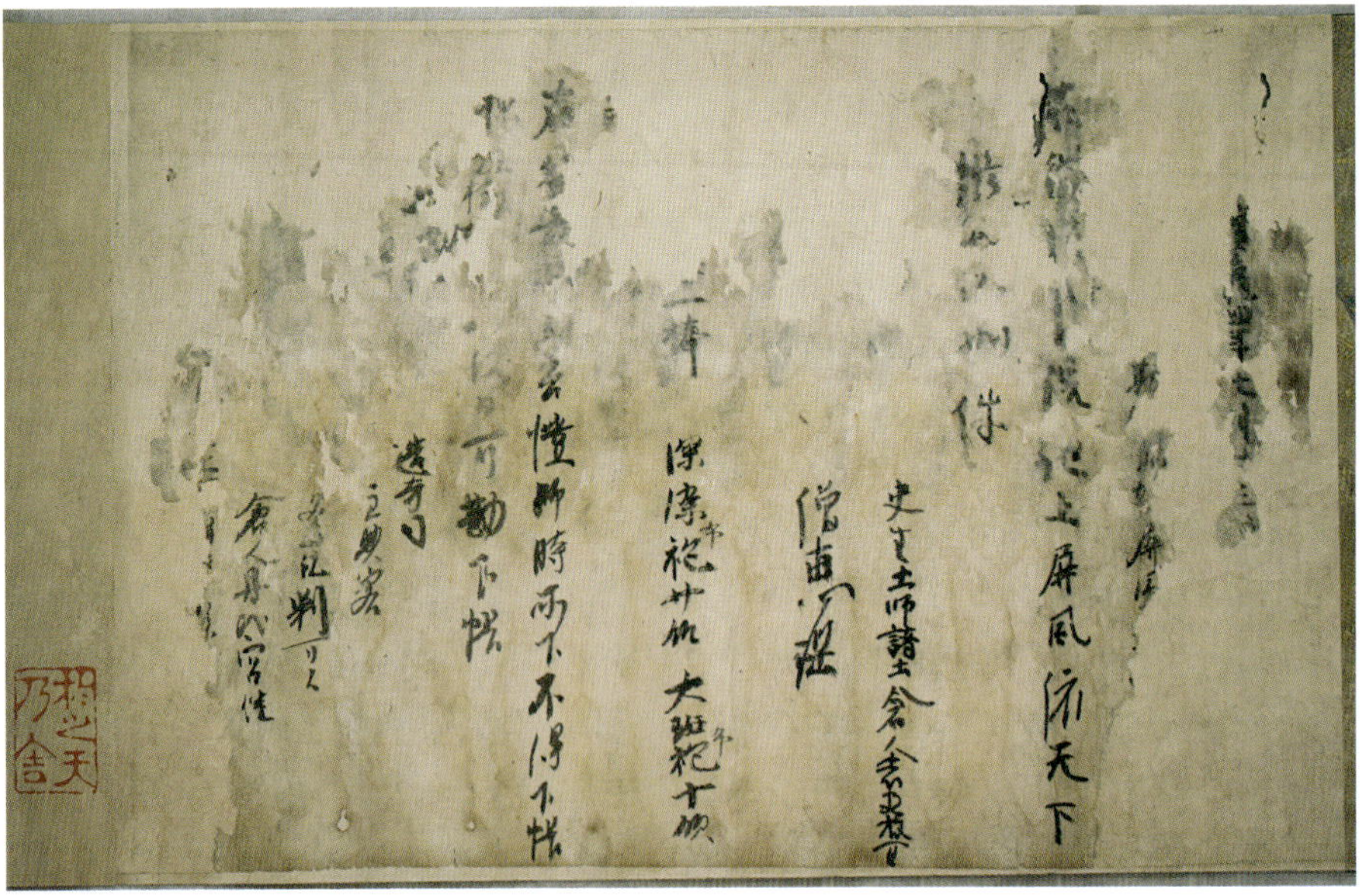

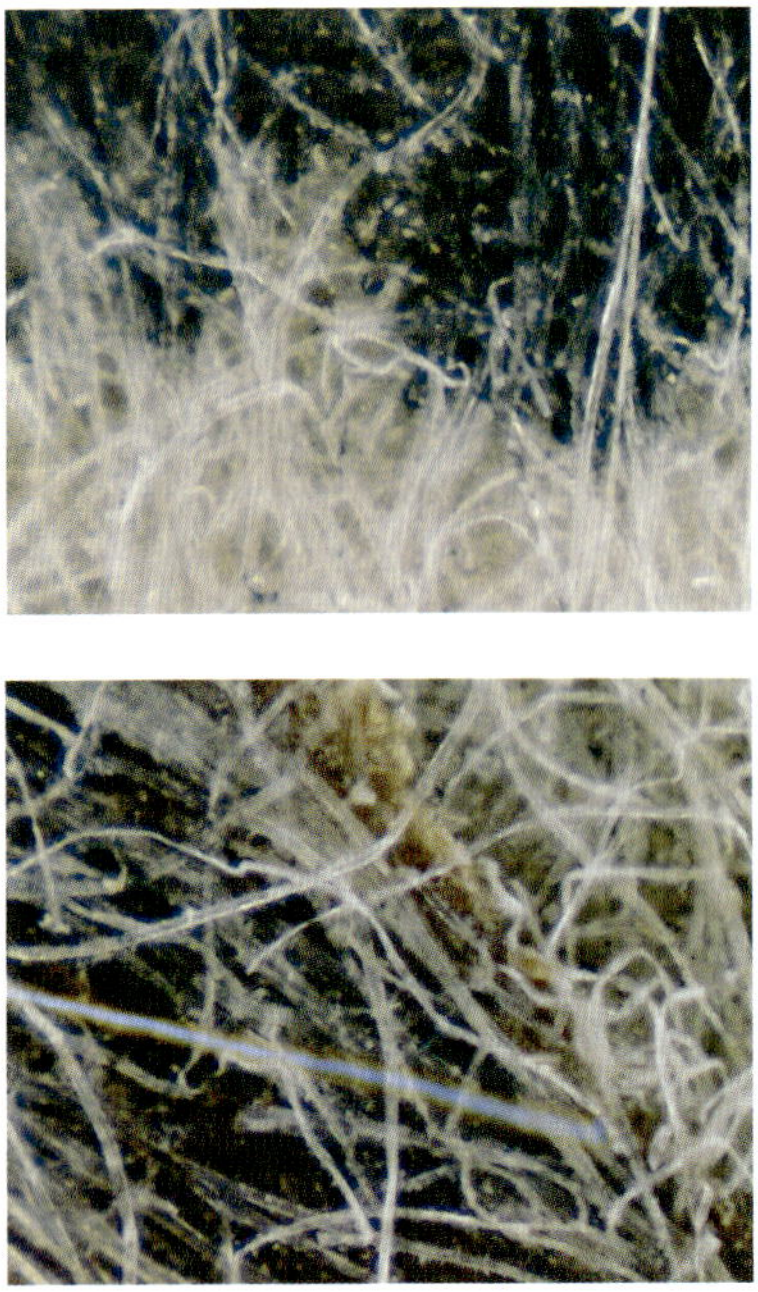

未蒸解繊維

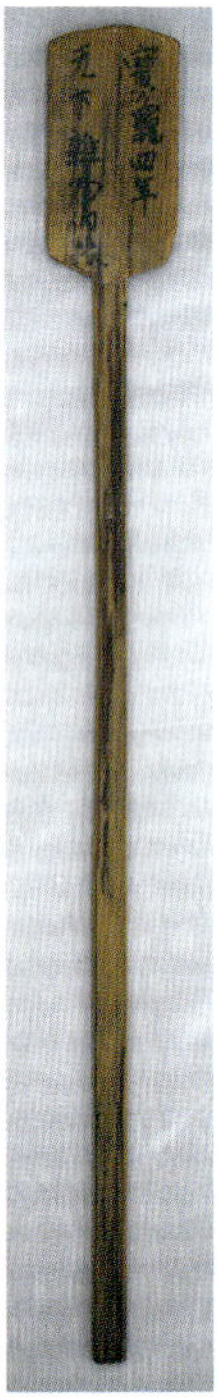

題籤軸

「**東大寺奴婢帳**」天平勝宝元年（749）11 月 3 日（東大寺旧蔵　本文 255 頁）

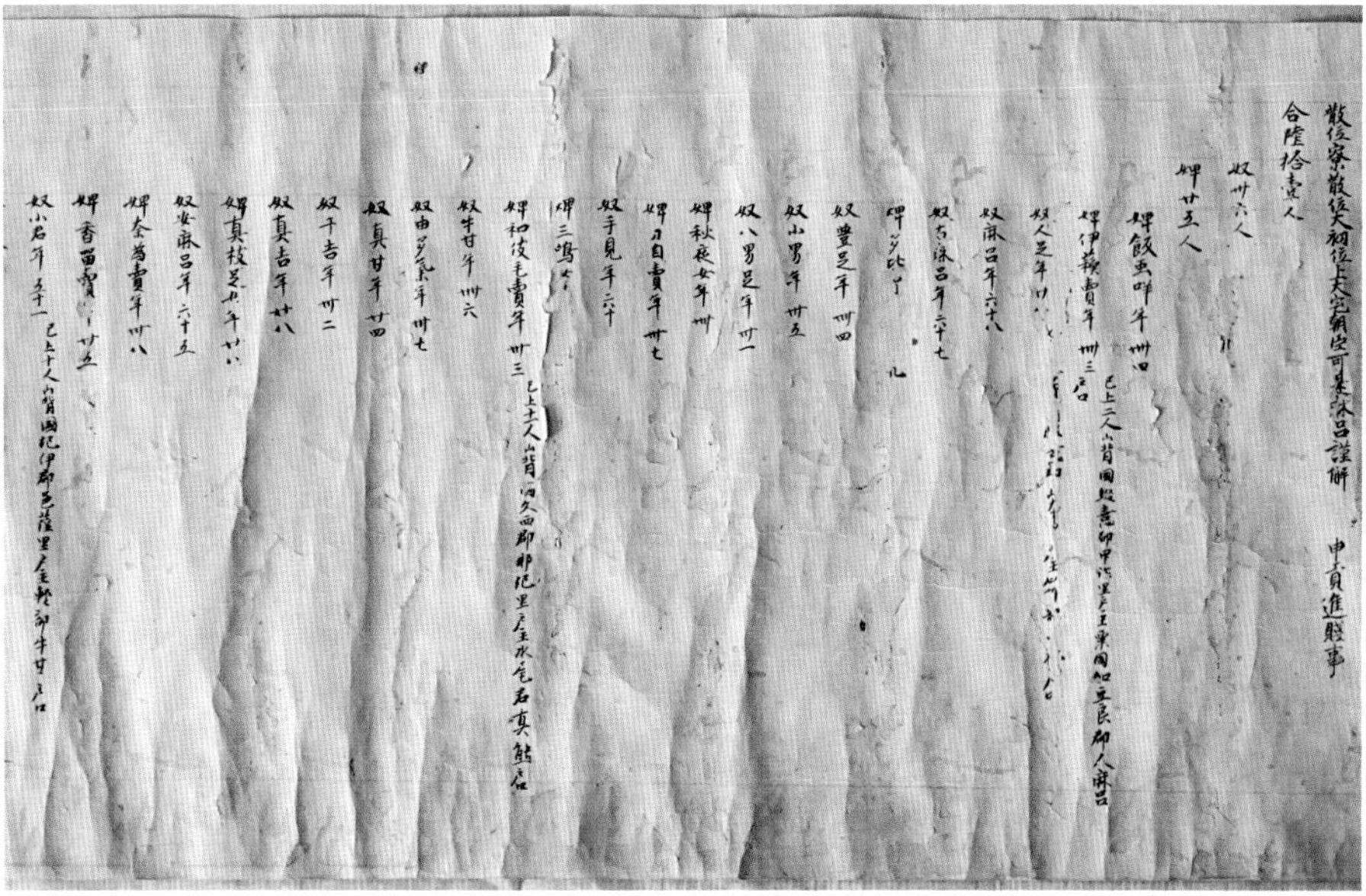

（第 1 紙）

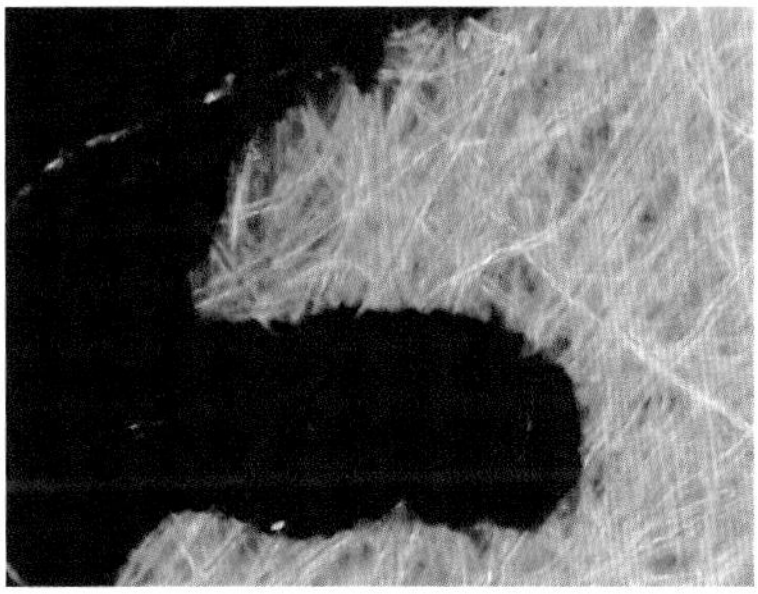

（第 1 紙表）

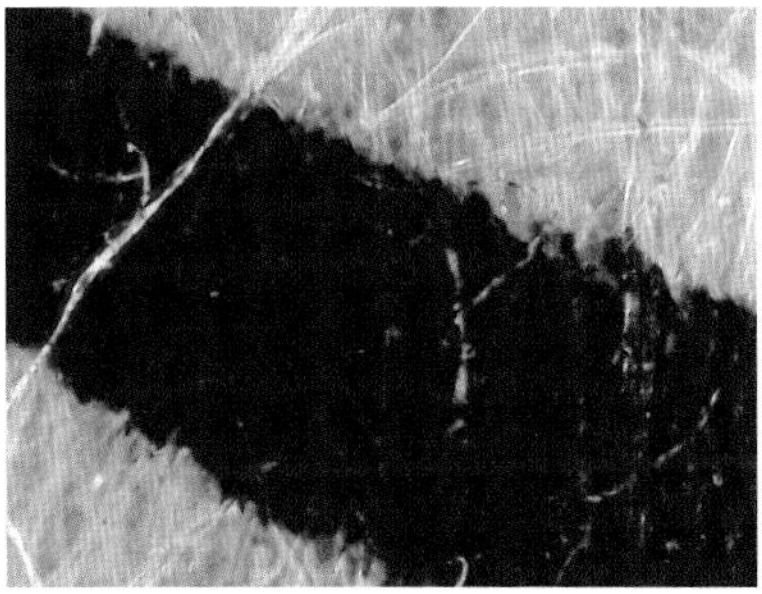

（第 1 紙表）

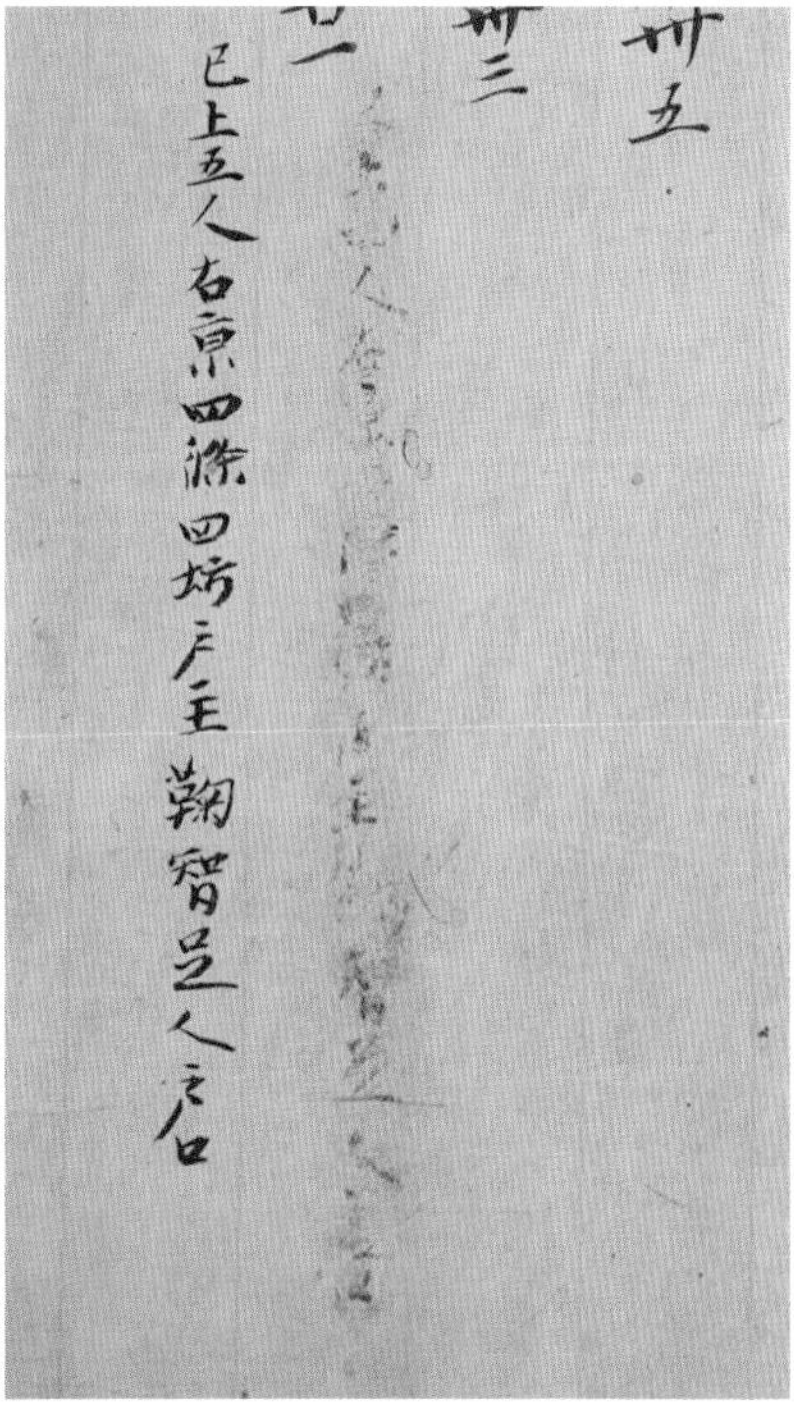

刷消（第二紙後半）

『山城国葛野郡班田図』（東寺旧蔵　1101年書写　本文256頁）

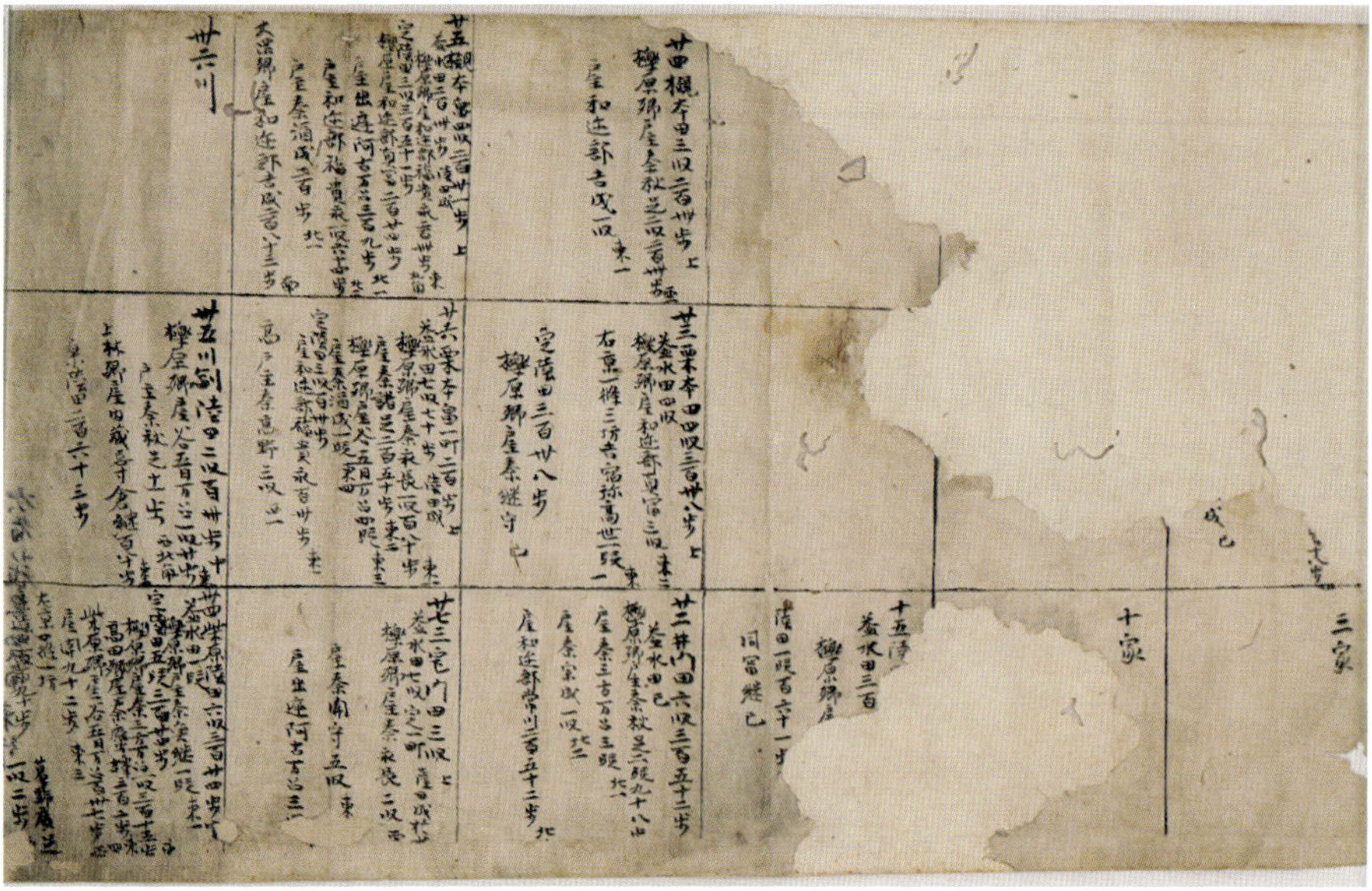

（櫟原里〔下半〕）

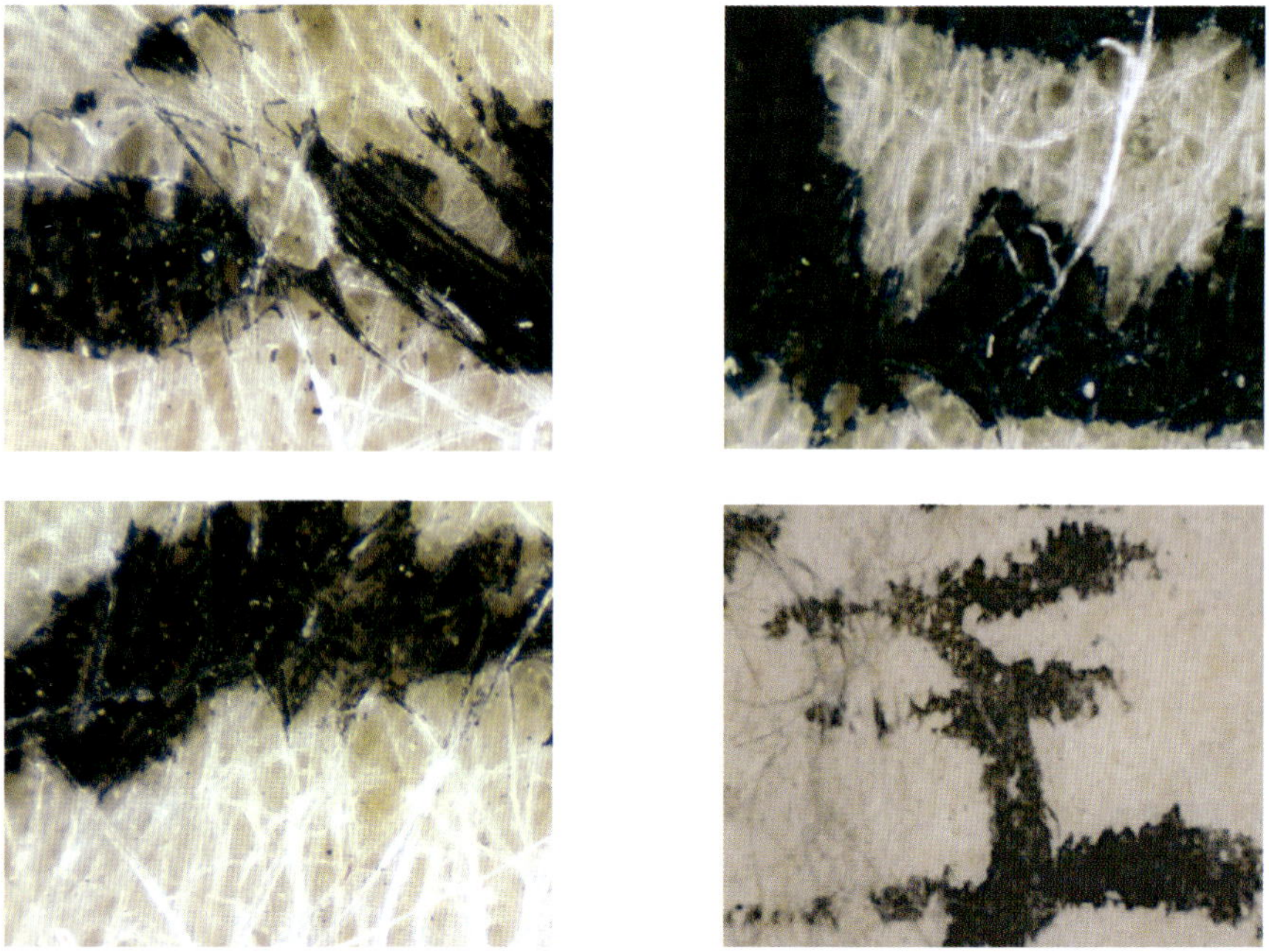

文字拡大（卅四坪の部分）

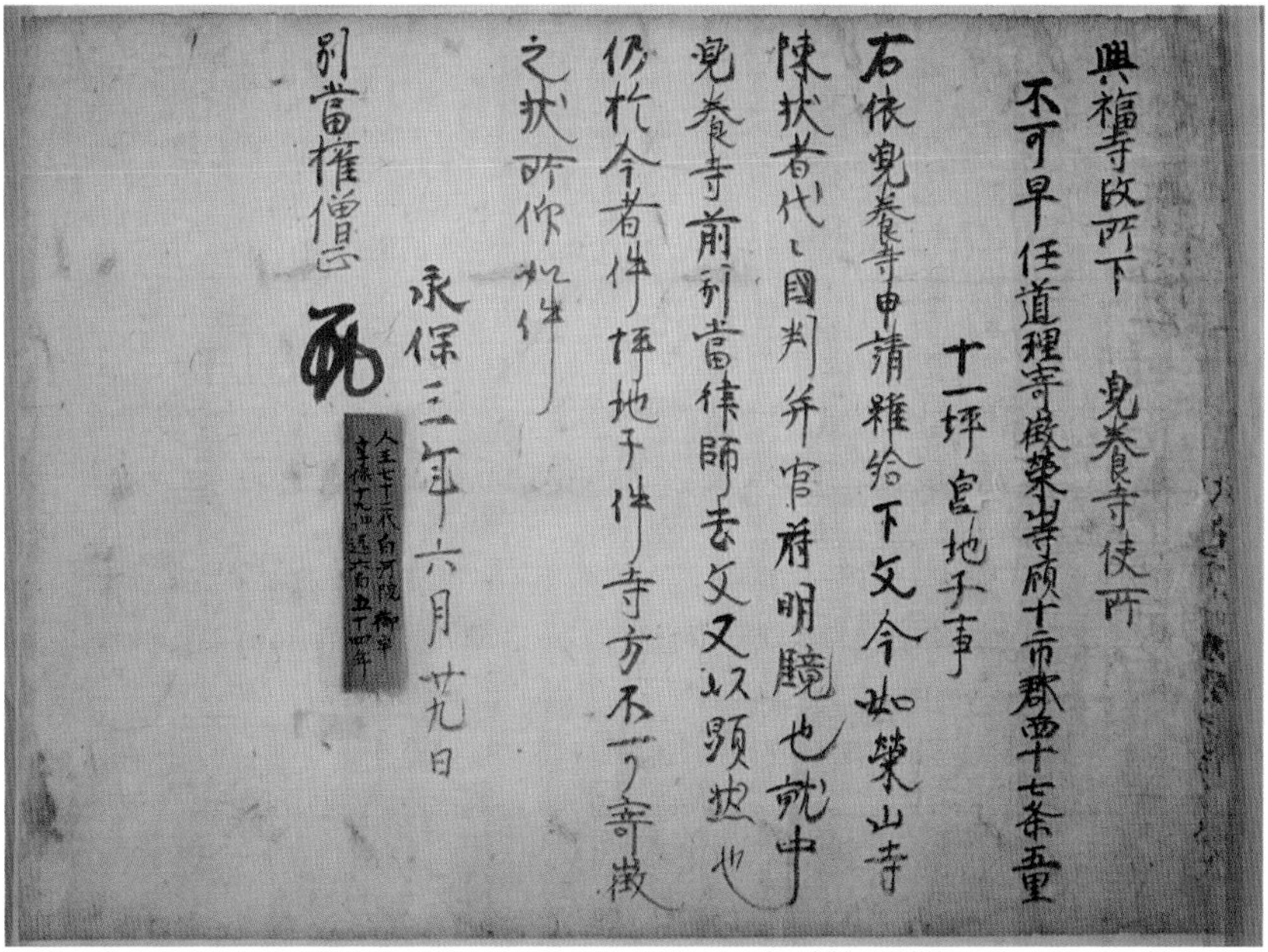
興福寺政所下　児養寺使所
不可早任道理寄歳栄山寺顧十市郡西十七条五里
十一坪墾地子事
右依児養寺申請雅給下文令如栄山寺
陳状者代々国判并官府明驗也就中
児養寺前別当律師去文又以顕然也
仍於今者件坪地子件寺方不可寄歳
之状所仰如件
永保三年六月廿九日
別当権僧正

栄山寺文書 巻3 － 10「永保3年（1083）興福寺政所下文《まんどころくだしぶみ》」（興福寺系）

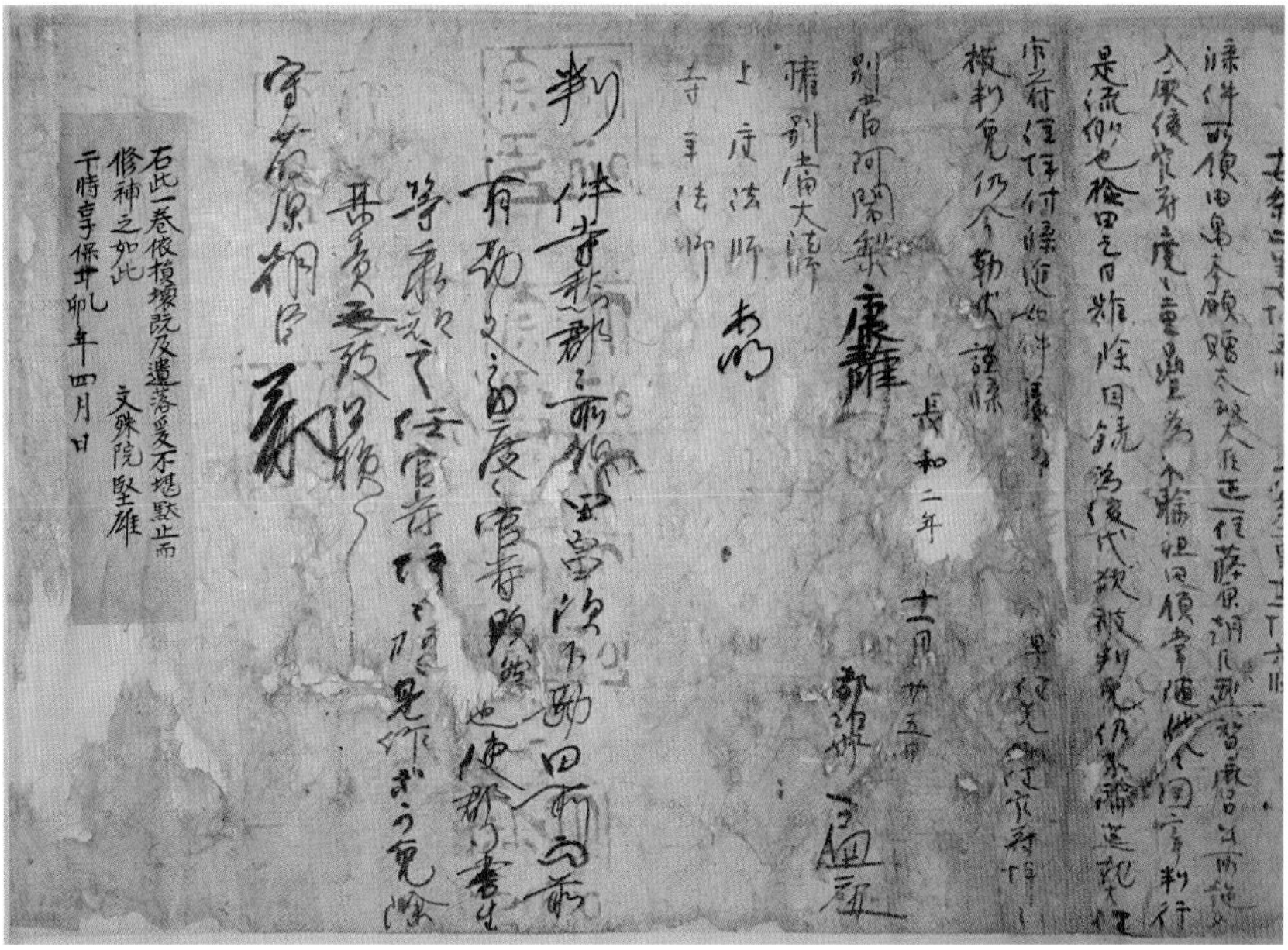

栄山寺文書 巻1「長保4年（1002）栄山寺牒」（栄山寺A系）（第3紙）

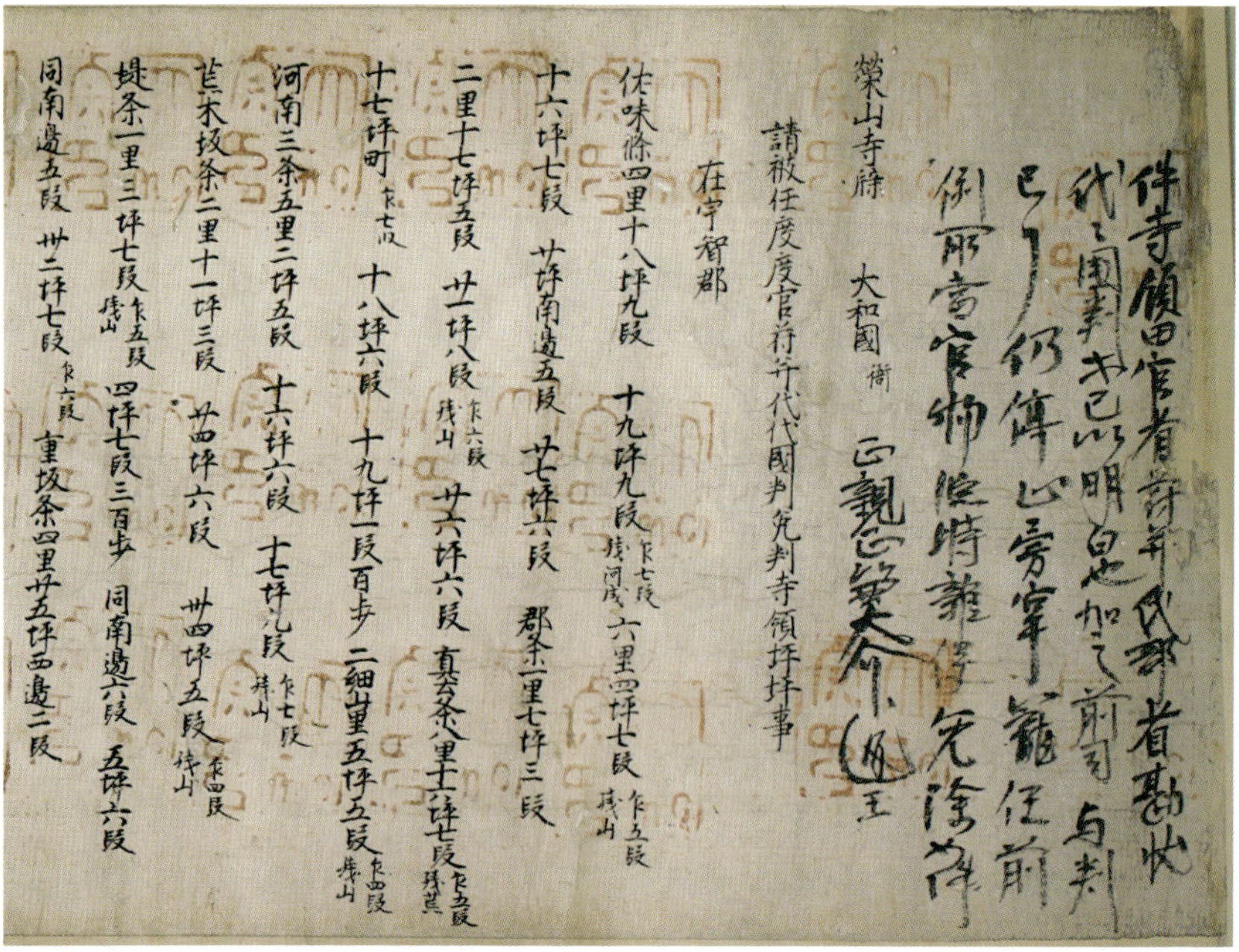

栄山寺文書 巻3 － 13「康和4年（1102）栄山寺牒」（栄山寺B系）（第1紙）

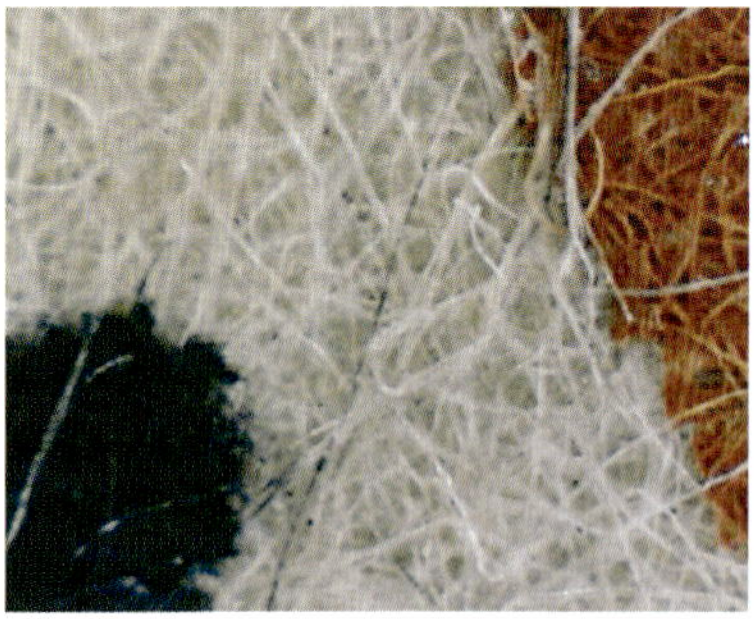

丹勘（栄山寺A系）

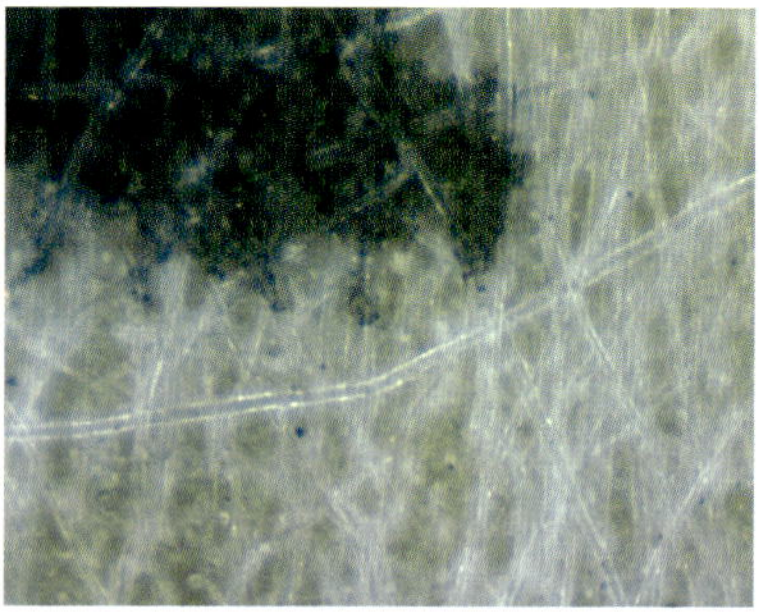

（興福寺系）

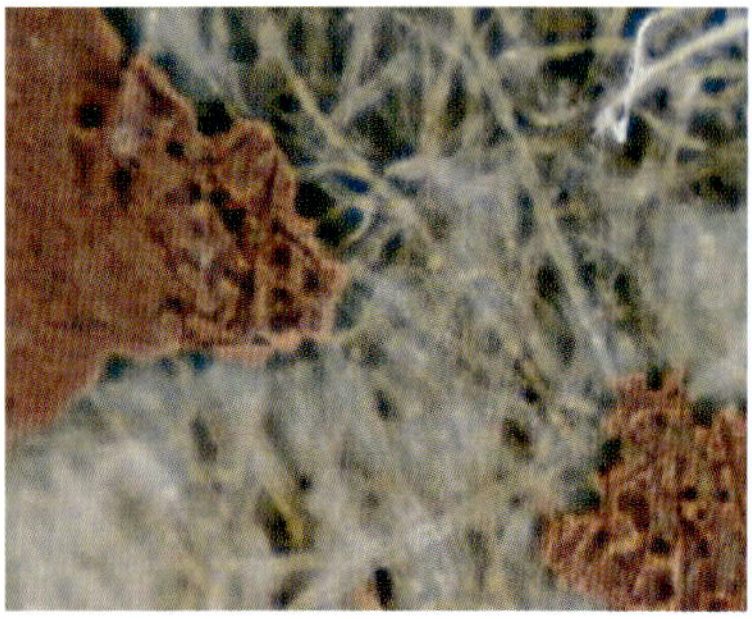

印（栄山寺B系）

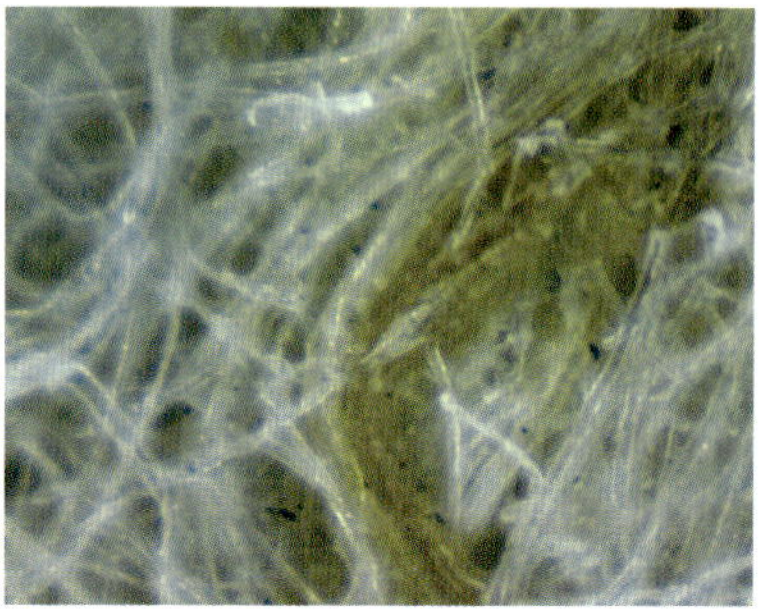

未蒸解繊維（興福寺系）

「**平宗盛書状**」仁安２年（1167）９月18日（重要文化財　本文258頁）

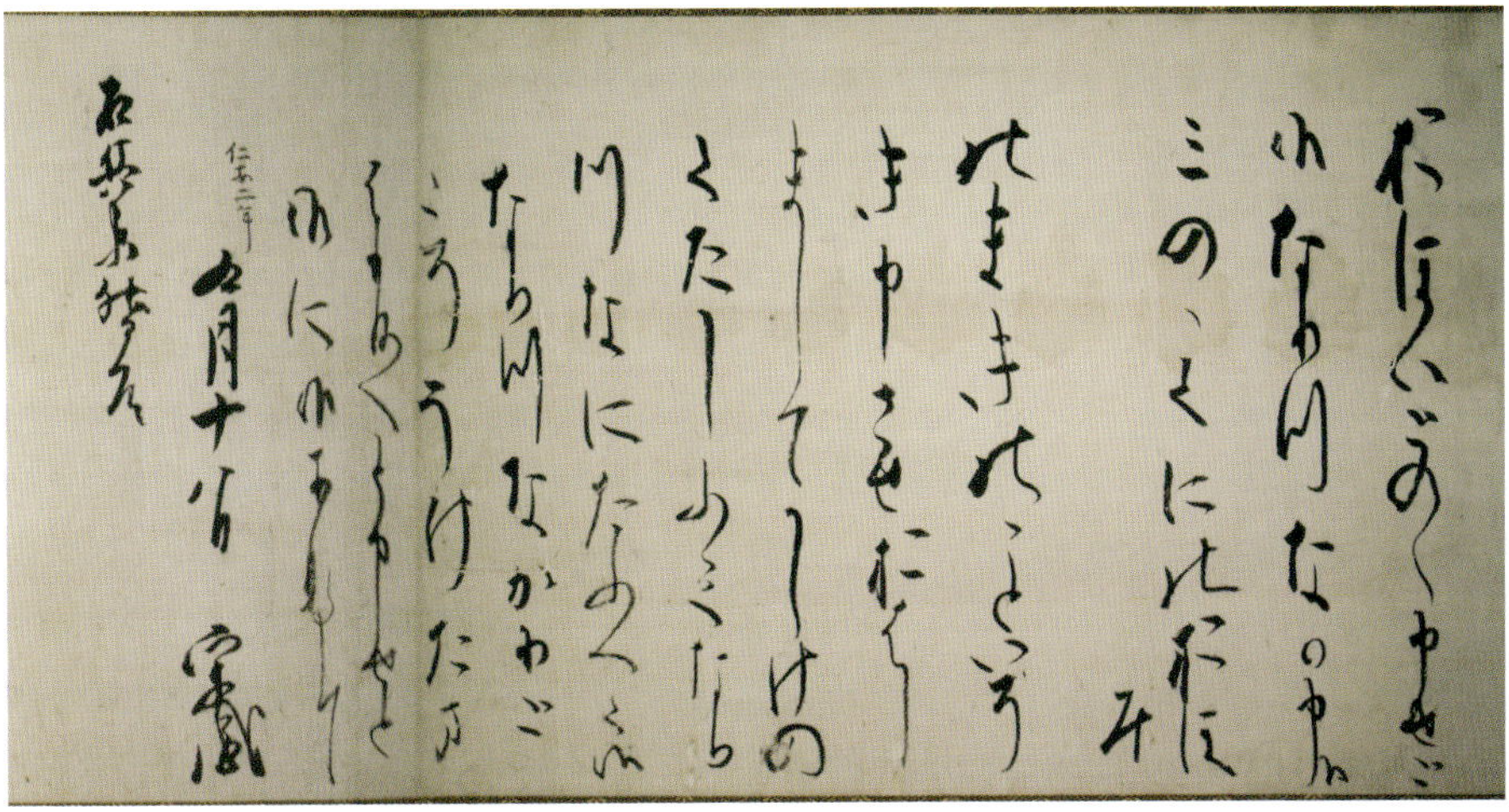

藍色繊維（第一紙・上の写真八行目）

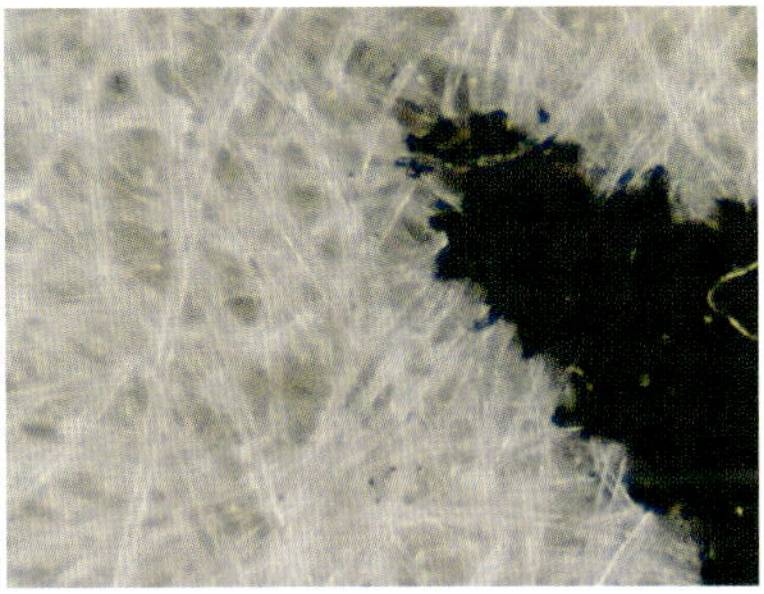

（第二紙）

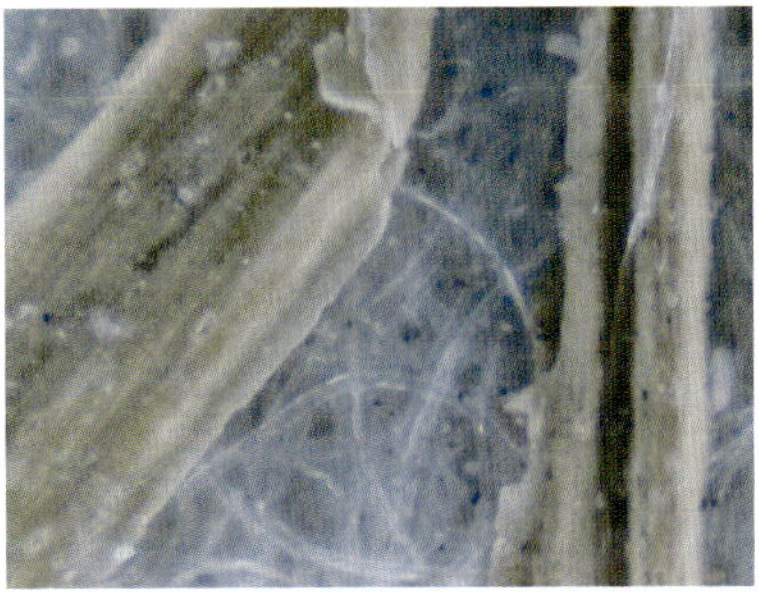

未叩解繊維（第一紙）

「**大江某奉書**」元暦元年（1184）5 月 18 日（高山寺旧蔵　重要文化財　本文 259 頁）

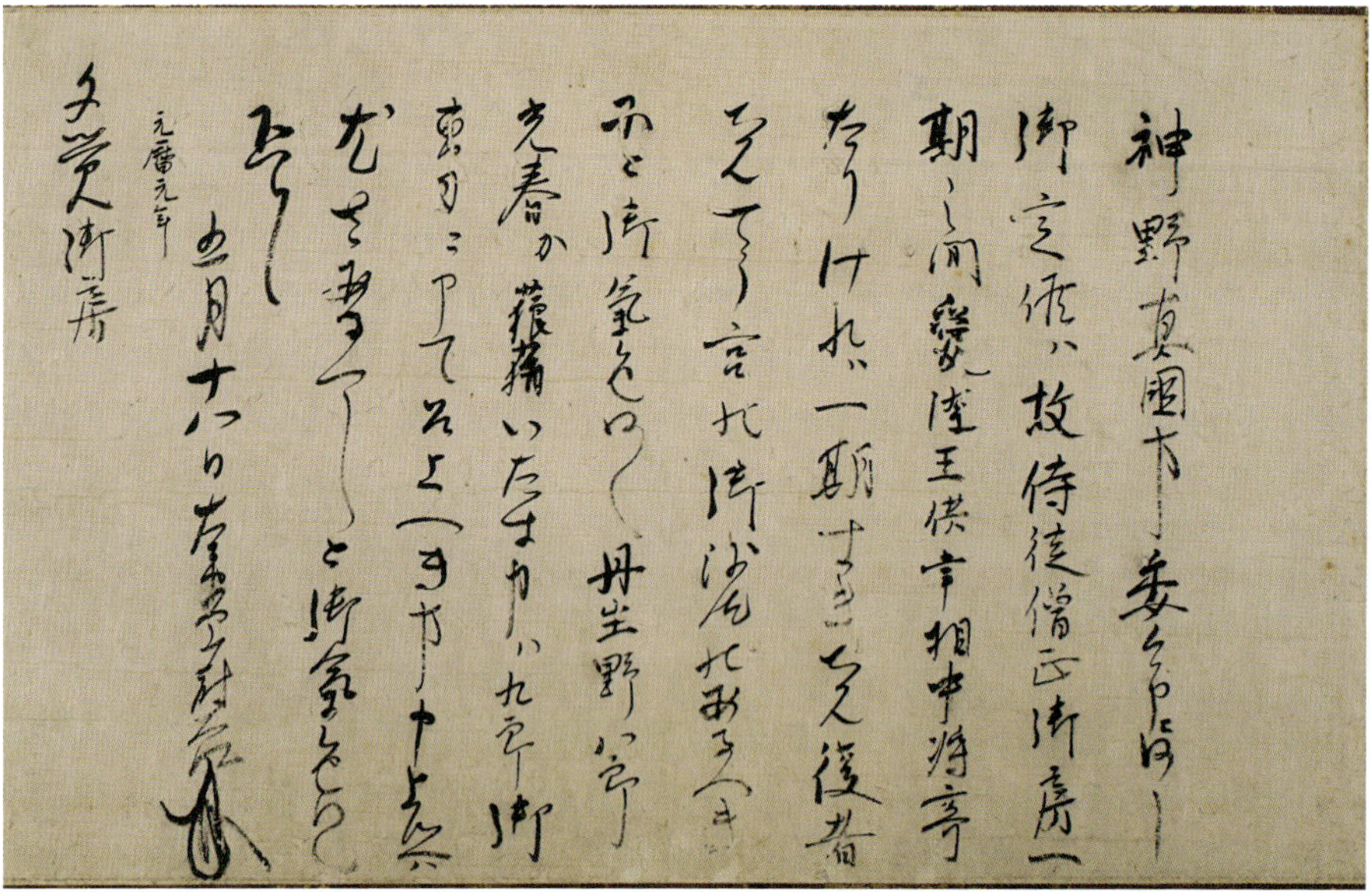

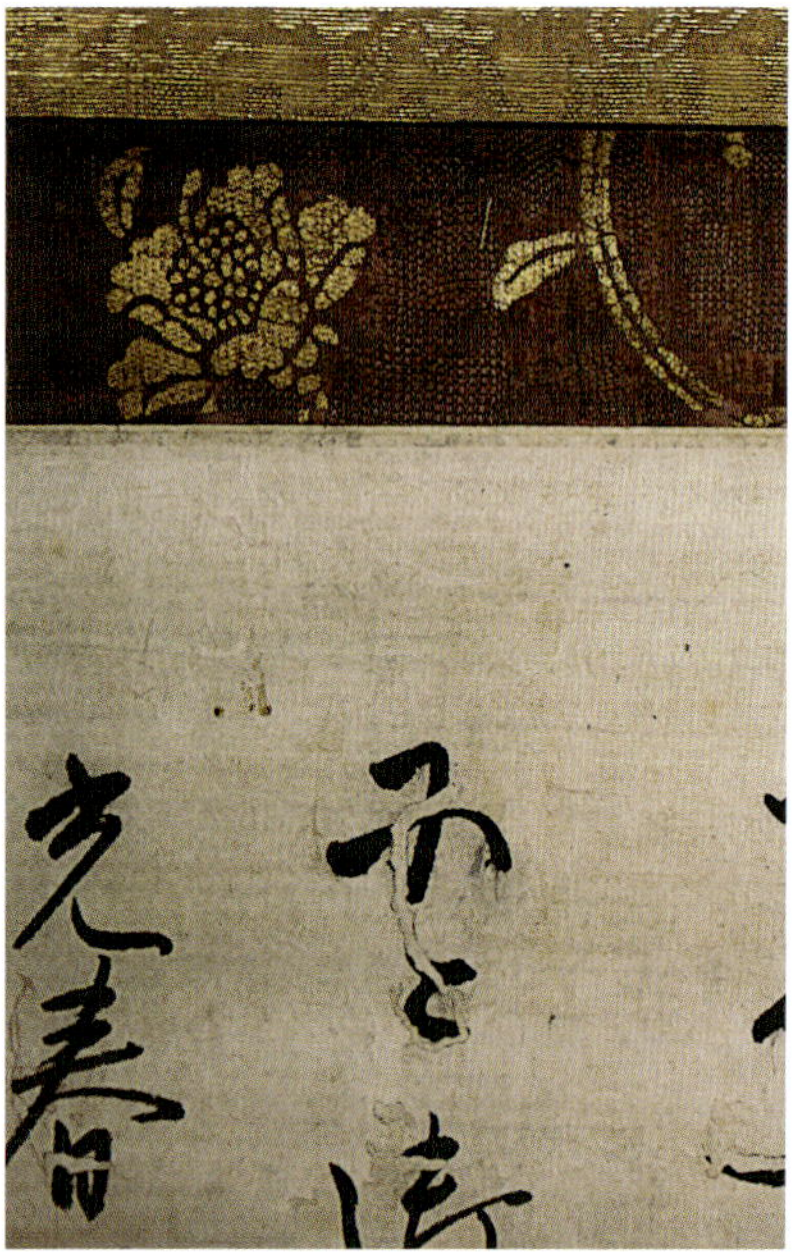

漉き目（第六～七行目）

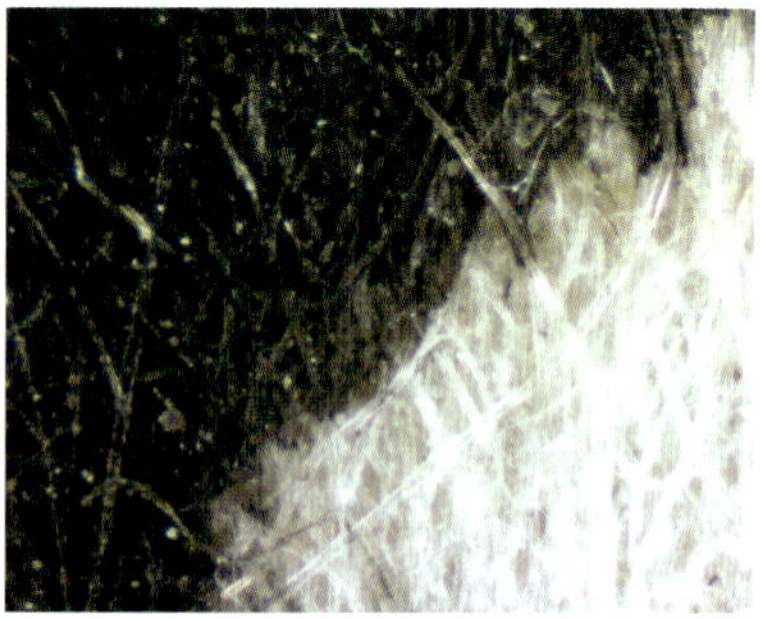

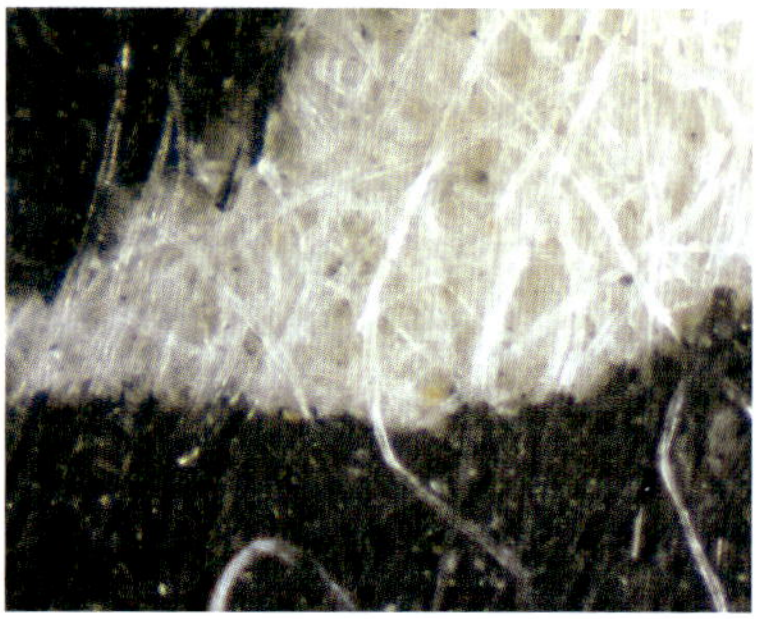

「六波羅探題御教書」文永10年（1273）正月27日（重要文化財　本文260頁）

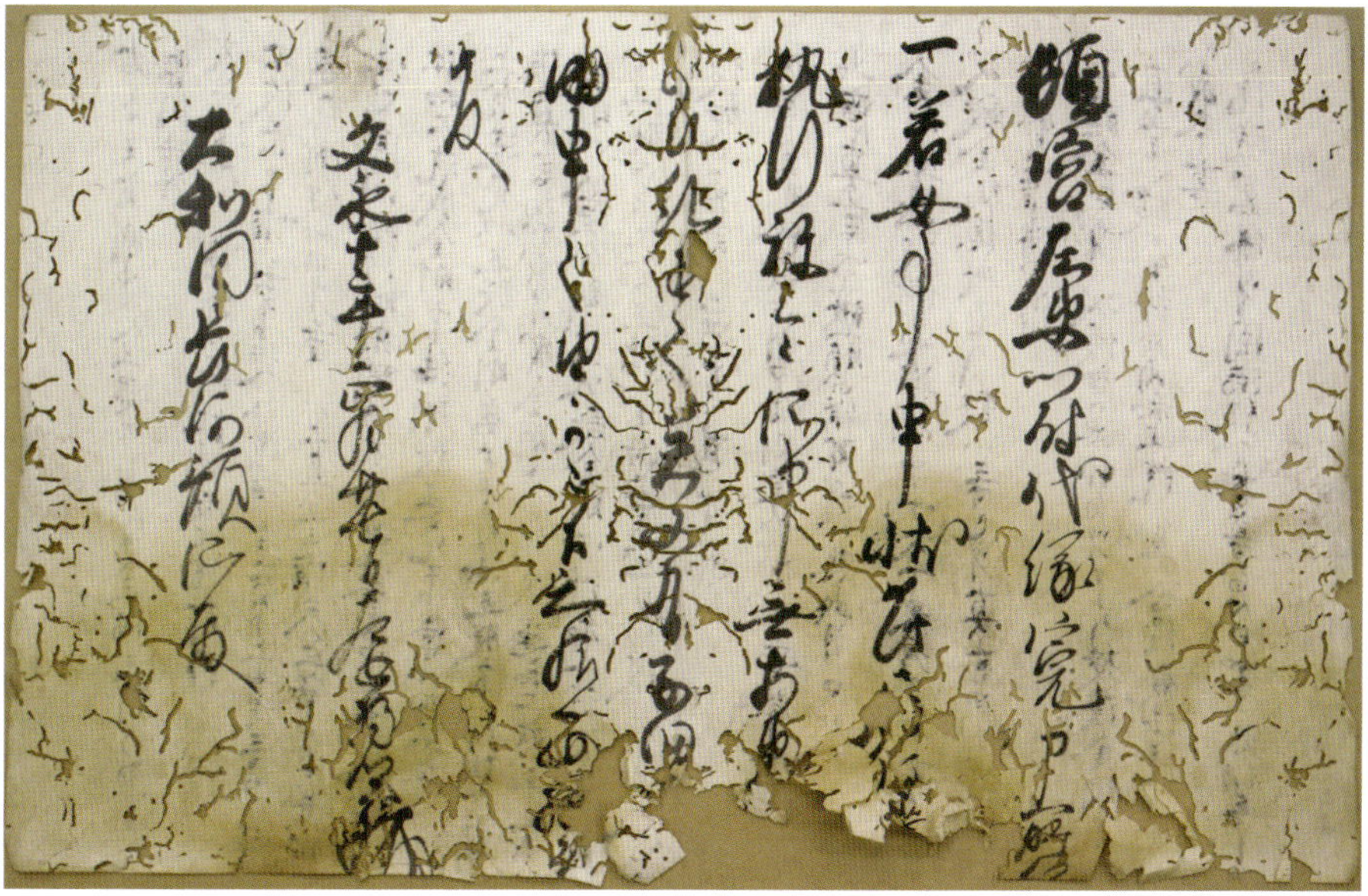

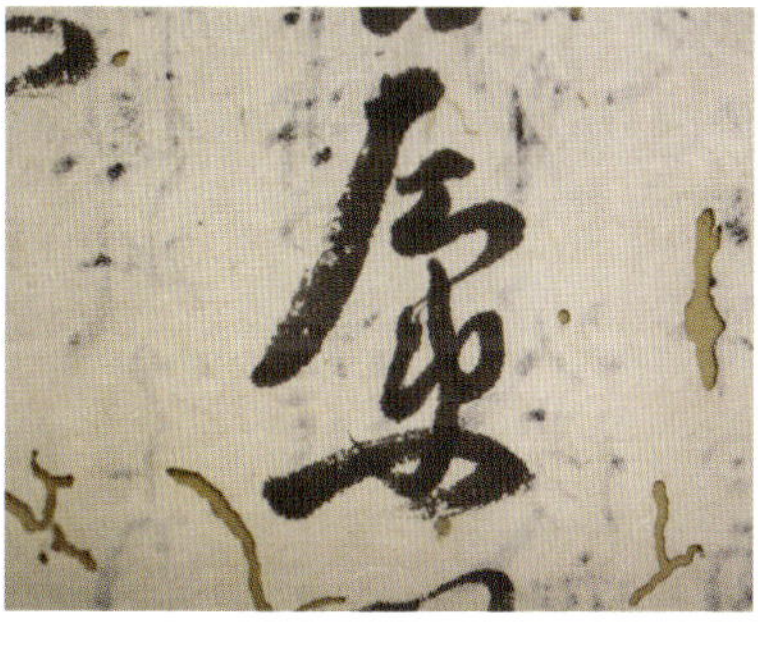

書状面（一次利用面）

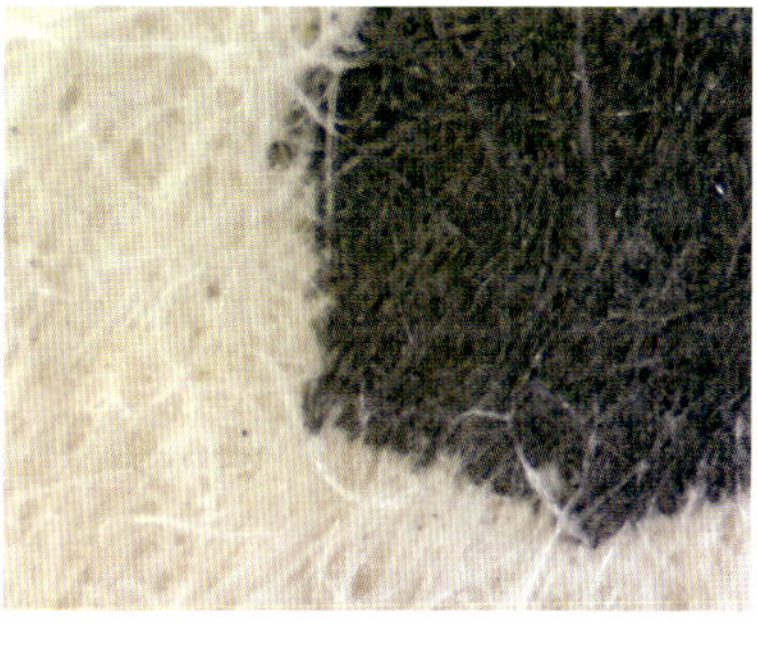

書状面（一次利用面）

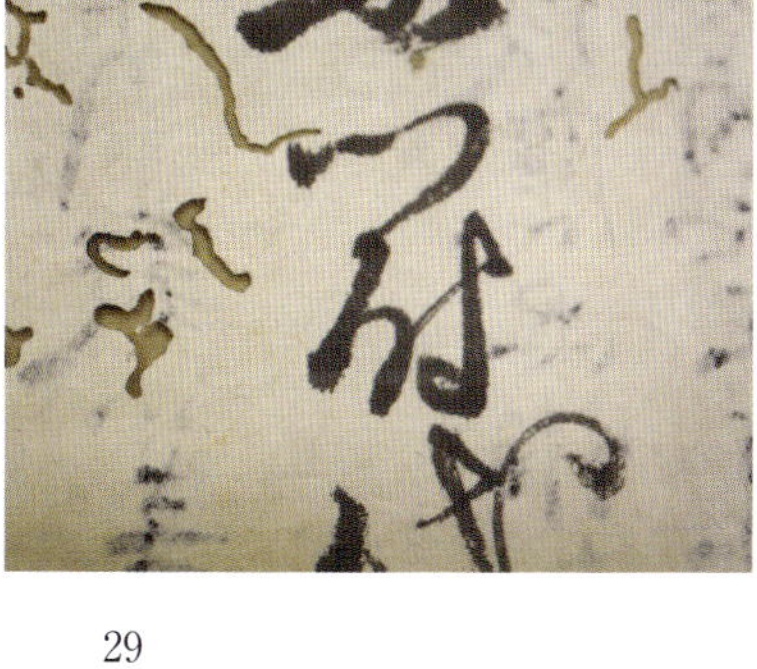

書状面（一次利用面）

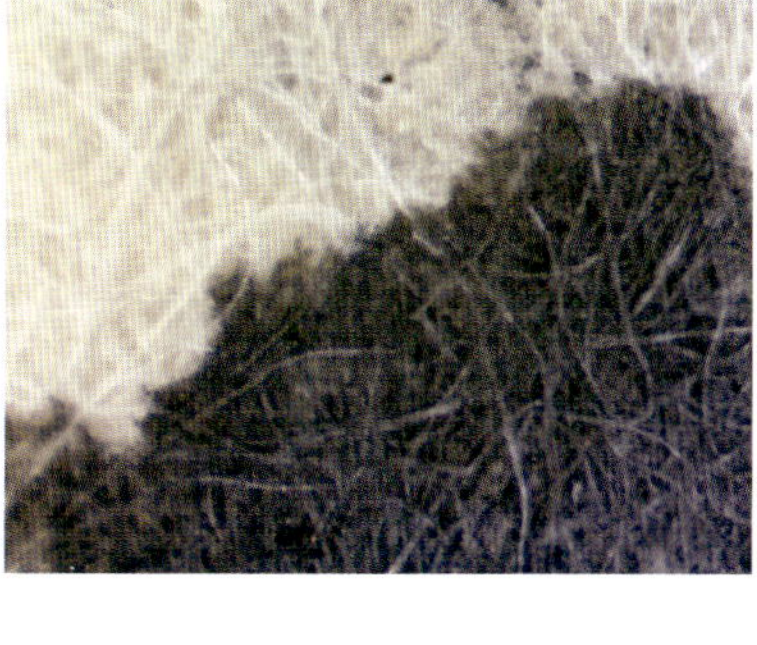

（二次利用面）

「金沢貞顕書状」正和５年（1316）７月ヵ（重要文化財　本文 261 頁）

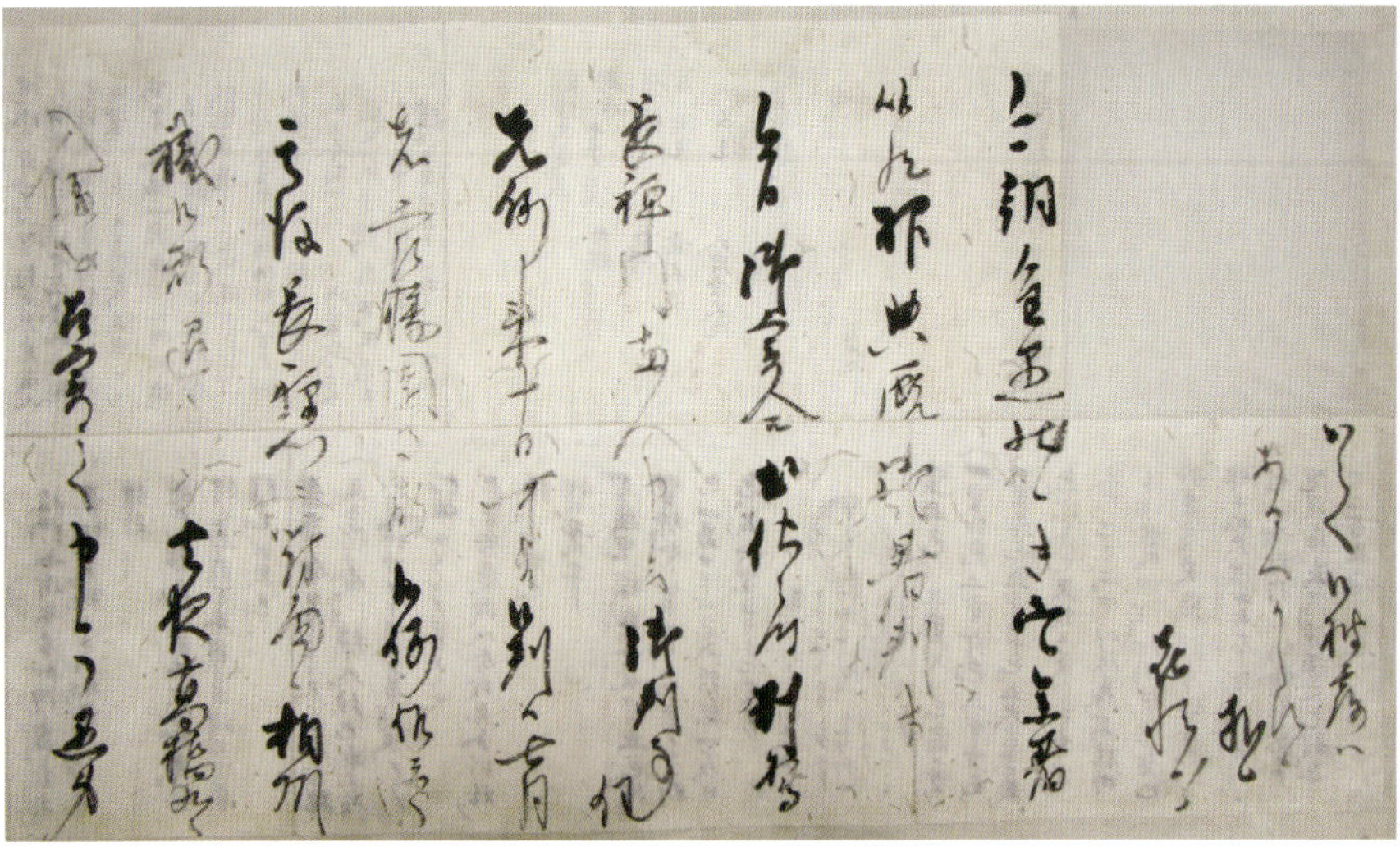

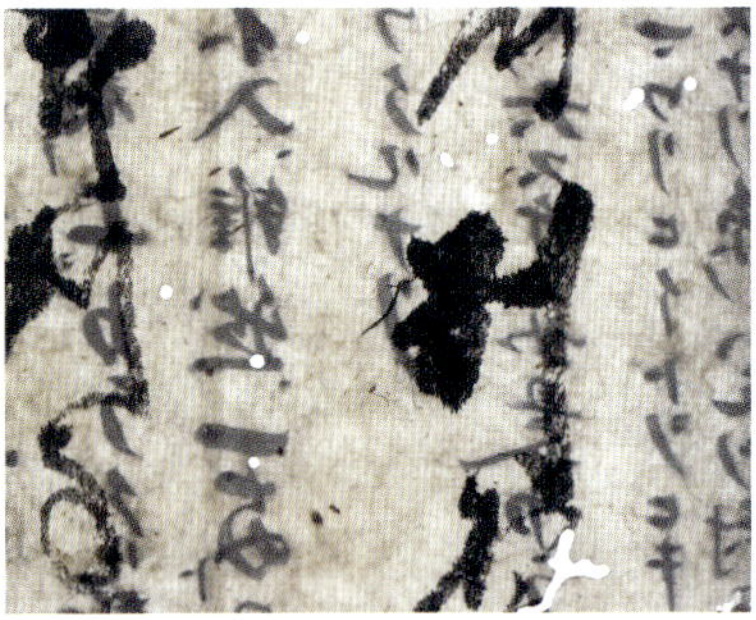

透過光撮影（一次利用面）

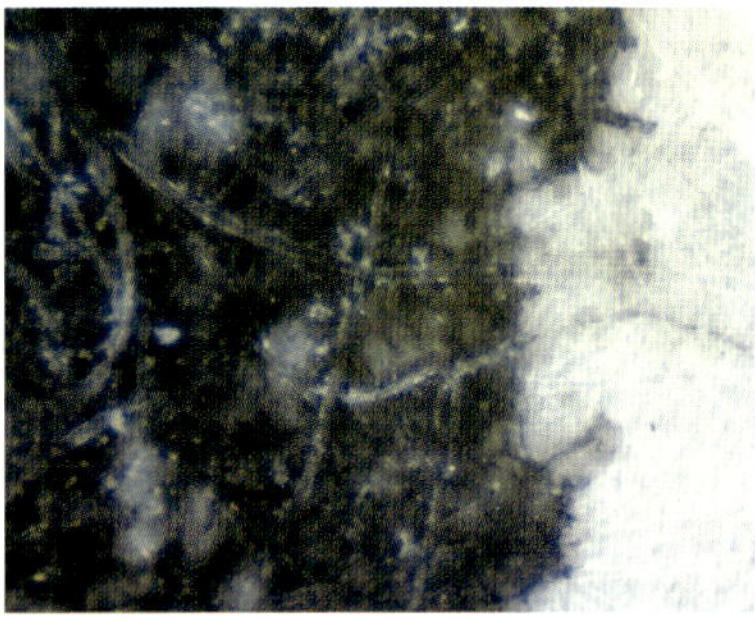

（一次利用面）

（一次利用面）

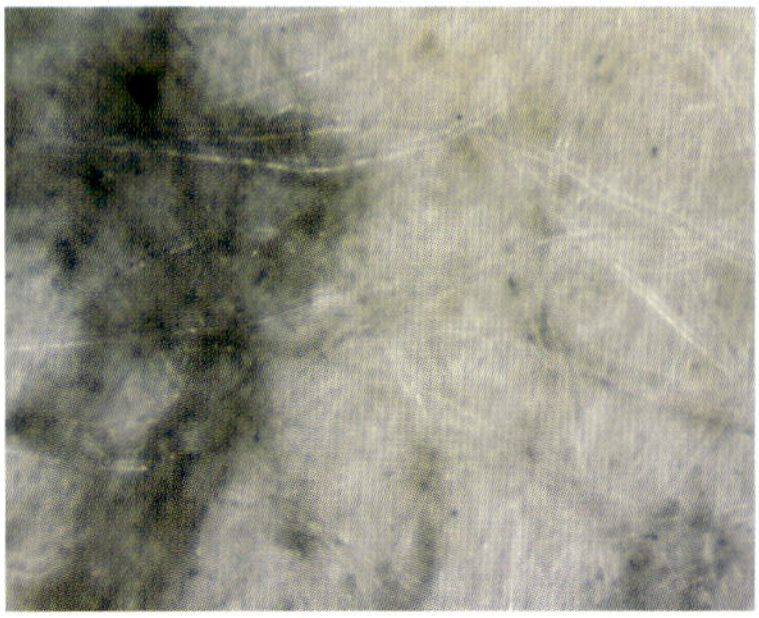

（二次利用面）

「**金沢貞顕書状**」（年不明）12 月 4 日（重要文化財　コラム 266 頁）

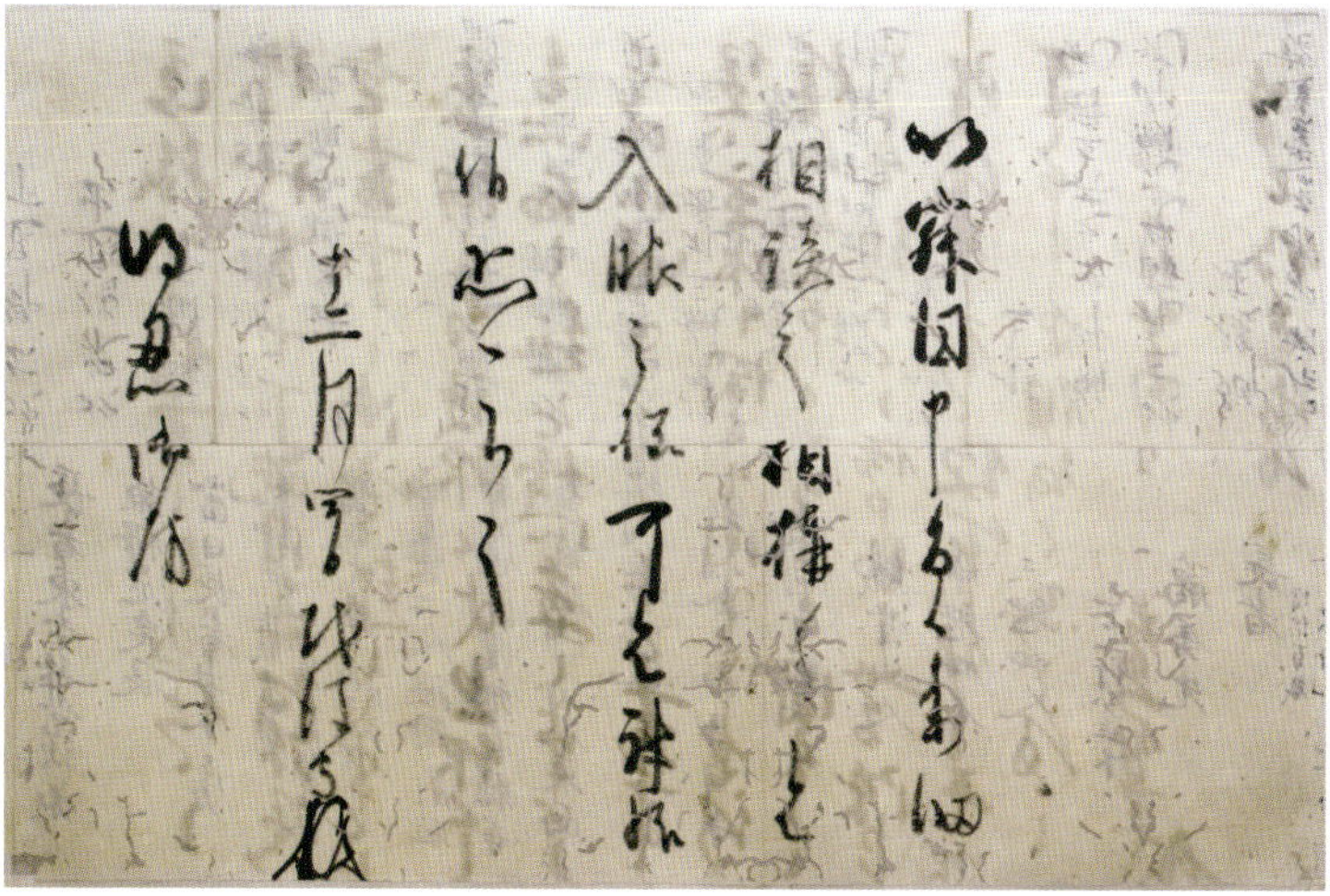

半流し漉きで漉かれた乳白色の楮紙。寸法は上が縦 16.3 × 横 50.0 ㎝、下が縦 17.1 × 横 50.0 ㎝。繊維に方向性は見られない。地合はよい。細かいチリはあるものの、チリは少なく、繊維の分散もよい。虫損あり。16 本の萱簀で漉かれている。裏打されているため、紙厚は計測不可だが、さわった感じでは厚紙といえる。打紙加工してドーサ塗布をしている。

（以上、宍倉氏の所見による）

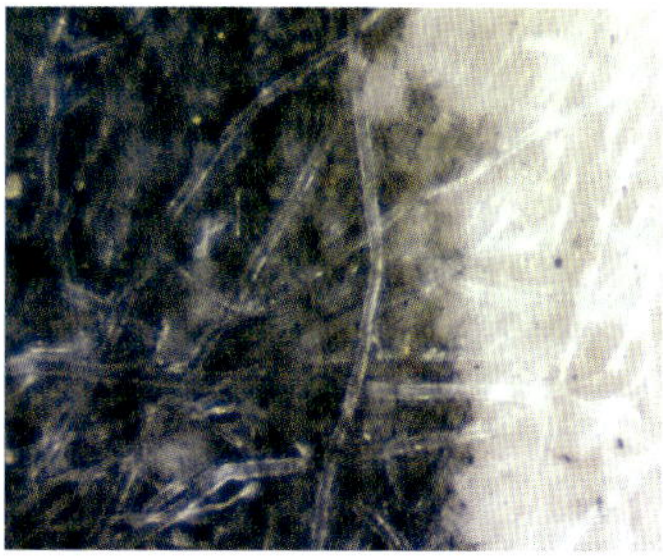

（一次利用面）

【参考】「**向山景定書状**」正和 4 年（1315）4 月 25 日（重要文化財）

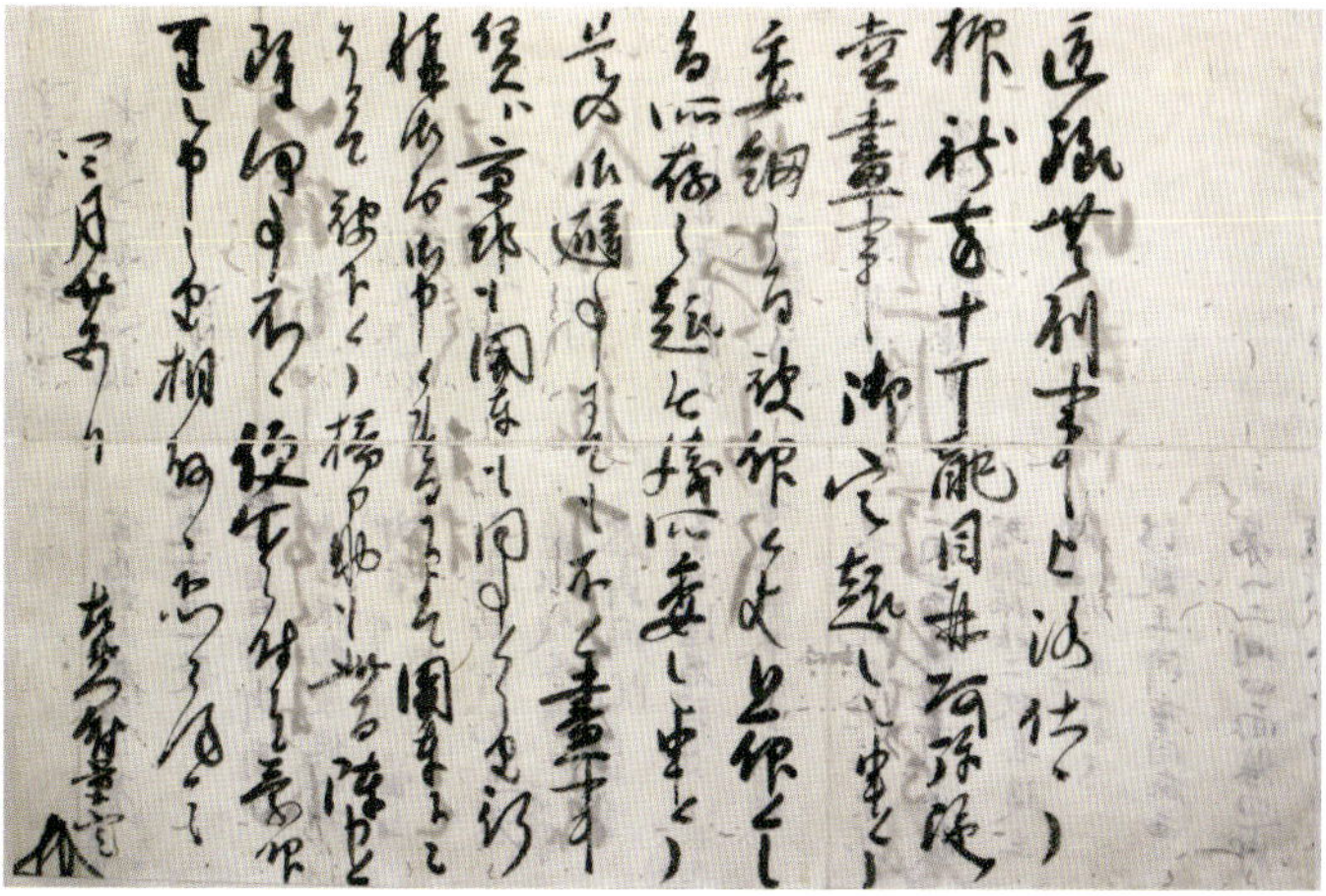

再利用する際にこの二枚の書状を重ね合わせて打紙したため、書状面の文字がそれぞれ写っている。

「**後醍醐天皇綸旨**」元弘 3 年（1333）11 月 8 日（越前島津家旧蔵　重要文化財　本文 264 頁）

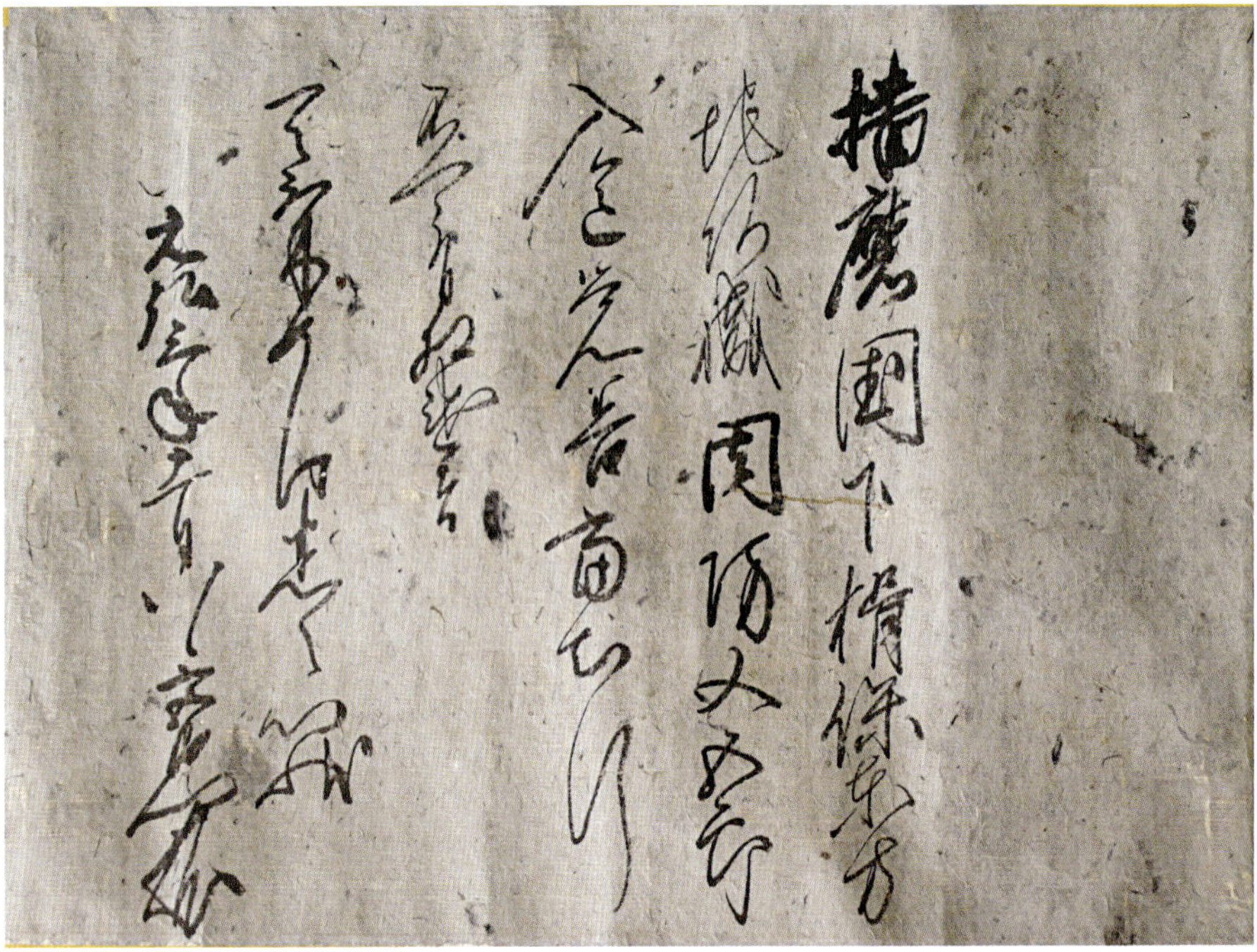

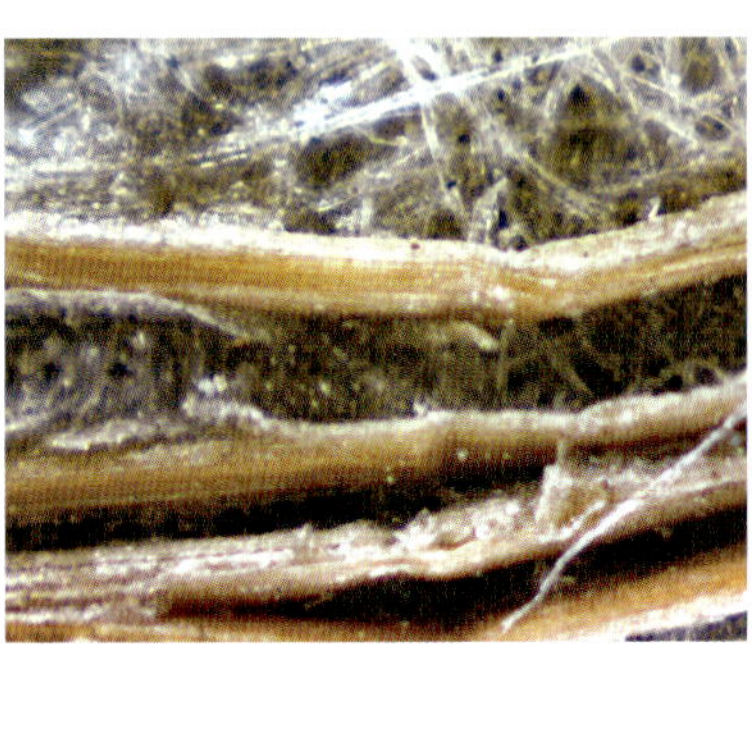

未蒸解繊維

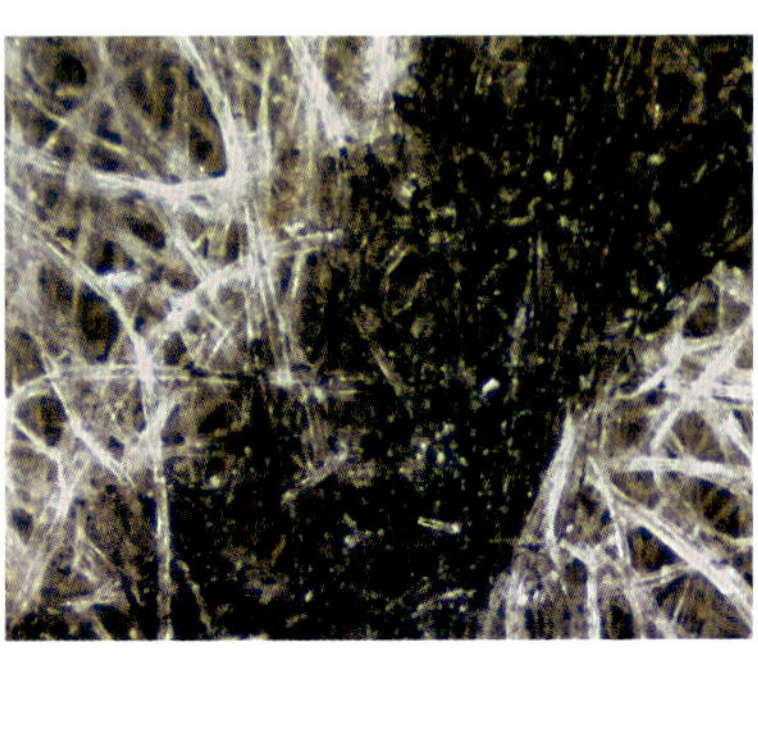

『史記』第１冊〔宋版〕（上杉家旧蔵　中国・南宋時代刊　国宝　本文 274 頁）

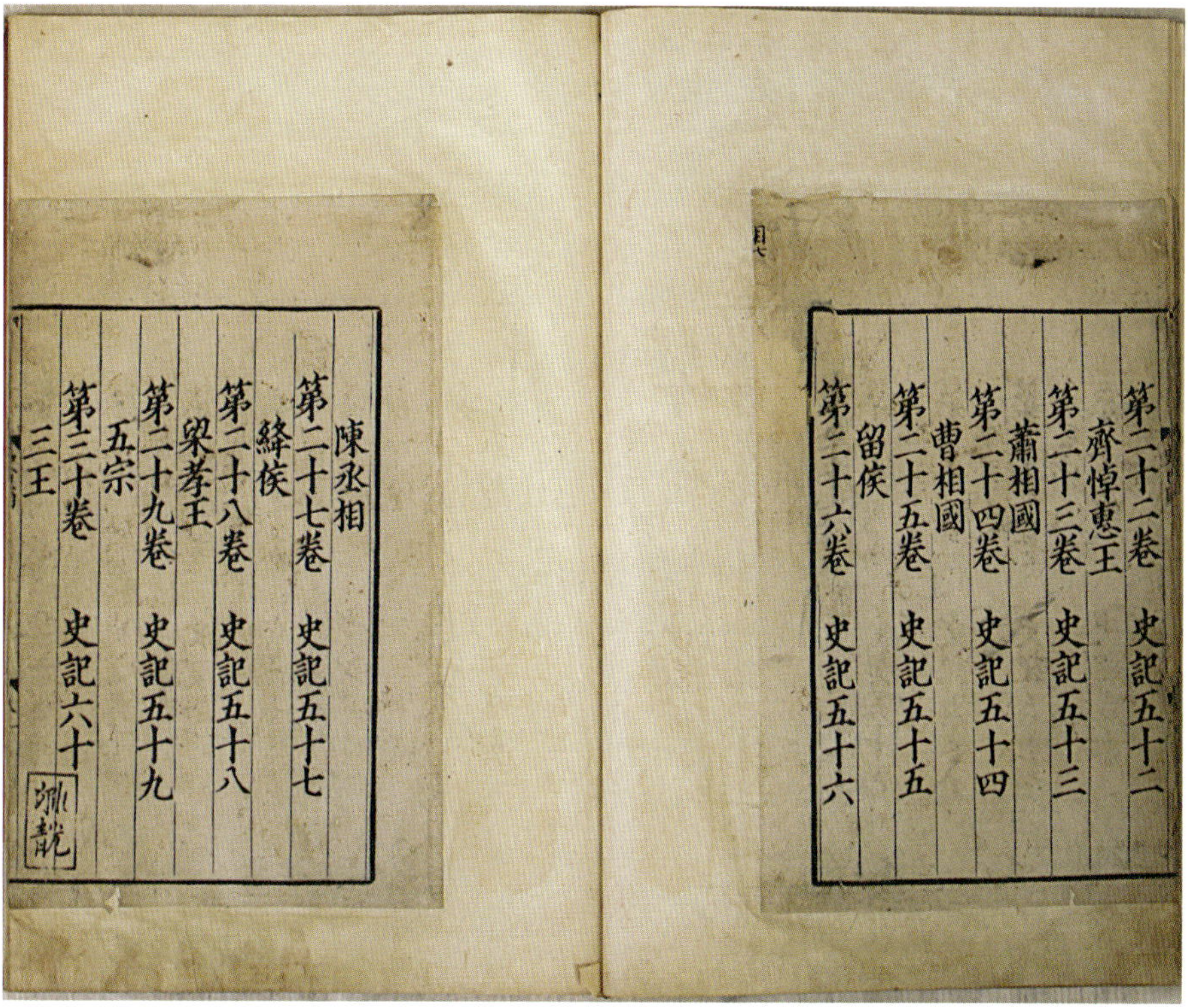
第二十二卷　史記五十二
齊悼惠王
第二十三卷　史記五十三
蕭相國
第二十四卷　史記五十四
曹相國
第二十五卷　史記五十五
留侯
第二十六卷　史記五十六

陳丞相
第二十七卷　史記五十七
絳侯
第二十八卷　史記五十八
梁孝王
第二十九卷　史記五十九
五宗
第三十卷　史記六十
三王

（第８丁表）　（第７丁裏）

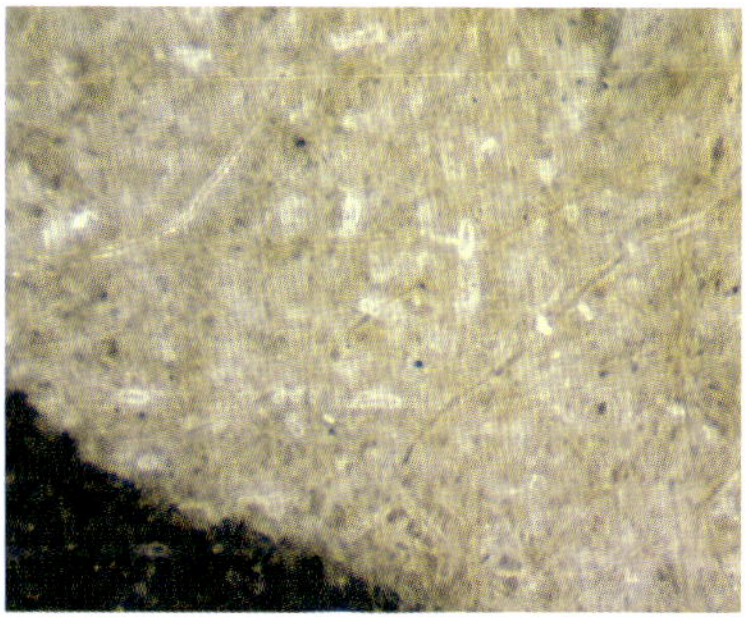
（第一丁表・本紙）

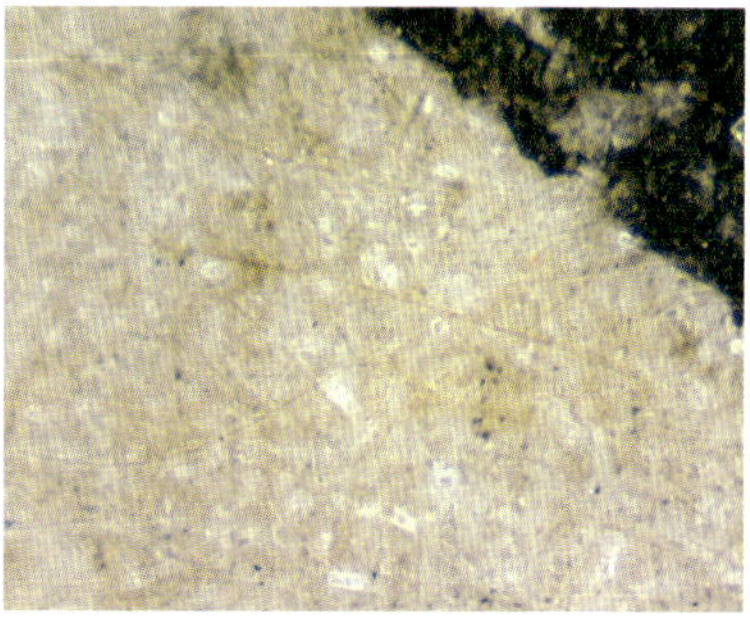
（第一丁表・本紙）

『**白氏文集**』**巻8**（金沢文庫旧蔵　鎌倉時代書写　重要文化財　本文275頁）

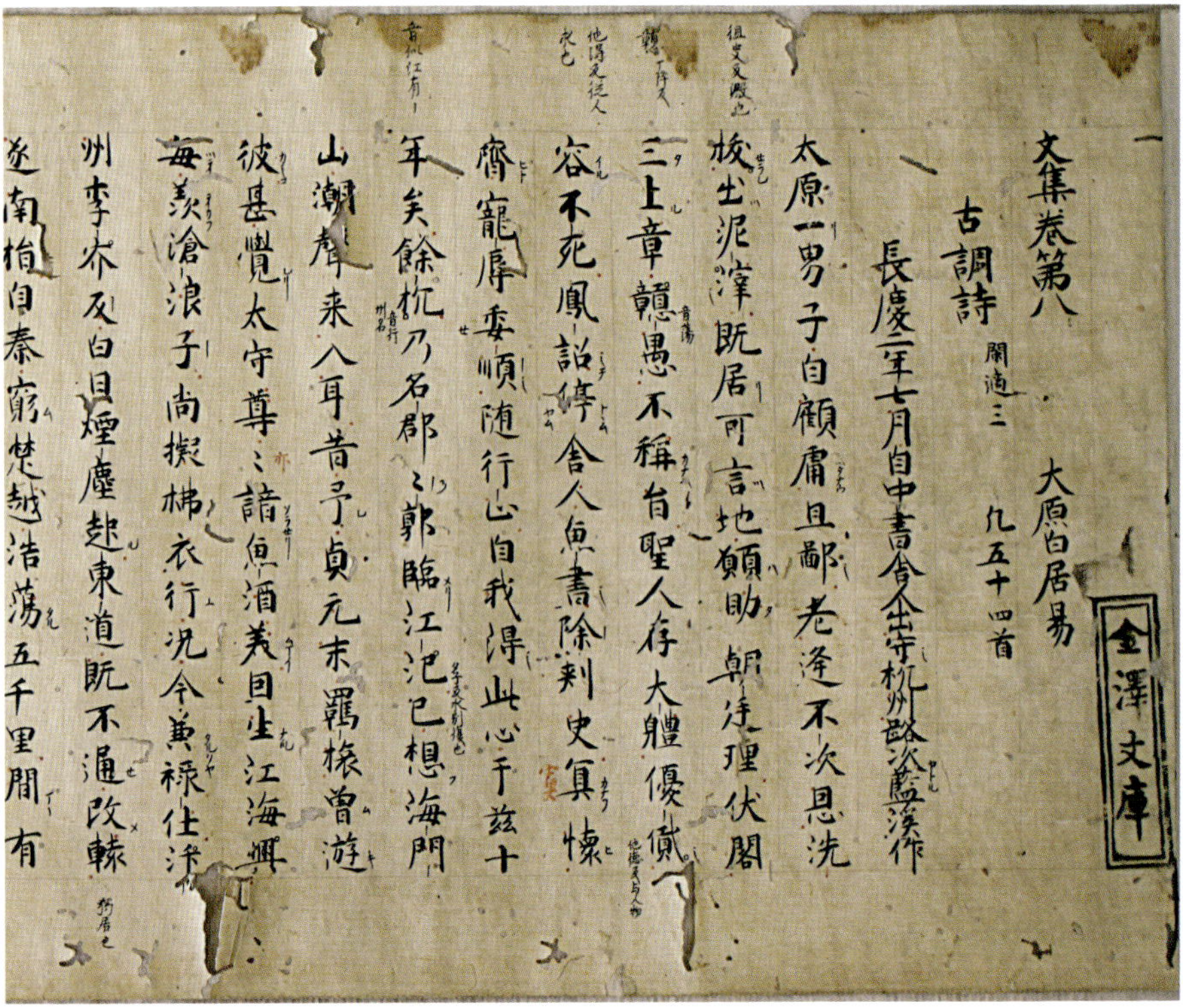

（第1紙）

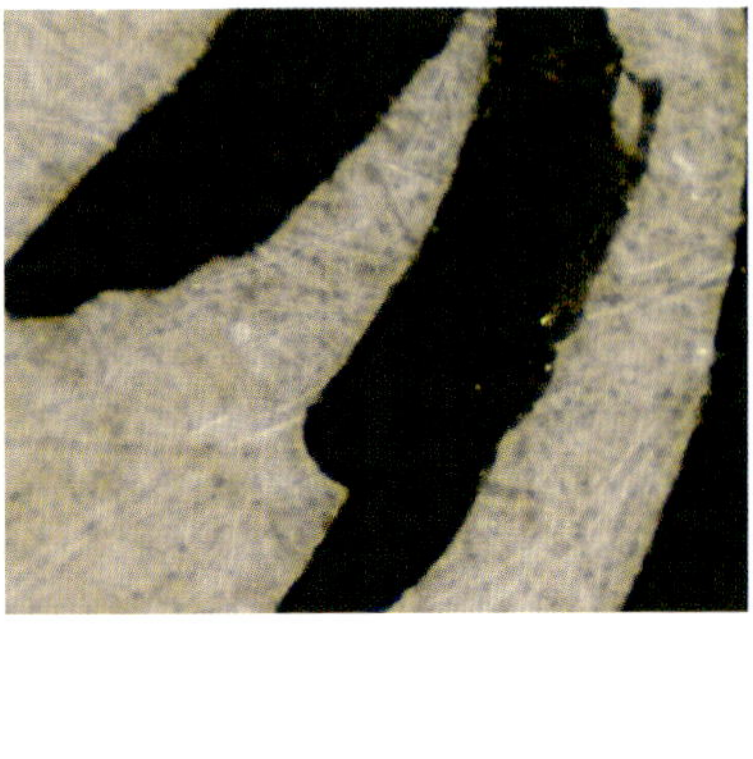

（第一紙表）

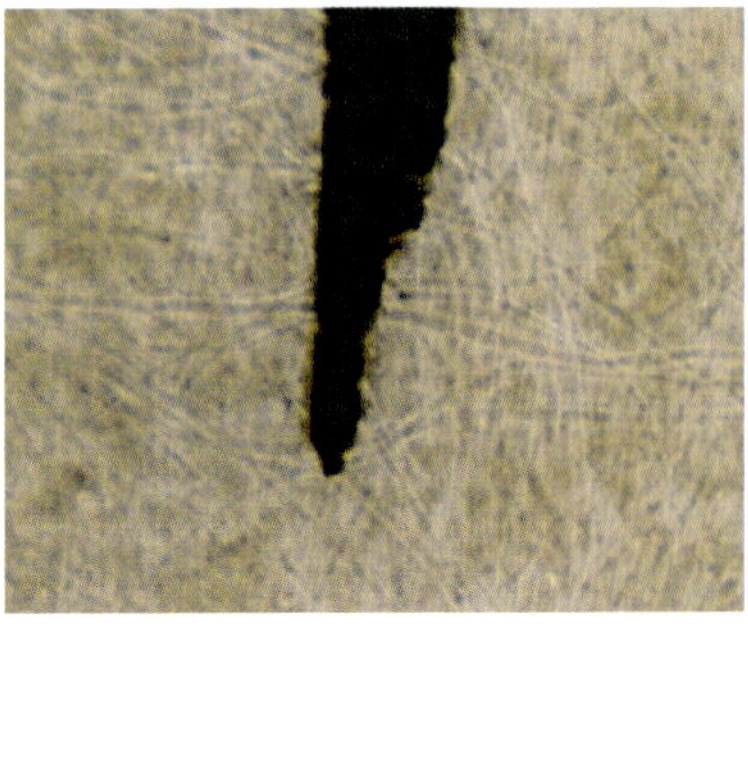

（第一紙表）

『周易』巻１（吉田神社旧蔵　鎌倉中期書写　重要文化財　本文 276 頁）

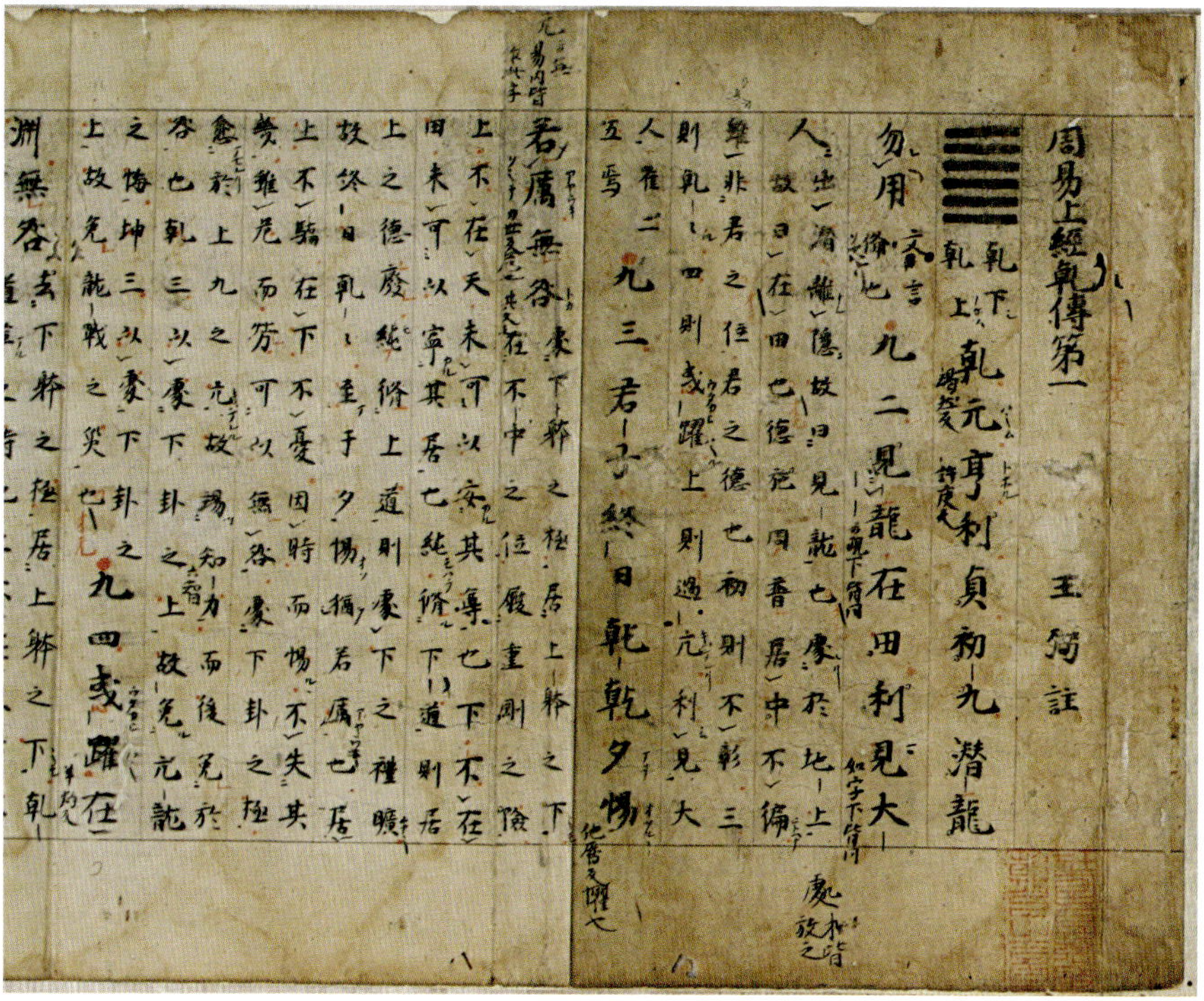

周易上經乾傳第一
王弼註
乾下乾上 乾元亨利貞 初九潛龍勿用 文言備也 九二見龍在田利見大人 出潛離隱故曰見龍處於地上故曰在田也德施周普居中不偏雖非君位君之德也初則不彰三則乾乾四則或躍上則過亢利見大人唯二五焉 九三君子終日乾乾夕惕若厲無咎 處下體之極居上體之下在不中之位履重剛之險上不在天未可以安其尊也下不在田未可以寧其居也純脩下道則居上之德廢純脩上道則處下之禮曠故終日乾乾至于夕惕猶若厲也居上不驕在下不憂因時而惕不失其幾雖危而勞可以無咎處下卦之極愈於上九之亢故竭知力而後免於咎也乾三以處下卦之上故免亢龍之悔坤三以處下卦之上故免龍戰之災也 九四或躍在淵無咎 去下體之極居上體之下

（第１紙）

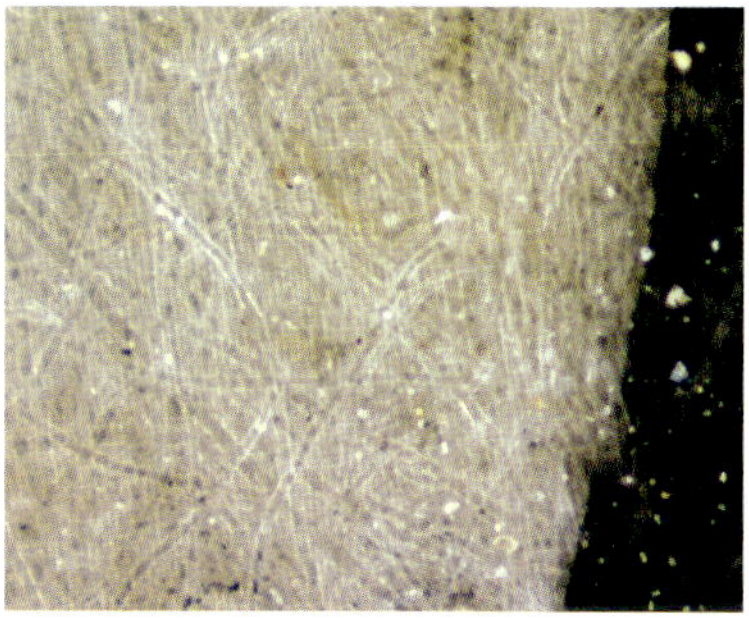

（第一紙表）

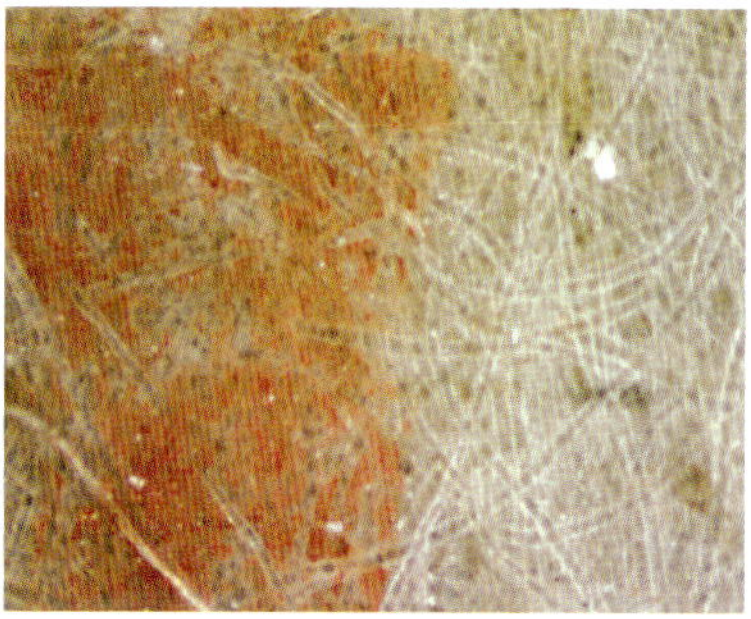

丹

（第一紙表）

『文選集注』巻 66（平安中期書写　国宝　本文 277 頁）

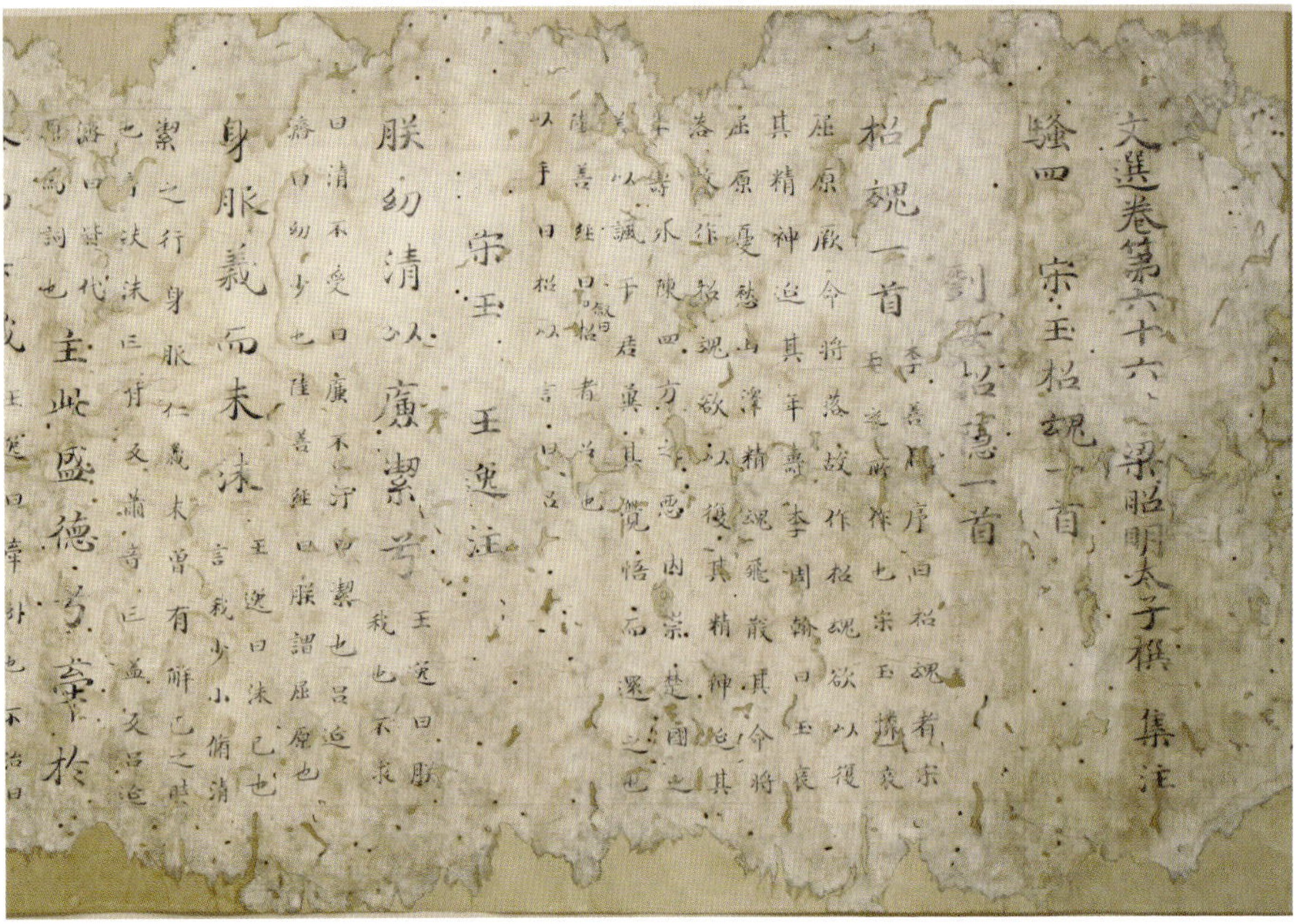

（第 1 紙）

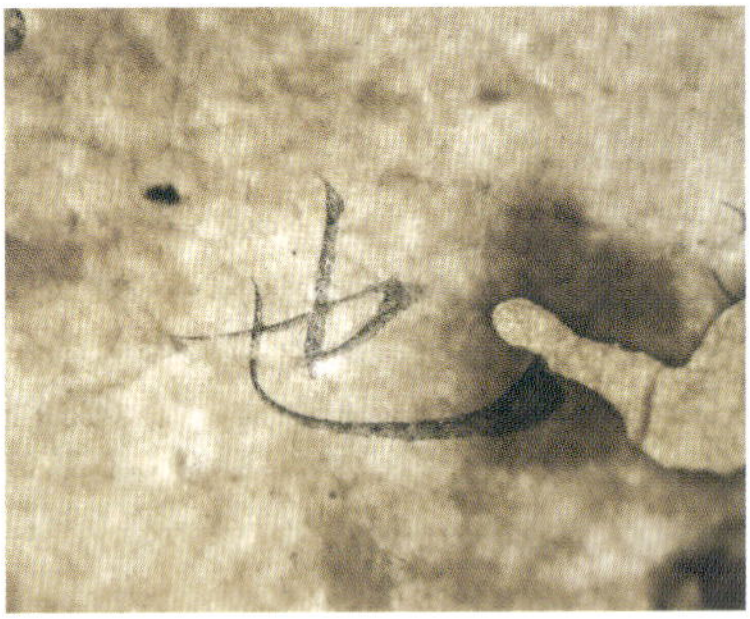

透過光撮影（第一紙表）

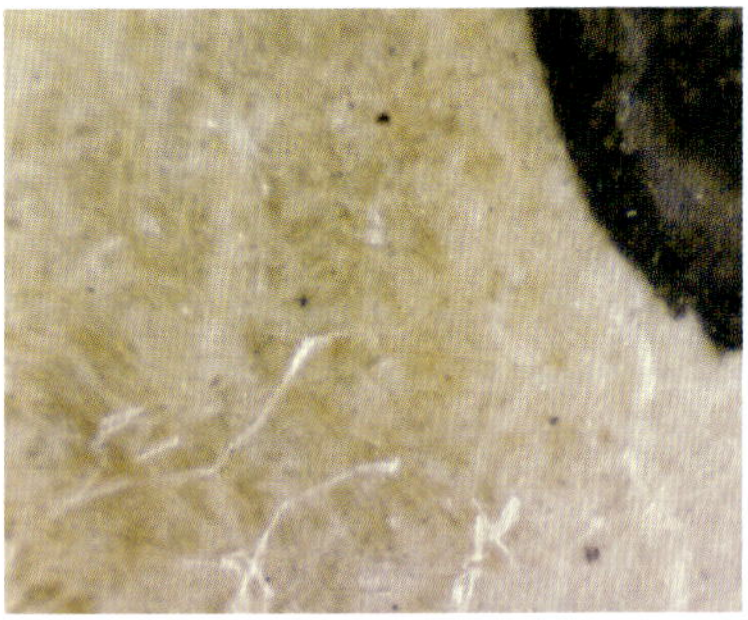

（第一紙表）

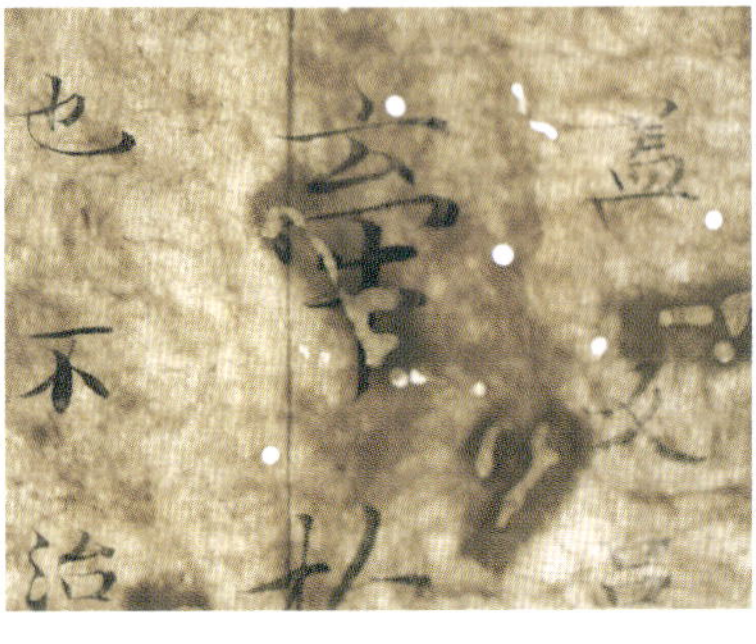

透過光撮影（第一紙表）

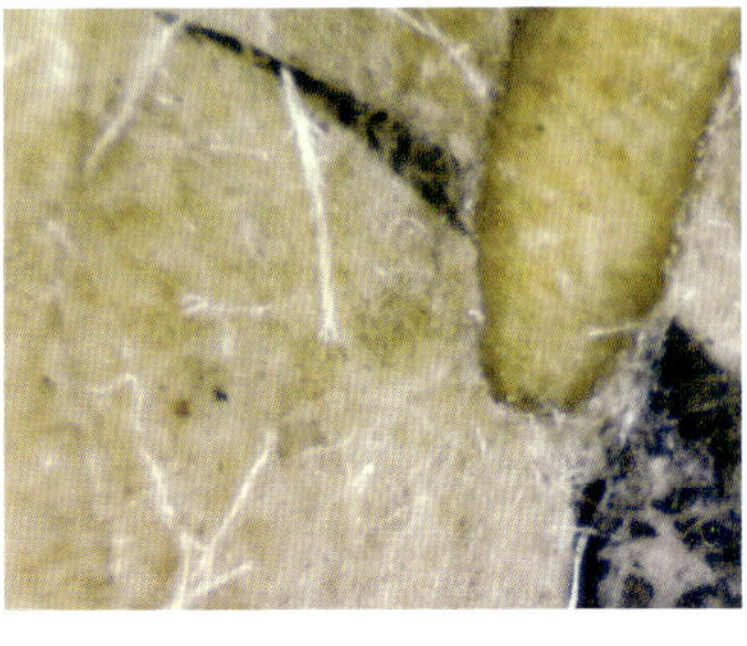

（第一紙表）

『百万塔陀羅尼』自心印（770年成立　本文278頁）

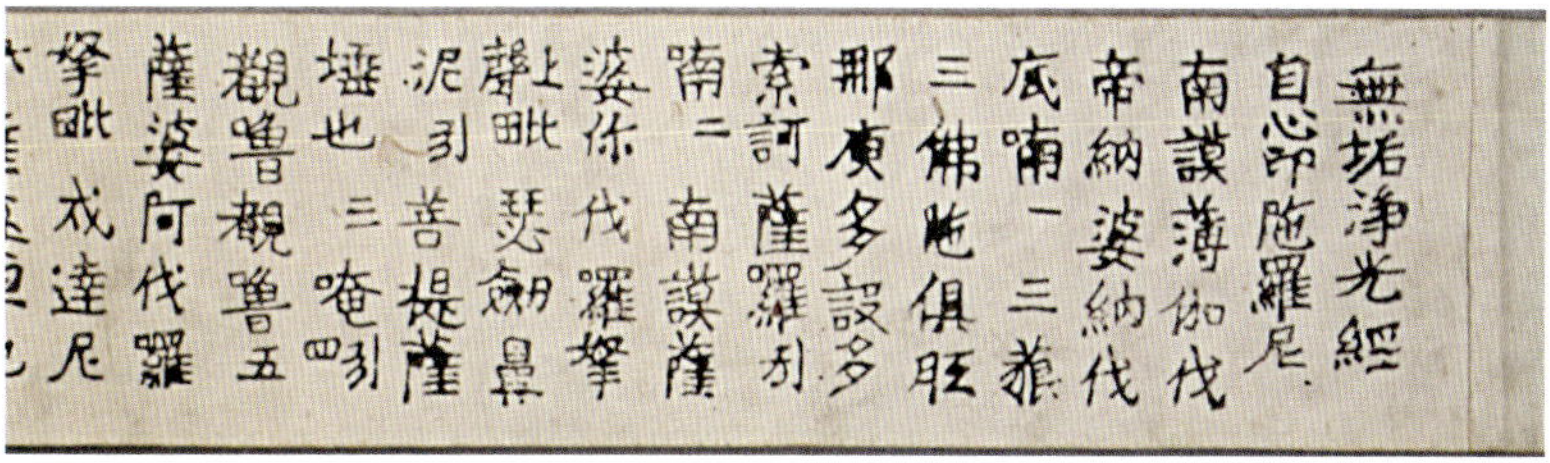

（①の1）

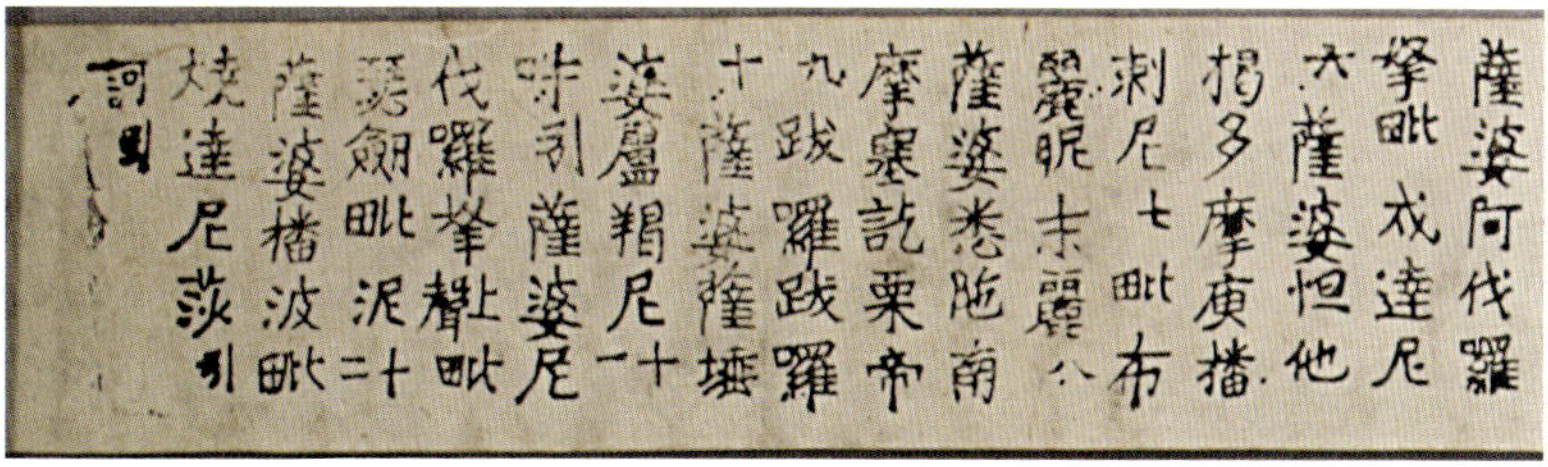

（①の2）

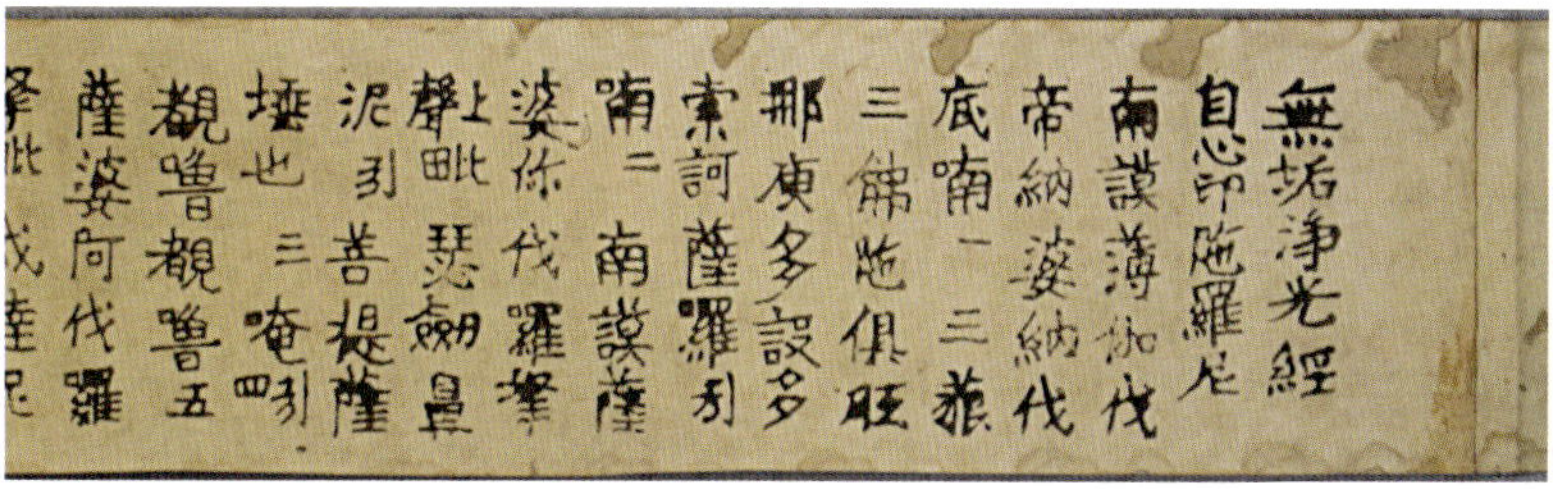

（②の1）

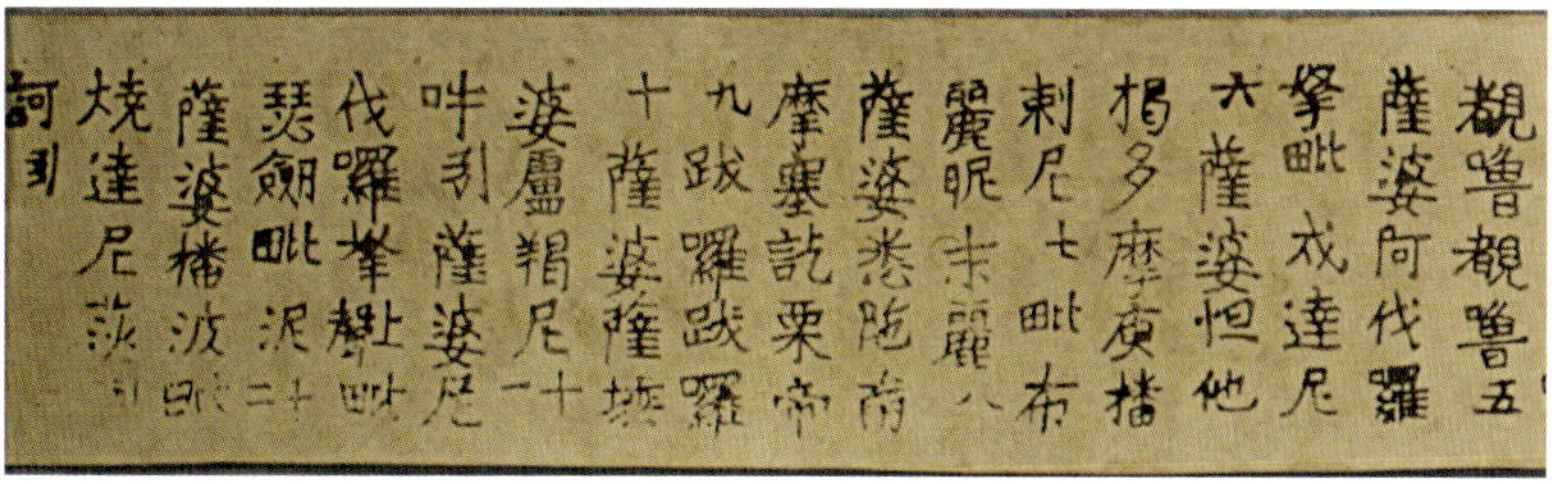

（②の2）

（上の②）

（上の①）

『成唯識論了義灯』巻 1〔版本〕(12 世紀前半刊　本文 279 頁)

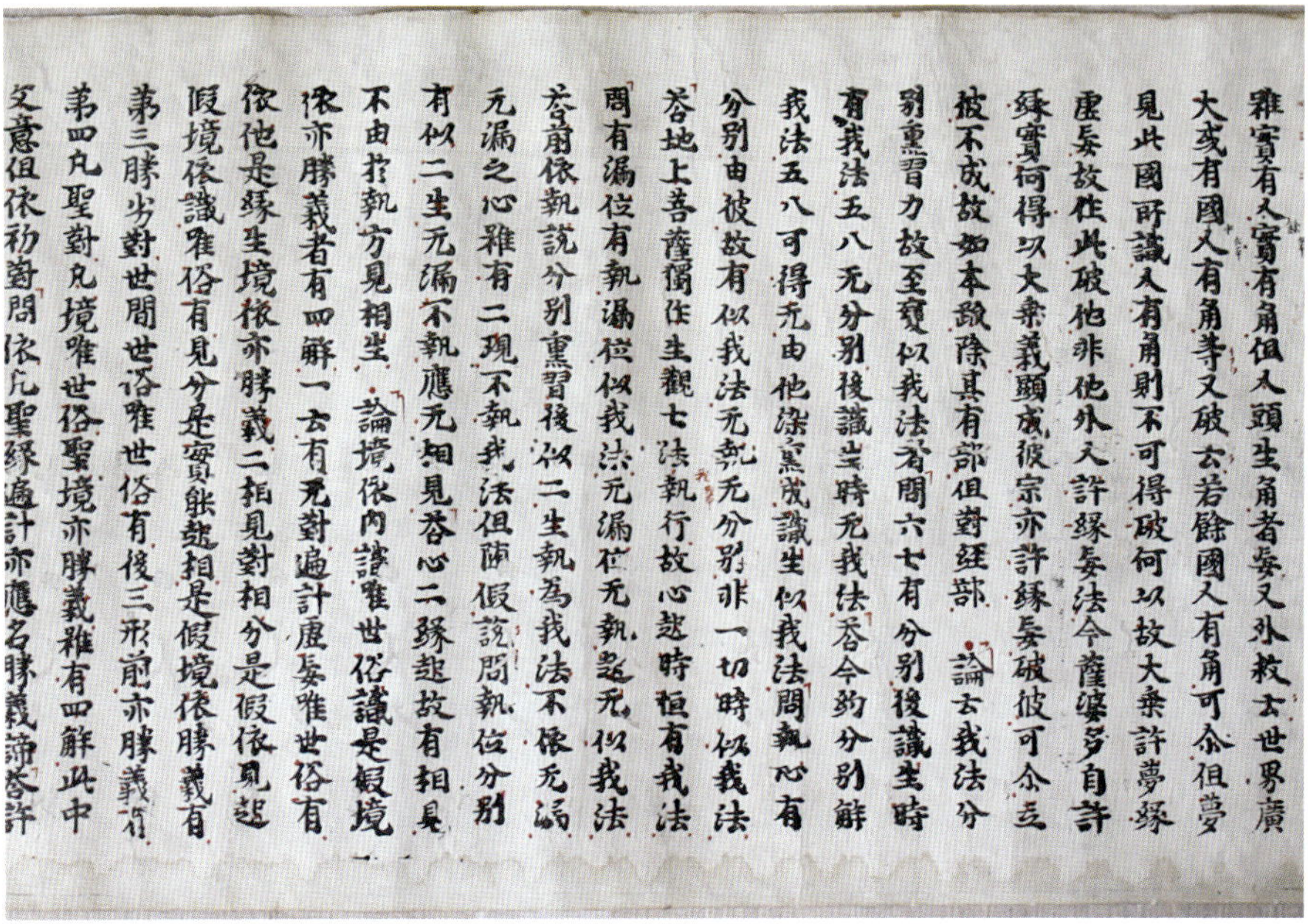

雖實有人實有角但人頭生角者妄又外救云世界廣
大或有國人有角等又破云若餘國人有角可尓但夢
見此國所識人有角則不可得破何以故大乘許夢緣
虛妄故但此破他非他外人許緣妄法今薩婆多自許
緣實何得以大乘義顯成彼宗亦許緣妄破彼可尓立
彼不成故如本疏除其有部但對經部　論云我法分
別熏習力故至變似我法者問六七有分別後識生時
有我法五八无分別後識生時无我法答今約分別解
我法五八可得无由他深熏成識生似我法問執心有
分別由彼故有似我法无執无分別非一切時似我法
答地上菩薩獨作生觀七法執行故心起時恒有我法
問有漏位有執漏位似我法无漏位无執起无似我法
答前依執說分別熏習後似二生執為我法不依无漏
无漏之心雖有二現不執我法但隨假說問執位分別
有似二生无漏不執應无相見答心二緣起故有相見
不由於執方見相生　論境依內識唯世俗識是假境
依他是緣生境依亦勝義二相見對相分是假依見起
依亦勝義者有四解一云有无對遍計虛妄唯世俗有
假境依識唯俗有見分是實能起相是假境依勝義有
第三勝少對世間世俗唯世俗有後三形前亦勝義有
第四凡聖對凡境唯世俗聖境亦勝義雖有四解此中
文意但依初對問依凡聖緣遍計亦應名勝義諦答許

(第 9 紙)

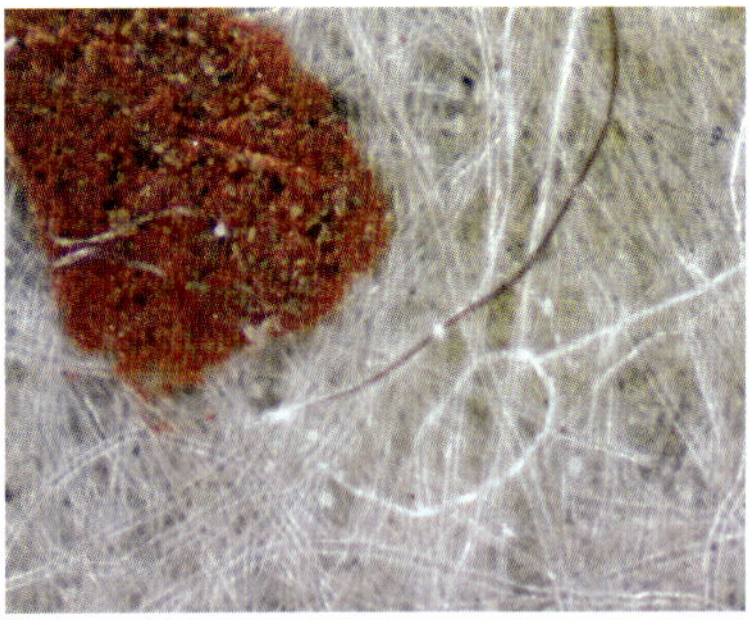

朱 (第一紙表)

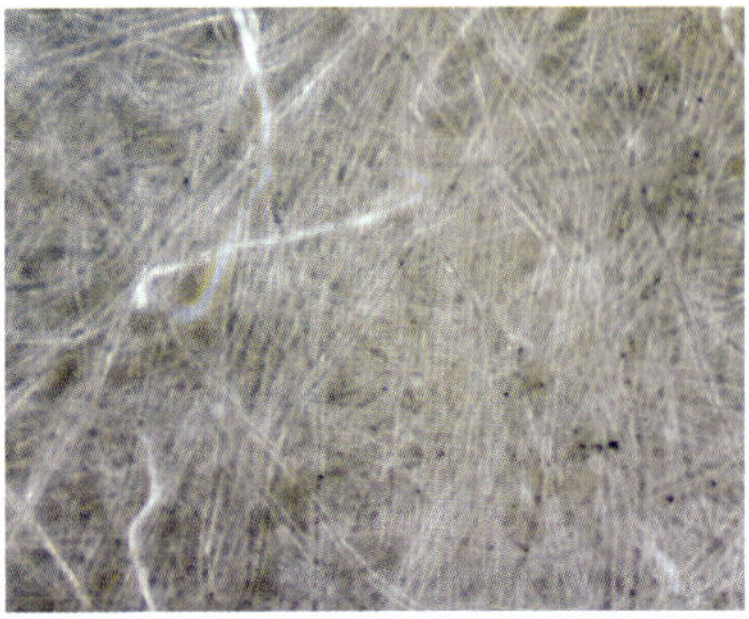

(第一紙裏)

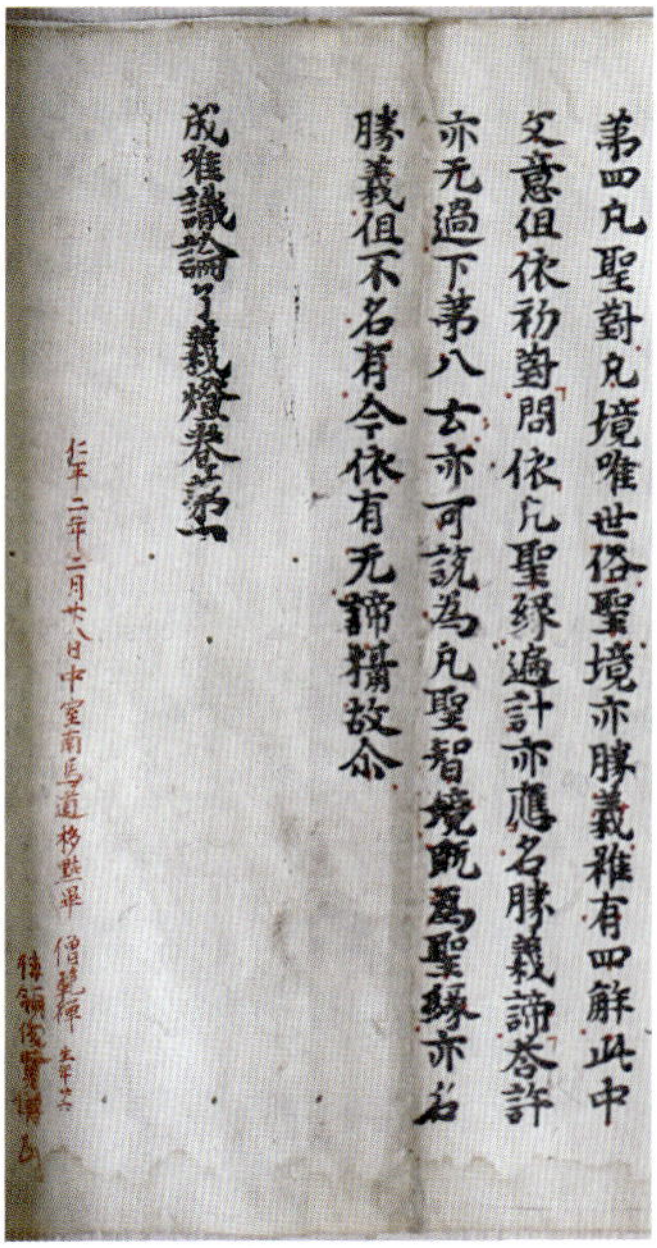

第四凡聖對凡境唯世俗聖境亦勝義雖有四解此中
文意但依初對問依凡聖緣遍計亦應名勝義諦答許
亦无過下第八云亦可說為凡聖智境既為聖緣亦名
勝義但不名有今依有无諦攝故尓

成唯識論了義燈卷第一

仁平二年二月廿八日中室南馬道移點畢　僧覺律　生年六十

移点識語

(第 10 紙)

『妙法蓮華経』如来神力品（平安後期～鎌倉初期書写　重要美術品　本文280頁）

佛共多寶如来在寶塔中坐師子座又見無
量無邊百千万億菩薩摩訶薩及諸四衆恭
敬圍遶釋迦牟尼佛既見是已皆大歓喜得
未曽有即時諸天扵虚空中高聲唱言過此
無量無邊百千万億阿僧祇世界有國名娑
婆是中有佛名釋迦牟尼今爲諸菩薩摩訶
薩説大乗經名妙法蓮華教菩薩法佛所護
念汝等當深心随喜亦當礼拜供養釋迦牟
尼佛彼諸衆生聞虚空中聲已合掌向娑婆
世界作如是言南無釋迦牟尼佛南無釋迦
牟尼佛以種種華香瓔珞幡蓋及諸嚴身之
具珎寶妙物皆共遥散娑婆世界所散諸物
從十方来譬如雲集變成寶帳遍覆此間諸
佛之上于時十方世界通達無礙如一佛土
尓時佛告上行等菩薩大衆諸佛神力如是
無量無邊不可思議若我以是神力扵無量
無邊百千万億阿僧祇劫爲囑累故説此經
功徳猶不能盡以要言之如来一切所有之
法如来一切自在神力如来一切秘要之蔵

（第2紙表）

文字拡大（第一紙・上図二行目上部）

酸化劣化（第一紙表）

酸化劣化（第一紙表）

酸化劣化（第一紙表）

『大蔵経』阿毘達磨大毘婆沙論 巻111〔宋版〕（中国・南宋時代刊　重要文化財　本文281頁）

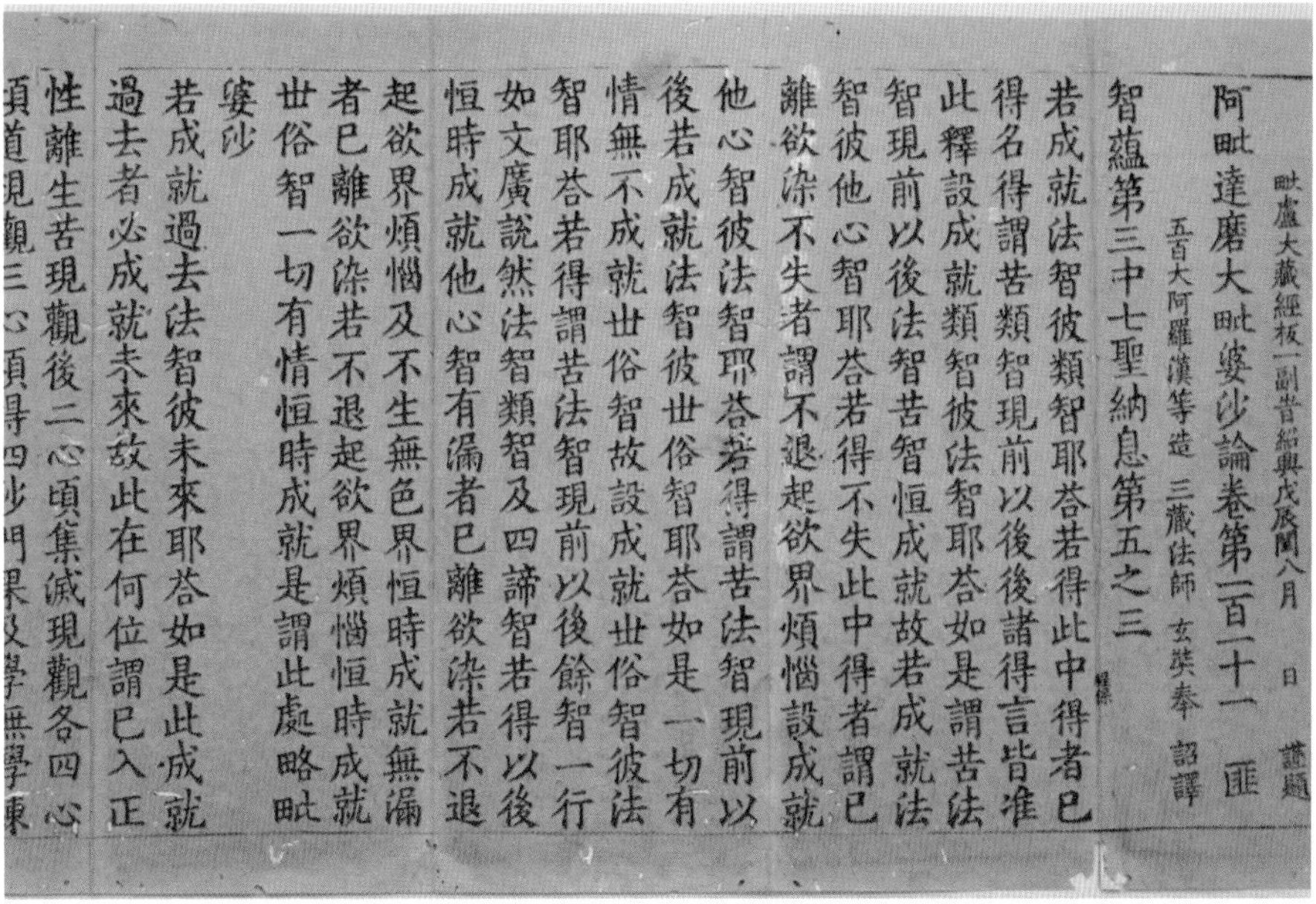
毗盧大藏經板一副苔紹興戊辰閏八月 日 謹題
阿毗達磨大毗婆沙論卷第一百一十一 匪
五百大阿羅漢等造 三藏法師 玄奘奉 詔譯
智蘊第三中七聖納息第五之三
若成就法智彼類智耶荅若得此中得者已
得名得謂苦類智現前以後後諸得言皆准
此釋設成就類智彼法智耶荅如是謂苦法
智現前以後法智苦智恒成就故若成就法
智彼他心智耶荅若得不失此中得者謂已
離欲染不失者謂不退起欲界煩惱設成就
他心智彼法智耶荅若得謂苦法智現前以
後若成就法智彼世俗智耶荅如是一切有
情無不成就世俗智故設成就世俗智彼法
智耶荅若得謂苦法智現前以後餘智一行
如文廣說然法智類智及四諦智若得以後
恒時成就他心智有漏者已離欲染若不退
起欲界煩惱及不生無色界恒時成就無漏
者已離欲染若不退起欲界煩惱恒時成就
世俗智一切有情恒時成就是謂此處略毗
婆沙
若成就過去法智彼未來耶荅如是此成就
過去者必成就未來故此在何位謂已入正
性離生苦現觀後二心頃集滅現觀各四心
頃道現觀三心頃得四沙門果及學無學練

（第1紙）

（第一紙表）

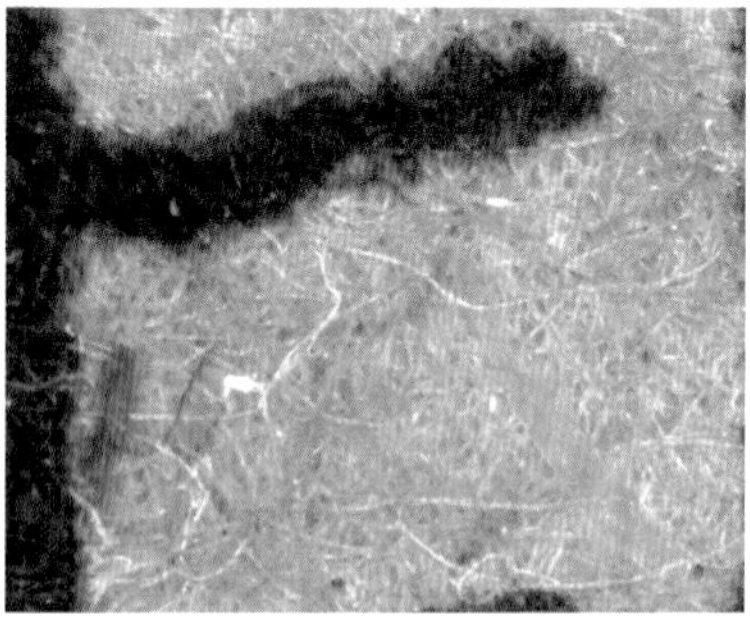
（第一紙表）

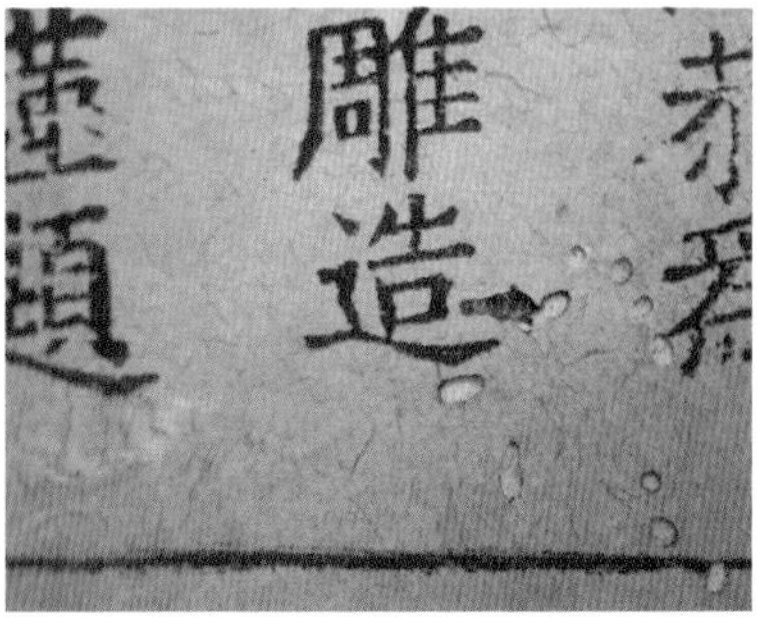

（第一紙表）

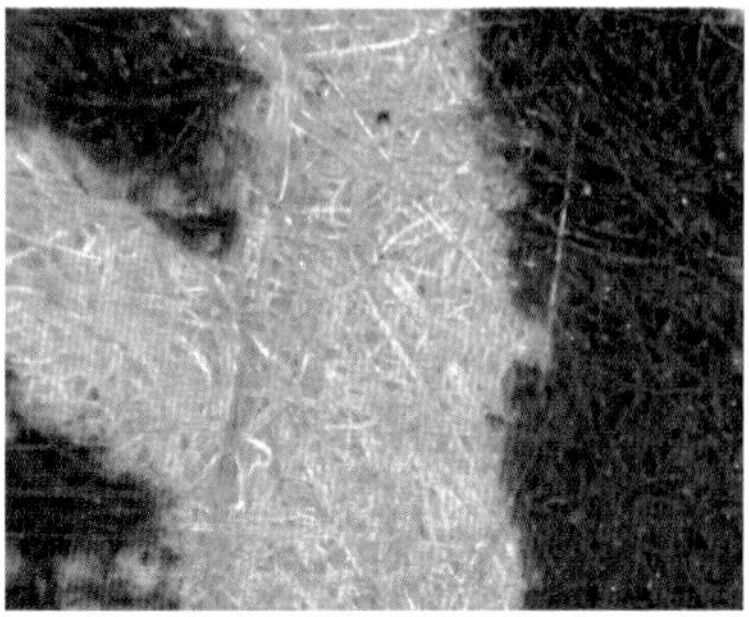
（第一紙表）

『円覚経』巻下（1333年書写　重要文化財　本文282頁）

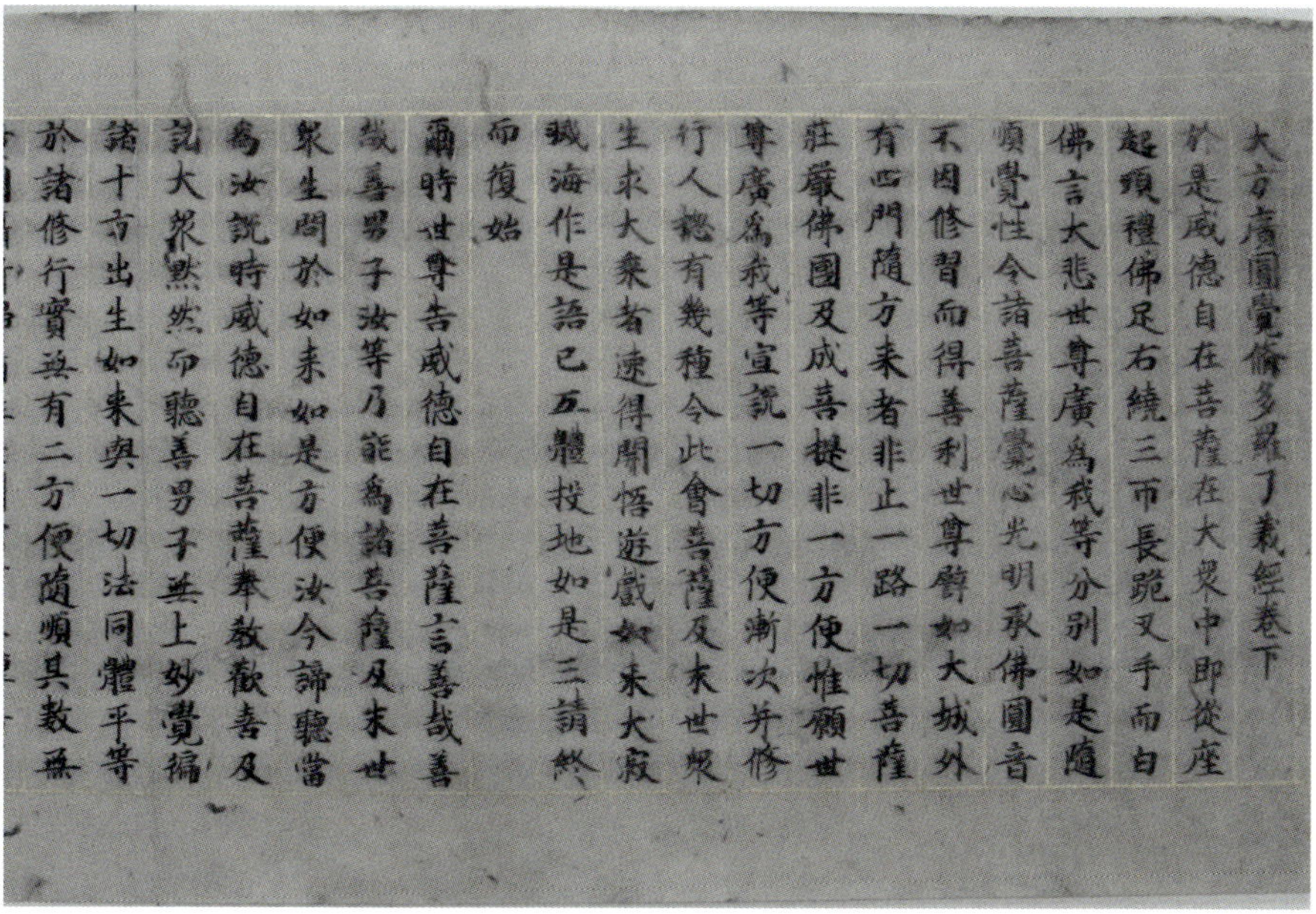
大方廣圓覺脩多羅了義經巻下
於是威德自在菩薩在大衆中即從座
起頭禮佛足右繞三帀長跪叉手而白
佛言大悲世尊廣為我等分別如是隨
順覺性令諸菩薩覺心光明承佛圓音
不因修習而得善利世尊譬如大城外
有四門隨方来者非止一路一切菩薩
莊嚴佛國及成菩提非一方便惟願世
尊廣為我等宣説一切方便漸次并修
行人總有幾種令此會菩薩及末世衆
生求大乘者速得開悟遊戲如来大寂
滅海作是語已五體投地如是三請終
而復始
爾時世尊告威德自在菩薩言善哉善
哉善男子汝等乃能為諸菩薩及末世
衆生問於如来如是方便汝今諦聽當
為汝説時威德自在菩薩奉教歡喜及
諸大衆黙然而聴善男子無上妙覺徧
諸十方出生如来與一切法同體平等
於諸修行實無有二方便隨順其數無

（第1紙）

（第一紙表）

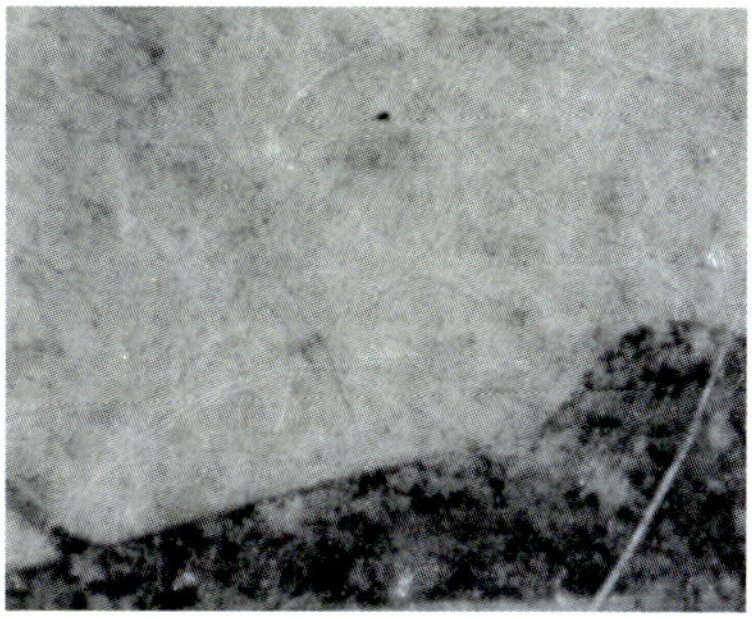

（第一紙表）

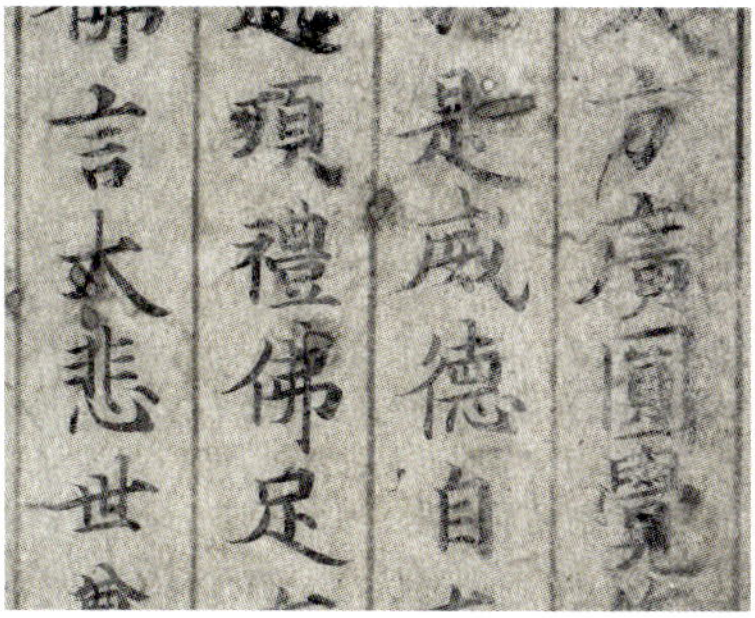

透過光撮影（第一紙表）

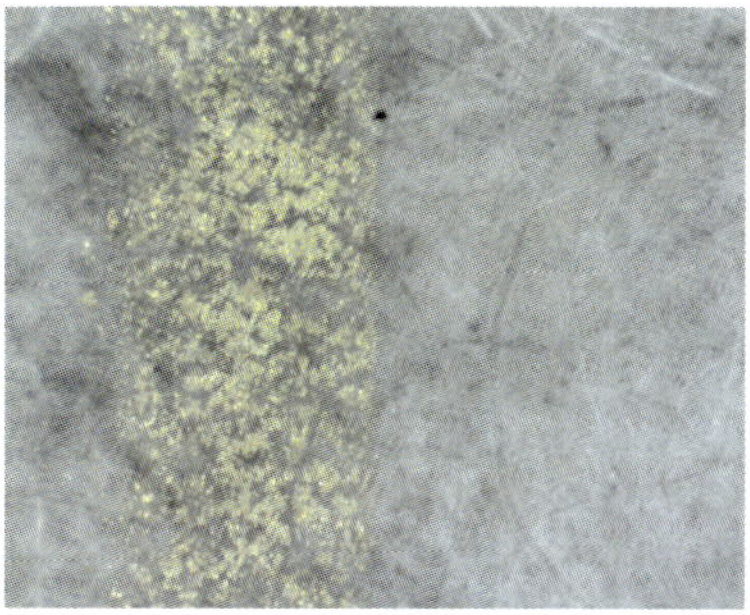

（第一紙表）

『勝鬘寶屈』巻上（684 年書写）

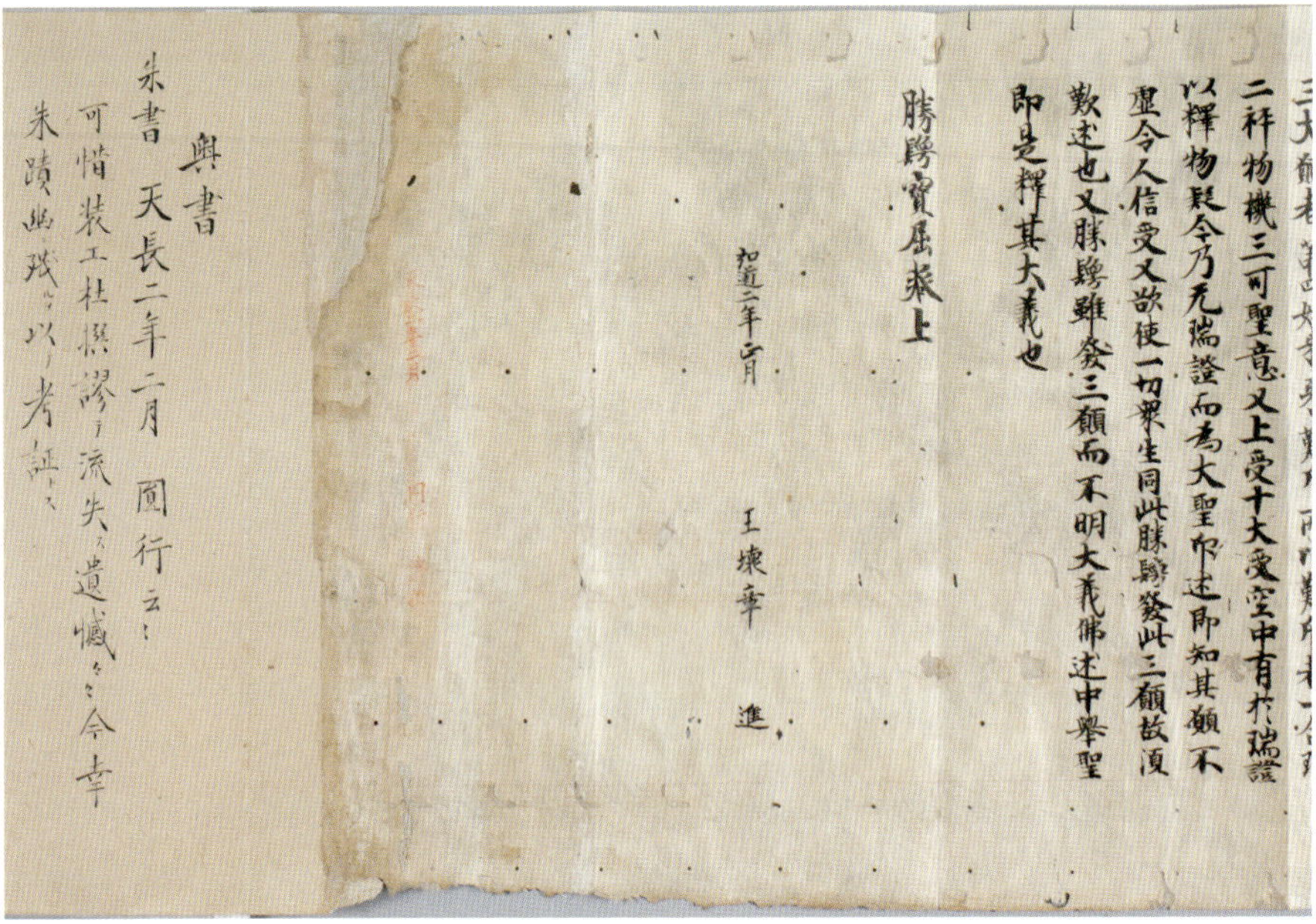

（巻尾）

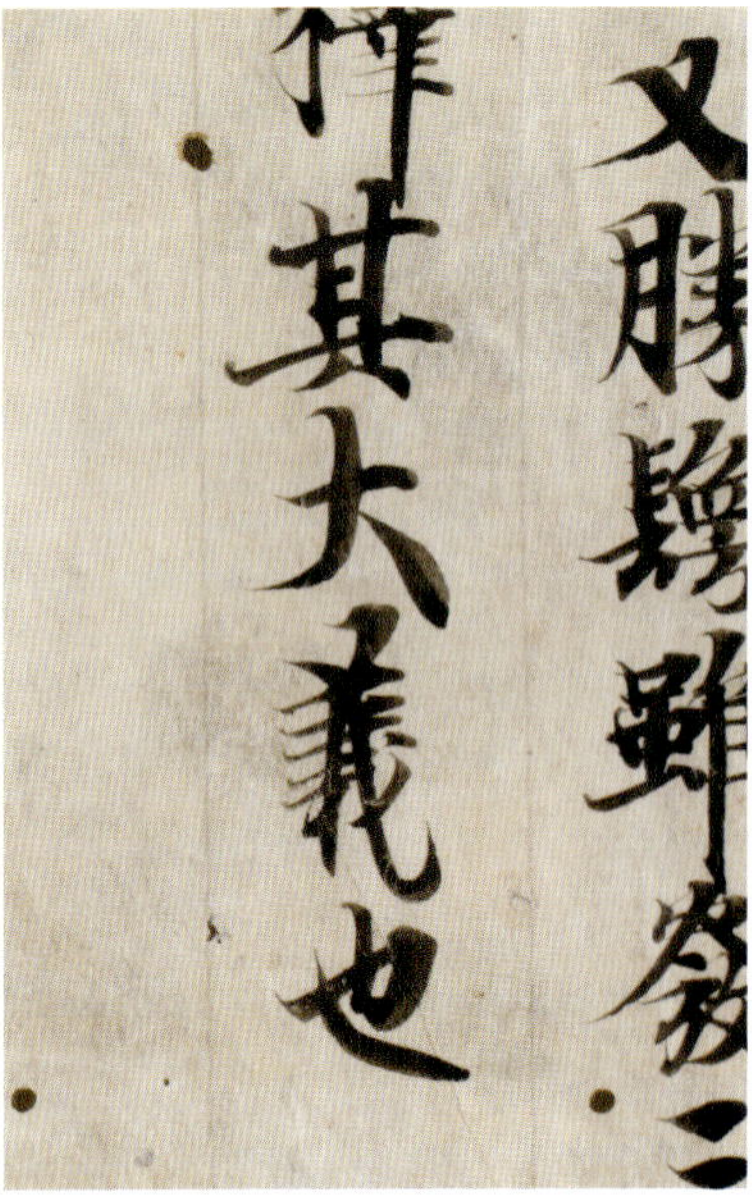

（巻尾）

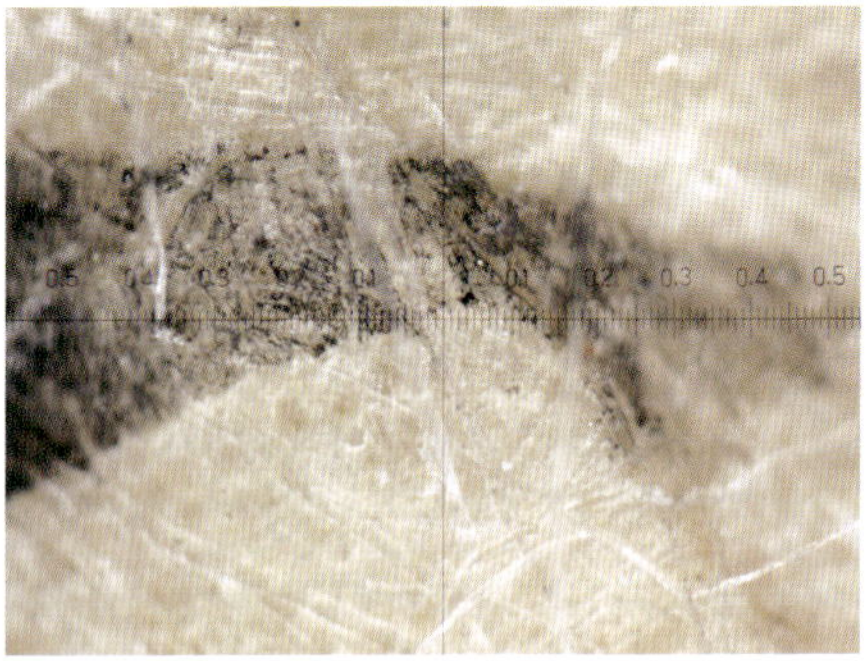

（巻尾）

巻子本を裏打ち補強し折本に改装したもの。表紙裂から室町期の改装と考える。巻末に「弘道二年（684）正月　王壊章　進」とあり、さらに「天長二年（825）圓行伝領」と朱書されている。圓行（799 ～ 852）は承和 5 年（838）請益僧として渡唐し、翌年帰国。本書は中国伝来の初唐期の経典注釈書である。

本紙：楮紙（萱簀溜め漉き）、0.13 ～ 0.15mm 厚、米粉塡料入、黄檗染め、膠塗布打紙加工

『大般若波羅蜜多経』巻 244（一名「長屋王願経」 712 年書写）

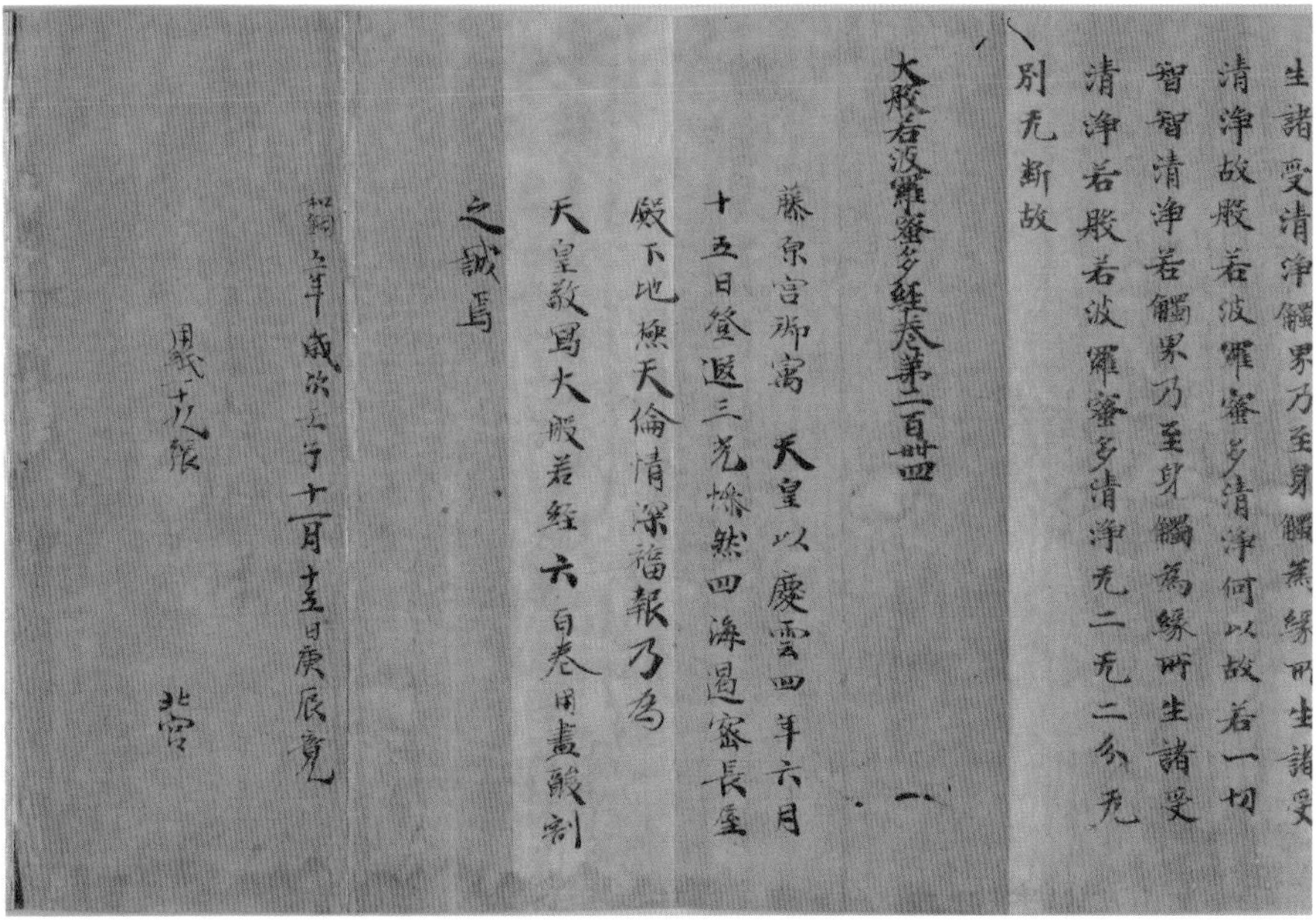

（巻尾）

（巻尾）

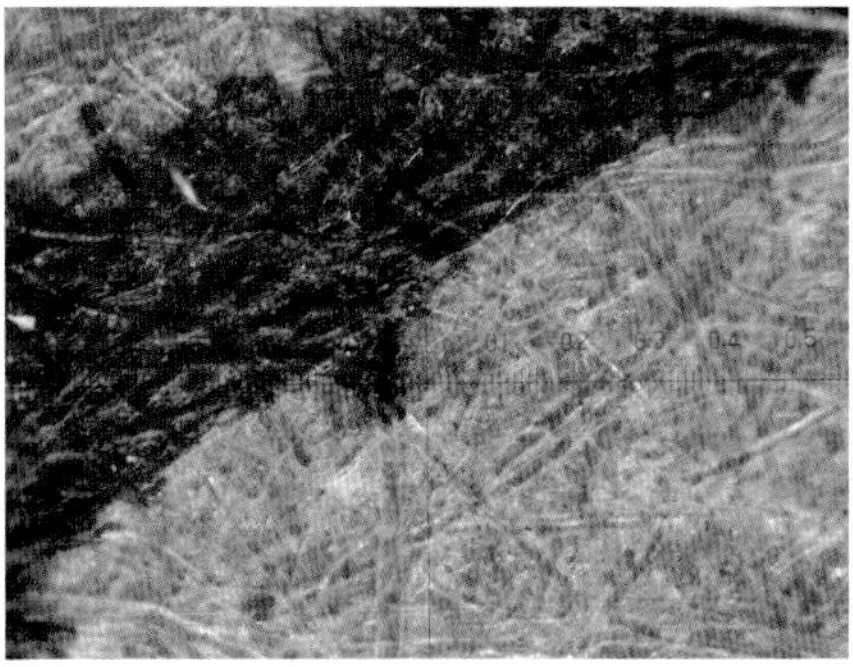

（巻尾）

巻子本を裏打ち補強し折本に改装したもの。表紙裂から室町期の改装と考える。慶雲 4 年（707）の文武天皇崩御後、長屋王（684 ～ 729）が天皇追善のため邸内に写経所を設け、和銅 5 年（712）11 月 15 日に写経を完成させた。巻末には「用紙十九張　北宮」とある。北宮は天皇の妹で長屋王妃であった吉備内親王のこととされている。

本紙：楮紙（カジノキか、萱簀溜め漉き）、0.14 ～ 0.17 ㎜厚、黄檗染め、膠塗布打紙加工

『無言童子経』巻上（一名「光明皇后願経」 740 年書写）

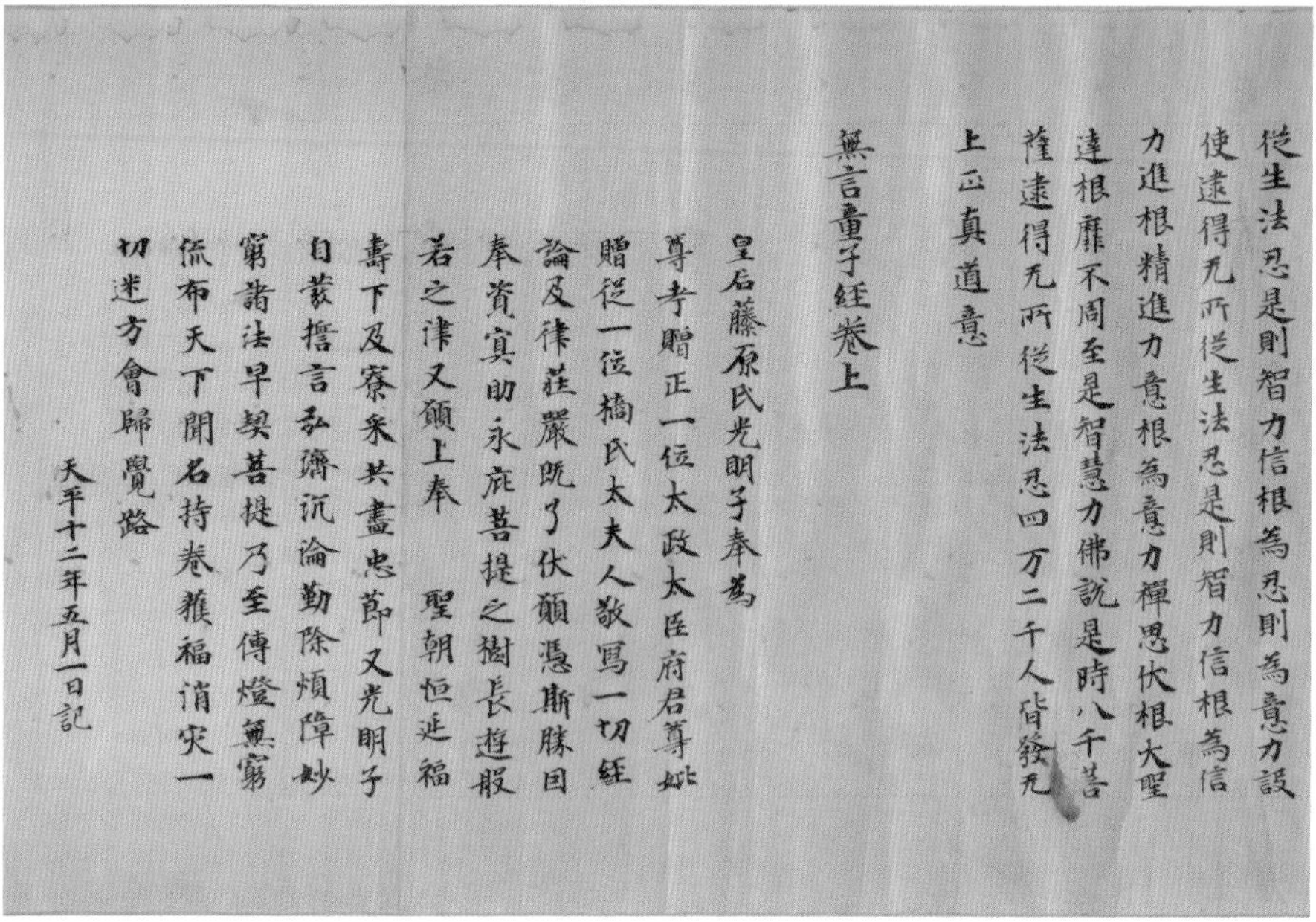

（巻尾）

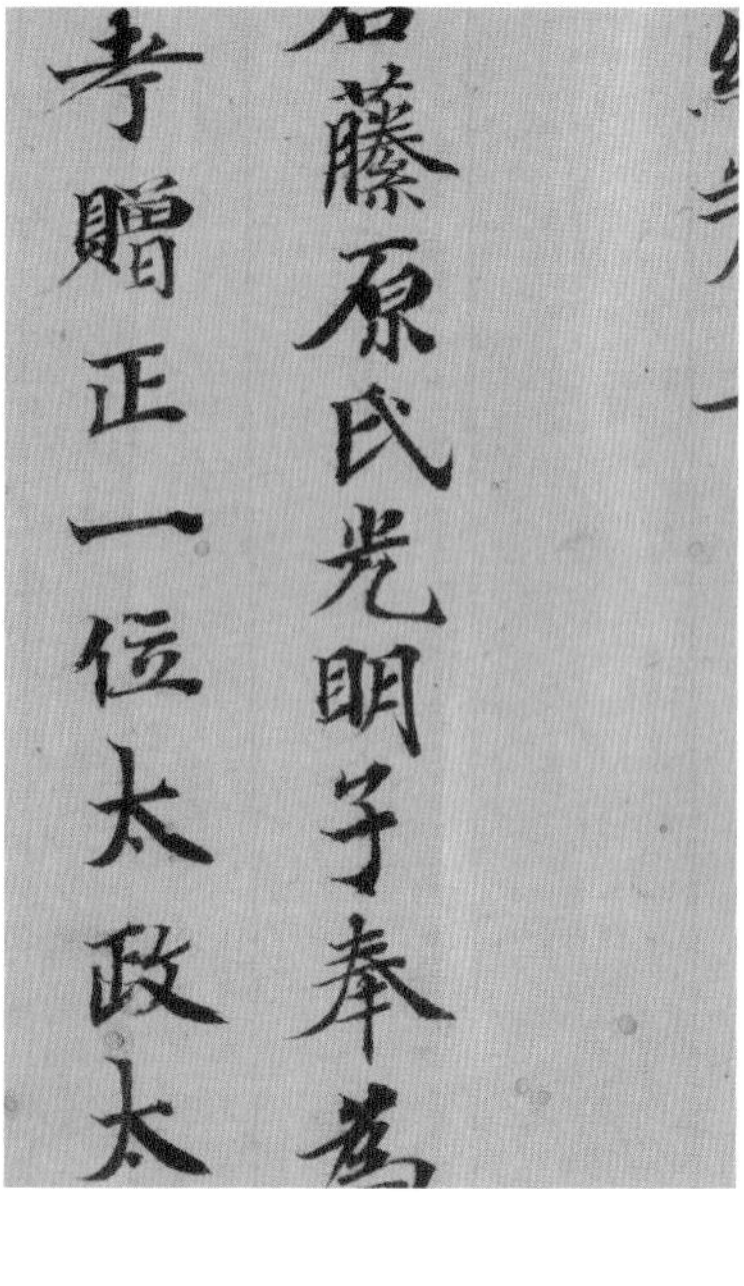

（巻尾）

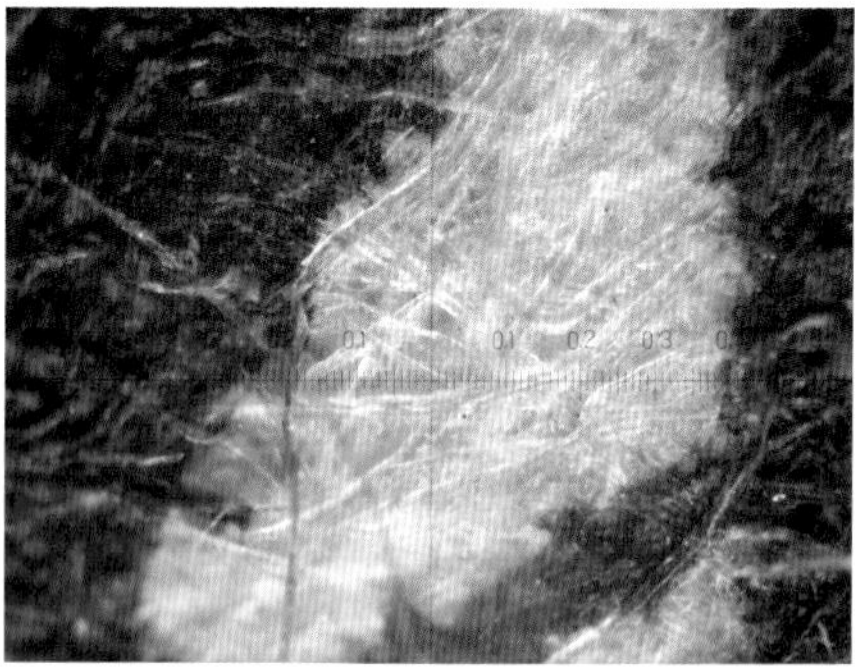

（巻尾）

天平 12 年（740）に光明皇后によって発願された「五月一日経」の一つ。宮内庁書陵部に所蔵されている数点の「光明皇后願経」は明治 40 年（1907）12 月に虫損部分の穴埋め修補が施されている。本紙は原装時の状態が保たれている。

本紙：楮麻紙（萱簀溜め漉き）、0.12 ～ 0.14 ㎜厚、米粉塡料入、黄檗染め、膠塗布打紙加工か

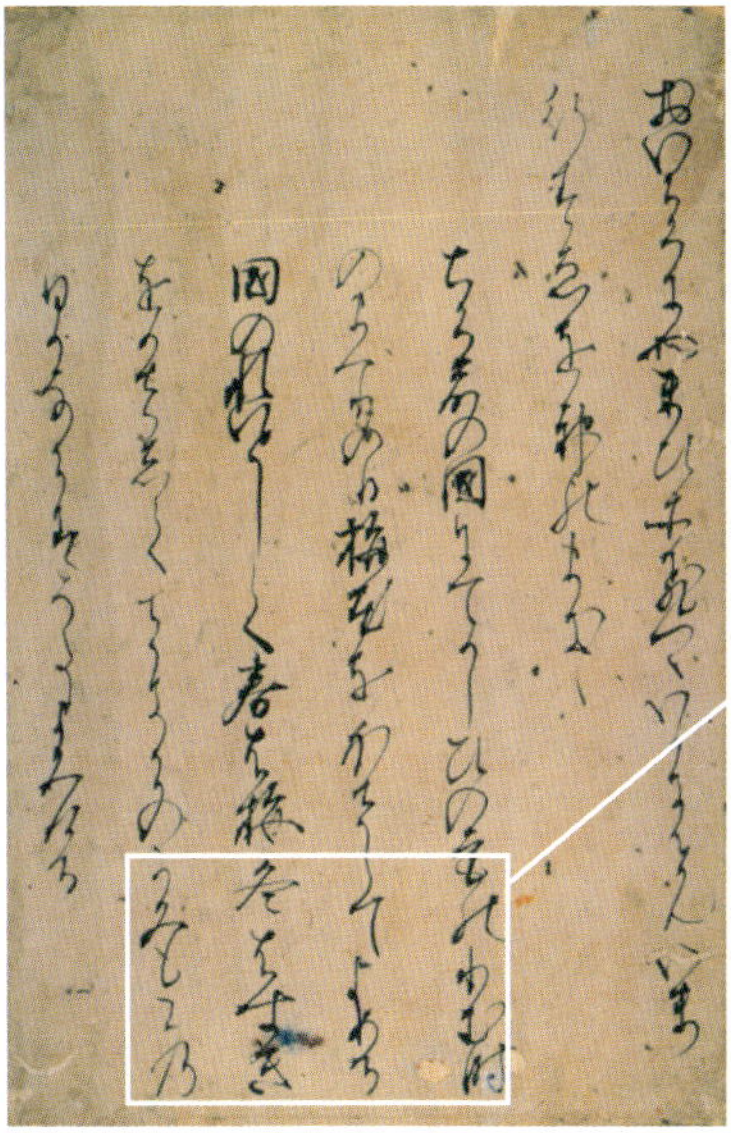

飛　雲（伝藤原佐理「紙撚切《こよりぎれ》」21.4 × 14.5 ㎝）

三十六歌仙の一人、源 道済《みなもとみちなり》（? ～ 1019）の家集『道済集』を書写した最古の断簡。

（コラム 152・241・243、本文 438 頁）

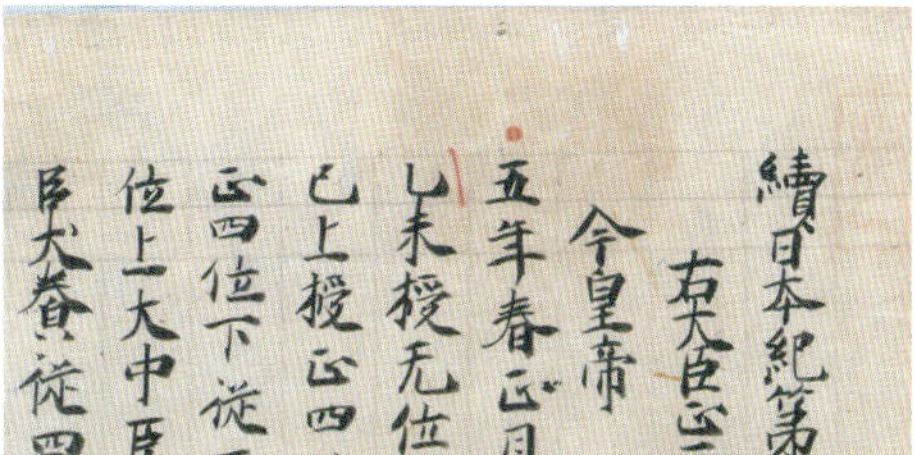

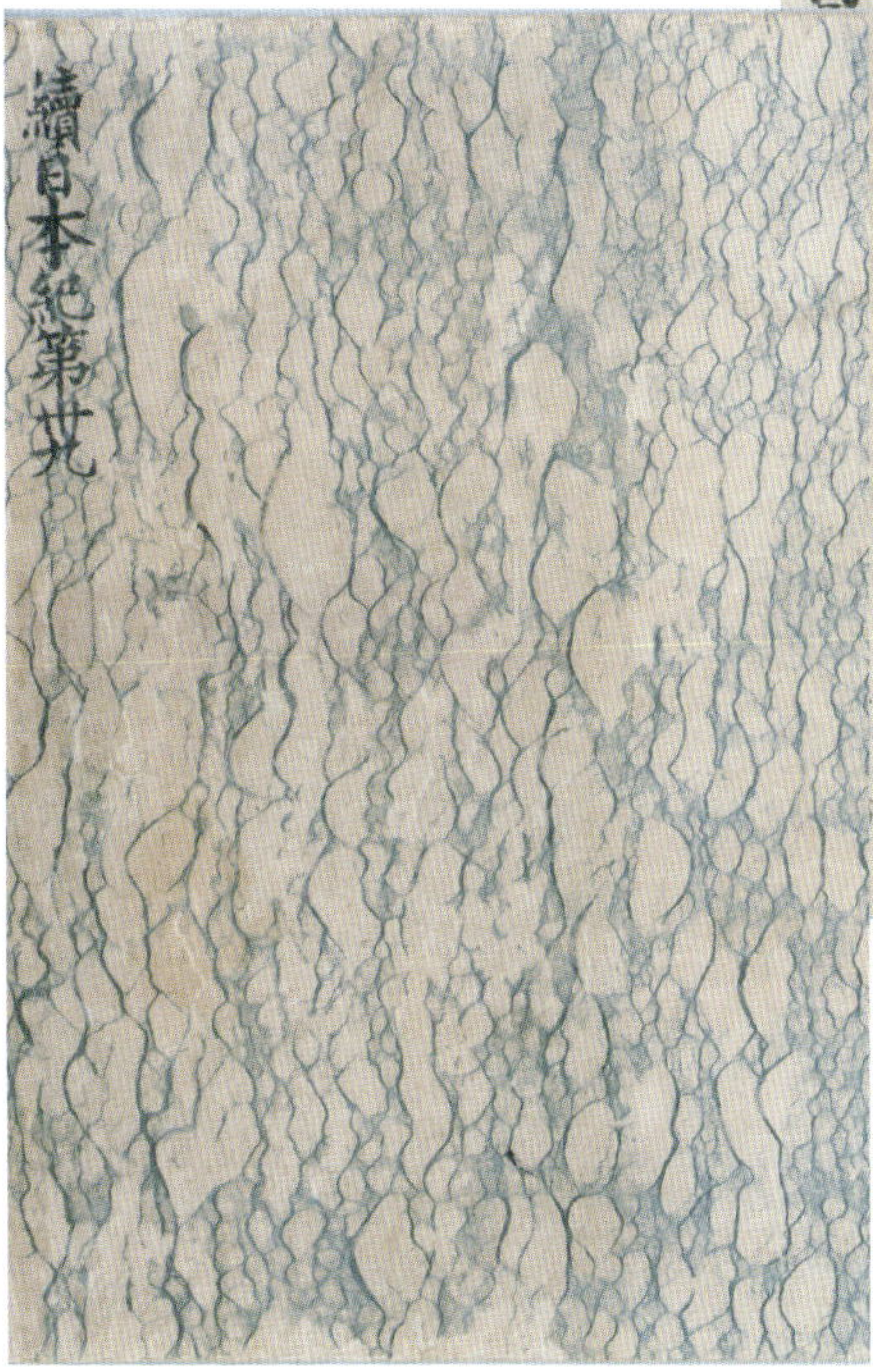

羅文紙（『蓬左文庫本 続日本紀』巻 39）

（金沢文庫本旧蔵　13 世紀後半書写
重要文化財）

羅文紙の表紙が採用されたのは、慶長 19 年（1614）以前、徳川家康が本写本を入手した頃と推定される。

（コラム 152・241・243、本文 346・438 頁）

墨色と墨付きの検証（コラム157頁）

図1 ❷楮紙—①⑦ 古代紙（打紙）・雁皮紙・竹紙も同様

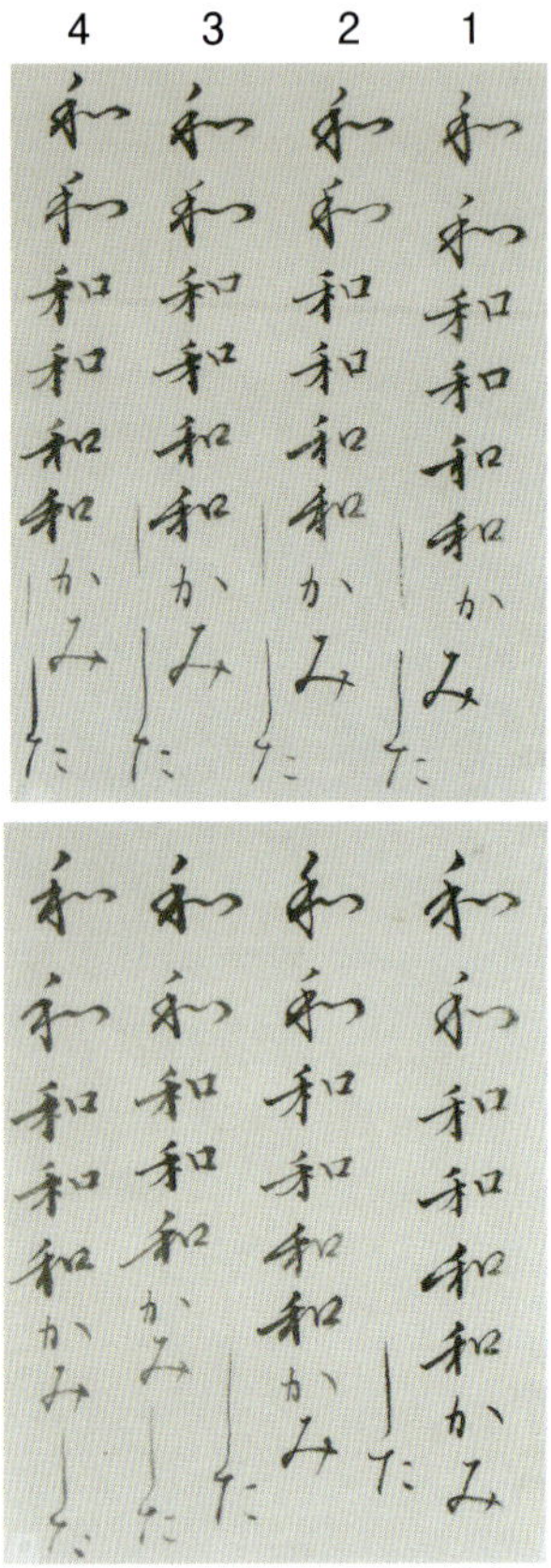

1に2・3・4と10ccずつ水を
加え濃淡を状況を確認。
図2も同様。

図2 ❸雁皮紙

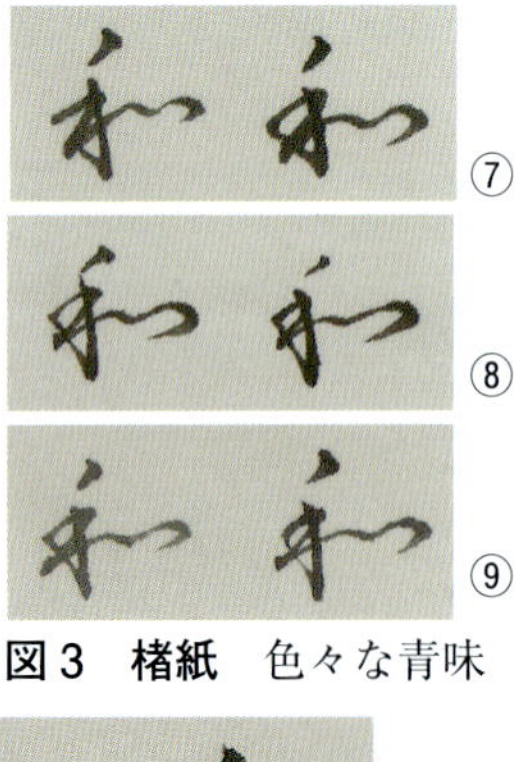

図3 楮紙 色々な青味

図6 ❷楮紙ー② にじみ

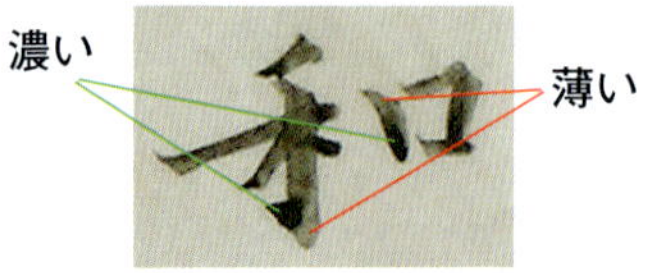

図4 ❶古代紙（打紙）ー⑦

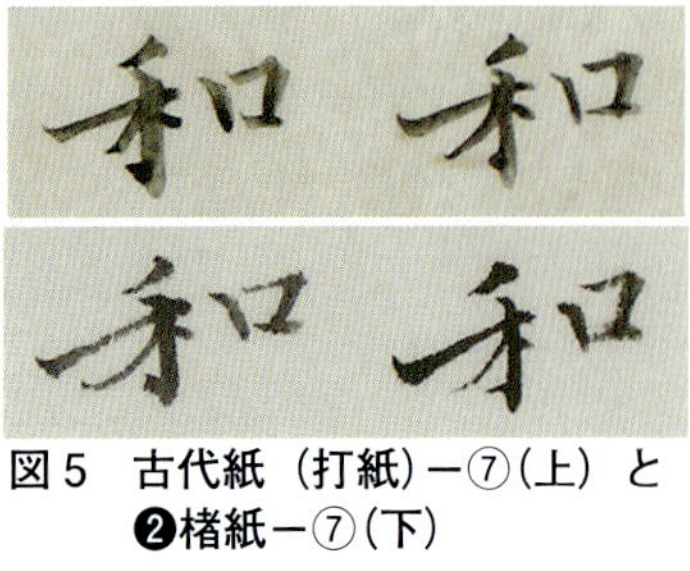

図5 古代紙（打紙）ー⑦（上）と
❷楮紙ー⑦（下）

図7 ❷楮紙ー① 光沢が目立たない

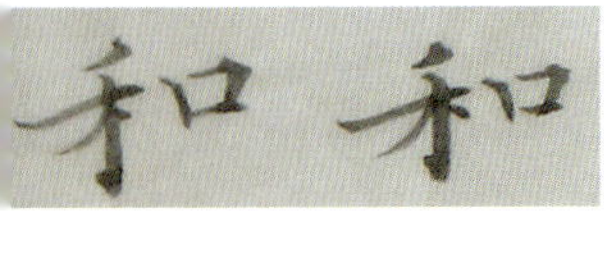

図8 雁皮紙⑨

図4と比較すると
濃淡が目立たない

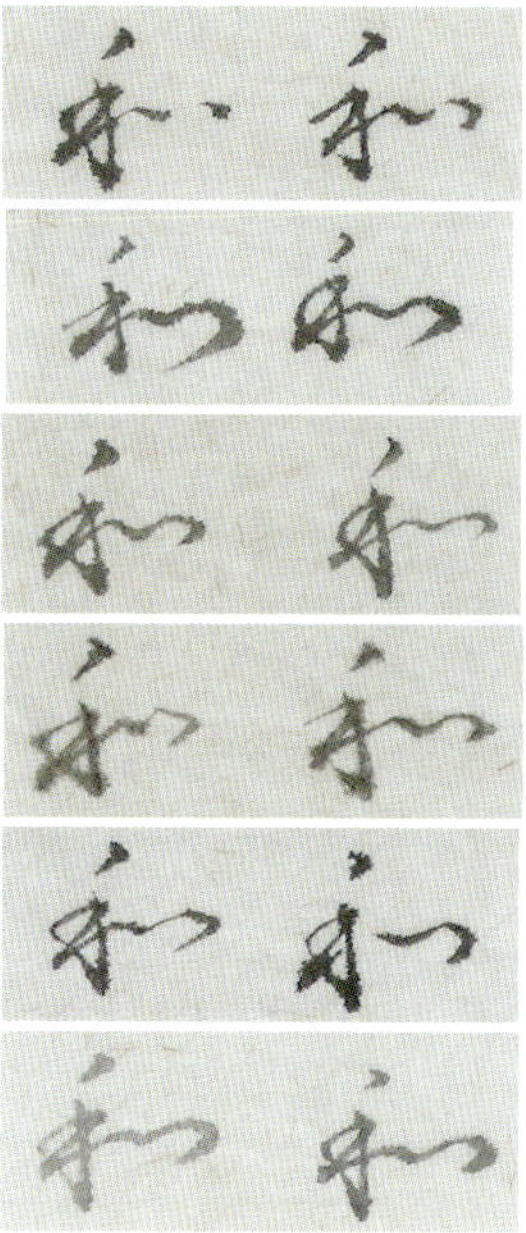

図9　竹紙　⑦⑧に青味がない

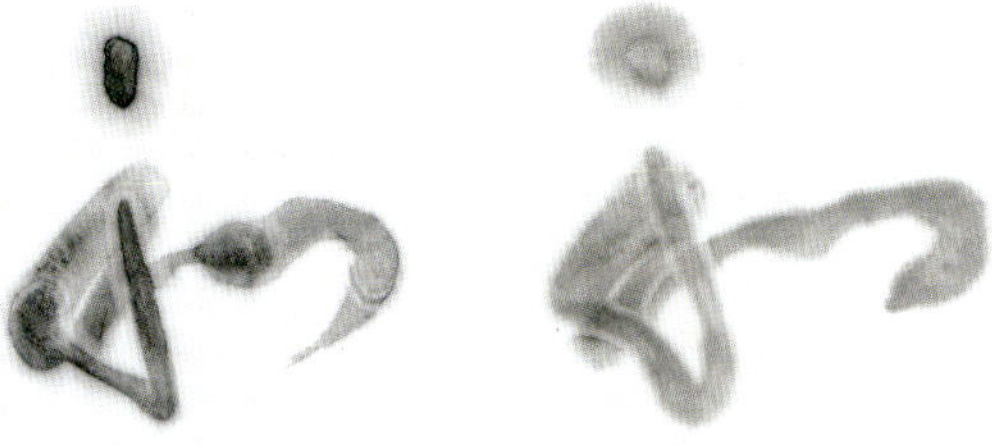

図10　宣紙　⑧松鶴　①九玄三極

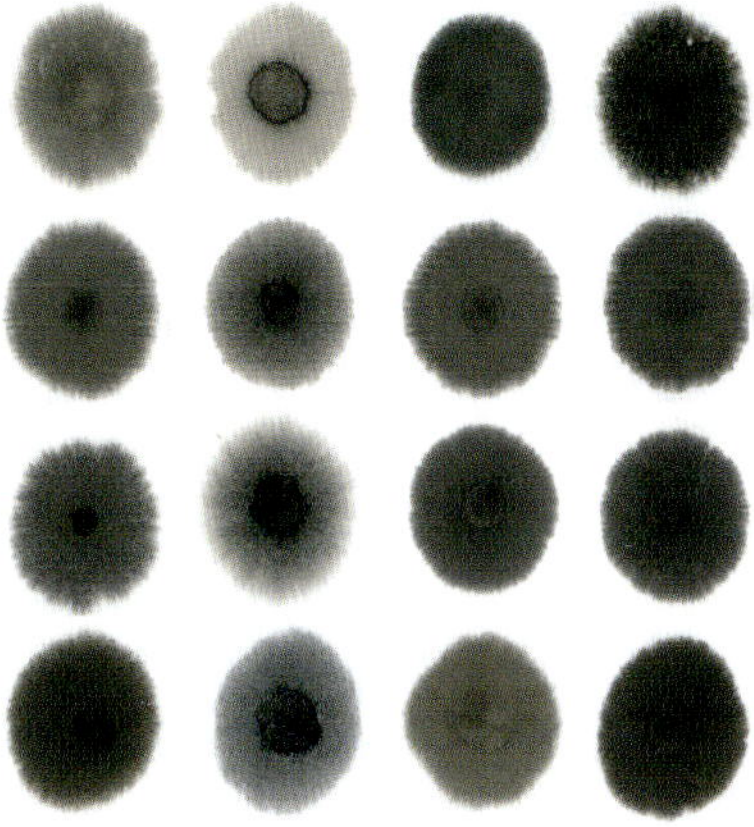

図12　墨と紙の違いによる墨色バリエーション

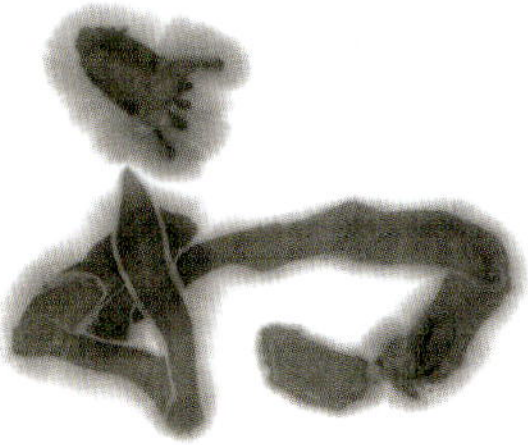

図11　甲州画宣　ベンガラを入れた赤味の強い墨（古梅園「名友」）

図13　各種 江戸古墨　宣紙（個人蔵）

霊元帝　御手用残墨
（1663～87在位）

東福門院　御手用残墨
（1607～78）

後水尾帝　御手用残墨
（1611～29在位）

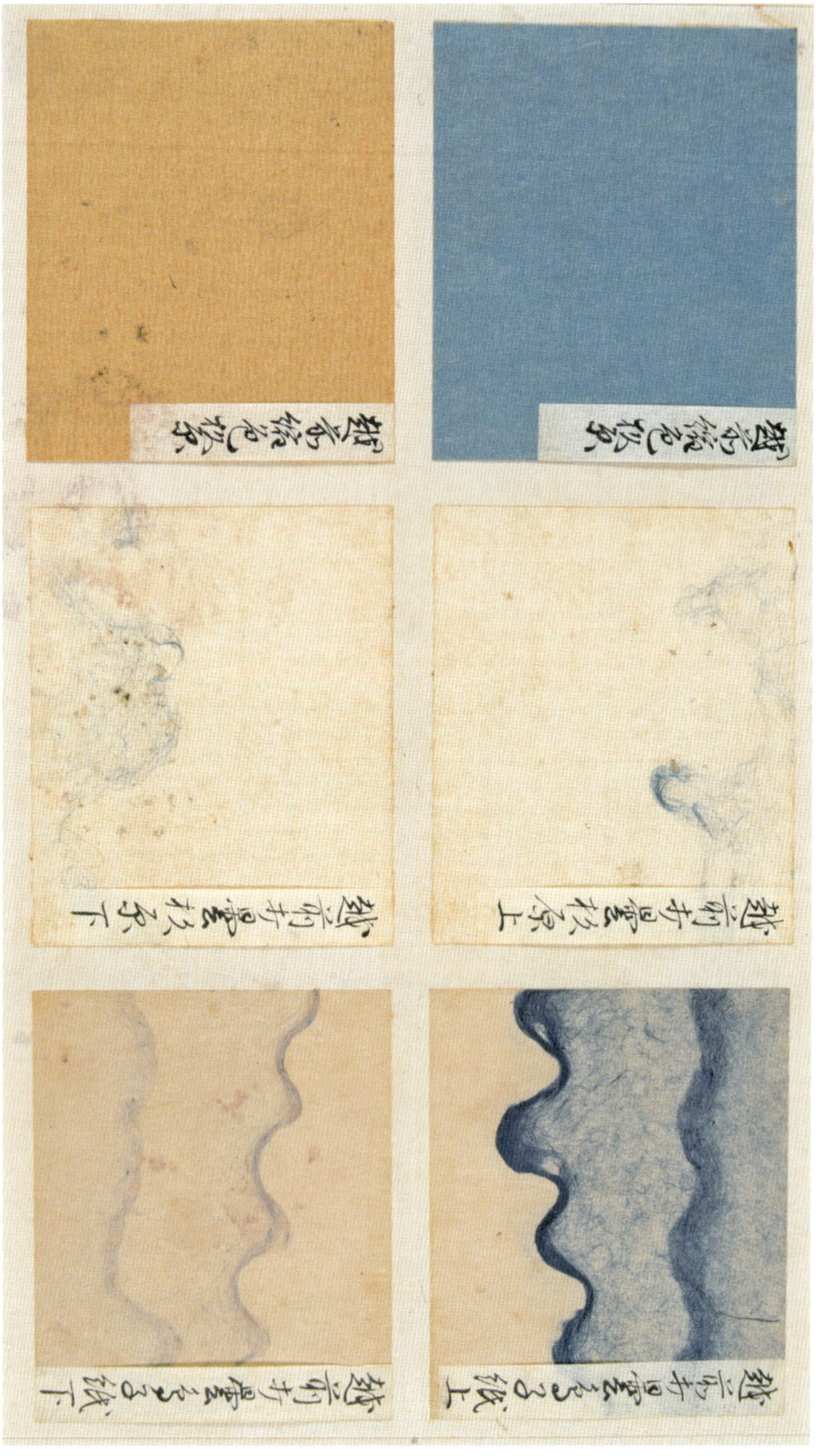

『百工比照』第一号第一架帙「紙類」（重要文化財　コラム228頁）
右より「越前打曇鳥子紙」（上・下）・「越前打曇杉原」（上・下）・「越前縮色杉原」

第一部　料紙の基礎知識

第一章　概説

紙の定義

製紙の歴史を考えるうえで最初の問題は、「紙とは何か」ということである。

この問題は、長い間、世界中の自然科学者・文学者・芸術家などにより議論されてきた。たとえば自然科学者の潘《はん》吉星《きっせい》は、紙について次のように述べている（潘一九八〇）。

> 植物繊維の原料を人工的な器具や化学的な作用で純粋にし、分散している繊維を水と一緒にして、紙料液をつくり、水の漏れる簀で水を濾し、セルロースが簀の上で交織するようにし、湿った紙の膜をつくる。さらに乾燥した後、一定の強度をもつセルロースが水素結合で互いに結び付いて薄片をつくり、書写・印刷・包装などの用途に用いられる物質である。

一言でまとめれば、紙は、植物繊維が物理・化学作用で純化され分散されたセルロースを、水素結合で互いに結び付けた薄膜状の物質、ということになる。

別の言い方をすれば、紙とは植物の繊維を何らかの方法でバラバラに解いて、水に分散させた懸濁《けんだく》液を簀《す》または網状物で漉《こ》し、脱水乾燥しシート状にしたものである。この定義は、時代や国を問わず、すべての紙に適用される。

「紙」という漢字に注目すれば、「糸」編に、「平」という意味の旁《つくり》である「氏」で構成されている。この漢字は、もともと「紙」が、糸を平らにしたものである、ということを簡潔に表現している。糸とは普通、各種の繊維が複数絡まりあった細く長い物質のことで、植物繊維や動物繊維、化学繊維などからつくられている。

本書では製紙の過程や技術的な原理を明らかにする必要があることから、右の定義を基本として、説明をすすめていくこととする。

和紙の伝来前史

紙の誕生

中国の史書『後漢書《ごかんじょ》』蔡倫《さいりん》伝には、元興元年（一〇五）、蔡倫が紙を発明して和帝《わてい》（七九～一〇五）に献上した、とある。この記事を根拠に、これまで蔡倫は紙の発明者とされていた。

しかし、近年、この理解は再検討されるようになっている。蔡倫の活躍した時代よりも前の遺跡から、文字が書いてある麻《あさ》のシート状のものが発見されたのである。

一九九〇年より、中国甘粛省の文物研究所が、敦煌《とんこう》に近い漢時代の遺跡を発掘調査した際、布帛《ふはく》の文書断簡がみつかった。この中に木簡・壁文などのほか、家畜の骨・麻織物・紙・文房用品などがあり、紙の繊維分析を依頼された。もっとも、みつかった紙は書写材としての利用は認められなかったが、紙の発明者といわれる蔡倫より約二〇〇年も前に、繊維シートが存在していたことがわかったのである。

分析の結果、繊維はすべて一㎜から二〇㎜に切断され、叩打《こうだ》処理がなされ外部フィブリル化（枝状化）がみられた。大麻《たいま》繊維を主体とする紙が多く、カジノキ繊維のほかに、苧麻《ちょま》や黄麻《おうま》が微量に混合している混入紙もあり、後漢の蔡倫以前に紙があったことが証明されたのである。

紙の原料の探求

ところで、中国の絹は人類が求めていた理想の繊維で、絹の織物がヨーロッパ大陸に輸出されたときの交易道路のことを、絹の道（シルク・ロード）と呼んでいた。絹織物はきめが細かく、書画にも適していたが、高価なため、絹を使った帛書《はくしょ》は限られた場合にしか利用されなかった。

繭《まゆ》から絹糸を取る時、技術が未熟な場合に繊維屑が多く出る。これを捨てずに集めて水中で叩《たた》きほぐした物が「絮《じょ》」（真綿）で、防寒具や寝具に使われた。麻の糸などを竹籠やザルのなかに入れ、水中で叩いて洗うことを「漂《ひょう》絮《じょ》」といい、『古代漂《ひょう》絮《じょ》図』（北京故宮博物院蔵）でこの様子を知ることができる。

簡単に説明しておくと、まず水中に竹籠や網を置き、この中に繊維屑や衣類を入れる。次に、竹竿などで叩きながら洗った後、長い綺麗な繊維や衣類などを引き上げる。作業が終了すると、竹籠や網の底に細かい繊維が薄い層になって残る。これを乾燥させると繊維の膜が得られる。最

図１　蔡倫をモデルにした中国の切手

初期の「紙」はこうしてでき上がったと考えられる。

絹から得られた繊維シートは、組織が弱く、文字や絵を描く目的には適さなかった。しかし、衣料の麻類の繊維屑からも同様に繊維シートができることがわかると、麻類が紙の原料に使われるようになる。安価で入手しやすく、繊維接着力もあり丈夫なため、主に包装用に使われたのだろう。

蔡倫の功績

このように、紙の「発明者」は蔡倫ではない、ということは、多くの人々が認めるところである。だからといって、蔡倫の功績が小さかったわけではない。

『後漢書』に、蔡倫は樹膚《じゅふ》・麻頭《まとう》・敝布《へいふ》・魚網《ぎょもう》を用いて紙をつくり、時の和帝に紙を奏上し褒めたたえられ、人々は蔡倫の発明した紙を「蔡侯紙《さいこうし》」と称した、とある。

これらの記述から、蔡倫が開発した製紙法の基本原理を整理すると、次の四つにまとめられる。

1）植物体から繊維を取り出す繊維化
2）繊維の切断と叩打《こうだ》（または叩解《こうかい》）
3）繊維を水中に分散して網や簀《す》で漉くこと
4）湿紙シートでの乾燥

こうしてみると、蔡倫は、書写材として優れた紙の製法を創意工夫し、今日とほとんど変わらない製紙法を完成させた紙の改良者で、さらに紙を記録文化の基本材料として位置づけた偉大な功労者といえる。

その後、蔡倫が改良した製紙法は世界各地に伝えられた。そして、それぞれの地方特有の製法に改良され、世界各地で個性的な紙がつくられることになったのである。

和紙の歴史

古代の和紙

日本の製紙に関しては、『日本書紀《にほんしょき》』の推古《すいこ》天皇一八年（六一〇）の記事に、史料上はじめて「紙」という文字がみえるが、詳しいことはわからない。

現存する最古の紙は、八世紀の奈良時代のものである。奈良に都を移し、唐の文化を模倣した天平文化は、仏教色に彩られた唐風文化であった。製紙法も唐の製法を踏襲したものと思われる。このことは、奈良の正倉院に残された文書類が多く麻紙《まし》であることや、平安時代に制定された『延喜式《えんぎしき》』に記された製紙作業の様子などによっても推定できる。それによると、原料は布類・楮皮《ちょひ》類・麻《あさ》類・雁皮《がんぴ》類に苦参《くじん》（クララ）があり、製紙工程には煮熟《しゃじゅく》・精選・切断・叩解《こうかい》・成紙《せいし》があることがわかる。この時代の紙を詳しく分析すると、製紙法は「溜《た》め漉《す》き法」と思われる（90頁）。

溜め漉き法は、製紙技術そのものはそれほど難しくない。しかし、繊維の切断、水に膨潤した繊維の叩解《こうかい》、乾燥した紙の表面を叩《たた》いて平らにする打紙《うちがみ》、石や動物の牙で表面を磨く瑩紙《えいし》などの、重労働を行う必要があった。

世界最古の印刷物として知られる『百万塔陀羅尼《ひゃくまんとうだらに》』も宝亀元年（七七〇）に版行され、当時の製紙能力を示しており（310頁）、奈良時代は紙の文化を確立した時代といえる。

平安時代に入ると、楮《こうぞ》に雁皮を混入した表面の綺麗な紙が広くみえはじめる。『百万塔陀羅尼』の料紙にも少量みられるが、これは雁皮の持つ粘性によって繊維の配列が変わり、表面が平滑になったためと思われる。

こうした現象をヒントに、平安時代の漉き工は、「漉き舟」槽の中に原料とともに、粘性を有する物質（ネリ剤）を混入して紙を漉く工夫をして、表面性の優れた紙がつくり出された。このネリ剤の使用が、現在の和紙製造法である「流し漉き」の原点といえる（99頁）。

この新式の流し漉き法でつくられた紙は、当時の貴族・高僧などには受け入れられなかったようである。彼らは国営の恵まれた環境の「紙屋院《かみやいん》」で漉かれた「溜め漉き」の厚く、白い優美な紙を愛好していた。この紙は舶来の唐紙より上質な紙として唐にも輸出されていた。

平安時代になると、唐の模倣から脱して、和風化した王朝文化が生まれ、『源氏物語』や『枕草子』などの文学作品の中には、繊細な感性で和紙の美がたたえられている。当時、流し漉きの技術の応用で打雲《うちぐも》（152頁）・羅文紙《らもんし》（45頁）などの漉き紙模様紙が製作され、写経用紙も華麗さを増し、金・銀・砂子・切《き》り箔《はく》加工のほか、切り継ぎ・破り継ぎ・重ね継ぎなど変化に富んだ多彩な装飾紙が工夫された。『西本願寺三十六人家集』（西本願寺蔵）や『源氏物語絵巻』（五島美術館他蔵）などによって、当時の華麗さが伝えられている。

都の紙屋院で指導を受けた職人が地方に戻り、各国でも製紙が盛んになると、多くの種類の紙が全国に広まった。著名な地方紙として、東北からの「陸奥紙《みちのくかみ》」があり、この紙を男性は「檀紙《だんし》」、女性は「真弓紙《まゆみかみ》」ともいった。紙屋院では原料不足もあり、古紙を原料にした「宿紙《しゅくし》」（現在の再生紙）の製造に移行していった（120頁）。

中世の紙

紙を使うということは、使う人の地位や教養・経済力などが問われる。武士が文書を書いたり読んだりするようになると、紙の需要は一段と増し、表面の美しい雁皮紙と文字の書きやすい三椏紙《みつまた》などが流し漉き法で生産され、書画や文書に使われた。

紙は大きくて厚く、白いものがよいと古代からいわれてきた。中世になっても、貴族や高僧などは、薄くて小さな流し漉きの紙を好まず、古代紙のように、厚くふくよかな紙を求めた。その結果、繊維の切断や表面の打紙の必要がない流し漉き法を応用して、要求に応えた紙がつくられた。

その製法では、流し漉きのネリ剤を使用し、少量の原料液を汲み込み、簀《す》の全面に流し、その後は溜め漉き法の、原料液を溜め置く方法が採用された。高い技術と豊富な経験が必要なこの製法を、私は「半流し漉き」法と命名した（94頁）。中世の地位の高い武士や貴族、高僧などが書写した現存する料紙の多くは、ほぼこの半流し漉き法でつくられていて、これは中世高級紙の特徴といえる。

この他、住居の建具などにも紙が使われた。室町時代になると現代と同じ障子の利用が一般化した。この紙は傘紙にも使われ、厚手の強い和紙は揉《も》んで衣料となった紙子に使われた。薄紙はちり紙・包紙・造花など、その使用範囲は一段と拡大した。

近世の和紙

近世になると、幕藩体制のもとで経済活動も活発になり、日常生活の必需品となった和紙は全盛期を迎えた。各藩は競って製紙を奨励して、日本を代表する産業となった。

印刷技術の向上もあり、嵯峨《さが》本・絵本などが出版され、浮世絵木版画など庶民の教養娯楽も増し、紙の需要が激増した。

商人や町人の取引が活発になると、用途の広い半紙・障子紙・ちり紙などを専売にする藩もあらわれた。さらに量産のため紙漉きに従事し、過重労働を強いられた農民が、しばしば「紙一揆」を起こしたこともあった。

文教啓蒙が推進され、各地で寺子屋が開かれ、一般庶民にも文字の読み書きが教えられ、毛筆で書きやすく、価格の安い三椏紙が喜ばれた。三椏紙の色は赤茶色で良質紙とはいえないが、たとえば駿河半紙は清水港から江戸に送られ、町人や子供などの庶民階級に多く使われた。

商業の発展で銭貨が増え、幕府に管理された貨幣に換え、紙幣（後年に「藩札《はんさつ》」と呼ばれた）が発行された（344頁）。楮紙《ちょし》に手書きしたほか、多くは楮紙や雁皮紙の貼り合わせか、雁皮と楮の混合紙が使われ、色・形・透かし・加工など、現在の紙幣に匹敵するほど多種多様な偽造防止策が施された。

流し漉きの薄紙が書画用紙に多く使われ、厚紙は紙布《しふ》や合羽などの衣類のほか、カルタ・張子・達磨にも使われた。

近代の和紙

明治維新の後、和紙生産の方式が激変され、体制変化に対応できない地域は生産が激減した。しかし、変化に対応した地方では、生産が拡大して、現在でも産業として続いているところもある。

薄くて強い和紙は昭和時代初期まで大量に輸出された。複写用紙・包装紙・文化財補修用紙・謄写版用紙などに使われ、国内での使用量もしばらくは国産洋紙を凌いでいた。

しかし、一九〇三年（明治三六）に教科書用紙が機械漉きの洋紙に変えられると、就学児童が和紙に接する機会を失うなど、紙の需要が洋紙に移り、和紙の利用が減少した。洋紙の抄紙機を用い、三椏や木材パルプを使った機械漉き和紙の生産が本格化すると、手漉き和紙の生産は激減して、生産者の転業が加速した。近世に最も需要の多かった流し漉きの薄紙は、洋紙の薄紙に変わってしまった。

さらに、楮などの原料生産者の高齢化が進むと、原料不足も問題となり、現在は原料の多くを海外に依存しているのが現状である。

和紙と外国の手漉き紙との違い

現代の日本社会には、和紙と洋紙の二種類の紙が存在する。加えて、中国の唐紙や、最近では機械漉き和紙などもあり、これらの紙の違いを論じることは大変難しい。

しかし、和紙の特徴をつかむ意味でも、他との比較は欠かせない。そこで、製法・用途などに着目し、違いを確認しておきたい。

①基本的製法

製法のポイントは、次の四点にまとめられる。

１）植物から繊維を取り出す繊維化法には、醱酵法・蒸《じょう》煮《しゃ》法・動力分散法があり、現在の製紙用語ではパルプ化法と呼ばれている。

２）植物繊維を単繊維に分散して、繊維を目的の紙原料に変換する方法には、叩《こう》打《だ》法とニードリング法（原料を捏《こ》ねる）がある。これらは人力・家畜力・水力・電力などで行われ、叩《こう》解《かい》（リファイニング）法と呼ぶ。

３）紙漉きの方法は事情によって異なり、統一されたものはない。使用水は冷水・温水の違い、ネリ剤の使用の有無、抄紙法は澆《ぎょう》紙《し》法・溜め漉き法・流し漉き法などのほか、機械抄紙の円《まる》網《あみ》抄紙・長《なが》網《あみ》抄紙などがある。これらの方法を総合して「抄紙」と呼ぶ。

４）表面加工とは、完成した紙の表面に、何らかの処理をすることである。その処方には、打《うち》紙《がみ》・瑩《えい》紙《し》（表面を磨く）、黄《き》蘗《はだ》などの染色物の塗布、膠《にかわ》・澱《でん》粉《ぷん》・樹脂などの塗布や白土などの塗工がある。

②製法の違い

次頁の表のとおりである。

③感覚による違い

和紙　繊維の形がみえ、チリなどの異物がある場合がある。繊維間に空間があり、表面に塗布物はない。自然色が多く、部分的厚薄があり、触わると表面は粗いが軽くて温かみを感じる。息をかけると通過吸収し、揉《も》むとサラサラと爽やかな音がする。

洋紙　繊維の形はみえにくく、異物の混入は原則的にない。繊維同士が膠着して表面に塗布物がある紙が多い。厚薄はほとんどないが、色は人工色が多く、表面は平らで滑らかである。重く硬く、冷たい感じがするが、息をかけると戻ってくる。揉むとパリパリと煩わしい音がする。

表　製法の違い

	中国の紙（唐紙）	日本の紙（和紙）	西洋の紙（洋紙）
初期の生産年代	紀元前300年	7世紀頃	1200年以降
原　料	竹・ワラ・麻・楮などの樹皮繊維	楮・雁皮・三椏などの樹皮繊維	亜麻の樹皮・木綿繊維
繊維取り出し法	レチング（醗酵精錬）と石灰などの蒸煮併用	木灰汁による蒸煮	レチング
繊　維分散法	家畜力	人　力	水力・風力
完成紙料	繊維の性質を残す	繊維の性質を残す	繊維形態を変える
製　法	常温・溜め漉き	冷水・ネリ使用	温水・溜め漉き
	薄　紙	流し漉き・薄紙	厚　紙
乾燥法	温熱壁張り	板張り	吊るし
主な用途	毛筆書写	筆写以外に包む・着る・拭う・防ぐなど広い用途	印刷・ペン書写
加工法	膠塗布	米粉内添、打紙	タブサイズ

④用途による違い

和紙　書写用の他に、包む・防ぐ・拭うなどの機能がある。浮世絵類は、江戸時代にヨーロッパへ輸出した陶器や漆器を包んだ紙として用いられたものである。

日本の家屋は木と紙でできているといわれるが、障子によって外気の湿気や室内の温度を調整している。そのほか、風などを防ぐ屏風や襖《ふすま》・提灯や行灯がある。

かつて人々が着た紙子や紙布《しふ》なども、外の冷気から人体を防ぐ紙である。

洋紙　羽根ペンや金属ペンに水溶性インクをつけて書写するヨーロッパの紙は、インクがにじまず、表面は滑らかで強いことが求められる。印刷も金属版で強い圧力で刷られるため、厚薄が少なく、繊維間は緻密な硬い紙がよいとされる。

文字は曲線や細かい丸や点が多いので、異物があるとその異物によって文章の意味が変わることもあるので、チリなどがない紙がよい紙と評価される。

唐紙　毛筆で書写されるので、紙は強度より書写適性が求められ、墨の乗り・墨の発色・毛筆の消耗性などが重視される。

中国の紙

紙の発明

歴史書『後漢書《ごかんじょ》』によれば、蔡倫《さいりん》が紙を発明したのは、元興元年（一〇五）のことである。ところが、それよりも二〇〇年ほど前の敦煌《とんこう》遺跡から、紙が発掘されている（51頁）。

発掘された紙を繊維分析した結果、多くは大麻《たいま》の繊維でつくられていたことが判明した（図1）。発掘された資料から、蔡倫が紙を発明したとされるよりも前の前漢期（二世紀）に、紙はすでに存在したことが認められたのである。これらの古紙は簀跡《すあと》がほとんどなく、布目の跡がみられるので、原初的な紙は布簾《ぬのすだれ》で漉かれていたと推定される。

萱《かや》や竹で編んだ簾《すだれ》は、空間部が多いので、濾水《ろすい》が早く薄手の紙になりやすい。一方、布簾は濾水が遅いので、厚手の紙になり表面の平滑性が劣っている。

蔡倫が紙の製法を完成させた時期の中国の紙を観察したことはないが、四～一〇世紀ごろの新疆《しんきょう》ウイグル地方の遺跡から出土した紙は、大麻（図2）・苧麻《ちょま》（図3）・構皮（カジノキの漢語。図4）の繊維がみられ、初期の紙は靭皮《じんぴ》繊維（樹木の外皮のすぐ内側にある柔らかな部分）からつくられたことがわかる。これらの紙片には、萱簀《かやす》跡らしきものがみえる紙があり、この時期（四～一〇世紀ごろ）に萱《かや》や竹の漉き簾が使われていたことが推定される。

中国製紙史研究家の潘吉星《はんきっせい》によれば、古代紙の最も原始的な漉き具は、方式（ほぼ正方形）または長方式（正方形が二個つながった形）であり、方式の漉き具はよりつくりやすいものだったという（図5）。

正方形の木枠に布簾が張られた大型漉き具から推定されるのは、紙料分散液を漉き具ですくい取る抄紙法よりも、澆紙《ぎょうし》法が主な製法であった、ということである。澆紙法とは、紙料調成器で調成した紙料を、布簾の上に流し込み手や棒などで繊維を平均に分散させ、木枠を持ち上げ、水を濾過《ろか》して湿紙をつくり、そのまま天日乾燥する製法のことである。

五～六世紀ごろ、紙の需要が増加し、問題点が色々と生まれた。たとえば靭皮繊維の草本靭皮《そうほんじんぴ》である大麻や苧麻は、衣類の他に網や綱・履・帽子などへの使用が増した。またカジノキは紙への需要が増大して、不足した。そして製紙

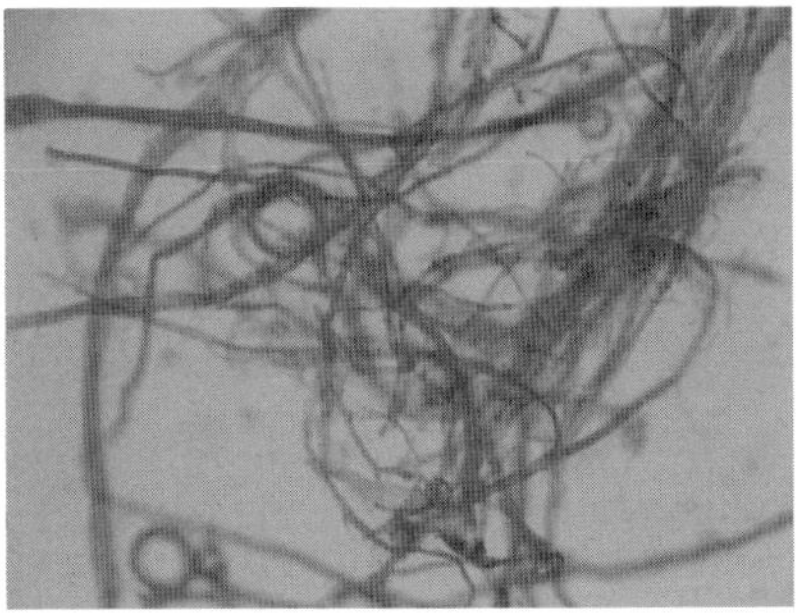

図2　新疆出土の大麻繊維

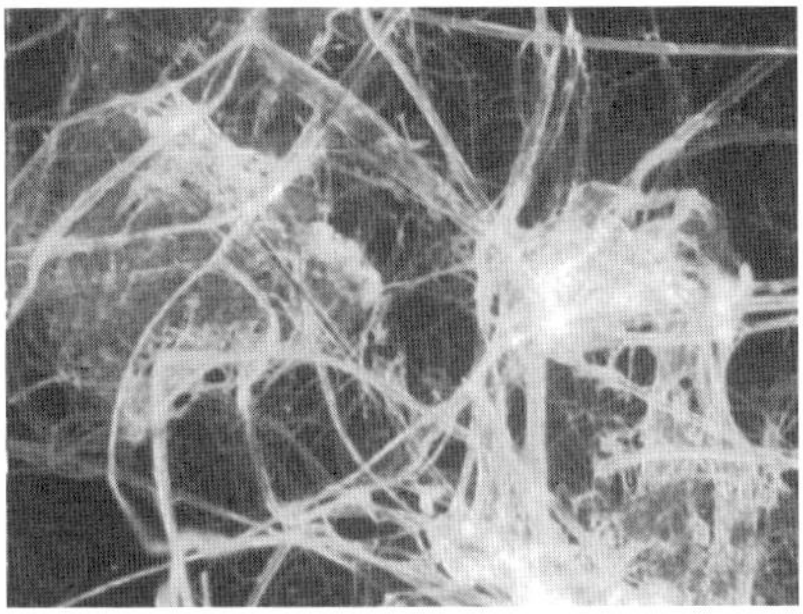

図1　中国古代紙（大麻）

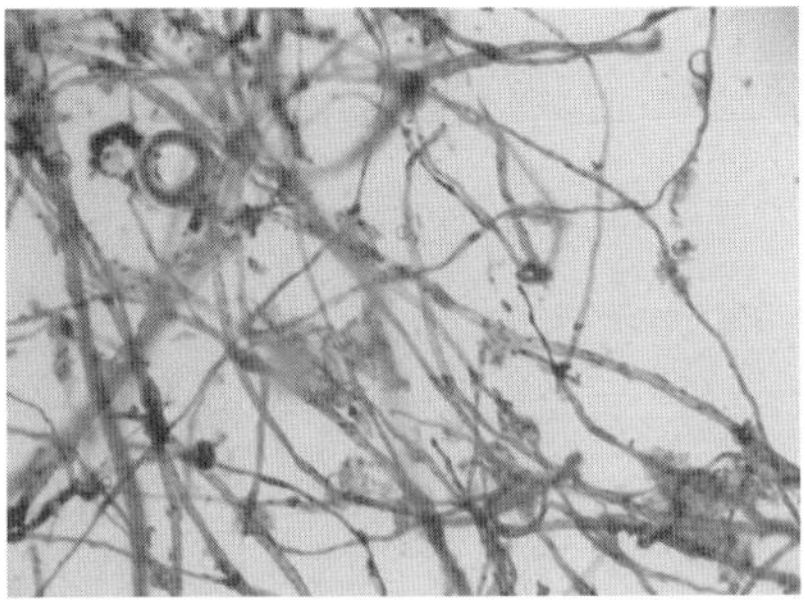

図4　新疆出土のカジノキ繊維

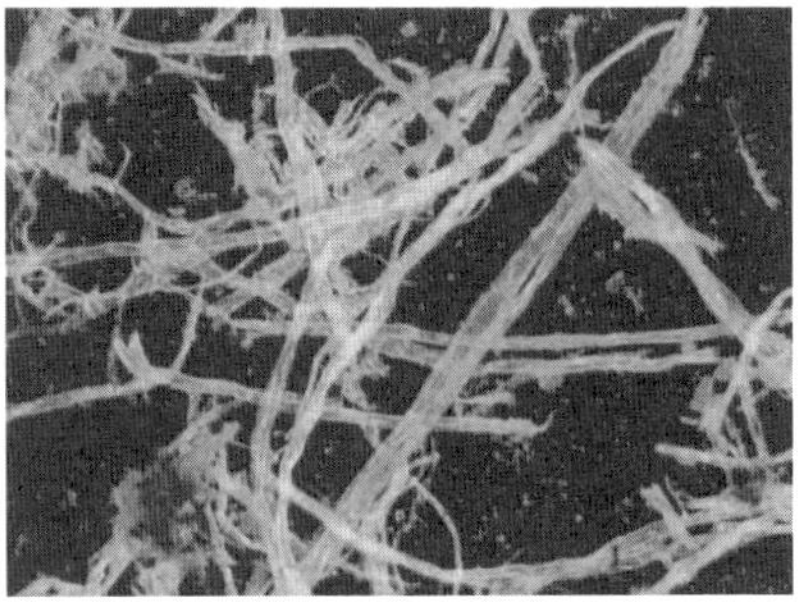

図3　新疆出土の苧麻繊維

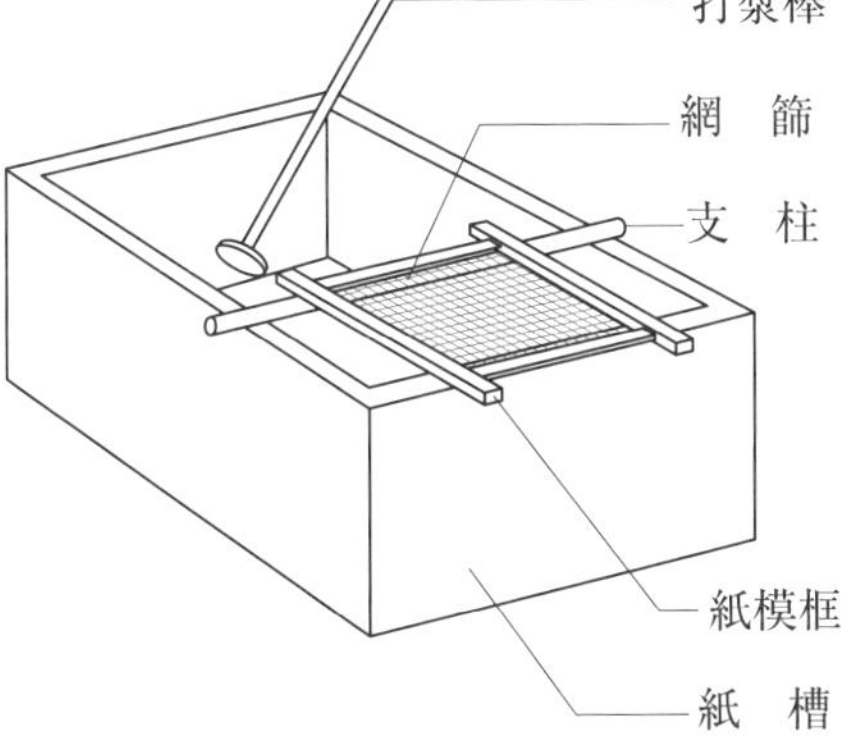

図5　紙槽の攪拌と紙漉きの道具

工程から考えると、長い靭皮繊維は製紙適性がよくないので、切断という大変な手作業を必要とした。

そこでこれらに変わり、フヨウ・ムクゲ・フジなどの繊維の短い木本靭皮の使用が試みられ、最終的にはレチング（醗酵精錬）が容易なフジが紙の原料として使われはじめた。フジ皮の繊維は靭皮繊維に比べ、細く短いので、抄紙性がよく、表面も平滑となる。打紙《うちがみ》加工も必要なく、毛筆による筆記性が優れており、書家にも好んで使われた。ただしフジの成長期は、麻・竹・楮に比べ長くかかり、資源に限りがあるので、藤紙は唐以後、衰退の道をたどった（潘一九八〇）。

北宋時代―竹紙の誕生

フジに代わる製紙原料として検討されたのが、中国全土に豊富にある竹類で、竹を単繊維化する研究が行われた。九世紀から一〇世紀にかけて、竹紙は各地でつくられた。

北宋の初期ごろにつくられた竹紙は、緊密性が劣り、粘着力が弱く、改善の余地がある（森本一九九九）。よい紙ができなかった要因は、若竹ではなく成長した竹を繊維化したためだろう。成長した竹には、アルカリに溶けにくいリグニン質が多いからである。

竹紙の本格的な発展は北宋以後といわれ、その後の試行錯誤の結果、成長前の若竹をレチングして繊維化する方法が考案された。

『嘉泰会稽志《かたいかいけいし》』によれば、竹紙のすぐれているところを五つあげている。「ただ書の巧みな人だけがこれを喜ぶ。なめらかさ、これがその第一。墨色を発す、これがその第二。筆先によい、これがその第三。巻いたり伸ばしたりし長い間やっても、墨は全く変わらない、これがその第四。紙魚《しみ》が食わない、これがその第五」という（潘一九八〇）。

紙の生産用具や漉き方にも変化がみられる。初期は木枠に布を張った固定式の漉き具であったが、のちに紙料分散液の濾水が早い竹や萱で編んだ簀《す》が考案された。さらに上《うわ》桁《けた》と下桁《したけた》の三部分からなる組立法式が導入された。これは製紙技術の画期的な進歩であり、日本では三部分全体を簀《す》桁《けた》と呼ぶ。この時にでき上がった製紙法の基本構造は、現在の機械抄紙でも変わらない。

なお中国南部地方には竹以外の繊維植物も多くあり、サイザル麻や青檀が紙の材料として使われた。また近世になると、ワラが筆記性に優れていることがわかり、現在では書道用の上質紙である宣紙《せんし》の主要原料になっている。

日本の紙

製紙技術の伝来

朝鮮半島における造紙のはじまりは仏教が伝来した四世紀後半とされ、これにともなって紙づくりが始まったという（寿岳一九六七）。時期については確証を得ないが、中国を発祥とする製紙技術は、他の文物同様、朝鮮半島を経由して日本へ伝わったと推測される。

『日本書紀《にほんしょき》』推古《すいこ》天皇一八年（六一〇）の記事には、「曇《どん》徴《ちょう》は儒教や仏教に通じ、絵の具、紙、墨などの製法を心得ており、碾磑《てんがい》も造った。碾磑が造られたのはこの時にはじまるか」と、「紙」という用語がはじめてみられる。

以下、私が実際に調査したものをいくつかとりあげ、簡単に紹介したい。

①古　代

朝鮮半島から伝えられた製紙法は、溜め漉き法であった。これは奈良時代につくられた麻紙《まし》の繊維が切断されていることでわかる。

五月一日経

奈良時代に製作された有名な経典『五月一日経』（光明皇后発願）の断簡を調査した。繊維分析による調査の結果、苧麻《ちょま》を切断後、粘状叩解《こうかい》して外部フィブリルがある繊維を溜め漉きし、ドーサ処理して打紙《うちがみ》した典型的な唐紙の製法によっていると判断した。

『五月一日経』のなかには、補助原料として雁皮《がんぴ》が混合された料紙もある（図1）。雁皮が混合されたのは、『五月一日経』に使われる料紙が膨大で、苧麻の原料処理が間に合わなかったことに加え、雁皮は原料処理が容易で、繊維が短く粘性があり抄紙性がよいためと考えられる。

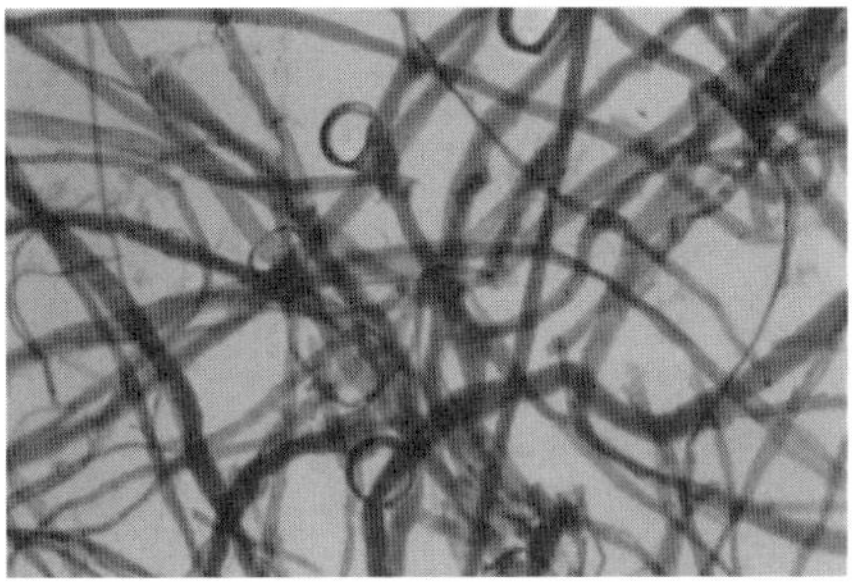

図1　苧麻と雁皮（『五月一日経』）

聖武切

聖武《しょうむ》天皇（七〇一～七五六）の宸筆《しんぴつ》といわれる『賢愚経《けんぐきょう》』は、奈良・東大寺に伝えられ、その断簡は大聖武切・中聖武切・小聖武切などと呼ばれている。その料紙に使われている「荼毘《だび》紙」に

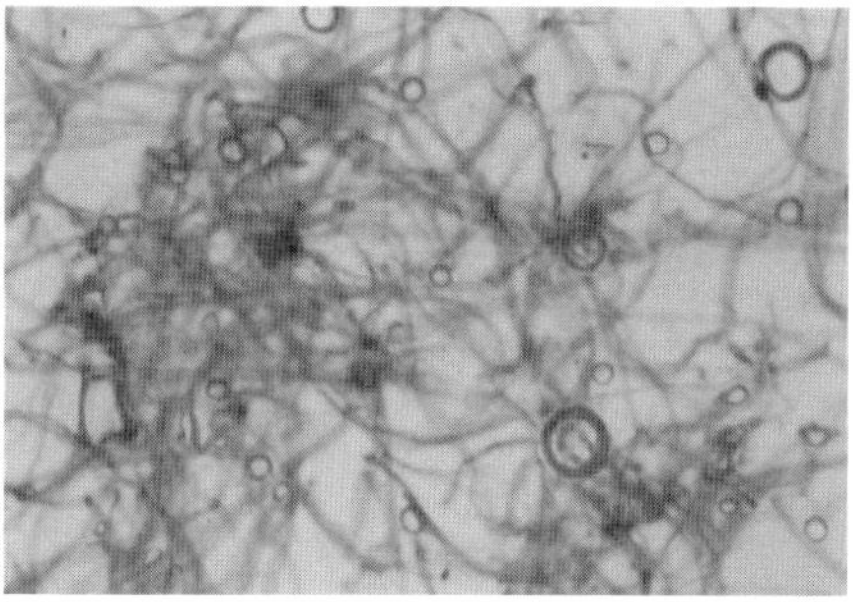

図２　マユミ（『大聖武』）

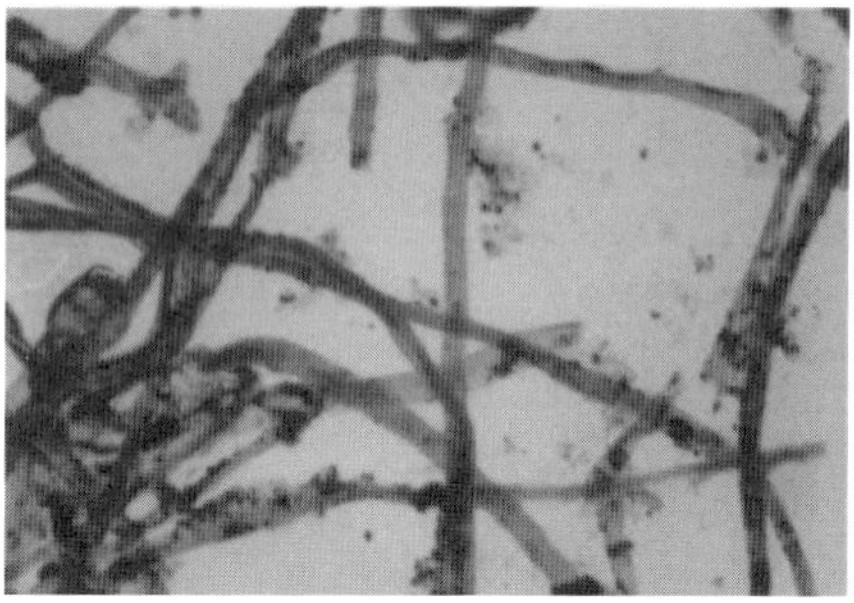

図３　切断された楮繊維
（『百万塔陀羅尼』〔自心印〕）

ついて、古くは尊者の遺骨灰を漉き入れた紙であるとか、香木を細かく砕いた粉を漉き込んだ紙、あるいはマユミ原料のチリ入り紙（マユミの靭皮《じんぴ》のチリ）などと説明されてきた（久米一九九五）。

しかし、私の繊維観察によれば、この紙に混じる異物は繊維に粘り付いて粘着性があるので、単なるチリでなく、何らかの樹脂成分と推察される。

さらに、「大聖武」の料紙には、マユミ繊維が使われていたことが確認できた（図２）。中国では溜め漉き法で漉きやすい短繊維のフジ皮を使った製法が行われたが、これと同様な試みと考えられる。

百万塔陀羅尼（第二部第四章）

紙の需要が増すと、日本の各地に生育して入手しやすい楮《こうぞ》が使用されるようになった。楮は太布《たふ》などの織物にも使われていた。最初は麻《あさ》類同様に、繊維を切断していた事実が『百万塔陀羅尼《ひゃくまんとうだらに》』（七七〇年完成）の料紙観察から判明した（図３）。陀羅尼の料紙には、雁皮やトロロアオイに似た粒子がみられ、竹や萱《かや》などの簀跡《すあと》のある料紙が多い。このことから、流し漉きによる製法が、このころから試行されたと推定される。

溜め漉き法と流し漉き法（第一部第二章）

植物の繊維には、水中で沈もうとする沈降《ちんこう》性と、集まろうとする凝集《ぎょうしゅう》性という二つの大きな性質がある。この二つの性質をコントロールすることが紙づくりに重要となる。溜め漉き法では、沈降性を抑制するために繊維を充分叩《たた》き、フィブリル化（枝状化）する。凝集性を遅くするためには、繊維を切断して短繊維化する工程が大事となる。この溜め漉き法でつくられた紙は、表面の凹凸が多い。そのため、石や棒などで表面を打ち、平らにする打紙《うちがみ》加工が行われた。

これらの工程を経ると、多くの労力と時間を消費するので、大量生産が難しい。そこで溜め漉き法を改良し、効率のよい製法として考案されたのが、流し漉き法である。

溜め漉き法と異なり、流し漉き法では薄くて表面が滑らかな紙ができる。比較的長い楮の繊維でも製紙が可能になったのは、沈降性や凝集性を改質する働きのネリ剤を混合して繊維を流動する工夫がなされたためである。

②中　世

半流し漉き法（第一部第二章）

奈良時代以後、大型で白く、厚い紙が良質とされ、高く評価されてきた。重要な経典の写しなど、中世の良質な紙は、流し漉き法でありながら、繊維の流動を少なくした「半流し漉き法」でつくられた紙が多く残っている。

高野紙

高野紙は、代表的な中世和紙の製法でつくられた紙である。中世の紙は、古代とも、近世とも違う。「半流し漉き法」でつくられた紙は、繊維の流れが表裏で異なり、溜め漉きと流し漉きの中間の紙質で、厚紙が多いという特徴がある。

平安時代末から鎌倉時代の料紙の多くには、楮繊維がみられるが、繊維はほとんど切断されていないという特徴がある。高級紙では、楮に米粉を加えることで白色度の向上や厚みを増すことができ、墨のにじみ抑制や生産増大につながった。それと同時に、打紙作業を省略する効果も期待できた。

③近　世

近世になると、町人などの大衆が紙の消費者に加わり、紙の種類が増え、大量需要のある半紙やチリ紙などの特産地が形成された。多くの種類・大量生産・特産地の形成などが、近世の紙の特徴といえる。

藩札・私札（第二部第六章）

近世には全国諸藩では藩札とよばれる紙幣が発行された。わたしは、かつて六〇〇〇種に及ぶ藩札・私札を調査したことがある。楮紙に手書きしたもののほか、多くは楮紙や雁皮紙の貼り合わせか、雁皮と楮の混合紙が使われた。紙幣の偽造を防ぐため、藩札には色・形・透かし・加工など、多種多様な偽造防止策が施されている。その技術は現在の紙幣に匹敵するほどである。全国での藩札発行は、和紙が全国に広まったことを示す一例である。

韓国の紙

韓紙の始まり

韓国の製紙は日本より古い歴史を持つが、いつごろから始まったのか、定かでない。近隣国でありながら、日本で韓国の古典籍・古文書の料紙をみる機会は少ない。原料の多くは楮《こうぞ》で、強靭であることが特徴とされる（久米二〇〇四）。

朝鮮通信使

江戸時代に朝鮮通信使（江戸と朝鮮政府の文化・技術などの交流団）の宿泊所となった静岡県興津《おきつ》の清見寺には、通信使の関連文書類が大量に保存されている。かつてこの文書を調査したことがある。

大別すると、公用文書として使われた中国産の竹紙と、挨拶状・お礼状など日常に使用された朝鮮産紙の二種類があった。両者とも朝鮮から持参された料紙である。日本では、公用紙に奉書紙が多く使われた。

韓国の紙（韓紙）は、楮製の二枚を漉き合せた紙で、韓国の典型的な紙と思われる。表面は乾燥したまま打紙《うちがみ》しており、表面の凹凸は少ない。これは韓国において「搗砧法《とんちほう》」と呼ばれる独特の表面加工法である。搗砧された紙は表面の平滑性が上がり、艶を出し、墨のにじみ止めなどの効果があったといわれる。日本の打紙加工に類似している。

これらの紙は日本産の奉書紙に比べ、紙色は黄色く、未分散の繊維が多くみられ、また紙の地合《じあい》もよくない。これは、抄紙前に漉き槽内の紙料液を馬鍬《まぐわ》で分散していないためと推定される。

韓国の紙は、漉き方に特徴がある。漉き具は上枠がなく、簀《す》を固定することができない。そのため、両手の親指で簀を押さえて固定する。縦長に漉き、一人で上枠を持てないので、向こう側の短辺の真ん中に紐を結んで棒に固定して紐を梁《はり》などに縛り付け、上枠を宙づりにする。紙料懸濁液《しりょうけんだくえき》を手前から汲み込み、向こう側に流す。その後、左右にも振ると、繊維は十文字に配列されて強度の高い紙ができる。

このような漉き方から推定すると、粘性がある繊維は脱水が遅く、繊維壁の厚い円筒型の繊維が紙層をつくりやすい。そのため、繊維の壁が厚い楮の繊維が最適と思われる。

品質の向上

江戸時代初期（一六〇七年）に来日した第一回朝鮮通信

使がもたらした韓紙に比べ、江戸時代末期（一八一一年）の第一一回通信使の韓紙は品質が改良され、未分散繊維の混入も少なく、白色度も高い良質紙になっている。両国の交流の中で、日本風の製紙法が伝えられた結果とも考えられる。

一六一七年の朝鮮国書の繊維を分析したところ、形状は楮に似ているが、それよりも細いので桑《くわ》と判断される（図1）。また高麗版の繊維は現在の韓紙に使われている楮に似ており、太さが不揃いで円筒型の繊維が多い（図2）。このほか、雁皮が混入した国書は、近世の紙と思われる。

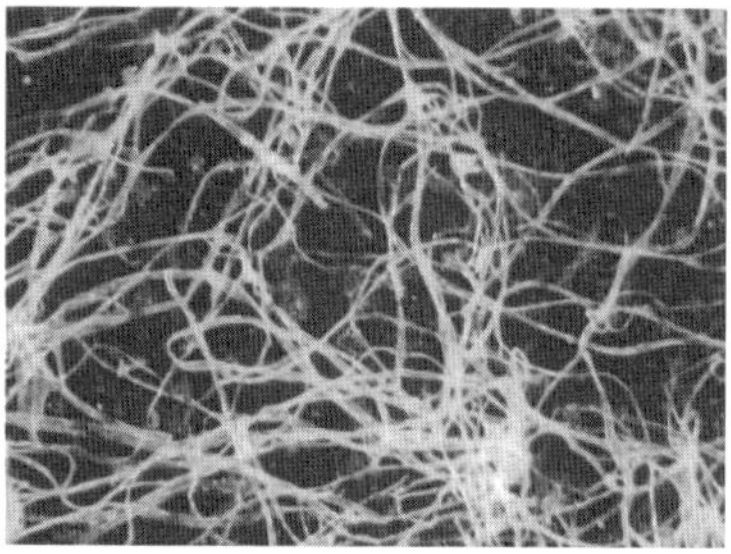

図1　朝鮮の国書（1617年、桑皮）

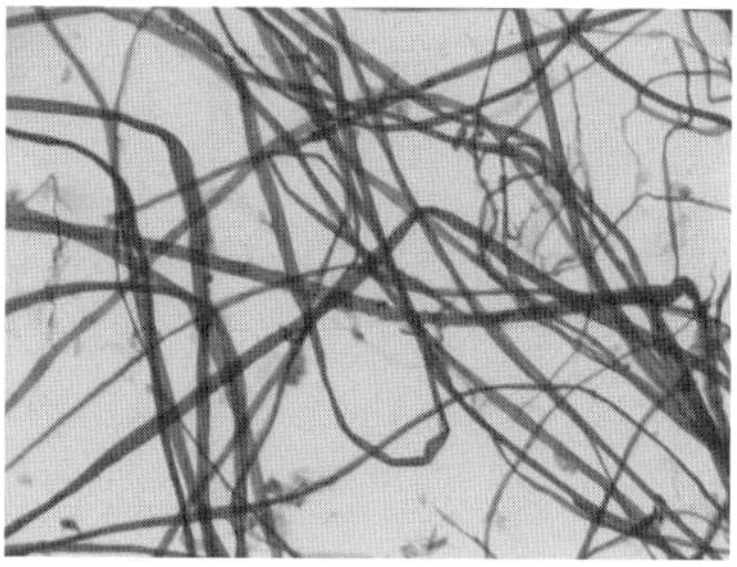

図2　高麗版（楮）

紙工芸品

一八〇〇年代につくりはじめたと思われる紙工芸品は、韓紙の丈夫で加工しやすい特性を活かしたもので、独創的で素朴な自然を感じるものが多い。

紙縄工芸品は、庶民階層によってつくられたものが大半で、古紙を細く切り、紙縒《こより》にして編む方法でつくられた草履・靴・水筒・袋・容器・手箱・置物など、さまざまな生活道具のほか、文房具・玩具・民俗具などにも利用された。

紙塗工芸品は、安価な木や竹の骨組みの内外に、韓紙を重ね貼り付けた箪笥・物入れ・行灯や、紙を幾重にも貼り合せた厚紙でつくる紙箱・紙筒などである。

紙糊工芸品は、反故《ほご》となった紙に水を吸わせ、糊と混ぜて搗き、粘土状にしてから食器・厨房用具などをつくるもので、種類は豊富である。

オンドル紙

オンドル紙とは、床に敷いてカーペットとして使われる厚紙のことである。複数枚の韓紙を、松脂などの油を塗って貼り合せたもので、床下にある煙突から出る熱によって、室内全体を暖かくする際に用いる紙である。

アジアの紙

私が調査に関わったアジア諸国の紙について、簡単ではあるが、言及しておく。

ブータン

中国の影響を受けた一七、一八世紀頃の紙は、靭皮《じんぴ》繊維でつくられたと判断される。年代の明確な古い紙をみたことは少ないが、かつてブータンの紙の調査に関わった人が持ち帰った一四世紀後半の紙を調査したことがある。

調査の結果、繊維の形態から葉鞘《ようしょう》繊維（葉の基部が鞘状になり、茎を包む部分）と推測され、「レモングラス」という植物でつくられた紙と判明した（図1）。レモングラスはレモンに似た香りを出すコウスイガヤの一種で、オイルを採取するためブータンの国内各地で栽培されている。

現代のブータンでは、ジンチョウゲ科植物の「ダフネ」の靭皮を使っており、溜め漉きした紙を「タッショウ」、澆《ぎょうし》紙法で漉いた紙を「レッショウ」と呼ぶと聞いている。

ネパール

製紙法は中国から伝わり、溜め漉き法でつくられた。一三世紀の経典用紙は「ロケタ」と呼ばれるジンチョウゲ科の靭皮繊維が使われた（図2）。これは学名でダフネ・カンナビナと称し、ネパール固有の種といわれている。日本では「ネパール三椏《みつまた》」と呼ばれているが、一七・五％苛《か》性《せい》ソーダ溶液で繊維分析しても、国産三椏にみられるような数珠状膨潤はみられない（図3）。

チベット

古い時代の手漉き紙について、文献に記載がみえない。手漉き紙と製法は比較的早い段階に中国から伝わったが、製紙に適した植物が乏しかったことと、文字を木筆で書く習慣があり、そのため硬い紙が必要であったことなどから、紙の開発が遅れたようである。近年では、ジュートに類似した多年生草本植物の茎を溜め漉きして、布簾《ぬのすだれ》に付着した湿紙を天日乾燥し、紙をつくっている（図4）。

フィリピン

東南アジアの国々と同様、手漉き紙について研究は少ない。近年になり海外旅行者が増え、お土産に手漉き紙がみられるが、多くはフィリピンガンピと呼ばれるサラゴ（図5、ジンチョウゲ科植物）で、繊維の形態は日本の雁皮《がんぴ》に比べ細く円筒型である。近年開発されたバナナの繊維は、

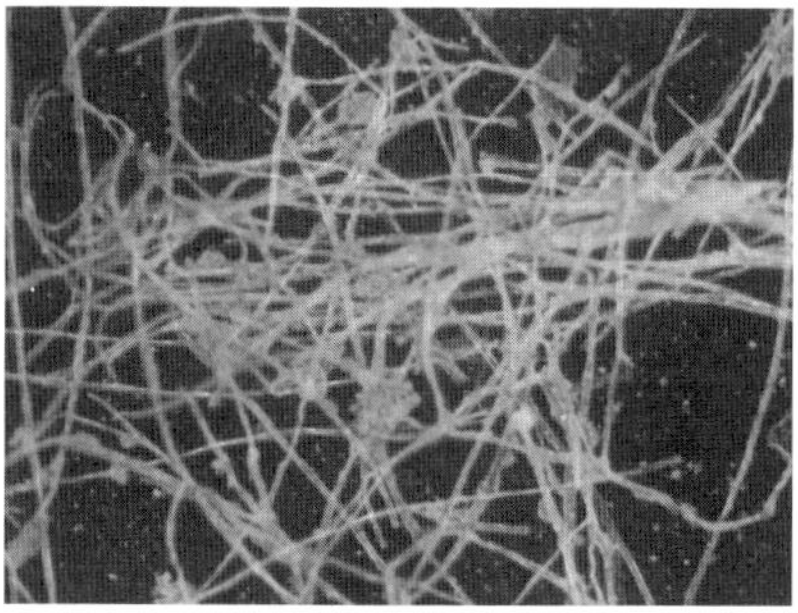

図2　ネパールの紙
（13世紀の経典、ロケタ）

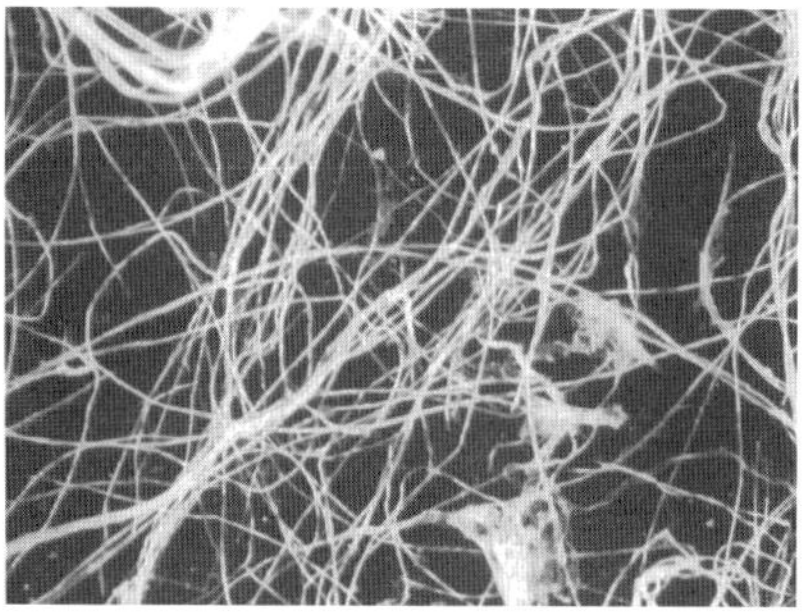

図1　ブータンの紙（レモングラス）

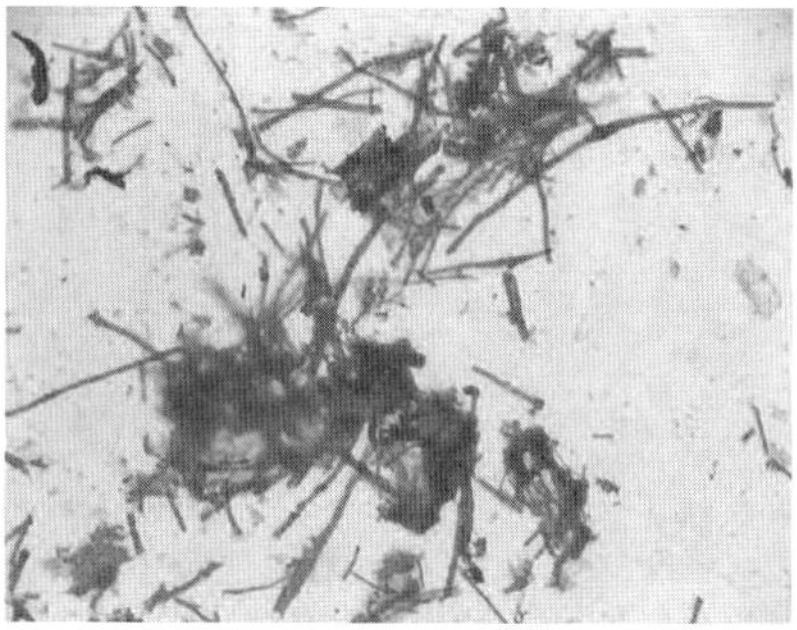

図4　チベットの紙
（C染色液染めで撮影、ジュートか）

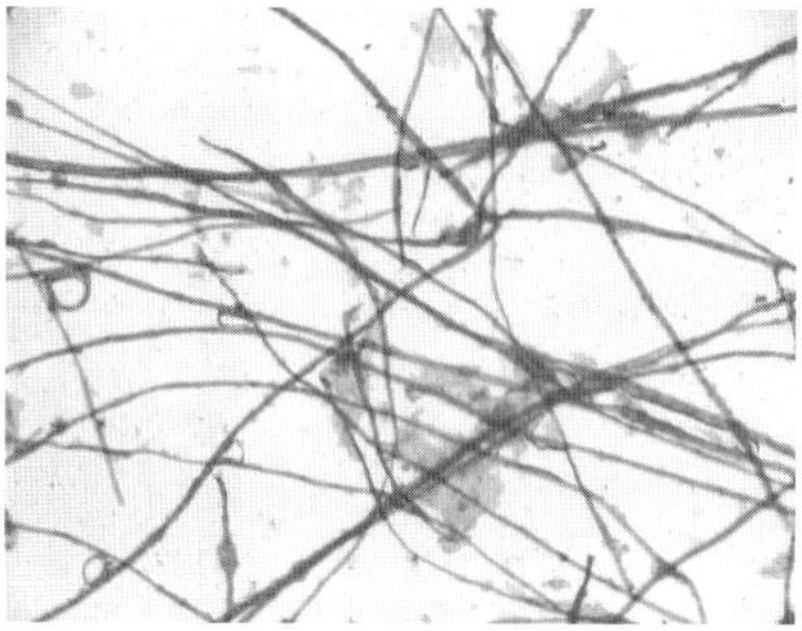

図3　ネパールの紙
（C染色液染めで撮影、ネパール三椏）

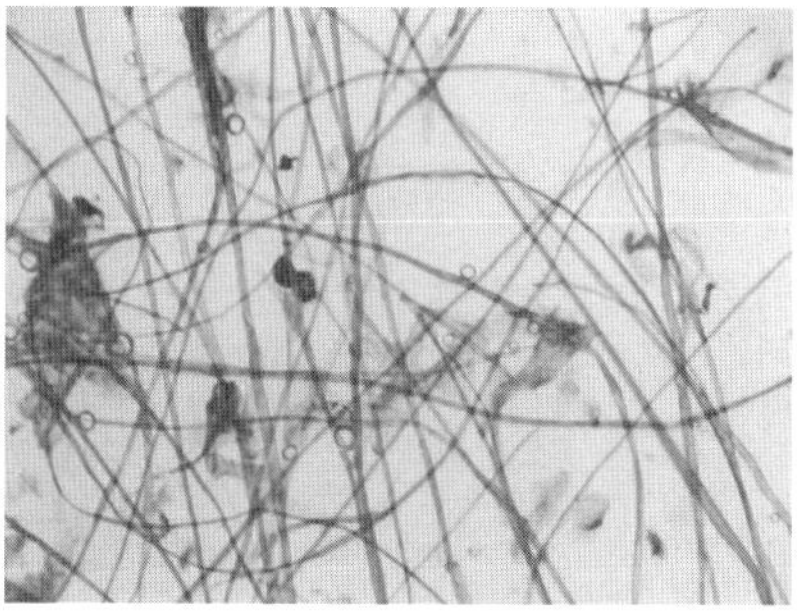

図6　ベトナムの紙
（C染色液染めで撮影、ダフネ・イボルクラ）

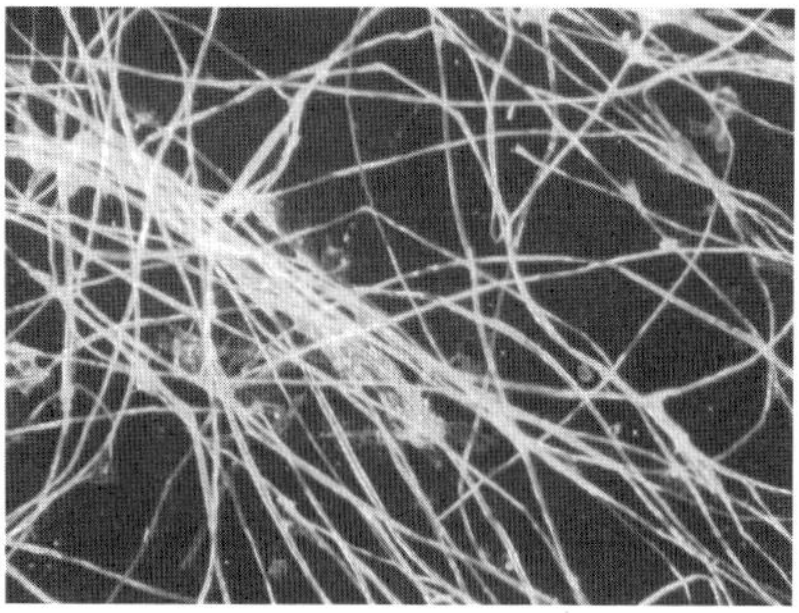

図5　フィリピンの紙
（サラゴ）

図7　インドの紙（経典、ジュート）

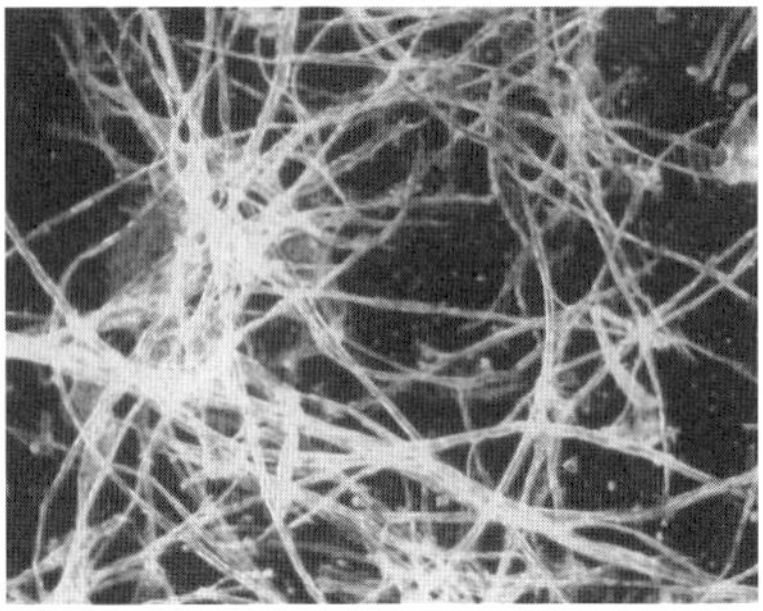

図8　インドの紙（経典、ジュート）

マニラ麻に類似した繊維とフィブリル状の細い繊維とがあり、均一な繊維分散が難しい。日本の資本でアバカと呼ばれるマニラ麻の栽培が盛んで、和紙風の紙もつくられた。

ベトナム

かつてベトナムに行った人から、お土産に版画を頂いた。この版画の紙は、手漉きで近年つくられたと推測される。繊維の形態は雁皮に似ているが、C染色液で染めると三椏と同じ色になる。文献によるとダフネ・イボルクラという繊維と想定される（図6）。

インド

インドは、隣国や西欧諸国からの侵略と支配が繰り返された歴史を持つ。製紙術も、その歴史の過程に歩調を合わせているようである。中国の影響を強く受けた一一世紀ごろは、布簾を張った木枠で溜め漉きしていたと思われる。第二次世界大戦後、マハトマ・ガンジーが行った農村工芸振興策によって製紙職人が育成された結果、手漉きによる溜め漉き法が確立した。

漉き具は日本式で、漉き舟・脱水などは中国式、漉き方や原料はヨーロッパ式と、各国の利点を取り入れて製紙法を確立したと思われる。なお、中国の製法でつくられた年代不明の経典用紙（図7）には、古代中国紙にみられるような織物片の残骸があり、繊維はジュートである（図8）。

モンゴル

かつて国立中央図書館所蔵資料を分析したことがあった。その結果によれば、モンゴル国内での生産品ではなく、輸入品と推定される資料があった。苧麻《ちょま》を原料とした古い手漉き紙や、近世につくられたと思われる竹繊維の紙があり、これらはともに中国産と推測される。木材パルプの使われた紙は韓国製と推測される。

和紙の現状

紙は文化のバロメーターといわれ、国民一人あたりの紙の消費量が多い国ほど文化程度が高いといわれてきた。紙は人類が文化活動を営むために最も必要な素材の一つであり、日常生活のなかでも水や空気と同じように必要不可欠なものとなっている。

　世界のなかで、日本人ほど多くの紙を生活文化に取り入れている国民も珍しい。これは、奈良・平安時代から日本に暮らしてきた人々が、風土のなかで自然と身に付けてきた知恵によるものと考えられる。

　洋紙は書写材料としての用途が主である。これに対し、和紙はその用途の範囲が広い。たとえば、建築物などに使われる障子や襖・壁紙、衣料としての紙子《かみこ》や紙布《しふ》、生活用品としての漆器・傘・扇子や団扇、祭りなどの歳時に使われる造花や提灯・扇、遊びの凧・カルタ・おりがみ、神や仏に仕える切り紙やおみくじなど、その種類は多彩である。

　和紙は自然の草木を素材として、里山の清流の力を借りて、多くの職人が切磋琢磨しながらつくり上げてきた芸術品である。山野に恵まれ、世界的にも稀にみる多量の清水と、種々の自然条件を活かした、日本人特有の器用さが生み出した傑作といえる。

　歴史をひもとけば、古代中国で発明された製紙技術が日本に伝えられ、奈良時代以降に日本独特の方法に改良され、書写材のみでなく、多くの生活文化の発展に貢献してきた。

　しかし、現在は文明社会の進歩とともに機械生産による洋紙のなかに、和紙は埋没しそうになり、手工芸品としてわずかに存在しているのが現状である。

手漉き和紙の業者

　二〇〇四年（平成一六）、全国手漉き和紙連合会による調査結果によると、手漉き和紙業者数は三一七軒、生産額は約三五億五〇〇〇万円で、十年前に比べて業者数は七二％、生産額は六一％に減少している。その主な要因は高齢化による廃業と不況による減産があり、とくに書道用紙の売上減少は、外国産紙、機械漉き紙が広く出回るようになった影響と思われる。

　手漉き業の従業員は、性別でみると、女性がやや多く、生産方式は家内工業がほとんどである。その規模は、年間の売上高は三〇〇万円未満の業者が三〇％と最も多く、一〇〇〇万円未満の業者が半数を占める零細企業である。

原　料

原料についてみると、全国手漉き和紙連合会の統計では、二〇〇三年（平成一五）現在、全原料の年間使用量は一七六トンである。ただし、このなかには機械漉き紙の原料も含まれており、実際の使用量はこの数値より小さく、最も使用量の多い企業で四二トン、最も少ないところは一〇〇kgである。

三大原料である楮《こうぞ》・雁皮《がんぴ》・三椏《みつまた》の使用量は次のとおりである。その数値から国産の和紙でありながら、その原料は輸入に依存する割合が高いことがわかる。

楮は国産黒皮が五三トン、国産白皮が一八トン、国産六分晒《さらし》が一〇トン、輸入楮は主にタイ楮と呼ばれるポカサが六二トンで、全楮量の四三%が輸入である。

雁皮は国産雁皮が八トン、フィリピンから輸入されるサラゴと呼ばれる雁皮が一一トン弱で約六〇%が輸入である。

三椏は国産品が三四トン、ネパール・ブータンなどから輸入されるダフネ・カンナビナと呼ばれるジンチョウゲ科植物が二四トンで、約四〇%が輸入となっている。

このうち、原料の使用量が最も多いのは輸入楮で六二トンで、全原料の三五%となっている。現在でも問題になっている国内の原料生産者の高齢化が進んだ場合、その輸入量はさらに増大すると思われる。

和紙生産に欠かせない二次原料であるネリ剤は、大半がトロロアオイを使っているが、ノリウツギ・化学ネリなども使われている。トロロアオイは茨城県産が多く、自家製トロロアオイと北海道産ノリウツギがこれに続いている。

和紙の生産地

和紙の代表的な生産地と主な製品の調査結果を要約すると、次のとおりである。

①福井県（越前）

高品質を誇る生産地。製紙の神である川上御前が、紙漉きを村人に教えたことにはじまるという伝説もあり、伝統ある生産地である。越前奉書は近世から木版画用紙や書画用紙として知られ、現在でも版画や書画用紙として高く評価されている。また日本画用紙としての麻紙《まし》、高貴な紙として古代から漉かれる檀紙《だんし》、「紙の王」と称えられる鳥《とり》の子《こ》紙など、生産量と種類は豊富である。

②岐阜県（美濃）

奈良時代からつづく紙郷で、美濃書院と呼ばれる障子紙は地合《じあい》がよく、楮繊維が整然と並び、輝きがあるなど優秀な和紙と評価されている。表具の裏打や提灯などに使われる薄美濃紙、厚みのある傘紙や種類の多い工芸紙などが漉かれている。

③高知県（土佐）

世界で最も薄い手漉き紙として知られる典具帖紙《てんぐじょうし》は、漉く技術が最も難しいといわれる極薄紙で、絵画などの修復やちぎり絵などに使われる。土佐楮として知られる良質な楮に恵まれ、日本画・版画・書道用紙のほかに、厚みのある清帳紙《せいちょうし》（大福帳などに用いた楮製の丈夫な和紙）など高級紙が生産されている。

以上が現在日本の三大和紙生産地といわれるもので、それぞれ越前奉書・美濃書院・土佐典具などと称されている。そのほかの生産地は、用途別に次に紹介する。

④書道用紙

山梨県―西島画仙紙　愛媛県―伊予改良半紙

鳥取県―因州画仙紙　静岡県―柚野紙

⑤賞状用紙などの厚紙

栃木県―烏山紙　埼玉県―小川紙　茨城県―西ノ内紙

⑥工芸用紙

京都府―黒谷紙　兵庫県―加美町杉原紙

富山県―越中八尾型染紙　新潟県―小国紙

島根県―出雲民芸紙　徳島県―阿波藍染紙

⑦表具用紙

奈良県―吉野紙・宇陀《うだ》紙・美栖《みす》紙　福岡県―八女《やめ》紙

島根県―石州半紙　富山県―五箇山《ごかやま》紙

⑧雁皮紙

石川県―加賀雁皮紙　兵庫県―名塩間似合紙《なじおまにあいがみ》

兵庫県―千種紙　滋賀県―近江雁皮紙

⑨三椏紙

岡山県―備中箔合紙　愛媛県―大洲《おおず》半紙

全国手漉き和紙連合会が生産業者に質問したアンケート結果によると、現在生産している主な和紙の種類は④書道用紙と⑥手工芸用紙が全生産額の二〇％強で、絵画・版画・印刷用紙が一七％、⑦表具用紙と和紙加工品をあわせて一四％、その他は大きく離れて障子紙・インテリア用紙・⑤賞状用紙の順となっていて、特定銘柄として檀紙《だんし》・酒ラベル用紙・金箔打ち紙などもある。

和紙の未来

和紙業界の問題点

現在の和紙業界と、それにかかわる問屋・販売店が抱えている問題点は種々あげられるが、多くは次のようにまとめることができる。

①利益確保と販売先の開拓

人件費をはじめ、諸経費が上昇しているが、紙の価格は十年間変わらなく、売上高は六〇％まで減少している。現在の販売先を確保することが精一杯で、販売先の開拓がほとんど進んでいない。はっきりいってしまえば、手漉き和紙が売れていないということである。

②製品開発

高齢化による人材不足と不況が影響して、今後どのような和紙が求められるのか、先行きがみえない。とはいえ、手漉き和紙の使用量拡大のために、信頼されるような資料を積極的に提供するなど、努力が必要となる。

③後継者問題

現在後継者のいない業者が半数以上で、後継者の四分の三以上が親族で経営をしており、経営的に非常に厳しい状況下である。そのため、産業として継続していくことが困難である。

新たな後継者を生み出すためには、新規に独立を目指す人に向けて、場所の提供・技術・設備・販売先など、行政などの支援も必要と思われる。

④輸入原料と輸入紙

現在の和紙は輸入品か国産品かの区別が明確でないという問題がある。魚や野菜など食品業界では、産地の表示は常識となっているが、それと同様に産地を明示し、製品の品質保持に不安がないようにすべきである。

⑤販売促進のための取り組み

消費者に対して、和紙の優れた特徴や、和紙を使う際の注意・工夫など、知識・情報を伝える努力がよりいっそう求められる。問屋・販売店は、製紙技術や原料などの情報を共有し、頻繁に意見交換などを行い、生産者としての知識の研鑽を積むべきである。

よい和紙には、伝統的な技法による和紙と、生活のなかで使って喜ばれる和紙の二つの面がある。この両方を大切にしなければ、手漉き和紙の発展は考えられない。

長い年月の間に試行錯誤を重ねて生き抜いてきた、全国の優れた和紙生産地の固有の技術を学び、磨き、受け継いでいくことが今後の課題となる。

和紙の問題点

次に、個別の和紙についての問題点を指摘する。

①製品規格がない

紙の基本性質である、厚み・坪量《つぼりょう》（一㎡の重さ）・密度が規格化されていない。また同じ紙を再度求めても同一品がつくりにくく、デザイナーや規格に厳しい外国人などは和紙を敬遠する傾向にある。高級印刷などに使う場合に、二度目が刷りにくいなどが考えられ、工業的に使われることはほとんどない。そのため製品規格を統一する必要がある。

②現在の書道用紙

現在の書道用紙は、使う人の技量によって紙質や原料・製法が異なり、用紙の価格も違う。そのため、和紙全般についても、価格と合わせて紙を選びやすい、この生産方式と販売方法を見習うべきである。

③文化財保護・保存用紙

文化財修復技術者に比べると、紙漉きの技術者は、和紙全体に関する知識が乏しい。

④版画用紙・画材用紙

加工処理の方法を充分理解しておらず、薬品の知識も少ない人々が生産しているため、各地で酸性紙問題やホクシング（茶色のまだら模様になること）などの苦情を聞く。

⑤研究開発力が乏しい

機械漉き和紙の一部の人々が、ハイテク産業と共同研究を進めているという話を聞く。しかし、その規模は小さく、また手漉き和紙の業者は研究開発に対しての努力が不足している印象を受ける。

和紙の未来への提言

以上の現状をふまえ、次にいくつかの提言をしたい。

①和紙に触れる機会を

小学生の国定教科書が洋紙になってから、百年以上が経過した。この間に多くの日本人は、先祖が残してくれた、世界に誇れる和紙の感触を忘れてしまった。もう一度小学生や中学生の教科書の一部に和紙を使ってもらうなどの運動をして、和紙を広く普及させる必要がある。

②出生届は和紙で

和紙は千年、洋紙百年といわれ、和紙の耐久性が高いことは充分保証されている。人間の一生のスタートである誕生記念の命名書を、毛筆で和紙に書くことを義務づけるようにするなど、行政を巻き込んでの交渉も有効と考える。

③流通との共通研究

「楮紙《ちょし》」と称していながら、実際は木材パルプが三〇％も含まれた紙があった。この事実に対して、買い手は当然、流通業者に対してクレームを申し立てた。流通業者はといえば、漉き手に文句をいい、ここで三者の信頼関係は崩壊した。

こうしたクレームは、残念ながら多くの流通関係者からよく聞く。両者がよく話し合うことが大切と思われる。

④低価格の手漉き紙の開発

価格の高い国産楮《こうぞ》や雁皮《がんぴ》を使わず、あえて安価な輸入木材パルプを使用し、庶民が容易に入手できる手漉き紙などを製作する。この安価な和紙と国産和紙とを実物で比較することで、「本物の和紙」を理解してもらうのである。ただし、この場合、木材パルプの使用を明記して、楮や雁皮などとの違いをわかりやすく解説することが大事と考える。

⑤中性紙薬品の利用

大量生産の洋紙に対抗して、樹脂サイズ剤・石油樹脂剤・カオチン澱粉《でんぷん》・チタン・炭酸カルシウムなどの鉱物質を使い、少量生産ができる中性紙の製品開発が必要である。

⑥ファンシーや染色紙（エンボス紙）の開発

染色された洋紙の欠点である、低い退光性、空気中のガスによる化学的変化、紙の表裏差などを改良した染色紙や多彩な模様紙に、高級染料や顔料などを使用したり、多様なエンボスパターンを用いて、少量多品種の洋紙風手漉き和紙を開発する。

⑦保護・保存用紙の再開発

中国・東南アジア・インドなどの文化財の多くは、修復の手が付けられていない状態と聞く。北欧などから輸入された、高品質で綺麗な木材パルプを原料に使い、日本の清水で漉いた紙は、保護・保存用紙に適しているので、活用してもらいたい。

⑧洋紙用機械の使用

西洋では、紙はビーターでつくられるといわれる。ビーターは紙の品質を決める重要な道具であった。和紙も同様で、各種の原料とともにビーターなどを有効活用した品質の高い紙を生産することも大事である。

以上のような問題点を一つずつクリアにし、和紙普及につとめるようにすべきと考える。

【コラム】文献から見た和紙の歴史

渡辺　滋

伝来前史

「紙」の定義を、「水中に分散させた植物繊維を、網目状の道具で漉し、脱水・乾燥させたシート」とすれば、中国において蔡倫《さいりん》（後漢、紀元二世紀頃）以前から製造されていたことは、すでに通説化している。しかし、これを「書写材としての紙」と限定した場合、結論は異なってくる。この時期の「紙」の表面には必要な加工が施されておらず、まとまった量の文字を筆記することは困難だからである。

実際、中国各地から出土した初期の紙片に、断片的な模様・文字が記されている事例はいくつか確認される。しかし、紙の定義や年代判定の問題とも絡み、蔡倫以前の前漢の段階で、書写材としての「紙」が存在していたかどうかに関しては、決着が付いていない。中国の学界においても、定説的な後漢における画期を認めるかどうかに関しては、否定的な論者（潘一九八〇）と肯定的な論者に分裂している（小林一九九八・同二〇〇八）。

明確に字が書かれていることが注目される懸泉置《けんせんち》（敦煌）のものの場合ですら、五百にのぼる出土事例の大半が白紙である点は注意を要する。そのうち文字が書いてある前漢以前の事例は、多くても十文字に満たない文字が、メモのように書き付けられているものに限られている。結局、この時期における紙の主な用途は、包装材と考えるのが穏当だろう（冨谷二〇〇一・同二〇〇三）。おそらく、書写材としての役割は、当時、紙ではなく主に竹などで作られた簡牘《かんとく》や布帛《ふはく》などが担っていたのである。こうした状況に一大変革をもたらしたのが、蔡倫だった。

> 古《いにしえ》より書契《しょけい》は多く編《あ》むに竹簡を以てし、その縑帛《けんはく》を用ふるもの、これを謂ひて紙と為す。縑は貴くして簡は重く、並びに人に便ならず。〔蔡倫〕倫すなはち意を造《はたら》かせ、樹膚・麻頭及び敝布《へいふ》・魚網を用ひて以て紙を為《つく》る。〔一〇五年〕元興元年、これを奏上するに、帝はその能を善しとし、これより従ひ用ひざるはなし。故に天下咸《み》な「蔡侯紙《さいこうし》」と称す。
>
> （『後漢書』列伝巻七八　宦者列伝第六八　蔡倫）

この記事によれば、以前はまとまった書契（文章）を記す場合、竹簡や縑帛（絹布）などを用いていたこと、しかし布は持ち運びやすいが高価で、竹簡は重くてかさばるといった理由から不便だったこと、そこで蔡倫が樹皮・麻屑・ボロ布・魚網などを主原料とした書写材とするに足る「紙」の製造技術を確立したことなどが明らかとなる。

前述したように、ここで蔡倫の果たした役割が「発明」といい得るものなのか、あるいは「改良」にすぎないのかに関しては、中国の学界においてすら意見が分かれており、容易に結論の出る問題ではない。とりあえず、ここでは前者に近い理解を示しておきたい（蔡倫の事跡に関しては、吉田一九六二を参照）。

このような古代中国の製紙技術の実態に関しては、ほとんど史料が現存しない。ただし近年、江西《こうせい》省高安《こうあん》市（「人民網日本語版」二〇〇八年三月二一日号）や浙江《せっこう》省富陽《ふよう》市（「チャイナレコード」二〇〇九年二月二七日号）などで宋代の製紙遺跡が発見されており、考古学による発掘事例の積み重ねから解明される可能性は低くない。

一方、古代の朝鮮半島における製紙の実態に関しては、史料が現存せず（朴二〇〇四・韓二〇〇四）、起源すら明らかではない。実物も、日本の正倉院文書のなかに残る民政文書（作製年代は八～九世紀と想定されている）などしか残存せず、厳密な検討ができない。他の様々な技術と同様、原初的な製紙技術自体が、朝鮮半島を経由して日本列島に伝わった可能性は充分あるとはいえ、現状でそれを実証することは不可能といわざるを得ない。

製紙技術の伝来

つぎに、日本への製紙技術の伝来に関して見ていこう。以下に挙げたのは、製紙に関する最初期の史料である。

> 高麗王、僧曇徴《どんちょう》・法定を貢上す。曇徴は五経を知る。且《か》つ能《よ》く彩色及び紙墨を作り、并《なら》びに碾磑《みずうす（てんがい）》を造る。蓋《けだ》し碾磑を造るは、是の時に始まるか。
>
> （『日本書紀』推古一八年（六一〇）三月条）

この記事からは、曇徴が絵具・紙・墨などの製法に熟達していたことや、水力を利用した臼を日本に導入したことなどがわかる。しかし、彼が製紙法を日本に導入したとは書いていない点を念頭に置けば、少なくとも『日本書紀』編者は、曇徴来日以前から、日本で紙漉が行われていたと認識していることが分かる。彼の功績は、製紙の工程に、より新要素・技術を導入した点にあると見るべきだろう。

七世紀の段階に至っても、日本列島における紙生産は、きわめて限定的な局面で行われるにすぎなかったと考えられる。実際、この時期の紙生産・利用の実態は全く明らかでなく、実例も確認できないのは、単に時代が古いから関係史料や遺物が現存しないということではない。文書行政（文字の利用）が本格的に展開する以前の日本社会において、書写材としての紙が社会的に必要とされていなかった結果と見るべきだろう。紙生産に関する関係史料や、日本で作製・利用されたことが確実な紙資料（現物）が確認されるようになるのは、律令制に基づく行政機構が展開する八世紀代以降のことである（現存する最初期の紙資料としては、「漆紙《うるしがみ》文書」も挙げられる。しかし残念ながら、これらは繊維の種類や漉き方を観察できるような現状にない）。

さて、日本で製紙されたことが明らかな最初期の紙は、正倉院に伝来する各種の文書である。これより古い時期の作品として聖徳太子筆とされる『法華経義疏《ほけきょうぎそ》』（御物）もあるが、その本文には六朝口語《りくちょうこうご》と呼ばれる特殊な中国的表現が散見される点などからも、当時の日本で作製されたものと断言はできない。結局、七世紀初頭の推古朝の段階の宮廷内部で製紙を担う部門が存在した可能性は否定できないといえ、本格的な展開は七世紀中頃の戸籍作成・班田作業のなかで始まったとみるのが妥当だろう。この時期以降、たとえば『日本書紀』に写経記事が散見されはじめるのも（天武二年〔六七三〕三月是月条など）、この頃に製紙が本格化した状況を反映した結果とみるべきである（なお、これ以前の断片的な人口調査などの際にも、紙の戸籍が作成されたと想定する先行研究もある。しかし、古代中国の場合と同じように、記録には木簡などが用いられた可能性が高い）。

中央・地方の製紙機構

日本における製紙機構のあり方が、史料上から確認できるようになるのは、奈良時代の八世紀代以降である。たとえば『令集解《りょうのしゅうげ》』（職員令第六　図書寮条）には、「造紙手四人〈掌《つかさど》ること雑紙を造る〉」のほか、「紙戸」の存在が規定され、とくに後者に関しては官員令《かんいんりょう》別記（大宝令の注釈書）の記載を引用する形で「紙戸五十戸。山背国。十月より三月に至る。戸毎に一丁を役す」と補足説明が付されている。これによれば、農閑期の一〇月から三月にかけての半年間、五〇戸から一人ずつの工人を出して、延べ九〇〇〇日分の紙漉を行う規定になっていた。後世の『延《えん》喜式《ぎしき》』の規定によれば、四人で年に二万枚の紙を漉く規定なので、大宝令《たいほうりょう》施行（七〇一年）の段階では一人あたりその半分としても、膨大な紙を必要とする行政機構が存在していたことが分かる。このほか天平六年（七三四）の古文書には「近江紙工」の記載もみえる（「造仏所作物帳」『大日本古文書』編年一―五五一）。こうした史料からは、八世紀初頭の各官司が様々な製紙機構を持っていたことを確認できる。そして一〇世紀の史料には、「造色紙長上」（「天暦五年（九五一）九月　太政官符」『類聚符宣抄』巻七）という肩書の官人すら見えるようになる。

以上のような製紙機構は、中央の官司だけに見られるわけではなく、地方にも存在した。奈良時代の古文書には、漉き方や用いられた繊維の種類などから、その紙を実際に利用する地域で漉かれたと推定されるものが少なくない（寿岳一九六七・大沢一九七〇）。たしかに、中央政府からの指示が紙に書かれた文字情報という形で伝達される以上、地方官司側でもそれに対応した返答は紙媒体で提出する必要がある。そうした需要に応えるため、平安初期の事例では、たとえば大宰府《だざいふ》に「作紙所」（「天長三年（八二六）一一月　太政官符」『類聚三代格』巻一八）があったし、国衙《こくが》に「造国料紙丁（大国一八人・上国一六人・中国一四人・下国一二人）」を、郡衙《ぐんが》に「造紙丁二人」を設置していた（「弘仁一三年（八二二）閏九月　太政官符」『類聚三代格』巻四）。後者の規定によれば、たとえば八郡を管する山城国（上国）の場合、国に一六名、郡に二×八＝一六名と、それぞれ同数の紙漉職人が配置されることになる。これに近い体制が、八世紀の令制施行当初から存在した可能性は低くない。八世紀初頭の同時期に美濃国で作製された公文書が、それぞれ質の異なる（＝別の場所で漉かれた）紙からなるという指摘（寿岳一九六七）は、この傍証となろう。

実際には、官司の内部で利用する分以外にも、紙は生産されていたと推定される。たとえば中央の場合、奈良期には市場で各種の紙が盛んに売買されるようになっていた（寿岳一九六七・浅香一九八三）。地方でも、正倉院文書に「尾張紙」・「常陸紙」・「遠江紙」・「伊賀紙」など、「国名＋紙」という名称が見え（「金剛般若経等料紙納帳」『大日本古文書』編年一三―三三二）、紙の京上事例も確認される。のちの『延喜式』で計四二カ国に紙の京進を義務づける段階と比べれば、八世紀の段階でも比較的限定されているとはいえ、それに近い実態が存在した可能性は低くない。

識字率が極めて低いこの時期、紙が一般集落にまで広く出回っていたとは考えられないが、『養老戸令』《ようろうこりょう》（一九造戸籍条）に「（戸籍作成の際に）須《もち》ふる所の紙・筆などの調度は、皆当戸より出《いだ》せ」（大宝令も同文）とある。この規定は、地方社会でも紙の入手が可能という前提によっている。

このように、平安期に陸奥（陸奥紙で有名）・美濃（美濃国紙屋が置かれた）などの地方で生産された紙が良質紙としてもてはやされるようになる基礎は、すでに生じていた。奈良期の段階から、中央官司直属の製紙工房で漉かれる紙の量は、社会全体における需要総量の数分の一にすぎず、残りは地方で作られたのである（浅香一九八三）。

さて、奈良期における具体的な製紙法については、関連史料の不足もあって実態は定かでない。いまのところ、実例の観察から類推するほかない。たとえば、紙の漉き方が当初の「溜め漉き」から「流し漉き」的な要素を含むようになる実例は、「弘仁二年（八一一）九月廿五日　勘物使《かんもつし》解《げ》」（正倉院文書）が初例とされる（寿岳一九六七）。また材質に関してみると、古代紙の事例では後世と比べ「麻紙《まし》」の割合が多い傾向がある。これは、中国に発祥した製紙法では、麻繊維を利用して紙漉をするのが通常だったことの反映だろう。このの ち日本では麻はほとんど用いられなくなり、楮《こうぞ》・雁皮《がんぴ》繊維などを中心とする製紙法へと転換していくが、奈良期のうちにそこまでの変化は生じていない。

こうした点に関して、はじめて具体的な情報を提示するのが『延喜式《えんぎしき》』図書寮式《ずしょりょうしき》（延長五年〔九二七〕撰修、康保四年〔九六七〕施行）の第一三条である（その内容の紹介は、宍倉氏の本文に委ねたい）。なおそこに記された情報が、どの段階の製紙法を反映したものであるのか、また一〇世紀後半の段階で実際に官営工房で採用されていたものなのかなどの諸点については、検討の余地が大きい（『延喜式』の規定に、施行段階ですでに空文化しているものが少なからず含まれていたことは、先行研究で様々に指摘されているとおりである）。とりあえず、『延喜式』撰修以前のある段階で、おおまかにこのような製紙法が存在していたと理解できる点に関してのみは、ほぼ間違いあるまい。現存する紙資料の検討を中心として、この規定に見られる製紙法が、和紙の技術史上、どのように位置づけられるかを科学的に考察することこそ、今後の研究に求められる視角だろう。

ちなみに、紙の寸法に関する令制施行当初の規定は現存しないが、正倉院文書の実例で縦三〇×横六〇㎝弱（『正倉院文書目録』東京大学出版会）である。平安期の場合もこれと同様なので、おおよそこの寸法が古代における一紙の標準だったと分かる。すると、先に挙げた『延喜式』図書寮式の規定で「長さ二尺二寸、広さ一尺二寸」（縦三六・六

×横六七・一㎝）とあるのは、耳（漉きっぱなしの和紙で四囲に生じる未整形部分）を切り捨てる以前の寸法と考えられることになる。

なお、ここで紙と筆・墨の消費関係に関して触れておこう。三者が揃って、初めて文字が書ける訳だが、必要な割合に関しては、たとえば「料紙〈其の料紙百帳に、筆四管・墨一廷を加ふ〉」（『延喜式』勘解由式）とされる。これは、国司交替の際に必要な書類を作成する用具を、当事者が自弁すべきことを規定した条文である。つまり百枚の紙を使って公文書を作成する場合、筆四本と固形墨一個が消費されることが分かる。三者の生産は、おそらくこの割合で行われていたものだろう。

製紙技術の展開

このようにして導入された紙漉の技術に関して、当初の生産体制を記録する史料はほとんどない。たとえば『養老《ようろう》職員令《しきいんりょう》』（天平宝字元年（七五七）施行）の図書寮条に「造紙手」・「紙戸」などに関する簡略な規定が、また弘仁三年（八一二）の太政官符に「造紙長上」などの呼称が見える程度にすぎない（『類聚三代格』巻四）。

これに関して、奈良期の関係史料のなかには、「紙屋」という表現が多数見られる。図書寮の「紙屋」が大同年間（八〇六～八一〇）に設立されたという通説は、根拠となる史料解釈の誤りから成り立たず（櫛笥一九九九）、それ以前の奈良時代の段階から「紙屋」と称されていた可能性が高い。また当時の史料によれば、「紙屋」の経営主体として造東大寺《ぞうとうだいじ》司《し》・大安寺《だいあんじ》なども確認されるので、図書寮の経営する組織のみを「紙屋」と呼称したと限定はできない（早川一九七一）。なおこの時期の「紙屋」という呼称は、紙漉場に限らず装潢《そうこう》工房にまで及んでいた可能性も想定される（浅香一九八三）。

ここで、「紙漉」という表現が使われはじめた時期に関して触れておく。『延喜式』図書寮式の規定や、平安後期の公領のなかに、川の渡守の維持費用などと並んで、「紙漉」のための費用が設定されているのが初見である（『平安遺文』三四一〇）。また中世には「紙漉の下人」（『鎌倉遺文』二二一五六）などという表現も見られるようになっている。おそらく平安期のうちに一般化した表現だろう。

さて本書で詳説されるとおり、漉きっぱなしの紙（生紙）は、そのままでは書写材としての適性を欠いている。とくに紙漉の技術レベルの低い古代において、叩いたり

（打紙《うちがみ》）、磨いたり（瑩紙《えいし》）、膠《にかわ》・澱粉《でんぷん》を塗布するなどの表面加工は重要な意味を持っていた。

　この種の加工を経た紙（熟紙《じゅくし》）を作製するために、天平宝字五年（七六一）の古文書に見える「熟紙所」（『大日本古文書』編年一五―四）や、天平勝宝三年（七五一）の「打紙所」（『同』三―四九五）・天平宝字六年（七六二）の「紙《かみ》打殿《うちどの》」（『同』一六―一一二）などの組織が置かれていた。同時期の史料に見える「打紙駈使丁」・「仕丁弐人〈紙打料〉」・「瑩生」などが構成員として、「紙打石」・「打紙石」などを用い、その作業を担っていたのだろう。平城宮（奈良県）から出土した木簡でも「勅旨紙を打たんがために召す」（『日本古代木簡選』）と書かれたものがあり、ここでは三野部《みのべ》石嶋《いわしま》なる人物に対し「勅旨を清書する紙を打紙するために参上せよ」と指示が下っている（この人物を、図書寮の職員で、製紙の盛んな美濃国の出身者と想定する考えもある〈原島一九八三〉）。

　こうした各種の加工のなかで、もっとも評価されていたのが「打紙」だった（102頁／大川一九七六）。奈良期の実例や、平安期の諸規定によれば、重要度の高い公文書の料紙ほど打紙加工を施すべきであるという認識の存在が窺える。延長五年（九二七）宣旨にいう「堅厚紙《けんこうし》」（『類聚符宣抄』巻六）や、「堅厚熟紙」（『延喜式』主税式上 第二六条）などの利用を奨励することも、前後の時期にこの種の指示が下されている点を踏まえると、「硬い紙」＝「打紙した紙」の利用が共通認識となっていた可能性が高い（ただし、この種の指示がたびたび出される点に、実際はそれが遵守されなくなりつつある状況を読み取ることも可能である）。

　打紙加工という方法は、この後も広く用いられており、たとえば延喜一五年（九一五）の宣旨や、同一八年の図書寮解などによれば、太政官で保管する公文書の用紙として大量の紙を「打ち進《たてまつ》らしむべし」という指示が下されている（『類聚符宣抄』巻六）。地方の場合でも、大治元年（一一二六）には、大般若経《だいはんにゃきょう》の書写のために徴発された百姓から「打紙の夫役の堪え難き」旨の上申書が出されている（『平安遺文』二〇七〇）。

　一方、瑩紙や膠塗布などの表面加工に関しては、残念ながら具体的な関連史料が見い出せない。しかし、この種の加工を施した紙が平安後期の太政官牒《だじょうかんちょう》（正文）などに用いられているので、このころまでには公文書といえども打紙加工を重要視する風潮は失われたと考えられる。

中世・近世になると、澱粉質の物体を塗布したりするなど、従来と別の方法で、より簡便に紙の表面の平滑性を確保する方式が一般的となる。こうした変化は、打紙作業の負担の大きさを第一の原因とするものだが、これ以降、打紙加工がまったく廃れてしまったわけではない。

このことは、たとえば尊円法親王《そんえんほうしんのう》（一二八九～一三五六）が、使用する紙に関する説明の際、「真のものは、打紙よく候也」（『入木抄』料紙事）と述べていることからも確認できる。ただし近世になると、紙の生産量は飛躍的に増大し、全体のなかに占める打紙された紙の割合は相対的に低下する。とはいえ、たとえば近年調査が進められている禁裏本（所謂「東山御文庫」本）が、かなりの部分を打紙された紙からなっていることからも分かるように、重要な位置を占め続けていることは間違いない。

ただしこの頃になると、とくに典籍を書写する場合、厚紙を打紙する古代・中世の方式とは異なり、標準的な紙を打紙する事例が増加する。これは、必ずしも厚紙が社会的価値を低下させた結果とはいえず、大量の典籍を保管・利用する際の利便性を追求した結果と推測される。つまり、近世特有の合理性の反映ということになろう。

一方、古代～中世を通じて、厚紙を「よい紙」・「贅沢な紙」とする認識は維持され続けていた。たとえば「年々日記、破損是れ多し。宜しく堅厚紙を以て書写し、後鑑《こうかん》に備えしめよ」（「延長五年（九二七）正月宣旨」『類聚符宣抄』巻六）・「一、私消息に厚紙を用いる事／世の費がため、人の煩がため、一切停止すべし」（弘長元年（一二六一）二月鎌倉幕府追加法『中世法制史料集』一）などの史料は、そうした認識の現れである。

このほか、紙漉の際、紙料液に米粉・米糊などを混入させる技法に関しては、奈良時代から実例が確認されている（飯田二〇一〇）。ただし、その盛行は宍倉氏によれば流し漉き法の登場と関連するものとされ、実際に事例数が増加するのは平安後期以降である。この紙漉の際に米を混入させる手法に関しては、現行の技法や、採取繊維の分析などから想定されているものだが、まれに粉砕が不十分な米が古文書に混入している事例が確認できる。たとえば国立歴史民俗博物館には、一五世紀代の興福寺《こうふくじ》文書などに漉き込まれていた米片が保管され（H―三一四）、紙漉の技術的展開を検討する資料として興味深いものといえる。

再生紙の登場

完成品としての紙を作り上げるまでには、①原料の採取・②紙漉・③表面加工など、多大な労力が必要である。そのため、工程のなかでもとくに負担の大きかった①の全体と②の前半を省略できる「反故《ほご》紙の再利用」は、当時の人々にとって非常にありがたい技法だった。この種の紙の実例が確認されるのは平安期以降で、文献史料上も同じ結論に達する。

この「宿紙《しゅくし》」・「紙屋紙《かみやし》」などと称される漉返紙《すきかえしし》（再生紙）の生産は、原料（反故紙）を大量に産する地域で、はじめて可能となる。日本の場合、京都で本格的な生産が開始されたのも、当然といえる。なお、古代史料に見える「宿紙」のなかには、漉返紙と考えると問題が生じる事例が含まれている。また、紙屋院で漉返紙を製紙するようになるのは、一一世紀代以降と考えられる（高田二〇〇〇）。

ただし、漉き返しという製法自体は、それ以前から存在していた。たとえば早く九世紀後半には、藤原多美子《たみこ》（清和天皇の女御、?〜八八六）が、天皇の死後に宸筆《しんぴつ》（天皇の直筆）の書状を漉き返し、追善のための写経の料紙として用いたという記事が見える（『日本三代実録』仁和二年〔八八六〕一〇月二九日条。なお『大鏡』はこの記事の出典を橘広相《ひろみ》の日記とする）。官営工房（紙屋）で組織的に行われていたかどうかはともかく、この時期までに反故紙の回収や、漉き返しの事例が増加しつつあった可能性は高いだろう。

その製法は時期により変化がある。たとえば鎌倉期頃までの事例では、単に薄灰色のものが多いのに対し、南北朝期以降になると、漉き返しの過程で意図的に墨を加えたことが明らかな濃い黒色を呈する事例が増えてくる（上島一九八八）。また、いわゆる「宿紙」とされる紙のなかには、はじめて漉く段階から墨を混入させ、意図的に墨色に染めた事例も含まれている（とくに近世）。そもそも、反故紙を原料として漉き返した場合でも、通常の漉き方をすれば、目立つほどの墨色は残らない場合が一般的である（末柄二〇〇五）。このように、宿紙と再生紙は、必ずしも完全に重なり合う概念でない点、注意を要する。

中世・近世の紙

以上見てきたように、奈良・平安期における技術的展開のなかで、「和紙」の紙漉に使用する繊維や、漉き方・表面加工などの主要な諸要素は、ほぼ出そろった。その意味で、古代中国から導入された関連技術は、古代にほぼ完成形態にいたり、その後の日本における紙生産のあり方を基本的に規定しているといってよい。平安期のうちに、日本の紙が本場中国ですら上等な紙として認められるようになるのも（池田一九八七）、そうした着実な努力の結果である。

　中世以降の和紙の歴史とは、古代末期までに完成された以上の技術をより洗練させ、また生産量・流通形態を発展させていく過程と位置づけられる。そこで最後に、中世・近世におけるあり方に関しても、主に先行研究によって簡単に見ておきたい。

　古代のうちに地方における紙生産が盛んになっていく現象に関しては、すでに述べたとおりである。この傾向は中世以降さらに強まり、美濃紙・杉原《すいばら》紙などを筆頭に、紙が全国各地の特産物として盛んに生産されるようになっていく（小野一九四一・網野一九八三）。そうした変化に対応して、京内における紙生産は、再生紙へと特化されていくことになる。のちには、そうした紙生産地は有力寺社などを本所とした「紙座《かみざ》」を形成し、特権的な色彩を強めていく。

　近世に入り「座」が撤廃された後も、実際に紙が自由に売買されていたわけではない。たとえば各地の藩は領内で生産される紙を強制的にすべて買い上げ、それを藩が専売することで大きな利益を上げていた。この時期の日本社会は、文書の作製や書籍の刊行が盛行するなど、日本史上にかつてないほど紙の利用が盛んな段階に入っており、そこで必要とされる紙の量は膨大なものだった。そのような社会的需要に応えるべく、全国の各産地ではフル回転で紙漉が行われ、生産された和紙は全量が藩に買い上げられるという安定した仕組みが構築されていたのである。

　ところが明治以降はこの専売制が撤廃され、またより生産効率のよい洋紙が流入したことにより、伝統的な製法で漉かれる和紙の生産量は激減し、一時期はほぼ壊滅状態となる。しかし近年では、その独特の風合いなどが再評価されつつあるのが現状である。今後も、この伝統を失わないよう守り伝えていかねばなるまい。

参考文献

浅香年木　一九八三「古代における紙の流通と生産」『美濃紙―その歴史と展開―』木耳社
網野善彦　一九八三「中世における紙の生産と流通」『美濃紙―その歴史と展開―』木耳社
飯田剛彦ほか　二〇一〇「正倉院宝物特別調査紙（第二

次）調査報告」『正倉院紀要』三二
池田　温　一九八七　「前近代東亜における紙の国際流通」『東アジアの文化交流史』吉川弘文館、二〇〇二年に再録
上島　有　一九八八　「中世の宿紙について」『立命館文学』五〇九
大川昭典　一九七六　「古代の造紙技術について」『和紙の研究―歴史・製法・用具・文化財修復―』高知県立紙産業技術センター、二〇〇四年に再録
大沢　忍　一九七〇　「正倉院の紙の研究」『正倉院の紙』日本経済新聞社
小野晃嗣　一九四一　「中世における製紙業と紙商業」『日本産業発達史の研究』至文堂
韓　允　熙　二〇〇四　「韓紙と和紙の古代製紙技術についての科学的考察」『高麗美術館研究紀要』四
櫛笥節男　一九九九　「図書寮所属紙屋院の大同年間設立説」『日本歴史』六一七
小林良生　一九九八　「中国紙史紀行―蔡倫以前紙の探索調査―」『百万塔』九九
小林良生　二〇〇八　「蔡倫以前紙に関する学術論争」『科学史研究』四七
寿岳文章　一九六七　『日本の紙』吉川弘文館
末柄　豊　二〇〇五　「室町時代の宿紙について」『禅宗寺院文書の古文書学的研究―宗教史と史料論のはざま―』科研費報告書
高田義人　二〇〇〇　「平安時代における宿紙と紙屋紙」『古文書研究』五二
冨谷　至　二〇〇一　「三世紀から四世紀にかけての書写材料の変遷―楼蘭出土文字資料を中心に―」『流砂出土の文字資料―楼蘭・尼雅出土文書を中心に―』京都大学学術出版会
冨谷　至　二〇〇三　「紙の発明とは？」『木簡・竹簡の語る中国古代』岩波書店
早川庄八　一九七一　「美濃の紙」『岐阜県史　通史編古代』岐阜県
原島礼二　一九八三　「古代美濃紙と渡来系氏族」『美濃紙―その歴史と展開―』木耳社
朴　英　璇　二〇〇四　「韓紙の歴史」『和紙文化研究』一二
潘　吉星著・佐藤武敏訳　一九八〇　『中国製紙技術史』平凡社
吉田光邦　一九六二　「ある後漢の宦官の生涯―蔡倫―」『世界の人間像　八』角川書店

第二章　製法

概説

和紙の原料

すべての植物繊維は、紙の原料となる。しかし、繊維の性質・原料の貯蓄量・供給の利便性・繊維化の難易度・価格及び運賃の高低など、諸条件によって左右されるため、現実には紙の原料に供し得るものは範囲が狭い。楮《こうぞ》・雁《がん》皮《ぴ》・三椏《みつまた》の三種以外で、和紙本来の特性を発揮できる原料はほとんどないといってよい。

現在の和紙業界では、この三種の原料でさえ生産量は少なく、価格も不安定で、これらに変わる諸種の補助原料が検討され使用されている。これら三大原料を主体に補助原料も加えて、和紙に使われる繊維について次に記す（186頁）。

紙を漉く抄紙法には、澆紙《ぎょうし》法と溜め漉き法の二つが考えられる。その前に、処理工程が必要である。抄紙以前に、原料を繊維化するために煮る、異物を取り除く、長い繊維の集まろうとする凝集《ぎょうしゅう》性を減少するために切断する、繊維は水中で沈もうとする沈降《ちんこう》性を抑制するために繊維を叩き膨潤させたり軟化させるために搗《つ》く、などの工程があり、これを完了してから抄紙（漉く）工程になる。

澆紙法とは、調成した紙料液を水に浮かべた布簾《ぬのすだれ》の上に流し込み、手や棒などで繊維を平均に分散させ、木枠を持ち上げ、水を濾過《ろか》して湿紙をつくり、そのまま天日乾燥するものである。この澆紙法が最初の抄紙法と想像される。

その後、改良された溜め漉き法では、漉き槽内に紙料液を多量に入れ、これを紗簾《しゃれん》で汲み込み濾過して湿紙をつくった。この方法が、古代日本に伝えられたと考えられる（90頁）。

初期の和紙原料と製法

麻《あさ》類は人類にとって身近で、生活に密着した植物であった。そのため、中国で紙が発明された時に原料として最初に使われた植物繊維であり、日本でもヨーロッパでも最初の紙の原料は麻の繊維であった。

製紙技術が発達すると、日本の各地に生育して入手しやすく、太布《たふ》などの織物にも使い慣れていた楮が使用され、最初は麻類同様に切断して使用していた。

植物繊維は、結束しており煮熟《しゃじゅく》や水洗いなどの処理だけでは崩れないので、紙にするには、この繊維の結束を個々の繊維に離解しなければならない。離解は、手指でもある程度可能で、離解しただけでも紙は漉ける。しかしその場合は、紙面に凹凸やムラができ、地合《じあい》が悪く、強さも劣るので、一旦離解した繊維をさらに適当な長さに切断した後、平均した厚さにする叩解《こうかい》作業が行われる。書写材に使用する場合は成紙後に打紙《うちがみ》して、紙を平らにする必要があり、繊維の切断とともに打紙は大変な労働であった（102頁）。

正倉院の紙をみると、コウゾ類にガンピ類の繊維を混合した量の多いものほど紙質の地合が均一し、薄くて美しい紙になっている。これはガンピ類の繊維には粘質性のヘミセルロース成分が多く、紙料液の粘度を高め、簀《す》からの水漏れがおそくなり、余分の液を捨てることにより、不純物などが除かれる流し漉きの技法が使われたためである。

流し漉きの発見によるネリ剤の応用

流し漉きの技法が発見され、液の粘性に注目した結果、ガンピ類の他に、さらに粘りを与えるものとして、トロロアオイやノリウツギ・サネカズラなど、色々な植物の粘液の活用に発展し、今日の流し漉き法の姿に達した（99頁）。

溜め漉きは繊維が固まりやすく、紙面に厚薄のムラを生じやすい。流し漉きはネリの作用と揺動の方法で繊維はよくほぐされ、紙面にムラを生じなく、重労働である打紙工程が除かれたが、厚い紙がつくりにくいという難点があった。これを解消する方法として、溜め漉き法と流し漉き法の双方を応用した半流し漉き法が生まれた（94頁）。この製法は流し漉き法と同じ紙料と用具の使用で、溜め漉きと同様な厚紙をつくることができた。

近世になると紙の需要が増し、紙色がよくない三椏を原料とする紙が書写材に使われた。三椏は慶長三年（一五九八）に書かれた「徳川家康黒印状」として知られる古文書に初めてあらわれるので、このころまでには多く使われるようになっていたと考えられる。三椏紙の色は赤茶色であったが、毛筆で文字を書きやすいので重要な書写材であった。現在でも書道用紙の重要な原料の一つである。

明治時代初期に機械による洋紙の生産がはじまると、和紙業界でも木綿や稲《いね》ワラなどの洋紙原料が使用され、藁《わら》パルプは切手用紙として重用された。

洋紙の重要原料である木材パルプも一八八九年（明治二二）に国内で生産され、白く、地合がよく、軟らかい和紙ができると評価され使用量が増大したが、木材パルプを使用した和紙は耐久性が乏しく、変色などの劣化要因に結びつくので、現代の手漉き和紙への使用量は少ない。

製法の各工程

製紙法の基本工程には、①繊維化・②繊維分散・③抄紙法・④湿紙乾燥法の四つがある。この工程の順に説明する。

①繊維化

(1) アルカリ性薬液による蒸煮《じょうしゃ》

化学薬品が出現する以前は、木灰《きばい》液や石灰《せっかい》液が使われ、その後はソーダ灰や苛性《かせい》ソーダが使われた。現在の製紙業界では最も一般的な方法である。

(2) 物理的動力による繊維分散

砥石状物に木材を擦りつけ、大根おろしを擦るように、摩り下ろして繊維を得る。

(3) レチング法（醗酵精錬）

主に麻《あさ》類の繊維を取り出すための方法である。すべての繊維に用いるわけではないが、原料になる植物を清水の中に数十日浸漬する。竹紙に使う若竹などは二～三ヶ月、石灰液に浸漬《しんせき》する。洋紙の場合は、亜麻布や木綿布のボロに腐食した乳製品・動物の血・人尿などをかけ、原料室に放置しておく。

②繊維分散（切断と叩打《こうだ》または叩解《こうかい》する繊維化法）

(1) 刃物などによる切断

鋭利な刃物で繊維を切断する。こうすることで、平滑度の高い紙をつくることができる。

(2) 石や硬い木などで叩き潰す

薬品によって軟弱化した繊維組織を、叩《たた》いて分散させる。

(3) 磨り潰す

水力や動物の動力により臼などで練り潰す。

③抄紙法

(1) 澆紙《ぎょうし》法

水中に入れた紙漉き簾の中に、適当な量の紙料液を入れ、手や棒で液を分散させて、漉き簾を持ち上げて水を漉して湿紙をつくる製法。

(2) 溜め漉き法

紙漉き槽の紙料液を、紗や竹簀《たけす》などの漉き枠の中に多量に汲み込ませ、水が漏れ出るまで静止して湿紙をつくる製法。

(3) 流し漉き法

原料液に粘性の高いネリ剤を加え、繊維の沈降《ちんこう》・凝集《ぎょうしゅう》性を抑制した紙料液を竹簀や萱簀《かやす》などの漉き具で漉き、最後に残った水は捨て去る製法。

(4) 機械漉き法

長い金網をエンドレスにつなげ、機械的に回転させ、この網の上に紙の紙料液を流し込み、湿紙をつくる長網《ながあみ》抄紙法と、円筒状につなげた網を、紙料液の中に半分ほど入れ、回転して網に付着した湿紙を絞り乾燥する円網《まるあみ》抄紙法との二つがある。

④湿紙乾燥法

(1) 漉き網天日乾燥

紙を漉いた網や紗などに付着した湿紙を、脱水しないで、そのまま天日で乾燥させる。

(2) 紐や細縄に吊し乾燥

抄紙された湿紙を、ジャッキー（圧力機）等で機械的に脱水し、紐や縄に吊るし乾燥させる。

(3) 平面乾燥

芝原や石畳の上に湿紙を置き天日乾燥する。

(4) 貼付加熱乾燥

平面に対して、側面に貼り付ける方法。厚板貼付天日乾燥・壁貼付加熱乾燥・厚板貼付熱室乾燥などがある。

製紙の基本原理はこれまでずっと変わらないが、製紙の方法には大きな変化がある。加えて、原料である植物の繊維は、各地の環境条件によって成育する植物の種類やその性質に大きな違いがあり、各地特有の方法でさまざまな紙が生産されてきたのである。

溜め漉き法

日本でつくられたことが確実な最古の紙は、奈良・正倉院にある大宝二年（七〇二）に作成された戸籍断簡三点である。いずれも楮《こうぞ》を原料とする溜め漉きの技法でつくられたことが、一九六〇年（昭和三五）から三年間の調査で判明した。この調査記録が『正倉院の紙』として出版された（正倉院事務所一九七〇）。これは、著名な研究者五名の成果をまとめた貴重な記録である。

『延喜《えんぎ》式《しき》』（延長五年〔九二七〕制定。法律の施行規則）図《ず》書寮式《しょりょうしき》には、製紙工程が記述されているが、『正倉院の紙』では、この『延喜式』の記述を参考に「溜め漉き法」を説明している。製法を伝える重要な文言のため、長くなるが、次に引用する（ルビは適宜補った）。

製紙に必要な備品には、篩《ふるい》四口の料としての絹一疋二丈、漉簀《すきす》に敷く料としての紗一疋一丈七尺、二尺四寸に一尺四寸の簀八枚、二尺四寸に一尺五寸の簀二枚、紙を絞り、篩にも、造紙手の袍袴《ほうこ》にも仕立てるための調布五端四尺、砥《といし》一顆《か》、鍬《くわ》二口、麻を截るための長さ一尺二寸の小刀二振り、紙を切りそろえるための長さ七寸の小刀二振り、紙料の煮熟《しゃじゅく》に用いる木連灰十六斛、明櫃八合、東筵《あずまむしろ》十枚、調の筵四枚、漉形五具。以上は大体年間使用の消耗品で、毎年十二月の上旬、翌年分として支給されるのを原則とする。多年の使用に耐える備品には、長さ五尺二寸・幅二尺一寸・深さ一尺六寸・底の厚さ一寸三分の紙漉槽四隻、これと同じ大きさの、麻を洗う槽一隻、長さ三尺五寸・幅三尺三寸・深さ一尺六寸・底の厚さ一寸三分の、灰を淋《した》す槽一隻、長さ二尺五寸・幅二尺三寸・深さ一尺五寸・底の厚さ七分の臼櫃八合、匲《さらけ》四口、由加四口、長さ一丈二尺・幅一尺三寸・厚さ二寸五分の紙乾し板六十枚。これらの常備品は破損のたびに随時新調され、紙乾し板だけは毎年木工寮《もくりょう》へ依託して削り直した。四人の造紙手には、一人あたり毎月米四斗・塩四合を給せられ、大体二尺三寸に一尺三寸の紙を、年間五千枚（四人で二万枚）漉きあげて、一年の終わりに内蔵寮《くらりょう》へ納入する。

これらの備品をどのように使って紙が漉かれたか。上記（次頁）の表によって説明を加えよう。

功とは日の長短によって違う労働条件である。四・五・

紙料	功	截	煮	択	舂	成紙
布	長	一・三（斤両）			〇・二（斤両）	一九〇（張）
	中	一・〇			〇・二	一七〇
	短	〇・一三			〇・一	一五〇
穀	長	三・五	三・五（斤両）	一・一〇（斤両）	〇・一三	一九六
	中	三・四	三・四	一・九	〇・一二	一六八
	短	三・二	三・二	一・七	〇・一〇	一四〇
麻	長	一・七		一・三	〇・二	一七五
	中	一・四		一・〇	〇・二	一五〇
	短	一・一		〇・一三	〇・二	一二五
斐	長	三・五	三・五	一・二	〇・八	一九〇
	中	三・四	三・四	一・〇	〇・七	一四九
	短	三・二	三・二	〇・一五	〇・五	一二八
苦参	長	一・一二		一・五	〇・二	一九六
	中	一・八		一・二	〇・二	一六八
	短	一・四		〇・一五	〇・一	一四〇

六・七の四ヶ月を長功、二・三・八・九の四ヶ月を中功、十・十一・十二・一の四ヶ月を短功と定めた。日照時間が工程を左右する原始的な製紙にあっては当然の帰結である。

截とは、布にしても、穀や斐や麻の繊維にしても、これを叩解《こうかい》する準備として、まず適宜の長さに截ち切ることを言う。この目的のために、四人の造紙手には、それぞれ一本ずつ小刀があてがわれた。ただしこの場合、生繊維にあっては、幹から剝ぎとられたままの粗皮すなわち黒皮ではなく、いつでも煮熟できる状態にある、十分に精選された白皮を想定しなければならない。煮とは紙料を煮熟することで、経験の結果、木連灰を用いるのが最も能率的だとされたのであろう。ただし、すでに繊維化している布と、まだ繊維化していない麻《あさ》や苦参《くじん》に対して、煮の工程が省かれていることは注意に値する。煮熟の目的は、専門的な言葉を使えば、原料植物体中の非繊維物質を鹸化して可溶性物質に変え、これを排除するにある。だから煮熟を加えた原料は水中に放置し、その可溶性物質を水溶するいわゆるアク抜きを施さねばならない。漂白剤を用いた形跡のない延喜式製紙規定では、このアク抜き作業は特に懇切に行われたであろう。古法では、煮熟を終わった原料は籠に入れられ、流動するきよらかな水の中に、少なくとも一昼夜は放置される。その次に、少量ずつ原料を水中に浮遊させながら、付着している黒皮その他の不純物を、手指で懇切丁寧につまみとる。この一連の精選作業が択である。煮を経ない麻と苦参に対しては、この択の作業が一層入念に行われたと考えられる。択とはすなわち現代のように漂白剤を用いないで、原料に対して行なう綿密を極めた精整工程を言う。正倉院に残る和紙が、生漉きのままのと染紙とを問わず、化学的な漂白剤を使う現在のたいていの和紙にくらべ、ほとんど酸化のあとをとどめず、よく原色を保っているおもな理由はこの点に求められる。

　植物繊維は、多数集まって繊維束を形成する。繊維束は、煮熟や水洗いなどの処理によっても崩れない。それゆえ紙を漉くには、どうしてもこの繊維の集団を個々の繊維に離解せねばならない。離解作業は、手指を以てしてもある程度可能であり、離解しただけでも紙は漉ける。しかしその場合は、紙面にははなはだしい凹凸やむらを生じ、地合《じあい》がわるく、強さも劣る。そこで、漉きあげる紙の目途に応じ、一旦離解した繊維をさらに適当の長さに切断したのち、平均した厚さにのばす叩解作業が必要となる。延喜式では、臼に入れて搗《つ》く叩解法が採用された。その工程が舂である。碾磑《てんがい》（筆者注、水車によって動かす臼）はすでに久しく用いられていたとは言え、それを製紙の叩解作業に導入する工夫はまだこらされていなかっただろうから、餅を搗くのと同じ要領で、繊維をこね返し、たたみこむ方法、すなわち木や石の台盤上で、槌や棒による手打ち叩解を行なうのと同じ効果のある方法が採用されたと想像される。

　搗きこなされた紙料は、調布でつくった袋に入れて磑に移され、水を混じて十分に攪拌《かくはん》したのち、さらに絹または調布でつくった篩《ふるい》で水切りをし、由加（筆者注、瓶《かめ》）にひとまず貯えられる。由加の中のパルプ状となった紙料は漉槽に移され、水を加え、鍬で万遍なくかきまぜられたのち、紗を敷いた漉簀の装置のある漉形すなわち漉桁《すきけた》を両手でもち、桁の手もとの方を下げ、漉槽内の紙料液中に半分ばかり浸し、漉簀の上へ紙料をすくいこみ、桁を水面から離し、平らかにもちあげ、前後・左右に揺り動かし、繊維を縦横にからみあわせる。揺りかたの巧拙は紙の地合や強度に影響するから、紙質の良否を決定する要因は、叩解までの作業の精粗もさることながら、造紙手の揺りの熟練・未熟練にも大いにあると言わねばならない。また紙の厚薄は、紙料液の濃度と、汲みこみの深浅によってきまる。厚い紙を漉くためには、紙料液を何度か汲みこみ、毎回、桁の方向を前後に転換し、厚さを平均化する工夫が必要である。いずれにせよこうして汲みあげた湿紙が、簀を通して水分を漏出し終わったころ、桁の枠をはずし、紙料繊維の付着したままの簀を斜めにして、なお残っている水分を滴下させる。そしてその簀を、造紙手の左右にすえつけられてある床板の東筵の上に伏せ、静かに湿紙から簀をひきはがし、簀を再び桁にはめてから、湿紙の上には、それと同じ大きさの紗布をかぶせておく。湿紙と湿紙を直接に重ねると、互いに密着して紙に成らないからである。湿紙がある程度まで積みあげられると、板の上から重石をかけ、水分をしぼり出す。そのためには一夜を必要とする。次に、紗と紙葉を別々にはがし、紙葉を紙乾し板に、おそらくは馬毛（三世紀に編まれた魏志倭人伝は、わが国に牛も馬もいないと記しているが、横穴式古墳の壁や陶棺にはすでに馬の絵があり、また乗馬用の鞍を置いた馬の埴輪や、副葬品としての馬具なども発掘されているから、五世紀頃には馬も家畜化されていたに違いない）などでつくった大形の刷毛ではりつけ、天日に乾す。造紙手一人に、十五枚の乾し板があてがわれる。乾し板の長さは一丈二尺だから、縦一尺三寸・横二尺三寸の紙ならば、片面に五枚ずつ、計十枚を張ることができる。二尺四寸に一尺五寸の簀を使う大形の紙（縦一尺四寸・横二尺三寸）を張る板は、幅だけが一寸あまり広げられていたのであろう。

前頁に引用した表にみえる布とは麻布のぼろを原料にしたもので、麻紙も同じものと推定される。穀とは楮の樹皮を原料とし、麻は生の麻を処理した麻紙で、麻布のぼろ紙とは区別されたと思われる。斐は雁皮《がんぴ》の樹皮で、苦参は現物が確認できない。

古代中国の紙の主要原料は、麻布のぼろである。正倉院文書でも麻紙が最も多く、色彩を表す紙名にも、白麻紙・白長麻紙と白布紙《はくふし》・黄麻紙などがあり、麻は一〇世紀ごろまで製紙の主要原料であった。

私がかつて観察した奈良時代の『五月一日経』（光明皇后発願）断簡は、白麻紙として知られ、苧麻《ちょま》を切断後、粘状叩解して外部フィブリルがある繊維を溜め漉きし、ドーサ処理して打紙《うちがみ》加工した典型的な唐紙の製法と思われる。『五月一日経』は紙の使用量が膨大であるためだろう、苧麻《ちょま》に補助原料として雁皮が混合された料紙もある。

半流し漉き法

古代中国で発明された紙の製法は、「溜め漉き法」である。古代日本に伝えられた製法も、基本的にはこれと同じである。当時の実例は、古く正倉院文書として伝来する。

しかし「溜め漉き」法によって紙を漉く場合、その過程には重労働を伴うので、当時の紙生産に携わる人々に敬遠された可能性が高い。そこで平安時代には、ネリ剤を使用する「流し漉き」がはじまり、紙の生産量は増加した。

ここで問題となったのは、「流し漉き」法で漉かれた紙は、繊維に流れがあり、繊維の配列は整然としているが、薄く固い紙となりやすい点である。当時の社会的に地位の高い人々は、「流し漉き」の紙（薄い・固い）より、従来の「溜め漉き」の紙（厚い・柔らかい）を求めた。そこで「流し漉き」の初水《うぶみず》（または化粧水《けしょうすい》）と呼ばれる繊維を流す方法に、「溜め漉き」の紙料液を止めて水を滴下する方法を併用した厚紙の製法が実行されたと考えられる。この二つの方法の利点を活用した技術は、当時の優秀な漉き工によって創出されたものだろう。

近年、私は高野山正智院《しょうちいん》（和歌山県）の中世和紙を調査・研究した結果、こうした製法でつくられた紙が多数存在することを発見し、この製法を「半流し漉き法」と名付けた。この製法でつくられた紙は、流れた繊維（初水）の面は平らで文字が書きやすいが、反対面は多少の凸凹がある。そのため平らな面（表）だけ利用された紙も現存する。ただし多くの場合、まず平らな面に書状・文書が書かれ、受取人が凸凹のある面（裏）を打紙《うちがみ》して、日記を記したり写経をしたりするのに二次利用している。

高野山正智院での調査

この「半流し漉き法」を確認することができた高野山正智院に伝来する中世文書の調査は、一九九八年夏より五年間、元奈良国立博物館館長山本信吉氏の指導を受けて行った（224頁／山本・宍倉二〇〇四）。この調査の特徴は次のとおりである。

1）書写本・印刷本および古文書が一箇所に大量かつ数多くの種類が所蔵されていること。

2）内容は、山本信吉氏によって解読され、平安時代から江戸時代初期まで成立年代が確認され、用途によって分類されたこと。そのため、同一用途の紙を系統だって比較検討することができたこと。

3）ほとんどが成立当初の状態で保存され、修理・補修・裏打等の加工がなく、紙の厚み・大きさ・重量など、紙の基礎性質を測定できたこと。

4）永年にわたり経蔵に収納されていた間に、朽損・虫損等によって損傷を生じて、料紙の一部が破片として分離しているものがあったこと。これによって繊維分析が可能となり、紙に使われた原料繊維・ネリ剤・内部添加剤・表面塗布物・漉き具なども推定でき、従来よりもふみこんだ料紙調査ができたこと。

以上の結果から、これまで確認できなかった中世料紙について、「古代とも近世とも違う」ということを、現物資料から裏付けることができた。その違いの多くは製法の相違に原因がある。

日本の紙の漉き方について、その要点を具体的にまとめたのは、寿岳文章《じゅがくぶんしょう》氏である（寿岳一九六七所収の「初期の製紙機構」）。著者は奈良・正倉院の調査にも参加しており（正倉院事務所一九七〇）、奈良時代の料紙については的確な論述がなされ、以後の研究の指針となった名著といえる。しかし中世の料紙についてては、文献史料を利用し詳細に紹介しているものの、料紙自体の解明や製法についてては必ずしも十分とはいえない。

私は、上記の高野山正智院での調査結果と、度重なる手漉きの実験、さらに製紙研究四〇年の経験から判断して、中世の料紙の製法が溜め漉きとも流し漉きとも異なると考えた。概要は次のとおりである。

延喜式の製法

溜め漉きは中国から伝来した伝統的な製紙法で、正倉院に伝わる奈良時代の古典籍・古文書等の料紙は、溜め漉きでつくられている。

平安時代の延長五年（九二七）に制定された法律の施行規則である『延喜《えんぎ》式《しき》』に、製紙法の記述がある。この時代の製紙法には、次のような工程があった（詳細は前項）。

(1) **煮**　原料を木灰液などで煮ること。
(2) **択**　(1)から、異物や未蒸煮《みじょうしゃ》繊維を取り除くこと。
(3) **截**　短く切断すること。
(4) **舂**　切断された繊維を、臼などで搗《つ》くこと。
(5) **成紙**　紙を漉き乾かすこと。

以上の製紙法は、蔡倫《さいりん》の製法と『延喜式』の製法とで共通した製法であって、いわば古代紙の製紙（溜め漉き法）

の規定であった。しかし溜め漉き法を用いて紙を漉こうとすると、植物の繊維の性質に起因する大きな問題が生じる。

植物の繊維には、水中で沈もうとする沈降《ちんこう》性と、集まろうとする凝集《ぎょうしゅう》性という、二つの大きな性質がある。この沈降性と凝集性をコントロールすることで、優れた紙をつくることができる。

溜め漉き法には、繊維を叩《たた》く⑷「舂」という工程がある。これは繊維に水を含み膨潤させ、繊維自身に粘性を持たせることで、沈もうとする性質（沈降性）を抑えるのである。紙の原料となる繊維を短く切ると、長い繊維ほど集まろうとする性質（凝集性）が強くなる。そのため、繊維を切る⑶「截」の工程は、水中分散性をよくすることができる。

一方で、この⑷「舂」と⑶「截」の二つの工程では、大きな労力が必要になるという欠点がある。そのため、諸外国ではさまざまな工夫がなされた。中国や韓国では石臼を使い、牛や馬の動力を利用した。ヨーロッパでは水車による水力を利用して叩き、切断した。

寿岳文章氏は、前著の中で「この溜め漉きに対して、流し漉きは日本独自の製紙法で、平安時代前期頃から成立したと思われる」として、「二法の違いは繊維の方向性と紙面の厚薄のムラ（地合と思われる）の二点に要約される」とされ、流し漉きの特徴は「捨て水」を行うことと、植物性の「ネリ液」の活用とを詳細に説明している。

この寿岳氏の説明によると、日本の抄紙法が、奈良時代の溜め漉きから一足飛びに現在の流し漉きに転換したかのようである。つい最近まで、この考えが通説と理解されており、私も同様に考えてきた。

中世料紙の独自性

しかし、高野山正智院で中世料紙を実見していると、表面と裏面で繊維の方向や異物の混入量が異なるものを数多く発見した。この表裏による違いは、抄紙法の違いに原因があるのではないか、と考えたのである。

もう少し具体的に説明しよう。溜め漉き法による古代紙は、繊維に方向性がなく、表面と裏面の違いも少ない。一方、近世の流し漉き法では、「初水《うぶみず》」と「捨て水」の工程があり、表裏ともに繊維の流れが縦方向に同一である。そのため、表裏の繊維方向はほぼ同じという特徴がある。つまり、溜め漉き法・流し漉き法のいずれでも、繊維の方向性が表裏によって極端に違うということは考えにくい。

しかし、中世の料紙には、表面と裏面の繊維の方向や異物の混入量が異なるものがあったのである。繊維の流れには方向性があるが、これは流し漉き法の工程である「初水」や「化粧水」によって生じるものである。ところが、中世料紙には最後の「捨て水」の工程が行われた形跡はみられない。そのため、中世の料紙では、最終工程の脱水が溜め漉き法と同じだったのではないか、と推定した。

切断されていない繊維

料紙の楮繊維を顕微鏡で観察すると、古代紙の繊維は五㎜前後で、単繊維の両端または片端が鋭利な刃物で切断されているという特徴を持つ。一方、中世の料紙と現在の手漉き楮紙には切断面がなく、平均繊維長は七~九㎜であった。このことから、古代紙が『延喜式』の(4)「截」の工程を経ていることがわかり、同様に中世と近世の楮紙は切断作用を受けていないことも判明した。

つまり、中世の料紙は、楮繊維の抄紙の前処理という点で古代紙と変わっているが、近世の紙とも異なっている。製紙法の歴史も、溜め漉き法から流し漉き法へと直接移行したわけではなく、幾多の経緯があったのである。

水中での植物繊維には、沈降性と凝集性という二つの性質があることは前述した。和紙はこの性質を抑制するために、動物や水車などの動力に頼らず、植物の粘液によるネリ剤を活用して製紙法を改善した。その結果、繊維の切断という重労働を省くことができ、長い繊維のまま紙をつくることができた。

また、抄紙のときにも一工夫がなされた。ヨーロッパの手漉きでは、麻布を湿紙の間に挟む工程があるが、この作業には複数の人間が必要となる。しかし、日本ではネリ剤が発見され、流し漉き法の改善や繊維形態の改良（叩打《こうだ》量の減少で繊維は長くなり、繊維自身の粘性も減った）もなされた。その結果、湿紙同士の剝離性がよくなり、湿紙の間に麻布を挟む必要がなくなった。こうして作業が改善された結果、一人での抄紙作業が可能となったのである。

このように、中世の製紙法は徐々に改善されていったが、複雑・多岐にわたるため、一朝一夕には改善できるものではなかった。溜め漉き法から、牛歩の如くゆっくりと長期間を経て、改良と工夫とが続けられたのである。時には溜め漉き風の紙がつくられ、用途によっては流し漉き風の紙を産するなど、多種多様の紙が存在した。

中世の料紙は、基本的に表面と裏面の繊維方向が相違している点、およびチリ・繊維結束・未分散繊維の異物量が異なっているという特徴を持つことが多い。こうした製法は中世特有であり、私は「半流し漉き」と称することとした。

半流し漉きとは

「半流し漉き」の具体的な製法は、『高野紙』（便利堂、一九四一年）が参考になるので、以下に引用する。この書は高野山親王院の院主中川善教師がまとめたもので、内容は昭和初期に高野山麓下古澤で行われていた高野紙製造の実態を記録したもので、多くの写真と当時の見本紙が添付されている。

抄紙は、次のような工程である。

1）檜でつくられた横一尺六寸二分（約四九cm）、縦一尺一寸五分（約三五cm）の上下の枠に萱簀《かやす》を挟み、枠を手に持ち漉き槽の中に入れ原料液を汲み込む。

2）二、三度前後に揺り動かし、液面を平均にして、さらに原料液を汲み込み前後に揺する。

3）液面が平均になったら、漉き槽の左右に渡してある竹を中央に寄せ、その上に枠を置き湿紙にあるチリなどを指で取り除く。

4）再度原料液を汲み上げ前後に揺すり、表面を平均にする。こうして紙ができる。

5）上枠を外し湿紙の上に別の萱簀を一枚置き、左側を高くして上から手で抑えて水を垂らす。水が十分切れたら上に重ねた萱簀は、次の紙を漉くのに使われる。

6）湿紙の付いた元の萱簀は、下枠から外し漉き槽の横に立て掛けておく。

7）簀から垂れる水は漉き槽の中に流す。

8）これを一三回繰り返した後（一三枚の萱簀が使われている）、萱簀に付いた湿紙を移し板（紙床《しと》）に移し一区切りとする。移し板には二日間で一二〇〇枚ほど重ねて表に出すが、時には冬を越して春になってから乾すこともある。

9）天気がよく風のない日を選んで紙を乾す。移し板から若干の湿紙を取り「ヘネ板」に移し、この板から松材でつくられた乾し板に貼られて乾燥する。

この『高野紙』に添付された見本紙と中世の高野紙を、紙面の繊維の流れや異物の分布、繊維分析と添加物などの点で比較検討した結果、両者に大きな差はみられなかった。このことからも、中世の高野紙は半流し漉き法でつくられていたと判断できる。

流し漉き法

中国から伝わった溜め漉き法を継受した日本人は、流し漉き法を編み出した。日本独自の紙漉き技術である流し漉き法について、寿岳文章《じゅがくぶんしょう》氏は著書『日本の紙』の「初期の製紙機構」の項のなかで、次のように述べている（寿岳一九六七。ルビは適宜補った）。

日本では、流漉という独特の抄紙法が発達した。用具は（筆者注、溜漉と）同じであるが、紙料の処理と、漉き立ての時の操作が違うのである。現在行われている流漉法を簡単に説明すると、まず清水を入れた漉槽の中へ紙料原質を投じ、よく混ぜあわせたのち、馬鍬と称する櫛状の攪拌《かくはん》器を片手で操作し、前後に二百回内外、ざぶざぶと攪拌し、十分に繊維を離解させる。次には、あらかじめ用意しておいた植物性のネリ液（筆者注、トロロアオイ・ノリウツギなど）を、漉槽に入れて混和させるのであるが、ネリ液は気温が高まると効果を減ずるので、この投入量は季節によって違う。準備ができあがると、漉工は、溜漉の場合と同じく、漉桁の手もとを下げて浅く紙料を汲みこみ、すばやく繊維が平均に簀面全体にゆきわたり、言わば繊維の薄膜ができるように操作する。これを「初水《うぶみず》」「数子《かずし》」「化粧水《けしょうみず》」など、地方によってさまざまに呼ぶ。次に第二回目の汲みこみをする。初水よりは心もち深く紙料をすくいあげ、漉桁を前後に（紙の種類によっては前後左右に、しかし前後の割合が常に多いのを原則とする）微妙にゆり動かし、水の漏下と共に繊維を平均にからみあわせる。汲みこんでは数回くりかえされるこの操作を、調子《ちょうし》と言う。調子によって紙の厚薄がきまる。求められる厚さの紙層が、簀の上にできあがると、簀の手もとの方を水面と三十度内外の角度に下げ、簀の上に残っている水液の約半量を手もとから流し、残りの半量の水液は、桁を反対に前方へ傾け、押し出すようにしてパンと流してしまう。この操作を「捨《す》て水」と呼ぶが、捨て水こそいわゆる流漉特有の手法であり、これによって、浮塵・黒点・繊維の結束その他の不純物は流れてしまう。和紙抄造工程において、不純物除去のためのスクリーンが用いられないのにかかわらず、予想外に純良なのは主としてこの捨て水のためである。しかも漉きあげた成紙は、溜漉の場合と違い、一枚一枚の間に紗のような隔離物を入れる必要がない。ネリの作用で、どんなに高く紙床《しと》を作り、重石《おもし》にかけて水をしぼり出しても、乾かすときには完全に一枚一枚が紙床からはがされる。また吉野紙《よしのがみ》のような極度に薄い紙を漉くことも、流漉なればこその手技であって、そこにこの法独特の長所がある。と説明する。その後、溜め漉きと流し漉きの違いを、

１）（筆者注、溜漉は）漉簀《すきす》の上へすくいあげた紙料を、できるだけムラ無くゆきわたらせる必要から、水切に際し、簀面の紙料は時計廻り（左利きの人なら逆時計廻りのこともあろう）方式に揺動させるので、繊維の無方向にからみあう傾向が著しいのに反し、（筆者注、流漉は）捨て水の関係から縦揺りを主とするため、繊維の方向は大体垂直形を取ること（従って流漉の紙は溜漉に比べて横に裂かれる場合の抵抗が強く、抵抗を排除して強引に事を運ぼうとする人物や行為を「横紙破り」と言う表現が、すでに『平家物語』に見られる）、

２）（筆者注、溜漉は）繊維がかたまりやすく、紙面に厚薄のムラを生じやすいのに対して、（筆者注、流漉は）ネリの作用と揺動の方法が相俟って繊維はよくほぐされ、紙面にムラを生じないこと、の二点に要約される。

と解説されている。この製法は現在の代表的な流し漉き法と考えてよい。しかし、これらの知見は研究者の観点から表現されているが、製紙の経験に基づいた知見を加える必要もあると思われる。

そこで、紙漉きの経験があり、かつ和紙を専門に研究する筆者の立場から再検討し、さらにその後の研究成果をふまえ、科学的に流し漉き法を考察してみよう。

流し漉き法の再検討

「和紙は寒漉き、洋紙は風呂漉き」。和紙と洋紙の特徴を一言でいえばこうなるだろう。

和紙は、繊維の持つ性質をそのまま活かしてつくられる。繊維はできるだけ膨潤させて、接着面を多くつくることによって強い紙ができる。植物繊維は温度が低下すると、自然に膨潤する。これを「可逆反応」というが、和紙はこの性質を活かして強度のある紙となる。

一方、洋紙は「叩解《こうかい》」という物理的作用で繊維の形態を崩して、繊維の外部フィブリル化（枝状化）による絡みで紙の強度を出す。そのため、繊維自身の粘性が高いので、脱水をよくするために温水で繊維を締めて紙を漉く。

和紙が寒い時に漉かれるのは、菌類が少なく、ネリ剤と

して紙料液に混入させるトロロアオイの利きがよく、粘性の持続性があり、湿度が低いので乾燥が速いなどの理由に加えて、繊維の膨潤性も考慮する必要がある。

冷水に紙の原料を加えた後、「舟立て」という作業に入る。具体的に、馬鍬《まぐわ》と呼ばれる攪拌《かくはん》機で紙料を充分に分散し、繊維を一本一本にしてネリ剤を加える。

ネリの使用量も、紙質に大きく関係してくる。少ないと原料の分散が少なく、厚い紙ができてしまう。逆に多いと繊維の絡み合いがよすぎて薄い紙になる。さらに少なすぎると地合《じあい》が悪く、湿紙が剥がれにくくなり、多すぎると濾《ろ》水《すい》が悪く、湿紙は付着してしまう。

とくに気温や天候によってその使用量は大きく異なるので、調整は経験によって体得することになる。手漉き職人は、習いはじめはネリをほどよく使い、よい紙をつくるが、手慣れてくると、早く漉け、楽になるように、ネリの使用量も減少する。この結果、紙の性質が微妙に変わってしまうという。

ネリ剤のなかでも、トロロアオイは粘性が高く、分散が粗いので水を粘らせる働きがある。繊維の長い楮を漉くのに向いているが、熱・バクテリア・強攪拌に弱いという特徴がある。一方、ノリウツギは粘性が弱く、繊維の分散が均一になるが使用量が多くなりかねない。そこで、雁皮《がんぴ》のようなそれ自身が粘性のある短い繊維を漉くのに適する。

このように、よい紙をつくる職人は、漉く時期の温度・漉き槽内の液量・漉く紙の紙質によってネリ材の種類・使用量を変化させ、各種の紙を製作していたのである。

また、「初水」の工程は、紙の表面を形成する。その作業の優劣は、紙面の滑粗を決めるので重要である。「調子」は汲み込んだ紙料液を動揺し、繊維を互いに絡み合わせ、厚みを調製する。「捨て水」は紙の裏面を形成する工程なので、慎重に行うべきである。

流し漉き法では、とくに基本が大事といわれている。基本とは、漉き槽内に原料を仕込み、これを攪拌するとき、結束した繊維を完全に離解することである。この工程で手を抜くと、良質の紙はつくれない。この時の漉き槽内の紙料濃度は紙質と密接な関係があり、漉く紙の厚薄や大小によって異なる。

加　工

①打　紙

紙を水や淡いニレ液で湿らせた後に、表面を打紙《うちがみ》することで「熟紙《じゅくし》」ができる。この製法は、天皇の命令で国家規模の大量の写経事業が行われた奈良時代中期ごろの料紙に多くみられる。大量に書写するには、筆運びが速くなる書写適性が重要となる。打紙は表面の凹凸をなくし、平滑性を向上させるので、大量書写という目的達成に大きな効果があったと思われる。

表面の平滑性を改善して書写適性を向上させる技術は、中国から伝えられたとされる。繊維化処理が容易で、繊維が太く、屈曲が多い苧麻《ちょま》や、円筒形の繊維が多い楮《こうぞ》などでつくられる紙は、繊維空間が多く表面には凹凸が生まれやすい。そのため、苧麻や楮を原料とする料紙に毛筆で書写すると、筆の走りがよくないものとなる。こうした紙に打紙の処理をすることで、表面の平滑性向上に効果があり、運筆の効果が高まるのである。

打紙作業は、紙の性質を利用したものである。すなわち、紙は水分を含むと繊維間に水分が侵入し紙が膨らみ、紙層間が緩むという性質である。生紙《きし》に水分を与え、紙が膨潤して柔らかくなったところを、木槌で打って紙質を締めていくのであるが、粘剤とともに与えた水分を一枚一枚に拡げ、空気に触れさせながら、徐々に乾燥させることを何回か繰り返して、水分がなくなるまで打ち続ける。こうして完全な熟紙をつくるためには、熟練が必要である。

私も経験したが、紙の打紙作業は大変な作業である。体得するには強い忍耐力を必要とし、一朝一夕では身に付かない技術といえよう。

打紙した紙は、繊維間のすき間が少なくなって、繊維同士の接触面が多くなる。紙表面を叩《たた》くと、物理的な力が凸の部分に強く加わるので、打紙された紙の繊維は細かな折れ曲がりを生じることになる。

溜め漉きでつくられた紙は、繊維の凝集《ぎょうしゅう》があり、部分的に繊維の小さな塊りができ、表面に凹凸ができる。当然、書写適性は劣っているので、打紙作業は不可欠であった。

料紙に打紙をすると紙質は変わる。たとえば、一般的にもとの紙の二分の一の厚さになるが、ニレ汁などを加えた液を塗布した紙の場合には三分の一まで薄くなる。強い打紙を受けた紙は、繊維内の水分が多く、叩打《こうだ》で変色した繊維（洋紙の世界では「ヤケ」と称す）があるので、こうした特徴に注目すると顕微鏡や肉眼での観察で見分けやすい。

この加工技術は一四世紀ごろのヨーロッパでも行われていた。たとえば、コットン・ラグペーパーにドーサを引いてにじみ防止を行い打紙するか、乾燥後二本の鉄ロールに挟んで表面を平滑にした紙が書写や印刷用紙として評価が高かったことと同様である。つまり、打紙は今日の洋紙の製造技術にも大きな影響を与えた重要な技法なのである。

②米　粉（図1）

鎌倉時代初めごろの料紙に、生紙色でない白色紙をみることがある。繊維分析して、C染色液で染めると、澱粉《でんぷん》反応色である濃い紫色の細かい粒子（五㎛前後）がみられる。これは溶解澱粉と異なり粒状で、白土などの天然鉱物とも違い、澱粉反応を示している。こうしたことから、米を粉末状に砕いた米粉と判明する。その後、室町時代にも、この種の料紙が多くなり、江戸時代になるとその割合は大幅に増大した。

顕微鏡が発達する以前には、微量の紙片のみからは充分な分析ができなかったが、今日では虫喰いの微細な破損部や表面の毛羽立ちした繊維の落下したものなどからでも、繊維分析が可能となった。肉眼では確認できなかった物質を容易に観察できるようになったのである。

これまで古典籍・古文書の料紙を観察してきたが、これまでの経験から、米粉の使用は流し漉き法の発展と結び付いていると考え、両者の関係について考察してみた。

今日の奉書紙には白色塡料《てんりょう》が混じっているが、近世以前の奉書紙には米粉が使われていた。このことから米粉を一種の塡料と考えると、米粉の使用目的は、紙質面からみると、紙の白色度向上・紙表面の平滑性の改善・繊維空間を詰め、墨のにじみを抑制するなどの効果が想定される。上質な厚紙の製造では、表面平滑性の向上の効果が期待でき、重労働である打紙作業が減少され、大きな作業改善になった。

薄い紙の場合には、墨の裏うつりの防止（不透明性の向上）に加え、紙は重さで取引されていたことから、紙の増量という効果もあったと考えられる。紙は米より高価であったからである。

江戸時代の流し漉き法は、ネリ剤を多く加えて、縦方向への揺すりを多くした薄い紙の製法が一般的である。現在の新聞紙同様に墨の裏うつりが問題となるので、墨の乗り

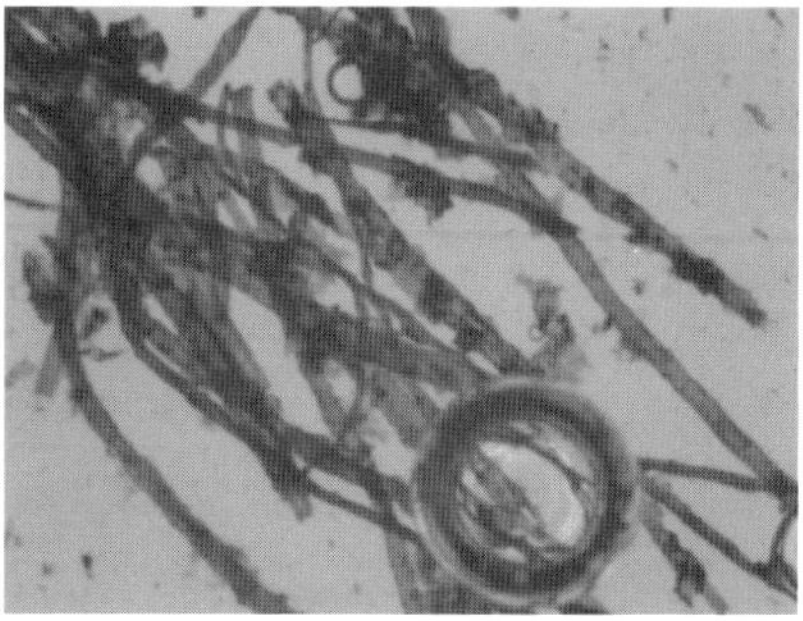

図1　米粉の入った中世の紙（楮）
繊維周辺に付着した異物が米粉

がよく、裏うつりを抑制する効果のある米粉は、重要な内部添加剤であった。

　米粉を混入させると、後年に古典籍・古文書料紙の耐久性の問題が生じる。たとえば現存する古典籍・古文書料紙の半数以上が虫損害にあっているともいわれている。これらの修復は、今後重要な仕事になる。

③ドーサ処理（図2）

ドーサとは、膠《にかわ》の溶液に明礬《みょうばん》を混ぜたものである。膠の呼び名は平安時代から使われている。膠には魚類から得るのと獣類から得るものがあるが、多くは獣類の皮や腱《けん》から得る。

　獣類の皮や腱を石灰水に浸け膨潤させ、充分に洗滌《せんじょう》した後に銅製鍋に水とともに入れ、六〇～七〇℃まで加温して膠溶液をつくる。これに明礬液を添加してドーサ液とする。乾燥した紙に大きな刷毛《はけ》で、紙面に均一にドーサ液を塗布し、日光乾燥する。ドーサ液は六〇～七〇℃に保持する。膠は腐敗しやすく、夏場や梅雨時には、保管や塗布時の気温に充分注意しなければならない。塗布した紙が腐敗すると、紙にカビが生えて斑点となるからである。

　ドーサ液を使用する際に注意する必要があるのは、ペーハー（ph）である。酸性が強いと紙の耐久性が低下する原因となるので、酸性物質である明礬の使用量に配慮しなくてはならない。ただ、ドーサ液の濃度を数値化することはできないので、塗布は一枚一枚手塗りをする際、温度との関係もふまえて塗布量も勘で判断する。こうした複雑さを伴うため、ドーサ液の塗布は経験が最も大事といわれるのである。

　表面にドーサ処理を施した紙は、表面の毛羽立ちを防ぎ、墨のにじみを防止して印刷・墨の定着を容易にし、紙の伸縮を抑え、紙の強度も増すなどの効果が期待でき、紙の使用範囲が拡大される。

　ところで、鎌倉時代以降の仏典には、雲母《きら》が塗布された料紙がある。雲母はきらびやかな色彩なので装飾という側面もある。このほか、ドーサ液は温度低下で粘度が高くな

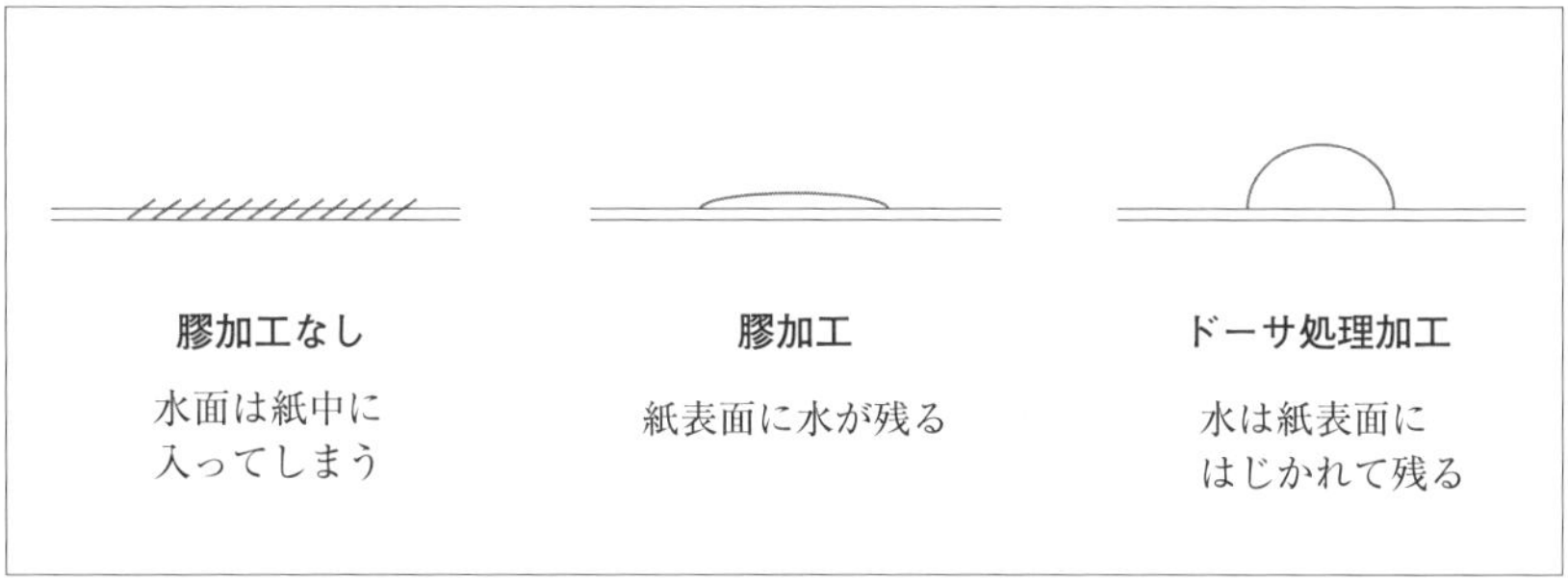

図2　ドーサ液のテスト結果

り、塗布量が不安定になるという性質がある。そこで、そうなるのを防ぐために、ドーサ液に雲母が加えられたとも考えられる。

打紙や瑩紙《えいし》などの加工がされていない、古典籍・古文書料紙の多くは、ドーサ処理がされているが、ドーサ液の塗布量によって墨のにじみ方は変わってくる。そのため、墨のにじむ様子をみて、ドーサ液量を判断する方法がある。

奈良・平安時代の料紙には、ドーサ処理がされていない紙が多くみられる。この紙は、墨が繊維の中に陥没してみえる。これは墨の持つ膠分を繊維に定着する力が弱いため、長い年月の間に墨が遊離して繊維層内に沈んでしまった結果である。

ドーサ液量が少ないか、あるいは明礬を加えず膠だけ塗布された料紙の墨の乗り方を観察すると、繊維の上に定着してはいるが、表面の単繊維を伝って墨が移動しているのがわかる。

一方、ドーサ液量が多いと、墨は黒々と繊維の上に乗っていて、艶のある色を出している。ただし、これらの料紙は明礬に由来する硫酸分が多いので、脆《もろ》く、変色している場合が少なくない。

こうした料紙を調査する際、料紙の水の吸収性を確認することが重要である。そうすることで、にじみ防止策がどのように行われたかを推定することができるからである。これらの料紙の性質を簡単にテストするには、爪楊枝の頭部に水を付け、料紙の隅の方に水を置いてみるとよい。小さな水滴ができるが、その水滴が紙表面上でどのように変化するかでドーサ処理の度合いを判断できる。

この過程は前頁図２のとおりである。

④染　色

和紙の染色法には色々ある。紙料染め（紙に漉く前に染める）・浸し染め・刷毛染め（引染め）が主なものであるが、原料の種類や処理方法によっても染色法は異なる。

和紙を染色する材料には、染料と顔料がある。染料は、色素が水または油に溶けて、ほかの物質に何らかの方法で定着して着色する。顔料は、水や油に溶けず、微細な粒子になって定着剤などによって着色する。

染料には天然染料と合成染料があり、天然染料には動物染料と植物染料がある。ただし、和紙にはほとんど植物染料が使われ、その素材は多種多様であるから、染料を選択する際には専門的知識が必要となる。一方、顔料には貝殻や鉱物を細かくした無機顔料と、植物色素や石油から合成した色素から得られる有機顔料がある。

(1) 紙料染め（先染め）

化学染料が一般的な現在、最もよく行われる手法である。植物由来の天然染料が主流だった時代では、比較的染色が容易な雁皮《がんぴ》に行われている。楮は植物染料に直接染まりにくいので、わずかに黄蘗《きはだ》が使われた程度である。

(2) 浸し染め

でき上がった紙を染料液にくぐらせて染める方法である。成紙が水中で分散しないことが重要なので、水中分散しやすい楮《こうぞ》には雁皮を混合した。楮紙を染める場合は、コンニャク・柿渋など水に溶けにくい物質を薄く紙に塗り、これを染料液の中に浸す。藍染《あいぞ》めはこの代表的な染め方である。

(3) 刷毛染め

あらかじめ膠を混ぜた染料液を調製しておき、成紙の表面に刷毛で染料液を塗る染め方である。どのような紙でも、多様な色を、必要量だけ染めることができ、無駄も少ないので、近世までは楮紙の染色に多く使われた。この方法は膠・澱粉《でんぷん》などの定着剤を使い、染色する材料としては顔料が多く使われたので、色褪《あ》せにくい長所がある。

⑤**補強法**

紙の補強には打紙などを行う方法や、澱粉などの物質を紙料液に加える方法（内部添加）、紙表面に塗布したりする方法などがある。打紙については先に説明したので、ここでは内部添加と塗布に関して説明する。

紙の強度には、引張り・破裂・耐折などの結合強度を評価する方式と、引裂きに対する強度を評価する方式などがある。結合強度は加工によって改善できるが、繊維の長さや繊維自身の結合力と関係する引裂き強度を改善できる加工はなく、加工しても多くの場合は低下する。

⑴ **表面強度向上**

先に記したとおり、膠と明礬を混合したドーサ液の塗布によって表面強度は向上する。膠単独で塗布する場合もあったと思われる。古典籍・古文書料紙には、澱粉を塗布したものもある。

黄蘗の塗布による虫喰い防止も一種の補強であるが、黄蘗は天然染料として唯一の塩基性染料であるから、塗布する際に明礬を媒染剤《ばいせんざい》にすると、とくに鮮やかな黄色になる。

室内の明かりが少ない寺院などでは、文字が読みやすいという利点もある。これは仏典に黄蘗染めが多い一つの要因だろう。ただし、黄蘗は長期間経過すると茶色に変色する。

⑵ **内部添加法**

繊維同士の結合強度を向上させるために、澱粉や米粉が使われる。また白色度向上や増量剤として、白土や陶土・石灰などの填料《てんりょう》が使われる。

しかし、そうした物質を加えて漉いた紙は、結合強度が当然低下する。壁紙や襖紙などには、填料入り紙がみられるが、これは填料が火に強いことを活用した耐火性向上を目的とした処置だろう。

⑶ **耐水性向上**

青柿を潰して絞った液から得る柿渋を紙の表面に塗布すると、水に濡れても破れず、伸び縮みしない紙ができる。コンニャク液を紙に塗布し、木灰液に浸けると完全耐水紙ができる。コンニャクの塗布は主に紙子をつくる際に行われた。煮沸した荏油《えのあぶら》を紙に塗布すると、水を弾く紙になる。この加工をした紙は傘や合羽に使われ、和紙の利用範囲を拡大した。

製法の歴史

変　遷

紙の製法には、手漉き法と機械漉き法があり、原料や産地によっても異なるが、時代に沿って変遷をたどってみる。

今からおよそ二〇〇〇年前、中国で発明された紙は、大麻《たいま》や苧麻《ちょま》の織物をリサイクルしてつくられた。その後、蔡倫《さいりん》によって改良された紙は、織物ボロのほかに、魚網《ぎょもう》やカジノキの樹皮などを原料に、溜め漉き法が行われた。この溜め漉き法が、中国近隣の地域に伝えられた。

韓国には、西暦三〇〇年代に仏教が伝来したといわれ、このころに紙の製法が伝わったのかもしれない。現存する韓国の古い紙の製法は、溜め漉き法ではなく、漉き枠のない、竹簀《たけす》だけの簀桁《すけた》に紙料液を汲み込み、縦横に揺する、完全な流し漉き法で、原料は楮《こうぞ》が使われている。しかし、この製法では厚い紙はつくれないので、最低でも二枚、厚い紙では七~九枚を漉き合わせしている。この製法がいつ、どこで溜め漉きから変更されたのかは不明であるが、日本の流し漉き法との関連も想定される。

日本には六一〇年に「紙」という文字が『日本書紀』にはじめて記録されている。最初は中国の製法と同一で、原料には麻《あさ》類が使われ、溜め漉きでつくられていた。ところが、楮や雁皮《がんぴ》が原料に使われるようになると、雁皮の粘性をヒントに、紙料液に粘性物質（ネリ剤）を加えた流し漉きがはじまり、紙料液の流れを止める半流し漉き法で厚い良質紙がつくられた。鎌倉時代になると、流し漉きの薄い紙では裏うつりがあるので、解決策として、米粉を漉き込む製法も行われた。

中国の隣国であるネパールでは、自生のダフネと呼ばれるジンチョウゲ科植物の樹皮で紙をつくっている（66頁）。ここでは木製の枠に布を張った漉き枠を池に浮かべ、一枚分の紙料液を枠内に注ぎ込み、手で繊維を均一に分散して、漉き枠をゆっくり持ち上げて水を切り、乾燥棒に立てかけて、天日乾しをする澆紙《ぎょうし》法が行われている。この製法は東南アジア一帯で行われていることから、製紙法の原初形態と考えている人もいる。なお、この地方では現在、溜め漉き法でも紙はつくられている。

イスラム世界の場合、やや時期は遅れる。七五一年に現在のカザフスタン共和国のタラス近郊で、唐とサラセンの

図1　ヨーロッパで最古の紙漉き図
（ヨスト・アマン『職人づくし』1568年）

図2　ポルツェーリアスの紙漉き図
（1689年）焚き口に注目

軍隊が戦い、唐の軍隊は敗れ、多くの兵士が捕虜となった（タラス河の戦い）。この中に紙漉き職人がいて、サマルカンドで製紙法をイスラム人に教えたのが、西方の国に製紙術が伝わったはじまりといわれている。この地域では、原料は大麻や苧麻がないので、亜麻《あま》で代替し、石臼の駆動には水車を使い、簀《す》は竹や萱《かや》の代わりに針金を使用した。

文字は羽根ペンや金属ペンにインクを付けて書いていたので、軟らかい唐紙では表面が毛羽立ち、インクがにじみ文字が書きにくいので、小麦粉の糊を表面に塗布していた。

こうしたイスラム圏での製法が、一二世紀にイベリア半島へと伝わり、そこからヨーロッパの国々に供給されていた。その後、一二七六年にイタリアのファブリアーノに製紙工場がつくられる。ウォーター・マーク（漉き入れ）の技法が発明され、長い亜麻の繊維を切断したり、叩解《こうかい》するのに、水車で駆動するスタンパー（打解機）が設置された。成紙のにじみ止めには、水槽（タブ）を利用して、動物や魚から得た膠《にかわ》を表面に塗布した（「膠サイズ」という）。

東洋では竹や萱などでつくった簀が使われたが、これらの植物が生息しない西洋では、硬い樹でつくられた漉き枠に、針金でつくった簀を固定し、デッケルと呼ばれる木枠を付けて使用したが、用具が頑丈で重いため、長時間労働は厳しいものであった。

ところで前頁の図1・2をみてほしい。この二つの絵図には何点か違いがある。初期の図1には女性らしき人が一人で漉き、温浴装置はみられない。ところが、グーテンベルクの印刷術が発達して、紙の需要が増大すると、紙漉きの技法も変わってきた。一六八九年の絵図（図2）では、漉き工（バットマン）が紙を漉き、伏せ工（クーチャー）が湿紙をフェルトに移し、プレスで脱水した後に剝がし工（レイヤー）が剝がして乾燥するという三人一組の体制に変わっている。また脱水を速めるために、漉き槽に温浴装置（左隅に煙突、漉き槽の中央部に焚き口がみえる）を付けている。

西洋の手漉き紙は、針金の簀に漉き入れマークを付け、漉き模様が残る。この洋紙特有の製法が発達して、これらのマークは製紙工場や紙質などを表した。繊維は水中で叩《たた》くと、組織や構造が崩れ軟らかくなり、箒状になる。これを漉き上げると繊維が密着して締まった紙になり、透かしマークも鮮明になるので、スタンパーの稼動時間を増大したが、生産量は減少してしまった。

一七世紀後半にオランダで、スタンパーに代わる叩解《こうかい》機（ビーター）が発明され、稼動時間が従来の四分の一に減少した。ビーターは原料繊維を叩くだけでなく、洗滌《せんじょう》・染色などができる万能製紙機械で、急激に広まった。オランダで発明されたためホランダー・ビーターと呼ばれた。

そのころの製法はボロを原料としていたが、毛織物などの混入、亜麻や木綿織物の色や汚れの程度によって仕分けられたボロを、醗酵槽に入れ水を加えて醗酵させた（レチング）。醗酵した織物は、色や汚れも取りやすく、柔軟になっているので、五〜一〇cmほどに切断して、スタンパーやビーターに入れ、叩解して紙料とした。

印刷技術が向上すると、書籍の発行が増大して、紙の需要も拡大した。その結果、亜麻や木綿のボロなどの原料不足が慢性化して、ヨーロッパでは大きな社会問題となった。

一八世紀はじめ、フランスの科学者ルネ・レオミュール（図3、一六八三〜一七五七）は、森を散歩中にスズメバチの巣を見つけ、これが紙に類似しているのに気が付き、木材から紙がつくれることを発見した。一七一九年、王室科学院に木材から紙をつくり、原料のボロ不足を解消するように提案したが、当時は突飛な発想とされ、ほとんど理解されなかった。

一七六五年、ドイツのシェッハーはレオミュールの論文を読み、ハチの巣で紙を試作し、さらにヤナギやクワなどの枝先から紙をつくり、見本紙をつけて論文を発表した。

一七九八年、フランス人が紙を連続して漉く機械を発明した。これがイギリスで改良され、一八〇四年に実用抄紙機が完成し、長網《ながあみ》抄紙機による紙の連続抄紙に成功した。五年後には円網《まるあみ》の抄紙機が開発され、構造が簡単で、建設費や運転費も少ないため、小規模の製紙工場で多く採用された。これらが現在の機械製紙法の原点である。一八四六年、ドイツで回転する砥石に木材を押し付け、磨り下してパルプをつくる機械（グラインダー）が実用化された。

イギリスではボロ不足対策として、地中海沿岸に生育しているエスパルト草を、パルプ化して原料に使った。単独では粘りのない脆《もろ》い紙であるが、ほかの原料と混合すると不透明性の高い、平滑で嵩《かさ》の高い特殊印刷用紙がつくられた。

図3　ルネ・レオミュール（1683～1757）

一八五一年に、木材を苛性《かせい》ソーダで蒸解するソーダパルプ法が発明され、その後、木材チップの蒸解薬品が研究されると亜硫酸パルプ法・クラフトパルプ法などの製法が次々と発明され、紙の原料は木材パルプが主流になった。

豊富にある木材パルプを原料に使うことができるようになると、紙の生産は拡大され、よりよい製品をつくることが研究される。それまでは表裏差のできることが当然であったが、紙料液を二枚の金網で挟み、両面から脱水するツインワイヤー抄紙機の開発により、高速抄紙が可能となり、表裏差もほとんどない薄く強い紙がつくられるようになる。現在日本で最も生産量の多い長網抄紙機を使った製紙法にも、ツインワイヤー抄紙機が使われている。

近年は、印刷技術の向上と紙の中性紙化やリサイクル化などの影響もあり、紙の表面に澱粉《でんぷん》や樹脂・膠《にかわ》などを定着剤として、炭酸カルシュウムやカオリン・タルク・チタンなどの填料類を両面塗布して、印刷適正を改良した塗工紙やコート紙と呼ばれる紙が増大しているのが現状である。

現代の和紙

　昔ながらの技術・技法で手作業をする職人は減少する一方で、洋紙に使われる機械を応用しているところが多い。楮《こうぞ》や三椏《みつまた》・雁皮《がんぴ》などの材料を採取する方法は変わりないが、蒸《じょう》煮《しゃ》薬品が、木灰や石灰などの自然物から、炭酸ソーダ・苛《か》性《せい》ソーダなどの化学薬品に変わり、その後の原料処理法が変化しているのである。

　紙を白くする漂白法にしても、かつては叩《こう》打《だ》後の原料を充分に洗滌《せんじょう》するか、原料を水に浸けて日光に曝す天日晒《てんぴさらし》や雪晒《ゆきさらし》による漂白が行われていた。現在は次亜塩素酸《じあえんそさん》ソーダ（漂白剤）によって化学的に漂白されているので、白色度は高いが自然の白さがなく、和紙の味《あじ》が失われている紙もある。

　楮のチリ取りは現在も手作業で行われているが、繊維の短い雁皮や三椏はフラットスクリーン（細かい線状の空間がある除塵機）で、未離解繊維や細かいチリを除去しているので、チリの少ない美麗な紙になっている。

　手漉き作業で最も厳しい作業である叩打または打解は、今日でも叩き棒を使う職人もいるが、大半は打解機で原料処理をしている。叩かれた原料を水に入れ、昔は馬鍬《まぐわ》と呼ばれる分散道具を人力で揺さぶり、単繊維化していたが、現在は西洋式のホランダー・ビーターか、長い繊維をほぐす時はナギナタ・ビーターが使われる。馬鍬は電動式となり原料の分散と同時にネリ剤の攪拌《かくはん》機として使われている。これによって紙を漉く女性達は、辛い単純労働から解放された。

　叩打分散された原料を水に混ぜ、紙料液をつくり、紙を漉く作業は現在も変わりない。しかし、色紙やハガキ・名刺などの厚い紙を漉く場合は、西洋式の金網簀で漉かれる。湿紙を重ねてできた紙床《しと》を、圧搾機で水を絞り出す脱水は、梃子《てこ》の原理を利用して重石《おもし》をいくつも乗せて脱水していたが、近年はジャッキー式の圧搾機で脱水している。このため近年の和紙は、紙が硬く締まっている。

　湿紙を乾燥するのに、文化財の修復用紙や画材用紙・高級障子紙などを漉く職人は、現在もイチョウやマツ板に貼り付けて乾燥している。しかし、普通の紙をつくるには、室内熱風乾燥やステンレスでつくられた温水乾燥機や三角回転式蒸気乾燥機が使われている。

初期の機械漉き紙

図1は叩解《こうかい》された完成原料を水槽に入れ金網で漉くい取る絵と、紙料液を脱水する絵である。一七九八年にルイ・ロベールが発明した抄紙機の模型写真のとおり、継ぎ目のない長い金網を回転させ、この上に紙料液を流し込む方法で、継ぎ目のないエンドレスの紙がはじめてつくられた。漉かれた湿紙は、回転する継ぎ目のないフェルトに移され、脱水機（プレスロール）に運ばれ脱水され、拡げてシートにして乾燥されていた。これが機械抄紙機の原型であった。

一八二〇年、イギリスで、湿紙をフェルトと加熱円筒の間に挟んで、乾燥する方法の特許を得て、その数年後に抄紙機と乾燥円筒を取り付け、長《なが》網《あみ》抄紙機が完成した。

図2はアイロンで湿紙を乾燥している絵と、獣や魚の皮・骨などを熱水で煮沸した膠《にかわ》を抽出して得たアニマル・サイズ剤（水をはじく物質）を紙に塗布している絵である。現実には紙が長くつながっていて、サイズ剤は水槽に入れられ、紙が水槽液の中を通り、紙の表裏にサイズ剤が施された。これを現在はタブサイズと称している。

図3は、サイズ液が塗られた紙を再び乾燥させるが、紙の表面は粗く書写適正が低いので、二本の鉄ロールに挟んで表面を平滑にしている絵である。一八九〇年以降の機械抄紙は、このイラストに描かれているとおりの原理で、現在の製紙工程も全く変わらない。

図1

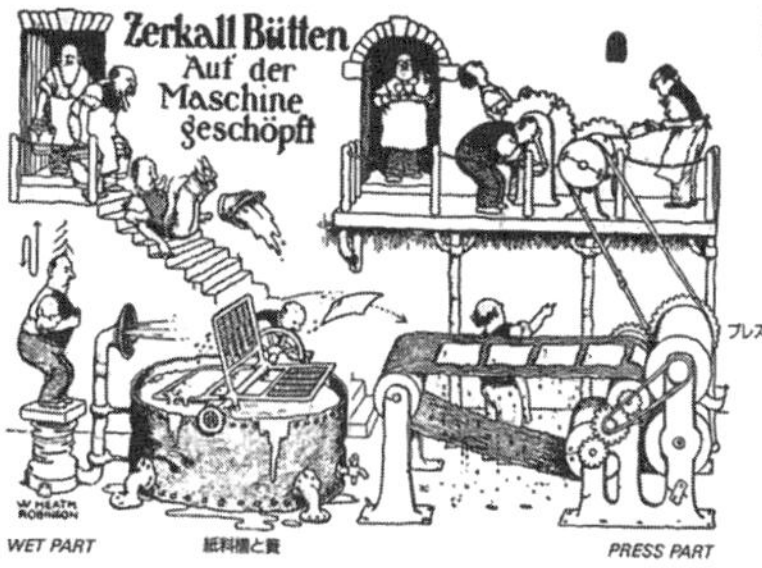

図2

図3

図1・2・3　初期の機械漉き紙

現代の機械漉き洋紙

機械による製紙技術の研究としては、原料に関するもの、原料の調成と添加薬品に関するもの、紙を漉く機械とその操作技術などがある。

紙を機械で漉く研究は、早くから行われた。よい紙を大量に生産することを研究した結果、紙料を二枚のワイヤーで挟み、両側から脱水して抄きあげるツインワイヤー式抄紙機が開発された。生産量の拡大と、表と裏に品質の差が生じる問題との両方がほぼ解決され、両面印刷用紙の改善に大きな成果をあげた。小規模マシンにおいても、長網《ながあみ》抄紙機のワイヤーの上に脱水機構を備えたエンドレスワイヤーをつけたオンプット抄紙機が開発され、表裏差の少ない高品質な紙が生産されるようになる。

木材からパルプがつくられると、硬い木材を化学薬品で蒸解してパルプ化し、パルプを叩解《こうかい》処理して紙にする技術開発が行われた。木材の中でも広葉樹は成長が早く、生育地域が広く豊富なこと、その種類が多いなどの点から注目されていた。広葉樹は針葉樹に比べ硬く、蒸解が難しい欠点を持っていたが、クラフト蒸解法の発明によりこの問題が解決すると、広葉樹クラフトパルプが大量に生産されるようになった。この繊維の叩解処理法が研究され、それまでのビーターやリファイナーに変わり、繊維壁が厚く、繊維が短い広葉樹のクラフトパルプを大量に処理できるダブル・ディスクリファイナーが開発されると、木材パルプ処理は大幅に拡大され、紙の品質は安定し、生産量は増大した。

「和紙は千年、洋紙は百年」といわれて久しい。和紙はネリ剤と水だけで漉かれているので中性である。しかし、洋紙は添加物が多く、とくににじみ止めに使われる松脂サイズ剤には、定着剤に硫酸バンド（硫酸アルミニウム）が必要である。硫酸バンドに含まれる硫酸分が繊維に定着して残ると、繊維が酸化劣化して紙の保存性は低下する。近年、これらの添加物が研究され、松脂サイズに変わる中性サイズ剤が開発されると、これの定着剤にカチオン澱粉《でんぷん》などが使われ、紙の保存に優れた中性紙が誕生した。

印刷方式がオフセット印刷になると、印刷時に表面の繊維がとられるなどのトラブル防止に、サイズ剤（水をはじく物質）や酸化澱粉を塗布する表面サイズが広く使われるようになった。

　一方、紙パルプ産業では、世界の木材生産量の一二%を消費している。環境問題が深刻化するなかで、古紙再生が課題とされる。日本では平安時代から行われたが、このころ紙の需要が増し、反故《ほご》紙や屑紙を集めて再利用する仕事が生まれた。近世の大都市周辺では、安価な紙として、漉き返し紙がつくられた（120頁）。

　明治時代以降も古紙の再生は行われていたが、印刷が普及するとインク印刷された文字が残った紙やチリが多い紙になり、古紙の再利用には脱墨処理が求められた。

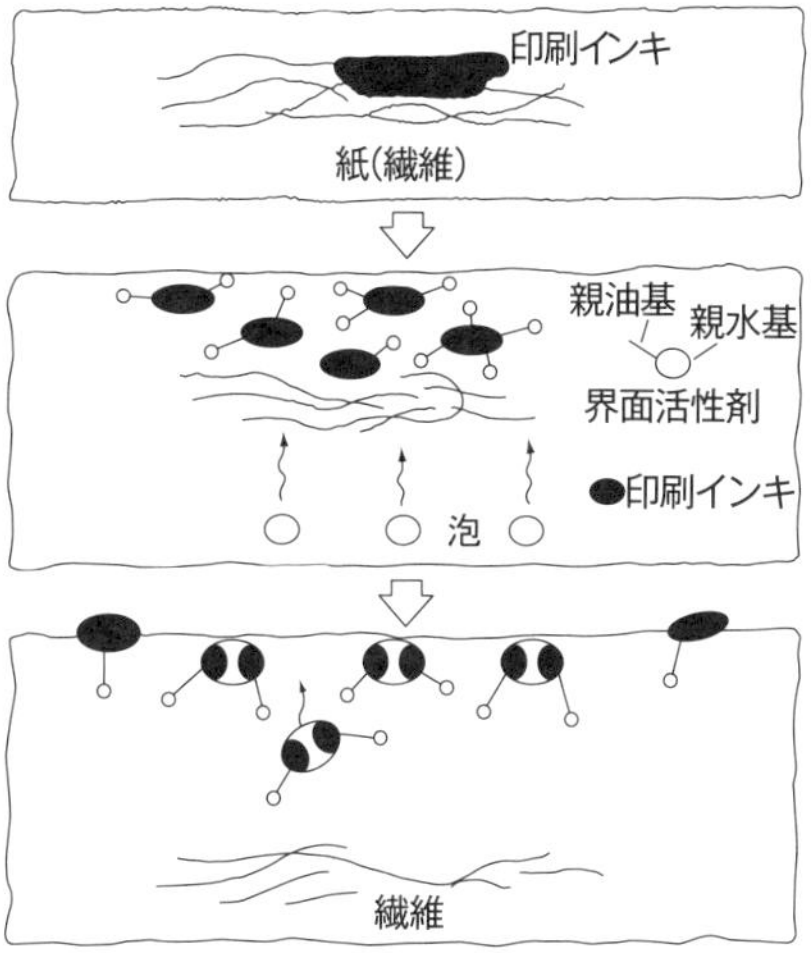

図　脱インキとフローテーション

　集められた古紙は、パルパーと呼ばれる機械に入れ、水中で強力に攪拌《かくはん》して繊維状に分散して、紐・シート状物を取り除き、アルカリ性薬品と界面活性剤（石鹸類似物）を加え、インクや油分を繊維から剝がし分散する。水を加えて低濃度にして、泡を吹き込み、フローテーターと呼ぶ脱墨機で、泡とともにインクや油分を浮上させ取り除き、原料は洗滌して脱墨パルプが完成する。この脱墨法は、フローテーション法と呼ばれる。

　古紙の再利用においては古紙類の分類の他に、感熱紙・ノーカーボン紙など再生できない紙も多くある。これらの事前分別など、問題は山積している。森林伐採問題は、地球温暖化に大きく影響している。パルプとなる木材は廃材や間伐材・端材・パルプ用植林材で、結果的には森林破壊・自然破壊と結びつくので、木材ではない植物繊維の利用が検討され、わずかであるが使われるようになった。農業廃棄物の利用として、サトウキビの搾りカスから得たバガスパルプや小麦パルプ・稲ワラパルプが紙の原料となり、天然防カビ・防菌・防虫剤に使われる月桃《げっとう》の茎幹繊維も和紙の補助材とされている。工業廃棄物として、中国やロシアのアシパルプ、成長の早い竹パルプやバンブーパルプ・ケナフパルプなども他の原料と混合して洋紙に使われている。

第三章　形態と特徴

大きさ・厚さ

手漉き和紙の大きさは、それを漉く道具（簀桁《すけた》）の大きさによって決まる。このため和紙には明確な規格がなく、多くは家屋に使われる襖や障子に合わせてあるようで、同一名称の和紙でも産地や時代によって大きさは異なる。

古代

奈良時代の正倉院に伝来する大宝二年（七〇二）の戸籍用紙は縦二八〜二九cm、横五六〜六〇cmの溜め漉き紙で、ほぼ正方形（三〇×三〇cm）のものを二つ並べた形状で、古代中国の原型と同様である。その後、横の長さには変化がみられるが、縦の長さに大きな違いはない。

平安時代の『延喜式《えんぎしき》』によると、紙の基準寸法は縦三六・四cm、横六六・七cmとされる。この時期の紙が測定されることはまれで、とくに厚さについてはほとんど表示されない。具体例については本書の第二部を参照されたい。

中世

上島有氏は『東寺百合文書《とうじひゃくごうもんじょ》』（以下『東百』と略す）など中世和紙を研究してきた歴史家である。私はかつて上島氏の『東百』研究に参加したことがあった。そのときの報告書（上島二〇〇〇）を参考に、また高野山正智院《こうやさんしょうちいん》での調査をふまえ、大きさ・厚さについて述べる。

平安後期書写の『成就妙法蓮華経儀軌』や『息災護摩次第』（ともに高野山正智院蔵）など、この時期のほとんどの料紙は打紙《うちがみ》されており、そのため表面は平らで密度が高い。料紙の実測値は、厚さ〇・〇五五〜〇・一三㎜、縦一七〜二七cm、横二八〜三二cm、密度〇・七〜一・一であり、この数値を打紙してない紙の密度を〇・三七程度として推定すると厚さは〇・二五〜〇・三五㎜前後となる。大きさは四等分されているので縦五〇cm前後、横四六から六二cmと想定される。

中世に「檀紙《だんし》」と称された料紙の一つに、元応二年（一三二〇）の「御伏見上皇院宣《ごふしみじょうこういんぜん》」（『東百』と）がある。縦三五・三×五八・六cmで、表面がすべすべして光沢があり、しなやかでふくよかで、墨の乗りがよく、いかにも優雅で上品な料紙で、良質の楮《こうぞ》を丁寧に処理した最高級紙である。鎌倉時代前期写の『法華開題』（縦長本）や寛元二年（一二四四）写の『大日経開題』（ともに空海著・高野山正智院蔵）なども、同じく最高級の料紙に分類できる。

革島貞安は永享年間（一四二九〜四一）の地方豪族で、

厚さ○・二五㎜、縦三四・一×横五二・○㎝の永享一二年(一四四○)の文書が残る(『東百』や)。このような上質紙は鎌倉中期から南北朝期が最盛期で、室町時代中頃は概して厚さ○・二○㎜以下のものが多い。

「正和三年(一三一四)三月二日　後宇多《ごうだ》法皇院宣《ほうおういんぜん》」(『東百』ヤ)・南北朝期の「光厳上皇院宣《こうごんじょうこういんぜん》」(12通、上島二○○○)の料紙などは、中世の標準的な紙である。厚さ○・二～○・三○㎜、縦三二・○×横五○・○㎝と、大きさや厚さに差はないが、料紙に色が付き、優雅さやしなやかさに若干欠ける。場合によっては不純物が残り、きめの細かさが劣り、虫喰いが目立つが良質の料紙といえる。書写本は打紙加工がされているが、応永七年(一四○○)写の『蔵略抄(中)私』(高野山正智院蔵)・応永三四年(一四二七)写の『版本　大日経開題』・室町中期書写『金剛界業義』(ともに空海著・高野山正智院蔵)などにこの種の紙が使われる。

「応永三年(一三九六)六月六日　伝奏《てんそう》万里小路《までのこうじ》嗣房《つぐふさ》奉書《ほうしょ》」(『東百』ニ)・「応永三年六月一一日　東寺長者俊尊《しゅんそん》御教書」(『東百』リ)の料紙も、中世の代表的な紙である。前出の紙と異なり表面がざらざらとして、がさがさした感じの紙で、厚さにむらがあり、横に簀目《すのめ》がみられ、茶色や黄茶色に着色した紙もある料紙で、厚さ○・二○㎜以上が多く、中世の標準的な紙より、縦横ともに大きく、萱簀《かやす》で漉いたと思われる粗い簀跡《すあと》がみられる。この種の紙は現在「檀紙《だんし》」と呼ばれている紙に類似している。

正応元年(一二八八)の『版本　聖宝鈔《しょうほうしょう》』や室町後期の『版本即身成仏義《そくしんじょうぶつ》』(ともに高野山正智院蔵)などの料紙は打紙されているが、実測値では厚さ○・一一～○・一三㎜、縦二四～二五㎝、横三一～三二㎝、密度○・五～○・七g。もとの紙は厚さ○・二～○・三㎜、縦三一～三二㎝、横四八～五○㎝の高野紙で、縦半切りしているので、簀跡が縦にみえ、萱の編み糸幅が六・○㎝と広いことで高野紙を料紙にした写本であることが確認できる。

中世の一般的な紙として、「享徳三年(一四五四)四月二七日　山城国紀伊郡代馬伏《まぶし》忠吉打渡状《うちわたしじょう》」(『東百』マ)・「長禄二年(一四五八)一二月二二日　管領細川勝元奉書《ほそかわかつもとほうしょ》」(『東百』リ)があげられる。これらの料紙は厚さ○・一一～○・二○㎜、縦二七～三一×横四五～四九㎝と小型で、厚さも薄く、原料の質も劣る。以上の紙は、重要性の低い公文書や永続性のない文書にみられ、南北朝時代の土地売買や金銭の借用などの証文に多く残されている。

よい紙・悪い紙

中世の紙の主な消費者は公家や僧侶と武家であったが、近世になると多くの町人も消費者に加わる。近世の後半になると紙の種類も多くなり、生産量も増大して紙の性質や紙を使用する人の判断基準が大きく変化した。

近世のはじめ、紙の多くは大坂に送られ、各藩で徴収した紙は蔵紙として厳しく検査して紙問屋に送られたが、諸国の問屋・商人から直接大阪に送られた納屋物は検査などがなく、品質が保証されていないものが多くあった。

近世中期ごろになると、関東周辺の紙産地から直接江戸市場に出荷されるようになる。初期には京・大坂に送られていた大産地の美濃や越前なども、江戸に送る荷が多くなり、都市を中心とした紙市場が発展し、庶民にも出版物が手に入りやすくなり、商人も帳簿を付けたり、手紙を書くなど、書写材としての需要が増加した。庶民は大きさや厚さなどにこだわらず、紙を衣服や、襖・障子などの建築物に使用した。包み紙だけでなく、鼻をかむ紙や汗をぬぐう紙など日常的に紙が使われるようになると、紙質より安さが求められた。こうした社会の変化が、和紙のよし悪しを判断する規準を変える大きな要因と考える。

『延喜式《えんぎしき》』中務省《なかつかさしょう》式には、「凡そ京職《きょうしき》および諸国の進ずるところの戸籍は、皆黄蘗《きはだ》に染めしめよ。ただし大宰府《だざいふ》管内の諸国はこの限りにあらず」とあり、同書の民部省《みんぶしょう》式にも「凡そ籍書は国家の重案にして、その須《もち》ひるところの紙は黄蘗に染め、必ず堅厚なるものを須《もち》ひよ。不如法のことあらば、ただちに勘却《かんきゃく》せよ」と記していることから、理想の文書料紙は黄蘗染めした堅く厚い紙であったことがうかがえる。

古文書研究家の上島有氏は、次のように指摘している（上島二〇〇〇）。よい紙とは、風格があり、表面がすべすべして光沢があり、しなやかである。白くて何となく粉っぽい感じがする。加えて墨の乗りがよく、優雅で上品な紙で、普通の紙に比べて厚く、やや大きめである。よい紙には良質の楮《こうぞ》を使い、丹念に叩解《こうかい》され、チリ取り・水洗いも丁寧に行われている。

これに対し、悪い紙は、表面に皺がみられ、漉きが粗く、小さくて薄い。大きさもやや小型が多く、優雅さに欠け、楮の質も劣り、事務的なありふれた紙で、漉きムラがみられるものが多く、手慣れた人が大量生産した、心のこもっていない紙と評している。

和紙研究家の久米康生氏は、次のように指摘している（久米二〇〇五）。

近代の紙よりも古い時代の紙の質がよいという評価が定着しているようであるが、昔の紙漉きは量よりも質だけを重視して紙をつくる伝統をはぐくんでいたからである。最高の質の原料を選び、その特質を最も生かすように処理して紙料をつくり、熟練した技術で心をこめて丹念に漉いたものだからである。そのような手間と時間をかけて良紙をつくるのが紙漉き農家の習性となったのは、常にきびしい検査に耐えねばならなかったからである。

基本的には両氏の指摘に概ね違いはないといえるが、上島氏は中世の和紙を多数観察して具体的に表現している点に特徴がある。しかしこの評価は書写材としての紙に対する判定のため、別の用途から考えると問題がある。例えば薄くて黄色味をおびて、半透明で光沢のあるパリパリした雁皮紙《がんぴし》は、強靭で墨を浸透させないので、文書の敷き写しに適し、仮名文字や日本画の料紙には最適といわれているが、包装や衣服用紙などとしては使用できない。

逆に、表面に皺のある紙（現在の檀紙《だんし》のような紙）は、物を包むためには柔らかくて優良紙といえるが、書写や印刷紙には不向きである。このように、用途によって全く逆の評価が下される場合があることも認識しておく必要がある。

料紙を評価するポイントとして、次の三つをあげておく。

①中世和紙の標準的大きさ　縦三〇×横五〇㎝前後

②中世以前の紙の平均的厚さ　〇・一五㎜前後

③白さ　鉱物や米粉の混入が無く自然の白さがあること

これにくわえて、次の諸条件に注意したい。

・透かしてみて地合《じあい》がよいこと。繊維の塊り状の物がなく曇りガラス状にみえる。

・繊維の分散がよいこと。未分散繊維がない。

・繊維の流れ方向が少ないこと。繊維の流れ方向が肉眼でわかる明確な紙はよくない。

・チリが少ないこと。未蒸解《みじょうかい》繊維以外の異物の混入がない。

悪い紙には心がこもっておらず、①繊維以外の非繊維物質が多い、②未分散・未蒸解繊維が多い、③チリが多い、④上下や左右の厚みが異なる、などの特徴があげられる。紙漉きの基本である、叩打《こうだ》・チリ取り・繊維分散・手漉きの各工程で手抜きをした結果といえる。

再生紙（漉き返し紙）

再生紙とは

再生紙とは、一般に宿紙《しゅくし》と呼ばれ、一度書写などに使われた料紙を再生した漉き返し紙のことである。色合いが薄墨色をしていることから「薄墨紙《うすずみがみ》」とも呼ばれ、また古く平安時代の京都にあった紙屋院《かみやいん》で漉かれていたので「紙屋《かみや》紙《かみ》（かんやがみ）」ともいわれる。

宿紙という言葉の起源は種々あるが、「宿」とは「旧・久」の意であり、古紙（もとの紙）を漉き返したものと解釈するのが一般的である。中国では漉き返して再び使用するという意味で、再生紙のことを「還魂紙《かんこんし》」といった。

清和《せいわ》天皇の女御《にょうご》藤原多美子《たみこ》（?〜八八六）は天皇の崩御後、生前に送られた手紙を集めて漉き返させ、法華経《ほけきょう》を書写した（『日本三代実録』）。これが漉き返し紙の初見である。

紙屋院は、初期には官庁で使う紙を広く生産していたが、律令制の衰退とともに、紙屋院の規模も漸次縮小された。中央官庁では、反故《ほご》紙の漉き返しが主流となり、紙屋紙は宿紙の異名ともなった。

宿紙の用途と変遷

宿紙は薄墨の綸旨《りんじ》といわれるように、綸旨や口宣案《くぜんあん》を記すために用いられた。綸旨ははじめ天皇の私的な用を足す文書様式だったが、その後一般的な政務を処理する文書となる。鎌倉時代中期以降になると、公権として最高の権威を有する文書様式になり、引き続き宿紙が使用された。

故人の冥福を祈るために、宿紙が使われることもあった。故人の自筆書状や日記を漉き返して、その忌日に写経などが行われた。こうした紙には故人の魂が宿ると考えられ、その後、漉き返し紙（宿紙）そのものが神聖と認識されるようになった。還魂紙と呼ばれたのも、宿紙は神聖だという考えが背景にあったためである。さらに天皇の発給する文書に多く使われたのも、神聖さに加え、薄墨色による荘厳さのためと思われる。

初期の宿紙は文字を書いた紙をそのまま漉き返しただけで、墨色が薄く、灰白色である。「天承元年（一一三一）二月二日　崇徳《すとく》天皇綸旨」（『醍醐寺文書』九三函二）の料紙は宿紙が使われているが、色が非常に薄く、わずかに灰色かかっている程度で、みた目は普通の料紙と変わらない。

宿紙の持つ神聖さや荘厳さが注目されると、しだいに色の濃い宿紙が求められ、たんに故紙の再生だけでは、濃い色の宿紙を得ることができないので、墨色に着色する方法が行なわれるようになる。

宿紙の製法

平安時代から江戸時代に至る宿紙は、すべて漉き返したままの紙と漠然に考えられているようであるが、実際には濃く色を着けるのには、いろいろな工夫が凝らされている。最も多くみられる方法として、墨書きされた反故紙の裏一面を黒く墨で染めた染め紙を、原料にまぜて繊維分散して黒い色を出す方法で、この方法は中世の宿紙の一般的製法であったと思われる。この製法の料紙は、十分に分散されていない場合は繊維の塊部分が濃い墨色になるが、繊維分散が良好な場合は均一な色合いの宿紙となる。

室町時代から江戸時代の宿紙は色が均一で濃いものが多い。これらは浸け染めしたためと思われる。浸け染めとは白い紙を墨の液体の中に浸けて染めた染め紙のことで、本来の再生紙ではないので、部分染めの繊維がみえないが、外観は宿紙と同一である。同様な宿紙に、漉き舟の紙料液に墨を混ぜて漉く、漉き染めと考えられる料紙がある。染め色は均一であるが、紙の表裏の色の違いから判断できる。この製法の料紙は後醍醐《ごだいご》天皇の綸旨（口絵32頁・本文264頁）に多くみられる。

墨色や灰色の古文書料紙は宿紙と称されることが多いが、すべてが漉き返しではなく、さまざまな方法で墨色は付けられているので、墨色だけで漉き返し（宿紙）と判断するのは間違いである。

かつて宮内庁書陵部で、中世史料を中心に、未整理の筆者不明の宿紙を観察させていただいたことがあった。そのほとんどの料紙について表裏の繊維の流れが異なることを発見した。この技法を半流し漉きという（94頁）。この技法が使われたのは、宿紙の墨色を強く残すためで、紙料液を強く揺さ振る流し漉き法よりも、揺すりの少ない半流し漉き法が適しているためである。

近世になり紙の消費量が増大し、それに伴い都市部では反故紙が半切り紙と呼ばれる小型の粗紙《そし》に漉き返された。また、江戸や上方には紙屑拾いを業とする者がいた。この屑紙を漉き返した紙を再生紙と呼ぶようになり、これが今日の再生紙につながり、再生紙は低級品と評価されるようになってしまった。

第四章　装幀と料紙

吉野　敏武

はじめに

装幀形態は、日本に伝播してから多種多様に形成されている。それらは、書写年代に造紙された料紙が使われるのが一般的である。その上、書写の用途によっても料紙の種類が選別されており、染色加工や打紙《うちがみ》加工が施されている。

私はこれまで宮内庁書陵部修補師として五〇年近く勤務し、史料の修補に携わった。その経験と、造紙関係書や書誌学研究書などによる先学とを参考にして、装幀《そうてい》形態や料紙繊維の研究と識別・造紙状況などが判断できるようになった。

かつて杉原紙がどのような料紙なのかよくわからなかったが、江戸初期の料紙とその名称が貼られた尊経閣《そんけいかく》文庫蔵『百工比照《ひゃっこうひしょう》』（重要文化財　口絵48頁、本文229頁）を閲覧観察した結果、識別することができるようになった。

近年、繊維材料や、料紙加工等を観察する人が増えているが、正確な装幀形態や料紙状況を示した書が少ない。そのため、装幀形態と料紙状況のわかる書が求められてきた。

古典籍・古文書の調査には、書写内容ばかりではなく、装幀形態と料紙の知識が重要である。数多くの史料調査や観察を経験することが、史料を把握するための重要と考える。

装幀形態には、巻子《かんす》形態・糊綴《のりとじ》形態・帖装《じょうそう》形態・糸綴《いととじ》形態・紙縒綴《こよりとじ》形態のほか、一枚物・一通物・畳み物などと多くの種類があり、これらの形態について一点ずつ説明する。また、中国と朝鮮の装幀形態についても説明を加える。

なお装幀の説明には、中国での名称と、現在の書誌学以前、江戸時代に使われていた名称を付けた。

① 巻子装

(1) 巻子本装《かんすぼんそう》（中国名：巻軸装）

中国前漢代では、木牘《もくとく》（木簡・竹簡）と帛書《はくしょ》等に書写されていたが、巻子装とはこれらが巻きとなっていたことから始まった装幀名である。紙はすでに前漢末期に書写材として使われているが、後漢には帛書に代わって紙の巻子本装がつくられ、後漢賈逵《かき》（三〇～一〇一）に学んだ崔瑗《さいえん》（字子玉、七七～一四二）が、友人葛龔《かつきょう》（字元甫《げんぽ》、和帝期？）への手紙に「今、人を派遣して『許子《きょし》』一〇巻を送ります。貧乏なので絹に書けなくて紙に書くより他にありません」と書かれ、このころにはすでに紙で書写されたことがわかる。

伝播した巻子本装は、奈良時代の写経から取り入れられ、江戸時代まで続いた、巻き開きする形態である。巻子本装は、写経・歌書・絵物語・日記などの記録史料や、春日版《かすがばん》・五山版《ござんばん》など版行印刷された多くの経典などに使われた。書写本が主であったが、版行にもみられる形態である。

奈良朝写経にみられる巻子本装の作成工程は次のとおりである。

①造紙→②黄檗《きはだ》染色加工→③打紙《うちがみ》加工→④料紙裁断→⑤丁の糊接ぎ→⑥墨界線引き→⑦写経→⑧校正→⑨成巻作業

この工程では、①造紙は造紙手《ぞうししゅ》が紙を漉き、⑦写経は写経生《きょうせいしゃ》が書写し、⑧校正は校生《こうせい》が行い、⑨の工程は装潢師《そうこうし》が担当し巻子本に仕立てる。また、経典の版行は、糊接ぎされた料紙に印刷された。なぜこれがわかるのかというと、紙の接ぎ部分に文字渡りがみられることによって、接がれた後に印刷されたと判断できるからである。料紙は、巻き開きの展開できる厚葉が大半で、紙厚は〇・一㎜以上の料紙である。

写経には、麻紙《まし》・楮紙《ちょし》が使用され黄檗《きはだ》染めと打紙加工が施され書写されたが、麻紙は繊維にする工程が難しかったため、平安時代には早くも消滅してしまった。

経典版行されたものは、楮紙の無地や黄檗染めされたもののほか、薄く雲母《きら》引きしたものなどがある。

歌書・物語・絵巻物等は良質の雁皮《がんぴ》繊維の鳥の子《とりこ》紙や斐紙《ひし》が使われ、打紙加工が施されて書写されているが、武道・茶道・華道等の免許伝授書は、雁皮繊維に泥が入れられた

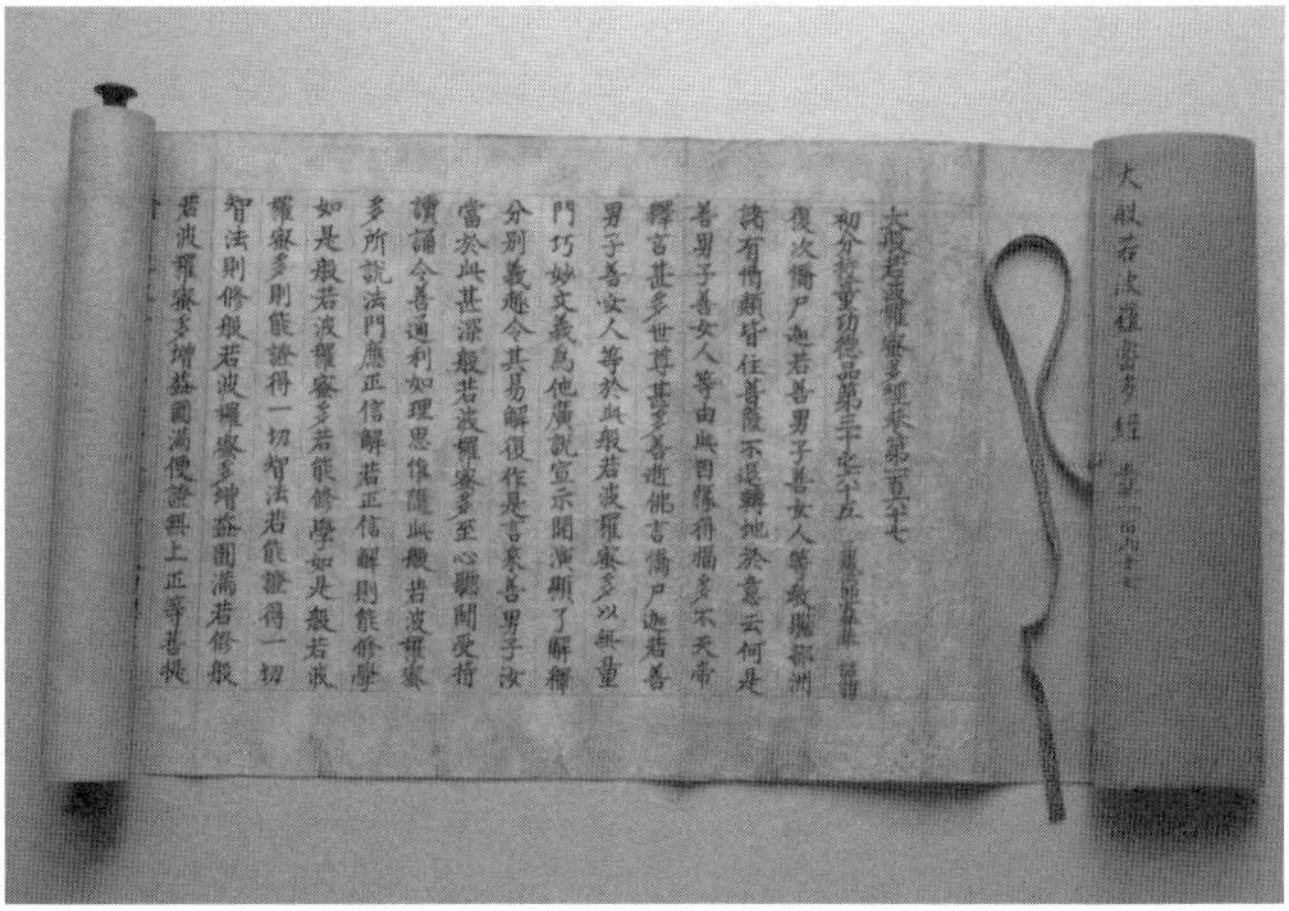

①-⑴ **巻子本装**『大般若波羅蜜多経 巻第167』1巻
筆者・刊記年不明も書写文字から鎌倉初期写。
この巻子本は、折本改装されたものを原装に戻した。
本紙：楮紙（萱簀溜め漉き）、黄檗染め、0.14㎜厚、米粉填料入り、打紙加工あり。

間似合《まにあい》紙で、打紙加工せずに書写されている。

日記が書かれた具注暦《ぐちゅうれき》などの記録史料は、楮紙の引合《ひきあい》紙のような良質の紙が使われているが、後世にその記録を写す場合には、良質の紙に書写したもののほか、公卿家では消息の反故《はご》紙を打紙加工し、書写したものもある。

⑵ 旋風葉装《せんぷうようそう》漢籍（中国名：同称・旋風叶《せんぷうかのう》・龍麟装《りゅうりんそう》・魚麟装《ぎょりんそう》）

旋風葉装は、中国の両面書写本に用いられる装幀形態であるが、経典を折本としたものに、表紙を包背装にした紙葉が回ることから、旋風葉装と称している。日本でも同様の呼称を使っている。中国の史書では、風の旋風から旋風叶と称し、また龍や魚の鱗状になっていることから、龍麟装・魚鱗装とも称されている。

旋風葉装を巻子形態に分類したのは、巻きとなった形状と、宋代に改装された北京故宮博物院蔵の唐代女流書家呉彩鸞《ごさいらん》（呉真君《ごしんくん》の娘、中唐期）の写本『王仁昫《おうじんく》刊謬補缺切《かんびゅうほけっせつ》韻《いん》』五巻（次頁上図）である。軸が巻頭部に付き巻末側に表紙を付けた巻子本にされており、本紙は巻子台紙に少しずつずらして貼られた形状である。この改装される以前の形態に関しては、大英図書館蔵の周代の『易経《えききょう》』の写真を手に入れており（次頁下図）、みると損傷が酷く書写当時の原形は失われているので、原装か改装されたものかは不明であるが、その形態は、次のようになっている。

①両面書写本紙を巻末丁から巻頭丁に順に重ねる→②巻

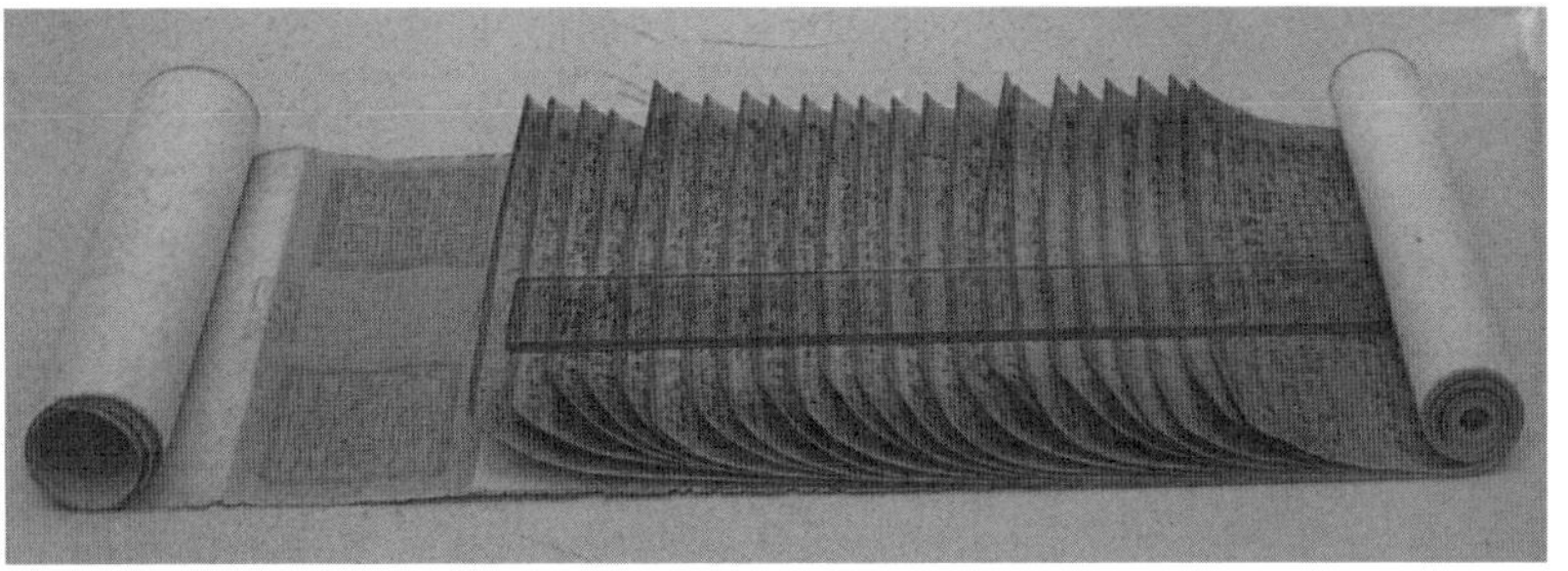

①－⑵ **旋風葉装**『王仁昫刊謬補缺切韻』１巻
中唐期呉彩鸞写、北京故宮博物院蔵。宣和年間（1119～26）、この装幀に改装された。写真観察では、損傷状態から麻紙と考えられる。

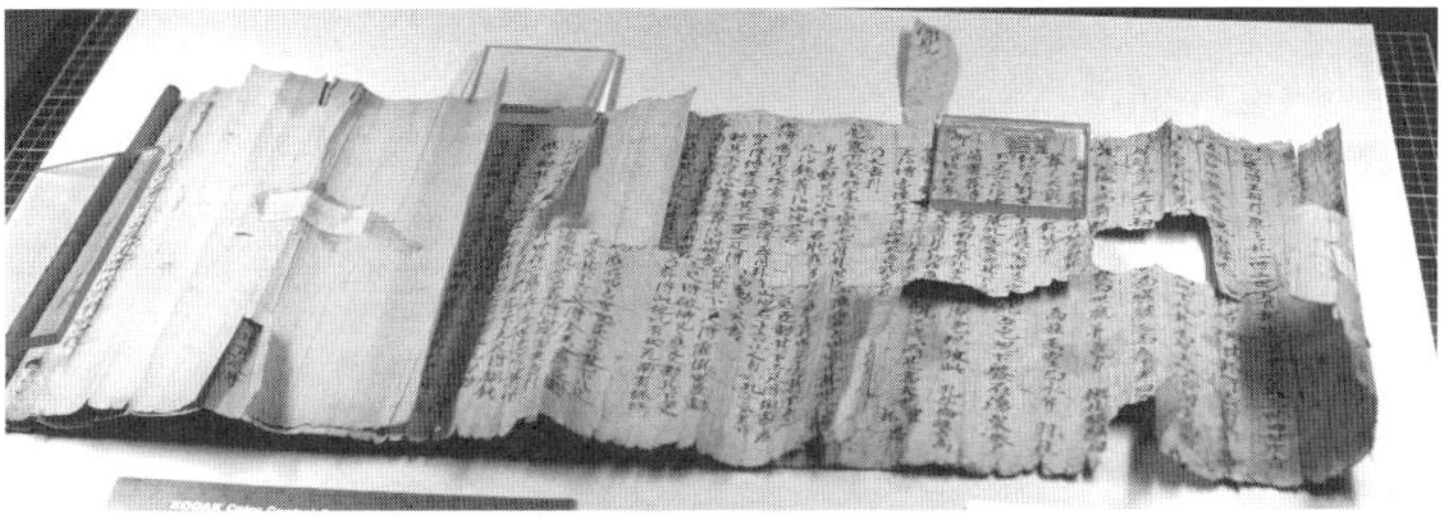

①－⑶ **旋風葉装**『易経』（別称『周易』、周代五経の一つ）１巻
元装本で、984年書写か。イギリスのスタインが第２回探険（1907年）で収集。写真観察では、損傷状態から麻紙と考えられる。

頭右端を半月木で挟む→③半月木の
三ヵ所を釘で止める
巻頭部書写面が表になるよう木を巻き、保存されたものである。写真観察では、書写年の記された巻末が上部になっている。左側の丸棒が、本紙止めの木となっている。形態から推測すると、唐代ではまだ糸綴じがなかったため、木に挟んで止めていたと思われる。

料紙は、写真での判断ではあるが、天地等の痛み具合から麻《まし》紙と推定する。

この装幀は、日本にはない装幀で唐代に書写された本にだけみられ、大英図書館に数点が所蔵されている。「敦煌《とんこう》文書」がそれにあたる。

敦煌文書は、一九〇〇年代探検隊を出したイギリス以外、フランス・スウェーデン・ロシア・ドイツにも所蔵されている。そのため、この装幀を調査するにはこれら所蔵館を調査する必要がある。

②　糊綴形態

(1)　粘葉装《でっちょうそう》（中国名：同称・胡蝶装《こちょうそう》）

粘葉装は、丁を糊で止める糊綴本である。両面書写本で厚葉料紙が使われた。漢字字典・記録史料・日記などのほか、仏教関係の書写本に用いられることが多く、書写した後に製本される。

この装幀が用いられた料紙は、中高檀紙《だんし》の大きさの紙で、竪一尺三寸（三九四㎜）×横一尺七寸五分（五三〇㎜）の大きさを、竪二裁にした四半本と、竪三裁にした六半本の、二種がある。

書写当時は無表紙が多く、後世になって重要と考えられ表紙を付けたものが多い。その工程は次のような作業である。

①打紙《うちがみ》加工→②料紙大切り→③二つ折り→④書写料紙の大きさに裁断→⑤押界《おしかい》入れ→⑥丁付け→⑦書写→⑧糊綴じ製本

糊綴製本を多く観察したところ、四半本・六半本ともに三分（九㎜）位の幅で、丁の折目側の表裏が貼られたもの

②-(1)　胡蝶装

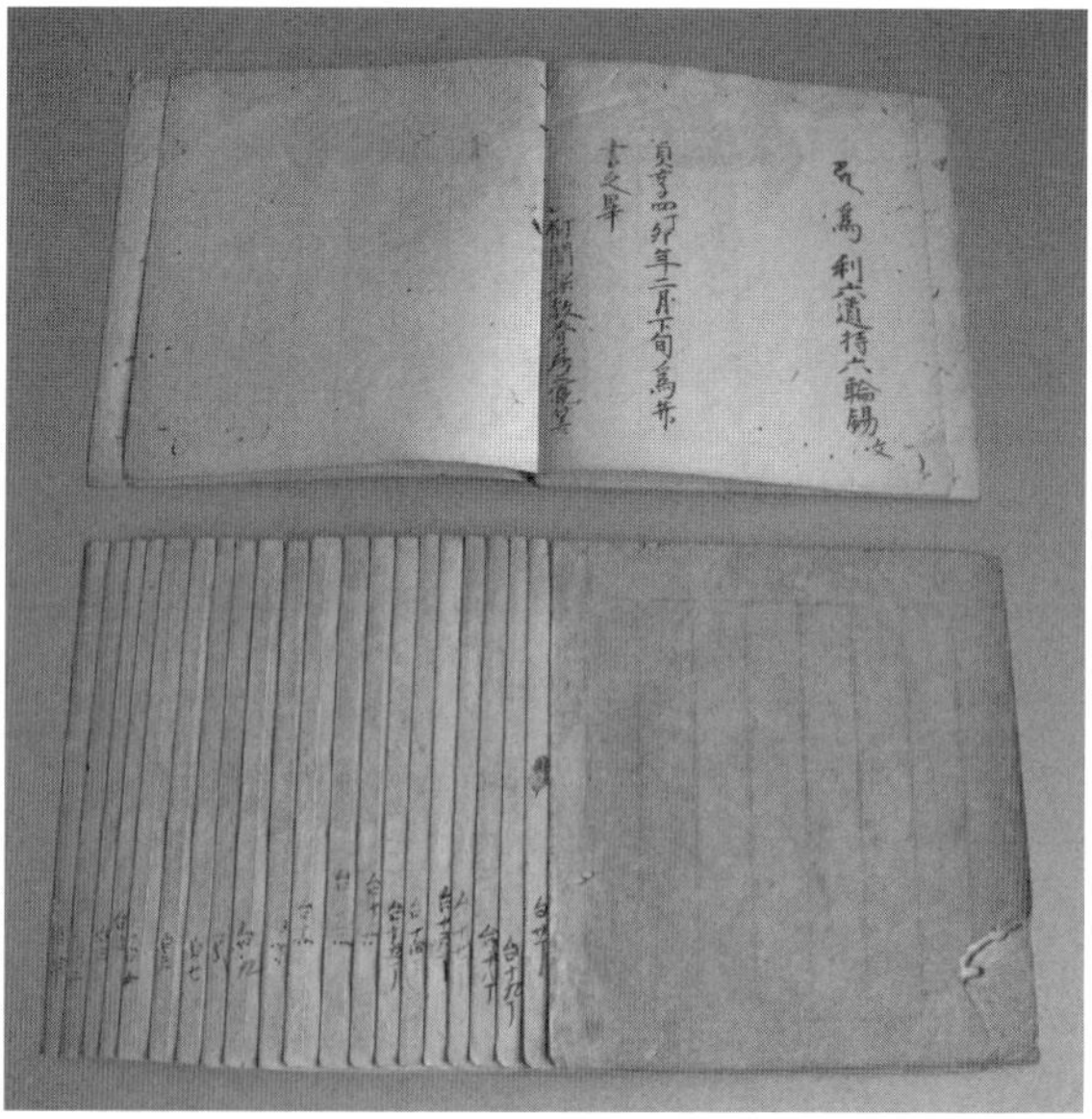

上段『流灌頂支度并図開眼供養』一帖
貞享四年（一六八七）、阿闍梨教春坊覚筭写。
本紙：楮紙（萱簀溜め漉き）
雲母引き、〇・一四㎜厚。米粉塡料入り、打紙加工。

下段『胎蔵界念誦次第』一帖
宝暦九年（一七五九）一二月　金剛佛師義空書写。
本紙：楮紙（萱簀溜め漉き）、黄糵染め、〇・一六㎜厚。
米粉塡料入り、打紙加工。

②－⑵ 胡蝶装『十竹齋書画譜』八冊
清代光緒五年（一八七九）、江甯張学畊重校。
本紙：宣紙（青檀・稲藁）、〇・〇八㎜厚。

とわかる。

料紙は、塡料《てんりょう》入り楮紙《ちょし》が大半で、黄蘗《きはだ》染めされたものと無染色紙を打紙加工したもののほか、雲母《きら》引きなども使用されている。

⑵ 胡蝶装《こちょうそう》漢籍（中国名：同称・蝶装《ちょうそう》）

この装幀は、中国での印刷発展とともに竹紙に印刷されたものである。竹紙は史書によるとすでに東晋の王羲之《おうぎし》の時代に使われたとある。唐代には造紙技術の発展とともに薄葉紙もつくられるようになり、木版印刷も唐代初期には始まったとされ、五代には厚い本もつくられた。宋代になって印刷技術が発展し、精巧な印刷がはじまり、竹紙薄葉に印刷するようになった。竹紙の造紙当初は、書写料紙として使われていたが、料紙の繊維が弱く裂けやすく、復元が難しいため、密書などにも使用されていた。大量生産ができる竹紙は清代まで使われている。明代の胡正言《こせいげん》（一五八四～一六七四）が、崇禎一七年（一六四四）の『十竹齋箋譜《じゅうちくさいせんふ》』は宣紙《せんし》に、詩箋《しせん》・信箋《しんせん》（手紙）用彩色絵が木版で摺られて印行されており、一枚の料紙に摺られているため、胡蝶装となっている。

これらの胡蝶装は、竹紙や宣紙が印刷用紙として使用されており、刷られた印刷面を内側に版芯《はんしん》や中央で折り、折山部分の背だけを糊で止めた糊綴じ方法の装幀である。糸綴の線装本になる以前の装幀方法で、糊で綴じるのは粘葉装と同様である。本紙が薄いため、幅広く貼ると本紙が弱く裂けたりする。このことを避けるために、折山部分のみを糊綴じされたと考えられる。

工程は、次のようになっている。

①料紙を印刷する大きさに裁断→②印刷→③印刷面版芯中央で内側折り→④丁揃え→⑤折目固定の押し→⑥折目固定の糊綴じ→⑦本紙の裁断→⑧包背装の表紙付け

なお表紙付けは本紙を包む包背装で付けられている。

この装幀も中国独自の形態で、見開きすると印刷面・白紙面・印刷面・白紙となり、不便さと糊綴部分の剝がれが出る。そのため、宋代には印刷面を外側にして、糸綴じの線装本《せんそうぼん》に変化したのである。

料紙は、若竹の嫩竹《どんちく》で漉かれた毛辺紙《もうへんし》と称された紙と宣紙が使われた。楮や雁皮のように丈夫でないため裂けやすく、酸化劣化したものもみられる。

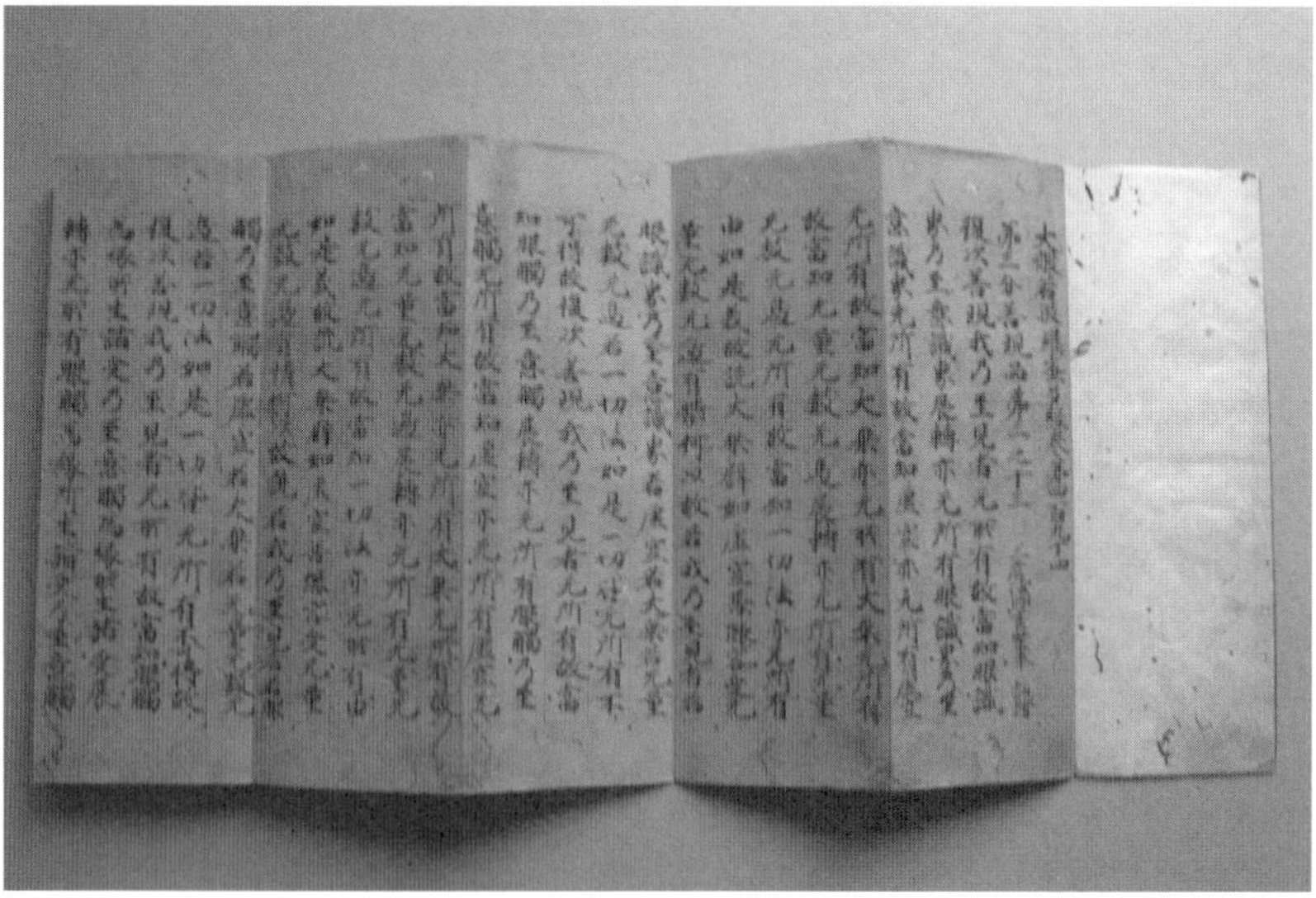

③-⑴ **経折装**『大般若波羅密多経 巻第494』１帖
明応８年（1499）写、巻子本を経折装に改装本。
本紙：楮紙（萱簀溜め漉き）、黄檗染め、0.10㎜厚。米粉填料入り、打紙加工。

③ 帖装形態

⑴ 経折装《きょうせつそう》（中国名：同称・梵経装《ぼんきょうそう》・折装《おりそう》）

経折装とは、表記のとおり写経を折った形態で、巻子本《かんすぼん》で書写された経典の展開が不便であったため、折ることで展開しやすくしたことから始まった装幀形態である。折本に改装された書も含めた名称であり、室町時代から取り入れられたと考えられる。改装された経典をみると五行で折られたものが多く、竪長となっている。

この装幀工程は、巻子本と同様である。原装時は巻子本形態であったものを、経折装としたものである。

原装が何であったのかを見極めるポイントは、折られた幅の不揃いの部分と、折目幅や谷折り部分に乱れがあるかどうか、である。折目に掛かった墨付きや行線によって、原装時は巻子本であったと判断することができる。料紙は、楮紙が大半で黄蘗《きはだ》染めされたものや、雲母《きら》加工されたものなどがある。

⑵ 経摺装《きょうしゅうそう》（中国名：同称・梵夾装・折装）

経摺装とは、経典を印刷した書である。巻子本を折り畳んでこの装幀にしたもののほか、折本の形に折目の山折りと谷折り行を少し幅広く木版化したものもみられる。また、小形の道中図などにも、この装幀がみられる。

染色加工の場合、次のような工程である。

①料紙黄蘗《きはだ》染色加工→②料紙裁断→③丁糊接ぎ→④巻頭からの印刷→⑤折り畳み作業→⑥製本作業の表紙付け作業

雲母加工と無地の場合は、次のようになる。

①料紙裁断→②丁の糊接ぎ→③雲母塗布加工→④巻頭からの印刷→⑤折り畳み作業→⑥製本の表紙付け作業

なお、最初に③の雲母塗布加工をしてから①の料紙裁断する場合がある。道中図の場合は、染色・塗布加工をしないで、そのまま印刷されている。

料紙の印刷は、巻子状に巻きとられた巻頭から刷られているので、木版幅の調査をするため、経典の印刷面を観察したが、多少のずれはみられるものの、正確な彫りで見事な刷り方であるため、木版幅を確定することができない。

料紙は、黄蘗《きはだ》染め楮紙《ちょし》が主体であるが、巻子本であった

③－⑵ **経摺装**『妙法蓮華経如来寿量品 第16-6』１帖
江戸初期の摺経巻子本を経摺装に改装本。
本紙：楮紙（萱簀溜め漉き)、雲母引き、0.18 ㎜厚、米粉填料入り。

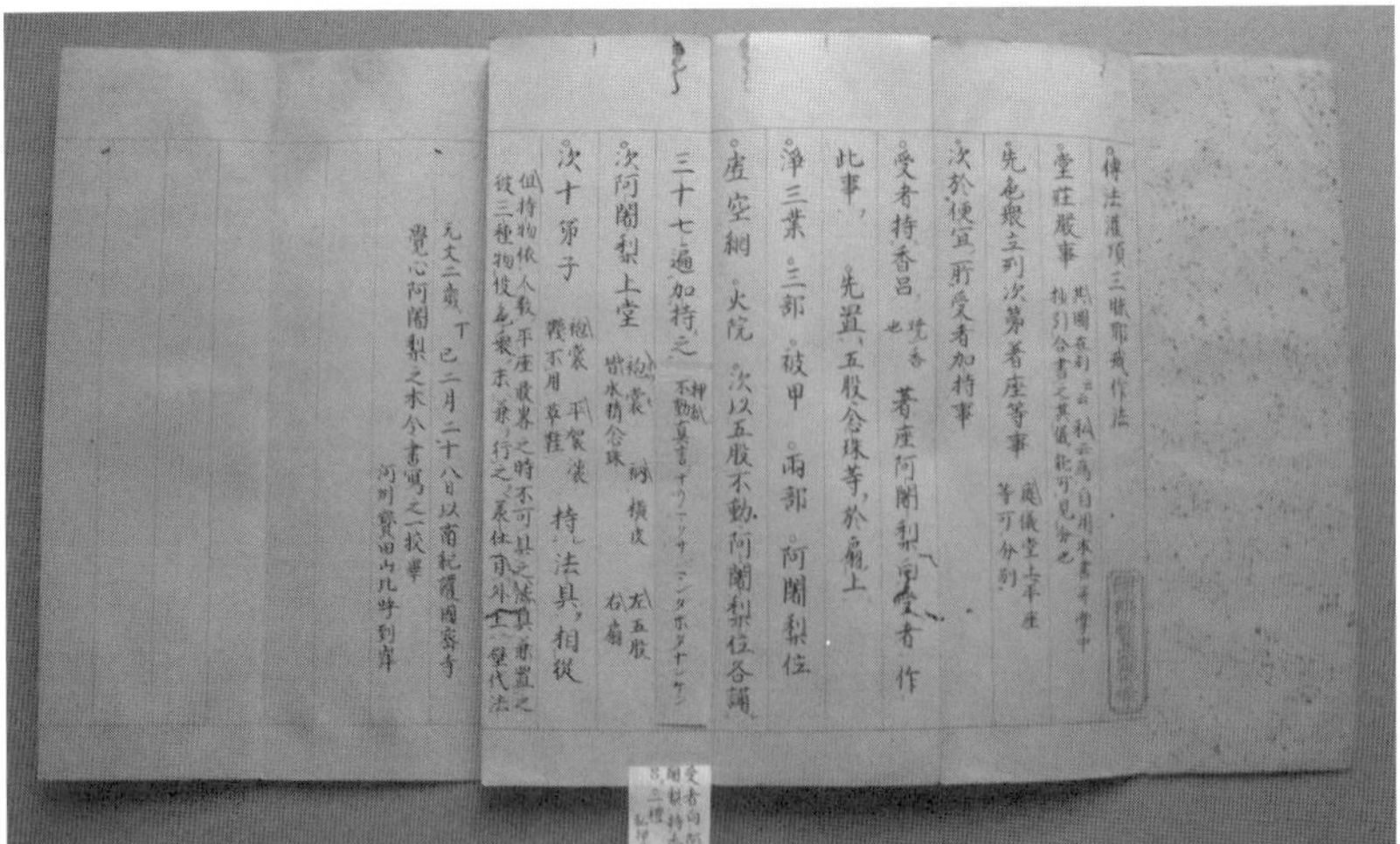

③－⑶ **折本装**『伝法灌頂三昧耶戒作法』１帖
元文２年（1737)、河州寶田山比呼到岸書写。
本紙：鳥の子紙（雁皮紗漉き)、0.18 ㎜厚。米粉填料入り、打紙加工。

江戸初期の『妙法蓮華経』（図）には、紙面に雲母引きした料紙が使用されている。道中図に使用されているものは、浮世絵印刷料紙と同様の杉原紙が使われている。

⑶ 折本装《おりほんそう》（中国名：折装）

折本装は、仏教関係の宗派での次第書ほか種々のものがある。これらのものには罫線を引いたものもあるが、経折装の無地の作成方法と同じである。罫線と行線のあるものに関しては、巻き状態で引く場合と折り畳んでから引く場合とがみられる。

料紙には、楮紙填料入りのものを打紙加工したものや、書写内容が貴重と考えられているものは、高価な鳥の子紙を使用して書写されている。

⑷ 手鑑帖《てかがみじょう》

書写された貴重な書や銘筆家の書は、一巻一冊を所蔵できないことがある。そこで、それらの書を断簡に裁断して帖に貼り、持ち運びができる伸び帖方式の帖を手鑑という。鑑賞するためにつくられた日本独自の装幀である。

室町時代から取り入れられ、貴重書を持たない公家や大名が、手鑑帖を作成し所持することで、自家の鑑賞用と家格を上げるものとしてつくったものと考えられる。そのため、後に断簡を古筆鑑定家に依頼し、短冊状の鑑定書をもらい、書の脇に貼られる。

手鑑帖の台紙は、数枚を裏打して厚めにし、誌面に雲母塗布加工を施した上に貼り込まれるが、作成当初に収集されなかった書が後に手に入った場合、貼り直し作業がされているので、台紙に貼り替え時の痕跡がみられる。また、貼り替え跡や折れ損を消すため、雲母塗布して目立たなくしているものもみられる。このように、貼り替えや雲母を再塗布したものは、台紙をよく観察することでわかり、伝来の経緯をみることもできる。

この装幀形態での表紙は、製作依頼者の意向によって作成されたと考えられる。表紙裂にはお好み裂などの特上絹布が使われ、台紙に合わせ厚い表紙にされている。表紙四隅に家紋入りの角金具が付けられた大名のものもある。このほかに、表紙に打雲紙《うちぐも》を使ったものもある。

とくに、角金具を付けて見返し絵があるものは、江戸時代のものに多い。絵には御用絵師の狩野《かのう》派の名前が書かれていることから、絵師と接点のある将軍家の要職にある大名が、見返し絵を依頼して描かせたと考えられる。大半のものは、貼付する台紙同様のものが見返しとなっている。大きさは、大手鑑といわれる横長のものと正方形のもののほか、種々の形状がある。

手鑑帖とするには、貼られる写経は大きいもので九寸五分（二八八㎜）のものもあり、台紙の天地は最低でも一尺五分（三一八㎜）は必要である。手鑑帖とされている大半は、収集した断簡を考えた大きさに作成するため、種々の大きさが存在する。

有名な帖では、陽明文庫蔵の『大手鑑』がある。見返し絵を持つ帖であり、断簡となっていない一紙が貼られるため、竪一尺五寸（四五四㎜）・横二尺四分五厘（六二〇㎜）・厚三寸九分五厘（一二〇㎜）の大きなもので、重量もかなりある。このような横長のものは、一頁分の台紙を接ぐのではなく、三頁分の長さにした台紙を接いで作成したものもみられる。貼り込む枚数と断簡によって作成されるため、帖の大きさと厚さも様々である。

『大手鑑』では、台紙料紙は大高檀紙竪一尺七寸三分（五二四㎜）・横二尺二寸五分（六八二㎜）の大きさの紙を、五枚位を裏打して厚くし、表裏に雲母を塗布した後に帖幅に折り畳み、台紙接ぎは接ぎ面が厚くならないように、接ぎ面双方を厚みのでないよう接ぎ面を楔形に削り取り、接いで帖の台紙としている。表紙を作成し、台紙に貼られ完成となり、この台紙に断簡を貼り込むのである。

⑸　書画帖《しょがじょう》（中国名：散装式冊頁《さんそうしきさつぺいじ》）

書画帖とは、書や絵などを描く帖で、持ち運びができる伸び帖形式である。古い書画帖にはみられないことから、この装幀は江戸末期頃から作成され始めたものと考えられる。

日本のものは、本紙全面に宣紙《せんし》を使っているが、中国のものは両頁の中央に絵を描く宣紙の書画心があり、両頁の間に書画を描く書画心を隔てる隔心という紙があり、書画心天地と両端に隔心と同様の紙で縁辺にも染色宣紙が付けられた形式である。

日本での形式は、次のような工程であり、本紙は〇・三㎜位の厚みにされている。

①二頁分見開きの宣紙の裏打→②宣紙面を内側に二つ折り→③折目を揃え幅の裁断→④丁接ぎの本紙谷折り山折りと互い違いに重ね→⑤揃えて本紙裏の両側を糊接ぎ→

③－⑸ 書画帖装『詩情茶味』1帖（伸帖形態）
1954年（昭和29）春、関谷雲崖画（日本画家、1880～1968）
遠藤宗好宗匠への贈呈帖、12図と記録刊期年署名。
本紙表裏：宣紙（青檀と稲藁）、表裏との台紙厚1.13㎜。
この帖は、表裏に書けるようにされた帖で、見開き一面に描かれ表面に6図、裏面には6図と刊期署名に贈呈者名が書かれている。

⑥天地の裁断→⑦表紙作成→⑨本紙に表紙の糊接ぎとなっており、見開き面に書や絵が描かれるようにされた帖である。

⑹ 碑帖《ひじょう》・法帖《ほうじょう》（中国名：同称・冊頁《さつぺいじ》）

碑帖とは、石碑に彫られた著名な書家の石文から、宣紙に墨拓を取り、この拓本を小形なものにするため、行を裁ち頁天地寸法に切りながら貼り、厚く裏打したものである。書道の手本や鑑賞用とした帖装形態のもので、大半が伸びない帖となっている。

法帖とは、碑帖の文字面を石刻・木刻で模刻し、墨拓を取ったものを帖装にしたものである。碑帖同様の文字を貼った形跡まで摸したものもあり、伸びるものと伸びないものとがある。日本でつくられたものの大半は、伸帖形式が多い。また、線装本とされたものもあり、法帖同様に文字面の周囲は白い部分がとられている。

碑法帖《ひほうじょう》の作成は、次の工程となる。

①碑文拓本取り→②頁行と幅の決定→③拓本文字間の行縦裁断→④裁断行の天地裁断→⑤頁幅に全頁を行糊接ぎ→⑥全頁を文字外の端紙で大きさを整える→⑦二頁分を

③－⑹ **碑帖装**『大唐西京千福寺多寶佛塔感應碑文』１帖
天寶 11 年（752）建立、顔真卿（708 ～ 784）、明末期か。
本紙：宣紙（青檀・稲藁）、裏打台紙 0.28 ㎜厚。

見開きに接ぐ宣紙裁断→⑧頁同士の中央隔心と両端辺の貼り接ぎ→⑨上下辺の貼り接ぎ→⑩本紙裏打（竹紙と宣紙）→⑪中央隔心の真ん中で内側二つ折り→⑫折目を揃え丁小口側裏三ヵ所を貼る→⑬天地・小口裁断→⑭表紙作成→⑮表紙付け

このように、文字の糊接ぎは見開きとされ、接ぎ幅は五厘（一・五㎜）位で貼られる。

料紙は、碑帖・法帖ともに宣紙で拓本と周囲接ぎ紙と紙背面に使われる。紙面と紙背面の間の内側は粗い竹紙である。また、線装本となったものも宣紙であり、表紙に紺色の瓷青宣紙《しせいせんし》が表裏に付けられている。

④ 糸綴形態

⑴ 大和綴装《やまととじそう》（書誌学名：列帖装《れっちょうそう》・綴葉装《てつようそう》）

大和綴装という装幀の名称は、書誌学の書では列帖装・綴葉装と称されている。しかし、慶長年間に中院通村《なかのいんみちむら》（一五八八～一六五三）が書写した三条西実枝《さんじょうにしさねき》筆『源氏物語注釈書』「竹河巻」には、親本の体裁が注記され、「同自筆抄、薄葉鳥子、大和閉也。本表紙萠葱、外題薄紅、常夏・篝火・野分三巻一策也」とあり、これ以外にも「大和閉」と記された史料は数点ある。このように江戸時代には、「大和閉」と称されていたため、ここではこの装幀名とした。

大和綴装は、薄葉は片面書写で厚葉は両面書写本となっており、歌書・物語などに使われている。料紙の鳥《とり》の子《こ》紙の寸法は、竪一尺二寸八分（三八八㎜）・横一尺七寸五分（五三〇㎜）のものを使う。歌書は竪切り二裁の四半本で、物語や注釈書は、竪切り三裁の六半本が多く、大半が横紙使いである。歌書は、竪切二裁の四半本で、横紙使いの竪長本が多い。これらの書写には、親本にあわせて括にするが、一枚を二つ折りにするのではなく、親本の一括の枚数

④-⑴ **大和綴装**『素性集』一帖
筆者・刊記年不明、表紙打雲から江戸初期写。
表紙：打雲紙（雁皮）、金銀泥草花紋様装飾紙。
見返し：金箔卍繋ぎ磨り出し紋様。
本紙：鳥の子紙（雁皮紗漉き）、〇・〇九㎜厚。
米粉填料入り、打紙加工。

の一括を二つ折り、数括を綴じられたものである。

書写と製本は、次のような工程である。

①打紙《うちがみ》加工→②親本の形に大切り→③書写括の枚数を二つ折り→④括天地折目端を細糸で止める→⑤書写罫を用い書写→⑥綴穴を背上下二カ所に切れ目入れ→⑦細糸一本で仮綴じ→⑧仕立て寸法に裁断→⑨仮綴じを切り前後括に見返し付け→⑩表紙作成→⑪表紙付け→⑫細糸数本で本綴じ

太糸では、背が厚くなり縒《よ》れが生じるためであり、細糸で綴じるが、種々の結び方がされており、なかには飾り結びして綴じられたものもある。

表紙は、紙表紙が使われたものも多く、薄い色の表紙には題簽《だいせん》は直に打ち付け書きがされているが、濃い色には短冊形の題簽が貼られている。良書と考えられたものには緞《どん》子《す》などの裂表紙が使われている。題簽の打ち付け書きや短冊状の貼られる場所は、物語は中央であり、歌書や注釈書は左端が多い。

料紙は、塡料《てんりょう》入り鳥の子紙と塡料なしの雁皮《がんぴ》単一の斐《ひ》紙《し》のほか、金泥草花模様などの装飾紙も使われている。物語注釈書は、塡料入り楮紙《ちょし》も多い。題簽料紙は、本紙同様の雁皮紙や雁皮染色紙、装飾紙などが使われている。

⑵ 結《むす》び綴装《とじそう》（書誌学名：大和綴《やまととじ》）

結び綴装という装幀名称は、書誌学書では大和綴と称されているが、元禄八年（一六九五）刊の貝原益軒《かいばらえきけん》（一六三〇〜一七一四）著『和漢名数大全《わかんめいすうたいぜん》』の聖堂品々献上目録に、「〇和朝史記、七部自述、水戸、旧事紀・古事記・日本紀・日本後紀・続日本紀・続日本後記・三代実録・文徳実録、書本也、表紙黄色紫糸ムスビトジ」と記されているので、この名称とした。

表紙を付けて背側上下二カ所を結び綴じた形であり、結び目が外に出たものと、綴穴に入れ結び目がみえないものがある。室町時代か江戸時代にできた装幀と考えられる。

装幀工程は、『職原抄《しょくげんしょう》』二冊（図）から判断すると、次のような工程である。

①書写用の良質紙の調達→②料紙打紙加工→③親本同数の丁を二つ折り→④紙端下部に親本丁の丁数墨書き→⑤厚葉紙表裏に親本同様の行と段落の下敷き作成→⑥下敷きを入れ表裏の書写→⑦書写本揃え→⑧見返しと遊紙を加え中綴じ→⑨本紙天地・小口の裁断→⑩表紙の作成→

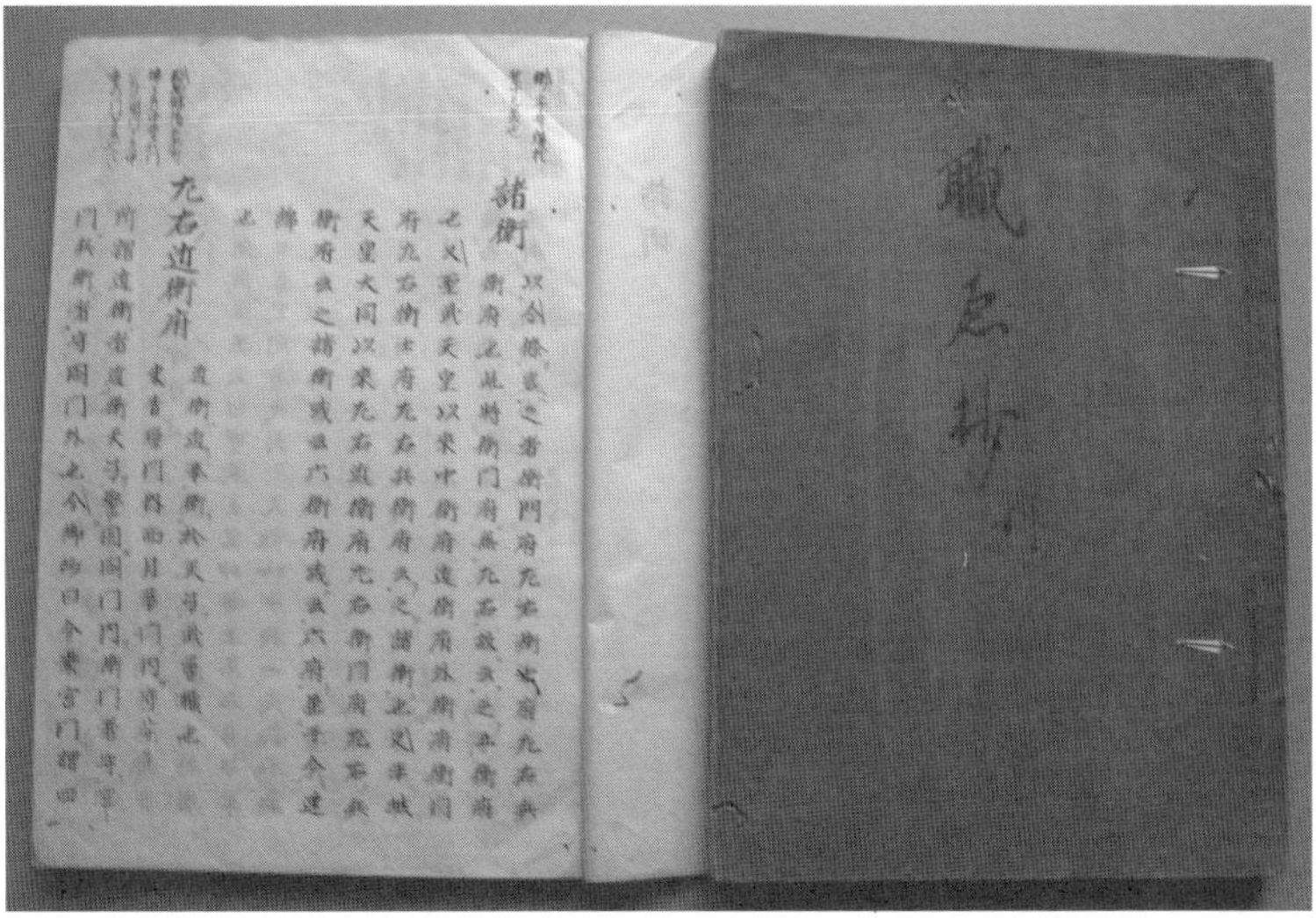

④－⑵ 結び綴装『職原抄 利・貞』２冊
筆者・刊記年不明、表紙から江戸中期写以降か。
表紙：宿紙（楮）、縦に渋引きあり。本紙：楮紙（楮）、0.08㎜厚。

⑪表紙付け→⑫背側上下二ヵ所に綴穴明け→⑬結び綴じ→⑭題簽（打ち付け書きが多い）

　このように、結び綴じがされており、製本のための裁断をしても、紙端に書いた丁付けが残っているものもあり、その丁付けから一丁一丁に書写していることがわかる。また、線装本の書写本もこの丁付けが行われているものもある。料紙は、良質な楮紙が大半で、打紙加工が十分に施されたものが多い。

⑶ 線装本《せんそうぼん》和書（中国名：同称・線装）

　線装本は、日本では袋綴・和綴・和本などと称されているが、中国では線装本と称されていることから、この名称が最適と考え、使うこととした。

　線装本は、太い糸で綴じた書が多く、大きさによって綴穴の数が違い、四穴は四つ目綴、五穴は五つ目綴と称される。中国では、四穴は四針眼、六穴は六針眼と称している。料紙は、書写本は打紙加工したものが使われるが、日記や版本などは無加工のものが使われている。

　線装本の製作は、次のような工程である。

①書写・印刷→②本紙揃え見返し付け→③中綴じ→④本

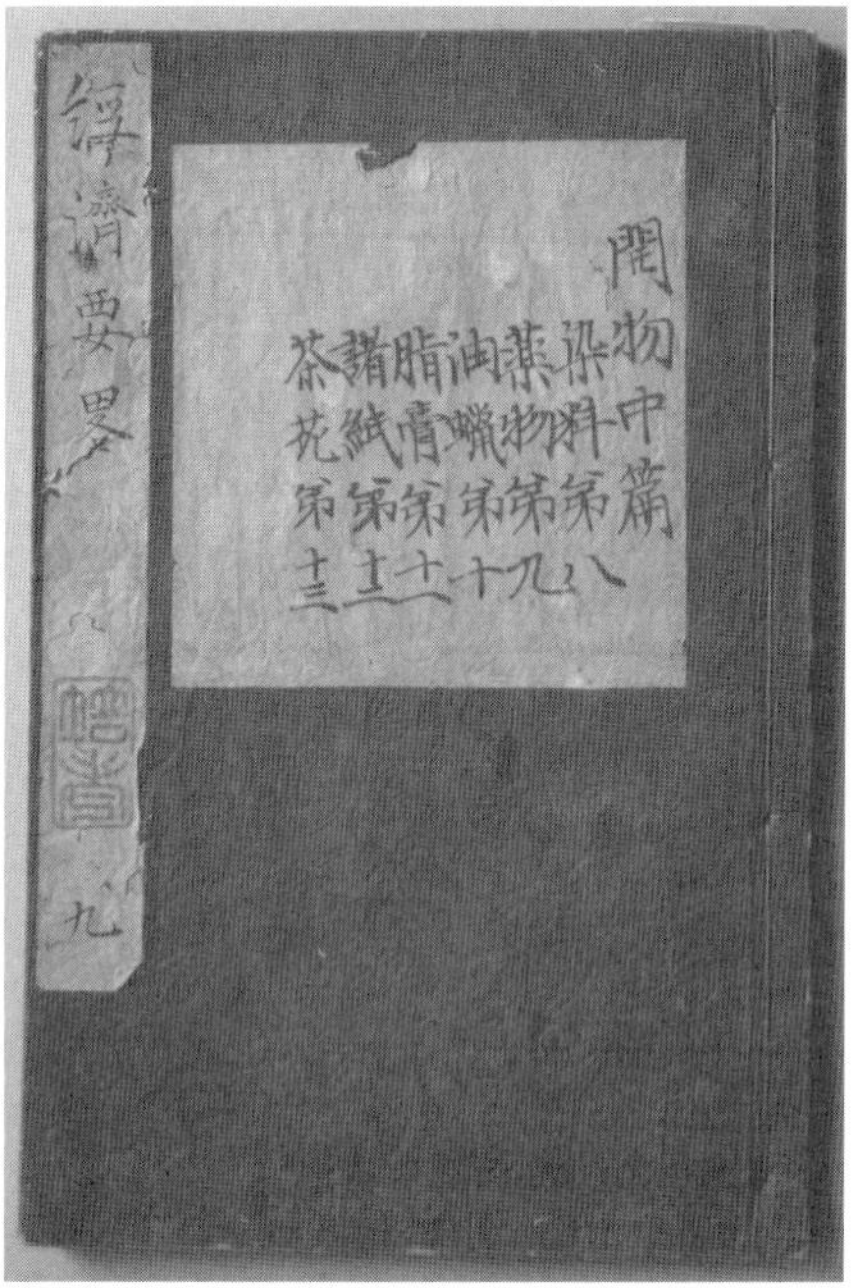

④-(3) **線装本装**『経済要略』一冊
佐藤信淵著（一七六九～一八五〇）の写本。
本紙：楮紙（竹簀流し漉き）、〇・〇九㎜厚。
填料米粉入り、打紙加工。

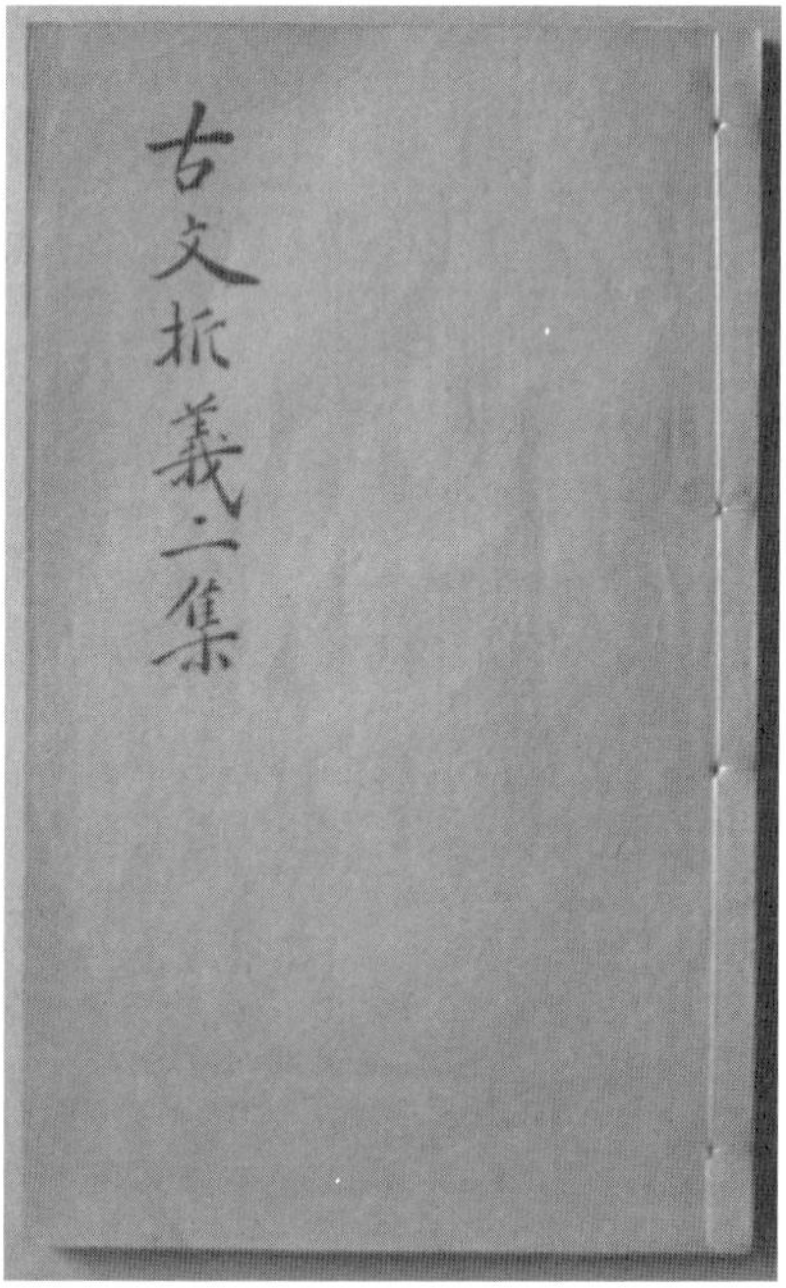

④-(4) **線装本装**『古文析義二集　巻六』一冊
清中期以降か。
本紙：毛辺紙（竹簀流し漉き）、〇・一三㎜厚。

紙天地・小口の裁断→⑤表紙作成→⑥表紙付け→⑦綴じ穴明け→⑧糸綴じ→⑨題簽貼り

綴代も狭く、綴穴の間隔は、三等分して空けられている。現在でも大量に残存している装幀本である。料紙には、楮紙のほか雁皮紙・間似合《まにあいし》紙・三椏《みつまたし》紙なども使われている。

(4)　線装本《せんそうぼん》漢籍（中国名：同称・線装）

中国の線装本は、書写本は少なく印刷本が主で、印刷の発生は唐代といわれている。宋代には、竹紙薄葉が大量につくられるのに応じて、印刷技術が発展・隆盛することによって、多くの書がつくられるようになった。ただし、宋代初めごろの形態は、糊綴じ製本の胡蝶装であったが、糊離れや繊維が弱いことが原因となって裂けが生じ損傷しやすいため、線装本へと変化していった。

漢籍の製本工程は、和書と基本的に同様である。違いは、漢籍本紙の繊維が弱いため中綴じは楔形の紙縒《こより》を一穴で止める坊主綴じで、この紙縒には刷り損じた反故《ほご》紙を切り、紙縒にして一穴に通し、先端の細い部分を折り止めたものである。表紙には薄茶色の倣古《ほうこ》宣《せんし》紙に竹紙を裏打し、小口のみを折って付けたものと、少し厚めの倣古宣紙を二つ折りしたものなどが付けられ、本紙と同時に裁断されている。綴穴は、和書より綴代が幅広く上下穴も長い。穴は等間隔ではなく、中央部分が狭くなっている。

綴穴では、四穴を「四針眼」、上下穴の角の対角中央に穴を開けた六穴を「六針眼」と称し、「康熙綴《こうきとじ》」とも称されている。綴糸は、和書のように太糸ではなく、細糸二本糸で綴じられている。

料紙は、竹紙で多量に自生している竹の嫩竹《どんちく》（若竹）が使われている。嫩竹とは、地上に出はじめ堅くなる前の竹のことである。孟宗竹《もうそうちく》・白夾竹《はくきょうちく》・慈竹《じちく》の若竹や筍を、石灰を入れた池に数ヶ月浸して発酵させ、その繊維を精製し原料として、竹紙がつくられた。

精製過程で繊維の洗い処理が不十分で年月が経過したものには、酸化劣化し茶色に変色したものもみられる。

この竹紙の印刷用紙は、毛辺紙《もうへんし》と称される薄葉のものがあった。宋・元・明・清代中期頃までは、良質の毛辺紙が漉かれ、厚みは〇・〇三〜〇・〇六㎜の紙が多く、紙面も艶があり、厚みはむらが少なく、均質のものが多い。しかし、清代後期になると、かなり繊維が粗く厚い紙となり、それに印刷された文字の精度も以前より大分悪くなっている。

(5) 線装本漢籍（金《きん》鑲《じょう》玉《ぎょく》装《そう》）

金鑲玉とは、中国での本紙に入紙をする製本方法である。金は善本を、玉は入紙用紙を指す。つまり、善本の形態（玉）を保存・保護するため、製本された原形の形態をそのままに入紙製本（玉）するものである。

修補・製本の工程は、次のとおりである。

①善本本紙の修補→②本紙見開きの縦横より二寸（六〇㎜）大きく入紙用紙裁断→③入紙用紙二つ折り→④本紙が入紙用紙中央になるよう下部に指示の針穴明け→⑤入紙用紙指示穴に合わせ本紙を入れる→⑥本紙綴じ背両側を用紙に貼る→⑦裏となった入紙用紙を表にする→⑧天地部の入紙用紙を本紙に付け合わせて折る→⑨綴じ側の左右折られた用紙の半分を切る→⑩切った左右の用紙を天地同様に付け合わせ折る→⑪入紙用紙を二つ折りに戻す→⑫見返しを入紙用紙の大きさに切る→⑬全丁を揃える→⑭天地部の折部分上下一ヵ所と背側部分二ヵ所を坊主綴じで止める→⑮紺色姿青紙の表紙を付け→⑯天地・小口の裁断→⑰綴穴明け→⑱六針眼の康熙綴じで綴じる

本紙より入紙用紙が出た製本方法であるが、本紙部分と入紙用紙部分の厚みの差が出ない製本である。

④-(5) **線装本装（金鑲玉装）**『儀礼註疏　巻第一六』一冊
明代「汲古閣」版、清初期の後刷りか。
本紙：毛辺紙（竹簀流し漉き）、〇・〇五㎜厚。
中国の保存のための修補入紙製本で作成。

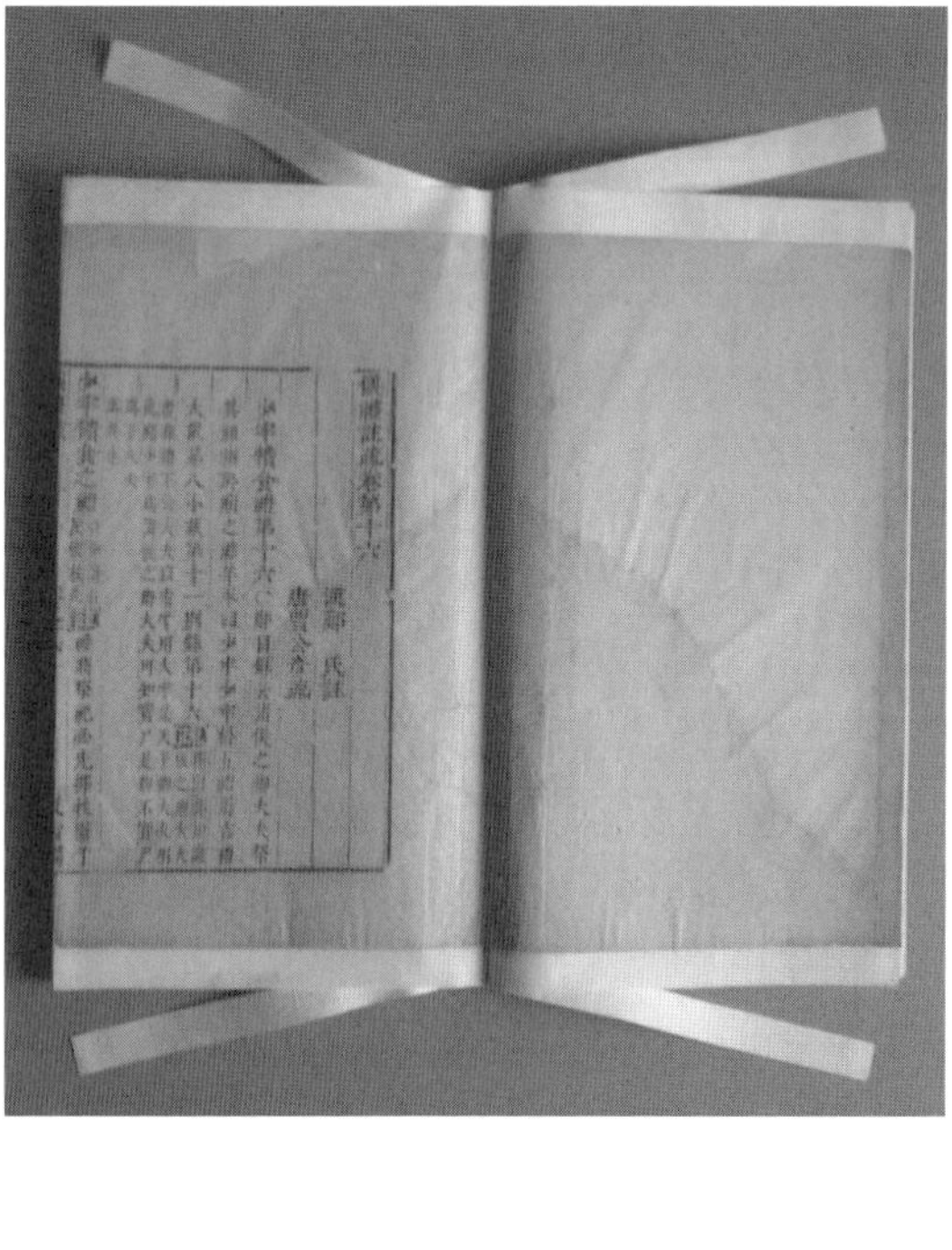

本紙は、線装本漢籍と同様の毛辺紙であるが、入紙用紙は本紙同厚の宣紙《せんし》である。

⑹ 朝鮮《ちょうせん》本

朝鮮本とは、朝鮮で漉かれた楮紙の印刷本で、表紙は黄《き》檗《はだ》染めされ紋様を押したものが付けられて製本される。縦長で大きく、五穴の五つ目綴じとなっており、綴糸は三本撚りの太い赤糸や黄糸で綴じられている。

この装幀は綴じに特徴がある本で、綴じ始めは後見返しと本紙の間の穴から外に出し、糸を長く残す。綴じ終わりは残した糸のところに戻し、輪を一つにした片花結びで長めに残し止めている。結び止められて残った輪と糸は、綴じられた本紙と見返しの間に差し込み、みえないように差し込んでいる。

表紙の裏打は、朝鮮本修補の際にみたことがあるが、刷り損じた反故紙を数枚使って裏打して押し形紋様がされ、表紙折が付けられている。このことから、本紙は大きな紙に刷られていたことがわかった。また、題簽は打ち付け書きで、書写内容も表紙に打ち付け書きされている。

このように、朝鮮本は朝鮮独特の製作方法で製本されたことが、修補と観察した経験からわかった。

料紙は、簀の糸目幅が六分（一八㎜）位で、繊維は光沢を持つ良質の楮紙である。

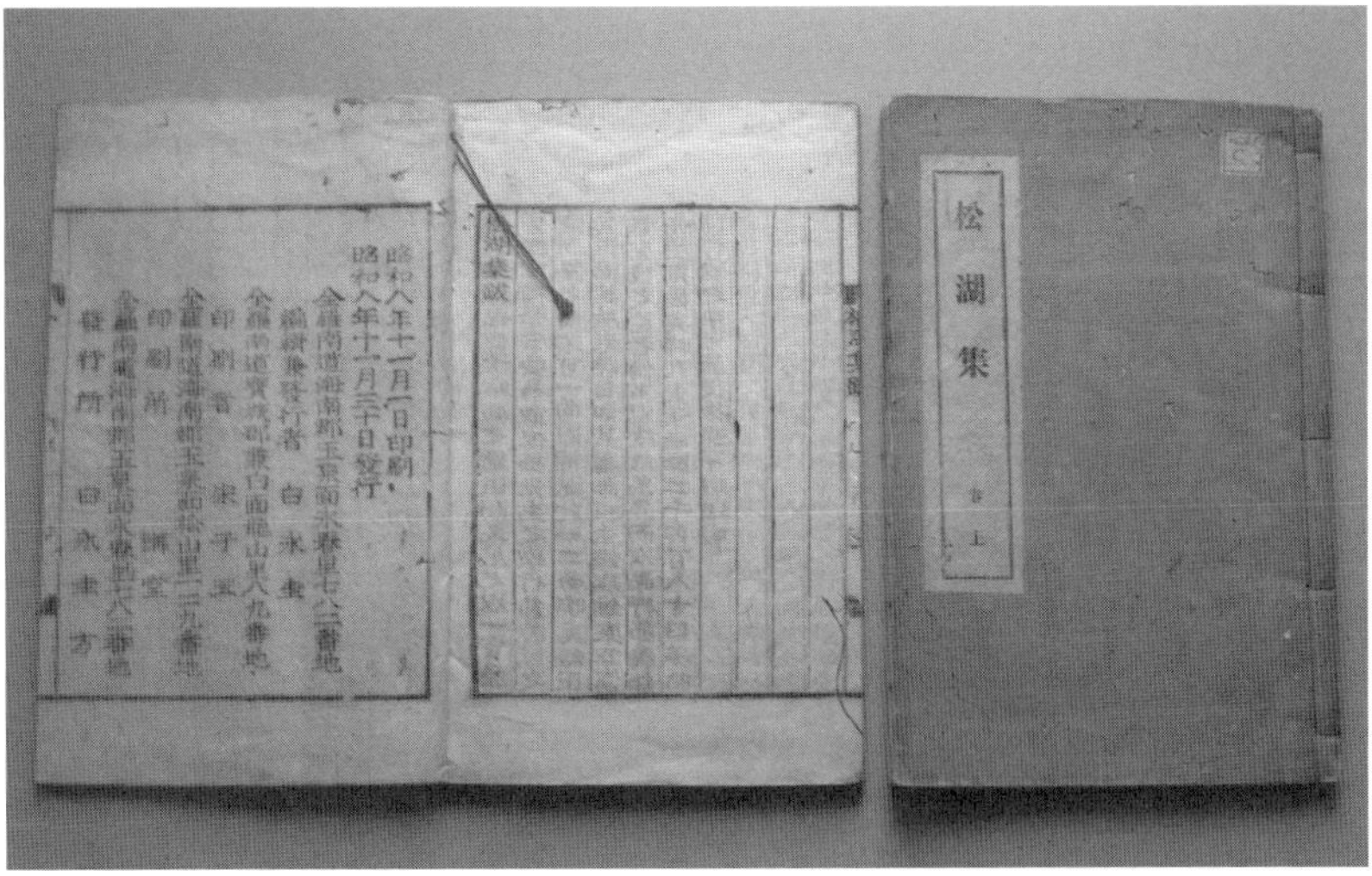

④－⑹ **線装本装（朝鮮本）**『松湖集』１冊
昭和８年復刻印刷、朝鮮南全羅道玉泉面刊。
本紙：楮紙（竹簀流し漉き）、0.08㎜厚。

⑤ 紙縒綴形態

この装幀は、製本の意図がなく紙縒《こより》のみで綴じたものが主であるが、表紙を付けずに紙縒で綴じて紙で覆った形態のものもある。

(1) 封印綴装《ふういんとじ》（仮称）

封印綴装という装幀名称は、これまで紙縒綴とか契約書綴などと称されてきたが、この形態を観察したところ包まれた部分に印が押されたりして、封印されていることから、この名称とした。

装幀は、本紙共紙が表紙となり、紙縒綴部分と背側が紙背まで包まれて貼られ、包んだ紙の表裏境界に印で封印をして外れないようにしたものである。

この装幀は、検地帳・名寄帳などのほか、土地売買書・契約書類のように重要書に使われることが多い。近年まで契約書の綴じに使われていた形態であり、製本の完成書として考えてもよいと思われる。

製本は、次のような工程で作成される。

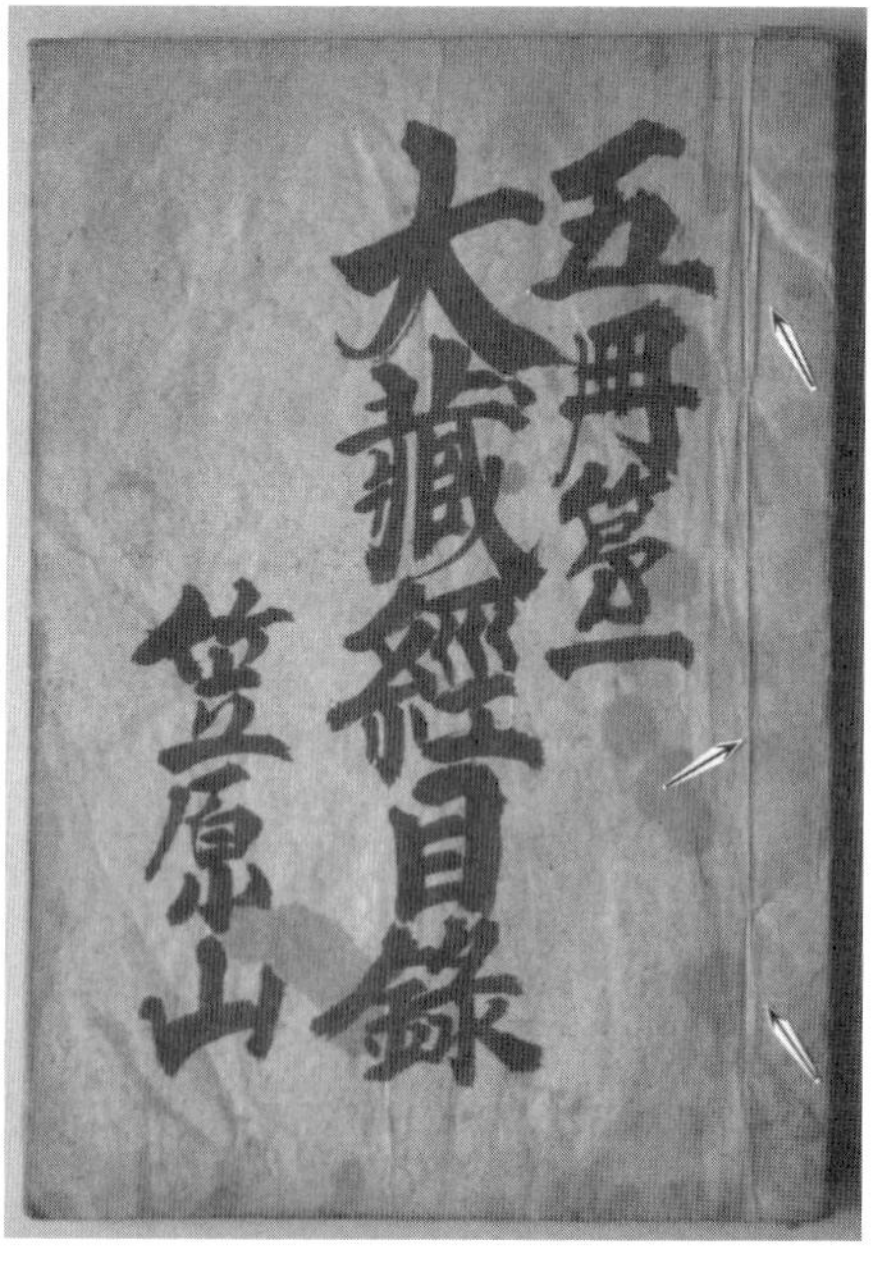

⑤-(1) 封印綴装『大蔵経目録 第二』
嘉永六年（一八五三）正月、上田巨基誌。
本紙：楮紙（竹簀流し漉き）、〇・一〇㎜厚。
上下矢印部分の紙内側に紙縒綴じ。
中央部の矢印は背を覆う紙と中の紙縒の痕跡である。

①書写後に天地背を裁断→②包む紙は天地より大きく綴じ部分の綴じ幅と紙背まで回る紙の裁断→③包む紙を背に合わせて貼る→④綴穴を開け紙縒で綴じ→⑤包む紙の天地・書厚・紙背に折り曲げ伸ばし→⑥背側も紙背に同様に曲げ伸ばす→⑦包む書角も穴が開かないよう切り加

工→⑧包む紙の天地の貼り込み→⑨背側への貼り込み

料紙は、検地帳や名寄帳などは良質な楮紙《ちょし》厚葉が使用されているが、地方《じかた》文書などでは中葉の楮紙もみられる。

⑤-⑵ **紙釘装**『元禄十一年村鑑大概頂下総国葛飾郡鹿野村』一冊
元禄一一年（一六一九）四月、藤岡忠大夫宛。
本紙：楮紙（竹簀流し漉き）、〇・〇九㎜厚。
（裏打修補厚〇・一五㎜厚）。
矢印部分五ヵ所が紙釘となっている部分。

⑵ 紙《し》釘装《ていそう》

紙釘装とは、単穴を開け穴より少し太めの紙縒で止める方法で、綴じに特徴のある装幀である。止められる部分が結び綴じされず、穴の表裏より出た紙縒を叩《たた》いて潰したところが釘の頭状であることから、「紙釘」という名称が付けられた装幀である。

料紙は、良質の楮紙厚葉などもみられる。たとえば、室町時代の書写本で、紙釘装の『聞書』「一名鈴木三郎重家物語」（宮内庁書陵部蔵）では、表紙は雁皮紙《がんぴし》厚葉で本紙に雁皮紙中葉と、楮紙中葉が使用されている。

⑶ 仮綴本《かりとじ》（中国名：毛装《もうそう》）

仮綴本とは、表紙を付けずに、紙縒で結び綴じした装幀をいう。

この形態では、本紙共紙が表紙代わりで、紙縒で結び綴じされ、端に書名が打ち付け書きされている。表紙部分は、厚葉を付けたものと本紙共紙に入紙したものもある。この仮綴本には、本紙が不揃いのまま綴じたものや、裁断して整えられているものなどがある。書写内容は、日記等のほか種々のものが書写され、打紙《うちがみ》加工と無加工のものに書写

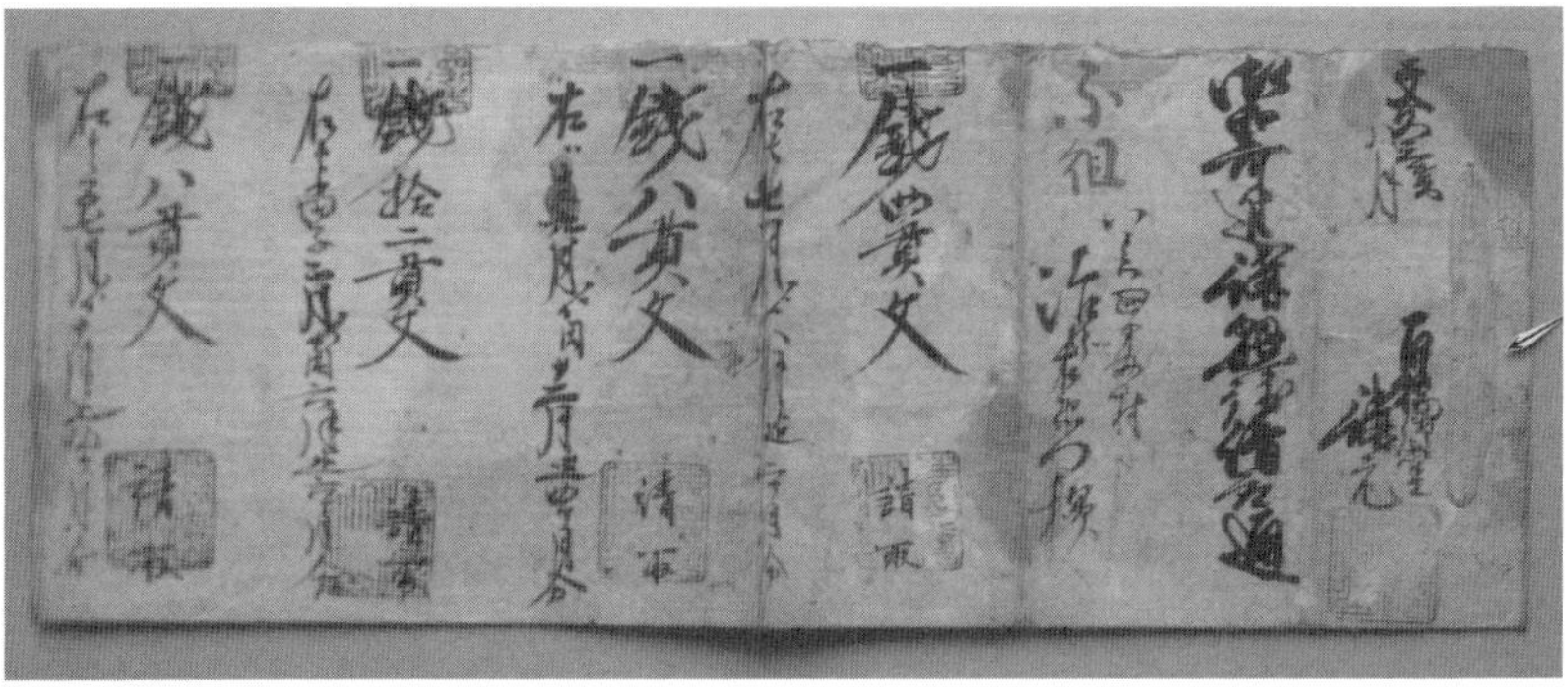

⑤-(3) **紙縒綴装**『御寄進講懸銭請取通』1冊
文久3年（1863）8月、石橋御堂講元。
本紙：楮紙（竹簀溜め漉き）、0.22㎜厚。
漉いたままを折紙にして使用。

されているなど多様である。

料紙は楮紙が大半で、わずかではあるが雁皮紙もみられる。

このような仮綴本に、後世になり表紙が付けられ改装されたものもある。しかし、改装された見返し内側や本紙前後を観察すると、その部分に汚染がみられる場合がある。このことから原装時は仮綴本と考えることができるので、原装幀を判断するひとつの方法として有効である。

(4) 毛装《もうそう》本漢籍

毛装本は、仮綴本と同様のものであるが、中国では書写本と印刷本が仮綴されたものを毛装本と称している。

この形態は、本紙は不揃いのままで、表紙の代わりに色紙二つ折りを表裏に付け、背側の上下二ヵ所を幅狭く綴じたものであり、麻糸等で綴じられている。

本紙は竹紙中葉に書写・印刷され、表紙の代わりに竹紙染色紙が使われている。

⑥ 一通物・一枚物

一通物とは礼状・領地目録・領地安堵《あんど》状・判物《はんもつ》類・請文《うけぶみ》などの消息類である。一枚物は、懐紙《かいし》・色紙・短冊ほか浮世絵などであり、両方ともに単一の史料である。

礼状によくみられるのが将軍家の朱印状・黒印状などである。大名の贈答に対して檀紙《だんし》折紙《おりがみ》に書かれ、書写面を内側に四つ折りされ、良質の杉原紙の包紙に入れられる。

領地安堵状とは、将軍家や大名などが家臣に出すもので、将軍家では檀紙が使われるが、大名では奉書紙に竪紙《たてがみ》で書かれ、包紙も同じ奉書紙横紙で包まれている。

判物類は、良質の楮紙《ちょし》の檀紙や引合《ひきあい》紙・杉原紙・奉書紙などに竪紙で書かれている。

消息類に使用される料紙は、檀紙・奉書紙・杉原紙のほか、雁皮《がんぴ》鳥《とり》の子《こ》紙などが使われる。包紙に包んだものと本紙巻頭部端を細切りして封したものがある。これは、中央から下部を三分（九㎜）幅位を切り、本紙に回して、回した部分に挟み、回した細切りと本紙裏の上に墨線などで封したものである。歌会などの依頼での請文は、依頼回答書

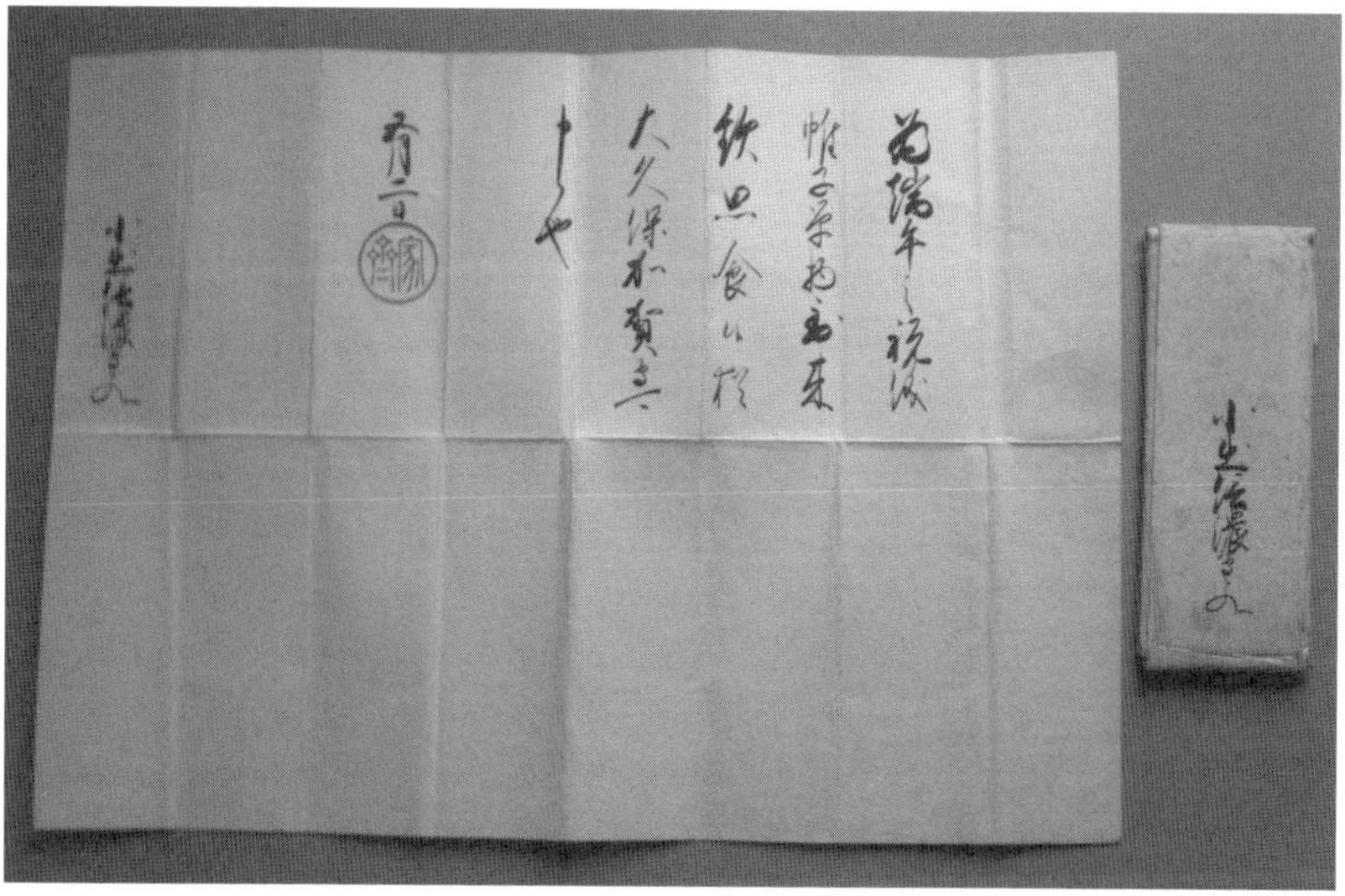

⑥ 一通・一枚物『徳川家斉黒印状』1通　徳川第11代将軍家斉（1773～1841）
本紙：檀紙、0.28㎜厚。包紙：杉原紙、0.20㎜厚。
備中松山城広瀬の柳井家の檀紙と考える。

の手紙で、本文と包紙は、公家同士の贈答用にされた杉原紙が使われている。包み方には種々あり、包み込んで糊で止めた糊封や、包紙上下を紙縒で結び止める結び封などがある。

懐紙とは、歌会の和歌を詠んだもので、檀紙が主となっており、位によって大きさが決まっている。天皇は大高檀紙、親王や摂家は中高檀紙、それ以外の公家は小高檀紙などである。ただ練習用には杉原紙も使われている。

色紙は雁皮系が多く、大小がある。大は竪六寸四分（一九四㎜）×横五寸六分（一七〇㎜）で、料紙は鳥の子紙・同色紙・打雲紙《うちぐもかみ》・装飾紙などであり、金銀泥絵や彩色絵など施されたものもみられる。これら以外には、楮紙もあり、裏打され多少厚くされている。

短冊は、竪一尺二寸（三六四㎜）×横二寸（六一㎜）で、料紙には色紙同様のものが使われており、宸筆《しんぴつ》短冊には別に寸法があると、筆者が近年蒐集した江戸末期写の『色紙短冊懐紙等書様』に記されている。

浮世絵料紙は、奉書紙に類似した紙面を持ち、填料に米粉が入った杉原紙に刷られている。

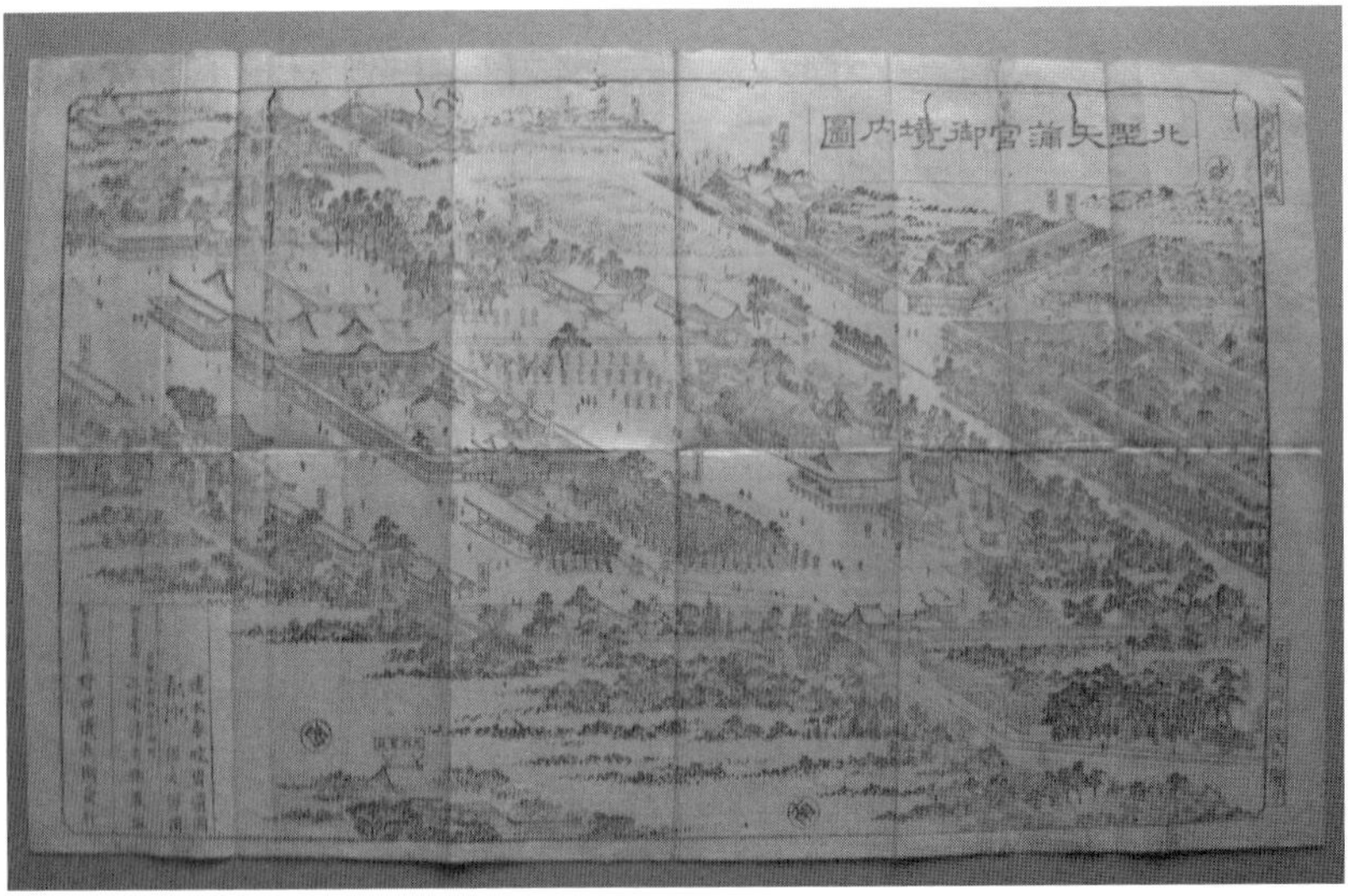

⑦ **畳み物**『北野天満宮御境内図』1舗
江戸末期の浮世絵師 速水春暁齋〔2代〕（?～1867）遺図、森川保之カ補図
本紙：杉原紙（竹簀溜め漉き）、0.12㎜厚。米粉填料入り。

⑦ 畳み物

畳み物には、絵地図・城絵図・建築貼絵図・建築指図などがある。書写する料紙は厚葉を何枚か接いだ大型の図面や、中葉に書いたものがある。江戸時代には印刷したものがあり、大きさは書写・印刷されるものによって、様々である。書写したままでは保存ができないため、折り畳んで保存したものである。

折り方は、図面の場合、大半が竪折りしてから、横折りされている。絵地図などは北が上ではなく、東が上で西が下となり、右に南・左に北となっている。ただし、大きさによっては五つ折り・六つ折りなどがあり、畳んだ時の大きさなどを考えて折り畳んだ形態が採られている。

折り方は、図1・2のとおりである。図のように、丸数字順に折るのが、図面の基本的な折り方である。横折りの場合は、南面の上下が表裏となる。最初の竪折りであるが、書写・印刷面は外側に出して、紙背面は内側になる折り方である。折目汚染等を観察し、本折りに戻すことが史料保存には重要なので、史料の形態をよく把握して取り扱うことが必要である。

料紙は、楮紙《ちょし》厚葉・中葉・薄葉などが多く、鳥《とり》の子《こ》紙厚葉に書かれたものもある。貼絵図などの色紙には楮紙中葉・薄葉のほか、雁皮《がんぴ》染色紙もみられる。

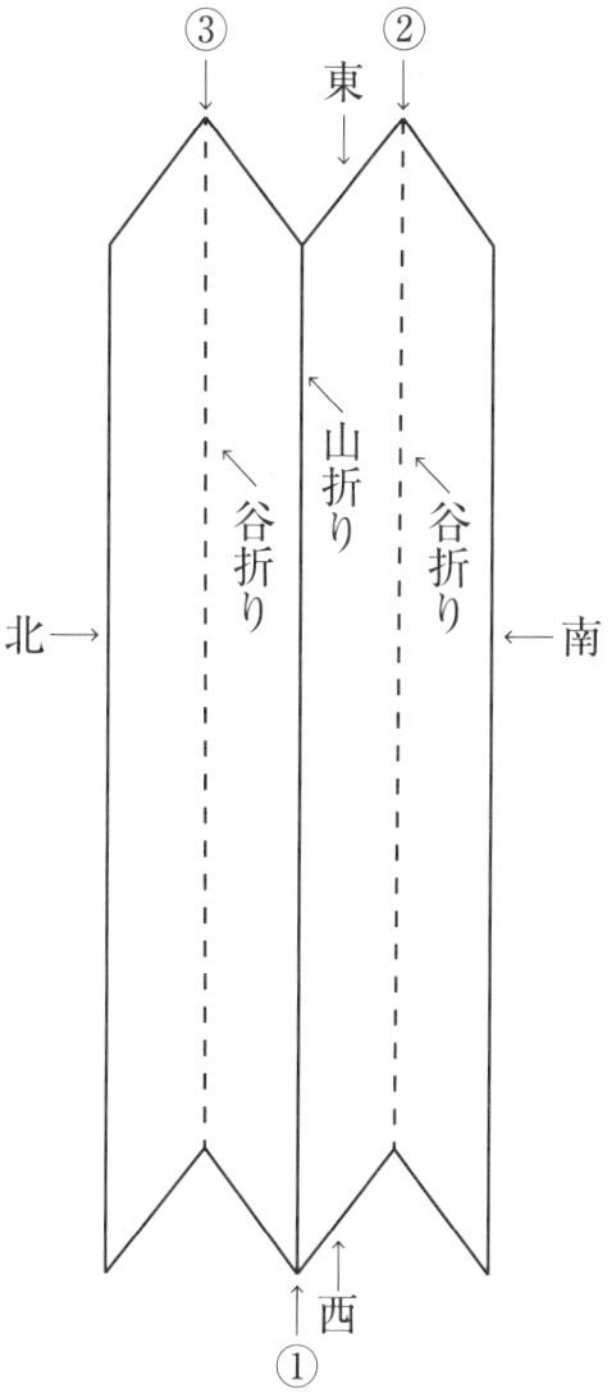

図1　竪折り

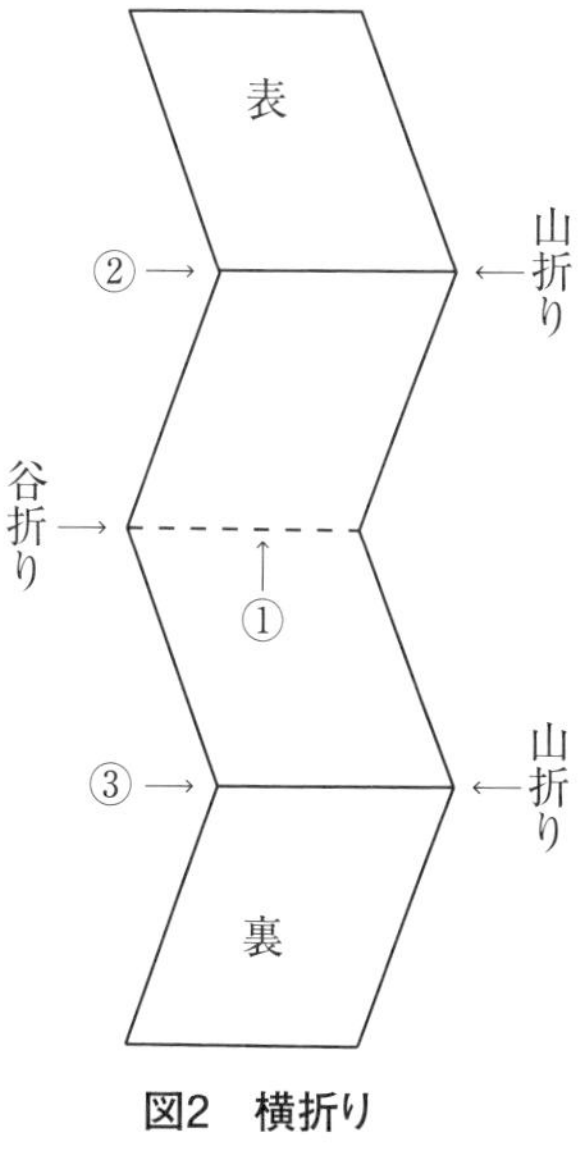

図2　横折り

保存・修補と料紙

歴史史料の多くは、江戸時代までは天皇家・摂家・公家や、将軍家・大名家・寺社・医家・学者などが所蔵・保管し利用してきた。しかし現在では所蔵家が文庫をつくって保存していたり、自家で保存できない場合は関係のある館などに寄贈や寄託して保存されている。

このような史料には、利用頻度の高いものになると、損傷や虫害損傷、雨漏りによる劣化等がみられ、そのままでは保存・利用も難しいため、修補を施すことが必要である。

修補の方法として原装に戻す場合、史料には多種多様の装幀形態があり、その形態を損なわない修補方法が必要である。また、それらの料紙は種々の繊維素材が使われ、その上装飾加工や打紙《うちがみ》加工のほか、塗布加工などが施された料紙も多い。そのため、修補に際しては形態と料紙をよく把握して対処しないと、装幀を崩す原因となってしまう。よって、十分に把握して修補をすることが重要である。

修補方法は、虫害損傷の激しいものや、本紙薄葉等などには補強を目的として、紙背に薄葉を貼り付ける裏打作業のやり方が昭和五〇年頃までは主流だった。その後、修補方法が検討され、原装時の料紙素材は虫害にあっていても、水濡れで劣化してない限り本紙は丈夫であることをふまえ、料紙の状態を損なわない修補方法として虫害損傷した部分のみ修補する穴埋め作業に変更されるようになった。原装に戻す際に史料を損傷する恐れがある場合には、修補方法を吟味し検討することも必要である。

この修補方法は、虫害・損傷部分のみを穴埋めをする方法であるが、技術者や工房によって作業方法に相違がある。多くの工房では透過光の方法が取られていて、その上に修補用紙を置き、虫穴痕跡より大きめの修補用紙を載せ、下からライトをあてた台に本紙裏を上にして載せて細いシャープペンシルで書き、それを切り取り周囲の裁断跡の繊維を出し、虫穴を埋める作業方法である。

また、特殊な修補方法としては、印刀を押さえ道具として修補する方法がある（次頁図）。宮内庁書陵部修補係が行っている作業方法で、修補道具には柿渋を塗って上をコーティングした虫損板・小刷毛・印刀・ピンセットなどを使う。印刀には鉄製と牛骨・セラミック製が使われるが、鉄製では染色材料によって媒染効果が現れ、虫損部分に変

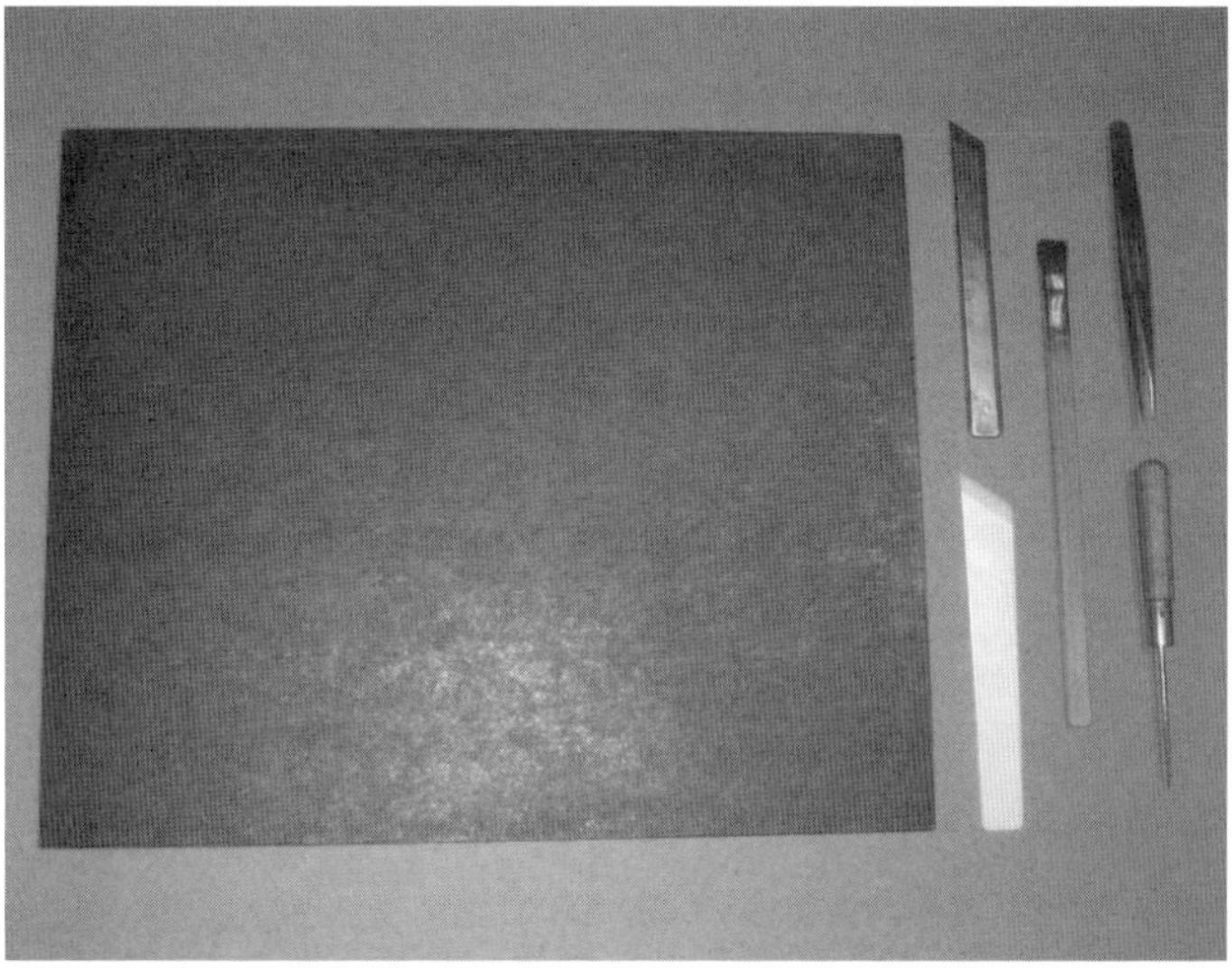

穴埋め作業の虫損直し「修補道具類」

虫損板の右上鉄製印刀・下がセラミック製印刀、その右が糊付けの小刷毛にピンセットと千枚通し。

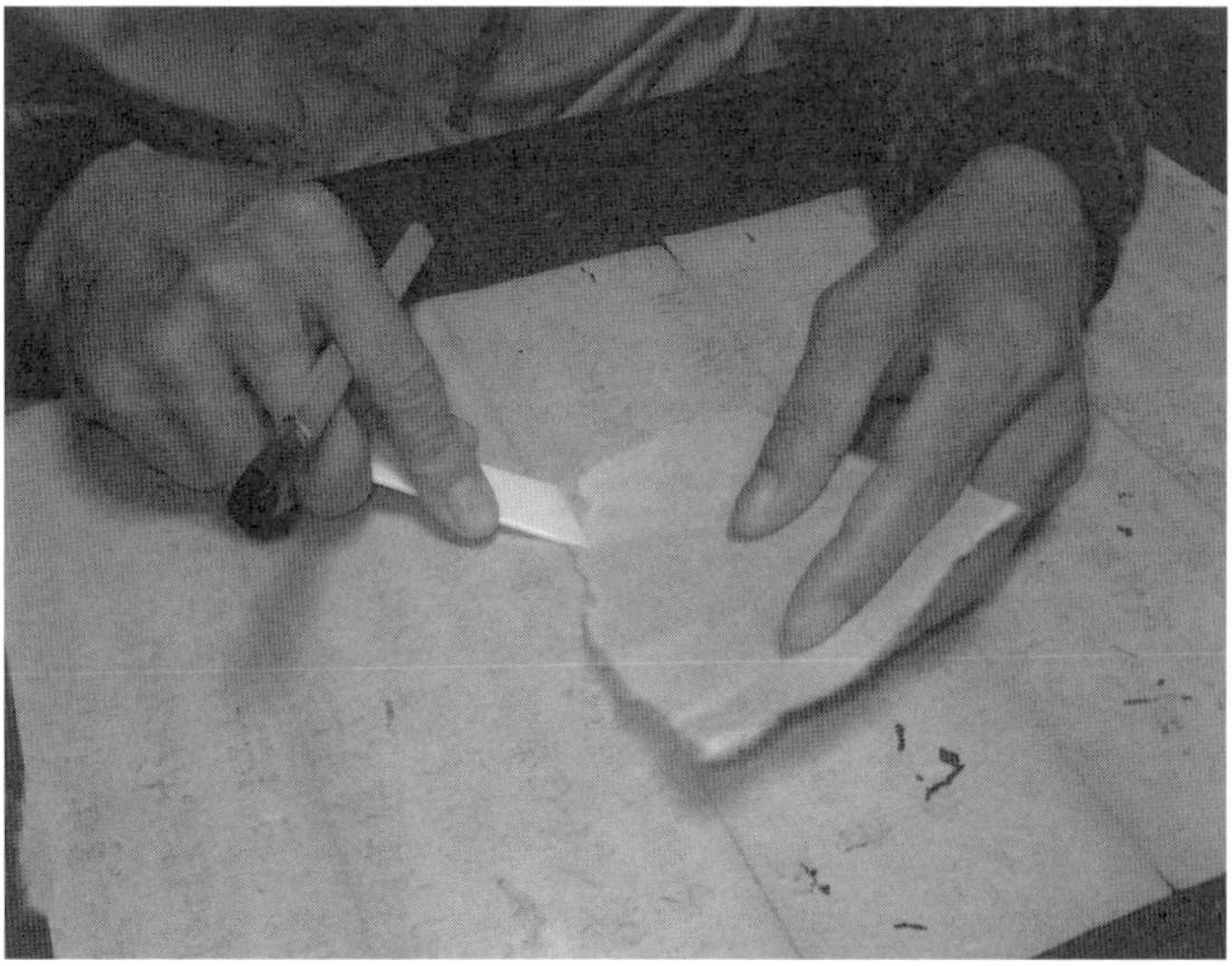

穴埋め作業の虫損直し「作業方法」

セラミック製の印刀で、糊付けした部分の穴に修補用紙を載せて印刀で押さえ、貼り付けた用紙を繊維が出るよう引き裂く前の状態である。紙背が表に出る場合は、繊維を糊で密着させるが、線装本のように出ない場合は密着させない。

色が起こるため、牛骨やセラミック製のもので行っている。この修補作業では、本紙をクリーニングした後、修補用紙は本紙同色に染色したものを四方を喰裂《くいざ》き（用紙に定規を置き、水で線を引き、ヘラ筋を入れ裂いて繊維を出す方法）した用紙で穴埋めする方法である。

作業方法は、虫損板の上に本紙紙背を上にして置き、虫穴や損傷部分の端に小刷毛で直接糊付けし、喰裂きした修補用紙を損傷部分に掛けすぎないように置き、虫穴に沿わせて印刀で押さえて裂き取る方法である。この作業方法では、工房で行われている透過光方式より、修補用紙の無駄がなく迅速にでき、印刀の先端を使うことで、小さな丸穴も簡単に埋められる。つまり、時間短縮という利点があり、工房修補の透過光方式を見直す時期にきているのではないか、とも考える。

多量に残存している史料の修補を進めるためにも、修復指導をしている文化庁美術工芸課、東京文化財研究所などの史料修補作業方法を調査したうえで、修補方法を研究し指導する必要があると考える。

修補用紙は、原装と同時代・同色の料紙が最良であるが、修補に使用できる原装時同様の料紙は、反故紙《ほご》であっても現存することはない。そのため、形態料紙に類似した繊維素材と漉き方のものを、紙漉産地の製品から選ぶか、産地に依頼して漉かれたものから選び、原装本紙に近く染色加工して修補用紙とする。

しかし、原装料紙と同様の料紙づくりをして漉いている紙漉師が少なく、原装料紙を漉く環境づくりが急務となっている。そのためには、修補用紙を必要とする技術者や修復工房が、復元料紙を購入することで、料紙復元のための環境ができあがるのではないかと思う。修補技術者の協力も必要なので、ぜひ紙漉師の育つ環境ができることを願いたい。

参考文献（第四章）

井上宗雄他七名監修　一九九九『日本古典籍書誌学辞典』岩波書店
王　詩文　二〇〇二『中國傳統手工紙事典』（中国書）、樹火紀念紙文化基金會
尾嵜富五郎編輯　明治一〇年（一八七七）『諸国紙名録』紙の博物館〔復刻本〕
加藤晴治　一九六五『和紙歴史編』丸善

木村青竹　安永六年（一七七七）『新撰紙鑑』紙の博物館（復刻本）

久米康生　一九九〇『和紙文化誌』毎日コミュニケーションズ

久米康生　一九九四『彩飾和紙譜』（生活を彩る和紙）、平凡社

正倉院事務所編　一九七〇『正倉院の紙』日本経済新聞社

肖　東発・楊　虎　二〇〇五『挿図本中国図書史』（中国書）、上海辞書出版社

関　義城　一九七六『和漢紙文献類聚　古代・中世編』思文閣出版

銭　存訓　二〇〇二（修訂版）『中国古代書籍紙墨及印刷術』（中国書）、北京図書館出版社

造紙史話編写組編　一九八三『造紙史話』（中国書）、上海科学技術出版社

田中　啓　一九三二『粘葉考』巌松堂書店古典部

張　紹勛著・高津　孝訳　一九九九『中国の書物と印刷』日本エディタースクール出版部

陳　国慶著・沢谷昭次訳　一九八四『漢籍版本入門』研文出版

長澤規矩也　一九九三『図解書誌学入門』汲古書院

名和　修監修　二〇〇八『薫る公家文化―近衛家の陽明文庫から―』京都新聞出版センター

潘　吉星著・佐藤武敏訳　一九八〇『中国製紙技術史』平凡社

藤井　隆　一九九一『日本古典書誌学総説』和泉書院

藤田貞夫　一九七〇『杉原紙』（播磨の紙の歴史）、杉原紙研究会

楊　永徳　二〇〇六『中国古代書籍装幀』（中国書）、人民美術出版社

李　致忠　一九八五『中国古代書籍史』（中国書）文物出版社

李　致忠　一九九五『中国古代書籍史話』（中国書）、台湾商務印書館

劉　仁慶編著　二〇〇八『簡明中国手工紙（書画紙）及書画常識辞典』（中国書）、中国軽工業出版社

【コラム】平安時代の打雲

増田勝彦

平安時代の料紙装飾の中でも、着色した繊維を用いて多彩な装飾を施す技術は日本だけの技術だと思われます。私はこの数年、図版・実物の調査や実験をして、平安時代の打雲《うちぐも》・羅文《らもん》（口絵45頁）・飛雲《とびくも》（口絵45頁）などに迫ろうとしました。唐紙や金箔装飾は、紙漉きの手を離れた紙に施される技術ですが、打雲が現在でも紙漉きである越前岩野平三郎氏の手で造られているように、羅文・飛雲なども、紙漉きの手で装飾が施されたのでしょう。しかし、打雲の技術が現在にまで受け継がれているのに対して、羅文や飛雲の技術がどうして途絶えてしまったのでしょうか。打雲の文様の変化を辿ると、その理由が見えるのですが、まず「漉《す》き掛《か》け」について説明しなければなりません。

漉き掛け

「漉き掛け」とは、一度漉いた紙を地紙として、その上にさらに紙漉き技術で著色繊維を堆積させる技法です。着色した繊維は漉き掛けに使用するだけではありません。無色あるいは他の色の繊維と混合して絵具のように望みどおりの色の紙を造っていた例が、すでに八世紀には見られます。「法隆寺献物帳」（天平勝宝八年〔七五六〕の修理報告書『修復』五、岡墨光堂、一九九八年）によると、薄い藍色の表紙は紙全体を染料に漬けたり、刷毛で塗布したりすることをせず、無色の雁皮《がんぴ》繊維二五％に藍色楮《こうぞ》繊維七四％を混合して漉き上げた混抄紙でした。そして繊維の殆どが短く切断されているのです。繊維切断は、八世紀の製紙技術では珍しくありません。

その後、一一世紀になると着色繊維による漉き掛けを施した料紙の例が俄然多く残されています。藍紙本として知られる『万葉集』第九残巻（京都国立博物館蔵）、『桂本万葉集』（宮内庁蔵）、「栂尾切《とがのおきれ》」（大和文華館蔵）、「堺色紙」（手鑑『美努世友《みぬよのとも》』所載、出光美術館蔵）、『古今和歌集』（曼殊院蔵）が知られています。いずれも一一世紀の成立とされていますが、「法隆寺献物帳」の伝統を引いた全面に着色繊維が観察される料紙であり、文様を造るには至っていません。そして、殆ど全部の漉き掛け繊維が切断されているのです。

打雲・羅文・飛雲の誕生

次に、着色繊維を地紙の一部分に施して文様とする技術が現れます。その中で、最も実例が多く、また後世にまで連綿と続いているのは「打雲」文様の技術です。

一一世紀の例としては、「蓬萊切《ほうらいきれ》」（五島美術館蔵）、『重《しげ》之集《ゆきしゅう》』（徳川美術館蔵）、『雲紙本和漢朗詠集』（宮内庁蔵）、『益田本和漢朗詠集』（東京国立博物館蔵）などがあり、続く一二世紀には著名な西本願寺の『三十六人家集』が、引き続く一三～四世紀には、『後撰和歌集』（誉田八幡宮蔵）にも使われています。その後の一四世紀以降の打雲料紙の例は数が多く、現代の岩野平三郎氏にまで伝統が引き継がれています。

打雲技術の仲間でありながら、一一、一二世紀に記された書跡料紙にだけに認められる「羅文」は、「筋切《すじきれ》」（東京国立博物館蔵）、「高光集切」（『翰墨帖』所収、MOA美術館蔵）、『三十六人家集』（西本願寺蔵）などに見られます。実験の結果得られた羅文紙復元技術が平安時代の料紙技術と似ていることを実証するために、実物の羅文紙の繊維がどのようになっているか、三点の料紙を簡易顕微鏡で調査しました。

「高光集切」（東京国立博物館蔵、伝源俊頼筆、掛軸装）は、四〇倍顕微鏡による観察では、藍色繊維は捩れて羅文を形成しているように見えました。もう一点の「高光集切」（徳川美術館蔵、手鑑『鳳凰台』所収）のルーペ観察では繊維長一㎜位が多くそれより長い繊維、短い繊維も混じっていました。羅文繊維の集合の様子は、あまり丸まっていません。繊維の集合が密に見える箇所での繊維長は、一㎜から三㎜でした。

飛雲の一部が羅文を形成している、「法輪寺切」（掛軸装、個人蔵）では、繊維のフィブリル化は観察できませんでしたが、藍色繊維の長さは〇・五、〇・二㎜～一㎜の範囲でした。なお、紫色の飛雲では、繊維が紫色に染まっているようには見えず、濃い紫の微粒子が繊維の間に散見されました。以上のとおり全て短く切断された繊維が観察されました。

打雲漉き掛けの技術

ただ、打雲文様が平安時代から江戸時代を経て現代へと変化する要因を、単純に繊維切断か否かに求めるわけには行きません。平安時代の雲文様、特に雲先端の形態の自由さは、現代では失われています。平安時代から現代に至る間に、打雲文様形成のテクニックも変化しているのではないかと想像されるところです。打雲文様の変化を時代を追ってみてみましょう。いずれも図版による観察です。

●雲紙本和漢朗詠集　平安時代・一一世紀（宮内庁蔵）

左上と右下の隅から湧き出したように雲が掛けられている。通常の打雲のように雲のクマ（濃い部分）ができている料紙も有るが、クマが全くできずに雲形に繊維が凝集《ぎょうしゅう》しながら分散している頁が多い。繊維は細かく切断されているかに見える。

●蓬萊切　平安時代・一一世紀（五島美術館蔵）

天地ともに藍色、下方の雲の内上段の雲は雫が垂れる様に流下あるいは滴下している。繊維の長さは見えない。雲の内側にはあまり繊維が見えない。

●重之集　平安時代・一一世紀（徳川美術館蔵）

雲の先端のクマが幅を持って薄く柔らかい。雲の間隔も広く、雲の先端での乱れは繊維液がかなり自由に動いた結果で、その動きを生む地紙の操作があったに違いない。頁によっては全面的な漉き掛けとなっている。

◆安宅切《あたかきれ》・詩書切《ししょきれ》　伝藤原行成筆、伝藤原定信筆
平安時代・一二世紀（東京国立博物館蔵）

本紙右下の雲は左方向に、右上では左下方向、左上では右下方向に、左下では右上方向にそれぞれ藍色繊維で二段の雲を漉き掛けており、四隅で中心に向けて追い込むような雲の漉き掛けをしている。

●歌集切　伝後京極良経筆
鎌倉時代・一三世紀（東京国立博物館蔵）

打雲が間を置いて左右二カ所に部分的に施されており、平地から眺める山並みが谷を隔てて並んでいるように見える。この部分的な打雲形成は、現在の技法では見られない。

●新撰朗詠集抄　後円融天皇宸翰
南北朝時代・一四世紀後半（徳川美術館蔵）

雲の先端でのクマははっきりしており、内側に分散する繊維は凝集している。繊維は切断されずに使われているように見える。

●住吉社法楽和歌短冊《すみよししゃほうらくわかたんざく》
室町時代・一五世紀（山口・住吉神社蔵）

天藍地紫の雲のクマがはっきりと形成され、雲の内側には繊維が見えない。

●賦浄土要文連歌百韻《ふじょうどようぶんれんがひゃくいん》
室町時代・天文一七年（一五四八・天理大学附属天理図書館蔵）

天に藍と紫の雲を一段ずつ形成して、地には雲がない。第一紙では藍と紫の雲が重なっている。雲の先端から内側にグラデーションを造っている。

以上、実例を見てくると、一四世紀から雲のキワがはっきりして、繊維切断も行われていない様子が窺えます。

元高知県立紙産業技術センターの大川昭典氏による料紙繊維の調査結果を検討すると、繊維切断とフィブリル化（繊維を微細繊維にまで解す外部フィブリル化が中心）が同時に観察される例が、奈良・平安を経て、鎌倉時代を最後に、室町時代の料紙では、見られなくなります。その技術変化の中で打雲も、切断フィブリル化繊維による打雲から未切断繊維による打雲へと変化しているのです。

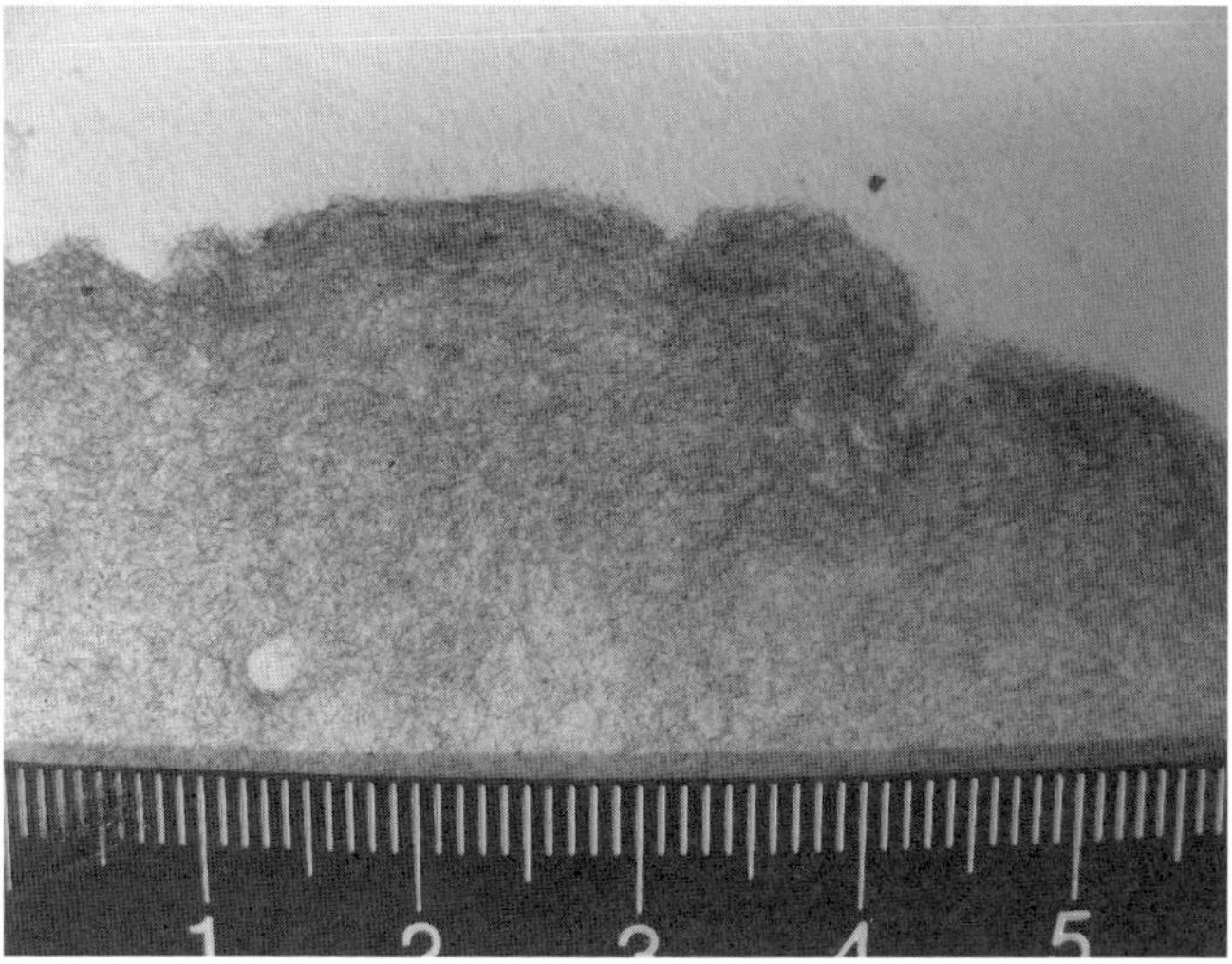

図１　試作　平安時代打雲
繊維の切断状況

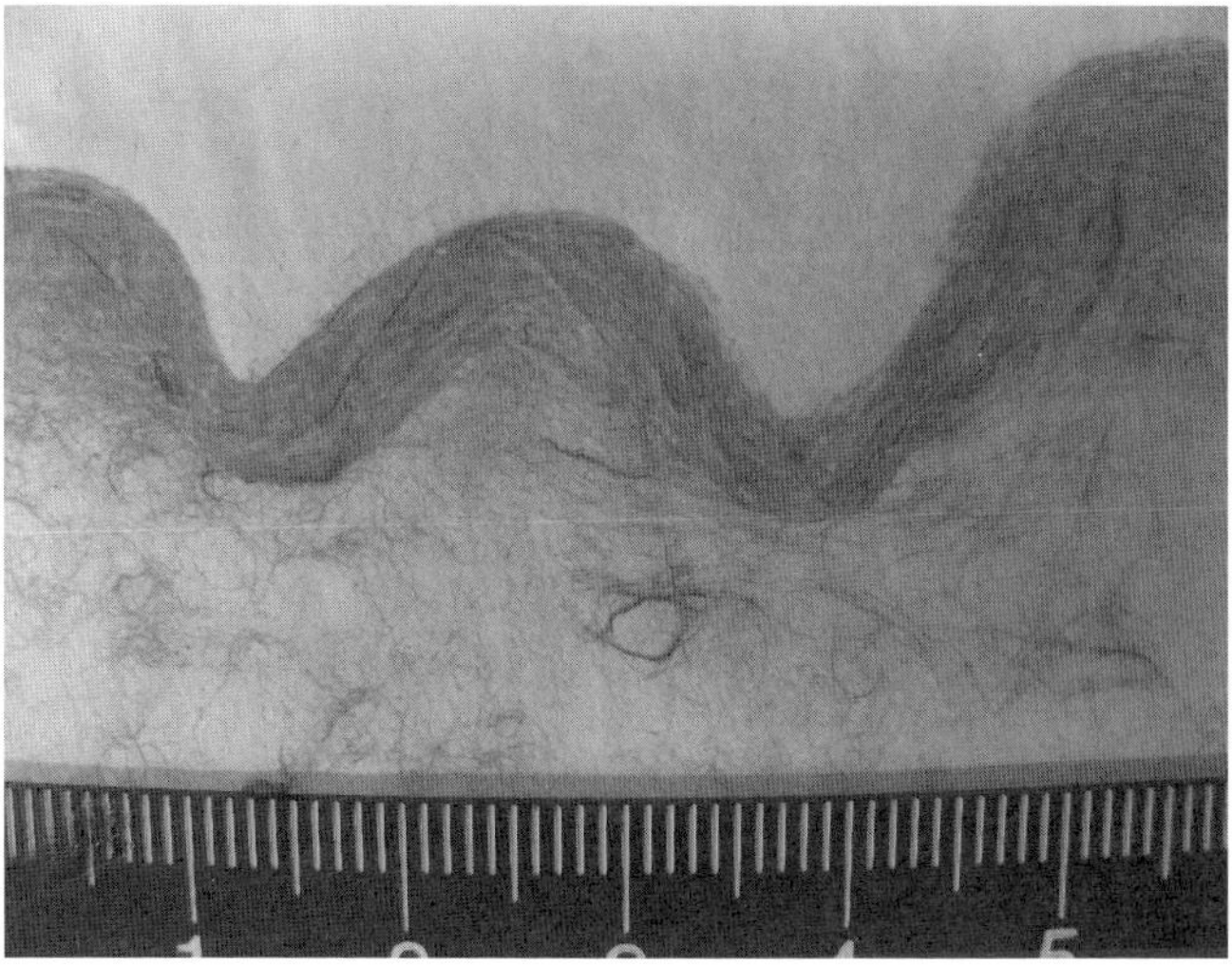

図２　江戸時代打雲
繊維が長い様子

【コラム】文房具

日野楠雄

文房四宝といわれる筆・墨・硯・紙はすべて中国に起源をもつ。言い伝えでは紙以外の三種は孔子の時代に存在するようであるが、すでに商代の甲骨文に筆で書いた痕跡があり、筆・墨が商代に存在した間接的証明となっている。

現在最古の筆は、戦国時代前期の河南省信陽県長台関楚墓《ちょうだいかんそぼ》（鋒長二五㎜）、墨は同後期に湖北省江陵県九店楚墓《きゅうてんそぼ》（墨塊と粉末）から出土し、また「曾侯乙墓《そうこういつぼ》竹簡」や「郭店楚簡《かくてんそかん》」など陸続と出土する簡牘《かんとく》とその内容や出土地（湖南・湖北・四川・甘粛各省）によって、戦国時代には筆・墨が広範囲に利用されたことが実証された。わずか五、六㎜の竹片に記された精密な文字は、筆の完成度の高さを物語る。

硯は湖北省雲夢県睡虎地《すいこち》秦墓出土品など戦国末期のものが最も古い。その後前漢代頃の硯は板状や卵石状で、同時に出土することが多い研石と、墨が粒状や粉末になっている状態から、後世の「磨りおろす」というよりも「磨りつぶす」役割をもっていたことがわかる。三国時代頃に板状から凹みや傾きのついた形に変化し、墨の形状や内容と密接な関わりがあると考えられているが、それより以前の後漢の墨で使用済みの膠《にかわ》製松煙墨《しょうえんぼく》（松塔形）も出土しており（張二〇〇七）、今後の研究が期待されている。

紙は今のところ前漢前期の放馬《ほうば》灘《たん》紙が最も古いが、当時書写材としては木や竹が主流で、紙は木竹と並行利用されながらしだいに普及し公文書などに使われていく。

これらの文房具がいつ日本にもたらされたかは定かではない。墨と紙について、「墨と料紙」で触れられているが（168頁）、筆・硯も「漢字の導入」や「仏教伝来」などを含め、おそらくは同時並行的に伝わったものと考えるのが自然であろう。現在日本にある最古の筆・墨・硯は飛鳥から奈良時代のものであるが、国産かどうかははっきりしていない。

中国では前漢代には箱に入った筆・墨・硯・竹片の文房具セットがすでに揃っていた。竹と紙の違いはあるが、記録メディアとして二〇〇〇年もの長い間、漢字文化圏の我々は文房具とともに歩んできたことになる。

参考文献

張淑芬主編　二〇〇七　『中国美術分類全集　中國文房四寶全集　第一巻　墨』（中国書）、北京出版社

【コラム】墨色と墨付きの検証

日野楠雄

書画類では墨色《ぼくしょく》や墨付きがよく話題に上るが古典籍・古文書類ではあまりない。色や艶が研究の対象にされてこなかったためであろうが、古来多くの墨には色々な墨色が見えるのも事実である。紙や水の使い方で様々に変化する墨（日野二〇〇九）には無限の墨色が存在し、古典籍・古文書調査のために必要な要素を含んでいる可能性がある。また、紙種や表面の状況によって墨付きの具合は大きく異なり、濃淡によっても墨付きは変化する。本書の他稿では紙質調査を主に論じるが、墨付きの状況に注視することでも、紙質状況の判断材料になると考える。

　そこで、今回は八種の墨と四種の紙を使い墨色の違いを見てみたい。試験墨は古代から中世のもので実証することは極めて困難なため、現代のものを中心に行なう。

　墨の経年変化には膠《にかわ》が大きく影響するといわれている。固形の状態だけでなく、書写済みの墨の色・艶も経年変化し、使用された当時のものとは異なる。そこで新品を使うと艶が出過ぎるため、二〇～三〇年は経過した墨を用意した。紙は、古文書・古典籍に多く用いられているもので、素材から工法まで明確なものを四種選択した。

検証のための素材

〔墨〕国産品①～⑤・⑦・⑧は古梅園提供品。特に①と⑦は近世のもの（約二〇〇年前）で大変貴重である。中国産⑥・⑨は上海墨《ぼくしょう》廠製で購入年を示す。

【油煙墨】

①九玄三極《きゅうげんさんきょく》　江戸古墨

②五星《いつつぼし》　紅花墨《こうかぼく》（菜種油煙）一九七五年以前

③玄螭《げんち》（胡麻油煙）一九八〇年代

④桐華煙《とうかえん》（桐油煙）一九八〇年代

⑤椿油煙墨《つばきゆえんぼく》（椿油煙）一九八〇年代

⑥天保九如《てんぽきゅうじょ》（神煙）一九七六年以前

【松煙墨】

⑦松鶴《しょうかく》　江戸古墨

⑧翰苑清賞《かんえんせいしょう》（紀州松煙）一九七五年以前

⑨蒼松萬古《そうしょうばんこ》（黄山松煙）一九八八年以前

〔紙〕❶古代紙　❷楮紙　❸雁皮紙　❹竹紙

❶～❸は、宍倉ペーパー・ラボ、紙の温度共同製作の繊維分析用見本帳より選抜、❹は三宅賢三氏と、紙の温度共

同製作の竹紙見本帳より選抜（368頁）。

〔硯〕北村真石製天然小硯（大正時代）
室町時代に始まったとされる甲州産雨畑硯《あまはた》。日本を代表する硯。

〔筆〕雀頭筆《じゃくとうひつ》（小）藤野雲平製（次項）
正倉院蔵筆と同じ構造をもつ巻筆。書画・古文書類に多く使用されたと考えられる。使用する墨ごとに筆を変えた。

調査方法としては、一〇ccの水（ミネラルウォーター）を雨畑硯で五〜七分手磨りする（表面に色の変わった皮膜のようなものが出た状態を確認する）。それに一〇ccずつの水を加え、四段階それぞれの濃さで各紙に文字を書く（カラー口絵46頁図1。以下、本項の図1〜13は46・47頁に掲載）。

また、墨色を表現する際の用語を少々説明したい。墨色は濃い時は「黒色」、薄くすると「灰色」と一般的には考えられているが、実は微細ではあるものの、黒色の中にも様々な色が窺える。色の感覚は個人差があり、紙の色との関係もあるため一概にはいえないが、赤（茶）味や青（紫）味を帯びるものが多く、墨色を表す際には「赤味」または「茶系」（どちらも同じ意味で青の場合も同様）というように、「味」「系」などを用いてその色の傾向を示す表現をよく使う。

調査結果

油煙墨《ゆえん》と松煙墨《しょうえん》を比較すると、書写されたものは、油煙墨は赤味で光沢があり、松煙墨は青味で光沢のない艶消しであるといわれるが、今回も同様であった（図2）。しかし、四種の紙によって同様ではない点は大変興味深い。ただ国産油煙墨内での色の違いは、肉眼ではわかっても図版で再現することは困難である。松煙墨は変化が大きく⑦・⑧・⑨と違いが見える（図3）。

❶古代紙は繊維の太細があり表面に凹凸はあるが、打紙《うちがみ》加工されているため、透明な薄い皮膜が貼付けてあるようで均等に光沢があり、墨の濃淡や書いた線の太細にかかわらずほとんどにじまない。ただ、筆の動きによって定着する濃淡は顕著である（図4）。また墨色に光沢がない松煙墨でも紙の光沢に影響される可能性がある。四種の中で紙に光沢の少ない❷楮紙と比較すると違いがよくわかる（図5）。

❷楮紙は一〜二段階目の濃さや細い線では擦《かす》れが出やすく墨継ぎなしでは複数文字を連続して書けない。三〜四段階目の薄さになると墨量によってにじむ場合があるが（図6）、墨継ぎなしで多くの字を書く時には効率がいい。他

の三種の紙に比べれば、紙の表面が粗いため❶とは正反対に油煙墨の光沢が目立たなくなる傾向がある（図７）。紙の厚みでも異なるし、濃度による使い分けも考えられ、古典籍・古文書類で大変多く使われている楮紙は、様々な場合が考えられる。

❸雁皮紙《がんぴ》は無加工でも表面に光沢があり、濃淡・線の太細に関係なくほとんどにじまない。書いた線もそのまま出るが❶古代紙のように筆の動きによって定着する墨の濃淡は目立たない（図８）。❶は表面に文字（墨）が貼付いており剝がせるような表面的な感じもするが、❸は紙（繊維）に墨がきちっと絡んでいる印象を持つ。これらの点から四種の中で最も的確に墨の状況を反映させる紙種といえる。

❹竹紙は❸と同様無加工でも表面に光沢があるが、二段階目の濃さから滲みが出やすくなる。ただ、書いている時のにじみの程度と乾燥後のものでは、軽減されているように感じる。この点について宍倉氏は繊維の細かさに関係するのではないかと指摘している。四種中最も黄色く薄い紙色のためか、他の三種と比べると全体的に色が薄く、⑨蒼松萬古以外は赤味が強い（図９）。

参考までに江戸古墨二種を淡墨で宣紙《せんし》に書いたものと（図10）、墨色の種類とバリエーションを見るために、四種の墨を使ってできるだけ白い四種の紙に墨滴を落としたたものを掲げた（図12）。紙は古典籍や古文書に使われたものではないが、調査に上げた四種も含めて、紙や墨によってこれだけ違うということは、長い歴史の中で様々な紙や墨が使われており、無数の組み合わせがあったことは類推できると思う。なお墨には顔料などを混ぜ込み、赤味や青味を人工的に調整するものもあるので考慮してほしい（図11）。

古典籍や古文書の墨を見るポイントは、一、墨色とその濃度、二、墨と紙の光沢、三、にじみと擦れの三点である。この状況を確認しながら墨付きを見て調査研究に入れば、新しい視界が開ける可能性がある。

今回取り上げた貴重な江戸古墨の他にも、図13の江戸古墨三種（残墨）が国内の墨研究家によって大切に保管されている。宣紙で色出しをしていただいたが、三種とも油煙墨と推察され、古墨独特の澄んだ深みのある墨色を呈し、魅了される。

参考文献

日野楠雄　二〇〇九「墨色の変化　紙と水と墨と」『和紙文化研究』第一七号

筆
—巻筆の世界—

日野楠雄

紙には墨跡が残る。しかし、それを書き、描いた筆はあまり問題にされない。本稿では、すでに中国戦国時代に存在した筆の歴史や素材・構造が何を意味するのかを考えるために、伝統筆といわれる「巻筆《まきふで》」に注目したい。

巻筆は現在正倉院に伝わる一七本が最古のもので、日本の筆の歴史に重要な位置を占めてきたとされる。古代・中世の古筆古写経などは巻筆によって書かれ、江戸時代を通しても主要な筆として利用され、本書掲載諸資料の多くは、この種の筆によると考えられてきた。しかし、明治以降急速に衰退し、伝承者は日本と中国とを通して一五代藤野雲平氏ただ一人となっている。

巻筆は紙巻筆《かみまきふで》ともいわれ現在利用されている筆（水筆《すいひつ》）とは異なる構造を持っている（図1）。また、巻筆には芯があるので「有心（芯）筆」、製法上では「巻立法《まきたてほう》」と称するのに対し、水筆には芯がないので「無心（芯）筆」（散卓筆《さんたくひつ》・捌《さば》き筆も同意）とも呼ばれる。なお、有心筆の芯の形態は一様ではなく巻筆は有心筆に含まれる。ただ、現

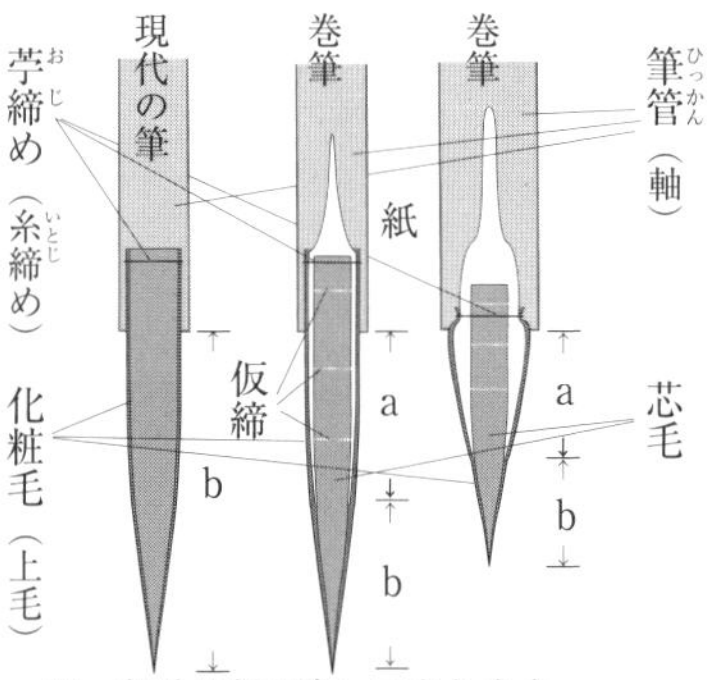

※a部分は紙が巻いてあります。
b部分を使用します。

図1　巻筆の構造図

代流通している筆は、すべてが無心筆といってもよく、有心筆についての意味や効果はほとんど認識されていないのが現状である。有心筆と無心筆の効果に差がないとすれば別であるが、構造の相違には利用上の違いが存在することは十分考えられる。有心筆が雲平筆以外消滅してしまったことを踏まえて今後の研究が必要であろう。

この構造の異なる二種は、日中共に歴史的にどう存在してきたのか実はよくわかっていない。現在確認されている筆の歴史二四〇〇年の中で、二者が併用されてきたのか、時代を分けたのかすらはっきりしていない。

『説文解字《せつもんかいじ》』（一〇〇年成立）に秦以前の筆に関する記載があるが、一九二七年に居延《きょえん》筆が発見されるまでは、正倉院蔵筆が世界最古の筆で、「狸毛筆奉献表」によって、製法は空海が中国から伝えたとされた。また、梁同書《りょうどうしょ》が『筆《ひつ》

史《し》』（清代前期成立）に引用した『博物誌』『古今注』『筆経』には、巻筆を想起させる記述があり、文献上では秦代には巻筆が存在した可能性を示している。しかし、居延筆の発見以後、唐代以前のもので三〇本近い数の筆が出土している（吉田二〇〇二）が、鋒先《ほさき》すべてに詳細な報告はないものの、どれも巻筆であるという発表はなされていない。

『筆』（木村一九七五）では、李陽氷《りようひょう》の『筆法訣《ひつほうけつ》』の「紙絹心・散卓等各々人の好む処に従う」という記述から、唐代には巻筆と水筆が併存したとしているが、黄山谷《こうさんこく》の「山谷筆説」にある「諸葛高の散卓筆」に代表されるように、北宋には巻筆は消滅し、現水筆の原型が作られたとされてきた。

日本の巻筆は、正倉院蔵筆以降、徳川家康所用筆、細井廣澤《こうたく》著『思詒齋《しいさい》管城二譜』（一七一三年成立）、明治大正の諸筆の存在によって、今日まで使用が認められているが、同譜によって主流の座が巻筆から水筆に取って替わられたと従来考えられてきた。しかし、近年明治中期に巻筆から水筆へ移行する説（村田二〇〇六）もあって、大きな話題となっている。もっとも、どちらも移行することを前提に立論している点にすっきりしないものが残る。

このように中国では巻筆の原物資料がなく、日本では同譜以前の国産水筆がはっきりしない。この虫食いだらけの状況が日中の筆の歴史を大きく揺さぶっている。特に日本では正倉院蔵筆や「狸毛筆奉献表」によって、中国から巻筆の伝来が認められているが、晋時代（前涼・四世紀）まで確認されている古代筆等の伝来は話題に上らない。両者を並行して考えることもない。中国のみならず朝鮮半島でも釜山郊外の一世紀後半頃の墓から筆が出土している。これら古代筆と日本の関係は前段の移行説と大きく関わることとなり、十分に考慮すべきことである。

正倉院御物の構造

不確定な筆の歴史の中で、日本における巻筆は天平時代から今日まで一三〇〇年つながっており、数多くの文書や書画を生み出してきたことも確かであり、正倉院蔵筆と四〇〇〇年の伝統を持つ雲平筆を対象に考えてみたい。

正倉院蔵の一七本はすべて雀頭型の巻筆である（他に大仏開眼用大筆が一本蔵される）。写経用などに使用された形の一種である。国産かどうかははっきりしないが、当時の貴重な原物資料である。表面の毛がないものや補修されているものなど、当時の姿をとどめているかはわからない。

正倉院文書の文房具については、服部誠一氏の詳細解説

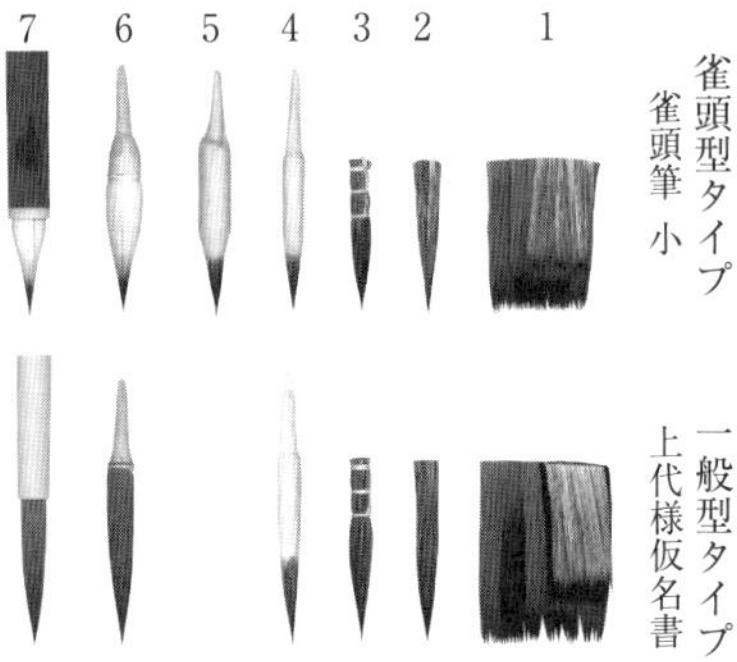

図２　巻筆の製造工程

（服部一九四二）があり、形状や特徴などもよくわかる。一七本の内、一・七・八号は正倉院展図録などにカラー図版があり、内部が見えて構造がわかりやすいので、雲平筆⑬の工程（図２）と構造図（図１）を参照しながら予想断面図を作ってみた（図３）。繰込《くりこ》み部分の毛はもう少し深くまで入っていることも考えられるが、毛（鋒先）については現在正倉院で調査中とのことで発表が待たれる。❶八号（図３左）は後述する雲平筆⑭（雀頭筆）と同じようだが、❷一号と七号（図３右・中央）は巻きが二段になっており、実際に書ける部分は一〇㎜程度の長さとなる。他一四本もどちらかの構造と考えられるが、服部氏は形状と製法という分類でそれぞれを円錐状式・紡錘状式と低腰式・高腰式とに整理（図４）しており興味深い（一四代雲平が宮内庁の依頼で複製を製作した大仏開眼用筆は五段以上といわれている）。

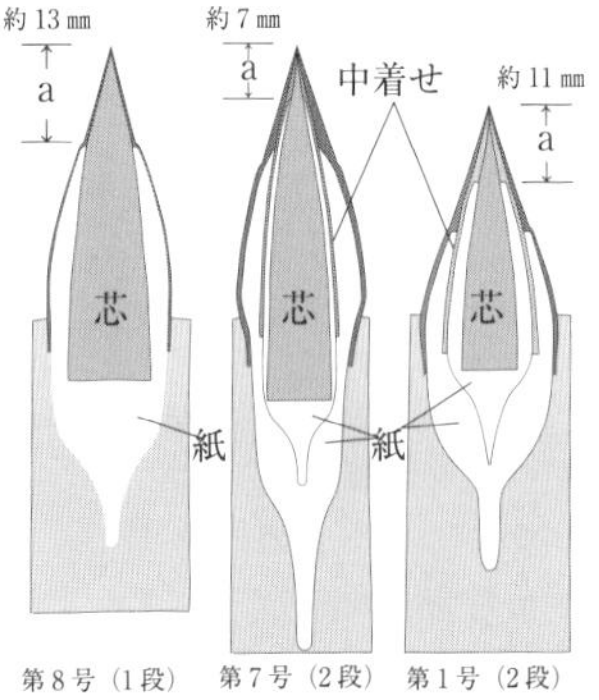

図３　正倉院蔵筆　予想断面図

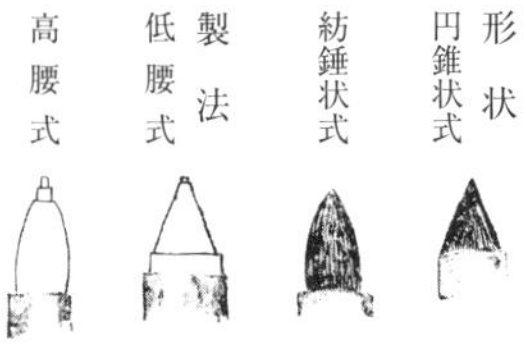

図４　製法と形状

筆が紙にあたる部分は「芯」の先端であり、その可動範囲は図５ａ部分となる。❶と❷の違いをみるため、雲平氏に現雀頭筆（小）を二段型にしたものを製作してもらい試してみた。毛の量と長さが異なり墨量も書く線も違ってくる。筆管も二㎜太くなり、感覚が異なるが安定性が増したように思われた。巻筆は紙を巻き重ねていくため、毛の量の割に筆管（軸）が太くなる。実用品として考えれば、筆の太さは当然書くことにも影響してくる。

紙で巻き締められていることからくる一次的効果は「先端の効き」、二次的効果は先端が摩滅しても効きの効果が続き、またバラバラにならない（捌けない）という「耐久性」

を生み出す点である。特に時間を要する写経の筆は、先が効き、線の鋭さと太さをあわせ持ち、持っていて疲れない軸の太さが必要で、雀頭型が適していたのかもしれない。

雲平筆四〇〇年の伝承

二〇〇九年、五島美術館「筆の美展」で巻筆である徳川家康所用筆や沢庵《たくあん》宗彭《そうほう》所用筆が展示された。空海から家康までの間は資料がなく不明であるが、室町時代の巻筆技術が家康所用筆に、そして雲平筆に受け継がれたのだろう。

雲平氏の藤野家は五三〇年前に始まり代々又六《またろく》と名のるが、江戸時代元和年間（一六一五～二三）三代が京都で筆業を始め雲平《うんぺい》と改め、五代、正徳年間（一七一一～七五）の時、近衛家熙《いえひろ》（後に予《よ》楽院《らくいん》と号する）から「攀桂堂《はんけいどう》」という屋号を拝領し、その後今日まで攀桂堂藤野雲平として一五代を数える。ただ、残念ながら一三代の時に関東大震災で多くのものを焼失した。そのためわずかに残った巻筆に関する資料によれば、近衛《このえ》家・有栖《ありす》川《がわ》家・閑院《かんいん》宮《のみや》家などの内裏関係、徳川家・松平家・島津家など大名家、東西本願寺など寺院の名が見える。また、今日まで伝わる筆には本阿《ほんあ》弥《み》光悦《こうえつ》用筆や、貫名《ぬきな》菘翁《すうおう》用筆（水筆）がある。

三代が創業した元和期、光悦は六〇代。江戸期を代表する書家でもあった近衛家熙と五代は、同じ京都で四半世紀を生き一年違いで亡くなっている。何度か出版された『京《きょう》羽《は》二重《ぶたえ》大全《たいぜん》』にはそれぞれ雲平氏の名が見えるが、延享二年（一七四五）版は六代、明和五年（一七六八）は七代、文化八年（一八一一）版は一〇代、また文久三年（一八六三）版『京羽津《きょうはつ》根《ね》』は一二代雲平と考えられる。菘翁が京都に

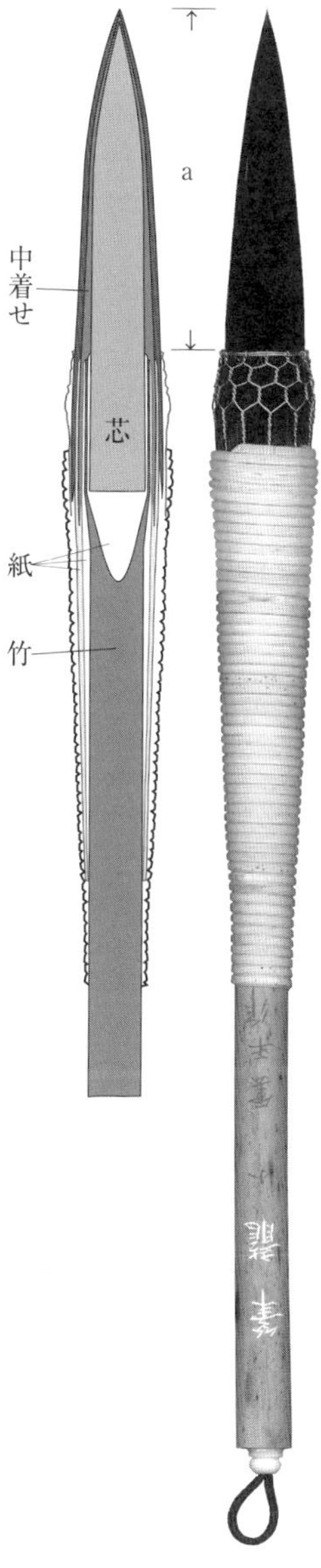

図5　籠巻き筆

住んでいた時期は一〇～一二代雲平の頃である。公家・武家・寺院・書画家に雲平筆は利用され、今日に至っている。国内の筆墨硯紙製造の老舗は多いが、その伝統を四〇〇年伝えるのは、他には墨付きの検証に協力していただいた古梅園しかなく、共に大変貴重で我が国の宝といえる。

江戸時代、雲平筆が公家・武家・寺院・書画家に使われていたことは、それ以前も巻筆の利用者としてこれらの階層の人々が十分に考えられる。特殊技術と手間のかかり様から決して安いものではなく、庶民が一般的に使用できたのだろうかという疑問も生じてくる。

雲平筆には以下一八種（二九本）の巻筆が伝承されている。①平安かな書法　②上代様仮名書*　③消息筆　④上代様短冊書　⑤上代様懐紙書　⑥太師流点画筆　⑦太師流清書筆　⑧太師流消息筆　⑨道風朝臣用筆　⑩佐理卿筆　⑪行成卿筆　⑫定家卿筆　⑬光悦用筆　⑭雀頭筆*　⑮天平筆　⑯筆龍 赤天尾*　⑰筆龍 黒天尾*　⑱筆龍 兼毫*

（*印は複数サイズあり）

言い伝えでは、①～⑮は江戸期に奈良平安の古筆古写経など名跡を敬慕し再現するためのもの、⑯～⑱は大筆用巻筆として対応したもので、巻きの回数は大きさに比例して増えていく。例えば、⑯は中着《なかぎ》せと呼ばれる巻き重ねの回数が一回であるが、⑯の中サイズは二回、大サイズは三回となる（図5）。現在は東京でも九段の平安堂でほとんどを見ることが可能なので多くの方に試してもらいたい。

巻筆の構造が正倉院から雲平筆まで変わらないものとして、素材の問題はあるが、もし、有心か無心かで効果が異なり、書かれた文書や書画の表現に違いがあれば、歴史的に重要な意味を持つことになろう。その検証には原物や文献は数少ないが、あらためて中国古代から近代日本までを中国製と日本製とを対比しつつ、筆墨硯紙を並行して捉える視点で考えていく必要があろう。

参考文献

木村陽山　一九七五　『筆』大学堂書店
服部誠一　一九四二　「正倉院御物の文房具」『書之友』八―一四臨時増刊
村田隆志　二〇〇六　『木村陽山コレクション五十選&筆づくりフォーラムI図録』筆の里工房
吉田恵二　二〇〇二　「中国古代筆墨考」『國學院雜誌』一〇三―一〇

【コラム】硯

日野楠雄

中国漢代で研石が役割を終え、硯は三国・晋代から材質や形状に大きな変化が現れる。

材　質　石材から陶器に主流が移行し唐代まで続く。以後五代・宋代を経て今度は石材に移り今日に至っている。日本では飛鳥時代の竜田《たつた》御《ご》坊山《ぼうやま》三号古墳（奈良県）出土の「三彩有蓋円面硯」（図1）など平安時代を通して石硯の出土例がなく、奈良時代の全国の役所跡や寺院址から陶硯《とうけん》や破片が数多く出土している。平城京跡周辺では一〇〇〇点をこえており（神野ほか二〇〇三）、陶硯全盛と考えられている。中国を追うようにして鎌倉中期頃に古代陶硯が終わりを告げ、石硯に移行して今日まで続いている。ただ、その後両国とも陶硯が消滅せず時代に即応しながら存在し続けている。

図1　三彩有蓋円面硯

形　状　「外形」と「磨《す》り面」で見ると、「外形」は後漢を代表する「三足円面硯《さんそくえんめんけん》」は南北朝に「多足円面硯」につながり、隋代に「圏脚《けんきゃく》円面硯」に変化していく。晋代には方形石硯、南北朝には箕形硯《みのがたけん》（神野ほか二〇〇三）も見られるが、中唐までは円形が主流で、しだいに「風字《ふうじ》硯《けん》」（図2）となり五代から北宋には現代に共通する「長方硯《ちょうほうけん》」へと変化していく。日本では飛鳥・奈良時代には圏脚や蹄《てい》形の円面硯が多い。正倉院蔵「青斑石荘風字硯」もあるが、風字硯は平安時代の中頃には全国的広がりをみせるものの後半は衰退し、末頃には長方硯が出現して以後現在に至る。

「磨り面」（墨堂《ぼくどう》・岡《おか》）においては、晋代には磨り面とは別にした海が現れ、また磨り面が円形や方形で、中央部が盛り上がって周囲が海の役割を果たすものが生まれた。中唐から多用される風字硯の祖とされる箕形硯は磨り面がスロープ状となり一方向に海（図2）がある形状になる。北宋後期に磨り面が平で墨堂と海が区別される現在の長方

図2　風字硯

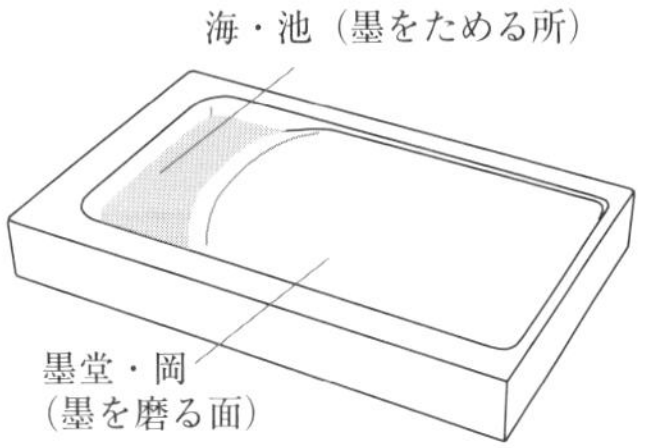

図3　長方硯

硯と同じものとなる（図3）。日本では円面硯も風字硯も磨り面は中国と同様である。

朝鮮半島では楽浪郡《らくろうぐん》時代（前一〇八～三一三）の金銅熊脚付円硯（石板）や百済《くだら》時代の多脚円面硯（陶硯）の出土もあり、日本の材質・形状共に中国や朝鮮半島の影響が甚大と考えられる。

現在でも多くの素材や形状の硯が製造されているが、こうして硯の歴史を俯瞰すると、現在典型とされる長方硯（図3）に行き着くのは宋代であり、硯にとっては大きな分岐点となる。前述したようにそれまで様々な変遷を経てきたことは、墨との関係や素材、それを供給する地域性などの要因が重なり合っている。日本もその長方硯の影響を大きく受け、室町時代以降は主流を占めることになる。

また唐代は陶硯の全盛であるが、現在でも有名な硯石材の二大産地とされる端渓《たんけい》（現広東省）や歙州《きゅうじゅう》（現江西省）で採掘が始まる。他にも魯硯《ろけん》・洮河緑石硯《とうかりょくせきけん》・松花江緑石《しょうかこうりょくせき》硯《けん》など中国各地から数々の石材が発見され、名硯が登場する。また澄泥硯《ちょうでいけん》も唐代から知られるが、焼成したとされるこの硯は、長らく現江蘇省霊巌山の石と混合され明確に区分けできない状況が続いている。

硯材で第一に上げられる端渓硯は現肇慶市の斧柯山《ふか》から流れ出る端渓に由来する。唐宋代の文人に愛され、明から清代には掘削技術も進み、より深く名石を求めることが可能となった。大西洞《たいせいどう》に代表される水巖《すいがん》（老坑《ろうこう》）は清雅を極め、中には実用的でない鑑賞硯というものも作られ宝石のように好まれている。他には坑仔岩《こうしがん》・麻子坑《ましこう》・宋坑《そうこう》・冚《かん》羅蕉《らしょう》・有凍岩《ゆうとうがん》・緑端《りょくたん》・二格青《にかくせい》・梅花坑《ばいかこう》・朝天岩《ちょうてんがん》・宣徳岩《せんとくがん》などの坑が開発されて多くが今日まで残っている。

端渓硯に比肩する歙州硯《きゅうじゅうけん》という現江西省北部産の名石もある。『歙州硯譜《きゅうじゅうけんふ》』（北宋成立）によれば唐の開元年間（七一三～七四一）に採掘が始まった。婺源県芙蓉渓《ぶげんけんふようけい》には眉子坑《びしこう》・水舷坑《すいげんこう》・刷子坑《さっしこう》などがあり、石紋の特徴的なものに羅紋《らもん》（目）や魚子紋《ぎょしもん》があり、粘板岩で硬質な石材が多い。

日本では、奈良・平安時代の陶硯が、鎌倉時代後期から石材に比重が移っていく。日本で最古の石硯は嵯峨《さが》天皇が命名した「石王子硯《しゃこうじけん》」（現京都府綾部市）であると『雲根志《うんこんし》』（木内石亭　前編一七七三年成立）に伝わるが、今日まで素材と技術が伝わらず愛好家が復古したものがわずかに残る。また鞍馬寺経塚から出土した風字硯や赤間紫金石硯（源頼朝献納鶴岡八幡宮蔵）なども伝わっているが石硯はわずかである。江戸時代には素材も形状もほとんど現代と同じとなり、『和漢硯譜《わかんけんぷ》』（鳥羽希聡　一七九五年成立）に見えるように全国三七種と、様々な地域で産出される。しかし、伝統を受け継ぐ和硯は、鎌倉時代に始まるといわれる赤間石、墨付きで使用した雨畑石、他に龍渓石《りゅうけいせき》・鳳来寺石《ほうらいじせき》など現在一〇数カ所にまで激減してしまっている（玄昌石《げんしょうせき》は、二〇一一年東日本大震災の影響により情況が摑めていない）。

　硯は陶硯と自然石以外にも、瓦や木製硯など様々である。中国古代の石板や鑑賞硯は別として、硯にはいかに細かくまたは多く磨るかという「磨墨《まぼく》」と、できた墨（液）の質がどうかという「発墨《はつぼく》」の二つの役割がある。それには鋒芒《ほうぼう》（磨り面の微細な凹凸）が大きく関わっており、例えば硯材に多い泥質岩・頁岩・粘板岩でいえば主として雲母がその役割に当たる。

図４『和漢硯譜』（空海研）

　文書や書画製作上、文房四宝の中で間接的役割と考えられる硯は、良質の墨（液）を生み出すために欠かせないものであることも忘れてはならない。しかし、近年は液体墨の使用量が増大し、硯で墨を磨ることがなされなくなっている。便利ではあるが「磨墨」「発墨」の妙がなく、書かれるものの独自性や保存面から見て、不安要素は拭えない。

　二〇〇八年三月、五度目になるが近江高島硯の最後の硯匠福井泰石氏を訪ねた時、最近、蔵で見つけたという高島虎斑石の古硯を見せていただいた。江戸時代のもので、約五〇×三〇㎝、厚み一五㎝の大硯で、縁や側面に龍と鳳凰が刻してある見事なもので、まさに日本の宝を見る思いであった。京都市では江戸時代の遺跡から多数出土している高島硯は、一昨年秋、残念ながら歴史を終えたが、その大硯はあたかも伝統の存続を願うかのような出現であった。

参考文献

神野恵・川越俊・吉田恵二　二〇〇三「平城京出土の陶硯」「陶硯研究の現状と課題」『古代の陶硯をめぐる諸問題』奈良文化財研究所

【コラム】墨と料紙

大川原竜一

　中国に起源をもつ墨が日本で製造されたのは、推古《すいこ》天皇一八年（六一〇）に、高句麗の僧曇徴《どんちょう》が紙と墨を作る技術をもって渡来したことに始まると記されている（『日本書紀』）。この墨がいかなる原料で作られ、どのような形態であったのか、また、それ以前の状況はどうだったのかは、よくわかっていない。けれども、墨の製造技術が紙のそれとセットで伝来したとあることは、両者の密接な関係をうかがわせ興味深い。

　日本古代の辞書『和名類聚抄《わみょうるいじゅうしょう》』には「松烟《しょうえん》を以て膠《にかわ》と和して合わせ成す也」とあるように、墨は主として黒色の「烟」（煤《すす》）を膠《にかわ》で固めたものを指す。墨が単なる黒色塗料と根本的に異なるのは、それが固形物であり、使用を目的として人為的に作り出された文房具と限定してとらえられる点にある。

　「墨よけれども、きらめかぬ料紙有。厚紙、檀紙《だんし》、唐紙などの墨つかぬあり。されどそれもよき墨にて書たるが、墨つきはよくみゆる也」と、書道の伝書『夜鶴庭訓抄《やかくていきんしょう》』（平安末期成立）が記すように、古くから墨の良し悪しにも料紙との相性があると認識されていたことがわかる。料紙を論ずる際、墨は看過できない研究対象である。

日本の墨―正倉院伝世の墨と出土資料―

　日本の墨については八世紀の正倉院宝物が有名だが、正倉院には一六点の墨が伝存しており、うち舟形（カラスミ形）一二点、筒形二点で、残りの二点は筒形の白墨である。白墨は、おもに写経の誤字の訂正や訓点を施すために用いられた。ほかに、天平勝宝四年（七五二）の東大寺創建の大仏開眼供養会および文治元年（一一八五）の開眼法要で使用され、儀式用に特注されたとみられる巨大な墨も伝わっている。

　このなかでも墨三点には文字が記され、「開元《かいげん》四年」（七一六）という中国の年号が朱書されたもの一点と、「新羅《しらぎ》」という古代の朝鮮半島の国名を刻んだもの二点があり、舶載品であることがわかっている。この三点には、貞家・武家・楊家という工人もしくは工房の名も記されており、中国の文献でも工人の名を墨に刻んだ記録が見受けられる（『春渚紀聞《しゅんしょきぶん》』『遯斎閑覧《とんさいかんらん》』）。中国宋代の政治家・詩人で著名な蘇軾《そしょく》（蘇《そ》東坡《とうば》、一〇三六～一一〇一）は、墨の蒐

表　各地出土の墨（単位：cm・g）

出土地	年代	長さ	幅	厚さ	重量	形態	出土状況	共伴遺物	備考
平城京左京三条一坊十四坪跡［奈良県奈良市三条大路］	8世紀前半(720年前後)	2.6	2.6	1.1	4.6	舟形	胞衣壺内	筆管、銅製刀子	端部のみ
諏訪遺跡群西山ノ後地区［鳥取県米子市］	8世紀前半	10.0	2.5	1.0	—	舟形	胞衣壺内	銭3枚(和同開珎)、鋤先、鉄製刀子	
平城京右京五条四坊三坪跡［奈良県奈良市平松町・五条町］	8世紀中頃	10.9	2.7	1.4	13.1	舟形	胞衣壺内	銭4枚(和同開珎)、筆管、骨片、布片	完形
平城京右京八条一坊十四坪跡［奈良県大和郡山市九条町］	8世紀中頃	5.6	3.2	1.6	—	舟形	胞衣壺内	銭5枚（和同開珎）	端部のみ
平城京左京三条二坊十六坪跡［奈良県奈良市二条大路南］	8世紀後半	—	—	—	—	舟形	胞衣壺内	なし	端部のみ
徳永川ノ上遺跡［福岡県京都郡みやこ町］	8世紀後半	8.8	2.5	0.8	—	篦形	胞衣壺内	なし	表面に陽刻型押文字「墨忍足」
奈良山［奈良県奈良市奈良阪町］	奈良時代末	—	—	—	—	不明	胞衣壺内	銭5枚(万年通宝2、神功開宝3)、布片	
上平沢新田遺跡［岩手県紫波郡紫波町］	9世紀中頃〜10世紀	11.0	2.1	0.8	—	篦形	竪穴建物床面	なし	
明寺山廃寺［福井県福井市清水町］	9世紀第3四半期以前	2.9	2.5	0.6	3.4	篦形	掘立柱穴上方	須恵器蓋・坏、墨書土器	端部のみ、表面に陽刻型押唐草紋
平安京右京三条三坊十町跡［京都府京都市中京区西ノ京徳大寺町］	9世紀後半〜10世紀前半	7.2	1.9	0.6	—	篦形	化粧箱内	漆器皿、合子、串状製品、銅製毛抜	端部のみ、表面に陽刻型押唐草紋
		8.7	2.1	0.7	—	篦形			端部のみ
若宮大路周辺遺跡［神奈川県鎌倉市小町］	12世紀前半	6.9	2.3	0.7	—	舟形	胞衣壺内	銭5枚（うち大観通宝1)、炭化物（墨ヵ）	端部のみ
		6.5	2.3	0.7	—	舟形			端部のみ
家久遺跡［福井県越前市家久町］	12世紀後半	2.0	3.0	0.8	—	不明	文箱内	金銅製水滴、硯、化粧箱、太刀	端部のみ
一乗谷朝倉氏遺跡［福井県福井市城戸ノ内町］	15世紀後半〜16世紀後半	—	1.7	0.9	—	挺形	掘立柱建物床面	炭化紙片（書状）	端部のみ、表面に陽刻型押蛟龍紋、裏面に文字「李家烟」
白山平泉寺南谷三千六百坊跡［福井県勝山市平泉寺町］	16〜17世紀	—	1.8	0.6	—	挺形	土坑内	石硯、筆架、六器など	端部のみ、朱墨
天徳寺浄品院跡遺跡［東京都港区虎ノ門］	17世紀後半	1.2	2.7	0.7	—	挺形	硯箱内	硯	端部のみ
筑土八幡町遺跡［東京都新宿区白銀町］	17世紀後半	2.7	2.8	0.9	3.2	器物形	小坑内	炭化物、陶磁器、木製品	一部のみ、陽刻型押文字（表面「天下一」、裏面「人」）
済海寺長岡藩主牧野家墓所［東京都港区三田］	19世紀初頭	16.0	3.3	1.4	—	挺形	棺内	硯、印鑑、朱肉、堆朱印籠、煙管、洋鋏、物指など	表裏両面に文字あり（判読不可）

集家としても有名で、様々な銘が刻まれた墨を所有し、数百もの墨を試して心に適うものを求めていたという。また、自らが製した墨に「海南松煤東坡法墨《かいなんしょうばいとうばほうぼく》」と印刻した（『蘇軾文集《そしょくぶんしゅう》』）。現物資料としては、中国安徽《あんき》省の馬紹庭《ばしょうてい》夫婦墓から出土した宋代の舟形の墨に、「九華朱覲墨《きゅうかしゅきんぼく》」と墨工の名が印刻されたものがしられている（吉田二〇〇二）。

日本の墨についても全国で出土事例が確認されている（大川原・山路二〇〇三、前頁の表）。墨は煤を膠で固めた有機物であるため土中で分解することが多く、遺跡からの出土例は極めて限られ、その大多数は土器や副葬品の折敷《おしき》（化粧箱）など容器内から発見された。

土器のほとんどは「胞《え》衣《な》壺」と考えられており（水野一九八四・山川一九九五）、墨は銭貨や筆管・刀子とともに出土している。出産後の胞衣（胎盤、後産《のちざん》）は、処理の仕方によって生まれた子の出世や健康に影響があるとされ、子供の富貴長寿を願って胞衣を壺に納め、土中に埋める風習が、近代まで実際に行われていたことがしられる。古代の医書『医《い》心方《しんほう》』には、文才を願う場合、新筆を添えるとある（銭貨は商才）。平城京跡（奈良県）をはじめ各地で出土した古代の墨は、当時出世の代表とされた律令《りつりょう》官人（「刀筆《とうひつ》の吏《り》」）への立身を願って埋納されていたことが考えられる。

このほかにも、墨の出土状況から明寺山廃寺《みょうじやまはいじ》（福井県）では祭祀が行われていたことが想定されており、墨のもつまじない的な一面をうかがわせる。この明寺山廃寺と平安京跡出土の墨には紋様が施され、また、徳永川ノ《とくながかわの》上《うえ》遺跡（福岡県）からは「墨忍足」という人名を刻んだ墨が出土しており、意匠を凝らしているのが特徴である。

中世になると、墨の現物資料や文献史料が増える。各地に名産品としての墨や墨職人が生まれ、贈答品として墨が用いられた記事や（『教言卿記《のりときききょうき》』『宣胤卿記《のぶたねきょうき》』『蔭凉軒日録《いんりょうけんにちろく》』『実隆公記《さねたかこうき》』）、寺社が墨の生産の経営に関わった史料が見受けられるようになる（『多聞院日記《たもんいんにっき》』『大乗院寺社雑事記《だいじょういんじしゃぞうじき》』）。これらの史料を裏付けるように、この時期の寺院跡や大名の居館跡などから墨が出土している（垣内二〇〇六）。

墨は本来文字を書くために使用されるもので、墨の色相やのびなど実用面が本質的に重要な価値をもつものである。けれども、墨の製造技術の発達とともに、墨に施された意匠や造形美など、賞玩用や工芸品としても重宝されるものになっていったようである。

文化波及の一環として大陸から墨の製造技術が伝えられた日本は、やがて国産品でも特色ある墨を製造したが、その一方で、中国の文物に対する憧憬は依然としてあったようである。文治元年（一一八五）、西国から帰京した源範《のり》頼《より》が後白河《ごしらかわ》法皇に唐墨を献上したという記録や（『吾妻鏡』）、建永二年（一二〇七）に栄西《えいさい》が東大寺に唐筆と唐墨を寄進した文書が残っている（『東大寺文書』）。平安時代から舶載品を扱う商人が史料に多くみえるように、当時、宋へ渡った日本の僧侶や商人などにより、かなりの数の文房具類が日本に入ってきていたことが推測できる。

ただし、中国に渡った最澄《さいちょう》が、台州（中国浙江省）の長官に筑紫《ちくし》斐《ひ》紙《し》・筑紫筆とともに筑紫墨という国産の墨を献じて珍重されたとの話も伝わっており（『顕戒論縁起《けんかいろんえんぎ》』）、日本の墨が中国で注目されていたことも看過してはならない。

墨の種類―松煙墨と油煙墨―

現代の墨の製法は、基本的に煤と溶解した膠とを練り合わせ、それを乾燥させ固めるという工程をとる。古く日本の古代でも、墨の製造は『延喜式《えんぎしき》』に規定がみえる。煤の採取のほか、「篩《ふるう》」（不純物の除去）、「干《ほす》」（乾燥）、「拭《のごう》」（乾燥後の磨き仕上げ）などの工程が記されており、現代と共通する点も多い（山路二〇〇四）。

墨は、原料の一つである煤によって大きく二種類に分けられる。松材を燃やして採取した煤で作られる「松煙墨《しょうえん》」と、菜種や胡麻などの液体油を燃やして得た煤で作られる「油煙墨《ゆえん》」である。

中国での墨の製造を文献史料で追うと、松煙墨は漢代（前三世紀～三世紀前半）から作られた。それに比べて油煙墨の製造は遅く、宋代（一〇世紀中頃～一三世紀後半）になって行われたようである。中国では、松煙墨が先行して明代（一三世紀後半～一七世紀前半）まで多用され、油煙墨は清代（一七世紀中頃～二〇世紀初頭）になって多く用いられたことがわかっている。先に述べた宋代の蘇軾は、松煙墨を作るとともに、油煙墨の製法も試みていた（『蘇軾文集』『東坡題跋《とうばだいばつ》』）。

日本でも墨の製造は松煙墨から始まったようである。八世紀には、「播磨墨」（兵庫県）や「和豆賀墨《わづか》」（京都府相楽郡和束町）といった日本各地の地名をつけた墨がみられ、早い時期から墨が生産・交易されていた（『正倉院文書』）。播磨国は丹波国とともに中央へ墨を貢納しており（『延喜式』）、これらの地域は山間部が多く、煤の原料の松材が入手しやすかったことが想定できる。平城宮跡出土木簡でも、電子顕微鏡による煤の粒子の観察から、使用された墨は松煙墨であると報告されている（市川・萩原一九七五）。日本の松煙墨の語は、永延二年（九八八）に宋へ渡った日本の僧侶が皇帝へ献上した品目のなかにみえる（『宋史』）。

一方、日本で油煙墨の生産がいつから始まったのか定かではない。一七世紀末の地誌『雍州府志《ようしゅうふし》』に「中世に興福寺二諦坊《にたいぼう》は、寺仏堂の灯火の烟を屋宇に薫滞《くんたい》するものを取り持ち、牛の膠と和してこれを製する。これ南都の油烟墨の始まり也」と、仏堂の棟にこびりついた灯明の煤を採って作ったのが始まりとされている。江戸時代の本草学者・貝原益軒《かいばらえきけん》も油煙墨の始まりを「明徳・応永の比《ころ》」（一三九〇〜一四二七）と記しており（『扶桑記勝《ふそうきしょう》』）、また、油煙煤を採取したと想定される土器が一四世紀代から確認されるので、この頃には油煙墨が生産されていたといえる（大川原・山路二〇〇二・同二〇〇三）。

近世初頭に松が稀少になると、油煙によって品質の高い墨を作る方向へ向かっていった。今日では重油やナフタリンなどを用いた鉱物性油煙も作られ、生産のほとんどは油煙墨である。

墨の製法—煤の採取—

松煙墨と油煙墨の煤の採取は原料を燃やすことに変わりないが、それぞれの採取方法は大きく異なっている。

松煙墨は、主として松の幹に刻みを入れて松ヤニを流し出してから伐木し、それをカマドなどの中で不完全燃焼させることで煤を採取した（松井一九八三・奈良県立民俗博二〇〇一）。

古代・中世における採取方法はよくわかっていないが、近世以降の煤の採取は、障子張りの室で松材を燃やし、煤を障子に付着させてそれを掃き集める方法で、その様子は江戸時代の『古梅園墨談《こばいえんぼくだん》』や『日本山海名物図会《にほんさんかいめいぶつずえ》』に記されている。中国明代の産業技術書『天工開物《てんこうかいぶつ》』には、割竹を舟の雨覆いの形に編み、その内外を紙や蓆《むしろ》で目張りをした横長のトンネルのなかで、松材を燃やして煤を採る方法が記されている。このほかにも、和歌山県田辺市（旧西牟婁郡大塔村・中辺路村）で、松煙墨の煤を採取したとみられる江戸時代前期のカマド跡の遺跡がみつかっている（大川原・山路二〇〇七）。

松煙墨の煤の特徴として不純物が混入していることが多い。これは長時間かかって松材を焚くため火の調節が充分にできず、火力や燃焼温度が一定しないことが理由である。『古梅園墨談』によると、火元より遠い場所ほど煤の収穫量は少なくなるが、細かく上質なものが採れるとされる。カマドの大きさや松材の大小でも、煤に精粗が生じてくるという。

他方、日本における油煙墨の煤の採取法は、中国における方式によく似ている。油を入れた土器皿内で灯芯に火を点して少しずつ油を燃やし、立ち上る煙を、上方を覆うように置いた蓋皿で受けて、内面に付着した煤を集める方法である（大川原・山路二〇〇二）。現代でも奈良市で墨を製造する古梅園では、近世以来の伝統的な製法が踏襲されている。

油煙墨の煤の特徴は、一旦採取用の火を点すと、ほぼ一定の火力で燃焼し続けるため、松煙に比べて純度が高く、不純物はほとんど混入しない（松井一九八三・墨運堂企画室一九九二）。

膠の役割―料紙との関係―

煤は常温では空気・水などの作用を受けない非常に安定した物質で、墨の黒色を出す原料である。対して膠は煤を料紙などに定着させる役割を担っている。

膠はコラーゲンを含み、ゼラチンを主成分とするタンパク質の一種で、温度変化に影響を受けやすく、温度が下がると粘度を増して凝固する。反対に、気温の高いところや水の中では粘度低下をおこし、さらに、タンパク質であるため、湿気の多い場所では細菌の繁殖により腐敗しやすいという特性をもっている。墨はこの膠の凝固を利用して作られる。膠は煤を寄り合わせて形を整えるのみならず、煤の粒子を料紙の繊維に絡みつかせて固定させ、色を出させるのである。また、墨跡に光沢をもたせる役割もある。

膠は、水分により酸化作用がおこり、炭酸ガスと水に分解するため、膠の劣化が墨色の変化や墨の風化と関わることは、科学的に確かめられている（宮坂・有馬ほか一九七六～一九七八）。発掘された資料の墨痕が、出土後の時間経過とともに色褪せる現象は、膠が劣化して、対象物に定着していた煤の粒子が分散するものと理解できる。

近代以前においては、現代と比べて墨がより大量に生産・消費されていたにも関わらず、今日確認できる類例が少ないのは、このように膠の劣化により墨が風化・分解するという墨の原料の性質に原因がある。

松煙墨と油煙墨の分析

松煙墨と油煙墨の違いを識別する方法としては、煤の粒子の大きさの計測が一般的である（宮坂一九六一・同一九六四・小口一九六九・同一九七七・墨運堂企画室一九九一）。松煙墨の煤の粒子は形が揃っておらず、大きさも〇・〇三三二〜〇・三九二五μmの間と大小さまざまであり、一方、油煙墨の煤の粒子は形が揃い、大きさも概して松煙墨の煤より小さく、ほぼ均一で〇・〇二八五〜〇・〇九二五μmの数値が報告されている（宮坂一九六一・同一九六四）。ただし、煤を採取する際の火力や燃焼時間などによって、煤に精粗が生じ、また煤の粒子の凝集もおこるため、両者を一概に判別することはできない。

このほか、色相や分光反射率の測定（小口一九七七・宮坂一九六四）、筆記後の発色の比較（池田一九九五）などが提示されている。けれども一方で、同じ墨でも使用する紙の種類によって、それぞれ異なる色相を呈するとの測定結果も得られており（宮坂・斉藤ほか一九七四）、問題も残る。

墨の色相について大まかな傾向としては、松煙墨は青色系の墨色に特徴があり、さらに年代とともに色調が青味を増していくとされる。一方、油煙墨の煤は純度が高いため墨色の厚みが少なく赤茶味を帯びた墨色で、年月による変化の幅も少ないことが指摘されている。

最近では、科学技術の進歩により、分光反射率と色相における黒色の含有量の解析から、日本製・中国製の墨の特徴やその違いを求められる可能性がある（和田二〇〇七）。

このように、墨の現物資料やその製造に関する歴史的研究は途についたばかりである。今後の科学的手法の発達により、墨の種類や原料を判別・同定する方法が確立され、墨の研究がさまざまな側面から料紙の調査・分析に活かされることを期待したい。

参考文献

池田　寿　一九九五「文書料紙における紙質と墨の種類について」『古文書料紙原本にみる材質の地域的特質・時代的変遷に関する基礎的研究』科学研究費補助金（総合研究A）研究成果報告書、富山大学

市川米太・萩原直樹　一九七五「電子顕微鏡による木簡の墨の研究」『古文化財教育研究報告』四、奈良教育大学古文化財教育研究室

王志高・邵磊　一九九三「試論我国古代墨的形制及其相関

問題」『東南文化』一九九三年第二期（中国語）、東南文化雑誌社

大川原竜一・山路直充　二〇〇二「古代の墨について」『古代文字資料のデータベース構築と地域社会の研究』科学研究費補助金（基盤研究Ｂ２）研究成果報告書、明治大学

大川原竜一・山路直充　二〇〇三「古代の墨」『古代の陶硯をめぐる諸問題』独立行政法人奈良文化財研究所

大川原竜一・山路直充　二〇〇七「現代における松煙墨製作と採煙遺跡の調査」『文字瓦・墨書土器のデータベース構築と地域社会の研究』科学研究費補助金（基盤研究Ｂ２）研究成果報告書、明治大学

小口八郎　一九六九「日本画の着色材料に関する科学的研究」『東京芸術大学美術学部紀要』五

小口八郎　一九七七「墨の研究」『古文化財の科學』二〇・二一、古文化財科学研究会

垣内光次郎　二〇〇六「文房具」『季刊考古学』九七

奈良県立民俗博物館　二〇〇一『なら墨と筆の伝承文化』

墨運堂企画室　一九九一『墨のＱ＆Ａ　墨の不思議・お答えします』

松井茂雄　一九八三『The墨：墨は生きている』日貿出版社

水野正好　一九八四「想蒼籬記　壹叢」『奈良大学紀要』一三

宮坂和雄　一九六一・一九六四「青墨の研究（Ⅰ）・（Ⅱ）」『共立女子大学紀要』七―二・一一

宮坂和雄ほか　一九七六～一九七八「風化による墨の品質変化（Ⅰ）～（Ⅲ）」『共立女子大学家政学部紀要』二二～二四

宮坂和雄・斉藤昌子・有馬智加子・片岡友子　一九七四「墨の粒子の定着状態と墨色に関する研究」『共立女子大学家政学部紀要』二〇

山川　均　一九九五「平城京跡における「胞衣壺」について」『出土銭貨』四、出土銭貨研究会

山路直充　二〇〇四「古代における墨の原料と製法（覚書）」『市立市川考古博物館館報』三一

吉田恵二　二〇〇二「中国古代筆墨考」『國學院雑誌』一〇三―一〇

和田　彩　二〇〇七「筆墨書跡における墨色に関する研究―分光測色計による分析（Ⅰ）」『表現文化研究』七―一、神戸大学表現文化研究会

【コラム】正倉院文書と顔料調査

成瀬正和

歴史時代の文書・経巻の料紙に用いられる顔料はその多くが墨である。「朱印」なども視野に入れれば、次いで多いのは赤であり、まれにそれ以外の顔料が用いられることもある。

正倉院ではこれまで宝物に用いられた顔料について調査が継続されているが、一部正倉院文書、聖語蔵《しょうごぞう》経巻に用いられた顔料についても調査が及んでいる。

正倉院で主に採用している顔料の調査方法は蛍光X線分析法およびX線回折《かいせつ》法であり、両者をあわせてX線分析という。いずれもX線の性質を利用した分析方法で、前者は測定箇所にある元素の種類や量を明らかにするための方法であり、後者は測定箇所にある結晶質化合物の種類を明らかにするための方法である。両者とも顔料の非破壊調査には大変有効な分析法であるが、限界もある。前者は、顔料の同定作業については、一種の推定法であり、また後者は直接法ではあるものの、非晶質《ひしょうしつ》の、あるいは結晶度の低い化合物は同定できない。また、いずれの方法も墨や有機顔料の同定には無力である。

奈良時代の顔料

彩色宝物のX線分析調査によってこれまで明らかになった無機顔料を表にまとめた。これまでに、約二〇種を確認したが、電子顕微鏡による粒子形態の観察によって、さらに細かい分類が可能である。またこのほか、墨をはじめとして、藍、エンジ（赤）、藤黄《とうおう》（黄）などの有機顔料が用いられていることが、肉眼観察からわかっている。

文書・経巻に用いた顔料

墨をのぞき、文書・経巻について確認された顔料の具体例を記す。その多くは赤色無機顔料である朱、鉛、ベンガラの三種であり、「朱印」や「朱筆」には、そのいずれかを用いている。朱は鮮やかな発色を呈し、またベンガラは暗褐色を呈するものが多いが、鉛丹《えんたん》はその中間に位置するような様々な発色を示すので、肉眼観察のみに基づきこれらを識別するのは困難なことが多い。

「朱　印」

印肉材料については、以下に示すように印のランクに応じた違い、また同じ種類の印でも時期により、印肉材料が異なることが読み取れた。

表　正倉院宝物中に見出された無機顔料

色	現代顔料名	奈良時代の顔料名	化学式	鉱物名
白	鉛　白	唐胡粉	$2PbCO_3 \cdot Pb(OH)_2$	水白鉛鉱
	不　明	倭胡粉	$PbCl_2$	塩化鉛鉱
			PbOHCl	ラウリオナイト
			$Pb_2Cl(O,OH)_{2-X}$　x=0〜0.32	ブリクサイト
	硫酸鉛	＊＊＊＊	$PbSO_4$/ $K_2Pb(SO_4)_2$/ $Pb_2(SO_4)O$	硫酸鉛鉱／パルミーライト／ラナーカイト
	貝殻胡粉など	＊＊＊＊	$CaCO_3$	方解石／アラレ石
	＊＊＊＊	＊＊＊＊	$Ca_5(PO_4)_3(OH,F,Cl)$	リン灰石
	白　土	白　土	アルミノケイ酸塩	カオリナイトあるいは白雲母など
赤	朱	朱　沙	HgS	辰　砂
	ベンガラ	紫　土	Fe_2O_3	赤鉄鉱
	鉛　丹	丹	Pb_3O_4	ミニウム
黄	石　黄	雌　黄	As_2S_3	オーピメント
	黄　土	＊＊＊＊	$Fe_2O_3 \cdot nH_2O$	褐鉄鉱
緑	岩緑青	緑青・白緑	$CuCO_3 \cdot Cu(OH)_2$	孔雀石
	＊＊＊＊	*銅　緑*	$Cu_2(OH)_3Cl$	緑塩銅鉱またはパラタカマイト
	緑　土	＊＊＊＊	$K(Mg,Fe,Al)_2(Si,Al)_4O_{10}(OH)_2$	セラドナイト
青	岩群青	金青・白青	$2CuCO_3 \cdot Cu(OH)_2$	藍銅鉱
金	金	金薄・金墨	Au	金
銀	銀	銀薄・銀墨	Ag	銀

＊＊＊＊は該当する名前が無いことを示す。また斜体文字は当時の中国での顔料名である。

①天皇御璽

五巻の「献物帳《けんもつちょう》」に捺された天皇御璽《ぎょじ》を調査した。いずれも印肉は鉛丹と朱の混合物であり、鉛と朱の比は、天平勝宝八歳（七五六）六月二一日『国家珍宝帳《こっかちんぽうちょう》』および、同日『種々薬帳《しゅじゅやくちょう》』、同年七月二六日『屛風花氈等帳《びょうぶかせんとうちょう》』に用いられたものがおおよそ三対一で、天平宝字二年（七五八）六月一日『大小王真跡帳《だいしょうおうしんせきちょう》』は二対一、また同年一〇月一日『藤原公真跡屛風帳《ふじわらこうしんせきびょうぶちょう》』は一〇対一であった。『延喜主鈴式《えんぎしゅれいしき》』には「年料所須朱沙《しゅさ》十二両。膠《にかわ》八両。〈位記料〉」と内印の印肉材料が記されている。実際に「献物帳」に捺された天皇御璽は朱を含むものの、鉛丹を主体とする顔料であり、『延喜式』記載のものとは齟齬がある。朱の鮮やかな赤よりも、鉛丹の明るい色が必要とされたのかもしれない。

②太政官印

『東南院古文書』を対象に、時期が異なる一二種の文書に捺された太政官印《だじょうかんいん》について調査を行い、印肉として、延暦二年（七八三）～大同元年（八〇六）六種の印には鉛丹に若干のベンガラを混ぜたものを、また長治元年（一一〇四）～建久七年（一一九六）六種の印にはベンガラを用いていることが明らかになった。すなわち九世紀初頭までと一二世紀以降では、太政官印の使用印肉には違いが認められる。

③国　印

これまでの調査によって豊後《ぶんご》国印（大宝二年〔七〇二〕）豊後国戸籍〔正集四二〕）、薩麻《さつま》国印（天平八年〔七三六〕）薩摩国正税帳《しょうぜいちょう》〔正集四三〕）、下総《しもうさ》国印（養老五年〔七二一〕）下総国戸籍〔正集二〇〕）、尾張《おわり》国印（天平二年〔七三二〕）尾張国正税帳〔塵芥《じんかい》七〕）、また伊豫《いよ》国印（天平八年〔七三六〕）伊予国正税帳〔塵芥三九〕）、周防《すおう》国印（天平一〇年〔七三八〕）周防国正税帳〔正集三六〕）、出雲《いずも》国印（年未詳出雲国大税賑《たいぜいしん》給歴名帳《ごうれきみょうちょう》〔塵芥一〕）はいずれもベンガラを用いていることが確認された。すなわち八世紀前半において、国印は印肉にベンガラを用いていたことがわかった。

④その他の印

そのほか、年未詳常陸《ひたち》国戸籍（塵芥三二）に捺された常陸倉印、年未詳文書断簡（塵芥唐櫃《からひつ》八〇など）に捺された周防国の大嶋郡《おおしまぐん》印はいずれもベンガラを印肉としていることが明らかになった。すなわち、国印以外の地方印の印肉にもベンガラを用いていたことがわかる。調査例が少なく、この結果をすべてについて一般化するのは早計かもしれないが、国印がベンガラであることを考えれば、それよりランクの低い地方印についてベンガラを使ったとするのは妥当な結論とも言える。

「朱　筆」

天平感宝元年（七四九）「東大寺装潢所送文」（正集四四）にある「麻呂」（史生《ししょう》志斐《しび》）の自署は朱、これに対し天平神護三年（七六三）「奉写御執経所移」（続修別集三）にある「宗麻呂《むねまろ》」（三嶋県主《みしまあがたぬし》）の自署は鉛丹であった。

また、天平一三年（七四一）「経師等手実」（塵芥四・一九・二〇・三七）では写経生《しゃきょうせい》の作業量、布施《ふせ》額の追加の注記に用いた赤色顔料には朱と鉛丹の二種であることが明らかとなり、同月内の報告では同じ種類の顔料を用いるが、時期により異なる顔料を用いることもあったことが確かめられた。

ベンガラ、鉛丹、朱の価格は、天平勝宝四年（七五二）頃の「仏像彩色料並布施等注文」（続々修《ぞくぞくしゅう》一四帙裏）によれば、同一重量あたり、ベンガラ（「紫土《しど》」）を一とすれば、鉛丹（「丹」）三、朱（「朱沙」）一〇〇の割合である。したがって、東大寺写経所《とうだいじしゃきょうじょ》が仮に潤沢に朱を保有していたとしても、ベンガラや鉛丹でも事足りる場合でさえ、朱を用いているのはいささか不可解である。

宝亀三年（七七二）頃の「経巻目録勘注」（塵芥一三）には墨で書かれた経巻名などの間に赤色顔料で日付、経巻名などについての記載や「朱圏点《しゅけんてん》」、「朱勾《しゅこう》」など様々な書き入れが残されている。肉眼的には色を四種ほどに分けることができるが、X線分析ではベンガラを用いるものと、ベンガラに鉛丹を混ぜるものの二種が確認できた。同一種の顔料がすべて同じ段階で用いられた保証はないが、少なくとも別種の顔料は違う段階で用いられたものと考えられる。最近ますます精緻になっている正倉院文書研究においては、「朱筆」に用いられた顔料の種類も、貴重な情報となろう。

文字の訂正

聖語蔵経巻の天平一二年（七四〇）御願経《ごがんきょう》第九九号「根《こん》本《ぽん》薩婆多部律摂《さつばたぶりっしょう》」巻三では石黄《せきおう》を文字の訂正に利用した例を確認した。すなわち黄蘗《きはだ》で染めた経紙上に書かれた誤字に対する修正ペンとしての機能である。天平勝宝三年（七五一）「装潢受紙墨軸等帳」（続々修三七帙一四）には「雌黄《しおう》一両〈正誤字料　受他田水主《おさだみぬし》〉」との記載があり、東大寺写経所で確かに石黄を誤字訂正料に用いていたことが文献資料からも確かめられる。鉱物としての石黄はわが国でも現在群馬県西ノ牧《にしのまき》、青森県恐山《おそれざん》などで産出するが、いずれも微結晶の集合体である。正倉院文書や正倉院宝物に用いられた石黄は劈開《へきかい》の認められる粗結晶《そけっしょう》のものが多く、国外産である可能性が高い。

また、天平一六年（七四四）「常疏充紙帳」（続々修三五帙—三）には、石黄、岩緑青《いわろくしょう》、鉛丹などを用い、文字を抹消あるいは訂正している箇所がある。岩群青《いわぐんじょう》は献物几《けんもつき》、献物箱、あるいは伎楽面《ぎがくめん》など器物類に広く用いる顔料であるが、文字抹消に用いる例は珍しい。

白　点

聖語蔵経巻のなかには白点を有するものが少なからずある。これまでに調査が行われたのは、天平一二年（七四〇）御願経第八一号「四分律《しぶんりつ》」巻三一と同第一〇二号「根本説一切有部毘奈耶頌」巻四、の二巻のみである。前者に訓読のために白点が加えられたのは、平安前期頃と推定されている。いずれも蛍光X線分析により、鉛は検出されず、またカルシウムも通常の和紙に含まれる程度の量しか検出できず、顔料は白土と推定できる。ただし、この結果を白点の使用顔料として一般化するには、調査例が乏しい。

ちなみに正倉院には白墨《はくぼく》と呼ばれる白色顔料を固着材で固めた丸棒状のスティックが二挺伝わるが、いずれも鉛白であった。

塡料・装飾料紙など

永嶋正春氏は正倉院から流出した文書類についてX線調査を行い、このうち天平勝宝四年（七五二）「写経所請経文」（『正倉院文書拾遺』所収）では紙の部分からX線回折によりカルサイト型炭酸カルシウムが検出されており、これについて紙の塡料《てんりょう》に基づくものと推定している。正倉院ではこれまで、正倉院文書あるいは聖語蔵経巻について、そのような類例に遭遇したことはないが、石灰や粘土、あるいはきらが漉き込んだ料紙があれば、X線分析を用い、この点を確認できるものと期待している。また正倉院には絵紙、吹絵紙など未使用の装飾料紙が伝わるが、これらに用いた顔料の同定についてもX線分析は有効である。

参考文献

永嶋正春　一九九二「正倉院文書に使用された彩色料について」『正倉院文書拾遺』国立歴史民俗博物館

【コラム】漆と紙

荒川浩和

序

隆慶年間（一五六七～七三）の漆工黄成の著『髹飾録《きゅうしょくろく》』(1)に、紙の用例が見られる。この書は、漆工藝の専門書としては最も古いであろう。紙については次の二法が記されている。

裏衣第十五　以レ物衣レ器而為レ質　不レ用二灰漆一ヲ者列在二于此一

紙衣

貼レ紙ヲ三四重　不レ露二胚胎之木理一ヲ者佳　而漆漏燥或紙上毛茨為レ類ヲ者不レ堪レ用

是韋衣之簡製而糯スルニ　以二倭紙薄者一好且不レ易レ敗也

質法第十七（略）

棬素（略）

又有二篋胎藤胎銅胎錫胎窯胎凍子胎布心紙胎重布胎一　各随二其法一也

以上のうち「裹衣《かい》」は革・布・紙等を貼る素地《きじ》の工法で、これには灰漆即ち下地は施さないと註に記されている。紙を貼る紙衣は木地に紙を三、四枚貼り、木目が出ないのがよいとされ、漆が垂れたり乾き過ぎや、紙の面が毛羽立って平滑でないものは用に堪えないとされる。その註によれば、紙貼りは革や布を用いる代りの簡略法で、薄くて平滑な和紙がよく、破れ難いとされている。質法には漆器製作の工程が順次に示され、棬素《けんそ》とは広義には木地工作と解される。その註に、木地以外の材として竹・蔓《つる》・銅・錫・陶・練物《ねりもの》等をあげ、布を心として紙を貼った「布心紙胎」も記してある。以上は、漆工藝に紙を用いた記録としては最も古い例であろう。

紙と漆

紙を用いた漆工品の古い遺例は極めて乏しく、筆者がこれまで調査することができた作は次の四例に過ぎない。

○花鳥蒔絵念珠箱（径一二・五㎝　金剛峰寺蔵）

平安時代後期。十二弁花形の印籠蓋造で、麻布と紙を交互に貼り重ねた素地に黒漆を塗り、平塵《へいじん》に牡丹様の花枝と蝶を研出蒔絵で表す。

○彩絵華籠《けこ》（九枚　径二四・〇㎝　万徳寺蔵・他）

円形の浅い皿形で、約一〇枚の紙を貼り重ねて素地とする(2)。全面に黒漆を塗り、見込みに八弁の蓮を表し、各弁の間に三鈷《こ》を配し、外縁の間を透かしている。胡粉《ごふん》地に赤・緑・藍の彩絵で描き、輪郭線に金箔を貼る。

○黒漆小箱（方六・五　高五・〇cm）
方形・丸角《まるすみ》の深い被蓋造《かぶせぶたづくり》の小箱で、蓋甲から蓋鬘《ふたかづら》の中間まで麻布を着せ、縁に紙縒《こより》をめぐらし、総体に黒漆を塗る。破損個所の観察では、四枚程の紙を貼ったと見られ、紙と紙の間に黒い層が認められる。文永一一年（一二七四）在銘の木造阿弥陀如来像の胎内から発見され、中に毛髪を納める。

○黒漆八角箱（径九・三cm　法隆寺献納宝物）
八角形の深い被蓋造で、蓋にやや幅広の玉縁をめぐらす。総体黒漆塗で、剝落や虫喰いがある。厚手の楮紙を一〇～一二枚貼り重ねてある。(3) 火取水取玉を納める。

近世になると紙を利用した漆製品が多く見られる。変《かわり》兜《かぶと》・刀筒・矢筒・陣笠等の武具、茶道具・印籠・煙草入・煙管《きせる》筒・盆その他の生活用具等広範囲に及ぶ。成形し易い紙の特性と漆の耐久性とが応用されたものであろう。記録にも散見され、中でも地方産業の漆器に紙の利用が見られるので二、三あげておく。

○文匣　以レ紙貼二筥之内一　塗二漆於其上一
（『雍州府志《ようしゅうふし》』六土産門　貞享元年（一六八四）刊）

○紙類素地　輪出向盆素地として静岡市よりボール紙製、大阪および東京よりパルプ、廃紙を原料として圧搾成形した後、植物油、アスファルト等で防水したものが生産されたが種々の欠点があり研究の余地を残して自然消滅した。大正時代に防水処理に溶融硫黄を吸収した硬質漆器が名古屋で発明され行われている。新聞紙を蕨糊にて木型に張り重ねて作る低級な一閑張漆器が名古屋、静岡の特産として一時盛んに生産されたがセルロイド製品に駆逐された。（一九七頁）
名古屋の一閑張（九二頁）
京都の一閑張文庫・紙製素地擬似堆朱（九五頁）
（澤口悟一『日本漆工の研究』昭和四一年（一九六六）刊）

○ボール紙（カルトン）漆器考案
中川長吉は明治一四年（一八八一）頃から横浜に出て漆器貿易を営んでいた。当時横浜商工会が「ボール紙」を水に溶解し、器機圧搾して盆形など種々のものを作っていたが、乾燥または漆塗の際に形状の崩れるのを免れなかった。（略）のち一閑張漆器に發展し、筆入、裁縫箱に応用され大正から昭和の戦時統制頃まで長い間需要を得た。
（『静岡木漆産業史』昭和三五年（一九六〇）刊）

一閑張《いっかんばり》考

紙を用いた漆器は「一閑張」(4)と称されている。この呼称は千家十職の一つ飛來一閑家が伝える工法による。初代一閑は寛永年間（一六二四～四四）、明末の動乱を避けて来日し、手遊《てすさび》に紙貼りの漆器を作ったところ、千宗旦にその雅味を認められ、茶道具の制作を行うようになったと伝える。その出自が浙江省杭州西湖畔の飛來峰下であったところから(5)飛來を姓とし、一閑・朝雲齋を号とした。飛來一閑家に伝えられた技法の特徴は次の通りである。筆者は昭和四三年（一九六八）に一四代一閑の工房を訪ねて親しくその工法や材料について聞採りを行い、近年再び一六代一閑夫妻より説明を受けた。また、歴代の作品数十点の調査も行うことができたのでこれらを参考に技法的特徴をあげておく。

1　張抜《はりぬき》法　型を用いて紙を貼り重ねて漆を塗る。棗の制作には紙を細く截断して二〇枚程貼り重ねる。器物によっては三〇枚程貼り重ねる場合もある。紙の種類については後述するが、薄紙と厚紙を適宜使い分ける。初代一閑作の菊香合は六枚程紙を貼り重ねてある。

2　木地紙張　木地には桐材を多く用い、杉材は趣があるという。木地に柿渋を一回塗り、サンド・ペーパーで軽く研ぎ、紙を貼る。紙の截《た》ち方は器物に応じた型を用いて行う。棗の例を見ると蓋・身に応じた型があり、ヘギ目の木地には紙をやや長目に截ち、高台等は紙の伸びを考慮してやや短か目にする。髹漆《きゅうしつ》には下地や中塗を行わず、原則として花塗一回だけであり、紙の材質感を効果的に表す。黒漆塗が最も趣が出るが、潤朱《うるみしゅ》塗・朱漆塗・青漆《せいしつ》塗も行い、塗り分けもある。

3　ヘギ目　ヘグは「剝ぐ・折ぐ」であり、板材を割ったり剝ぐ際に現れる筋をヘギ目と呼ぶ。初代一閑作の軸盆の天板と立上りにヘギ目を表している。この盆は長方形の入角《いりすみ》で、急角度の立上りと底四隅に刳形《くりがた》足をつける。紙を貼って黒漆を塗り、足と側面の飾りに弁柄《べんがら》漆を塗る。豪放な作風で、刳形に唐様の趣がある。なお、ヘギ目を表す好例に春慶塗がある。木地を黄色や紅色に染めて透《すき》漆《うるし》を塗って、木目の美しさを見せる。ヘギ目も木材を割《さ》いたままの素朴さが本来の味であるが、近年は刀でヘギ目を作っている。

4　折撓《おりだめ》　曲物の工作に用いられる技法で、板材の角の裏に数条の鋸《のこぎり》目を入れて曲げる。一閑作の折撓はこの方法を器物の制作に応用している。紙の貼り方は木地の

表　一閑使用の和紙調査分析

項目＼紙名	越中紙（薄手）	美濃紙（中）	内山紙（厚手）
厚　み	0.057㎜	0.075㎜	0.093㎜
水吸収速度 水吸収面積	57秒 17㎜	26秒 11㎜	39秒 14㎜
油吸収速度 油吸収面積	260秒 16㎜	120秒 20㎜	50秒 13㎜
表面特性 漉き簀	厚薄多い 繊維の方向性が少ない 細い竹簀跡ある	厚薄少ない 繊維は方向性が無い 見えない	厚薄有り 繊維の流れがある 微妙に見える
顕微鏡結果	三椏50% 楮20% 木材パルプ30%に米糊を加えた	楮70% 三椏30%で漉く	非繊維細胞ある 幅の広い楮に米粉を加えトロロアオイで漉く

貼り方と変りがない。

飛來一閑家で用いる紙について紹介する。

○一三代　美濃紙（『江湖快心録』明治三四年（一九〇一））

○一四代　美濃紙（『茶道雑誌』昭和二一年（一九四六）一〇月）

昭和四三年（一九六八）の聞採り調査によれば、美濃紙・越前紙・内山紙を用い、各地の紙も試みたと記録されている。

○一六代

先代から引継いだ四種の紙を使用しており、包装紙に「越中」「富山」「美濃」「内山」と記され、「越中」と「富山」は薄手で、「内山」は厚手であり、「美濃」は両者の中間の厚さである。厚・薄・中三種の紙について、顕微鏡写真撮影と分析を行った結果を表に示す⑥。

紙を貼る糊《のり》については飛來家では秘法としているが、一四代の話から推して蕨《わらび》糊と考えられ、柿渋の混ぜ方にコツがあるようである。現代の漆工も紙を貼るのに蕨糊を用い、柿渋を混ぜて煮る。紙貼りには上新粉・麦粉等各種が用いられ、玩具漆器の紙着せには生麩《なまふ》が用いられたという⑦。

飛來一閑家は茶道具の制作に紙を用い、その技法を代々伝えて来た。一方、近代になって紙を用いた漆器が各地で生産され、これらも「一閑張」と呼ばれるようになり、中には安価で粗悪な漆器も出廻った。紙の風合を生かした本来の一閑張を再認識すべきであろう。

跋

漆関係で特殊な紙の用法に漆濾《こ》しがあり、漆の夾雑物の濾過に用いる。漆濾紙には吉野紙か麻生紙が使用され、使用目的によって枚数を変え、濾紙の表面の一枚には渋引きか一度使用した濾殻《こしがら》を用いる。近年漆濾しにグラスファイバーを用いる漆工もいると聞き、漆濾紙の濾過効果を知るべく紙の分析を考えたが、まだ結果を見るに到っていない。

その他蒔絵用・下絵用等漆関係の紙は各種あげられるが、沈金の工程で用いられる紙を紹介しておく。沈金は漆塗の面に模様を線彫して、刻線内に金箔を附着させる技法である。刻線内に漆を摺込《すりこ》んだ後に、模様外の漆を揉《もみ》紙で拭き取る。また、金箔を刻線内に附着させた後に、模様外の金箔を除くには指頭に紙を当てて拭き取る。この技法は宋元代から行われ、鎗金《そうきん》と称されるが、明代の『輟畊録《てっこうろく》』中の鎗金銀法にも紙の使用が記されている(8)。

終りに、近年まで身近に用いられていた紙縒漆塗を取上げたい。前出の矢筒や煙管筒の他に笠や三味線の胴掛等多方面に用いられ、軽くて丈夫であり、編目文に趣がある。その技法が伝っているか知らないが、筆者も昭和前期の紙縒漆塗矢筒を今でも愛用している。

註

（1）写本。黄成著　天啓五年（一六二五）揚明序註。

（2）昭和四〇年（一九六五）の修理記録による。

（3）加藤寛「漆液と素地の採集に関する基礎知識」『漆芸品の鑑賞基礎知識』一九九七年、至文堂刊

（4）本稿では紙を貼るとしたが、「一閑張」は張が通用しているのでこれに従った。

（5）飛來峰下の出自から「ひらい」と称したと考えられるが、飛來家では「ひき」と名告っている。

（6）宍倉ペーパー・ラボの撮影・分析による。

（7）澤口悟一『日本漆工の研究』一六九頁

（8）明の陶宗儀撰　元代の法制・至正年間（一三四一～七〇）の兵乱を主として記す。第三〇巻「鎗金銀法」に次の記事がある。
所刻縫罅以金薄或銀薄依銀匠所用紙糊籠罩置金銀簿（ママ）在内

＊本稿は編集の都合により、旧かな遣い・旧字体の原稿を、新かな遣い・新字体に改めた。

第五章　原料

楮

コウゾ属は東アジア地域に生息する小さな属で、野生種のヒメコウゾ・ツルコウゾ・カジノキと雑種性栽培種のコウゾがある。野生のヒメコウゾは一般にコウゾと呼ばれており、栽培コウゾと紛らわしい。本草学者の小野蘭山《おのらんざん》（一七二九〜一八一〇）はこの違いについて、野生種はヒメコウゾ、栽培種はコウゾと名付け区別した（『本草綱目啓蒙』一八〇三年）。一九五〇年代になり、猪熊泰三《いのくまたいぞう》（一九〇四〜七二）ら植物学者の提唱によって、栽培種の楮《こうぞ》はヒメコウゾとカジノキの種間雑種《しゅかんざっしゅ》説に落ち着いた。

和紙原料としてのコウゾ属は、基本的にカジノキ・ヒメコウゾ・コウゾ・ツルコウゾの四種である。多くの和紙関係の書物には、楮の種類がたくさん書かれており、地方・産地ごとに色々呼び名がある。こうした文献の多くは、コウゾとヒメコウゾのどちらについて説明しているのか、不明なことが多い。単に楮といっても実際は多くの種類が存在し、様々な紙質の楮紙があるのである。コウゾを単一種と考えるのは誤解である。この間違った認識を整理して、生産者も消費者も共通の知識をもって楮紙の特質を論じることが大切である。楮紙《ちょし》をつくるには、それ相応の製造法を身に付け、総合的技術力のある職人が必要である。品質の安定性や生産者の技量の高い土佐の紙に利用者や愛好者が多いのは、このためである。たとえば高知県においては、生産者が原料である数種の楮の性質を把握している。

楮の歴史

カジノキは、日本を含む照葉樹林帯の農耕文化の中で育ってきた南方系植物で、日本には人為的に渡来した可能性が非常に高い。カジノキは樹皮の繊維を採るためか、フルーツ食物として果実を求めたのか、石器時代に石による加工がしやすい材として受け入れたのか、さだかでないが、縄文時代にすでに渡来している事実は各方面から認められている。

このカジノキと、同じクワ科の在来種ヒメコウゾとの交配が早くから行われて、両者の交配種である栽培種のコウゾが生まれた。

二種の違いはカジノキが雌雄異株の喬木《きょうぼく》（丈の高い木）で樹皮の肌が荒いのに対して、ヒメコウゾは雌雄同株の灌木で樹皮の肌が滑らかなことである。葉の形から区別するのは、成長過程で形が変化するため難しい。

楮繊維の特徴

楮の繊維を顕微鏡で観察すると、細く長いものと幅の広いものがある。細く（二〇㎛前後。）長いものは先端が尖り、繊維壁が厚く円筒形で透明性がない。幅の広いもの（二五～三五㎛）は薄くリボン状で、繊維壁も薄く、半透明である。楮繊維に特有の十字痕があり、大麻《たいま》や木綿繊維と見分けるポイントになる。

楮は種類が多く、産地によっても、根部や梢部の皮にも差があり、二種の繊維が混在している。そこで、同一形態の繊維が主体の雁皮や三椏に比べ、多種多様の紙がつくられることになっている。

表1　楮繊維の大きさ

	長さ（㎜）			幅（㎛）		
	最大	最小	平均	最大	最小	平均
アカソ	一二	四	八・二	三〇	一〇	一九・三
アオソ	一二	四	七・二	三四	一二	一六・八
タオリ	一六	四	九・〇	五〇	一四	二四・三
クロソ	二八	六	一一・六	五〇	一四	二五・三
タカソ	三〇	四	九・〇	四二	一八	二六・八

表1からは楮繊維の形態の違いがよくわかるし、図の繊維写真でも二種の異なった繊維がみえる。

楮の紙

楮紙は、奈良時代中期に苧麻《ちょま》紙とともに広くみられる紙である。これらの紙は充分洗滌《せんじょう》され、非繊維細胞の残留が少なく、繊維は鋭利な刃物で切断されている。奈良時代後期の楮紙は切断処理を加えていない長い繊維の場合もあり、表面は打紙《うちがみ》されているという特徴がある。

平安時代の楮紙で切断作用を受けた紙は少ないが、異物の混入や、繊維分散がよくない紙は少なく、黄蘗《きはだ》染めや膠《にかわ》を塗布した紙が多くなり、打紙や瑩紙《えいし》がみられる傾向にある。

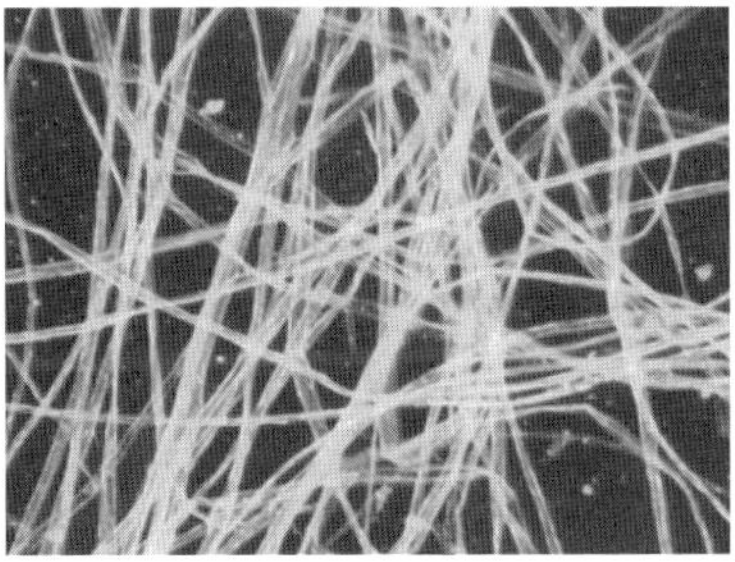

図　楮

鎌倉・南北朝時代の楮紙は、繊維間に米粉や米の澱粉《でんぷん》がみられる料紙が多くなる。これら内添物によって墨のにじみを抑えることができたことにより、重労働である打紙をしていない料紙の割合が多くなった。

もっとも、中世の仏典に使われる楮紙には、ほとんど打紙加工が施されている。内添物に米の澱粉を使うか、表面に膠や蕨粉《わらびこ》などを塗布してあり、料紙の選択・印刷・製本も当然丁寧に行われたのだろう、優れた料紙が多い。

楮と印刷

日本の出版物は一六〇〇年代に入り数多く刊行され、その料紙の多くは楮紙が使用されている。それ以前の一五〇〇年代には、出版物の数が少ない。

江戸時代においても、僧侶や貴族階級向けの活字本の料紙は、鎌倉時代と同様の方法でつくられたが、井原西鶴《いはらさいかく》（一六四二〜九三）などの浮世草子《うきよぞうし》の料紙は粗雑な紙もみられ、楮紙の質も多様になってくる。中世以前の活字本に使われた楮紙は、丁寧な原料の処理が施され、ネリ剤にはほとんどトロロアオイが使われていたが、江戸時代の浮世草子の楮紙には自然成育のビナンカズラやアオギリと思われるネリ剤が多く使われた。また繊維の流れや地合《じあい》構成などが乱れた料紙もみられる。江戸時代の後半になって出版物が多くなったのにともない、薄い料紙が使われ、米粉や澱粉が内添されるようになる。楮紙のネリ剤にも、冬季に使用が限定されるトロロアオイに代わって、いつでも使えるノリウツギ等が多くなったのである。

楮紙と虫喰い

鎌倉時代以降の楮紙は虫喰い痕が多いことにあるとき気付き、楮紙の劣化について考察したことがあった。かつて特種製紙に所蔵されていた鎌倉時代から江戸時代までの間に刊行された印刷本一八九点に使われた楮紙を調査した結果、一一〇点に虫喰い痕があり、そのうち七三点が江戸時代の料紙だったのである。

この楮紙の組成をみると、米粉を主体に澱粉類が添加された七五点中六四％、楮繊維の洗滌が少なく非繊維細胞が残っている六七点中六〇％、澱粉類が塗布された五三点中七七％が虫に喰われていた（381頁）。

紙を喰う虫は澱粉やリグニン・ヘミセルロースなどグルコースの重合《じゅうごう》（同一分子を単位体として重合、または重合によってできた代合物中の単位体の数）が少ない物質を先に喰い、その後セルロースも喰っていると思われる。そのため、虫喰いを抑止するのに、楮の叩打《こうだ》・分散・洗滌は重要な作業工程となる。

楮は木灰のようなアルカリ液で煮て、激しく叩《たた》き、充分洗滌して非繊維細胞を流して、外部フィブリルが一部起きる程度にまた叩いて紙を漉けば、虫喰いも少なく、強く耐久性の高い楮紙ができる。

楮の種類

楮をヒメコウゾ系・カジノキ系・中間系と三種に分類すると、次のような特長があげられる。

ヒメコウゾ系の楮は靭皮部の量が少なく、繊維収穫量が少ないという欠点があるが、繊維は光輝性があり、平滑で強度の高い紙がつくられる。那須楮は長い間の優性種保護と改良の結果だろうが、収穫量・繊維の性質・病虫害などの点で優れた和紙の原料になっている。

カジノキ系の楮は成長も早く収穫量も多いが、繊維が異常に長く幅が広く、繊維壁が比較的薄いので楮繊維特有の透明性があるが、紙の表面が粗いので書写材以外の強度を要求される和紙に向いている。八女楮や石州楮・修善寺楮が代表的である。

中間系の楮は円筒型の繊維と扁平な繊維が不明瞭で、特殊な繊維もなく、強烈な個性はなく色々の種類の紙をつくりやすい長所がある。丹後楮や越後楮がこの部類に入る。

表2　各種楮の繊維形態（テーブル実験結果）

楮名	平均長さと主な繊維幅（μm）			繊維の割合%
	繊維の範囲（㎜）	円筒型繊維	扁平型繊維	円筒型：偏平型
越後楮	八・五（五～一四）	一〇～一五	二五～四〇	八〇：二〇
那須楮	七・三（五～一二）	一〇～一五	二〇～三五	二〇：八〇
越後産那須楮	六・九（五～一一）	一〇～二五	二〇～三五	二〇：八〇
高知楮	八・三（六～一二）	一五～二五	二五～三五	八〇：二〇
八女楮	一〇・四（八～一四）	二〇～三〇	三〇～四五	四〇：六〇
石州楮	一〇・六（九～一五）	二〇～三〇	三〇～四五	四〇：六〇
丹後楮	七・五（五～一一）	一〇～二〇	二五～三五	四〇：六〇
加美町楮	七・五（五～一一）	一五～二五	二五～三五	三〇：七〇
修善寺楮（トラフ）	八・六（六～一二）	一五～二五	二五～四〇	八〇：二〇
ヒメコウゾ	八・一（六～一二）	一〇～二〇	二〇～三五	二〇：八〇
カジノキ	九・〇（八～一二）	一〇～三〇	二〇～四〇	九〇：一〇

麻

中国においては、古くから苧麻《ちょま》や大麻《たいま》で織物がつくられていた記録があり、四千年前のエジプトの墓碑に眠るミイラは亜麻《あま》布で包まれていた。

日本における麻《あさ》の使用は、縄文時代にまでさかのぼる。縄文土器の文様は布目でつけられ、また縄文時代前期の鳥浜遺跡（福井県）からは麻の種子と縄・編物などが発掘されている。

このように麻類は、人類にとって身近で生活に密着した植物であった。そのため中国で紙が発明されたときに、原料として最初に使われた植物繊維とされた。日本やヨーロッパでも同様に、最初の紙の原料は麻の繊維である。

麻の種類

麻とは狭義には大麻のことであり、広義には植物の靭皮《じんぴ》や葉から採った長い繊維を指す。日本では植物から得られた長い繊維のことを麻と呼ぶことが多く、細かい分類はなされていない。植物学上からは、五〇から六〇種に分類されている。

表　麻の種類

(1) 草本靭皮繊維

リネン	亜麻	服地・シャツ地・ハンカチ・帆布・天幕
ラミー	苧麻	シャツ地・服地・布団地・芯地・魚網
ヘンプ	大麻	衣料・網・帯地・混紡用

(2) その他

ジュート	黄麻
ケナフ	洋麻
イチビ	青麻

(3) 葉脈繊維

アバカ	マニラ麻	ロープ・魚網糸・ティーバック
サイザル麻、竜舌蘭《りゅうぜつらん》、マオラン、糸芭蕉、パイナップル、アナナス		

麻から紙をつくる場合、織物屑を原料に二次使用することが一般的であったが、近年はマニラ麻などの葉脈繊維を中心に、直接繊維化して紙に使われるケースが多くなっている。

麻の歴史

先述したとおり、日本では縄文時代から麻が生活に取り入れられ、大麻と苧麻の二種が紀元前にまでさかのぼって人工栽培されていたことは、ほぼ確実である。日本人がとくに大切にしていたのは大麻で、現在でも、伊勢神宮の御札を大麻《おおぬさ》といって信仰の対象となっている。麻は日本に自生していなかったので、古く大陸から日本に移住した人々が、種子を持ってきて植え、栽培したと思われる。

麻の紙への利用

中国の蔡倫《さいりん》によって現在の原形となる製紙技術が確立されたのは、西暦一〇五年といわれる。このときの紙の原料は、麻類から作られた古布や魚網や楮などの樹皮であった。

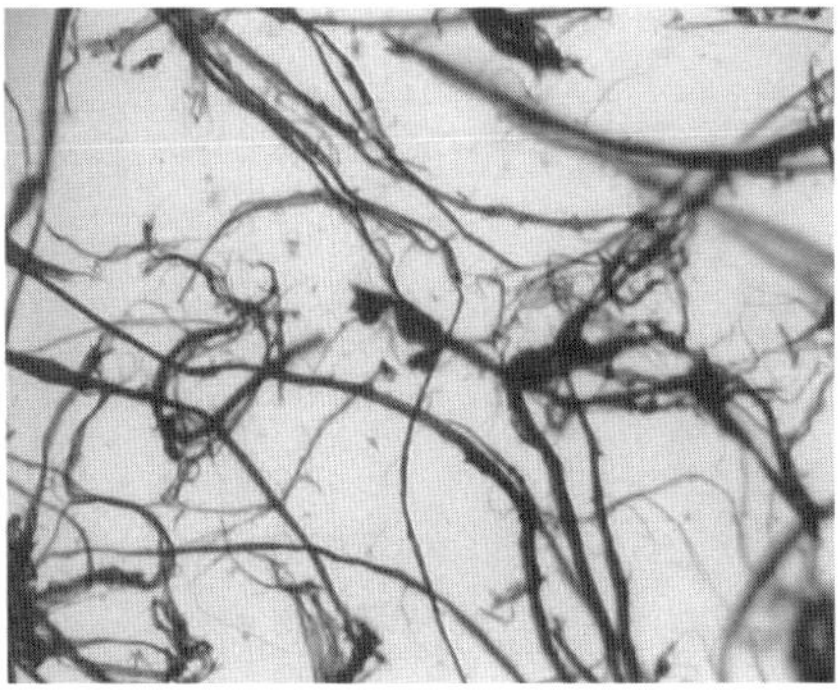

図１　大麻の繊維写真（中国・『西蔵経』）

日本へ製紙技術が伝えられた最初の原料も、中国にならって麻布のボロや生の麻や楮などの樹皮であったと思われる。七五一年に製紙技術はヨーロッパに伝えられたが、この時に使われた原料も亜麻であった（潘一九八〇）。

大麻（アサ／ヘンプ）

『西蔵経』（図１）は、中国で一一～一二世紀に大麻の紙に書かれたものである。大麻の繊維は水に弱いので、水中叩打《こうだ》の工程で著しく外部フィブリル化（繊維がバラバラに枝状化している様子）が起きる。溜め漉きの技法では、繊維の枝状化は水中での粘性が増大して、脱水が遅くなり、地合《じあい》構成に都合がよい。

流し漉きの技法が取り入れられた日本では、繊維の撚《よ》れや絡みが出やすく、繊維の分散が難しくなる。大麻が和紙に使われた様子がないのは、大麻が流し漉きに適さなかったからだろう。

苧麻（ラミー／カラムシ）

苧麻《ちょま》は中国やエジプトにおいて、古代より栽培されていた有用な衣料用の植物繊維である。日本では大麻同様、古くから衣料用として利用されてきた。

単繊維の長さは平均一五〇㎜と植物繊維のなかで最も長く、楮《こうぞ》の一五～二〇倍あるという特徴を持つ。そのため、切断処理をしないと、製紙適性は生まれてこない。

大麻等は水中叩打の工程で繊維を切ることができるが、

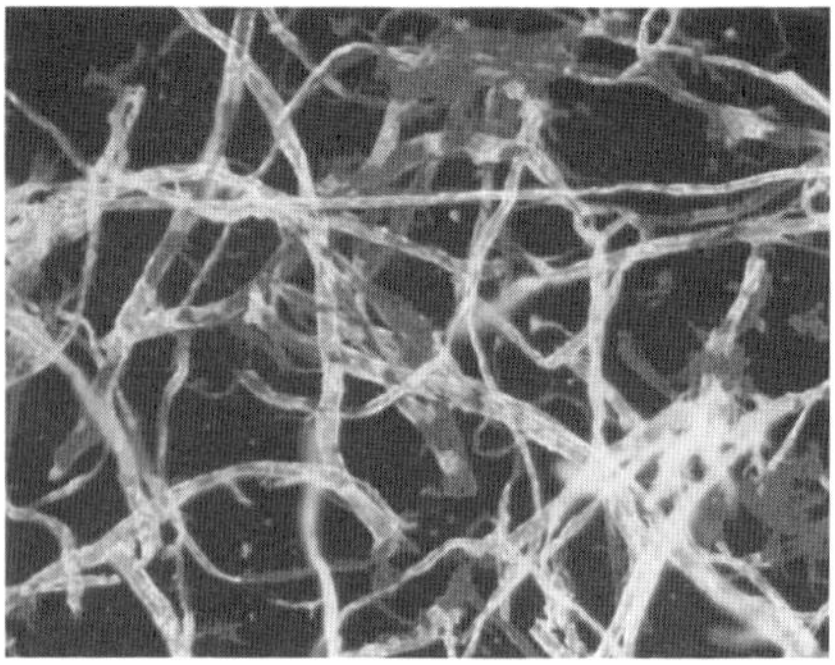

図2　苧麻の繊維写真
（『五月一日経』、奈良時代）

苧麻は刃物で切断する必要がある。次に掲げた苧麻の繊維（図2）は奈良時代に書写された経典の『五月一日経』の料紙であるが、鋭利に切断され、外部フィブリル化は繊維側面に生じていることがわかる。このことから、切断処理後に湿潤な繊維を叩打したと推定される。

繊維の幅は広く、コットン風の撚れがあるので、紙の表面が平滑になりにくい。緊度の高い（紙の繊維の密度が高い）紙をつくるには、成紙後に打紙加工を施すか、磨いて瑩紙《えいし》にする必要がある。

苧麻から書写用紙をつくる場合、叩解《こうかい》前の十分な切断と成紙後の表面処理の、二つの重労働の工程を経なければならない。苧麻からは強い紙がつくれるが、このように充分な加工処理が必要なため、紙原料としての利用価値は、他の処理しやすい楮や雁皮に比べて低いと評価された一面もある。

亜麻（リネン）

原料の段階ではフラックスと呼ばれる。日本では古くは栽培されていないので、和紙の原料としての利用はほとんどない。一方、ヨーロッパでの紙の原料としての歴史は古い。

マニラ麻（アバカ）

フィリピンに多く栽培される宿根性の草本で、葉鞘《ようしょう》（葉の基部が鞘状になり、茎を包む部分）が重なり合ったもので、真の茎は地中にある。安価で強く、軽くて湿気や磨耗にも耐えるので、船舶用綱・滑車の綱などロープや、魚網の原料として使われた。

昭和初期になると、機械漉きの和紙の補助原料として使われるようになった。繊維の性質が三椏《みつまた》や楮に似ていることもあり、以後、使用量は拡大していった。

オニシバリ

奈良時代後期から平安時代にかけて、雁皮紙《がんぴし》のような透明感はないが、表面が平滑で気品を感じる紙がある。繊維観察すると、柔細胞繊維（植物繊維に含まれるセルロース以外の小細胞）がみられ、雁皮より円筒型で三椏《みつまた》より細い。C染色液で淡い緑色に反応し、一七・五％苛性《かせい》ソーダ溶液に浸すと繊維は数珠状に膨潤した。この調査結果から、ジンチョウゲ科植物のオニシバリの樹皮繊維と判断した。

オニシバリは日本全国に分布しているが、あまり知られていない。その原因はこの植物の怪奇さにあると思う。別名「ナツボウズ」と呼ばれ、夏季は葉を落とし冬季一一月頃から芽を出し、二・三月に黄緑色の小花が咲き、五月頃から赤い実を付ける。他の植物と正反対で秋から冬にかけて成長し、春は花を付け初夏に結実する植生に特異性がある。また生育地方によって花や葉の大きさ・色合いが異なるため地域ごとの別称が多く、静岡県内だけでも一七種の呼び名がある。新潟県地方以北では「ナニワズ」と呼ばれる。

修善寺《しゅぜんじ》紙で知られる修善寺町に慶長三年（一五九八）の「家康黒印状」と呼ばれる古文書がある。伊豆国中の鳥子《とりこ》草《ぐさ》・雁皮・三椏を、修善寺文左衛門のほかは伐ってはならない。とくにこれらの紙草に火を付けて焼いてはならない。公用の紙漉きの時は立野・修善寺の紙漉き業者はこれを手伝うこと、との内容である。この古文書は「ミツマタ」の植物名が最も早く出ていることで知られ、植物研究者の間では「三椏黒印状」とも呼ばれている。和紙の関係者もこの史料から三椏紙がつくられたのは慶長年間の初めごろとしているが、私は三椏の使用はそれより古いと考えている。

この史料にみえる「鳥子草」について、寿岳文章《じゅがくぶんしょう》氏は「鳥子草はおそらくサクラガンピのことと思われる」（寿岳一九六七）とする。以後、通説となっているが、きわめて曖昧である。伊豆地方では鳥子草とサクラガンピは異なった和紙の原料として扱われているからである。そこで、鳥子草の和紙原料としての性質や植物特性を考察した。

伊豆半島中央部では、現在もお年寄りはオニシバリを鳥子草と呼んでいると聞き、そうした人々を訪ねてみた。親や祖父の代まで紙漉きをしていた人々に鳥子草の話を聞き、山も案内していただいて、鳥子草から靭皮《じんぴ》繊維を採取したり、庭に栽培したりして植物図鑑との照合などを三年ほど

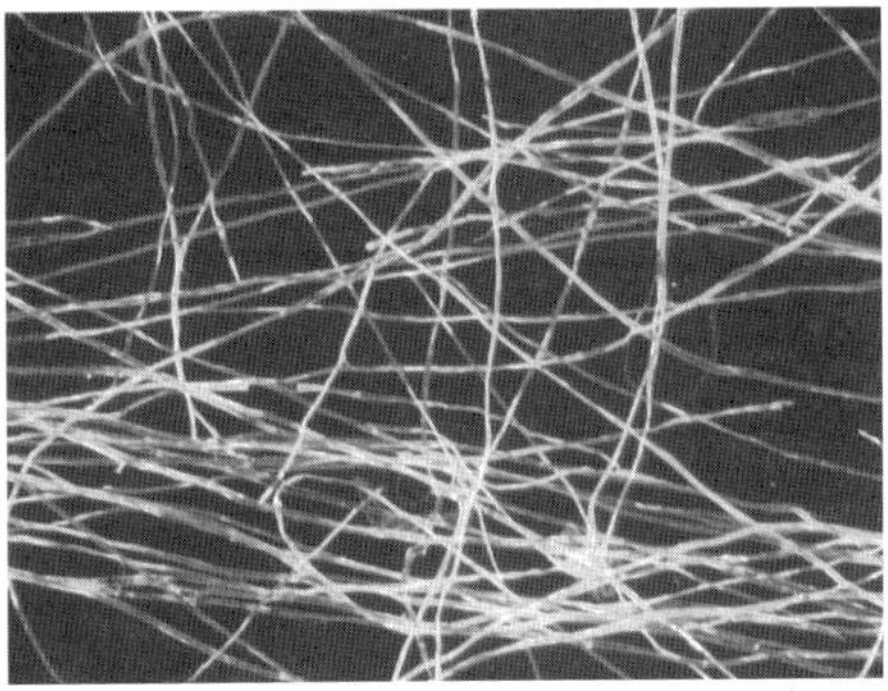

図　オニシバリ

行った。製紙するのに必要な靭皮は採取できなかったが、栽培と自然生育の観察の結果、鳥子草はオニシバリであろうと確信した。また、鳥子草はオニシバリの修善寺・中伊豆地方の方言名と確認できた（野口一九九五）。

その後、富士山麓に行ったとき、オニシバリを発見した。オニシバリは富士山山麓にも植生していることがわかり、靭皮の採取を行った。採取時期やその方法などを検討した結果、採取法は雁皮と同様に伐採直後に皮を剥ぎ、乾燥させるのが最も適切とわかった。伐採時期は雁皮より二ヶ月ほど早く、皮の剥離は四、五月の晩春が容易であった。

ジンチョウゲ科植物であるミツマタ・サクラガンピ・オニシバリの紙草（和紙原料の剥離しただけの靭皮部）が揃った頃に蒸煮《じょうしゃ》実験を行った。蒸煮には自家製木灰液・苛性ソーダ液・ソーダ灰液を使用して三種の紙を作成し、紙質を比較した。

オニシバリの紙質は三椏と雁皮の中間で、紙の色はサクラガンピと大差はなく、木灰液蒸煮でわずかにオニシバリは赤味を感じる。三椏は苛性ソーダ液で煮ると白く、ソーダ灰では白茶、木灰液では赤茶色になる。繊維を顕微鏡観察した結果、オニシバリの繊維の外観は細く円筒型で三椏に近似し、C染色液の呈色反応は雁皮に似た淡い黄緑色になる。苛性ソーダ溶液による繊維膨潤テスト（苛性ソーダ液に浸けた繊維の膨張している形態）では、三椏と同様、数珠状に膨潤するが珠球は楕円形となる。

オニシバリは幻の紙原料と呼ばれる。和紙の原料としてその名が消滅したのは、白皮が雁皮と似ていて、蒸煮処理などの製法も、できあがった紙も類似しており、二種が同一の製紙用繊維として認識されていたためと思われる。

オニシバリは雁皮ほどの粘質性がないので、楮と併用すると雁皮のような地合《じあい》構成は取れず、チャリツキ感が少ない紙となる。さらに半日陰の湿地という限定された生育環境や、成長が遅く採取量が少ない。こうした理由から、現在ではほとんど原料にされていないようである。

雁　皮

正倉院の紙を調査した町田誠之氏は、雁皮《がんぴ》について次のように書いている（町田一九八四）。

正倉院の紙の奈良時代中期から、平安時代初期までの斐《ひ》紙《し》類を時代順にみていくと、コウゾ類にガンピ類の繊維を混合した割合の多いものほど、紙質の地合《じあい》が均一し、薄くて美しい紙になっている。その上、繊維が上下に方向性を持って並び、紙の上端と下端に近い部分にやや厚みのできているのも見出だせる。このような詳細な観察から、紙の漉き方に流し漉きの技法が芽生えている事実を発見した。

町田氏はいわゆる斐紙を調べることによって、和紙独特の流し漉きの技法が、奈良時代から平安時代にかけて行われたことを実証したのである。

ガンピ類の繊維には粘質性のヘミセルロース成分が多く、紙料液の粘度を高め、簀《す》からの水漏れが遅くなる。それを速めるために簀を前後に揺すると、液は簀の上を流れて繊維が縦に並ぶ。余分の液を捨てる時に不純物が除かれる。

雁皮を加えた紙料液の粘性に注目した結果、ガンピ類の他に、さらに粘りを与える物として、トロロアオイやノリウツギ、サネカズラなど、色々な植物の粘液の応用に発展し、今日の流し漉き法になったのである。以上が雁皮から流し漉きが生まれた、とする町田氏の有名な学説である。

私の経験から、雁皮繊維は水中に放置しておくと醗酵《はっこう》しやすくなり、ネリ剤がなくても良質の紙が漉ける。ネリ剤の使用以前は、原料を醗酵させて漉いたと推定される。

ジンチョウゲ科の植物

雁皮は三椏と同じジンチョウゲ科に属す。これらはユーラシアと北アフリカに約九〇種が分布している。たとえば、ネパールでロケタ（現地名。またはロカタ）は、和紙の原料として輸入され、フィリピン雁皮のサラゴもジンチョウゲ科である。

日本では、越前鳥《とり》の子《こ》紙、近江雁皮紙、名塩《なじお》の間似合《まにあい》紙《し》などの良質な雁皮紙がつくられたが、これらはカミノキと呼ばれるガンピが使用される。一方、今日ではみられない修善寺《しゅぜんじ》紙や熱海雁皮紙はサクラガンピが使われる。この二種が、雁皮紙の代表的な原料繊維である。

雁皮の生育環境

雁皮の繊維は優美で光沢があり、平滑で半透明のうえ粘

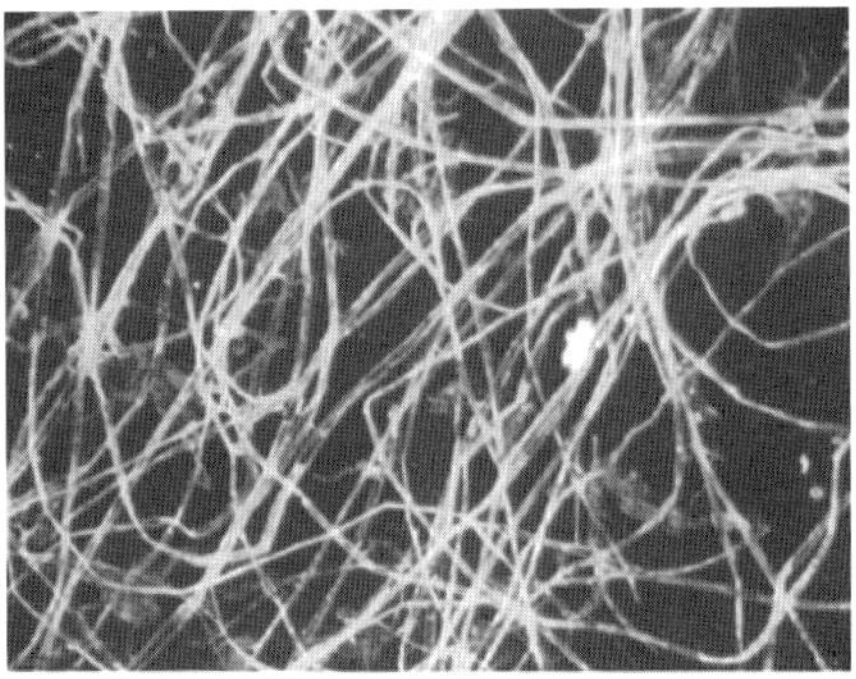

図　雁皮の繊維写真

着性に富んでいるので、紙は肌が美しく滑らかで光沢がある。このことから、「紙王」と呼ばれ貴重な紙とされる。

雁皮は栽培が難しく、自然生育のものを採皮しているので、原料としての供給量は少ない。

雁皮が山野に自然生育している環境について、伊豆山地の古老に話を聞いたことがある。古老によれば、「朝日の当たる東斜面の土地がよい。熱海は東斜面の所が多いから雁皮が多く採れた」という。この言葉をヒントに、周辺の東斜面の山林地を探すと、陽当たりのよい落葉樹の下に、三〇から五〇㎝の雁皮を発見した。これを採取して、色々な環境で植栽し検討した。その結果、雁皮栽培には陽当たりがよい場所がよいが、肥沃な土地は好ましくなく、粘土質で根が大きく成長しにくい程度の場所が適当で、植え替えは彼岸前後の時期がよい、などの点が判明した。

表　日本に生育するジンチョウゲ科植物

ミツマタ属	三　椏
ジンチョウゲ属	おにしばり（ナツボウズ）、からすしきみ、こしょうのき、じんちょうげ
アオガンピ属	あおがんぴ
ガンピ属	みやまがんぴ、きがんぴ、がんぴ、こがんぴ、さくらがんぴ、しまさくらがんぴ

その後、ある植木屋に「ジンチョウゲの仲間は根が少なく、根が遠くへ飛ぶ性質がある」と聞いた。雁皮も同じジンチョウゲ科植物であるから、非常に参考になった。初夏に山へ行き、発芽した幼苗の周りを掘り、根の長さ・太さ・成長する方向などを調べ、採取可能な幼苗の数量を確認して、雁皮の栽培法をさらに検討した。

生育地の土を採取し鉢に入れ、幼苗を植え、自宅の庭の数カ所に条件を変えて鉢を置いた。この結果、雁皮の栽培には陽当たりだけでなく、地熱が重要と思われた。雁皮紙の産地であった熱海も修善寺も有名な温泉地であり、現在も雁皮紙が生産されている名塩・金沢・出雲などは、有名な温泉地に近い。このことも関係があるのかもしれない。

三　椏

三椏の歴史

近年になり、三椏《みつまた》は日本の各地でみられるようになったが、人工に植栽されたもので、ほとんど自生ではない。

三椏紙発祥の地といわれる静岡県東部・伊豆地方の調査結果をもとに考察してみた。愛鷹山《あしたかやま》全面、箱根山西半面、天城《あまぎ》連山一帯の土地は、駿河《するが》湾と相模《さがみ》灘の一部の海に面した植物環境に好適な土地である。この地方では、江戸時代に修善寺《しゅぜんじ》紙・熱海雁皮《がんぴ》紙・駿河半紙などの和紙がつくられ、三椏が原料として使われた明確な記録がある。この地方では三椏が自然に成育しているように思われがちだが、三椏を栽培した記録の残る伊豆半島西側や富士山西側・東側以外、現在全く自然生育してない。このことから、三椏は日本の在来種でなく、中国からの伝来種といわれている。

三椏紙の製造技術

江戸時代の伊豆地方では、和紙の原料を煮る時に木灰《きばい》を使ったと考え、三椏と楮を木灰で煮る実験を行った。木灰液で煮た楮原料は赤茶色の紙となったが、灰汁抜き後の洗滌《せんじょう》で色が淡くなり、手漉き時の抄紙性がよく、紙質は固く締まった紙となった。三椏は楮と同様に堅く締まった紙となり、表面も平滑で、色は赤褐色のクラフト色に近かった。

この結果から、三椏は楮《こうぞ》や雁皮のように容易に繊維化はしがたいが、三椏を濃度が高い木灰液（ph11位）を使用すれば容易に単繊維化することができ、クラフト色系の自然な色が残ることがわかった。以上から、古くより三椏が和紙に使われていたと推定される。

製紙に使われた時期は定かではないが、多くは室町時代後期頃としている。異説として、平安時代から存在するとの見解がある。また、三椏は雁皮と同じジンチョウゲ科植物であるから、二種は同じ原料として使われ、さらに遡って奈良時代の正倉院文書の雁皮紙にも三椏が混じっていたともいわれる（正倉院事務所二〇一〇）。しかし、三椏と雁皮は同じジンチョウゲ科植物だが、山地に自生する場所でも両者は区別される。また花の咲く時期も違い、樹形も雁皮は細く高く、三椏は太く低い。そのため両者を混同することはないと思われる。

三椏紙の発展

室町時代の国語辞書『下学集《かがくしゅう》』には、修善寺紙の名がみえ、

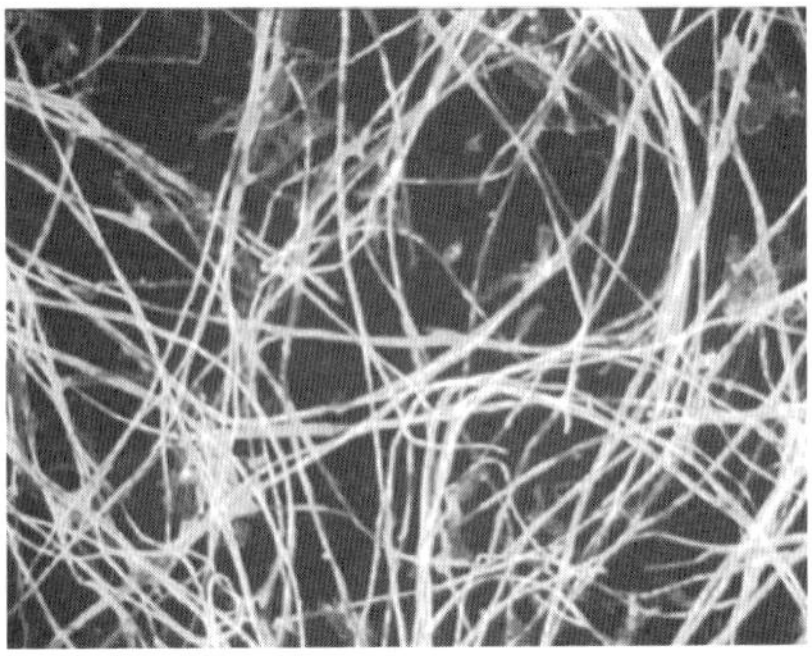

図　三椏の繊維写真

「この紙の色、薄紅也」と、特色ある紙として記載されている。

　先に記した三椏の木灰液煮ではクラフト色の紙になる。この薄紅色は同系色だろう。また木村青竹《せいちく》が享保年間（一七一六〜三六）に編集した和紙の型録『紙譜《しふ》』には、修善寺紙の特色として「柿色にして、横に筋あり」とされ、三椏を木灰液煮した紙と推定される。

　ところで、和紙を漉く際、使用される萱《かや》または竹簀《たけす》によって「すだれめ」ができる。原料の入った懸濁液《けんだくえき》を萱《かや》か竹製の簀《す》の上に入れ漉くと、簀と簀の間の水の通りやすい部分に多くの原料繊維が凝集《ぎょうしゅう》する。簀や糸の部分は繊維の凝集が少ないため、原料繊維も少ない。この結果、原料繊維が多く厚い部分と、少なく薄い部分ができる。これが「すだれめ」で、細く短い繊維の三椏などはこの現象が起きやすい。

　このように、三椏紙は色と簀跡から特定できる。関義城氏の著書には三椏の修善寺紙の見本が貼付され（関一九五四）、薄赤茶色で簀目《すのめ》が明確である。

　現在、書道半紙の生産地として有名な山梨県の西島地区は、一五七一年に望月清兵衛《もちづきせいべえ》が伊豆修善寺の立野《たちの》という場所から手漉きの技術を得て、村民に伝えた場所といわれている。西島にある清兵衛の墓碑によれば、清兵衛は三椏の栽培法を学び、苗を西島に持ち帰り、住民に三椏の栽培法を教え、三椏紙を武田信玄に献上したという。この伝承によれば修善寺では三椏紙は室町時代にはじまるという。

三椏と筆記適性

あるとき、二人の書道家に木灰煮の楮紙と三椏紙とに毛筆での書写を依頼した。一人は「三椏紙は、かすれがよく、毛筆には楮紙よりも三椏紙の方が優れていて、だれにでも書きやすい」と評した。もう一人の老書道家は、「三椏紙はいつも書いているやさしい紙。楮紙はてこずるが面白い紙」とつぶやいた。二人の書道家には、三椏紙は毛筆に適しており、文字が書きやすいと評価されたのである。

　現在でも三椏は書道用紙の重要な原料である。紙色はよくないが、毛筆文字が書きやすい。戦国時代の武田信玄や徳川家康も、この特性に注目したのかもしれない。

竹

竹紙の歴史

中国の竹紙は、九～一〇世紀に始まるが、本格的な発展をみたのは北宋以後といわれ、現存する最古の竹紙も、北宋頃のものと考えられる。

北宋の蘇易簡《そいかん》の『文房詩四譜』の「紙譜」（九八六年）には、「今、江浙の間に竹で紙をつくることが行われている。密書をつくるようなもので、これをあえて開こうとする人はいない、それはすぐ裂け、粘らないからだ」との記述がある。北宋の最初の頃につくられた竹紙は緊密性が劣り、粘着力が弱く、改善の余地があったようである。

米芾《べいふつ》（一〇五一～一一〇七）は『書史』の「評四帖」で、彼が五〇歳の時にはじめて浙江の竹紙に「書」を書いたと書いているが、この竹紙はすでに改善されたものであった。浙江一帯で宋代に産した竹紙は名声天下第一であった。

竹紙は南宋代にさらに品質が高まり、一、ただ書に巧みな人だけがこれを喜ぶ。二、墨色を発す。三、筆先によい。四、巻いたり伸ばしたり長い間やっても、墨色は変わらない。五、紙魚《しみ》が喰わないと、五つの優れた点があげられている（潘一九八〇）。

宋元代、竹紙は文字を書くだけでなく、印刷にも多用され、活版印刷技術の発展に寄与した。宋代の印刷本のうち、北宋版には樹皮紙も散見するが、南宋版は大体竹紙である。

天平三年（七三一）の正倉院文書（『大日本古文書』二―三一）には、「竹幕紙」がみられる。この竹幕紙は竹の繊維を使った紙で、その技術は後漢文化を媒介としたといわれるが、竹の蓄積量は少なく、製紙の後進国である日本が、中国より早く竹紙を産したという説には疑問を感じる。

竹紙の製法

崇禎一〇年（一六三七）に出版された宋応星《そうおうせい》著『天工開物』殺青編中に、竹紙の製法についての次の記載がある。

①枝が出る前後期に若竹を切る。②溜め池に入れ百日浸す（自然醗酵またはレチング）。③粗殻と青皮を槌で打ち、洗い去る。④石灰液を塗る。⑤八昼夜、蒸煮《じょうしゃ》する。⑥竹麻を洗う。⑦薪灰を通す。⑧また釜で蒸煮。⑨十余日草木灰液を注ぎながら浸す（醗酵精錬）。⑩臼で搗《つ》いて原料にして漉く。

清代の陝西南部においても、近代の江西省・台湾でも類

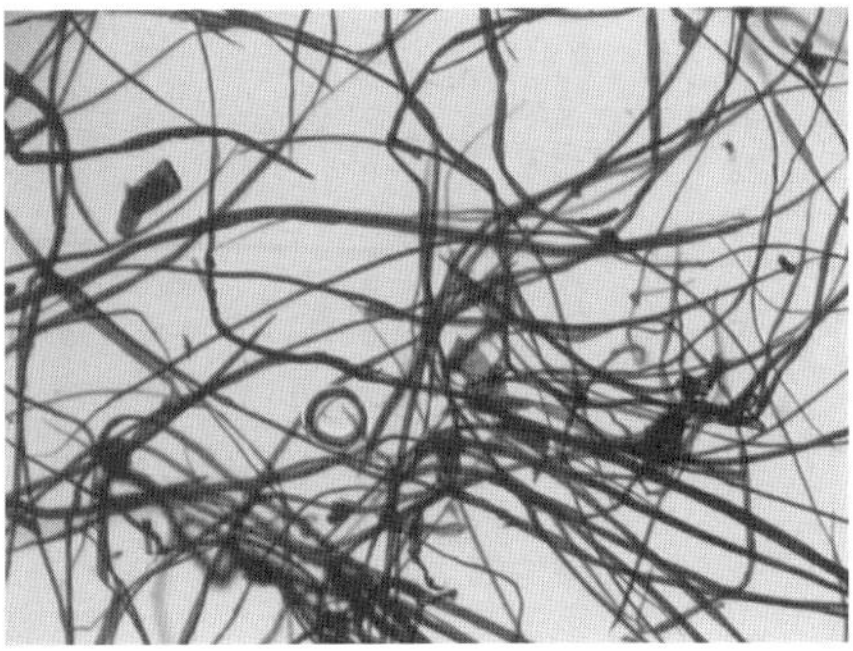

図　竹の繊維写真

似の製法であった。北部地方の肉が薄く堅い竹でつくる白い竹紙は、表皮部が白色の若竹を使い、黄色の竹紙は表皮部が緑味になった若竹を使用する。南部地方の肉厚で太いバンブーでつくる竹紙は、肉部を白色紙にして上皮部を黄色紙にしたという。日本では、若竹の節部を取り去り、縦に裂いて表皮部を削り取り、アルカリ液で蒸煮《じょうしゃ》後、壺に移して一〇〇日以上放置する製法が明治時代後期に土佐で行われた（中国のレチングと同様）。軟弱になったら叩打《こうだ》して繊維を分散する。丹後半島では、現在もこの製法で竹紙がつくられている。

一九三〇年代になって、岐阜で竹パルプがつくられたが、若竹を苛性《かせい》ソーダで蒸解して製造された洋紙用と思われる。

竹紙の性質

成長した竹材はペントザンとリグニンが多いので常圧蒸解（圧力のない状態）は難しい。これらが残留した繊維は非繊維分が多く、粘りがなく裂けやすい紙となってしまう。長い経験から得たのは、成長していない若竹をレチング（醗酵精錬）してパルプ化することであった。

原料が若竹であることは変わらないが、竹の種類や度合い、生育部位によって繊維の形態が異なる。そのため竹紙の種類は非常に多く、その抄紙法によって紙質も違ってきて、製造できる紙の種類も広範囲にわたっている。

繊維は平均一・四〜一・七㎜で他の草本靭皮類《そうほんじんぴ》よりも長い。繊維幅は平均一三〜一六㎛で、長さと幅の比が小さいので、抄紙性がよく表面が平滑となる。繊維を叩解《こうかい》する洋紙では、特殊な繊維構造のために一〇〇%の竹紙はつくりにくいが、他の繊維と混合すると特殊な高級印刷紙もできる。

竹紙の耐折強度は低いが、破裂・引張りなどの強度は針葉樹パルプと同等で、密度がよく（嵩《かさ》が高い）、紙面が滑らかである。墨の吸収がよく、墨の残留が多いので墨色がよく雅味が生まれる。印刷用紙にも適し、墨色・彩色も優美であり、紙の耐久性が高いなど、他の植物繊維にない特異な性質がある。そのため中国や日本の書家などに竹紙は愛用されたと思われる。

補助原料

和紙の原料は、すべて植物繊維である。主な原料については、すでに前項で解説してあるので、ここでは補助原料と、近年に代用原料として使われている植物繊維について述べる。

製紙用の植物繊維は、次のように大別できる（下表）。

A 被子植物（子房のなかに胚珠を包んでいる植物）

a 双子葉植物（子葉が二枚）

(1) 花実利用植物

主に種子についた繊維を利用したものである。綿の場合は果実が熟して開裂し、白い毛に包まれた種子の塊が露出するので、花のようにみえる。このことから「綿花」と呼ばれている。

綿の繊維は表皮細胞の発達したものである。カポックも同様であるが、衣服などの繊維には不向きなので、枕やクッションなどの詰め物に使われる。

木綿の繊維は細く長いので、紙には繊維を切断して使用

表　製紙用の植物繊維

A　被子植物（子房のなかに胚珠を包んでいる植物）

A-a　双子葉植物（子葉が二枚）

(1) 花実利用植物		綿、カポック、ヤシ
(2) 靭皮利用植物	草本性靭皮植物	大麻、苧麻、亜麻、黄麻（ジュート）、ケナフなど
	木本性靭皮植物	コウゾ、カジノキ、ミツマタ、ガンピ、クワ、青檀
(3) 広葉樹		ポプラ、ブナ、カバ、ヤナギ、ユーカリ、カエデ、アカシア、ラワン

A-b　単子葉植物（子葉が一枚）

(1) 葉繊維利用植物	マニラ麻、サイザル麻、ニュージーランド麻、バナナ、
(2) 茎幹繊維利用植物	稲ワラ、麦ワラ、サトウキビ（バガス）、タケ、アシ、エスパルト、トウモロコシ、パピルス

B　裸子植物（胚珠が外に出ている植物）

針葉樹	トウヒ、モミ、マツ、ツガ、カラマツ、スギ、ダグラス・ファー

される。撚《よ》れの多いことが特徴なので、叩解《こうかい》が少ないとソフト感のある紙になる。

綿花の短い繊維は「リンター」と称し、木綿繊維より幅が広く短い。

⑵ 靭皮利用植物

植物の形成層の外側につくられる靭皮《じんぴ》部にある強い繊維を利用する植物である。草本性靭皮植物は、その成長が一年以内で完了する。

一方、木本性靭皮繊維は多年生植物で、木質組織が年々肥大しながら生長する樹木である。

b 単子葉植物（子葉が一枚）

⑴ 葉繊維利用植物

葉柄及び葉鞘の繊維を利用する植物である。

⑵ 茎幹繊維利用植物

一年生か多年生の単子葉植物で、その茎・幹に存在する繊維を利用する植物である。

以上が、木材繊維以外の「非木材繊維」と呼ばれる植物である。多くは和紙の主な原料であり、補助原料として使われる。

これらの植物は多種多様であるから、全体を理解しやすくするために、生育の状態に基づき、①栽培植物、②農業副産物、③野生植物の三つに分け、それぞれに属する製紙利用の繊維について説明する。

①栽培植物の特徴と種類

栽培植物は農業副産物や野生植物に比べ、栽培コストが高くなる。コスト増に応じて、品質面で付加価値が当然のように求められる。ここで述べる植物繊維は高価格であるが、使用目的に合う付加価値があり、必要不可欠なものと判断されて使われる繊維である。

代表的な栽培植物として、楮《こうぞ》・三椏《みつまた》などの和紙原料がある。これらは製紙原料のみに使われるもので、この補助原料として桑が古くから使われていた。

近代になって紙の生産量が増加し原料が不足すると、綱や帽子の原料として使われていたマニラ麻の屑が、楮繊維の代用として機械漉き和紙に利用されている。

織物用に栽培された植物は、古代中国で紙の原料に使われたが、日本でも古代紙に大麻《たいま》や苧麻《ちょま》が使用されていた。洋紙でも古くから亜麻《あま》や木綿などが使われ、近年は黄《こう》麻《ま》（ジュート）やケナフ繊維が紙に使用され、芭蕉・ニュージーランド麻・パインナップル・月桃《げっとう》など、葉繊維の利用も研究されている。

雁皮紙《がんぴし》の紙質を求めて、藺草《いぐさ》や稲ワラなどの茎幹繊維も使われた（中島一九四六）。

②農業副産物の特徴と種類

農業副産物を製紙用原料として利用した場合、最大のメリットはコストが低くなることである。ただし、農業副産物の利用は、第一目的である作物を収穫したあとの廃物の利用であるから、生産の可能な量が作物の必要量によって左右されてしまうというデメリットもある。

世界の三大穀物である小麦・稲・トウモロコシの副産物を紙に利用するという研究は、古くからなされてきた。とくに東洋での生産量が多い稲は、中国で千数百年前から生産が行われ、このころから紙の原料にされていたといわれている。

日本でも奈良時代の『正倉院文書』に、「波和良紙《はわらし》」などとみえ、ワラ紙があったと推定できる。

明治一二年（一八七九）に印刷局が稲ワラを洋紙の原料に使用し始めると、和紙業界でも半紙・半切り・書院紙などの補助原料として使われるようになった。

ワラ縄・筵《むしろ》・俵屑が原料となるため、安価な原料であったが、ワラにはリグニンと呼ばれる非繊維物質が多く入っており、平釜では蒸煮《じょうしゃ》が難しく、繊維は短く脆《もろ》い。そのため、ワラ繊維のみを使って和紙を漉くことは難しく、利用するとしても大量には使用できなかった。

外国で多量に生産される小麦・大麦・サトウキビカス（バガス）などの紙への利用は、一九世紀初期から行われているが、日本では生産量が少ないため、和紙への使用例は少ない。

③野生植物の特徴と種類

野生植物の生育コストはゼロに等しいが、生育量が限られていて、集荷が困難というデメリットがある。収奪的な伐採は品種保護を妨げることにもなる。

また生育地が他の用途に利用されると原料として使えなくなるなど、さまざまな問題がある。そのため、原料を野生植物に依存することは少ない傾向にあり、利用を前提としている竹林などにはある程度の肥培管理をしている。

奈良時代から和紙に利用されている雁皮は、野生植物である。山野に自生する三〜七年生のものを春から夏の間に伐採して靭皮部を手で剝ぎ取り、速やかに乾燥させておく。そして水浸け後、刃物で黒皮と緑皮をかき落として和紙原料とされた。雁皮でつくられた紙は「紙の王」といわれ、最優秀の紙とされている。

雁皮の近縁種としては、本州・四国・中国地方のキガンピ、伊豆・箱根地方のサクラガンピ、九州のシマサクラガンピ、琉球諸島のアオガンピ、さらに日本の各地に自生するオニシバリなどが知られている。

織物に使われ、その廃棄物を紙にした野生植物である山藤やシナノキも靭皮部を利用した繊維であるが、その使用量はわずかであった。

中国・唐の時代に製紙原料とした記録がある竹類は、熱帯から亜熱帯・温帯までが生育地域であり、ヨーロッパの一部をのぞき世界各地に自生している。

日本の場合、たとえば奈良時代の『正倉院文書』には竹の繊維を使用したという記載はみられないが、中国・宋代の印刷物である宋版《そうはん》には多くの竹紙を使っており、中国では古くから竹の繊維を紙に利用していたことがわかる。

ところが一四世紀以降になると、日本で書かれたと想定される古文書や絵画（月江正印墨跡、霊彩筆「文殊図」、烏丸光広筆和歌、横川景三・二行書、徳川慶喜・二行書など）にも竹紙が使われるようになる。中国から輸入されたもので、日本の書家や画家が好んで使用したと想定される。

なお、後の近世のものであるが、来日した朝鮮通信使の持参した公用紙をかつて調査したことがあるが、分析の結果、竹紙と判明したものもあった。

第二部　料紙の調査事例

第一章　古典籍

律（広橋家旧蔵）

七五七年施行
鎌倉前期書写
重要文化財

【カラー口絵1頁】

史料の性格

『律《りつ》』とは今日の刑法にあたる法体系で、日本に現存するのは中国唐代のものを継受した養老律《ようろう》（天平宝字元年〔七五七年〕施行）とされる。ここで取り上げるのは、『律』（一二篇）のうち、衛禁律《えごん》（第二）の後半と職制律《しきせい》（第三）を収めた古写本である。正確な書写年代は不明だが、形状・書風などから鎌倉前期以前の成立と推測される。その後、南北朝期頃、勧修寺《かじゅうじ》流藤原氏の吉田経房《つねふさ》（一一四二～一二〇〇）の日記『吉部秘訓抄《きちぶひくんしょう》』（『吉記《きっき》』の抄出本）を書写するのに二次利用された。広橋家を出たあと、東洋文庫を経て、国立歴史民俗博物館（以下、歴博と略）が所蔵している。

形状は巻子《かんす》装《そう》で、縦幅二九・九cm×横幅一六・一m（計三一紙）からなる。継目幅は〇・二～〇・三cmほどで、いずれも順継。糊は、色調からみて大豆糊と推定される。ただし、全体に継ぎ直し跡が目立ち、現状では澱粉《でんぷん》質の糊で継がれている。広橋家旧蔵本に目立つこの種の継ぎ直しは、大正期の修補の際に行われたものだろう。

所　見

淡い茶色紙を呈する楮紙《ちょし》である。どの紙でも漉き目は見えにくいが、やや幅広の萱簀《かやす》跡をうっすらと視認することができる。顕微鏡で観察すると、繊維の方向性が少ないので、漉き簀を揺すりながら漉いたと思われる。

未蒸解繊維があり、未分散繊維も多く、地合《じあい》は悪い（漉きムラが少なくない）。とくに二次利用面（『吉部秘訓抄』の面）には、チリ（口絵）が多いので、紙漉きの最終工程で捨て水をしない半流し漉きの技法で漉かれたと推測できる。なお切断された未蒸解繊維（口絵）が散見されるのは、製紙の過程で、楮の白皮を切断後、蒸煮《じょうしゃ》した結果と想定される。繊維間に米粉は混じっておらず、虫損もほとんどない。

この紙を打紙《うちがみ》加工した結果、紙厚は現状で〇・〇七～〇・一mm程度になっている。強い打紙を行ったためだろう、繊維は半透明であり、紙にはチャリツキ感が生じている。また墨の染み具合からみて、打紙処理は一次利用の段階以前に行われていたことが分かる。ただし墨はややかすれる箇所もあり、墨が滑っているような印象も受ける。打紙（あるいはその前後に行われる表面加工）の際に利用した膠《にかわ》の量が不足していた結果と考えられる。

寛平遺誡（醍醐寺旧蔵）

八九七年成立
一三世紀中頃書写
重要文化財

【カラー口絵2頁】

史料の性格

『寛平遺誡《かんぴょうのゆいかい》』は、宇多《うだ》天皇（八六七～九三一）が寛平九年（八九七）に醍醐《だいご》天皇（八八五～九三〇）へと譲位する際、天皇としての心構えを記して与えた書である。本写本はその唯一の古写本で、かつ現存する諸写本の共通祖本でもある。ただしこの史料は、本来、臣下が他見を許されるような性格のものではなかったと考えられ、本写本も原本全文の写ではなく、当時、断片的に知られていた引用文・取意文を集成したものにすぎない。

奥書は寛元三年（一二四五）に日野光国《みつくに》が書写した旨を記すので、一三世紀中頃の書写と判明する。醍醐寺釈迦院に所蔵されていた写本が、田中教忠《のりただ》氏（一八三八～一九三四、近代の蔵書家・考証学者）・文化庁などの手を経て、歴博の所蔵に帰した。

寸法は、縦三〇・〇×横二一八・一cm（墨付《すみつき》五紙）。継目は、〇・三～〇・五cm幅で、いずれも順継。欠損間隔は、第五紙で三～四cm、第一紙で七～七・五cm。第五紙の末尾に黒ずむ部分があり、顕微鏡で観察すると粘度の高い物質（糊か）が多数付着している。これは旧軸付部分だろう。各紙とも、あらかじめ全面に界線を引き、その上で書写している。

所見

楮《こうぞ》繊維を短く切断し、溜め漉きの技法で漉いた紙。チリは少なく地合《じあい》もよい。繊維の叩解《こうかい》作業の程度は、第一紙では丁寧だが、第四～五紙あたりでは、雑な点もみられる。

やや赤味を帯びた白色紙だが、第一紙から第五紙にかけて順に白色度を増す。これは本来の漂白度による違いというよりも、巻子の奥ほど保存状態がよいため、とも考えられる。簀目《すのめ》はほとんどみえない。紙漉きの際、漉き簀《す》を揺らし続けたことによるのだろう。なお全面に裏打があり、正確な紙厚は計測できないが、それなりの厚紙と判断できる。全体としては、高級感のある上質紙と評価できる。

表面加工としては、いずれの紙も丁寧な打紙《うちがみ》加工がされている。そのため、墨の乗り（書写した墨が、紙の繊維の上にしっかりと定着している状態）は大変によい。

虫喰いは、とくに第一紙で激しく、下半の四分の一程度が失われている。ただし、繊維間に米粉は混入していないので、かつての保存状態によるものと判断される。

九条殿遺誡

一〇世紀中頃成立
一二一三年以前書写

【カラー口絵3頁】

史料の性格

『九条殿遺誡《くじょうどのゆいかい》』は、藤原師輔《もろすけ》（九〇八～九六〇）が子孫の生活習慣などを戒めるために作成した訓誡の書である。九条流藤原氏の人々は、この遺誡を守って生活していた。

現状は巻子装（無軸）で、寸法は縦二九・九×横三〇四・七cm（原表紙、墨付七紙）。一次利用面（表面）は『九条殿遺誡』（二種、うち一種のみ訓点が加えられている）・小《お》野宮《ののみや》家関連資料・「某年十月十七日　有教《ありのり》書状」などからなる。書状は、二次利用面における書き損じを訂正する目的で付された紙。村上源氏の源有教（一一九二～一二五四）から、二次利用面の作成主体へと送られた書状だろう。

二次利用面（裏面）の『建暦請雨記《けんりゃくしょううき》』は、建暦三年（一二一三）に神泉苑《しんせんえん》で行われた請雨祈禱に関する記録である。この年が改元年に当たることを念頭に置けば、祈禱後、比較的早い時期に書かれた記録と考えられるので、一次利用面の成立はそれ以前の平安後期と想定される。旧蔵主体（寺院か）から流出後、田中教忠《のりただ》氏の手を経て、歴博に現蔵される。

所見

後補表紙（田中氏が付したもの）は、典型的なシボ入り檀紙《だんし》。米粉を混入した紙で、紙厚は〇・二㎜以上。

見返し部分（旧包紙か）は、未蒸解繊維や未《み》叩解《こうかい》繊維が多く、地合《じあい》も悪い。糸目二・六cmの萱簀《かやす》（簀目《すのめ》は不明）で漉いた薄クリーム色の楮紙《ちょし》を横方向に利用している。流し漉き技法で漉き、最終工程で漉き簀を揺すらずに止めを入れている。打紙《うちがみ》など表面加工はしていない。紙厚は〇・〇八㎜。

本体部分は、萱簀跡（糸目は三cm、簀目一三本／三cm）がみえるクリーム色の雁皮紙《がんぴ》。繊維の方向性が少ない流し漉きである。短い未分散繊維・未蒸解繊維が多い。弱い打紙加工をしており、繊維間に隙間がみえる。両面ともに他面への墨の染み出しが生じておらず、一字利用の段階で打紙加工がなされたと判断される。墨の乗りは、二次利用面でやや劣る。地合は悪く、紙厚は〇・〇六～〇・〇八㎜の範囲。

「有教書状」の部分は、乳白色の楮紙。米粉を加えたため、虫損が激しい。糸目は不明だが、萱簀跡（一四本／三cm）がみえる。打紙などの表面加工を加えておらず、墨の乗りもよくない。紙厚は〇・一二～〇・一四㎜と、かなりの厚紙である。

西宮記（壬生家旧蔵）

一〇世紀末成立
中世前期書写
重要美術品

【カラー口絵4頁】

史料の性格

『西宮記《さいきゅうき》』は、醍醐《だいご》源氏の源高明《みなもとたかあきら》（九一四〜九八二）が編纂した儀式書である。一〇世紀の宮廷で行われていた各種の行事の次第を詳細に記したもので、後世まで大変に重視された。彼が「西宮左大臣」と呼ばれたところから、この書名がある。

東山御文庫・尊経閣《そんけいかく》文庫・宮内庁書陵部などに写本が現存するが、ここで取り上げるのは、書陵部に所蔵される壬《み》生《ぶ》家旧蔵本と一連の良質な古写本である。同家旧蔵本は、宮内庁書陵部にまとまって現蔵されるが、当写本（臨時五）は壬生家から書写を目的として近世初期までに貸し出された後、返却されなかったものと推定される。のち明治になって田中教忠《のりただ》氏が入手し、歴博の所蔵となっている。

前闕の巻子本で、五〇cm内外の紙からなる。本紙には第一紙を始め、部分的に短い幅（数cm程度）の紙も含まれている（本来、別に写された紙を切断して、対応箇所に挿入したもの）。寸法は、縦二九・九cm×横一〇・四m（墨付四三紙）、継目は〇・三cm幅（順継）で、ほぼ共通する。界線が全面に引かれている。

所見

巻子の包紙は、簀目《すのめ》の間隔から竹簀《たけす》漉きと判断される。小型の薄紙で、楮《こうぞ》に米粉を加えて漉かれている。

本体の料紙は、各種の幅が混在するが、紙質はすべて共通する。流し漉き技法で漉かれた楮紙《ちょし》である。未分散繊維が少量あったり、虫喰いがみえる紙もあるが、チリが少なくソフト感があり、乳白色の良質紙と評価される。透過光による観察では、地合《じあい》はよいと判断される。

裏打は巻子全体にわたって、二重に行われている。裏打紙は二種類とも楮紙で、二回目の裏打紙は縦に使用している。下部三cm前後の部分に、帯状の貼り紙がある。

このように裏打紙が厚く、紙厚の計測はしにくいが、裏打紙の剝がれた何ヶ所かで測定したところ、およそ〇・〇七五〜〇・〇八五㎜の範囲に収まる。すべての紙に打紙《うちがみ》加工が施され繊維間が詰まっており、墨の乗りは大変よい。打紙以前の段階では、〇・一㎜を超える厚紙だったと推測される。寸法・紙質・表面加工のいずれをとっても、高く評価できる紙である。

延喜式（三条西家旧蔵）

九六七年施行
中世前期以前書写
重要文化財

【カラー口絵５頁】

史料の性格

『延喜《えんぎ》式《しき》』は、官司ごとにまとめられた四九巻と、その他一巻の計五〇巻からなる古代の法典である。延喜五年（九〇五）に編纂を開始し、延長五年（九二七）に完成し、康保四年（九六七）に施行された。

本写本は、そのうちの巻五〇を写したもので、他本にみえない条文や分注を含んでいる点などからも、貴重な古写本と位置づけられる。奥書などがみえず、正確な成立年代・過程など不明だが、形状・書風などを念頭に置けば、おおよそ中世前期以前の写本と判断してよかろう。

冒頭に「三条西」（卵形印）が捺されており、中世には古典研究で著名な三条西《さんじょうにし》家（正親《おおぎ》町《まち》三条家の分家）に所蔵されていたことが判明する。戦後に同家から流出し、柏林《はくりん》社《しゃ》（古屋幸太郎）・弘文荘《こうぶんそう》（反町茂雄）・反町《そりまち》十郎氏などの手を経て、現在では歴博の所蔵となっている。

巻子装で、寸法は縦二九・三㎝×横七・九ｍ（原表紙＋墨付一六紙）である。全面に界線が引かれている。

所見

楮《こうぞ》の繊維を流し漉き技法で漉いた紙である。色調は穏やかなクリーム色。全面に厚めの裏打がなされており、透過光をあてても漉き目などは明確に観察できない。紙厚は、裏打の剝がれた部分で計測すると、おおよそ〇・〇九㎜程度である（つまり漉いたばかりの打紙《うちがみ》以前の段階では、〇・一五㎜前後の厚紙だったと推定される）。

表面には、丁寧な打紙加工が施され、繊維間が詰まっている。墨のかすれる部分もほどんどなく、大変によく乗っているのは、その効果だろう。このほか、たとえば各種のチリは目立たない程度しか存在しないし、どの紙も地《じ》合《あい》が大変よい。つまり紙漉きの全工程で、高度な技術をもつ職人が、丁寧に作業を進めたものと評価される。すべての面から、高級紙と評価できる。

冒頭の第一紙（おそらく原表紙を転用して、表裏逆に貼付けた部分だろう）は汚れが目立ち、それに続く数紙も染みなどが少なからず視認できる。しかし巻子全体を通してみれば、欠損はほとんどなく、いずれの虫損も小規模に止まっている。環境の良好な状態で長期間、保存されたことを裏付ける。

別聚符宣抄（広橋家旧蔵）

一〇世紀末成立
中世前期以前書写
重要文化財

【カラー口絵6頁】

史料の性格

外題には「符宣抄　別本」とあるが、通常は『別聚符宣抄《べっしゅうふせんしょう》』と呼称される史料の、唯一の写本である。

焼損により前半部分が失われていることもあって、冒頭にあったかもしれない前書きなどもみえず、成立の契機は一切不明である。ただし、本文書集に収められた一三三通の文書のうち、最新の文書の年紀が天禄二年（九七一）であることなどから、原本の成立は一〇世紀末～一一世紀初頭と推測される。現状では焼損によって後半部分も失われているので、奥書部分は現存せず、本写本の書写年代も確認できない。書風や装幀などからみて、少なくとも中世前期を下る写本ではないだろう。

縦二六・八×横一八・八cmの冊子本。焼損の痕跡があり、大幅に化粧断《けしょうだ》ちされている。本来は粘葉装《でっちょうそう》だったらしいが、焼損や経年劣化によって分裂し、中間部分の計七四丁（二六丁と四八丁）のみが現存する。広橋家から東洋文庫を経て、歴博の所蔵となっている。

所見

顕微鏡観察によれば、楮《こうぞ》繊維の方向性は表面では縦方向、裏面では無秩序である。そのため半流し漉き技法によって漉かれた紙と考えられる。この技法で漉かれた紙は、表面のみしか平滑でないので、そのままでは裏面への筆記が難しい。そのため裏面を利用するためには、打紙《うちがみ》などの表面加工を施す必要がある。この写本の場合、粘葉装という紙の両面を利用することを前提とした装幀のため、最初から打紙してあったと考えてよい。

紙厚は〇・〇八～〇・一㎜の範囲で変動するが、強い打紙がなされ、繊維全体が半透明である。一紙の重量は、およそ三・六g程度と、密度は高い。チリは少ないが、虫喰いが散見され、また地合《じあい》はよくない（漉きムラが目立つ）。簀目《すのめ》はみえにくいが、確認できる範囲では一三本／三cmなので、萱簀《かやす》で漉いた紙と推定できる。ただし糸目は押界《おしかい》などに阻まれ、ほとんどみえない。

もとは美しい乳白色紙だったようである。しかし現在では、焼損のため多くの丁が淡い茶色に変色し、また強い湿損の跡も確認されるなど、状態は悪い。かつて白色度が高かったのは、繊維をレチングしたためと推定される。

北山抄（広橋家旧蔵）

一一世紀成立
古代末～中世前期書写

史料の性格

【カラー口絵７頁】

外題に「年中行事鈔残巻」とあるが、内容は『北山抄《ほくざんしょう》』巻三（拾遺雑抄上）である。『北山抄』は、藤原公任《きんとう》（九六六～一〇四一）の編纂した儀式書で、一〇巻からなる。

書写の経緯を説明する識語や奥書などが一切みえず、成立過程は明らかでない。ただし後述する紙質や、書風の問題などを念頭に置けば、古代末期～中世前期にかけての写本と考えられる。現存するのは、巻三のうちの約半分にすぎないが、一般に流布している尊経閣《そんけいかく》巻子本とは異なる系統と想定され、貴重な古写本である。広橋家から東洋文庫を経て、歴博の所蔵に帰した。

この巻子の寸法は、縦三〇・八cm×横一四・九m（全三一紙）で、間に計八枚の白紙（写本の欠損部分を示す）を挿んでいる。縦幅は上・下で化粧截《けしょうだ》ちしている印象がある。おそらく本来の縦幅はあと一～二cmあったのだろう。継目幅（順継）は、大体〇・三～〇・四cmほど。糊は色調から大豆糊と推定される。継目には全体に継ぎ直し跡が目立つ。

所見

紙は乳白色で、地合《じあい》のよい楮紙《ちょし》を丁寧に打紙《うちがみ》加工しており、繊維が半透明である。そのため、全体に墨の乗りはよい。打紙加工をしたにもかかわらず、紙厚は〇・一一～〇・一三㎜（裏打を除く）の範囲に分布する。このことは、よほど厚い高級紙に打紙加工を施したことを示している。

紙によってはややチリが残る部分も散見され、また地合のよい箇所と悪い箇所も混じる。紙料として米粉は使われておらず、全体に切断した未蒸解繊維（口絵）の結束が散見される。以上の特徴を念頭に置くと、中世の前半までに漉かれた紙と判断される。

本体の紙の簀目《すのめ》は一四本／三cm程度なので、萱簀《かやす》で漉いた紙と考えられる。ただし、間に挟まれた白紙部分の簀目は二〇本／三cmを越えているので、おそらく大正期の修補の際の紙だろう。この修復で用いられた表具は、紙を縦に使用している（ただし、裏打は正位で使用されている）。

保存状態に関してみると、虫喰いが部分的に多く、一部は紫色カビ（口絵）が発生しているなど、完全とはいえない。これは、この巻子から欠失した紙が少なくないこととも関連させて理解すべきだろう。

春　記

一一世紀成立
鎌倉初期書写
重要文化財

【カラー口絵8頁】

史料の性格

『春記《しゅんき》』は、藤原資房《すけふさ》（一〇〇七～一〇五七）の日記である。彼が春宮権大夫《とうぐうごんのたいふ》だったことから、この書名がある。資房は『小右記《しょうゆうき》』の記主として著名な実資《さねすけ》の孫。一〇世紀代には九条流と覇を争った小野宮《おののみや》流の最末期の有力者である。

本写本の現状は巻子装で、全三七紙（前欠）からなる。全体にわたって、上下二本の横界線が引かれている。長暦二年（一〇三八）八月～一〇月までの記事を収める。

紙背の『无相大乗《むそうだいじょう》 宗二諦義林章《しゅうにていぎりんしょう》』（第二～第一〇）は、弘安一〇年（一二八七）に速成就院《そくじょうじゅいん》（京都）で書写されたもの。つまり、一次利用面の成立は、これ以前と判明する。明治以降に田中教忠《のりただ》氏が入手し、のち歴博の所蔵に帰した。

巻子の寸法は、縦二八・七cm×横一九・五m（墨付三七紙）である。第三二紙以降、上部に焼損跡が連続し、奥に行くほど大きくなる（二次利用以降に生じた焼損だろう）。

『春記』を表面に改装される以前のある時期、二次利用面を表として折り目を糊付けした袋綴じ冊子風の折本《おりほん》に仕立てられていたことが、糊跡から判明する。

所　見

『春記』（一次利用面）は、全体に同一規格の薄墨界《うすぼっかい》が引かれ、同筆で筆写されている。糸目三・三cm、簀目《すのめ》一五本／三cmという規格で共通するので、同一の簀で漉かれた可能性が高いと判断される。部分ごとにやや違いもみられる。

まず前半の数枚の紙は、楮《こうぞ》繊維を流し漉き技法で漉いた紙である。表面には打紙《うちがみ》加工が施され、繊維が半透明である。未叩解《みこうかい》繊維がややあるが、チリは少なく、地合《じあい》はよい。この部分の紙は、紙厚は〇・一mm前後と厚めである。

中間部の数枚の紙も、同じく楮を流し漉き技法で漉いた紙で、表面に打紙加工が施されている点も同じである。ただし未叩解繊維が多く、地合は悪い。糸目もややみえにくい。紙厚はこれ以前の紙よりも薄く、〇・〇八mm前後である。

後半部の紙の特徴（地合や表面加工）は、前半とほぼ同一だが、紙厚は〇・〇七mmとさらに薄いものが含まれる。この部分の紙の透明性が高いのは、紙厚の薄さや打紙の度合いとも関連するのだろう。同じ簀で漉かれた紙が、様々な紙厚を呈するのは、紙漉き作業を進めるに従って、漉桶内の紙料液の繊維濃度が低下した結果と推定される。

扶桑略記（広橋家旧蔵）

院政期成立
一二三三年書写
重要文化財

史料の性格

『扶桑略記《ふそうりゃっき》』は、延暦寺《えんりゃくじ》僧皇円《こうえん》（院政期）が編纂した編年体の典籍。仏教を中心に、天皇の代ごとに叙述する。【カラー口絵9頁】

本写本は巻四を書写したもので、「貞永二年（一二三三）二月九日、於二坂本一書写畢。同十日夜、於二燎下一移点校合了。于レ時□正第五日也。定任」（奥書）とあるので、延暦寺僧定任《じょうにん》（一三世紀前半）が筆写したものと判明する。早い時期に原本から書写した可能性があるだけでなく、現存する巻四の共通祖本にあたる古写本。成立後の経緯は不明だが、広橋家・東洋文庫を経て、歴博に所蔵される。

巻子装で、寸法は縦二七・〇cm×横七・六m（墨付一八紙）。紙の天地が化粧截《けしょうだ》ちされたようで、下方の余白が狭い。

第一〜三紙にかけて、中央付近に火災に由来する欠損がみえる。巻子が前闕になっているのは、この焼損との関係も想定できる。紙の上下にみえる湿損の痕跡は、焼損の原因となった火災を消し止める際に生じたものか。

所見

比較的に薄い楮紙《ちょし》だが、現状では硬めの紙に裏打されており、簀目《すのめ》・糸目などは視認しにくい。

料紙は、定任（書写主体）の手元に集積されたものと思しき書状の類を再利用し書写されている（第一七紙を除く）。各紙の漉き方は、第二・三・八・一二・一五・一七紙は流し漉きで、他の紙は半流し漉きである。裏面に文字を書きやすくするため、二次利用の直前に打紙《うちがみ》加工が施され、繊維が半透明であるが、紙によって加工に強弱がある。たとえば第二・三紙は打ち方が弱く、第七・一一・一八紙などでは打ち方が強い。これは半流し漉きの紙の場合、流し漉きの紙と比べて強い打紙加工を施さないと裏面の平滑性が確保できないことを考慮した結果と考えられる。

なお文字の書かれていない第一七紙の場合も、第一四・一六紙と同様に「墨映《ぼくえい》」（墨色が他の部分に転写したもの）が確認できる（口絵／コラム223頁）。本来は第一六紙の礼紙《らいし》（書状に添える白紙）だったものが、打紙されたのだろう。墨映がみえない紙でも、打紙の際に水分を含ませた結果と考えられる墨のにじみなどが確認されるので、ほぼ全紙にわたって二次利用を目的とした打紙が軽めになされた可能性が高い。

愚昧記（三条家旧蔵）

一一七二年成立
自筆本
重要文化財

【カラー口絵10頁】

史料の性格

『愚昧記《ぐまいき》』は三条実房《さねふさ》（一一四七〜一二二五）の日記。名称は、記主が謙遜して名付けた。三条家は藤原北家閑院《かんいん》流の嫡流。本巻は承安二年（一一七二）春の自筆本。家外に流出したものが、天保六年（一八三五）に御文庫から三条家へ下賜された。のち再度流出し、歴博の所蔵となった。

巻子装（墨付三二枚）で、表紙（一枚）に「承安二年春愚昧御記」と打付書《うちつけが》きされている。本文（前半）は、嘉応三年（一一七一）の丁寧な筆跡の暦（具注暦《ぐちゅうれき》①一八枚、白紙一枚、書状一枚）を二次利用している。本文（後半）は、同年のやや粗な筆跡の暦（具注暦②一二枚）を二次利用している。一次利用面の「某年二月十九日　三条実房書状」は、送付した手紙の正文《しょうもん》を回収した実例と推定される。

寸法は、縦二八・八cm×横幅一七・一m。前半の具注暦①の部分では横幅が六〇cm近くあるのに対し、後半の具注暦②では五〇cm弱しかない。いずれも賀茂《かも》家の暦だが、別人の筆写と考えられる。

所見

包紙（縦四八×横三一cm）は、紙厚〇・〇八mm、糸目三cm、簀目《すのめ》二〇本／三cmの紙を、横方向に使っている。ソフト感のある紙で、表面は全体に荒れ気味。米粉の混じる楮紙《ちょし》だが、虫損は少ない。現表紙は、無地の黄土色の厚紙（縦二八・八×二七・三cm）。文字は書かれていない。旧表紙は墨の乗りがよく、にじみ・かすれもない（弱く打紙《うちがみ》されているか）。ただし裏打が複雑で、詳細な紙質は観察できない。

具注暦①の料紙は、楮《こうぞ》繊維を溜め漉き技法で漉いた紙。一次利用（＝具注暦作成）の段階から、打紙加工を施している。寸法は大型で、チリも結束繊維も少ない乳白色の良質紙。紙厚も〇・一二mmと、かなり厚い。地合《じあい》も比較的よい。

具注暦②の料紙も、ほぼ同質紙。ただし紙厚は〇・〇六五mm前後と、やや薄め。筆跡の粗さもふまえると、具注暦①より低級品であることは明らか。墨の乗り具合などから、一次利用の段階から打紙されていたと判断できる。

具注暦①と②の間の第二〇紙（書状）は、一三本／三cmの萱簀《かやす》跡があり、洗滌《せんじょう》の少ない楮紙。墨のしみ出し方から、打紙加工は二次利用（＝日記作成）の段階でなされたと確認できる。紙厚は〇・〇八mm。

中右記部類（九条家旧蔵）

一二世紀年成立
平安末～鎌倉初期書写
重要文化財

【カラー口絵10・11頁】

史料の性格

『中右記部類《ちゅうゆうきぶるい》』は、『中右記』（中御門右大臣記）の記主藤原宗忠《むねただ》（一〇六二～一一四一）自身が作成した部類記《ぶるいき》である。部類記とは、時系列順に執筆した日記を、様々な主題毎に部類したもので、本部類記は宗忠自身が作成を指示した（『中右記』保安元年〔一一二〇〕六月十七日条）。

現存するのは宗忠の指示によって作成された原本そのものではないが、平安末期から鎌倉初期にかけて成立した古写本である。本来は三〇巻程度からなっていたが、戦中まで九条家に伝わっていた計一二巻のうち、巻七・一九の二巻が歴博の所蔵に帰している。

多くの料紙は二次利用されており、一次利用面には、たとえば巻七で漢詩集が、巻一九で『異本公卿補任《いほんくぎょうぶにん》』や古代の年紀が入った文書がみえる。

巻七は、縦幅が最大で二七・四㎝×全長一〇m強（二四枚）。巻一九は、縦幅が最大で二八・七㎝×全長一〇m（三〇枚）。ともに巻子装である。

所見（巻七）

状態は第一九と比べて悪く、全体に紙の欠損・虫損が目立つ。料紙は、萱簀《かやす》跡がおぼろげにみえる薄い楮紙《ちょし》である。顕微鏡観察すると、表面の繊維の流れが弱いことが確認できる。これは、漉き槽内の紙料液を汲み込んで、大きく流さずに細かく揺すって紙層を作った紙にみられる特徴である。そのため繊維は方向性が弱く、紙の厚み方向（紙の層の方向）に動くので、厚くて柔らかい感触の紙になる。従来の溜め漉きに、流し漉きの技術が織り込まれており、初期の流し漉き技法によるものと判断される。

現状では、『中右記部類』の面の全面に裏打がなされているので、紙厚は正確に計測できない。裏打紙は、薄い雁《がん》皮《ぴ》紙を使用している。おそらく、裏打をする面にも文字が記されており、それも読めるようにするため、透明性の高い雁皮紙を使用したものと推測される。

紙質は、全体でほぼ共通している。界線《かいせん》のある紙（第四～二三紙）のなかで、第四紙のみやや茶色がかっているが、同じ漉き手が一緒に漉いた紙である可能性が高い。第四紙で特に茶色が濃いのは、打紙《うちがみ》加工を行う際、強く処理しすぎたため変色（これを「紙焼け」という）したものだろう。また第二紙では水分が少ない状態で打紙を行ったらしく、打紙の効果が弱い（顕微鏡でみた場合、繊維間の密着度が低いところから、そのように判断される）。叩解《こうかい》・チリ取りは、かなり丁寧に行われているので、良質紙と評価できる。

所見（巻一九）

界線が引かれた料紙一四枚は、糸目三・三cm、叩解・チリ取りも丁寧で、他の料紙と比べて上質な紙である。これらの紙は、すべて打紙加工がなされている。また、第一三・二二・二三・三〇紙を除いて、ほとんどの紙に打紙加工がなされている（第一二・一八紙は、顕微鏡による観察のみでは、打紙されているかどうかの判断は難しい）。

一次利用面に、平安・鎌倉時代の古文書書状や『異本公卿補任』をはじめとする典籍（断簡）などが含まれることから分かるように、この巻を構成する料紙の紙質は多様である。

たとえば第一紙を例に取ると、色調は淡い黄色紙である。簀跡（一七本／三cm）がみえる。繊維の方向性は少ない（あまり揃っていない）ので、弱い流し漉きの楮紙と判断される。チリは少ないが、虫喰いは少なくない。顕微鏡観察によると、繊維間に非繊維細胞が残っていることが確認できる。表面には、部分的に強弱（ムラ）がある打紙加工が施されている。

このほか、第一二紙は地合《じあい》がよく、流れがない楮紙。墨の乗りがよいのは、適切な表面加工（この場合は打紙）がなされている結果である。第一三紙は流れのない楮紙に、膠《にかわ》を塗布している。第一八紙は萱簀跡（一三本／三cm）がみえ、流し漉きの楮紙を打紙している。チリは少ないが、繊維分散が悪く、地合がよくない。第二二紙は同質の紙であるが、地合はややよい。第二三紙は洗滌《せんじょう》が不十分で、繊維分散も地合もよくない。最終紙は、他の料紙より薄く、流し漉きの楮紙を打紙している。紙厚は、いずれの紙の一次利用面（現状の裏面）にも薄紙で裏打がなされているので、正確には計測できない。

なお、巻七は九条家から流出後の改装された際に失われたようだが、巻一九には近世初期に九条道房《くじょうみちふさ》（一六〇九～四七）が改装した際に付されたものと考えられる幅広の絹紐が残っている。同様の紐は宮内庁書陵部の九条家旧蔵本にも、いくつか確認することができる。

顕広王記（神祇伯家旧蔵）

一一七六年成立
自筆本
重要文化財

【カラー口絵12頁】

史料の性格

『顕広王記《あきひろおうき》』は、顕広王（一〇九五～一一八〇）の日記である。顕広王が長寛三年に神祇伯《じんぎはく》（神祇官の長官）に就任して以降、息子の仲資王《なかすけおう》（一一五七～一二二二）をはじめ、代々神祇伯を世襲し、白川伯《しらかわはく》家と称した。伝来した古典籍・古文書類は、明治になって家外へ出た。そのうち歴代当主の自筆日記は、田中教忠《のりただ》氏の手を経て、歴博に現蔵される。

本日記は、具注暦《ぐちゅうれき》の余白へ時系列順に書き込んだ「日次《ひなみ》記《き》」である。同じ日次記でも『御堂関白記《みどうかんぱくき》』の場合、一日ごとに数行の間空《まあき》（空白行）があり、日記本文を書き込む。『顕広王記』の場合、間空がなく、余白に書き込んでいる。

ここで取り上げるのは、現存する『顕広王記』自筆日記（全七巻）のうち、安元二年（一一七六）の巻（巻五）。記主《きしゅ》である顕広王が八〇歳を越えた時期のもので、数日（あるいは十数日）おきに簡潔な記事が書かれるにすぎない。寸法は、縦二九・〇×横一〇四八cm（全一七紙、表紙などを含む）。なお各紙の奥下に、高さ〇・六cm程度の小型花押《かおう》が記されている（口絵）。この種のしるしは平安後期以降の紙に散見されるが、製紙・出荷の過程で、紙の品質を保証する意を込めて付されたものと推定される。同家旧蔵の『仲資王記《なかすけおうき》』安元三年（一一七七）巻にも、各紙の奥裏に縦一・五×横二・〇cmの卵形の小型墨印（口絵）が捺されている。

所見

表裏の繊維の方向性が異なっており、楮《こうぞ》繊維を半流し漉き技法で漉いた紙である。チリは少なくややムラもあるが地合《じあい》は悪くない。焼損部分を除けば、全体に赤みがかった穏やかなクリーム色を呈している良質紙。紙厚は〇・一mm。

料紙の全体に、一次利用の段階から弱い打紙《うちがみ》加工を施している。そのため、暦の面だけでなく、余白に書き込まれた日記の面でも、墨の乗りはよい。ただし数カ所にみえる裏書部分では、表面の平滑度の確保が万全といえず、墨のかすれも散見される。簀目《すのめ》・糸目は視認できない。

前半の第一紙～第七紙まで、料紙の下半に焼損跡（第一紙で二四cm間隔）があり、奥に行くほど軽度になる。同じ部分の料紙の上半にフケ（湿損）が目立つのは、焼損を食い止める目的で水をかけた結果だろう。この際の破損と関連して、料紙の上下は少々化粧断《けしょうだ》ちしているようである。

阿不幾乃山陵記（高山寺旧蔵）

一二三五年成立
重要文化財

【カラー口絵13頁】

史料の性格

『阿不幾乃《あおきの》山陵記《さんりょうき》』は、嘉禎元年（一二三五）三月に天武・持統天皇の合葬陵（野口王墓古墳）が盗掘された際、それを見聞きした定真《じょうしん》（一四世紀、明恵《みょうえ》の弟子で高野山方便智院の開基）本人が関連する石室の形状など様々な情報を、漢字仮名交じり文で記録したものである。書名は、この古墳がかつて「青木山陵」と呼ばれていたことによる。

巻頭に「方便智院」の朱方印が捺されており、そこから長く高山寺方便智院に所蔵されていた史料であるということが分かる。これを田中教忠《のりただ》氏が明治一三年（一八八〇）に高山寺住職から入手し、のち文化庁を経て、現在では歴博の所蔵となっている。田中氏は入手後、内容を「阿不幾乃山陵記考証」（『考古界』五―六、一九〇六年）として公表し、同陵が天武・持統天皇の合葬陵であると確定することに貢献した。その意味で、史学史上も重要な史料と位置づけられる。

現状は巻子《かんす》装《そう》で、本体部分（計三紙からなる）の寸法は縦二九・二×横一一二・一cmである。字配りは、平均二・五cmに一行、一行に一二～一四字と、かなり大きめの文字である。

所　見

シワがなくソフト感のある、檀紙《だんし》風の楮紙《ちょし》である。一部に未蒸解繊維（口絵）も散見されるとはいえ、全体的に地《じ》合《あい》はよい。表面は粉っぽく、色調は白さが目立つ。これは、紙の表面に胡粉《ごふん》を塗布しているからと推定される。

部分的にみえる簀目《すのめ》の幅からは萱簀《かやす》を使って漉いた紙と考えられるが、糸目は視認できない。紙厚は〇・一一～〇・一二㎜の範囲で変動するので、厚紙と分類できる（萱簀を利用したのも、こうした厚紙を漉くためだろう）。打紙《うちがみ》などの表面加工は施されておらず、繊維間に隙間がみえる。水分の少ない濃いめの墨で書かれた文字は、それほどかすれもせず、比較的によく乗っている。

全体に虫喰いが生じているが、文字が読めないほどに大きく食われている部分はない。なお複数の形状・間隔の虫損が混在しているのは、これまで様々な保管形態をとってきたことの反映だろう。それ以外は、冒頭部分を除き、保存状態も比較的によい。

醍醐雑事記〔異本〕

鎌倉初期成立
中世前期書写

【カラー口絵14頁】

史料の性格

『醍醐雑事記《だいごぞうじき》』は、慶延《けいえん》（鎌倉初期）が編纂した醍醐寺関係の史料集である。本写本は現行の『醍醐雑事記』（中世後期に再編）とは全くの別内容だが、巻末の「此書者、自二祖父従儀師慶延之手一、従儀師実延生年二歳之時、譲得之。于レ時文治四年（一一八八）二月」という伝領識語《でんりょうしきご》によれば慶延編の原本そのもの、あるいは直接書写した本と推定できる。旧蔵者（寺院か）から流出したものが、田中教忠《のりただ》氏を経て、歴博に所蔵される。

つまり再編纂される以前の原『醍醐雑事記』（あるいは草稿本）の系譜を引く写本である。同内容の写本はいくつか現存するが、本書は諸写本の共通祖本にあたる。写本の成立時期は、識語の内容などから中世前期と考えられる。

形状は巻子装で、寸法は縦二八・〇cm×横一四・七ｍ（墨付三三紙）、継目は幅〇・二〜〇・五cm（順継）の範囲に収まる。一次利用面はいずれも書状（計三三通）だが、年紀を明記するものはなく、宛先もほとんど記されていない。

所見

繊維は、すべての紙が楮《こうぞ》である。弱い打紙《うちがみ》加工が第四・五・一三〜一五・一八〜二〇紙で繊維空間がみえる。第七〜九紙では、並の打紙が行われている。第一〇・二二紙は、表面処理として磨いてある可能性がある。なお多くの紙では、一次利用面（現状における裏側）の墨が二次利用面までしみ出しているので、一次利用の段階ではその種の表面加工がなされていなかったと考えられる。

紙の漉き方は、繊維の方向性をみる限り、すべて流し漉きである。ただし、第一紙は揺すりが弱く、第七・一四・一五紙では強い流しが行われている。米粉が第一・四・五・六・一一・一三紙などでみえるが、うち第四・一一・一三紙では少量で、第六紙では大量である。また第七紙では未蒸解繊維が多く、第九紙にもある程度混じる。地合《じあい》は、第一〜六紙と第二二〜三三紙はよく、第一一〜二一紙周辺は悪い。紙漉きの際に使われた簀は、第一〇・二〇・三〇〜三三紙が萱簀《かやす》で、第一一・二二〜二九紙は竹簀《たけす》である。

このように、入手した書状などを再利用する場合、そのままでも一応は両面に筆記できる流し漉きの紙でも、多くの場合、打紙加工を施した上で利用することが多い。

源氏物語　若紫（烏丸家旧蔵）

一一世紀初頭成立
一三世紀前半書写
重要文化財

史料の性格　【カラー口絵15頁】

『源氏《げんじ》物語《ものがたり》』は一一世紀初頭に成立した、日本を代表する物語文学である。著者は、紫式部《むらさきしきぶ》。本写本は、全五四帖のうち、第一部の「若紫《わかむらさき》」（第五帖）の古写本である。内容は、一八歳の光源氏《ひかるげんじ》が、少女紫《むらさき》の上《うえ》を自邸二条院に引き取る過程が描かれている。

写本成立の経緯や時期に関しては、まったく明らかでない。ほぼ同寸法・同装幀の六冊（若紫・絵合・行幸・柏木・鈴虫・総角）が一括して保管されるが、各冊ごとに筆跡・行取りなどが異なっているので、取り合わせ本だろう。

ただし一緒に伝来した写本に「寛元元年（一二四三）」（絵合《えあわせ》）・「建長七年（一二五五）」（行幸《みゆき》）などの奥書《おくがき》がみえており、本冊も一三世紀前半頃の成立と考えて大過ない。成立後の伝来は不明だが、代々歌人などを輩出した烏丸《からすまる》伯爵家の所蔵していた写本が、明治二〇年代に中山侯爵家へと譲られ、近年、歴博の所蔵に帰したものである。

そのうちでも本冊は、七二丁からなる綴葉装《てっちょうそう》の冊子本である。寸法は縦一五・六×横一五・三㎝とほぼ正方形に近いので、枡形本《ますがたぼん》に分類できる。表紙右側には「わかむらさき」（外題《げだい》）と墨で打付書《うちつけが》きされ、左下には花押《かおう》が付されている（この種の本は中世に少ない）。行取りは半葉に九行。

写本系統は、青表紙本《あおびょうしぼん》系統とも河内本《かわちぼん》系統とも異なる別《べっ》本《ぽん》と推定される。ただし一方で、河内本の本文と一定の親近性が認められる。そのため、河内本が形成される過程で、一定の影響を及ぼした写本と判断される。

所見

表紙と本体は同質紙で、楮《こうぞ》繊維を使って流し漉き技法で漉いた紙。チリは少ないが、地合《じあい》はあまりよくない。紙厚は〇・〇七㎜程度と、並程度の厚さである。表面加工としては、強い打紙《うちがみ》加工と膠《にかわ》塗布が併用されている。打紙により繊維全体が不透明となり、墨の乗りは大変よい。

紙色は、本来はクリーム色に近い色だったと推定されるが、現状では多くの丁が淡い灰茶色を呈している。伝来の過程とも関係あるのだろうが、とくに表紙は変色しており、本体部分でも外側に近い丁ほどシミが目立つ。このような保存状態は、秘蔵されていたというより、手近な場所で日々目を通す状況が長く続いていた可能性を示唆している。

万葉集（烏丸家旧蔵）

八世紀前半成立
鎌倉初期書写
重要文化財

【カラー口絵16頁】

史料の性格

『万葉集《まんようしゅう》』は、飛鳥・奈良時代の和歌をまとめた歌集である。成立年代は、八世紀前半と推定されている。編纂主体は不明だが、大伴家持《おおとものやかもち》が強く関係している可能性が指摘されている。その本文は、いわゆる万葉仮名《まんようがな》と称される独特な書記法によって記録され、日本語表記の発展の過程を検討する際に、重要な役割を担っている。

本写本は、嘉暦伝承本《かりゃくでんしょうぼん》と称されるもので、巻一一のすべてを収める唯一の仙覚本《せんがくぼん》以前の古写本として珍重されてきた。目録と本文（和歌四六九首）からなる。収録する和歌は、流布本と比較すると多少の出入りがある。

呼称の由来は、「嘉暦三年（一三二八）三月十六日」付で裕弁《ゆうべん》から増充《ぞうじゅう》へと譲られた旨の識語《しきご》があることによっている。書写年代は、勿論これ以前であり、書体や仮名遣いなども念頭に置くと、鎌倉初期と推測される。その後、細川家・烏丸家《からすまるけ》などを経て、明治期には中山侯爵家の所蔵本となり、現在では歴博に所蔵される。

装幀は、計九四紙からなる綴葉装《てっちょうそう》の冊子本である。寸法は縦二六・〇×横一七・一㎝。本文は、半葉に九行ずつ書かれている。

所　見

表紙には、孔雀紋《くじゃくもん》の蠟箋紙《ろうせん》（紙の裏に版木を置き、空引きして模様を写し取った紙）が使われている。これは、中国からの輸入紙の可能性がある。外題《げだい》は記されておらず、本紙部分のシミの形状などから考えても、この表紙は後補表紙と推定される。

本紙は、繊維の方向性からみて、楮《こうぞ》繊維を流し漉き技法によって漉いた紙と考えられる。

ただし紙の表面に切断された未蒸解繊維（口絵）の結束が視認されるので、楮の白皮を切断後、蒸解するという手順を採ったと推定される。現状では薄茶色を呈する丁が少なくなく、シミなどで茶色に変色した部分も多いが、元は白色のきれいな紙だったと思われる。地合《じあい》は非常によく、丁寧に打紙《うちがみ》加工がされている良質紙と評価できる。

なお、同封された旧綴糸《とじいと》（口絵）の繊維は絹と考えられる。古典籍を調査する際は、この種の情報に注目することも重要な作業である。

【コラム】古典籍に見える墨映

渡辺　滋

古典籍を調査する際、「墨映《ぼくえい》」と称される墨うつりが見える場合がある。これは何らかの目的で、意図的に紙を湿らせた結果、生じたもので、おおよそ二つに分類できる。

一つは文書・書状を受け取った側が、裏面の書写適性を改善する目的で、打紙《うちがみ》加工を施した事例である。たとえば私の調査した歴博所蔵史料のなかでは、『兼仲卿記《かねなかきょうき》』・『弁《べん》官補任《かんぶにん》』・『扶桑略記《ふそうりゃっき》』・『民経記《みんけいき》』などがあげられる。

こうした史料は多くの場合、一次利用面の文字はかすれ、墨が裏面までしみ出すこともある。一方、二次利用面の文字は墨の乗りがよく、一次利用面までしみ出したりしない。つまり、打紙加工は一次利用の段階では施されておらず、二次利用の時になされたことが分かる。打紙は、紙に湿気を含ませて行うので、墨うつりが生じたのである。

もう一つは、反故《ほご》紙のシワ・折目を伸ばすため、水分を含ませて乾かした事例である。たとえば『高山寺文書《こうざんじ》』の場合、墨映が見えるにもかかわらず、打紙加工は施されていない。つまりこの文書を湿らせたのは、シワ伸ばしが目的だったと想定される。

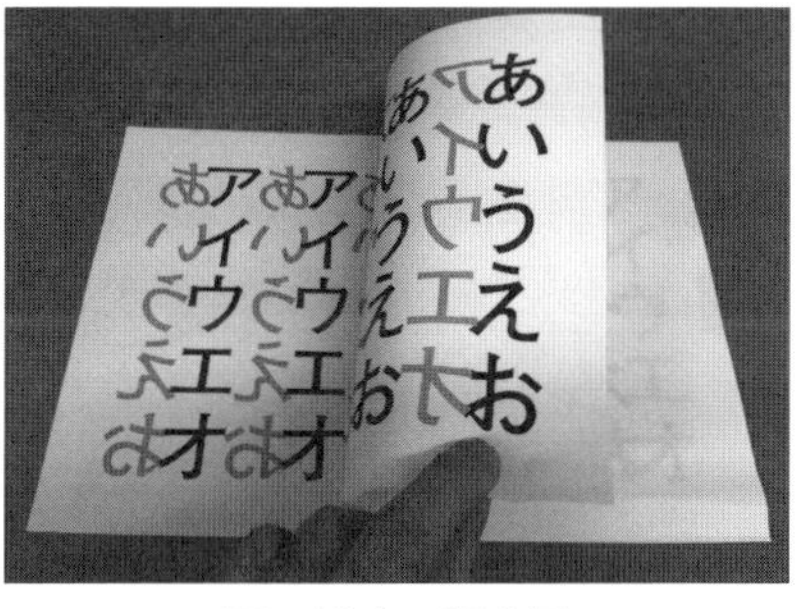

図　墨映の概念図

以上の作業の際は、文字面（一次利用面）を合わせ、白紙面（二次利用面）への墨うつりを避ける必要がある（上図）。白紙面に墨うつりが見える事例は、不注意である。

このほか、以上の墨映とは異なる事例も散見される。たとえば、『栄山寺文書《えいざんじ》』・『醍醐雑事記《だいごぞうじき》』（巻一残巻）などの墨映は、二次利用されていないこともあり、紙が自然と湿気を含んだ結果、墨うつりしたのだろう。また『吉《きち》続記《ぞくき》』の裏打紙に本文の別の場所の墨がうつっているのは、補修の際に旧裏打を剝がす目的で本紙の上からかぶせた湿紙を、乾燥させて新裏打として再利用したと考えられる。

具体例に関しては、口絵9・31頁／本文214・232・266頁、渡辺滋「国立歴史民俗博物館所蔵の古代史料に関する書誌的検討」（『国立歴史民俗博物館研究報告』一五三、二〇〇九年）なども参照されたい。

【コラム】高野山正智院聖教と料紙

山本信吉

寺院経蔵本来の姿

　和歌山県・高野山正智院《しょうちいん》の経蔵《きょうぞう》には古代から中世・近世に至る数多くの聖教《しょうぎょう》が納められている。この正智院経蔵の特色は我が国の近世以前の寺院経蔵の姿・構成をよく伝えていることである。日本の寺院経蔵の本来の構成は内典《ないてん》、すなわち仏教典籍と、外典《げてん》、すなわち仏教経典以外の典籍、つまり儒教などの漢籍、そして日本の国書・文書などを綜合的に併せ伝えていることに特色があった。このことは奈良時代に造られた日本で最も古い図書館として有名な石上宅嗣《いそのかみやかつぐ》の文庫「芸亭《うんてい》」が内・外典を収納したことによってもよく知られている。しかし、明治時代以降、寺院の経蔵が古典籍・文書の宝庫として注目され、大学の研究者が調査を行うようになると、西洋の図書分類法に従って仏典とそれ以外の典籍が区分され、和漢の典籍は別置され、あるいは寺外に持ち出されて、経蔵は経典とその注釈書、修法・伝法に関する附法《ふほう》・諸次第《しょしだい》などの所謂聖教・文書蔵とされて、本来の姿が失われた。その状況を奈良・法隆寺、興福寺、あるいは京都・東寺（教王護国寺）、高山寺、醍醐寺などの経蔵によって窺うことができる。

　このように学問が近代化するに伴って多くの寺院経蔵が変貌する中で、正智院の経蔵は寺院経蔵の本来の姿を伝えた数少ない経蔵として注目されている。この経蔵の構成・内容については私は『正智院聖教目録（上・下）』（二〇〇六・〇七年、吉川弘文館）で明らかにしたが、この経蔵は真言宗の教相《きょうそう》（経典研究）、事相《じそう》（修法次第等）の聖教を中心にしながら、法相《ほっそう》・華厳《けごん》などの南都諸宗、天台《てんだい》・浄《じょう》土《ど》などの京都諸宗の経典、そして平安・鎌倉・室町時代の漢籍・和書および歌書・連歌書などの写本、および中世の高野版《こうやばん》・春日版《かすがばん》・西大寺版などの版本《はんぽん》（印刷本）など内・外典の綜合文庫となっている。しかもこの経蔵に伝わった内・外の写本・版本は質が高いのが特徴である。例えば写経では弘法大師筆と尊ばれて奉納された天平写経を始めとして、漢籍では平安時代初期に嵯峨《さが》天皇の冷然院《れいぜんいん》で書写された『文館詞林《ぶんかんしりん》』（国宝）が最も有名であるが、歌書では鎌倉時代の写本である『和漢朗詠集私注』、連歌書では室町時代中期の写本である『九州問答』など多くの貴重書が伝わっている。

なお、中世の高野山は奈良・京都の諸寺院の学問・思想の動向に常に留意していた。このため正智院経蔵には奈良・京都で書写・刊行された写本・版本が数多く収納されていて、中世における畿内諸地域の典籍の実態を知ることができるのも一つの特色となっている。

写本・版本と料紙

私は以前、文化財保護委員会および文化庁に在職中に文化財調査官として田山信郎（号方南）、近藤喜博《よしひろ》氏の下で、貴重な典籍・文書・名家筆跡を国の文化財に指定する仕事に従事して、奈良・京都の諸寺院の経蔵の調査を行ってきたが、未整理の状態で伝わった内・外典の古典籍を集中的に調査したのはこの正智院の経蔵が初めてであった。

この正智院の経蔵調査では主として古典籍の在り方について多くのことを学んだが、そのうちの一つに写本・版本の形態と料紙の関係がある。周知のように古典籍の形態は大別して巻子装本《かんすそうほん》と粘葉装《でっちょうそう》・綴葉装《てつようそう》の所謂帖装本《じょうそうぼん》（草子ともいう）に分かれている。この両形態が併立して活用されるのは平安時代の初期以降であるが、両者は同じ古典籍といっても扱いに大きな差異があった。

巻子装本は典籍として古典的な形態を伝えているため、写経、あるいは勅撰集などの奏覧本、または『古文孝経《こぶんこうきょう》』の伝授書など、公的性格を伴った典籍に用いられた。これに対して帖装本は注釈書、あるいは勉強本、歌集ならば私《し》家《か》集《しゅう》などの私的性格が強い本に用いられた。こうした典籍の写本・版本の形態・性格の変化は用いる料紙の紙質とも密接な関連があった。すなわち巻子装本は典籍の性格を反映した上質な厚紙《あつがみ》が使用され、書写は料紙の表面を使った片面書《かためんがき》とされた。他方、帖装本は現存する遺品では空海の『三十帖策子』が最も古く、中国北宋時代の印刷本の体裁の影響も受けて、平安時代中期以降、我が国で発展した装幀法である。当初は用墨の裏うつりを避けるため片面書きであったが、製紙法が進歩して流《なが》し漉《す》きの技法が確立し、さらにトロロアオイなどのネリ剤などの活用によって、裏写りが少なく、強靱な薄手の紙が出現すると、帖装本は両面書ができる利用度の高い本として一般に普及することとなった。

正智院経蔵典籍の特徴

正智院経蔵の典籍類の特徴は、各時代の各種の写本・版本を伝えていることによって、それぞれの形態・用途と料紙の種類が体系的に把握できることであるが、同時に、

①収納された典籍・文書等の成立年代がほぼ明らかにされており、これによって料紙の製作年代が判明すること。

②これらの典籍・文書類は高野山および奈良・京都の諸寺院で書写・印刷されていて、奈良・京都で使用されていた書写本・印刷本の料紙の種類の情況が把握できること。

③これらの典籍・文書類はその殆どが成立した当初の状態で保存されていて、後世の修理による補修・裏打ち等の加工がなく、料紙の紙質調査には最も適した状態で保存されていること。

などである。

なお、所謂高野《こうや》紙《がみ》についてふれておくと、近世の高野紙は番傘などに用いた粗製の厚紙に代表される印象を人々に与えているが、それは江戸時代に入って高野版の版本の出版が京都・大阪の出版社に移ったため、高野山領で紙漉きに従事していた農民が生活の糧に漉いた紙のことである。中世に高野山が自ら出版活動を行っていた時代には、春日版を出版した奈良・興福寺と並んで板木《はんぎ》・料紙の製作に高度の技術を発揮していて、その実態が現存する高野版の鎌倉時代の板木・版本によって判明している。かって高野山親王院の水原《みずはら》堯栄《ぎょうえい》師が学界に紹介された正智院の「正和二年（一三一三）高野版印板目録」（一冊）は鎌倉時代の高野版の版本の製作状況を伝えたもので、版本の体裁を巻子本と牒書《ちょうしょ》（帖装の粘葉本）の二種に分け、その料紙代・打紙代《うちがみだい》・摺代《すりだい》・表紙・製本代を記して版本に上・中・下の等級があったとしている。そして版本の料紙は椙《すぎ》（杉）原紙《はらし》・檀紙《だんし》・厚《あつ》紙《がみ》の三種類があったことを記している。正智院経蔵には鎌倉時代印刷になる各種の高野版が現存しており、今後の調査が進むことにより鎌倉時代の杉原紙・檀紙そして厚紙と呼ばれる普通紙の厚紙紙質が明らかにされると思われる。

料紙利用への工夫

こうした正智院経蔵に伝来した主要な典籍・文書類の料紙は製紙研究者である宍倉佐敏氏との共同報告書『高野山正智院伝来資料による中世和紙の調査研究』として二〇〇四年（平成一六）九月に特種製紙株式会社から刊行された。宍倉氏と私との出会いは私が特種製紙株式会社が所有する典籍・写経・文書等について調査を依頼された折に同社の社員であった宍倉氏から製紙上の観点から何かと教示を受けたことが機縁となっている。

この報告書では、私は専ら古代・中世の典籍・文書等の形態と料紙の関係について、宍倉氏は料紙の基礎性質の測定と繊維分析を中心に行った成果がまとめられている。この調査を通じて、私は流し漉きを製紙技法とする古代・中世の「和紙」を典籍・文書類の「料紙」として利用するために様々な工夫・努力がされていることを知ることができたことが大きな収穫であった。

厚紙と薄紙

この調査で判明したことの一つは、平安・鎌倉時代の人々が製紙し、使用する立場、言い換えれば料紙を利用する人々の注文をうけて製紙する人々が最も工夫・努力したのは「厚紙」だったということである。調査報告書の中で、宍倉氏が最も優秀な料紙と称賛した代表が、書写本では『金剛頂《こんごうちょう》経《きょう》蓮華《れんげ》部《ぶ》心念誦《しんねんじゅ》次《し》第《だい》』（巻子本、上下二巻、平安時代後期書写）、版本では高野版の『版本蘇《はんぽんそ》悉地《しっち》羯羅《かつら》経《きょう》（巻下）』（巻子本、一巻、弘安三年〔一二八〇〕秋田《あきた》城《じょうの》介《すけ》泰《やす》盛《もり》刊記）である。『金剛頂経蓮華部心念誦次第』は寛平法皇（宇多天皇）撰で、「法皇次第」として真言宗では最も重視された秘籍である。また『版本蘇悉地羯羅経』は秋田城介泰盛が開版した刊本の初印本と目される貴重本で、宍倉氏が「このような紙は現代でも作るのが難しい」（前記報告書29頁）と絶賛された良質紙である。

主として巻子装本に用いられた「厚紙」と、専ら帖装本に使われた薄手の紙（勿論、帖装本に鳥の子紙と呼ばれる上質の厚紙を使用している例も多いが）とを製紙技術上で区別することは難しい。しかし、中世後半には薄手の紙が所謂「美濃紙様」として広く普及したのに対し、杉原紙・檀紙に代表される厚紙の製作には高度の技術が必要であったと思われる。例えば室町時代に書写された巻子装本の『大般若経』の料紙は流し漉きの楮紙《ちょし》系統の厚紙であるが、中には薄手の楮紙を二枚貼り合わせて一枚の厚紙としているものがある。このことは私も調査で実検しており、かって滋賀県の『大般若経』の悉皆調査をされた高橋善隆氏もその存在例を報告書で述べられている。

和紙といえばとかく薄手の紙がその代表とされているが、和紙が典籍・文書類の料紙として発展した製紙技術の在り方は料紙としての厚紙にあると思われる。中世に漉かれた上質の各種の厚紙を典籍・文書の料紙として伝えている正智院経蔵の学術的価値は今後の料紙研究上に重要性を増すと考えている。

【コラム】尊経閣文庫の紙あれこれ

菊池紳一

尊経閣文庫とは

私の勤務する財団法人前田育徳会《いくとくかい》尊経閣《そんけいかく》文庫（以下「文庫」と略称する）は、井の頭線東大駒場前駅から歩いて約一〇分、静寂な緑に囲まれた目黒区立駒場公園（旧前田侯爵邸跡）の正門の右側にある。文庫には、旧加賀藩前田家が蒐集し伝えてきた典籍・古文書をはじめ、美術工芸品等を含む多くの文化財が所蔵されている。このうち国宝二二点、重要文化財七六点が国指定の文化財であり（二〇一一年四月一日現在）、民間の特殊文庫（図書館）としては群を抜く存在であろう。

財団名は江戸本郷（現在の東京大学）にあった上屋敷の庭園「育徳園」に由来する。「育徳園」は、加賀金沢藩五代藩主前田綱紀《つなのり》（一六四三〜一七二四）が中国の『周易《しゅうえき》』に見える言葉によって命名したもので、その園池（心字池）は夏目漱石の小説で有名になった「三四郎池」である。一方文庫名は、綱紀が、祖父三代藩主利常《としつね》（一五九三〜一六五八）の蒐集書を「小松蔵書」、父四代藩主光高《みつたか》（一六一五〜四五）のそれを「金沢蔵書」としたのに対して、みずからのそれを「尊経閣蔵書」・「尊経庫蔵書」と称したことによる。

この名称の由来に象徴されるように、文庫の蔵書の多くは、前田綱紀の蒐集したものが中心で、本稿では、文庫に伝わる書物等の紙についていくつか紹介したい。

国宝『土佐日記』の紙

最初に、鎌倉時代の歌人として著名な藤原定家（一一六二〜一二四一）の書写した、文庫に伝来する国宝『土佐日記』（一帖）を紹介したい。『土佐日記』は紀貫之《きのつらゆき》の手になるもので、承平四年（九三四）に土佐守の任期が終わり、土佐国（現高知県）から帰洛する際の経験をかなで書いた日記である。この国宝『土佐日記』は、奥書によると、文暦二年（一二三五）、当時七四歳の定家が、はからずも蓮華王院《れんげおういん》（現三十三間堂）の宝蔵にあった紀貫之自筆本を書写したものである。

国宝『土佐日記』の体裁は六半本（大形の料紙を六つ半に切った大きさの小型本。ほぼ正方形の枡形本となる）で、大きさは、縦約一五・九cm、横約一五・五cmである。書写された文字は「定家様」といわれる定家独特の文字である。表紙の装幀は富田金襴《とみたきんらん》（茶人富田知信《とものぶ》が豊臣秀吉から拝領したことに因む）と呼ばれる布の表紙で、見返しには型摺《かたずり》で、籬《まがき》に夕顔の図があしらわれている。

　料紙を見ると、書写に使われた紙は、二種（黄色・白紙）の鳥の子紙と雲母引《きらびき》菱形模様の唐紙の三種類で、総数五三紙になる。そのうち、黄色の鳥の子紙が一二枚、白色の鳥の子紙が二三枚、唐紙が一八枚である。これらを三括とし、綴葉装《でっちょうそう》（大和綴《やまととじ》ともいう、数枚の料紙を重ねて半分に折ってそれを一括とし、数括りを重ね、表紙を加えて糸でかがった書物）にしている。墨付五〇枚のうち、本文は四六枚で一面に書かれた文字の行数は九行または一〇行である。紀貫之自筆の臨模《りんも》部分が一面ずつあり、奥書が二枚、他に白紙が三枚、この白紙の最後の一面に「春のはしめの云々」と書かれているが、これは後世の人のすさび書と考えられている。

　国宝『土佐日記』の特徴は、定家が紀貫之自筆本の一部を模写し、その特徴を書き記した点にある。それを紹介すると、紀貫之自筆本は巻子《かんす》仕立てで、紙は打紙《うちがみ》ではない白紙であり、界線《かいせん》（罫）はなく、縦一尺一寸三分、横一尺七寸二分の紙二六枚を貼り継いでおり、軸はなかったという。書様は、和歌を別行にせず、和歌の頭の前を少し空け、和歌の後は空けずに地の文に続けて書かれていたと説明し、さらに紀貫之が書き上げてから三〇一年間、紙は朽ちず文字も鮮明であると述べている。このように、国宝『土佐日記』は、紀貫之の手跡を知る上で貴重な資料でもある。

『百工比照』の紙

　つぎに、前田綱紀が蒐集・整理・分類した工芸全般に渉る見本資料の集大成である『百工比照《ひゃっこうひしょう》』（一一箱・付属二箱、重要文化財）に収められる紙標本について紹介したい。名称は綱紀が諸種の工芸（百工）と比較対照する意（比照）を合わせて命名したとされ、収められた標本の材質は紙以外にも、漆・木・草・染織・竹・象牙・金属・真珠・瑪瑙《めのう》・琥珀《こはく》などがある。

　このうち紙については、第一号箱第一架帙に「紙類」、第二・第三架帙に「張付唐紙類」、第四架帙に「表紙類」、第五架帙に「外題紙類」がある。その他紙を使ったデザイン標本としては、第二号箱第一架帙に「羽織類絵図」、第二架帙に「旗指物《はたさしもの》類絵図」、第三架帙に「甲冑籠手《かっちゅうこて》佩楯《はいだて》類絵図」、第四架帙に「武器注文書」等、第五架帙に「馬具類絵図」、第六架帙に「作紋類絵図」、第八架帙に「鐶金具《かんかなぐ》類絵図」などがある。

　このうち、第一架帙の「紙類」について見てみよう（口絵48頁）。これは、袖のほかに三〇折あり、表面の六〇面と裏面の四九面に紙が貼り付けられる。各面には、二枚から六枚の和紙が貼られ、各和紙の右肩に「加州大奉書」「加州小奉書」のように国名と紙の種類を墨書した小札が貼られている。国名は「加州（加賀）」「越中」「能州（能登）」の藩領域から始まり、「山城」「吉野」「宇多」「摂津」以下五畿七道順に貼られ、北は陸奥・出羽から南は四国・九州にまで及んでいる。地名の記載は国名だけの場合が多く、「加州一之原朱染寺《しゅせんじ》紙」「甲州西嶋杉原」「伊豆修禅寺紙」のように、国名の次に具体的な地名（産地）が記されている例がいくつか見られる。当時紙の産地は、紙の種類を示すだけでわかるほどポピュラーだった可能性が高い。

この中で、紙の種類として地名を含むものがいくつか見られる。これらは製品名として流布していた紙と考えられ、代表的なものとして「杉原紙」がある。この紙は播磨国杉原谷（兵庫県加美町）が原産地であり、一二世紀の初め頃から京都の貴族に愛用された。後世製品名として「〇〇杉原」と呼ばれる紙が現出した。『百工比照』の見本の中には加賀産とされる杉原紙が二三種類も見られる。この他地名を含む紙製品としては「土佐紙」「美濃紙」が見られる。

その他の「張付唐紙類」「表紙類」「外題紙類」等の名称は、「萌黄《もえぎ》地雲母《うんも》にて麻の葉に蔦文《つたもん》」「藍地金泥《こんでい》にて蔦唐草《からくさ》文」「茶地藍にて香図《こうず》紋」などのように、基本的に「地の紙（染色など）＋（装飾の材料など）文様」という構成になっている場合がほとんどで、文様には「桐文」「蔦文」「唐草文」「菊紋」「花菱紋」などが見られる。

前田綱紀の図書蒐集

最後に、前田綱紀の図書蒐集と書写に関わる紙について紹介したい。綱紀はみずからが学者であり、儒学者の林羅山《はやしらざん》を始めとする林家の人々、黄檗《おうばく》宗の高僧などの知識人との交流や儒者の木下順庵《じゅんあん》・室鳩巣《むろきゅうそう》の外、神道学者・本草学者などを召し抱えて学識を深めていった。その蒐書の目的は、『大日本史』編纂のためという叔父徳川光圀《みつくに》の場合と違い、書物を集めてからその利用方法を考えるという方針で、現在の図書館や公文書館的な意味合いが強かった。

その蒐集方法は、数人の書物奉行のもとに書物調奉行（一名書物方覚奉行）を置いて各地に派遣し調査させている。家臣の津田光吉は江戸周辺の鎌倉や浦和周辺、京都・奈良等の寺社に派遣され、書物等の所在確認と書写や貸借に当たった。京都の公家に対しては在京する後藤演乗《えんじょう》・達乗《たつじょう》等が仲介となり、書物等の貸借や購入交渉に当たった。

集められた典籍類・古文書等の鑑定は、儒者の木下順庵等が中心となって行ったが、綱紀自信も必ず目を通し、手元に留めるもの、書写して返却するもの、そのまま返却するもの等の区別を行った。綱紀の書物等の入手の仕方は厳密であり、まず写しを作成させ、手許に置きたい書物はその上で購入の交渉を行ったようである。

この時の書写本が、文庫に「模写本」という分類で数多く残されている。使用された紙は薄い美濃紙で、書写の方法が透き写しであることが容易に見て取れる。国宝『類聚《るいじゅ》国史《こくし》』（古本、四巻）もそのひとつで、綱紀は入手の前年に精密な模写本を作らせており、現在古本では判断不能な文字の解読や朱書の有無を知る上で貴重な資料となっている。

延宝五年（一六七七）、綱紀の命を受けた津田光吉が鎌倉（神奈川県鎌倉市）に滞在し、古い書物等の調査を行った。この時津田は、鶴岡八幡宮、荏柄《えがら》天神社、建長寺、円覚寺等の鎌倉の寺社や、六浦《むつら》村（同県横浜市金沢区）の称名寺《しょうみょうじ》（金沢文庫）にも足を伸ばしている。綱紀は書翰のなかで「朱点を付して返し遣わした先日以降、珍しい物は見つからないのか、最前に提出された覚書に付け札をしてあるので承知するように」と細かい指示を出している。すなわち、必ず調査結果の覚（目録）を提出させチェックしていたのである。一方、津田も江戸藩邸に対し、書写に使用する水打美濃紙・きうち美濃紙（各一〇〇枚）と真書筆（二対）を送るよう所望している。

また、貞享三年（一六八六）五月五日朝五時過ぎに桶川《おけがわ》宿（埼玉県桶川市）を発った交代の行列は、熊谷宿（同県熊谷市）で昼休した。休憩中綱紀は、武蔵武士熊谷直実《くまがいなおざね》（蓮《れん》生《せい》）の旧跡である熊谷寺に参詣し、寺僧に頼んで蓮生の遺誡や「熊谷系図」等を一覧した。この時書写した「熊谷系図」（薄い美濃紙）が文庫に現存する。その二六年後、正徳二年（一七一二）七月に参勤途中の綱紀は熊谷宿で昼休した。この時も「熊谷系図」を借り、以前書写したものと校合させた。しかし、疑問が残ったようで、家臣の有沢弥三郎・熊内弥助両名に、熊谷寺に参り、以前に写した「熊谷系図」と校合し、相違するところをメモして持参すること、相違点は付紙（付札、現在の付箋）をして明示すること、名判（花押《かおう》）については現在の写本では心許ないので、透き写し（薄い美濃紙を重ねて写すこと）にして提出せよと命じている。現存する「熊谷系図」を見ると、両名が校合し、付札を付け報告した様子が確認できる。

【コラム】春日懐紙・春日本万葉集

田中大士

春日懐紙とは

春日《かすが》懐紙《かいし》は、現存する和歌懐紙としては、一品経《いっぽんきょう》懐紙・熊野懐紙に次ぐ懐紙群である。一三世紀半ば、奈良の春日社を中心とした神官・僧侶たちによって自ら詠まれた歌が記録されている貴重な資料である。これらの懐紙は、使用後、懐紙筆者の一人中臣祐定《なかとみすけさだ》によって紙背が『万葉集』書写の料紙として用いられ、一旦和歌懐紙の方が紙背に回った。その際写された『万葉集』が、今日『春日本万葉集』として知られている。ところが、後になって、ふたたび和歌懐紙の方に価値が見出され、『万葉集』は綴じが解かれ、一枚ずつばらばらにされた。この状態を今日「春日懐紙」と呼んでいる。当該資料は、表裏二面に別々の資料が書写され、時代により、表裏いずれかに重きが置かれたために、その際に紙背と意識された面に少なからぬ損傷が生じた。ことに懐紙面には、紙背が利用されるに際し、施された様々な措置の痕跡が顕著に看取できる。

図1に示すのは、春日懐紙の一枚大中臣泰尚《おおなかとみやすひさ》の「山家残《さんかざん》

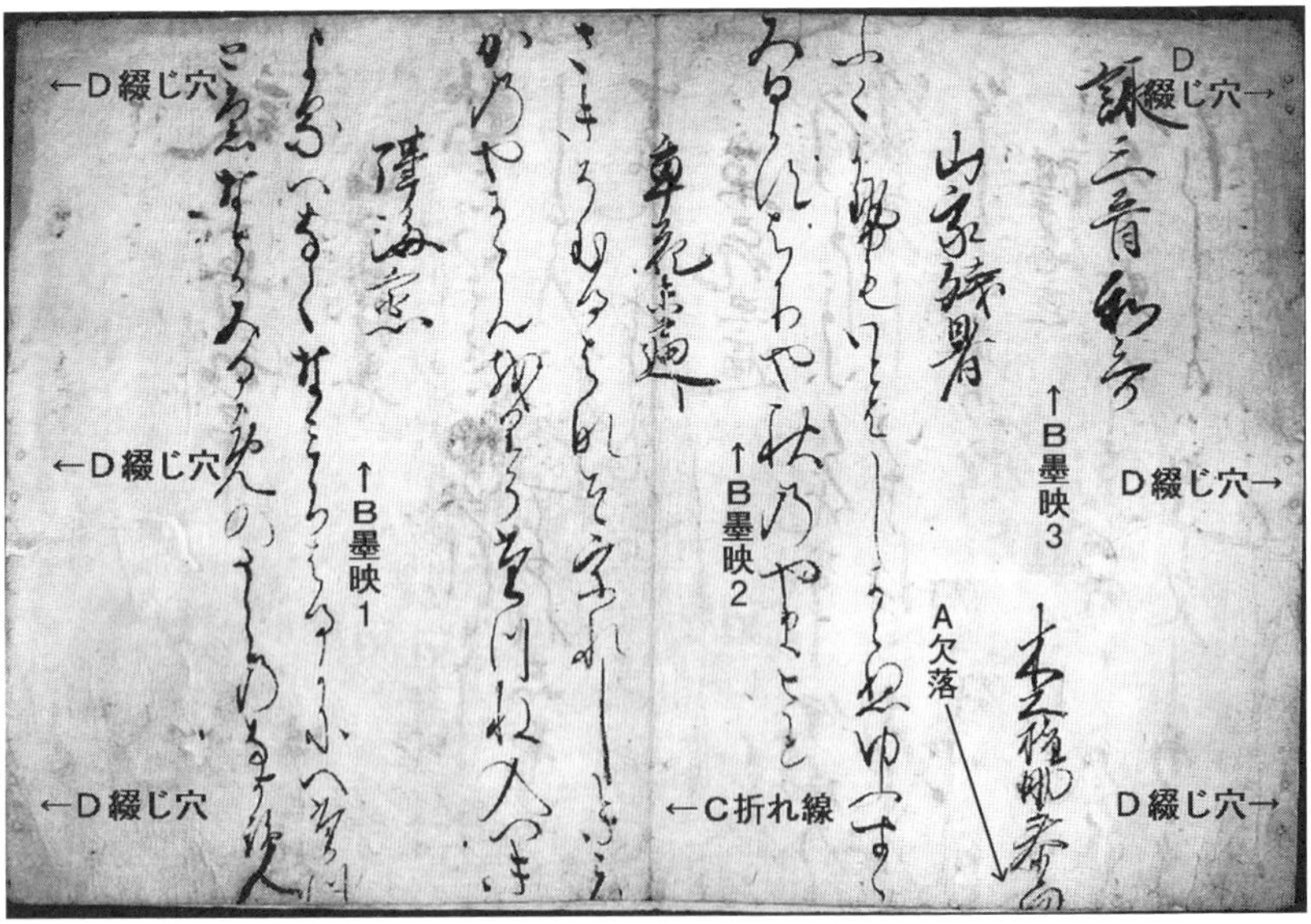

図1　春日懐紙「山家残暑」（重要文化財）

署《しょ》」を第一歌題とするものである（石川県立歴史博物館蔵）。第一行に「詠三首和哥」と総題が書かれ、その左下に「木《も》工《く》権助《ごんのすけ》泰尚」という自署、そして「山家残暑」以下の歌題（草花未遍・隔海戀）と歌が三首続いている。書かれている内容は、一般の和歌懐紙とさほど違いはない。が、この紙面には、和歌懐紙としては特異な特徴がいくつも見出される。それらを列挙すれば、次のようになる。

A　泰尚の自署など懐紙の下部分の文字が切れている。

B　書かれている文字の他に鏡文字で映っている文字が見られる。

C　懐紙の真ん中に折れ線が見られる。

D　懐紙の両端に二個一対の穴が何箇所か見られる。

打紙・裁断

和歌懐紙などの使用済みの反故の紙背を使って書写をする場合、普通はそのままの状態では、紙にしわや毛羽立ちがあり、書写に支障を来す。そこで、紙の状態を滑らかにする必要がある。その際行われるのが「打紙《うちがみ》」という手法である。使用済みの紙を二枚一組にして墨付き面同士を内側に合わせ、水で湿らせて重ね合わせ、杵などで打つ。打紙によって、緻密な紙質になり、表面も円滑化する。その際、合わされた墨付き面同士が互いに映り込むという現象が生ずる。これを「墨映《ぼくえい》」という（前田・福島一九八三）。図1のB1からB3には当該懐紙と同じ歌題が鏡文字で映っている。これは、同じ歌題を持つ中臣祐□（不明）の懐紙が映り込んだものと考えられる。この懐紙は、佐佐木信綱が紹介して以降その所在が知られない（佐佐木一九四四）。われわれは、この墨映の画像のみでその様相を知ることができる。このように、春日懐紙に他懐紙の墨映が映り込む事例は少なくなく、中にはそれが現存せず墨映でしか知られないものもある。失われた懐紙を復元させる手段として墨映が有効であることが知られる（田中二〇〇二）。

打紙された料紙は、書写の前に、冊子本に仕立てるべく、本のサイズに合わせて裁断される。Aのような文字の欠落はその際に生じる。本来の懐紙の大きさや各詠者の書き癖などによるであろうが、春日懐紙の中でも、文字がよく切れている詠者とそうでない詠者がある。当面の泰尚は、現存する半分以上の懐紙で署名が切れている。

冊子本に

当該資料には、Cのような折れ線と、Dのような綴じ穴が見られる。これらは、和歌懐紙の紙背に書写された『万葉集』が、二つ折りにされ、上・中・下の三箇所に一対の穴が空けられ、綴じられたことに起因する。春日懐紙に見られる、この折れ線と綴じ穴が、本来『春日本万葉集』であった証左である。春日懐紙を厳密に規定すれば、「春日本の紙背に存する和歌懐紙」ということになり、この二つの特徴がそろってこそはじめて春日懐紙ということが出来る。江戸期に前田家で保存されていたときには、いわゆる「めくり」の状態で折れ線と綴じ穴はほぼすべて保存されていたと考えられる（田中二〇〇五）。が、近代になって、世上に流出した後は、表具されることも多く、その際には折り目が消されたり、綴じ穴が埋められたり、その部分が切断されたりする事例も少なくない。

春日本として冊子本であったときに、どれほどの厚みを持つ本であったのか。現在残っている部分から空白部分の様相を推定して一巻あたりの丁数を計算すると、およそ一七～四〇丁くらいになる（田中二〇〇二）。最も少ない一七丁（巻一四）では、一冊の本としては薄すぎるであろう。おそらくは、二巻で一冊という作りだったと考えられる。巻一九と巻二〇という二巻の綴じ穴の形状が他とは異なり、しかも二巻では共通しているという事実（田中二〇〇九）、あるいは現在残っている春日本が、巻五・六、巻七・八、巻九・一〇、巻一三・一四、巻一九・二〇と巻次が奇数偶数のペアになっていることなどが、右の推定を傍証として支える。

春日本

『春日本万葉集』は、冊子本の一面九行、懐紙裏全体で一八行で書写されている。しかも、短歌は原則一首一行。『万葉集』の歌は、いわゆる真名《まな》書きで、巻五などのように、一字一音で表記される場合、全部で漢字三一文字以上になることもあるが、その原則は貫かれている。書写面は、へらなどで押された、押界《おしかい》・押罫《おしけい》（空界《くうかい》・空罫《くうけい》）が設定され、その線に沿って書写されている（次頁図２、「春日本巻七目録」写真、石川県立歴史博物館蔵参照）。

春日懐紙として残る例は少なくないが（約一六〇枚・田中二〇一〇）、春日本がきれいに残る事例はきわめて少ない（二三枚）。これは、懐紙面を鑑賞する際に、裏の万葉集面が裏うつりするために除去されたとおぼしい。裏面の除去には、「相剝《あいは》ぎ」の手法が用いられた（田中二〇〇九）。相剝ぎとは、紙を裏表二枚に剝離することである。だが、春日懐紙の料紙は、本来相剝ぎに向かない紙質のようで、現存する春日懐紙できれいに剝がされている例は稀で、多くの場合紙厚の厚い部分、薄い部分の差が大きい。にもかかわらず、相剝ぎされているのは、懐紙を表裏二枚にきれいに剝ぐのが本来の目的ではなく、もっぱら『万葉集』面の除去を目的として行われたためと考えられる。懐紙面裏が厚く残る部分には、春日本の面が残存している場合があり、そこから春日本の内容がわずかに読みとれ、巻次や『万葉集』中の位置などが判明することがある。先に掲げた泰尚の懐紙の場合、『万葉集』面はほとんど残っていないが、わずかに残る痕跡から巻二〇の一部であることが判明している（田中二〇〇九）。

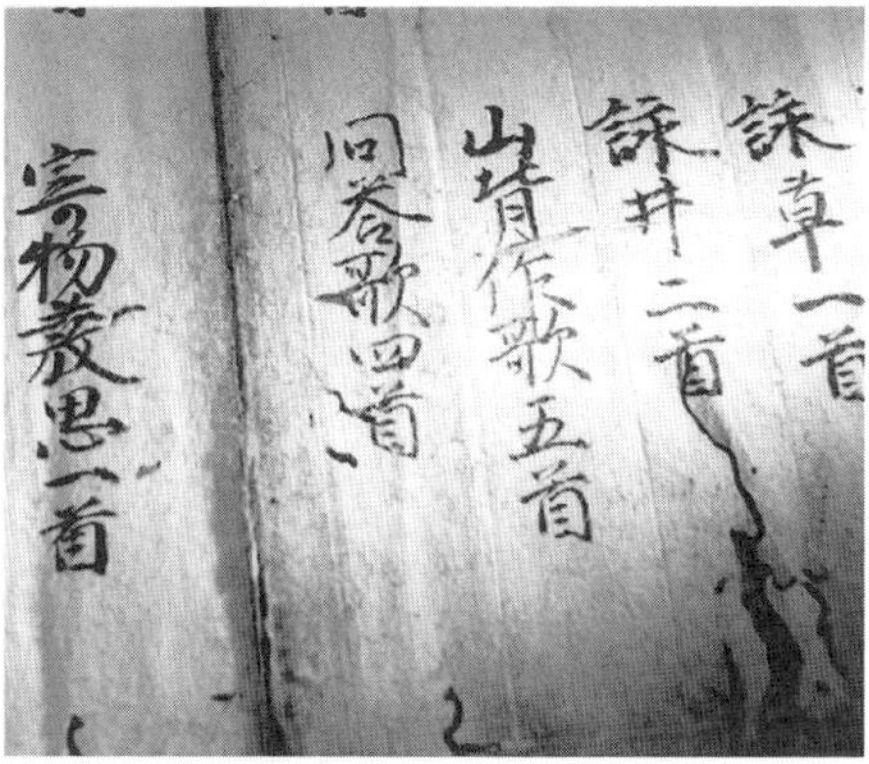

図２　「春日本巻七目録」（重要文化財）
春日本巻七目録の部分（中臣祐有「月」懐紙裏）
押罫が明瞭に看取できる。

参考文献

佐佐木信綱　一九四四「春日懐紙裏万葉集残欠」（『万葉集の研究』二、岩波書店）
田中大士　二〇〇二「春日懐紙墨映論序説」（平田喜信編『平安朝文学　表現の位相』新典社）
田中大士　二〇〇五「春日懐紙祐定目録の解析」（『汲古』四七）
田中大士　二〇〇九「石川県立歴史博物館蔵春日懐紙・春日本万葉集解説」（『石川県立歴史博物館紀要』二一）
田中大士　二〇一〇「春日本万葉集の完全に残る例」（『汲古』五七）
前田元重・福島金治　一九八三「金沢文庫古文書所収『宝寿抄』紙背文書について」（『金沢文庫研究』二七〇）

【コラム】歌集の料紙

別府節子

実のところ、稿者は国文学や紙の専門ではないのだが、職場で古筆[1]といわれる日本書跡を中心に扱っている。その古筆と今回のテーマの対象とは非常に重なる部分が多い。ということで古筆を扱う立場から、近世前の「歌集を中心とした国文学資料の料紙」について話をすすめたいと思う。

歌集の種類

ところで、近世前に書写された「歌集を中心とした国文学資料」（以下、当該資料と略）にはどのようなものがあるだろうか。代表的なものとしては、平安時代から室町時代初期まで、国家的な文化事業として、二十一集が編纂された勅撰集、その勅撰集と関連しながら私に編まれた私撰集、歌人の個人歌集である私家集など、いわゆる「古典」と呼ばれるテキストの写本類が挙げられる。しかし、歌集を「和歌が複数集められ記録されたもの」と考えれば、それだけではない。例えば歌合《うたあわせ》や歌会《うたかい》の出詠歌《しゅつえいか》を記録したもの、また中世以降盛んになる定数歌《ていすうか》、和歌懐紙《わかがいし》や続歌《つぎうた》による歌会の記録[2]、物語や歌集から和歌を抜粋して集めたもの、和歌行事の記録などもこれに加わるだろう。以上のような内容を美しく清書した本もあれば、草稿段階の本もある。また、定数歌、私家集の中の自撰家集、和歌懐紙・和歌短冊といった資料は、詠者による自筆であることが多い資料でもある。[3]更に、「歌集を中心とした国文学資料」といっても本の形をとるとは限らない。ちょうど近世に入る頃、それまでは貴族によって所蔵・鑑賞されていた写本類は、武家や商人といった新興の鑑賞者層の増大にともなって、分割して所蔵することが盛んになる。分割された古筆の断簡を「古筆《こひつ》切《ぎれ》」という。特に料紙や仮名書の美しい平安～鎌倉時代書写の歌集は、古筆切になってしまったものもたいへん多く、この時期の資料の仮名書・料紙を語る上で古筆切を除いては語れない。

平安時代

平安時代の当該資料の伝存品には、草稿と思われる作品もわずかにあるが[4]、そのほとんどは、当時の皇族や上級貴族が進物・献上用に特別にあつらえた、調度手《ちょうどて》本《ほん》といわれる豪華な清書本とそれらの古筆切である。調度手本類に用いられる料紙は、美しい装飾を施した紙、装飾料紙で「彩《さい》牋《せん》」ともいう。[5]装飾の方法には様々な技法が見られる。これらの料紙装飾をながめると、染紙《そめがみ》・雲母《きら》撒《ま》き・雲紙《くもがみ》等の上品でシンプルなものから、文様も色もバリエーションに富んだ各種の唐紙《からかみ》を中心とした装飾（図1）、そして「美麗過差《びれいかさ》」といわれるような金銀箔を用いた豪華な加飾へといった流行の推移があり、その上に書かれる各時期の仮名書の様式と共鳴してそれぞれの効果を生んでいる。

平安時代末期に書写された、それまでにはなかった当該資料として挙げるべきものに、装飾性のほとんどない、楮《こうぞ》系の料紙を使用した写本類と、やはり楮系の料紙を用いた「一品経和歌《いっぽんきょうわか》懐紙《がいし》」がある。前者は、次の鎌倉時代には「歌の家」となる御子左家《みこひだりけ》の俊成《しゅんぜい》や定家《ていか》の周辺で書写された、私家集群とその古筆切である。[6] 一方、この時期は官人層や、地下《じげ》と呼ばれる地位の低い実務官人・出家者・女房たちが、自由にグループを形成して歌合や歌会などを行い、和歌活動を盛んに行った時期でもある。「一品経和歌懐紙」は、このような活動の貴重な遺品で、次の時代には遺品の多くなる自詠自筆の和歌資料である。

図1　石山切　伊勢集断簡（平安時代）

鎌倉時代

鎌倉時代になると、上皇や天皇が宮中や行幸先で催す歌会や歌合のために、また、平安時代に比較して頻繁に編纂された勅撰集のために、宮廷の貴族たちは公的な場との関わりで和歌を詠んで書く機会が増えた。それ等の所産が、和歌懐紙や、勅撰集の撰集資料として提出する定数歌・自撰の家集などである。鎌倉時代の歌集資料の伝世品として、もっとも著名なものといえば、「熊野《くまの》懐紙《がいし》」と「広沢切《ひろさわぎれ》」が挙げられることが多い。前者は行幸先で催された歌会の和歌懐紙、後者は自撰家集の草稿である。両者とも古典的な歌集の写本ではないが、いかにもこの時代らしい自詠自筆の資料である。和歌懐紙を用いる歌会は、上皇、天皇の臨席する宮中や行幸先での公的な歌会の他に、「春日《かすが》懐《がい》

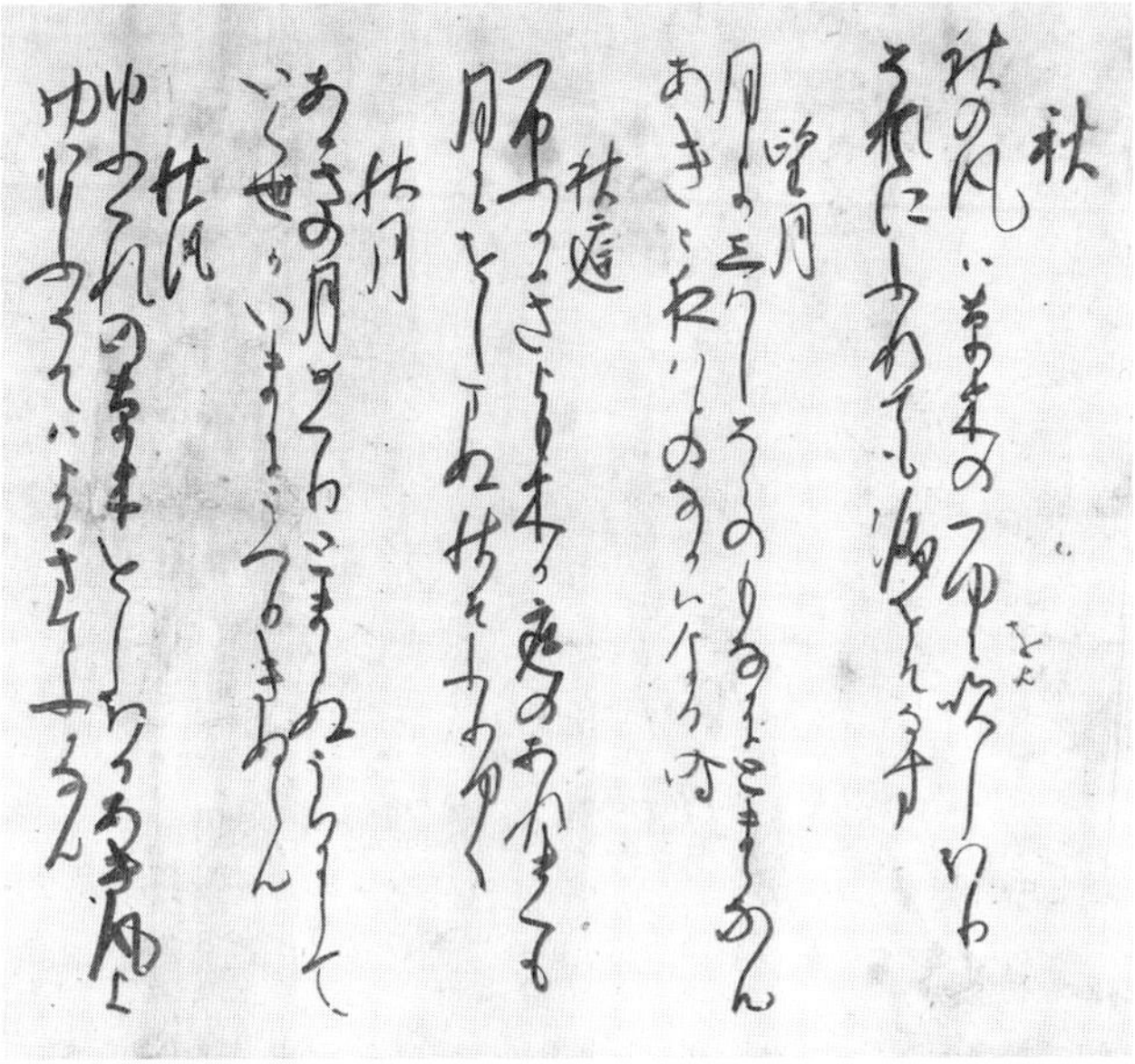

図2　広沢切　伏見天皇御集断簡（鎌倉時代、重要文化財）

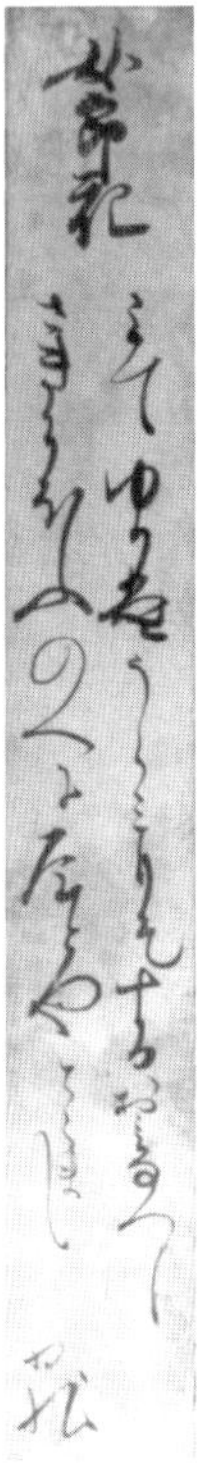

図3　和歌短冊　二条為親筆（鎌倉末～南北朝時代）

紙《し》」のように、何らかの組織に属する人々の集まりの歌会、貴族の私邸で催された歌会等様々である。檀紙《だんし》と呼ばれる楮系の料紙に記され、和歌の数によって、一首を三行三字、二行七字で書く等の書式があり、紙の大きさも身分によって決まっていた。定数歌や自撰家集は、やはり楮系の懐紙を連ねたものに、二行書きでしたためられた。[7] もっとも、これら自詠自筆の資料には草稿段階のものも多い。先に挙げた「広沢切」も、伏見《ふしみ》天皇の草稿段階の自撰家集で、料紙には暦や古記録等の紙背も利用されている（図2）。

鎌倉時代には、自詠自筆の歌集資料の他に、古典を書写したテキスト類も数多く伝存する。特に近年、冷泉家《れいぜいけ》時雨《しぐれ》亭《てい》文庫の調査公開によって、冊子のままの形で伝存する多くの鎌倉時代書写の歌集が明らかになっている。これらの写本類には調度手本もあるが、圧倒的に多いのは、公家歌人や新興の武家歌人たちにとって、修練して学ぶ「歌道」となった和歌を学習するための古典のテキストや、代々歌人を輩出するような家の人々が、伝本として残すことを目的とした写本である。これらの写本の料紙は、楮紙《ちょし》の素紙《そし》や楮紙を打紙《うちがみ》加工したもの、楮と雁皮《がんぴ》を混ぜて漉いたものが多く、学習の用途に相応しく装飾性は少ない。一首を一行書きにした写本も見られるが、鎌倉時代は概してまだ二行書きの写本も多い。また、そこに書かれた仮名は、平安時代に比べ、伸びやかで情趣的な連綿の美しさこそないが、後世に比べれば線質も細く、字形もスマートである。

一方、調度手本類としては、打曇《うちぐもり》・金銀泥下絵・金銀箔散らしや箔絵《はくえ》といった、荘厳な印象の料紙装飾による写本が遺る。著名な作品としては、伏見天皇の書写による、天地打曇紙に書写された『筑後切後撰集《ちくごぎれごせんしゅう》』がある。『筑後切後撰集』のような古典の写本の他にも、絵巻物の詞書《ことばがき》・物語の抄出本・女性の書式による定数歌（註7参照）などに、鎌倉時代らしい料紙装飾が認められる。

鎌倉末期から室町時代初期にかけて、出現しはじめる当該資料として、白色の和歌短冊がある（図3）。これは鎌倉後期から興隆しはじめる詠歌形式である続歌に伴う歌集資料である。当初の続歌や、これを記す当座の紙である短冊は、必ずしも遺し置くものではなかったが、続歌形式が詠歌の方法として認知されるに従い、短冊も遺るようになったと考えられる。短冊の料紙には、いかにも素朴な楮系の素紙と思われるものから、雁皮系のものも見られる。

室町時代

室町時代の当該資料として、もっとも伝存品が多いのが和歌懐紙と和歌短冊であろう。室町時代には、宮中の歌会（公宴）が毎月行われる「月次」として定着する。その月次歌会は、懐紙と短冊とが交互に行われた。これに加えて、貴族の私邸でも月次で懐紙や短冊の歌会が行われたため、室町時代には懐紙、短冊の伝存品が非常に多い(8)。和歌懐紙には前代と同様、檀紙と呼ばれる楮系の料紙が用いられた（図4）。公宴の和歌短冊には、かなり早い時期から、上部に藍、下部に紫の打曇を施した雁皮系の料紙が用いられたと思われ（図5）、これは近世以降にもずっと続いていく。

一方、室町時代書写の古典の歌集資料もある。この時代になると、和歌のテキストはほとんどが実用本位となり、字間の詰まった一行書きである。また和歌懐紙や短冊の仮名からの影響もあってか、豊満な字形で、伸びやかな連綿部分の少ない仮名書による書写が目立つ。料紙は楮系の料紙か、楮と雁皮を混ぜ漉きにしたもの等、やはり実用本位の料紙が多い。また、南北朝～室町時代にかけての調度本としては、白紙・染紙・打曇紙等に、金銀泥下絵を描いた料紙に、朗詠や源氏物語などを比較的大きな字で書写した

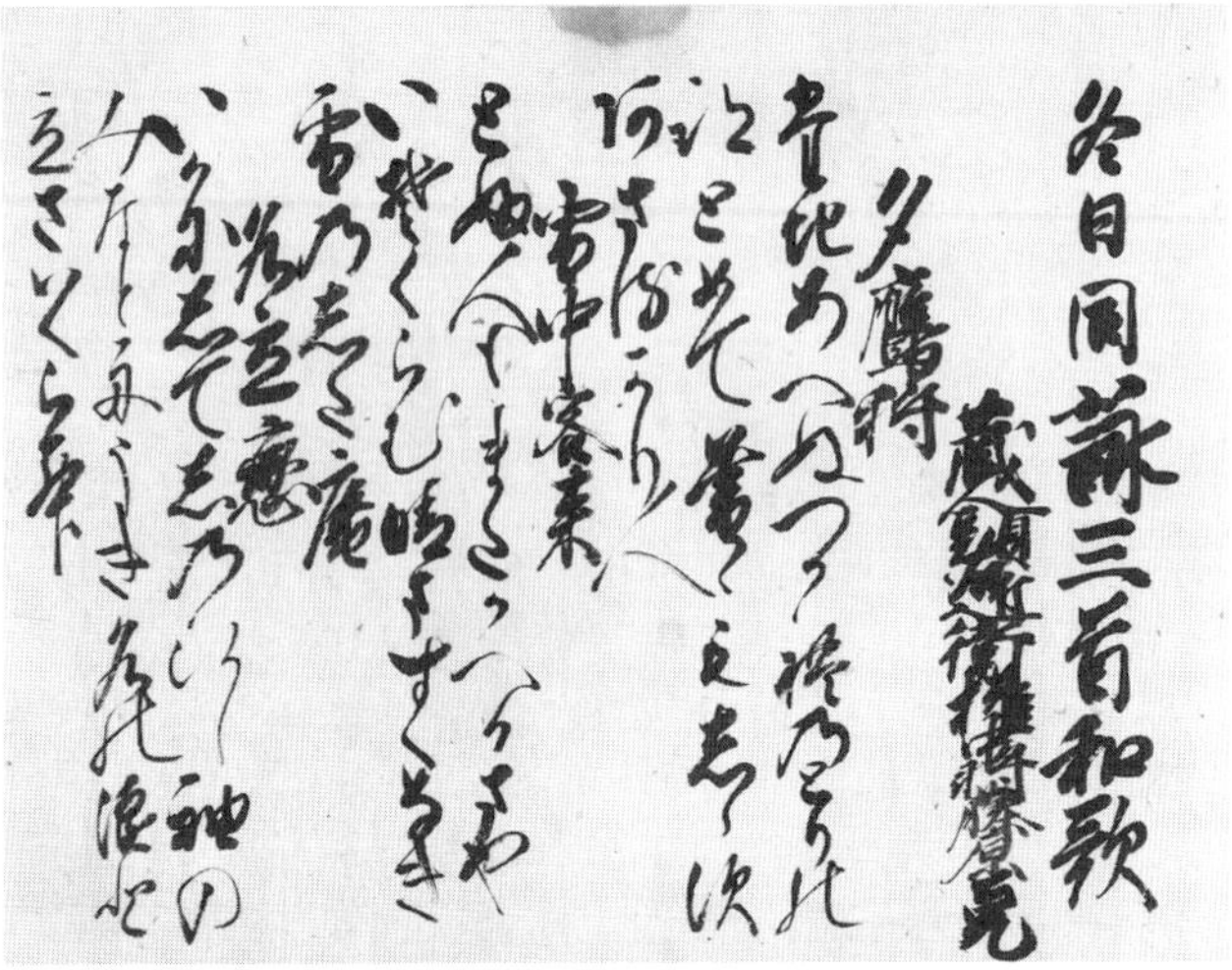

図4　和歌懐紙　正親町三条公兄筆（室町時代）

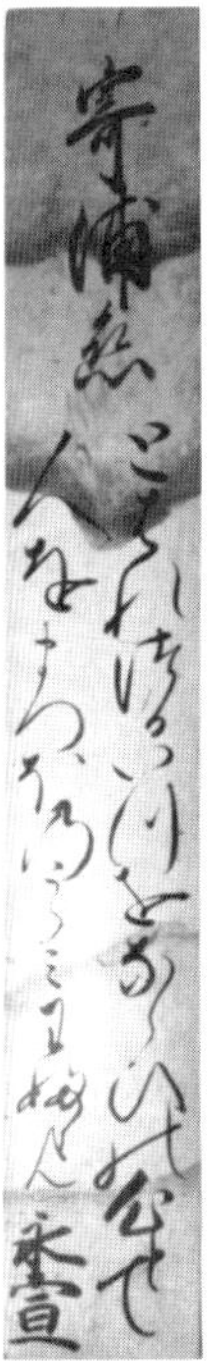

図5　短冊　高倉永宣筆（室町時代）

抄出本が見られる(9)。

このように近世前の伝世品を見てくると、「歌集を中心とした国文学資料」といっても、時代によって遺っているものに特徴があることが認められる。これは、各々の時代によって、和歌活動の場や、主体となる人々、その目的等が異なるためで、それが、そこから生成される資料（自詠自筆の資料、古典を書写した資料）や、これらと影響し合って制作される調度本類に、その時代らしい特徴を生み出している。その意味では、各時代に遺る資料は各々の時代の和歌活動を、ある程度反映していると見ることができる。

註

(1) 近世前に書写された、主に仮名書きの写本類の総称。古筆には仏教経典や文書といった内容のものもあるが、大半は歌集や物語、それらの注釈等のテキストの写本であり、その中でも圧倒的に多いのが歌集である。

(2) 定数歌は歌人が一人で五〇首、百首とまとまった数の和歌を詠む詠歌形式。続歌は三〇首から多くは千首分の予め用意した歌題を、数人の歌人で引いて（探題）詠む詠歌形式。題数は能力に応じて分担された。予め題を書いた用紙を引くことから、短冊のような用紙が必要となった。

(3) 懐紙や短冊は、歌会全体が「歌の集まり」として記録される前段階の原資料だが、これらも「歌集を中心とした国文学資料」の範疇として考えることはできるだろう。

(4) 草稿本の伝存品として、一一世紀半頃書写の『十巻本歌合』、一二世紀前半書写の『二十巻本歌合』があり、ともに歌合の集成本の草稿である。草稿本の類は他にもあっただろうが、調度手本類が公的な所蔵や用途の関係で伝存するのとは異なり、遺ることが困難だったのだろう。

(5) 装飾の方法には、次のようなものがある。紙を染料で染める染紙。藍や紫に染めた紙の繊維を「打曇」「飛雲」「羅文《らもん》」(口絵45頁)など各種の雲形に漉き込む雲紙。雲母撒きまたは具(胡粉《ごふん》)引きした地に、版木に彫った型文様を、雲母や具で刷り出した唐紙。金銀泥や顔料によって筆で描いた下絵。金銀の箔(方形の切箔、針状の芒箔《のぎはく》〔野毛《のげ》〕、細かい粒状の砂子箔等)を散らしたり、大小様々な箔を色々な意匠の形に撒くといった、箔を用いた装飾がある。

(6) 伝称筆者を「西行《さいぎょう》」とする古筆群である。従来は「伝西行筆」とは、単に西行(一一一八~九〇)の生きた時代の仮名の様式を表していると考えられてきた。が、近年、「伝西行筆の古筆」の中核を占める私家集類は、平安時代末期に、歌人で歌学者の御子左家の俊成が、周辺の人々を駆使して書写させた私家集類の一部であり、御子左家の子孫としてそれらを所蔵していた冷泉家から、江戸時代前期に巷間に流出し、江戸の鑑定家によって「西行筆」と極められた写本類であることが判ってきた。

(7) 女性歌人による定数歌だけは、装飾料紙に散らし書きという書式が用いられた。それら装飾料紙に定数歌が書かれた写本の完本は伝わらないが、宮廷の女房歌人や身分のある女性、あるいはその女性の書式を倣った貴顕の男性と思われる歌人による定数歌の古筆切資料は残る。

(8) 室町期の和歌資料として懐紙は確かに多く見られるが、短冊に比べると伝世品は少なく、また公宴歌会の記録に比してもかなり少ない。

(9) これらの調度手本はどちらかというと、公家内部で愛玩されたというよりも、武家側からの需要や要請があって、公家側が制作に関与したものではないだろうか。

※本稿の内容は平成一九~二一年度科学研究費助成「自詠自筆の和歌資料を中心とした中世古筆資料の総合的調査と研究」(基盤研究C)の成果に基づく。

【コラム】古筆と料紙

高城弘一

古筆・古筆切とは

古筆《こひつ》という言葉がある。古筆とは「古人の筆跡」という意味で、広く捉えると、おおよそ室町時代・安土桃山時代末までに書写された諸々の筆跡を指す。場合によっては、江戸初期くらいまでも含めることがある。かな書道の立場では、平安時代中期から鎌倉時代のごく初期にかけて書かれた、かなを中心とした美しい筆跡のことである。狭義の王朝期のかな古筆といえば、内容は『古今和歌集』や『和漢朗詠集』など、そのほとんどが和歌集であって、ごく一部の例外を除き、物語や随筆などの散文作品を書き写したものは現存していない。ここでは、狭義の古筆を中心に取り上げたいと思う。

完本として伝わってきた古筆であっても、室町時代に発生した茶の湯の影響や江戸時代の古筆収集の風潮にともない、数に限りのある巻子本《かんすぼん》や冊子本《さっしぼん》のかな古筆がどんどん裁断されていく。これが断簡《だんかん》、すなわち古筆切《こひつぎれ》である。

古筆の料紙に使われている原紙

古筆において歌集が書写されている料紙の原紙は、わが国のものでは「雁皮紙《がんぴし》」（鳥の子・斐紙《ひし》とも）が多いようである。雁皮紙は墨がにじむこともなく、墨をほとんど浸透させない。従って、冊子本のように一枚の紙の両面に書写するのには、最適ということになろう。また、紙面が滑らかなので、小さな文字でも大丈夫である。雁皮紙の特長としては、大量の情報を書き込めるという点で、当時としては、現在の光ディスクなどの情報記録媒体などに相当するものだったと思う。多くの歌が入っている歌集には、最も相応しいものではないだろうか。雁皮という植物は、山野に自生しており栽培が困難である。そこで、雁皮と同じジンチョウゲ科で栽培可能な「三椏《みつまた》」が、今日の量産に応えるようになった。ちなみに、日本銀行券（お札）や、かな書道用紙として使用する場合もある、薄葉の「改良半紙」は、この三椏が主原料となっている。

一方の文書類には、「楮紙《ちょし》」が多用されてきた。楮は繊維の状態や絡み具合によって、強靭な紙ができる。また、墨をよく吸収し、場合によっては紙の裏面にまで浸透させる一方、紙の表面は荒いものになっている。従って、楮紙の性質は、雁皮紙とまったくの正反対といえまいか。

雁皮紙と楮紙には、それぞれ長所・短所があるので、その特長を生かし、書写する用途に分けて使用してきた。先述のように、歌集を写す紙の原紙は、主として雁皮紙であり、当初は雁皮そのものだけであったのであろうが、原料の調達や漉きやすさということから、楮が混入される場合もある。また楮紙だけでも雁皮紙の紙質に似せるために、紙を打ったり（打紙《うちがみ》）、猪の牙や玉などでならしたり（瑩紙《えいし》）して、紙面を平滑にしている。またドーサ（礬水）を引いたりして、にじみ止めを施したりしている例も出てくる。これらの紙を「熟紙《じゅくし》」という。

平安時代のさまざま料紙

平安時代になると、初期は漢字の遺例として麻紙《まし》も使用されているが、楮紙・雁皮紙を主として用いるようになる。かな古筆では、伝紀貫之筆「高野切古今和歌集」（東京国立博物館他蔵）の使用例が唯一とされ、その料紙は麻紙の上に「雲母砂子《きらすなご》」が撒かれている。一一世紀半ば頃の書写にかかる「高野切」は三人の筆者による寄合書《よりあいがき》で、第一種・第二種・第三種と分類されている。それぞれに同筆または同系統の書写にかかる古筆が数多く伝存し、さまざまな料紙にしたためている。この雲母砂子は、料紙の角度によって星のように煌《きら》めくのであり、王朝人の好みとして受け入れられた。現存する遺例も多い。

ほとんどの古筆は調度的に書かれたもの（調度手本）であるから、装飾料紙とは無縁というわけにはいかない。それは「染め紙」系と「から紙」系とに大別できる。

染め紙は、原紙を染料に浸けて染める「浸け染め」、刷毛《はけ》で塗る「刷毛染め」（＝引き染め、王朝期の古筆にほとんど遺例なし）、染め紙を紙素《しそ》に戻したものを「華《はな》」といい、それを湿紙に漉き掛けて紙表だけに色をつける「漉き染め」などがある。

漉き染めで全体的に華を漉き掛けてあっても、大根の切り口のようにモヤモヤと繊維が絡み合っているような「羅《ら》文紙《もんし》」もある（口絵45頁）。これは今日なお不明な技法の一種であるが、一方、復元も試みられている。また漉き染めを部分的に施したものが、「雲紙《くもがみ》」（打雲《うちぐも》・打曇《うちぐもり》）や「飛《とび》雲《くも》」（口絵45頁）である。王朝期の雲紙は、天地ともに（または角から）藍色の華が雲形に漉き掛けられている。

飛雲は王朝期にしか見られないもので、藍・紫色の華がちぎれ雲のように部分的にたなびいている。王朝期の雲紙では、伝藤原行成《ゆきなり》筆「蓬莱切《ほうらいぎれ》」（五島美術館他蔵）・伝藤原行成（推定・源兼行《かねゆき》）筆『雲紙《くもがみ》本和漢朗詠集』（宮内庁三の丸尚蔵館蔵）などの名品が多く伝存している。後世の雲紙は、天・地が、藍・紫というように配色が固定化されるが、不祝儀などの時には逆さに用いる慣わしがある。

伝藤原行成筆「法輪寺《ほうりんじ》切和漢朗詠集」（陽明文庫他蔵）は、飛雲が羅文になっている唯一の例といえる珍しいもので、料紙全面は漉き染めの上、雲母砂子も撒かれている。

部分的に施す「墨流し」や「ぼかし染め」も、ここでは「染め紙」系の一種と考えておく。王朝期の墨流しやぼかし染めといえば、『本願寺三十六人家集』（西本願寺他蔵）の一部に代表的な作例が見られる。

一方のから紙は、もともと中国（宋時代）から船載されたもので、「唐紙」とも表記するが、「とうし」と区別するために「から紙」としておく。から紙は胡粉《ごふん》を糊料（膠液《にかわ》）で溶き（これを「具《ぐ》」という）、刷毛で竹紙《ちくし》に塗布した具引き紙に、雲母粉末液を塗りつけた版木（文様を彫刻）で刷り出したもの。わが国の古筆の料紙には数多くの遺例があるのにもかかわらず、本家の中国ではほとんど皆無なのは不思議である。その後、和製のから紙ができてこちらが主役になってくるが、当然ながら原紙は雁皮・楮などの和紙である。

王朝期のもので、船載のから紙を使用した古筆は、伝紀貫之筆「寸松庵《すんしょうあん》色紙」（五島美術館他蔵）・伝藤原行成筆『近衛《このえ》本和漢朗詠集』（陽明文庫他蔵）・『粘葉《でっちょう》本和漢朗詠集』（宮内庁三の丸尚蔵館蔵）などが著名である。和製から紙では、伝源俊頼《としより》（推定・藤原定実）筆『元永本古今和歌集』（東京国立博物館蔵）にすばらしい料紙がある。

から紙の一種として、イボタ蠟と猪牙《ちょき》で文様を刷り出したもので、角度によって光沢を放つ「蠟箋《ろうせん》」がある。ちなみに、イボタ蠟とは、水蠟の樹（イボタノキ）に寄生するイボタロウムシの幼虫が分泌した蠟を加熱溶解し、冷水中で凝固させたもの。ろうそくの原料や家具・革製品のつや出し、漢方薬などに用いられる。蠟箋は、猪牙だけで文様を刷り出す「空摺《からず》り」（摺《す》り出《だ》し）説もあるが、ここではそれぞれ別のものと考えておきたい。王朝期の蠟箋は、伝藤原行成筆『近衛本和漢朗詠集』・伝源俊頼（推定・藤原定実）筆「巻子本古今和歌集切」（大倉集古館他蔵）などの一部に見られる。

平安後期になると、金銀箔を用い、装飾がずいぶんと豪華になって、眩いばかりの輝きの料紙が増してくる。箔を小さな方形に切ったり（切箔《きりはく》）、砂のように細かくしたり（砂子）、不定形の大きさに裂いたり（裂箔《さきはく》）、松葉を短くしたように（野毛《のげ》）、揉んだり（揉箔《もみはく》）、線のように細く切ったり（截金《きりかね》）し、それらを紙面に定着させている。『源氏物語絵巻』（五島美術館他蔵）・『久能寺経』（東京国立博物館他蔵）『平家納経』（厳島神社蔵）などは、豪華な箔加工を施した料紙工芸の傑作といえよう。

そのほかに、金銀泥・群青・緑青などによってさまざまな図柄・文様が描かれる「描き絵」がある。これらの箔加工や描き絵は、染め紙やから紙のどちらにでも施される。

さらにできあがった染め紙やから紙に手を加え、「切り継ぎ」「破り継ぎ」「重ね継ぎ」など「継ぎ紙」を施し、華やかさを増している例もある。特に、『本願寺三十六人家集』の料紙といえば、「継ぎ紙」というくらい典型的なものがある。

鎌倉時代以降の料紙

鎌倉時代の武家社会の到来とともに、料紙加工も変化してきた。王朝期のような豪華さは次第に失せていく。従って、一般的に箔加工やから紙はおとなしいものになっている。

そうした中でも、雲紙だけはより迫力を増してきた。漉き手による加工だからか、今日にまで連綿として作り続けられているが、現在では福井県今立《いまだて》（現・越前市、越前和紙の里）の岩野平三郎《へいざぶろう》氏だけの制作になってしまった。

安土桃山時代から江戸初期にかけて世情が安定してくると、その世相を反映してか豪華な料紙も作られるようになる。それはちょうど、寛永の三筆（近衛《このえ》信尹《のぶただ》・本阿弥《ほんあみ》光悦《こうえつ》・松花堂昭乗《しょうかどうしょうじょう》）が活躍した頃とも重なろう。

墨流しは墨一色だったものから、藍や紅などを交えた技法も開発された。また、平安時代からあった技法であるが、金銀箔加工は文様や図柄をかたどって箔が配される例も出てくる。いずれにせよ、古歌を書く短冊や色紙の料紙に凝ったものが見られるようになる。

近代になると田中親美《しんび》（一八七五〜一九七五）が現れ、王朝装飾料紙の復元に力を尽くし、今日の料紙制作の基盤を打ち立てたのである。

【コラム】『看聞日記』料紙の世界
―室町時代料紙の宝庫―

小森正明

『看聞日記』の料紙

宮内庁書陵部には、鎌倉時代以降の主として天皇・公家・地下などの自筆の日記（古記録）が伝来している。ここではそのうちの『看聞日記《かんもんにっき》』の料紙についてとりあげてみたい。

伏見宮《ふしみのみや》第三代貞成《さだふさ》親王（一三七二～一四五六）の『看聞日記』（特・一〇七）は、室町時代を代表する日記の一つとして知られ、親王三七歳の応永二三年（一四一六）より、文安五年（一四四八）までおよそ三三年に及ぶ。親王の自筆本が四四巻伝来している（うち一巻は包紙類を集めたもので、日記本文は四三巻）。

まず、各巻ごとの料紙の状況を以下に掲げる。

巻　一　白紙
巻　二　連歌懐紙の紙背
巻　三　連歌懐紙・八卦・書状等の紙背
巻　四　連歌懐紙・覚書（月次結番事）等の紙背
巻　五　和歌懐紙・詠草・白紙等の紙背
巻　六　和歌懐紙・連歌懐紙・進物目録・書状等の紙背
巻　七　書状・和歌懐紙・系図・文書目録等の紙背
巻　八　書状の紙背
巻　九　書状・文書目録等の紙背
巻一〇　書状・歌会廻文案等の紙背
巻一一　仮名暦・書状等の紙背
巻一二　白紙
巻一三　白紙
巻一四　仮名暦・八卦・和歌歌題・書状・和歌詠草等の紙背
巻一五～巻一七　白紙
巻一八　八卦・和歌懐紙・書状等の紙背
巻一九～巻二七　白紙
巻二八　仮名暦等の紙背・白紙
巻二九　白紙
巻三〇　白紙
巻三一　仮名暦・具注暦等の紙背・白紙
巻三二　書状・楽目録・連歌懐紙・八卦・書状等の紙背
巻三三　白紙・和歌詠草・書状等の紙背
巻三四　書状等の紙背
巻三五～巻四一　白紙
巻四二　具注暦・八卦・説話・書状等の紙背
巻四三　具注暦の紙背

以上煩雑ではあるが、現存の『看聞日記』に使用されている料紙について一覧にしてみた。すでに紙背文書等の検討から指摘されるように、『看聞日記』は少なくとも巻二から巻一一までは後日に清書された可能性の高いことが判明している（横井一九七九・田代二〇一〇）。それゆえ清書以前の原『看聞日記』の料紙がどのようなものであったのかを推定することは困難である。

しかし、全四三巻のうち半数に近い一九巻が書状・和歌《わか》懐紙《かいし》・連歌《れんが》懐紙《かいし》・八卦《はっけ》・仮名暦《かなれき》・具注暦《ぐちゅうれき》・説話などの紙背を利用して日記本文を書いていることがわかる。またその他の二四巻は再利用でない白紙を用いている。

これらのデータは『図書寮叢刊　看聞日記紙背文書・看聞日記別記』（宮内庁書陵部一九六五）の成果によっているが、同書によれば、紙背文書類の総数は九四三枚であるという。とすれば白紙を利用して書かれた本文の紙数もほぼ同数かそれ以上あると考えられる。

紙背文書の保存

ところで、記主貞成親王は、これもすでに指摘されていることだが連歌懐紙や和歌懐紙などを散逸させないためにわざわざ日記本文の料紙として利用したとされている（位藤一九九一）。確かに書状や位記《いき》（位階を授ける際の文書）などを保存するために日記本文に貼り継ぐということは他の日記にもみられることである。貞成親王も同様な目的で日記の料紙として再利用したといえるのである。

さて、その料紙の数は、紙背文書・白紙あわせて二〇〇〇余枚にも及ぶと考えられる『看聞日記』であるが、これは見方によっては室町前・中期の公家社会で流通していた紙を、ほぼ網羅したものといえまいか。まして、そのジャンルは書状などにとどまらず和歌懐紙・連歌懐紙・八卦・具注暦の類など様々なジャンルの紙をこの一群の『看聞日記』に見出すことができるといえば大げさであろうか。

室町時代の紙の宝庫

日記の残存期間が三三年という長さは、はたして短いのか長いのかは別に論じなければならない問題ではあるが、これだけの期間と紙背文書の種類とを考えると室町期の紙の宝庫ともいえよう。これに続くものとして三条西実隆《さんじょうにしさねたか》（一四五五～一五三七）の日記『実隆公記』があげられるが、『実隆公記』も自筆本が残り、断続的ではあるが文明六年（一四七四）～天文五年（一五三六）に及ぶ六二年にわたるものである。これらも大部分が書状などの紙背を利用して書かれており、『看聞日記』と同様に紙の宝庫といえる。『看聞日記』の残存期間が一四一六〜四八年まで、『実隆公記』の残存期間が一四七四〜一五三六年までであるから、この二つで約一二〇年間の紙を網羅できることになる。

このほか、宮内庁書陵部にはこの時期の日記として万里小路《までのこうじ》時房《ときふさ》（一三九五〜一四五七）の自筆の日記『建内記《けんないき》』も残されており、『看聞日記』と同時期の比較資料としての分析も可能である。

引合紙への着目

さて、『看聞日記』の中で、白紙に書かれているものについてはどうであろうか。白紙に書かれた記文は、書状などの紙背の再利用でなく、最初より白紙というウブな紙に書かれることが前提となっている。

では『看聞日記』の半数以上の巻を占める白紙はどのような料紙なのであろうか。室町期に限らないが公家社会・武家社会双方ともに贈答品のやりとりが多くみえ、その一つとして紙も重要な贈答品であった。『看聞日記』の記事には、しばしば贈答品として「引合十帖」のように一〇帖を一つの単位としてやりとりされている例がみられる。

因みに「引合《ひきあわせ》」は檀紙《だんし》の異称で、鎧の引き合わせに使用するところからその名がおこったとされる紙であるという（久米一九九五）。但し、今後白紙に書かれた巻々の精査が必要ではあり、もし料紙としての白紙がほぼ同じような規格をもつものであれば、同一種類の紙を用いたと考えられる。これらの料紙は当時「引合」といっていた紙の可能性もあるのではないだろうか。因みに「引合十帖」は紙二〇〇枚である。

但し、すでに上島有氏の指摘（上島二〇〇〇）にもある通り「引合」は紙の種類を指すものでなく、当時流通していた紙の一つの名称にすぎないから、厳密な意味では紙の種類を特定することにはならないだろう。しかし一つの仮定として『看聞日記』の白紙の料紙が「引合」と当時よばれていた紙であると確定することが可能となれば、同様な風合いの紙を同定することによって少なくとも「引合」と当時よばれていた紙を研究する端緒が開かれることにもなるのではないか。

客観的調査への期待

日々古文書や日記などの原本に接し、細かい観察をすることができるという立場にある人間はそう多くはない。また一人の研究者というバイアスを通してもいるため、それをいかに他者に正確に伝え共通認識にしていけるかは甚だ困難な作業ではあろう。それとともに、原本同士の比較が大切であるが、実際に原本を持ち出して比べることはまず困難である。その意味では、より客観的な手法による分析がまずは第一であろう。その上で多くの研究者の共通認識を得られるような手法によって紙の種類を確定していくことが望まれる。そしてこれを基礎としてデータベース化していくことが期待される。

図『看聞日記』（冒頭部分）

　ここでとりあげた『看聞日記』は、既述のように室町前・中期の紙の宝庫であり、主として公家社会で流通していた紙を網羅しうる可能性を秘めている。その分析の手法については今後様々な議論を積み重ねていかなければならないが、立ち向かうべき大きな山の一つであることは間違いない。

　これらが貴重な文化財である以上は、非破壊的な方法をとるべきことはいうまでもないが、近い将来『看聞日記』の料紙研究が進展する契機となれば拙文の役割は果たしたものといえようか。

参考文献

位藤邦生　一九九一　『伏見宮貞成の文学』清文堂

上島　有　二〇〇〇　「檀紙・引合・杉原考―中世の紙に関する研究の動向―」『和紙文化研究』八

宮内庁書陵部　一九六五　『図書寮叢刊　看聞日記紙背文書・看聞日記別記』養徳社

久米康生　一九九五　『和紙文化辞典』わがみ堂

田代圭一　二〇一〇　「『看聞日記』に関する書誌学的考察」『書陵部紀要』六一、宮内庁書陵部

横井　清　一九七九　『看聞御記―王と衆庶のはざまにて―』そしえて

正倉院流出文書1

奈良時代成立

（表）「天平六年（七三四）五月一日 造仏所作物帳」
（裏）「天平一五年（七四三）写集論疏充紙帳」

【カラー口絵17・18頁】

史料の性格

「造仏所作物帳《ぞうぶつしょさくもつちょう》」（表）は、興福寺西金堂の造営・造仏に際して、必要な物品を列挙した帳簿。「写集論疏充紙帳《しゃしゅうろんそじゅうしちょう》」（裏）は、光明《こうみょう》皇后（七〇一～七六〇）の願経（『五月一日経』）の一環として進められた写経事業の過程で、支出された用紙の枚数を担当者ごとに列挙した帳簿である。

本来は正倉院に保管されていたが、明治期に流出した後、「新羅飯万呂請暇解《しらぎいいまろしょうかげ》」と同様、小杉榲邨《おんそん》（一八三四～一九〇一、古典学者）から蜂須賀《はちすか》侯爵家に譲られ、現在は歴博の所蔵に帰している。

現状では、裏打せず文書の四辺に薄紙を挟み込み、それを表装部分に張り込んでいる（両側の切断は鋭利な刃物でなされたようである）。また二次利用面の端側（一次利用面の奥裏）に〇・五cm幅の大豆糊代跡（剝取《はぎとり》跡　口絵）が残る。

料紙の寸法は、縦二七・九×横一八・七cm（一次利用面）である。一次利用面の押界《おしかい》は、横に三本、縦に七本みえる。縦方向に押界が引かれる事例は、正倉院文書のなかでは、やや珍しい。

所　見

料紙の全体で紙厚が一定せず、また楮《こうぞ》の繊維にも方向性が存在しない。そのため、溜め漉き技法で漉かれた紙と判断される。裏打はないが、漉き目などは視認できない。

打紙《うちがみ》加工が施されているので、表裏ともに墨の乗りはよい。ただし、とくに二次利用面における刷消《すりけし》・上書きされた部分では、墨のにじみが生じている。

二次利用面奥の顔料焼けの部分は、全体に酸化しており、また約一〇cm前方にも転写しているので、この程度の円周で巻かれていた時期が長かったと考えられる。

一次利用面に、丹・黄色顔料（口絵）などの付着が目立つ。この種の顔料を利用する工房に近い場所で、文書が作成された可能性を示唆している。

二次利用面の丹は、元々水っぽかったようで、色は薄く、上からかかった部分は墨が飛んで白っぽくなっている。左側の緑青を塗布した部分の周辺は、経年酸化の結果として現在の色調を呈するようになった可能性が想定される。

正倉院流出文書2

奈良時代成立

「天平一六年（七四四）五月三日　王広麻呂手実」　【カラー口絵19頁】

史料の性格

天平一六年に始まった弥勒《みろく》経（三〇〇巻）の書写事業に関連して、王広麻呂《おうひろまろ》がそのうちの四巻の書写するための写経用紙三三枚を支給された旨を記した手実《しゅじつ》（作業報告書）。紙の色や表面加工の種類、また文書の作成主体などから考えて、写経料紙のあまりを転用したものと判断される。

正倉院流出の経緯は不明だが、のち反町《そりまち》十郎氏の手を経て、近年、歴博に所蔵された。

王広麻呂写弥勒四巻
　受紙卅三張　中巻二　「上巻一」
　　下巻二
　天平十六年五月三日

寸法は縦二八・七×横九・七㎝。文書の袖側（上半）の継目には、縦五×幅〇・一㎝の別紙片（この別紙が打紙《うちがみ》加工が施されているかどうかは、表面全面を大豆糊が覆っていることもあって明確でない）が接着し、右側に継がれていたこの紙との間を刃物で切断した痕跡と大豆糊（あるいは膠《にかわ》）の残片が確認できる。右上に三角形の欠損があるのは、近世後期以降に行われた剝取《はぎとり》と関係があるかもしれない。右下部分に五㎝弱の茶色線がみえるのも、色調からみておそらく大豆糊である。奥には幅〇・三～四㎝ほどの色落ちした白色帯が縦に連続しており、これは剝取跡である可能性がある。

所　見

太く折れ曲がった苧麻《ちょま》の繊維を、溜め漉き技法で漉いた紙。漉く前に繊維を切断した上で漉くのは、奈良時代に特徴的な技法である。ただし繊維の長さは、「答他《とうた》虫麻呂手実」（正倉院流出文書4、253頁）と比較すると、やや長めにみえる。

紙の全面は黄蘗《きはだ》で染められているが、色の濃度は「答他虫麻呂手実」の二種の紙の中間にあたる色調と判断できる。この黄麻紙は、表面加工として打紙してあるようだが、効果がやや弱く、一部に墨のにじみが生じている。

現状では、台紙に貼り付けられており、正確な紙厚は計測できないが、厚紙というに十分な厚みである。いずれの紙も、色調といい厚みといい、奈良時代の典型的な写経料紙と評価できる良質紙といえる。

正倉院流出文書3

奈良時代成立

「天平宝字二年（七五八）三月一五日 新羅飯万呂請暇解」

【カラー口絵20頁】

史料の性格

「新羅飯万呂請暇解《しらぎいいまろしょうかげ》」は、彼が造東大寺司《ぞうとうだいじし》に勤務していた際、上司に対して提出した休暇願である。伯父の看病のために四日間の休暇を願い出ている。

合肆箇日

右、為飯万呂私伯父、得重病不便立居。依飯万呂正身退見治、件請暇如件。仍状具注、以解。

天平宝字二年三月十五日

前掲（250頁）の「造仏所作物帳《ぞうぶつしょさくもつちょう》」と同様、正倉院から明治期に流出し、小杉榲邨《おんそん》から蜂須賀《はちすか》侯爵家に譲られ、現在は歴博の所蔵に帰している。

寸法は縦二八・〇×横一七・八㎝。字配りは、各行の中軸線がほぼ三㎝間隔と正確である。この種の文書作成に手慣れているというだけでなく、糸罫のような行取り用具を用いた可能性も想定すべきだろう（ただし、文字の配置は厳密に揃ってはいない）。

所見

紙表面の繊維には、方向性が確認できない。そのため、楮《こうぞ》を溜め漉き技法で漉いた紙と推定される。チリ取りなどの前処理はある程度きちんとなされているので、粗紙《そし》ではなく、それなりに丁寧に作成された紙と評価できる。

ただし打紙《うちがみ》加工はなされておらず、繊維空間は大きい。紙の表面に膠《にかわ》を塗布しているだけである。そのため表面の毛羽立ちが目立ち、墨の乗りはよくない。粘度が高く水分の少ない墨を用いていることが裏目に出ているようで、文字はかすれ気味である。たとえば三行目の「依」字（口絵）などは、かすれが激しいため、いったん墨継ぎした上で、再度、上からなぞり書きされている。

一次利用面の文書（請暇解）が不要になった後、二次利用の段階で文書の中心に丹（顔料）を置き、四隅を捻って茶巾包みのように包装していた（いわゆる「丹裹文書《たんか》」）。そのため、両紙の四隅は千切れたような形状を呈し、中心から放射状に皺が伸びている。またこの段階で、繊維に丹が付着し繊維の凹凸に入り込んだ結果、漉き目を視覚的に浮き上がらせている。それによれば簀目《すのめ》一八本／三㎝、糸目二㎝と判明するので、竹簀《たけす》で漉いた紙と推定される。

正倉院流出文書4

奈良期成立

「宝亀三年（七七二）九月二五日　答他虫麻呂手実」

史料の性格　【カラー口絵21頁】

宝亀四年に完成した一切経《いっさいきょう》写経の関連手実《しゅじつ》。正倉院流出後の伝来は、前掲（251頁）の「王広麻呂手実」と同じ。

答他虫麻呂解　申上帙畢文事
合請紙百四十張　正用百廿一張　返上十三枚　空三枚
破三枚
大乗雑五十五帙十八巻　大吉義神呪経二部七巻　第一二
巻〈廿二〉　第二二巻〈廿六〉　第三巻〈十三〉
第四二巻〈廿四〉　大普賢陀羅尼経一巻〈三枚〉
大七宝陀羅尼経一巻〈一枚空一〉　安宅神呪経一巻〈四枚〉
摩尼羅亶経一巻〈四枚〉　玄師颰陀所説神呪経一巻〈二枚〉
護諸童子陀羅尼呪経一巻〈四枚〉
諸仏心陀羅尼経一巻〈三枚空一〉
抜済苦難陀羅尼経一巻〈三枚〉
八名普密羅尼経一巻〈六枚〉
持世陀羅尼経一巻〈四枚空一〉
六門陀羅尼経一巻〈二枚〉
「未料」「十一月五日」
宝亀三年九月廿五日

寸法は、第一紙が縦二七・九×横一一・三cmで、第二紙が縦二八・一×横七・五cm。両紙間の継目幅は〇・四cm。写経用の黄麻紙《おうまし》（二種）のあまりを継ぎ合わせて用いたものだろう。第一紙には、写経を行う目的で付されたと思しき界線《かいせん》が引かれている。第一紙の右側には〇・五～〇・六cm幅で剝取跡《はぎとりあと》が、第二紙の上辺にも〇・四cm幅で剝取跡がある。

所見

第一紙は、太く折れ曲がった苧麻《ちょま》繊維を短く切断した上で、溜め漉き技法によって漉いた紙である。繊維を濃い黄蘗《きはだ》で染めており、黄茶色を呈している。微量の染みはあるが、チリ・虫喰いはなく、高級紙と評価される。

第二紙も、ほぼ同質の紙だが、黄蘗の色は比較的薄い。また第二紙のみ一六本／三cm程度の幅の漉き目が、おぼろげにみえる。二紙ともに、強い打紙《うちがみ》加工が施されている。こうした特徴から、いずれも写経料紙のあまりを転用したものと考えてよい。台紙に貼り付けられており、正確な紙厚は計測できないが、厚紙というに十分な厚みである。

正倉院流出文書5

奈良時代成立

「宝亀四年（七七三）七月一三日　无下雑物納帳」　【カラー口絵22頁】

史料の性格

東大寺に保管される物品の出納を、管理する目的で作成された帳簿である。作成後、しばらくして正倉院に収められた後、近世最末期（あるいは近代最初期）に流出したものと考えられる。正倉院からの流出後は、個人や古書肆を経て、のち国有となり、近年、歴博の所蔵に帰した。

現状では湿損に起因して、文書の上半はほぼ失われ、全体が複数の断片に分裂するなど、保存状態は極めて悪い。部分的に判読できる文字や、付属する「宝亀四年／无下雑物納帳」と書かれた題籤軸《だいせんじく》（口絵）などから、おおよその内容は判断できるとはいえ、詳細な記載内容はいまのところ十分に解明できていない状況にある。

現在の状態を各断片ごとにみると、まず右側の断片（最大幅　縦二二×横四㎝）には、端に幅一㎝ほどの変色帯（大豆糊）があり、これはかつての糊代である可能性が高い。また左側の断片（最大幅　縦三〇×横三七㎝）は、下側の三一・五㎝のみ原形を留めている。

所見

楮《こうぞ》繊維を、溜め漉き技法で漉いた紙である。現状で地合《じあい》はよくないが、作成当時からそうだったとは断言できない（後にこうむった湿損の影響も想定できるからである）。

破損が激しいこともあり、二重に裏打されている。そのため透過光を当てても漉き目の状況などは確認できないが、少なくとも厚紙と称するほどの紙厚はないようである。

上部三分の一は湿損でほぼ原形を留めず、両端も失われている。湿損の被害の欠損形状からは、本文書が二つ折りになっている状態で湿損を受けた可能性を示唆している。ただしカビなどは発生していないようなので、この水分はかなり早い段階で飛ばされたものと推測される。

このほか、文書下方には約四㎝間隔で縦長の変色が連続している。顕微鏡観察によれば、湿損のため、とくに上部の紙繊維はばらけかかっており、繊維間に混入している白・黒色の粒子は、部分的には墨の上部にまで流れ出ている。

湿損の結果、表面の繊維が緩んでいる。そのため観察しにくいが、保存状態のよい部分の墨の乗りなどを確認する限り、打紙《うちがみ》加工はなされていないと判断される。

東大寺奴婢帳（東大寺旧蔵）

「天平勝宝元年（七四九）一一月三日」

【カラー口絵23頁】

史料の性格

「東大寺《とうだいじ》奴《ぬ》婢帳《ひちょう》」は、天平勝宝元年に大宅《おおやけ》可《か》是《ぜ》麻呂《まろ》（加是麻呂）から東大寺へと貢進された奴婢の名・年齢や元の居住地などを列挙した帳簿である（ただし形式上は上申文書）。大宅可是麻呂は大和国添上《そうのかみ》郡の戸主《こしゅ》（筆頭者）で、東大寺に伝来する奴婢関係の文書にその名が頻出する。本文書も、本来は東大寺に伝来した関係文書の一通だった。明治初年に寺外へと流出したものが、歴博に現蔵される。

　文書本体は全三紙（七〇行）からなり、加えて袖側に一紙がかなり早い段階（おそらく平安期）で後補されている。

　寸法は、縦二七・六×横五一・八、五五・八、一〇・二cm。虫損は外側へと間隔が広がり、状態も悪化するので、右側を表とする段階で生じたものと考えてよい。糊は大豆糊。

　紙継目には、刀子の先で付けた小さな点が視認できる。紙の表面に墨界《ほっかい》を引く際、目印として付された「あたり」である。同種の痕跡は、古文書だけでなく古典籍にも少なからず見られるので、観察の際には注意が必要である。

所　見

幅の狭い楮《こうぞ》繊維を使って、流し漉き技法で漉いた紙である。楮繊維は長いので、水中で沈降《ちんこう》・凝集《ぎょうしゅう》しやすいため、地合《じあい》のよい紙を漉きにくい。繊維の流れが美しく、分散が均一で地合もよいのは、紙漉の諸過程すべてが丁寧に行われた結果と判断される。漉く際、紙料液に米粉を混入させている。目立ったシミもなく、比較的よい保存状態を経てきたと思われるのに、全面にわたって目立つ虫喰いが生じているのも、一つには米粉のためである。米粉を混ぜる技法は、中世以降に広くみられるが、これはかなり早い事例である（米粉が混じる事例は、少数だが正倉院文書にもみえる）。

　紙面の色調は乳白色で、地合《じあい》はよい。繊維の叩解《こうかい》やチリ取りなどの作業も、丁寧になされている。裏打があり、紙厚・簀目《すのめ》・糸目などは計測できない。ただし全体として比較的薄く、また紙によって厚さに差がある。表面には弱い打紙《うちがみ》加工が施されており、一部、一旦書いた文字が刷り消された部分（口絵）もあるが、墨の乗りはしっかりしている。

　一方、「□□〔成〕」・「入本」（朱）と平安期の書き込みがある端紙は、紙質も本体と異なる。米粉を加えて漉かれた繊維（太い楮）には方向性がなく、弱い打紙加工がなされている。

山城国葛野郡班田図（東寺旧蔵）

八二八年成立
一一〇一年書写

【カラー口絵24頁】

史料の性格

班田図《はんでん》は、六年に一回の班田作業の際、民衆に口分田《くぶんでん》を班給するために作成された基本台帳である。本史料は、天長五年（八二八）の班田の際に作成された山城国葛野郡《かどの》（現在の京都市域）の一条・二条班田図を、康和三年（一一〇一）に書写したものと考えられる。一二世紀初頭に、この地域に分布する東寺領の諸荘園に関する権益を確認する目的で作成された絵図群と推定されている。坪付は「千鳥式《ちどりしき》」と呼ばれる順で記入されており、古代の班田図の特徴を、今日に伝えている。実際に作成された班田図の現物として、極めて重要な史料と位置づけられる。

作成後は、東寺に伝来していたが、計一三断簡（一四紙）のうち多くが幕末から明治にかけて寺外へと流出した。このうち長らく行方不明になっていた二断簡（三紙）が、近年、歴博に所蔵された。

現状では、三片に分かれたまま保管されている。破損のためもあって不定形だが、三紙の寸法はおおよそ次の通り。

①縦二九・四×横四八・六cm（櫟原《いちはら》里上半）
②縦二三・七（最大）×横四八・七（下欠）cm（同里下半）
③縦四五・一（最大）×横一五・五（最大）cm（小山田《おやまだ》里）

文字は各行ともに右側に傾いて書かれており、縦横の方格線も、あまり丁寧には引かれていない。

所　見

三片ともに、同質紙と判断される。いずれも楮《こうぞ》繊維を、流し漉き技法で漉いた紙である。その繊維を、充分に叩《こう》打《だ》・分散させて漉いている。地合《じあい》はよく、チリや虫損も少ない。裏打があるので、紙厚や漉き目の計測はできない。

墨の乗り方を観察すると、全体ににじみやかすれが散見される（口絵）。そのため、打紙《うちがみ》などの物理的な表面加工は行われていないものと推測される。利用に先立って、膠《にかわ》を塗布した程度だろう。

いずれの紙片も、フケ（湿気）によって大きく欠損を生じている。そのため、湿気の激しい場所で保管されていた時期があると判断される。また現状では、汚損で灰色っぽい色調を呈しているが、本来は白色の紙だったのだろう。

このように、保存状態はあまりよくないが、繊維間に異物がほとんどみられず、もとは良質紙だった可能性が高い。

栄山寺文書（栄山寺旧蔵）

平安時代成立
重要文化財

史料の性格

【カラー口絵25・26頁】

栄山《えいざん》寺は、藤原南家の祖、武智麻呂《むちまろ》（六八〇〜七三七）によって創建されたと伝わる奈良県五条市の寺である。早くから藤原南家と関係が深く、長らく興福寺の末寺だった。

本史料は、その栄山寺の寺領に関する文書群。現存するのは、平安から室町期にかけての年紀をもつ計一六〇点である。そのうちでも、平安期の古文書は、当時の土地制度・地方行政などを分析する際に格好の史料として、様々に研究されてきた。

この寺領関係の文書は長らく秘蔵されていたが、中・近世における訴訟の際などに寺外へと持ち出され、一部は失われてしまった。こうした過程をくぐり抜け、寺に残った計五巻二二通（六四枚）からなる平安期の貴重な文書群は、その後も同寺に伝来してきた。それが、文化庁・奈良国立博物館などを経て、近年、歴博へと移管された（詳細は渡辺滋「国立歴史民俗博物館所蔵の古代史料に関する書誌的検討」『国立歴史民俗博物館研究報告』一五三、二〇〇九年を参照）。

所見

各文書の紙質には微妙な差異があるとはいえ、三種に分類できる（巻四の官宣旨《かんせんじ》は除く）。具体的には、楮《こうぞ》繊維で漉いて紙の表面を磨く加工を施した①「興福寺系」（巻二―七、三―一、三―一〇〜一二など）と、寸法がやや小振り（横幅が四〇cm台）で、異物の多い楮繊維を同一規格の簀《す》（およそ簀目《すのめ》一五本／三cm）で漉いて、紙の表面にデンプン質の物体を塗布した②「栄山寺A系」（巻一ほか、巻二・巻三にも多数）、そして寸法が比較的大きく（横幅が六〇cm弱）、異物の少ない楮繊維で漉いて、紙の表面を丁寧に磨いている③「栄山寺B系」（巻二―六、三―七、三―一三、五など）である。同じ栄山寺で作成された文書でも、A系とB系では本文の筆跡や紙質が明確に異なる。両者は、別の時期、あるいは別の主体から入手した紙と理解すべきだろう。

とくに①「興福寺系」の文書は、②と異なり、磨いてから膠《にかわ》を塗布するという丁寧な表面処理を施した上で利用している（元の紙の品質はバラバラ）。この種の表面加工は、高度な技術を要求されるので、院政期の興福寺では、外部（寺領荘園か）から入手した紙に表面加工を加える自前の工房を持っていた可能性を想定すべきだろう。

平宗盛書状

仁安二年（一一六七）九月一八日
重要文化財

【カラー口絵27頁】

史料の性格

本文からは、平重盛《しげもり》（左兵衛督、一一三八〜一一七九）の手元にある美濃《みの》国麻績牧に関する「寺家の下文」を、平宗盛《むねもり》（重盛の弟：一一四七〜一一八五）の仲介を受けて、藤原経宗《つねむね》（大炊《おおい》殿、一一一九〜一一八九）の派遣した使者藤原済綱《なりつな》（院近臣《いんのきんしん》）が受け取りに行くという経緯が読み取れる。

某寺社から流出したものが、神田喜一郎氏（一八九七〜一九八四）などの手を経て、歴博に現蔵されている。

おほいとの〔大炊殿〕の申せと候。なりつな〔済綱〕の申候、みののくに〔美濃国〕
のおほみのまき〔麻績牧〕のこと、いそき申させおはしまして、
しけのくたしふみ〔寺家の下文〕、なりつな〔済綱〕にたふへく候。なりつな〔済綱〕か
りとこそ、うけたまはり候へと申せと候に候。あなかしこ。
「仁安二年」九月十八日　　宗盛〔平〕
右兵衛督殿〔平重盛〕

現状は掛軸装で、文書の寸法は、縦三二・九×横四八・四（第一紙）、五九・〇cm（第二紙）だが、本来は縦幅で六〇cm以上あったと推定される。継目の部分は、両紙ともある程度の余白を切断している可能性が高い。つまり本紙は、大型紙に分類できる寸法で漉かれたものである。

所見

紙は、繊維の方向性が少ない流し漉き技法で漉いた、楮《こうぞ》の厚紙。両紙ともに糸目は三・五cm、簀目《すのめ》一五本強／三cmだが、いずれもおぼろげにしかみえない。打紙《うちがみ》加工はなされていないが、磨いているため（瑩紙《えいし》）、表面は平滑である。一部に未叩解《みこうかい》繊維（口絵）も混じるが、繊維が充分に洗滌《せんじょう》されているので、表面は美しい。白く、チリがなく、地合《じあい》がよいなどの良質紙の特徴に加えて、大きくて厚みがあり、繊維の方向が均一で表面が平らな高級紙に分類される。

白色度の高さは、レチングの結果と推定される。また、藍染めされた楮の繊維が、微量に混入していることが分かる（口絵）。繊維片が混入していることは、この紙を漉く直前に、同じ漉き簾で色紙を漉いていた可能性を示唆している。とすれば、この料紙は、特殊な紙や色紙を漉くような高度な技術をもつ職人の工房で製紙されたと推定される。

つまり、この書状が高級紙に書かれていることは明らかである。弟宗盛から兄重盛宛のものである点もふまえれば、目上に対する礼式を意識した結果だろう。

大江某奉書（高山寺旧蔵）

元暦元年（一一八四）
五月一八日
重要文化財

【カラー口絵28頁】

史料の性格

本文書は、神野《こうの》真国《まくに》荘（紀伊国那賀郡）の権利を高野山《こうやさん》に認める旨の奉書《ほうしょ》（主人の意を受けて家司が作成した文書）。この場合の主人は某「宮」で、奉者は大江某である。具体的には、高野山から文覚《もんがく》を代理人として要望が提示され、大江某が宮の意向を確認し、五月一八日付の文覚宛書状で、高野山側の要望を受け入れる返答を行った。

本文中に「九郎御曹司」（源義経）の名が出てくるところから、大江某を頼朝側近の広元《ひろもと》に比定する見解もあるが、本文の筆跡などから見て、その可能性は低い。

神野真国事、委令中上候了。御定候ハ、故侍従僧正御房
一期之間、愛染王供、宰相中将寄たりけれハ、一期すき
なん後者、なんてう宮の御沙汰のあるへきそと、御気色
候也。丹生野八郎光春か狼藉いたす事ハ、九郎御曹司ニ
申て召上へき事、中上候へハ、尤さあるへしと御気色候
也。恐恐謹言。

「元暦元年」五月十八日　　左衛門少尉大江（花押）

文覚御房

長く高野山に保管されてきたが、おそらく幕末から明治にかけての時期、寺外に流出したものが、里見忠三郎《さとみちゅうざぶろう》・守屋孝蔵《もりやこうぞう》氏などの手を経て、文化庁から歴博に移管された。現状は掛軸装で、文書の寸法は、縦三三・六×横五四・九cm。典型的な大型紙に分類してよい。

所見

淡い茶色の薄紙である。やや暗い色調だが、宿紙《しゅくし》（再生紙）ではなかろう。顕微鏡観察によれば、表面の楮《こうぞ》繊維が縦方向に流れているので、流し漉き技法で漉いた紙と判断できる。チリは少なく、その他の諸点からも良質紙と評価される。紙厚は表装・裏打のため正確に測定できないが、比較的、薄い紙と確認できる。

漉き目は、簀目《すのめ》が一六～一七本／三cm程度で（口絵）、糸目が三・八～三・九cm程度である。顕微鏡で観察する限り打紙《うちがみ》加工はなされていないが、繊維間は詰まっており、表面はかなり平滑である。また墨も、ややにじむ部分があるとはいえ、全体によく乗っている。そのため、おそらく瑩紙《えいし》と考えてよいだろう。通常、瑩紙は厚紙を磨いて処理するものなので、これは珍しい事例といえよう。

六波羅探題御教書

文永一〇年（一二七三）
正月二七日
重要文化財

【カラー口絵29頁】

史料の性格

「六波羅探題御教書《ろくはらたんだいみぎょうしょ》」は、文永一〇年（一二七三）正月二七日の文書である。鎌倉幕府の地頭頓宮氏と興福寺一乗院門跡の預所との相論で、地頭の訴えに対し、預所の陳述を求める内容である。

頓宮左衛門尉代縁寛申、所□〔従〕一若女事、申状如此。□□
任上□執行、弥令所申無相違。□□可被返之。若又有子
細□、可明申之由、可令下知給候。仍執達如件。
　文永十年正月廿七日　　　左近将監（赤橋義宗）（花押）
　大和国長河預所殿

鎌倉中期に成立した冊子本『金発揮抄《こんほっきしょう》』（第三）の紙背文書（金沢文庫古文書五二〇九号）として伝来した。書写した人物は、本文書などの内容から、南都の僧侶と推測される。

寸法は縦二七・四×横四三・八㎝である。裏打などは施されておらず、文書のウブな状態が観察できるよい見本である。

第三冊表紙の伝領識語に「伝領湛睿《たんえい》」とあり、称名寺《しょうみょうじ》三世長老湛睿（一二七一～一三四六）が鎌倉末期に所持した本と分かる。現在は金沢北条氏の菩提寺である称名寺《しょうみょうじ》（神奈川県）が所蔵する。

所　見

半流し漉きの技法で漉かれたクリーム色の楮紙《ちょし》である。チリは少ない。漉きムラが目立ち、地合《じあい》はあまりよくない。厚紙であることは間違いないが、紙厚は〇・一二～〇・一九㎜と一定しない。

繊維間には非繊維細胞が残っているなど、上質な紙とは評価できない。米粉が混入していることもあり、虫損はかなり激しい。

簀目《すのめ》は明確に視認できないが、おおよその本数から見て、萱簀《かやす》で漉かれていると判断される。厚紙を漉く際には、萱簀を使うのが通常である。

打紙加工は施されていないが、墨が沈まず表面に定着しているため、膠《にかわ》が塗布されていると判断される。

金沢貞顕書状

正和五年〔一三一六〕七月カ
重要文化財

【カラー口絵30頁】

史料の性格

「金沢貞顕《さだあき》書状」は、北条高時《たかとき》（一三〇三〜三三）が執権就任（正和五年〔一三一六〕七月一〇日）に行った判始《はんはじめ》（幕府行事の一つ）の日程について言及している書状である。日付が確認できないが、判始の直前の書状と推測される。

〔前欠〕ハて、御披露ハあるへからす候。猶々喜悦候〳〵。今朝進愚状候き。定参着候歟。抑典厩（北条高時）御署判事、今日、御寄合出仕之時、別駕（安達時顕）・長禅門（長崎高綱）両人申云、御判事、任先例、来十日可有御判候。七月者、最勝園寺殿（北条貞時）御例候云々。其後長禅門ニ対面候。相州（普恩寺基時）職御辞退事、去夜高橋九郎入道を召寄候て申候了。愚身。

現在は、称名寺《しょうみょうじ》（神奈川県）が所蔵する。折本装の醍醐寺で継承する真言密教の口伝書『某宝次第酉酉』の紙背文書（金沢文庫古文書一三五号）として二次利用されている。そのため、上下に分断された状態で伝存しており、寸法は上段が縦一六・四×横四四・三（右側が欠）cm、下段が縦一六・三×横五七・五cmである。

称名寺に残る金沢貞顕書状のなかでも、横幅が現状で五七・一cmと大きいが、袖側が切断されている可能性が高く、もとは六〇cmを超す大きな料紙だったと推定される。

本紙は檀紙《だんし》に近い上質な素材を使いながら、簀目《すのめ》が表れないように漉いた引合紙《ひきあい》と考えられる。表裏の簀目を目立たなく仕上げたのは、紙の表裏を使う寺社の需要に応え、両面ともなめらかにする加工が施されたためである。

所見

半流し漉きの技法で漉かれた乳白色の楮紙《ちょし》である。繊維の方向性は見られない。漉き目は見えない。チリは少なく、未分散繊維がある。米粉が混入していることなどから、虫損が微かに生じている。紙厚は〇・〇八〜〇・一㎜の範囲である。なお裏打紙は雁皮《がんぴ》・三椏《みつまた》の混ぜ漉き紙で、近代に施されたものと推定される。地合《じあい》はやや劣るが、金沢貞顕がやり取りしたほかの料紙同様、上質な紙である。

なお現状では、全面に打紙《うちがみ》加工が施されている。しかし書状面の文字はかすれが激しいので、書状作成（一時利用）の段階で打紙加工が施されてなかったことは明らかである。二次利用に先立ち、白紙の裏面に細かい文字を書き込む必要性から、打紙加工を施したのだろう。

性心書状

嘉暦二年（一三二七）閏九月六日
重要文化財

史料の性格　【写真次頁】

「性心《しょうしん》書状」は、嘉暦二年（一三二七）閏九月六日の書状で、西大寺（奈良県）の僧侶から称名寺《しょうみょうじ》三世長老の湛睿《たんえい》（一二七一〜一三四六）に宛てられたものである。

其後、無指御事候之間、不啓案内候。自然之繁、背愚意候。抑此僧、自南都西大寺被下向候。為貴寺巡礼、被参候、一向無案内□□申候之間、乍恐挙申入候。指事ハなく候へとも、適参詣之次候者、（第六冊書皮）／（第一冊書皮）長老之御目にも懸候ハヽ、やと存候。預御計候者、可為恐悦候。如此自由之申状、殊以恐存候。諸事期後信候。恐惶謹言。

（嘉暦二年）閏九月六日　　性心状（花押）

本如上人御房御侍者

「此僧」との文言から、湛睿に面会を求めた僧侶が直接持参したと考えられる。つまり紹介状に当たる。

書状の本紙が『華厳経大疏玄文疏演義抄会解記《けごんきょうだいそげんぶんそえんぎしょうえげき》』の書皮（第六冊）に、裏紙が書皮（第一冊）に再利用された（金沢文庫古文書一五七〇号）。称名寺（神奈川県）が所蔵する。寸法は、表紙が縦三三・六×横五三・四㎝、裏紙が縦三三・五×横五三・七㎝である。

所　見（本紙）

薄クリーム色の楮紙《ちょし》。繊維の方向性は表面（書皮表側）でははっきりせず、裏面（書状側）では縦に流れ、繊維の流れに方向性のみえない技法で漉かれた紙と判断できる。チリは少ない。繊維間に米粉が混入しており、虫損はかなり多い。萱簀《かやす》（一四本／三㎝）で漉かれている。紙厚は〇・二二㎜の厚紙。打紙《うちがみ》されておらず、膠《にかわ》が若干塗布され、墨の乗りはそれほどよくない。

所　見（裏紙）

繊維の流れが明確な技法で漉かれた楮紙。地合《じあい》は悪くない。繊維分散は不充分。虫損は、本紙よりは少なめである。簀跡《すあと》の間隔は、本紙と同じである。紙厚は〇・二五㎜と厚紙だが、部分的に〇・二三㎜以下になるなど厚薄がある。表面加工は、本紙と同様である。

湛睿は学僧として、膨大な料紙を必要としたため、品質よりも量に重点をおいて調達したらしい。本書状も、上質とはいえない。

「**性心書状**」嘉暦２年（1327）閏９月６日（重要文化財）

書状本紙（『華厳経』第六冊書皮裏面）

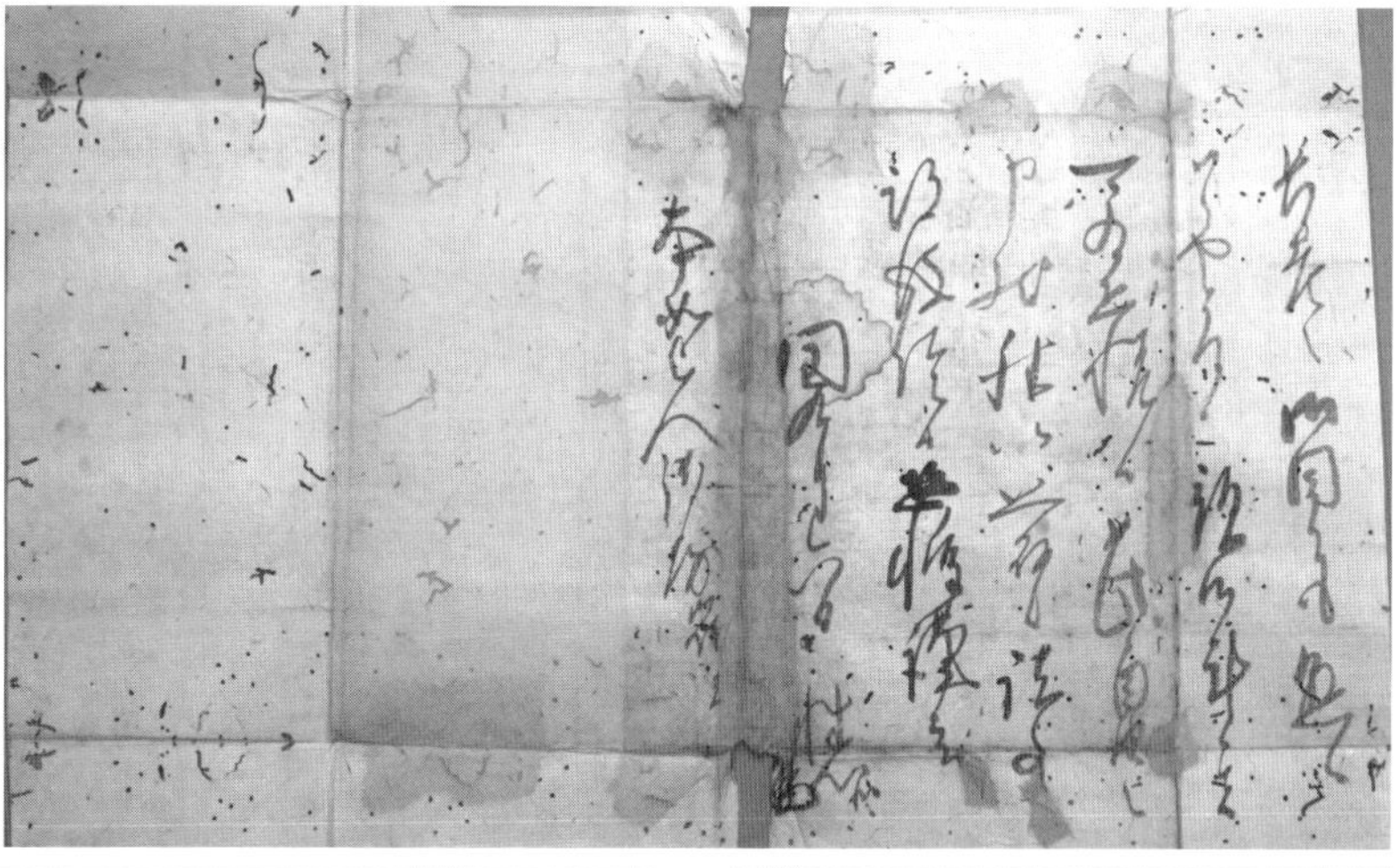

書状裏紙（『華厳経』第一冊書皮裏面）

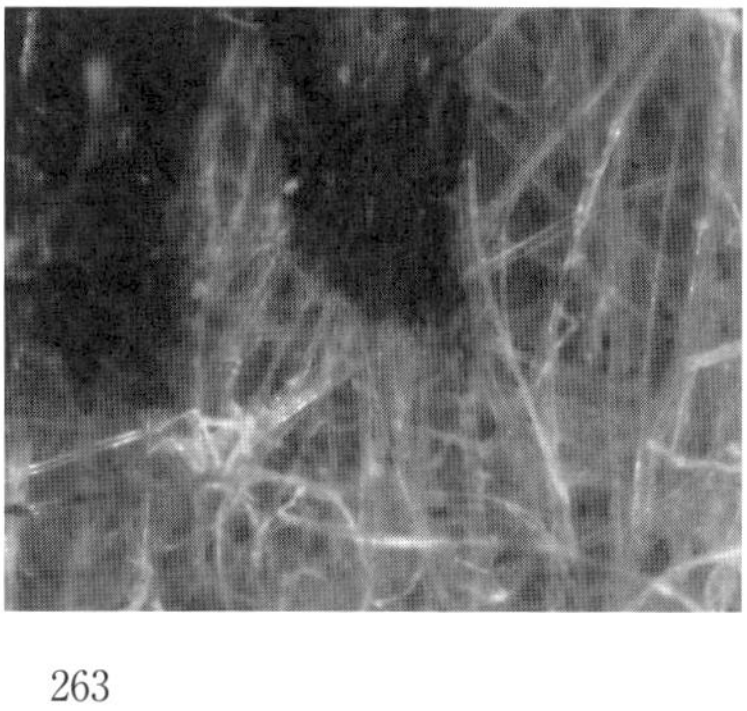

書状裏紙（『華厳経』第一冊書皮裏面）

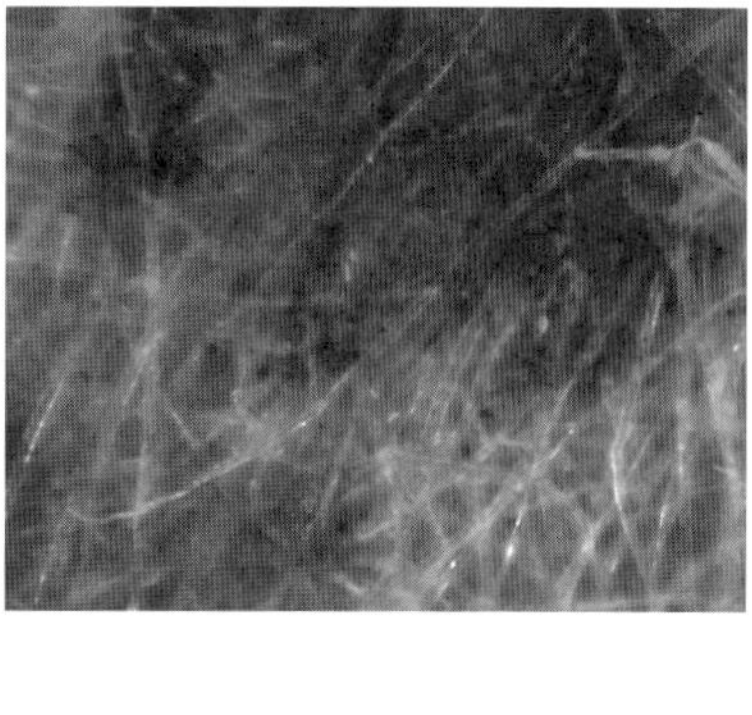

書状本紙（『華厳経』第六冊書皮裏面）

後醍醐天皇綸旨（越前島津家旧蔵）

元弘三年（一三三三）一一月八日
重要文化財

【カラー口絵32頁】

史料の性格

越前島津《しまづ》家（薩摩島津家の分家）に伝来した文書で、播磨国揖保《いぼ》（兵庫県揖保郡）東方地頭職を、周防《すおう》又五郎入道覚善が当地行している状況を安堵する旨を記した綸旨《りんじ》（天皇の仰せを近臣が奉じて当事者に伝達する奉書の一種）である。越前島津家の文書は、のちに本家（薩摩島津家）に受け継がれ、その分家である重富《しげとみ》島津家へと下げ渡された。これが現在、まとまって歴博の所蔵に帰している。

播磨国下揖保東方地頭職、周防又五郎入道覚善当知行、不可有相違者。天気如此。悉之。以状。

元弘三年十一月八日　宮内卿（花押）

日付の下に書かれている差出人「宮内卿」は、雑訴決断所の職員と蔵人頭《くろうどのとう》を兼ねていた中御門経季《なかみかどつねすえ》（一二九九～一三四六）である。つまり直接的には、蔵人頭として後《ご》醍醐《だいご》天皇（一二八八～一三三九）の意志を伝達した文書と位置づけられる。元弘三年一一月は、後醍醐天皇による、いわゆる「建武の新政」親政が開始された直後の時期にあたる。この時期、同形式の綸旨は大量に発給され、本文書のように正文《しょうもん》が現存するものも少なくない。

現状は巻子装で、本文書の寸法は縦三三×横四四cm。

所　見

巻子装で全面に裏打がなされているので、本紙の正確な紙厚は測定できないが、それなりの厚紙と推定される。竹簀《たけす》跡があり（一八本／三cm）、地合《じあい》の悪い楮紙《ちょし》である。楮《こうぞ》に米粉を加えてあるが、打紙《うちがみ》はされていない。表面の繊維に方向性がみられないので、溜め漉き技法で漉かれた紙と考えられる。紙漉きを担当した漉き工の技術が低かったためであろう、表面の出来映えの荒さが目立つ。寸法はやや大型だが、異物があり、未蒸解繊維（口絵）や墨の固まりが多い点などもふまえると、粗紙《そし》と判断せざるをえない。

この時期の綸旨の通例と同じく、灰色の宿紙《しゅくし》（再生紙）が用いられている。ただし、単に一度利用した紙を溶かして再生したのであれば、これほど濃い色調を呈することはない。そのため、この紙を漉く際には、古紙を溶かした紙料液だけでなく、墨色をよりはっきりと出すため、紙料液のなかに意図的に多量の墨を混入した可能性が高いと判断される。この種の処理を加えることは、中世に広くみられた。

【コラム】金沢貞顕書状に使われた和紙

永井　晋

金沢貞顕書状はどのような内容をもつのか

金沢貞顕《かねさわさだあき》（一二七八〜一三三三）は、一三代執権北条基《ほうじょうもと》時《とき》・一四代執権北条高時《たかとき》の連署《れんしょ》を勤めた後、一五代執権に就任した北条氏一門の宿老である。連署は執権が正常な状態で政務を執れるときは次席の役割を勤め、執権がなんらかの理由で政務を執れないときは鎌倉幕府を主導する次席の執権である。命令権を持つ次席なので、執権・連署をあわせて両執権という。そのため、北条高時の連署を勤めた貞顕は、高時とともに鎌倉幕府滅亡の責任をとる立場にある。

普通なら、敗者の立場からの記録は多く残らないものである。貞顕の場合、菩提寺称名寺《しょうみょうじ》が鎌倉幕府滅亡後も鎌倉府の権門寺院として生き残ったことで、金沢家の書類や書状が数多く残された希有な事例となった。金沢貞顕が称名寺二世長老明忍房釼阿《みょうにんぼうけんあ》とやりとりした書状には鎌倉幕府内部の動向が記され、南朝の意向が強く反映された『太平記』の記述と大きなズレをもっている。『太平記』は後《ご》醍醐《だいご》天皇の建武《けんむ》政権を正統とするために、北条高時が暴君であり、悪政を行ったゆえに神仏の加護を失って滅亡したと説明する。しかし、貞顕が釼阿に送った書状には、北条高時の元服式は天候もよく、神仏の加護のもとに行われたと言祝《ことほ》いでいる。また、貞顕は高時の後見長崎高綱《ながさきたかつな》とともに身体の弱い高時をいたわりながら、政権運営にあたった。『太平記』と金沢文庫の資料をつきあわせると、滅ぼした側の論理と滅ぼされた側の論理の両方がわかり、歴史の醍醐味を堪能することができるのである。

金沢貞顕書状の品質と内容

現存する金沢貞顕書状の大半は、称名寺二世長老釼阿や嫡子貞将《さだゆき》を相手にやりとりしたものであり、その書状群は釼阿とその後継者で五世長老を勤めた什尊《じゅうそん》（初名凞允）が所持した聖教《しょうぎょう》の紙背文書として伝来している。

金沢貞顕書状は、釼阿や什尊が聖教の書写に使用するため、一定の大きさに切りそろえたり、霧吹きをして水分を含ませた上で叩く打紙《うちがみ》をしたりと、加工がほどこされている。書状用料紙の名称で分類すると、檀紙《だんし》・引合《ひきあい》・杉原《すいはら》の三種類が確認できる。料紙を使用した時期をみると、金沢貞顕が初めて六波羅探題《ろくはらたんだい》を勤めた乾元〜延慶年間（一三〇二〜〇九）の書状は杉原紙が多く、貞顕の全盛時代である連署時代の書状は檀紙・引合が多くみられる。これは、金沢家の財政や物資調達の能力が上昇したことの反映とみられる。

貞顕が六波羅探題南方を勤めた時期の書状は、杉原紙が大半である。書状を受け取った称名寺の明忍房釼阿は、鎌倉に下向していた益性法親王《やくしょうほっしんのう》から仁和《にんな》御流《ごりゅう》の伝授を受けていたので、受け取った書状を聖教の書写に使用した。この時期の書状が枡型《ますがた》本とよばれる小型の聖教の紙背文書として残るのは、釼阿が仁和御流の聖教書写に貞顕書状を大量に使用したためである。

金沢貞顕書状（金文二二三、整理三九二　口絵31頁）

寂円を以て申す旨候、委細これに相談し、相構へ〳〵、入眼せしむるの様、計らはしめ給ふべく候、恐々謹言、

十二月四日　　越後守（花押）

明忍御房

右の金沢貞顕書状は、右筆《ゆうひつ》向山景定が書いている。それ故、金沢貞顕は花押《かおう》を据えている。料紙は上下に切断されていて、上段の紙背は、『五部大乗経供養次第　養和二年二月廿九日』、下段は『長者東寺拝堂次第』である。書状本文の文字よりも薄く、裏面の聖教の文字がみえる。紙の大きさは、三二・三×五〇・〇cmである。縦一六cmの折紙の枡型本として再利用されたため、左右は揃えるための裁ち切りぐらいである。また、釼阿が聖教として再利用する際に打紙をしているので、重ね合わせた書状の繊維が反対側の書状に写っている。この書状には、金沢文庫五四六号の向山景定書状の文字が影字として写り、この書状の文字も向山景定書状に写っている（口絵31頁）。向山景定書状紙背の聖教は『鳥羽院御月忌次第』・『宮高野御参詣次第』なので、釼阿は枡型本用の料紙としてまず大量の書状を再加工し、次々と書写していったことがわかる。書状の内容は、「お伝えしたいことがあるので、寂円《じゃくえん》を派遣します。寂円と面談して色々と取りはからってください」というものである。寂円が持参した書状を受け取った釼阿は、一読した後に寂円と面談して用件を処理すれば、この書状は目的を達したことになる。歴史家が知りたいのは面談の内容であるが、それを書き込まないのが使者が持参した書状である。

次に、金沢貞顕が連署を勤めた時期の書状である『宝寿《ほうじゅ》抄《しょう》』紙背文書をみてみよう。

『宝寿抄』紙背文書に残った檀紙《だんし》は、楮の繊維を大量に含んだ厚くて柔らかい重量感のある仕上がりである。また、

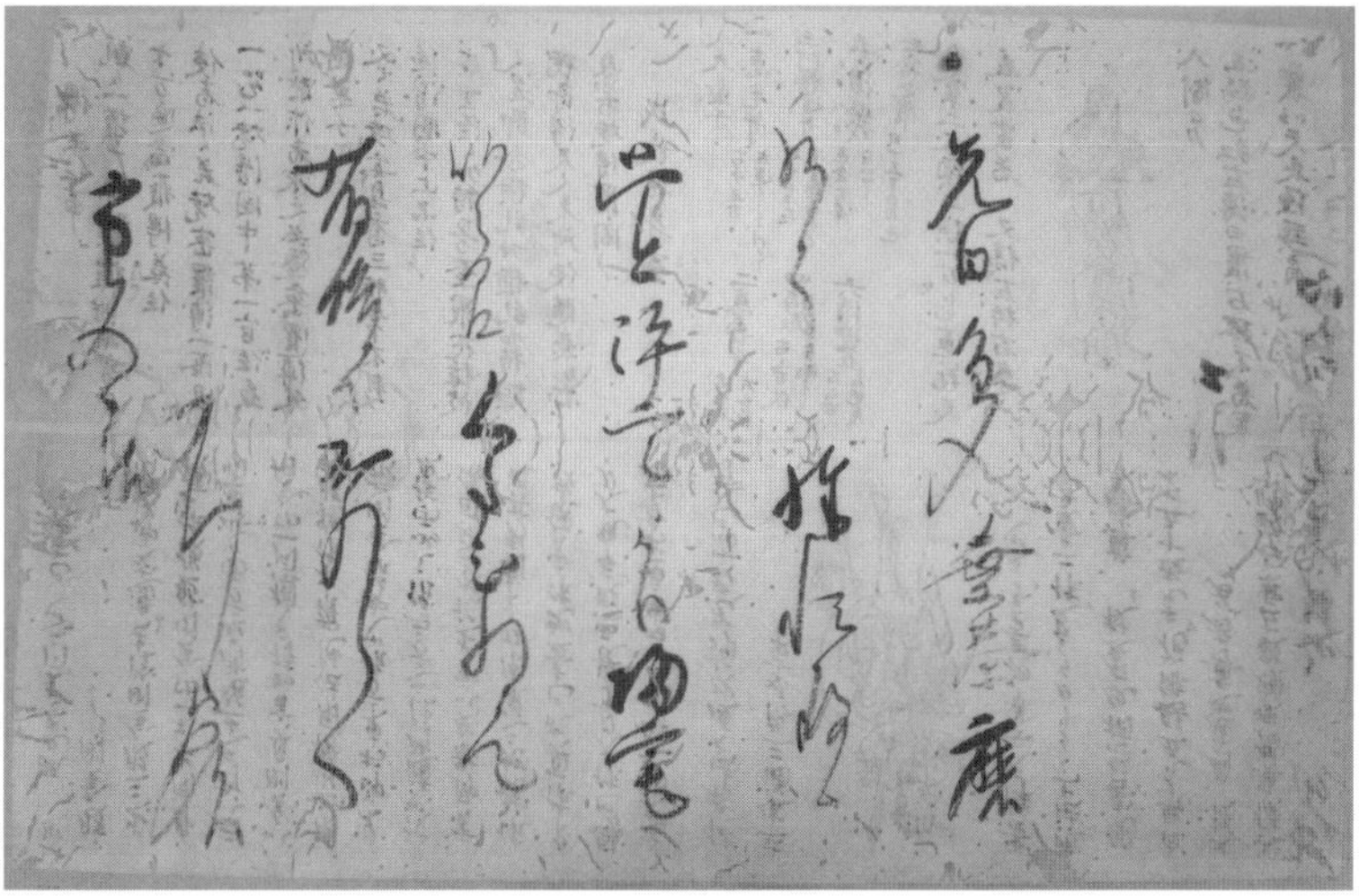

（紙背文書）

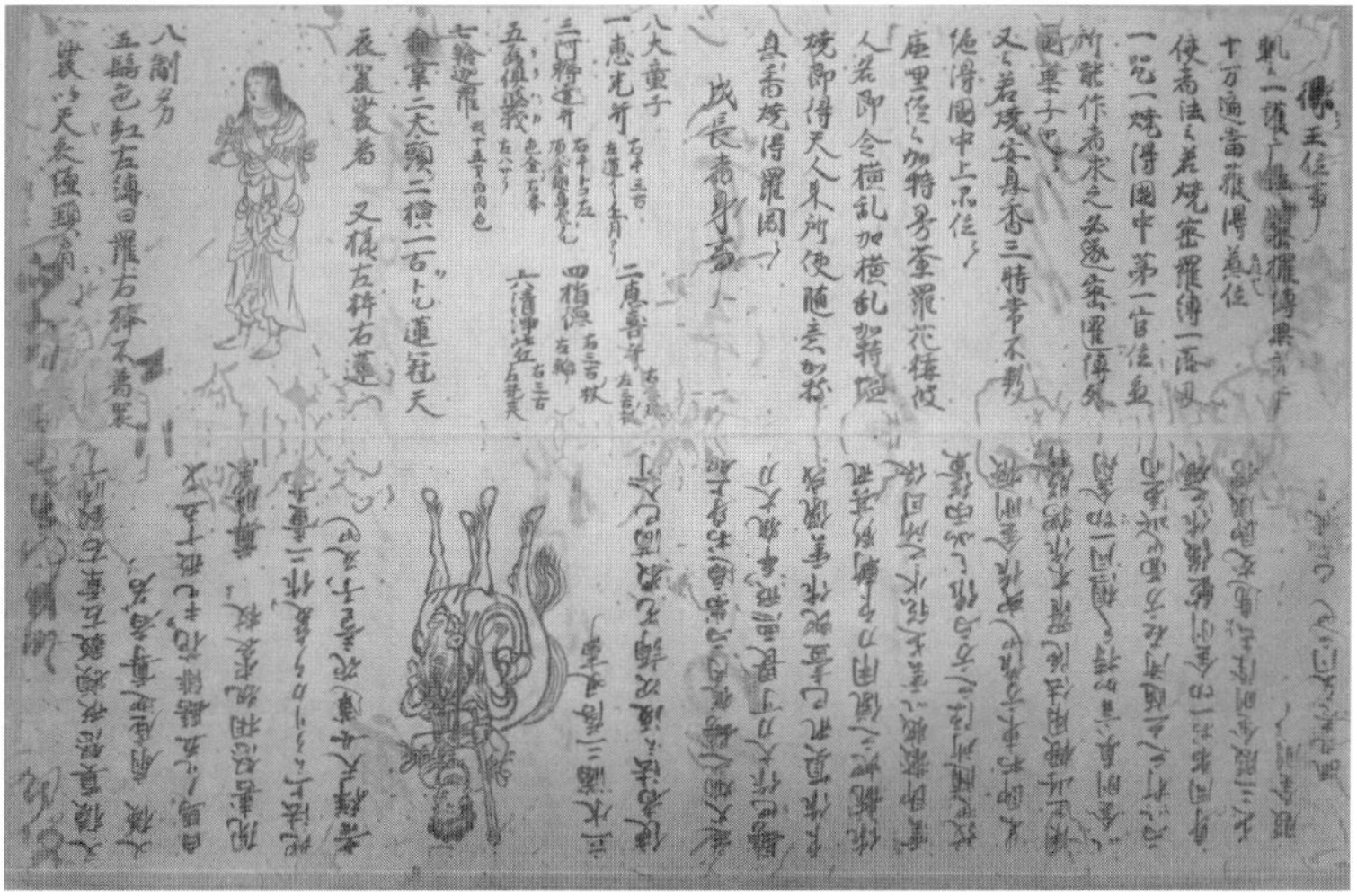

（『宝寿抄』）

図「（年月日不明）金沢貞顕書状」（『金沢文庫古文書』一一六六号　整理番号九四七号　重要文化財）

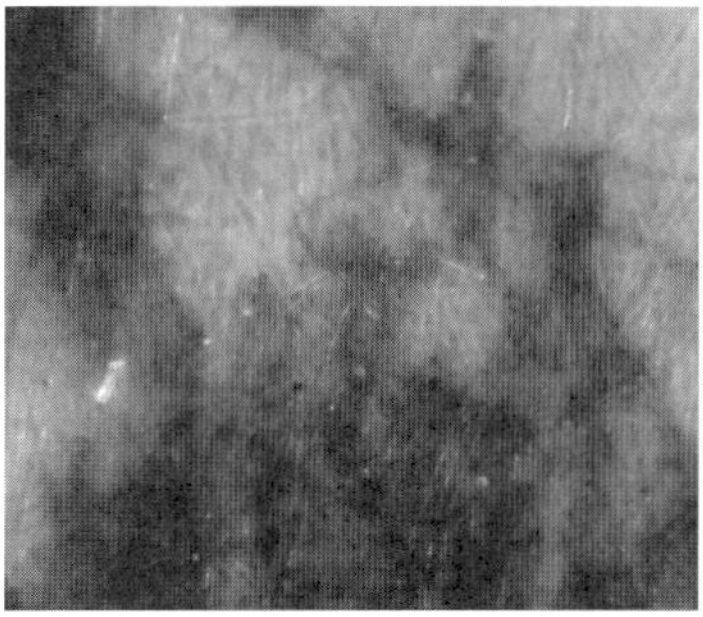

半流し漉きで漉かれた乳白色の楮紙。寸法は縦 33 × 横 52.4 ㎝。繊維に方向性はみられない。地合はよい。米粉が入っており、チリは少なく、繊維分散もよい。虫損あり。16 本の萱簀で漉かれている。表面加工は打紙されている。裏打紙があり、厚みの計測はできない。かなりよい紙に分類される。　　（以上、宍倉氏の所見による）

紙漉きの工程で不純物が丹念に取り除かれているので、料紙は楮の繊維がもつ天然の白さを伝えている。にじみ止めや漂白につかう米粉など塡料《てんりょう》をまじえないところが特徴である。宍倉氏が提唱する半流し漉きの技法で漉かれている。王朝文学で陸奥紙《みちのくにがみ》とよばれた料紙がこれにあたると考えられている。この紙背文書群をはじめとした金沢家と称名寺の人々の書状は、鎌倉の武家が良質の素材を惜しみなく使った高級料紙を大量に消費していたことを伝える。

金沢貞顕書状（金文一一六六、整理九四七　前頁図）

先日進らし入る葉茶、磨り給はり候らひ了んぬ、殊に悦こび存じ候、只今、評定より帰宅し候の間、くたひれ候て、省略し候らひ了んぬ、恐惶謹言、

乃時　　貞顕

方丈御報

『（切封墨引）

向山（敦利）刑部左衛門尉殿　　釼阿状』

この書状は、釼阿が金沢貞顕の右筆向山敦利宛てに書状を送り、敦利が報告とともに手渡した書状の裏側に、貞顕が釼阿宛ての返信を書いたものである。「乃時」は「その場で」という意味なので、釼阿の使者が貞顕に対面したその場で書かれた返信とみてよい。内容は茶葉を粉茶に加工したことに対する御礼、今日は評定（会議）で疲れたので細かいことはまた後日という伝言である。貞顕と釼阿がこの高級料紙を日常的な用件の書状で使い続けられることからも、金沢家の豊かな財政力の一端を窺うことができよう。

金沢家と称名寺の人々の鎌倉時代の書状は、鎌倉の武家が書状用に使った料紙の品質を示している。これらの料紙は、中央集権型の国家と経済が維持されていた最後の時期のものである。南北朝の内乱で京都や鎌倉といった政権都市の物資集積能力が低下し、地方の特産品として料紙が成立してくる。また、武家政権で紙を大量に消費するようになったために、漉返紙（再生紙）の増加、塡料を増やした料紙、書類・書状用料紙の小型化・薄型化が進んでくる。南北朝の内乱によって国家と経済の枠組が変わったことで、金沢家の人々が使ったような料紙は漉かれなくなるのである。

参考文献

神奈川県立金沢文庫　二〇〇四『十五代執権金沢貞顕の手紙』企画展図録

永井　晋　二〇〇六『金沢北条氏の研究』八木書店

【コラム】紺紙経の料紙になった文書

鳥居和之

華麗に彩られたお経

奈良時代以降、色染めした紙や金箔を散らした紙に金銀の文字で書くなど、華麗に制作された装飾経《そうしょくきょう》が盛んになった。中でも平清盛が厳島《いつくしま》神社（広島県廿日市市）に奉納した「平家納経」、高陽院が四天王寺（大阪市）に奉納したともいう「扇面法華経冊子」などが秀逸である。

写経は悟りをひらき成仏する手だてとして行われた。漉いたままの素紙《そし》ではなく、色染めした料紙に写経したものは奈良時代から見られるが、平安時代には法華信仰の流行により、時間と資金をかけ一段と美しく装丁した。料紙や意匠も特別な趣向を施し、意を尽くすことが美を極める形となって表された。「平家納経」の表紙や見返し絵には平家一門の願望と平安貴族の美意識を感じ取ることができる。

これほどまでに豪華絢爛ではないが、平安時代以降、大量に作られた装飾経に、紺紙を料紙とし金字や銀字で写経した紺紙経《こんしきょう》がある。中でも「中尊寺一切経《ちゅうそんじいっさいきょう》」、「神護寺《じんごじ》一切《いっさい》経《きょう》」などがよく知られていて、数千巻に及ぶ一切経が表紙や見返し絵など、独自の体裁で制作されている。

このうち、中尊寺経は奥州の藤原清衡《きよひら》が発願したもので、永久五年（一一一七）ころに始まり、九年後の天治三年（一一二六）ころに完成した。金字と銀字を一行ごとに書き交ぜた手間のかかる手法をとり、表紙には宝相華《ほうそうげ》唐草《からくさ》文《もん》が描かれ、見返し絵もすっきりと丁寧に仕上げられている。近世初頭、大半が高野山に移され、現在に至っている。

紺紙に隠れた文書の発見

ところが、紺紙経に新たな見解が加わりつつある。中尊寺経調査の際、京都国立博物館が赤外線撮影したところ、隠れた文字が写し出された。これは料紙を紺色に染めたため、肉眼では文字が見えなくなっていたが、赤外線によりもとの文書が発見されたのである。つまり、一切経の料紙には新規に調製した紙だけでなく、使用済みの文書を紺色に染めたものが含まれていることが判明したのである。文書に加えて、花押《かおう》・宝塔印《ほうとういん》なども写し出されている。

この事実とともに、調査にあたった泉武夫氏（日本美術史）は、文書の内容から中尊寺経の料紙がはるか離れた京の都で調達された可能性が高くなったことを述べている。

これまで、中尊寺経の用紙がどこから調達されたか、意見が分かれていたが、都から運ばれてきた可能性が高くなったのである。そして、『愛知県史』の調査の際、兵庫県立歴史博物館の橋村愛子氏により同様の事例が発見された。円増寺《えんぞうじ》（愛知県南知多町）には建長四年（一二五二）に書写された「紺紙金字法華経」が所蔵されているが、八巻のうち巻一の巻頭に五通の文書が使用されていたのである。

デジタル化の効能

デジタルカメラの普及により、赤外線撮影は格段に簡単になった。フィルムカメラの時代には特殊なフィルムと現像が必要であり、フィルム撮影の時代には特殊なフィルムと現像が必要であり、通常の焦点ではボケてしまうので、経験と勘を頼りにピントをずらして撮影しなければならなかった。したがって墨書の存在が明らかな場合には有効であるが、有無がわからない場合には費用的にも効率的にも割の合わない方法であった。その点、デジタルカメラはその場で確認ができ、費用もかからない。右に述べた紺紙経の発見は、デジタル技術の発達による産物と言うことができる。

赤外線撮影できるデジタルカメラはソニーやヤシカに簡易のものがある。撮影範囲や精度に制約があるが、特別な処理を必要としないので、墨書の有無の確認にはきわめて有効である。

図1（次頁）は「紺紙金字法華経　巻一」の巻頭である。通常の撮影では強い光に透かしても文字は見えない。これをマミヤRZを使用してZDバック赤外撮影システムで撮影する。この場合、ほぼ真っ黒に撮影されるので、画像処理ソフトで判読に適した明るさまで引き上げる途中に、浮き出てきた文字の上に金字が光って、図2（次頁）のような美しい場面が登場する。まさに紺色のタイムカプセルが開かれたという表現がふさわしい光景である。

東大寺再興の文書

図2は東大寺七重塔の再建に関する文書である。治承四年（一一八〇）、平家の焼き討ちで荒廃した東大寺の再興は重源《ちょうげん》や栄西《えいさい》によって進められ、資金的には私財を献じて再興に尽くした者に官職を与える成功《じょうごう》が用いられた。この書状は、私財を献じたにもかかわらず官職の補任を受けていない者が多くいるので、必ず実現させるよう強く申し入れた内容である。文中に登場する七重塔は、元久元年（一二〇四）に造営が始まり、貞応二年（一二二三）三月、塔の上に九輪《くりん》がかけられ、まもなく完成した。

このような文書は永続的な権利を保障する内容ではないので、不要になった時点で廃棄され、後世に伝わる必然性

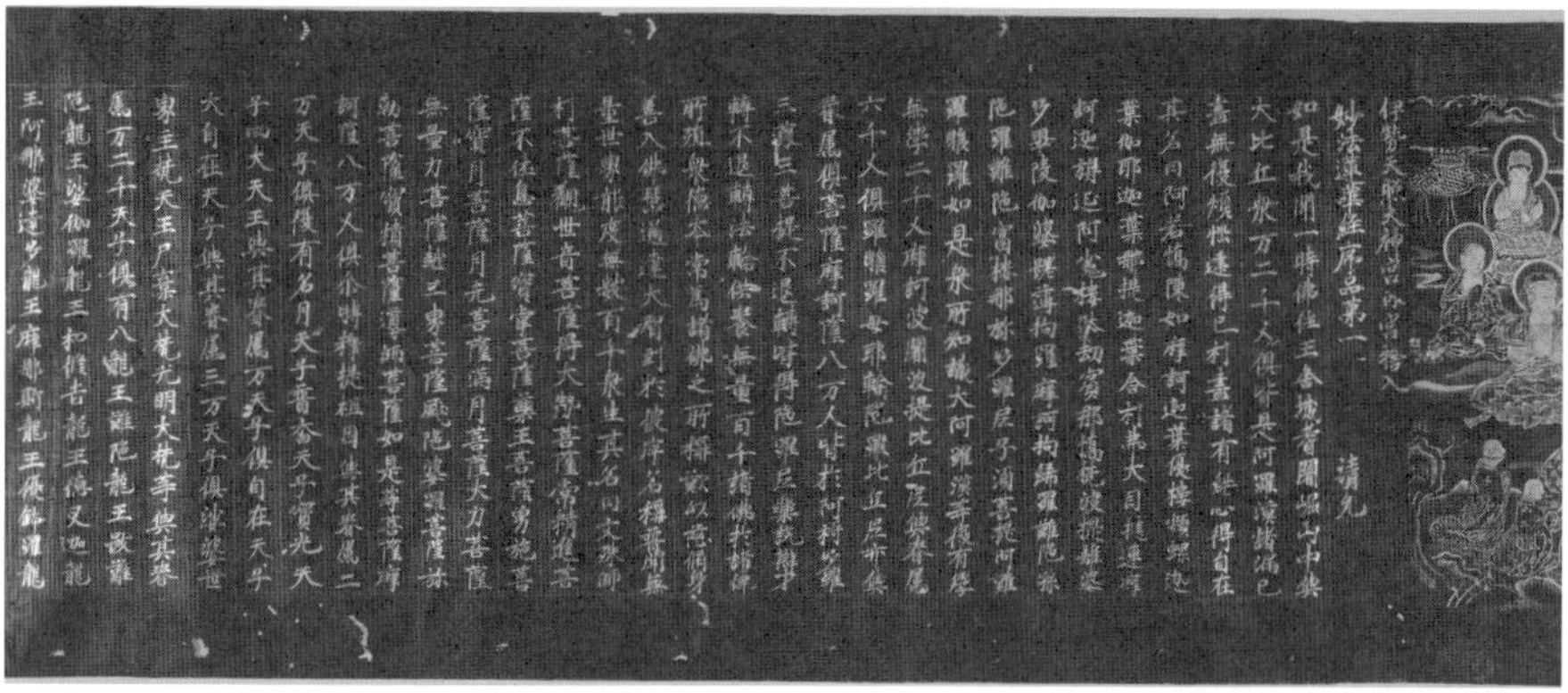

図１　紺紙金字法華経　巻１冒頭　建長４年〔1252〕書写

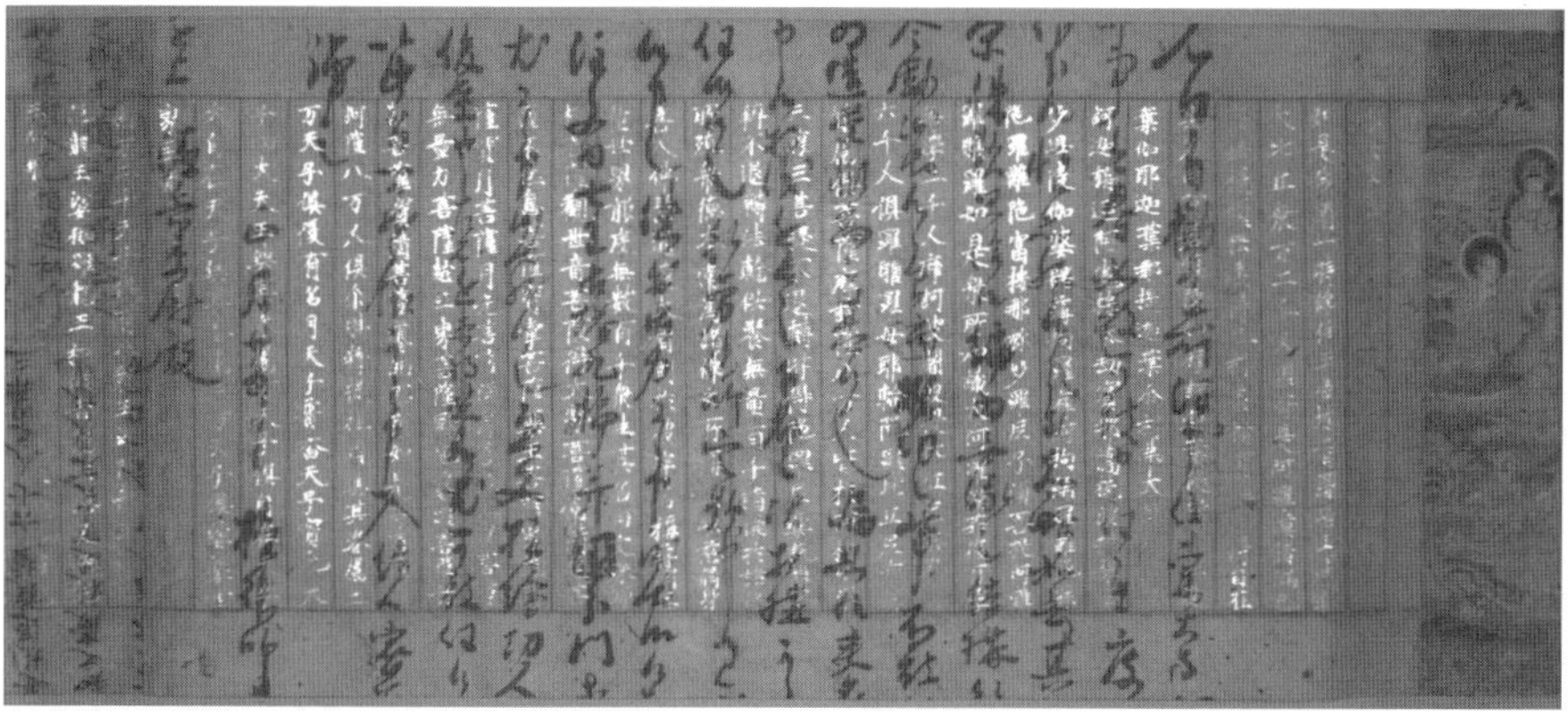

図２　第１紙赤外線撮影　（貞応２年〔1223〕）正月25日

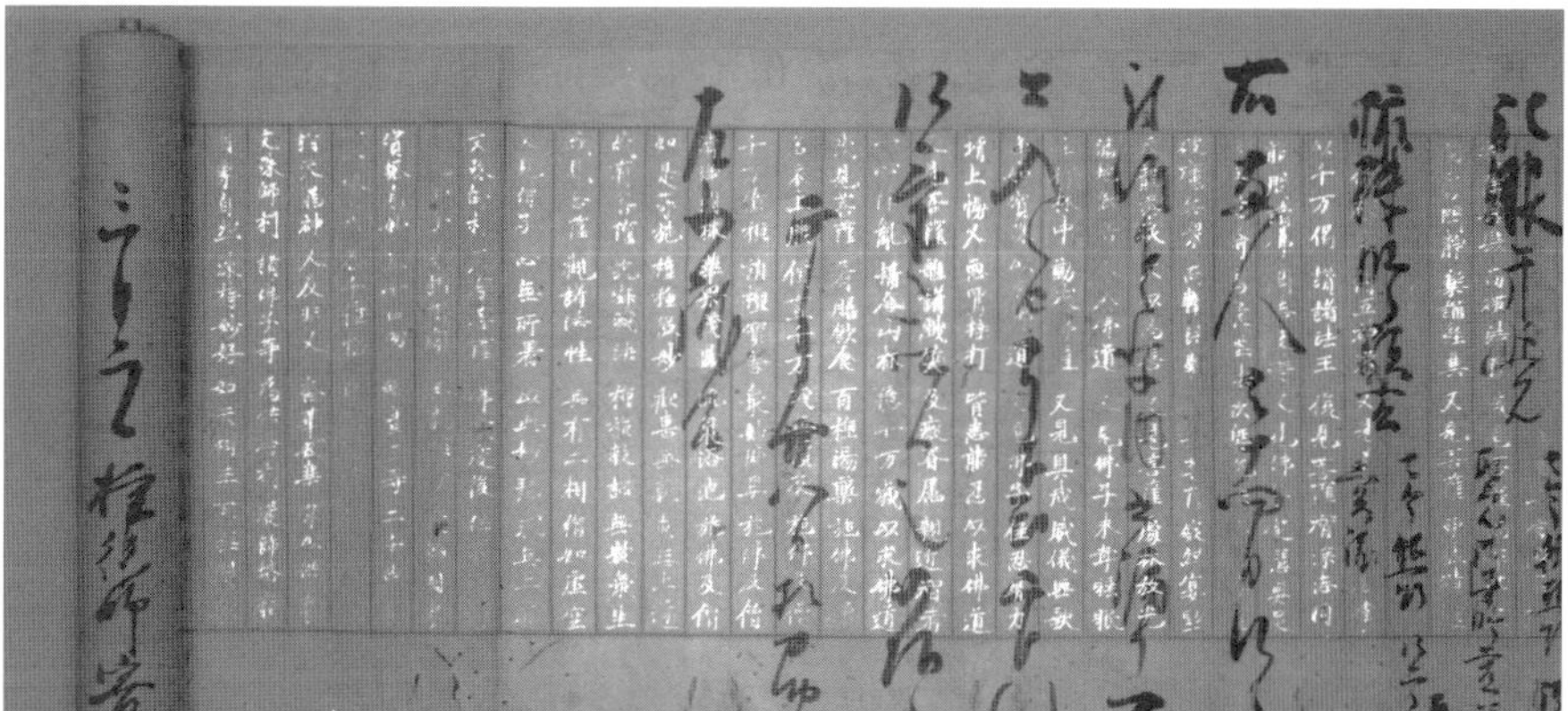

図３　第４・５紙赤外線撮影（年未詳）

が低い。たまたま七重塔再建に関係する文書が『民経記《みんけいき》』（鎌倉時代の公卿、民部卿《みんぶきょう》藤原経光《つねみつ》の日記）の紙背に四通残され、一通には「貞応元年（一二二二）十二月　日」と明記されている。これらは塔の工事が最終段階になったので、今が最後の機会とばかり官職の補任を申請したものである。この他にも多くの人々が懸命な願いを込めて提出していたことは想像に難くなく、図2も貞応二年に出された要望書と考えられる。

かくも重要な文書が発見されたのは天恵と言うべきかもしれない。円増寺の法華経は巻八奥書に「建長四年（一二五二）壬子十月　日　願主藤原信義」と記されている。赤外線で確認されたこの他の文書四通は無年号であるが、当然ながらこれ以前に出されたものとなる。

ところで、第一紙から第四紙までは文書の表面が、第五紙は裏面が写経に利用されていた。図3（前頁）は第四紙と第五紙の部分である。経巻の裏面（軸に巻き取られた部分）に第五紙の最終行（月日と差出者）が写し出されている。注意したいのは、裏面に文書がある場合、表側からの赤外線撮影ではうっすらと影が見える程度なので、有無の確認は紺紙経の表裏どちら側にも赤外線を当てる必要がある。

文書再利用の経緯

使用済みになった文書が写経の料紙に利用される理由には、特別な目的を持った利用か、単なる紙の有効利用か、二つの可能性がある。

前者は、故人の追善のため、その人の消息（手紙）を用いて表面または裏面に写経する消息経《しょうそくきょう》の場合で、平安時代から室町時代にかけての事例が見られる。

しかし、円増寺の法華経については、以下の理由でこの可能性がないと考えている。まず五通の内容や差出・宛名に共通性がないこと。つぎに図のように、文書の上下前後が切断されているが、墨書を活かした配慮ある利用とは言い難いこと。最大の理由は、紺色に染めると、もとの文書が見えなくなってしまい、奥書などに記さない限り、追善の意図が示されないこと。以上から、単なる反故《ほご》紙の再利用と考えるのが妥当と考えている。

それでは、どのような事情で再利用されたのだろうか。先に述べた、同内容の文書が『民経記』の紙背に残されていることがヒントになりそうである。

河音《かわね》能平《よしやす》氏（日本中世史）は、太政官《だじょうかん》に提出された訴訟関係文書が天皇の代替わりや改元の吉書始《きっしょはじ》めの儀式に際して廃棄され、それを弁官《べんかん》などが役得として持ち帰り、紙背を利用して日記を書いていたこと、その典型的な例が『民経記』であり、日記の紙背には提出された訴訟文書の正文《しょうもん》が隠れていることに触れている。

円増寺の文書も、朝廷に提出された文書であったり、内部の伝達文書であったりする。すると円増寺の紺紙経と『民経記』はきわめて近い関係にあることがわかる。つまり、朝廷に提出された文書が廃棄され、一方では日記の用紙となり、一方では紺紙経の用紙になったのではないだろうか。

新たな文書発見の可能性

さて、このような文書を何と呼ぶのがふさわしいだろうか。紺紙の経典に隠れた文書であるから「紺紙経文書」または「紺紙文書」と呼ぶのが分かりやすいように思う。紺紙経は全国に大量に残されているので、今後の調査により新たな文書やその他の情報が見つかる可能性は高い。

発見された文書は、それ自体が歴史研究の好材料となるだけでなく、総体として当時の社会のあり方を解明する手がかりにつながる。たとえば、どのような事情で紺紙経に使用されたのか、発願者の身分により再利用のされ方に違いはあるのか、どのような内容の文書が使用されているのか、使用済みの文書を写経紙に加工する工房はどこにあるのか、その流通範囲は……。

使用済みとなった文書が、裏面の有効利用のため紙背文書として残され、意外な事実を明らかにしてくれることはよく知られている。同じように、赤外線が紺紙に隠れた文書を写し出し、新たな平安・鎌倉文書を提供してくれるとともに、こうした事例の蓄積が紺紙経の制作過程に光を当ててくれることを期待したい。

参考文献

下坂　守　一九九〇「中尊寺経の墨書」研究代表者上山春平『金剛峯寺中尊寺経を中心とした中尊寺経に関する総合的研究』
泉　武夫　二〇〇八「中尊寺経（紺紙金銀字一切経）をめぐって―金剛峯寺蔵中尊寺経の調査のことども―」特別展示図録『平泉　みちのくの浄土』
河音能平　一九九一「中世文書廃棄・再利用の西と東―紙と羊皮紙―」『日本史研究』三四六
鳥居和之・橋村愛子　二〇一一「円増寺所蔵「紺紙金字法華経」について」『名古屋市博物館研究紀要』三四

第三章　漢籍・経典

史記（宋版）（上杉家旧蔵）

紀元前九一年頃年成立
中国・南宋時代刊
国宝

【カラー口絵33頁】

史料の性格

『史記』は、司馬遷《しばせん》（漢・前一四五〜前八六頃）が、紀元前九一年頃に撰した、前漢武帝《ぶてい》末年までの通史。本史料は、全篇の「目録」に相当する第一冊で、内容の重要さから写本・版本が多い。なかでも宋版《そうはん》（宋代の版本）は印刷・校訂ともに完成度が高く、古来珍重されてきた。

この版本は、宋版のなかでも南宋時代（慶元《けいげん》年間〔一一九五〜一二〇一〕刊）と目されるもので、建安《けんあん》（現在の福建省）の黄善夫《こうぜんふ》という民間の学者によって版行された。本文の字形は、この時期の版本に共通する右上がりの鋭い字体である。内容は、集解《しっかい》（宋・裴駰《はいいん》）、索隠《さくいん》（唐・司馬貞《しばてい》）、正義《せいぎ》（唐・張守節《ちょうしゅせつ》）の三注合刻本として最古のもので、後世にも数度にわたり覆刻されている。これに加え、全一三〇巻が完存している点でも極めて貴重な史料と位置づけられている。

日本へもたらされた時期に関しては不明だが、蔵書印などから、遅くとも室町後期には京都に存在したことが指摘されている。この時期、室町期京都の五山僧《ござんそう》によって詳細な書き込みが付されており、なかにはすでに逸書となった典籍からの引用も含まれている。のち南化《なんげ》玄興《げんこう》（妙心寺）の手を経て、直江《なおえ》兼続《かねつぐ》・米沢興譲館《こうじょうかん》（上杉家）と受けつがれ、現在では歴博の所蔵に帰している。

四目綴《よつめとじ》の冊子本で、各丁の寸法は縦三二・七×横二一・六cm、丁数は計一八丁である。ただし縦二四×横一五cmの本体を、台紙に貼り直したのが現状である。

所見

表紙は後補されたものだが、竹紙に紅色の顔料を塗布している。紙厚は〇・一一五㎜と、かなりの厚紙である。

本体部分は、現状で台紙に本紙を貼り付ける形になっている。そのうちの本紙は、竹繊維をレチングした上で漉いた紙である。中国紙とみて間違いなかろう。薄い灰色紙。チリは少なく、細い繊維が詰まっていて、方向性はない。そのため文字も大変クリアで、かすれなども生じていない。

一方、台紙の方は、楮《こうぞ》繊維を流し漉き技法で漉いた紙である。つまり、日本で中世以降に漉かれた紙とみて間違いなかろう。色調は薄茶色の紙。漉いた後に、紙の表面を磨いた瑩紙《えいし》である。そのために墨の乗りもよく、かなり細かい文字でも、かすれやにじみは目立たない。

白氏文集（金沢文庫旧蔵）

唐代中期成立
鎌倉時代書写
重要文化財

【カラー口絵34頁】

史料の性格

『白氏文集』は、唐の白居易《はっきょい》（七七二～八四六）の作品集。作者自身が生前に編集した。計七五巻（三八四〇首）からなる。日本にも、成立後、かなり早い時期に伝わり、各種の写本・刊本が作成されている。

本写本は金沢北条《かねさわほうじょう》氏の私文庫である金沢文庫《かねさわぶんこ》の旧蔵本で、巻頭に「金沢文庫」の複郭《ふくかく》黒印が捺されている。

同文庫に伝来した『白氏文集』のうちには、慧萼《えがく》（九世紀の入唐僧）が書写した白居易手定本《しゅていぼん》の流れをくむ唐鈔本《とうしょうほん》を、平安後期に直接書写したとおぼしき写本も含まれており、本文研究を進める上で貴重さは計り知れない。なお金沢文庫旧蔵の『白氏文集』は、同一時期に同一主体によって書写された写本群ではなく、書写時期・書写主体とも複数からなる取り合わせ本である。

正確な時期は不明だが、おそらく中～近世初期までに金沢文庫から流出したものを、明治になって田中教忠《のりただ》氏が入手し、現在では歴博が所蔵している。

ここでみていく巻八には奥書がみえず、巻末に「応永第八（一四〇一）八月七日一見了」（識語）があるのみだが、装幀や書風からして平安後期に日本で作成された写本と考えてよい。本文は、一般に通行する宋版のものとは大きく異なっているので、先述した慧萼将来系の写本と異なるとしても、同じく唐鈔本の系統の写本であることは間違いない。

現状は巻子装で、巻八は計一六紙からなる。寸法は縦二七・七×横九〇六cm。全体に薄墨界《うすぼっかい》が引かれている。

所　見

表紙は、薄クリーム色の雁皮《がんぴ》の厚紙である。これに紺色に染めた楮《こうぞ》繊維を水玉模様にまぶしている（この表紙の柄は、四巻とも同じである）。

本体の紙は、楮繊維を半流し漉き技法で漉いたもの。簀目《すのめ》は一五本／三cmの間隔なので、萱簀《かやす》で漉いたものと判断できる。色調は、全体に茶色がかっている。天・地に虫喰いがわずかに生じているが、全体として保存状態はよい。

紙の表面は丁寧に打紙《うちがみ》加工がなされており、墨の乗りは大変よい。地合《じあい》はよく、チリ・汚れもないので、良質紙と評価できる。

周　易（吉田神社旧蔵）

中国古代成立
鎌倉中期書写
重要文化財

【カラー口絵35頁】

史料の性格

本来、「易」は占卜《せんぼく》・予言の書だが、儒家《じゅか》によって重んじられ、本書も儒教の基本経典「五経《ごきょう》」の一つとみなされるようになった。古くは「易」と称されたが、宋代以降は「易経《えききょう》」と呼ばれることが一般的である。易の体系が周王朝に確立したという伝説から、「周易」とも称される。

表紙見返しに「鈴鹿《すずか》氏」・「吉田神社社司中臣隆啓朝臣之章」などの朱印が捺されており、吉田神社（京都）社司《しゃし》の鈴鹿（中臣）家に伝来した写本と判明する。のちに家外へと流出し、田中教忠《のりただ》氏の手を経て、歴博に現蔵されている。

計六帖からなり、このうち巻一・三・四・五の四帖は同筆で中世前期の成立と、また巻二・六の二帖はより後世（室町中期か）の補写と推定される。つまり、この六帖は取り合わせ本である。

ここで取り上げる写本（巻一）は、『周易』第一（上経乾伝）に王弼《おうひつ》（二二六〜二四九）が註を加えたものである。現状では四〇折からなる折本だが、折り目の痕跡などからみて、ある段階で原装に改装が加えられたようである。

寸法は、各折ともに縦二九・〇×横一六・五㎝。全体に墨《ぼっ》界《かい》（界高二九・〇㎝、界幅二・七㎝）が引かれ、本文中にはヲコト点や校訂注などが書き入れられている。日本の中世社会における『周易』享受の実態を知る上でも、貴重な写本である。

所　見

表紙の部分は、楮紙の台紙に竹紙を貼り合わせたもの。色調は灰赤茶色である。表面には、布目のエンボスを押しつけた模様があるが、外題などは記されていない。

本紙の部分は、楮《こうぞ》繊維で漉かれた紙である。表面は強い打紙《うちがみ》加工が施されており、墨の乗りも大変よい。ただし利用の過程で生じたと思われる墨のかすれが、全体に散見される。裏打されているので観察しにくいが、紙厚は現状で〇・〇九㎜前後である。

色調は、全体に淡い茶色を呈する。それとは別に、冒頭の第一紙はとくに経年の変色が目立つ。ただし、全体に虫損・破損などは目立たない。また地《じ》合《あい》はよく、チリも少ない。このような様々な要素を勘案すると、良質紙と評価してよいだろう。

文選集注

四〇六年成立
平安中期書写
国宝

【カラー口絵36頁】

史料の性格

『文選集注《もんぜんしゅうちゅう》』は、中国南北朝時代に編纂された詩文集『文選』（昭明太子〔五〇一～五三一〕撰）の注釈を集めた書。編者や成立年代などは不明だが、唐の李善《りぜん》がつけた注釈書や玄宗《げんそう》の御注など、現存しない書籍の注釈が多く載る。

本来は一二〇巻だったが、金沢北条氏の菩提寺である称《しょう》名寺《みょうじ》（神奈川県）に計一九巻が、また東洋文庫・天理図書館・台湾中央図書館・お茶の水図書館などに数巻が所蔵されるにすぎない。今回調査したのは、巻六六である。

巻子装で、寸法は縦二九・二×横五七・〇㎝（第一紙）である。字配は二〇行／一紙、一一字／一行（割書部分は一三字／一行）。全体に薄墨界（天界三・〇、界高二二・五、地界三・六、界幅二・八㎝）が引かれる。継目（順継）の形状から、一紙ごとに墨界を引いた上で継いだと判断される。

現装の改装時期は、近代より以前と推定される。中国伝来説もあるが、料紙は楮紙《ちょし》なので（後述）、形状・筆風などから平安時代中頃に日本で書写されたと考えられる。

巻子に「金沢文庫」の蔵書印は捺されておらず、なぜ称名寺に伝来したのか明確でない。豊臣秀次《ひでつぐ》（一五六八～九五）の蒐集した書物のうち金沢文庫に由来すると判断された分が、豊臣家滅亡後、誤って返却され、称名寺に納められたものと推測されている（川瀬一馬『日本における書籍蒐集の歴史』ペリカン社、一九九九年）。

所　見（巻六六）

楮繊維を用いて漉いた紙である。表面にはドーサ塗布と打紙《うちがみ》加工が施されており、墨の乗りはよいが、墨色が薄いのは、伝存の環境によるかもしれない。裏打のため漉き方は判断しづらいが、紙厚は裏打のない部分で計測すると、平均〇・一一㎜程度なので、標準的な厚紙と評価される。ゴミや虫損が少なく丁寧に作られた紙である。ただし保管状況の問題だろう、汚れやフケが巻頭では目立つ。

漉目の幅からみて、萱簀《かやす》で漉かれた紙と推定される。第一紙では簀目《すのめ》が視認しずらく（部分的にしか見えない）、第二紙以降では全面に一四本／三㎝がみられる。ただし両紙とも紙厚は〇・一一㎜前後と共通しており、また第一紙でも視認できる範囲の漉目は第二紙以降と同幅なので、同じ機会に漉かれた紙と判断してよいだろう。

百万塔陀羅尼

七七〇年成立

【カラー口絵37頁】

史料の性格

百万塔《ひゃくまんとう》は、木製の三重小塔の内部に、「無垢《むく》浄光大陀《じょうこうだいだ》羅尼経《らにきょう》」を収めたものである。この経典のなかの六種の陀羅尼のうち四種（自心印陀羅尼・根本陀羅尼・相輪陀羅尼・六度陀羅尼）を印刷している。天平宝字八年（七六四）に称徳《しょうとく》天皇（七一八～七七〇）が発願し、宝亀元年（七七〇）に法隆寺などの十大寺へ各一〇万基ずつ奉納された。

塔のなかに収められた陀羅尼経は、年代が明確な事例としては世界最古の印刷物である。紙の寸法は、おおよそ縦六×横五〇㎝で共通する。紙質は多様であり、たとえば同じ楮《こうぞ》でも、丁寧に切断した上で漉いている短い繊維、おおまかに切断しただけの長い繊維などがみられる。このほかにも、苧麻《ちょま》や雁皮《がんぴ》と楮の混合・楮とオニシバリの混合などがみられる。表面加工も、膠《にかわ》塗布・黄檗《きはだ》染色・二種併用・無塗布などさまざまである（310頁）。

印刷の方法に関しては、刷りか押捺か、あるいは原版が木版か金属版かなど、様々な論争があった。近年の研究では、複写方法は押捺ではなく刷りで、原版は金属版である可能性が高いことが指摘されている。なお原版は、字体などからみて、複数存在したと考えられている。

所　見

今回調査した二点は、同版の自心印陀羅尼である。

一点目は、楮を溜め漉き技法で漉いた紙である。楮の形態は判定できなかったが、切断されている可能性が高いだろう。簀《す》跡《あと》はわずかにしかみえないが、間隔から考えて竹簀と判断される。チリ・汚れはなく、地《じ》合《あい》はよい。表面に膠を塗布した上で、黄檗で染めており、現状では薄茶色を呈する紙になっている。

二点目も、同様に楮を溜め漉き技法で漉いた紙である。チリは少なく、汚れもないが、地合は悪い。表面は平滑で、繊維の詰まり具合から、表面を磨いた瑩紙《えいし》と推定される。他の陀羅尼の料紙と異なり、現状では乳白色にみえる。この種の色の陀羅尼経は珍しいが、調査の結果、観賞用に額縁に入れ長年放置したために、空気中の酸や蛍光灯の光などにより、変色したにすぎないと判明した。実際、裏面には茶色がきれいに残っており、かつて黄檗染めされていたことは明らかである。

成唯識論了義灯〔版本〕

唐代前期成立
一二世紀前半刊

【カラー口絵38頁】

史料の性格

法相宗《ほっそうしゅう》の重要な経典である『成唯識論《じょうゆいしきろん》』は、玄奘三蔵《げんじょうさんぞう》がインドから持ち帰った十大論師《じゅうだいろんし》の著作を整理し、そのうちの護法《ごほう》（五三〇〜五六一）の説を中心に編集した経典である。『成唯識論了義灯《じょうゆいしきろんりょうぎとう》』は、その本文解釈に関して、後世の学僧から提起された様々な異説（たとえば新羅《しらぎ》の円測道証《えんじきどうしょう》などの説）を挙げた上で、それらに一々の反論を加える体裁を採っている。唐代の慧沼《えしょう》（六四八〜七一四）が撰述した。日本でも重視された経典で、数度にわたり版行されている。

本版本は、そのうちの巻一の全体を収めており、春日版《かすがばん》と称される古版本の一種である。春日版とは、興福寺《こうふくじ》（法相宗）で『成唯識論』とその注釈書類を木版印刷したもので、古くは一一世紀代の事例が確認される。この版本は、「仁平二年」（一一五二）の移点識語《いてんしきご》（口絵）や、平安時代の法《ほっ》相宗《そうしゅう》で用いられた喜多院点《きたいんてん》（ヲコト点の一種）を付す点などから、一二世紀前半の版行と推定される（同じ『成唯識論了義灯』巻第一の版本で、永久四年〔一一一六〕の墨書が報告される事例もあり、版行時期はさらに遡るかもしれない）。

紙数一〇枚からなる巻子本で、寸法は縦二八・九×横五一〇㎝である。本文の文字が紙継目を跨いで印刷されているので、印刷前に現状のように紙を継いだ上で、全体を刷ったものと推定される。通常の印刷は、版木一枚と紙一枚を対応させる方式で行われるので、この点、やや変わった方式といえる。

所　見

本来は楮《こうぞ》をレチングした白色紙と推定されるが、現状では薄灰色に変色している。多くの紙で簀目《すのめ》はみえないが、部分的に萱簀《かやす》跡もある。紙厚は〇・〇九㎜前後なので、やや厚めの紙を漉くために簀目の間隔が広い萱簀を使ったのだろう。いずれの紙も、寸法は横幅が五〇㎝を越えるので、大型紙に分類できる。

全体にチリが少なく、各工程で丁寧な作業が行われたと推測される。打紙《うちがみ》加工が施され、繊維が半透明である。ただし部分的には地合《じあい》が悪かったり、上下に厚薄があったりする紙も混じっている。またシミや少量の虫喰いが少なくない紙もあるが、保存状況はよいと判断される。墨の乗りは比較的よく、版本としては、刷りのよい部類に分類できる。

妙法蓮華経

如来神力品

四〇六年成立
平安後期～鎌倉初期書写
重要美術品

【カラー口絵39頁】

史料の性格

『妙法蓮華経《みょうほうれんげきょう》』とは、法《ほ》華経《けきょう》のことである。インドで一～二世紀に成立したものを、鳩摩羅什《くまらじゅ》が四〇六年に漢訳した。智顗《ちぎ》（五三八～五九七）がこの経典研究に基づいて天台宗《てんだいしゅう》を開き、日本でも重視されることになった。本巻は、全二八品のうちの如来神力品《にょらいじんりきほん》（第二一）の写本にあたる。この品は、仏が大衆の前で神力を示す内容である。

紺地の紙に金銀を散りばめた装飾経《そうしょくきょう》で、装幀は巻子装。寸法は、縦二五・六×横一一二・七cmで、計三紙からなる。奥書などはないが、平安後期から鎌倉初期にかけての写本と推定される。

所　見

表紙は、藍染した雁皮《がんぴ》で漉いた紺色紙である。

本紙は、雁皮を混合した楮紙《ちょし》。漉いた後に、表面にドーサ処理を加えた上で、金粉・銀粉を撒き散らしてある。金粉や銀粉を定着させる目的で塗布したドーサの量が多かったためだろう、酸化《さんか》劣化《れっか》で繊維は脆く、崩れている（口絵）。

大蔵経

阿毘達磨大毘婆沙論　巻一一一〔宋版〕

中国・南宋時代刊
重要文化財

【カラー口絵40頁】

史料の性格

『大蔵経《だいぞうきょう》』は、中国の宋代（九六〇～一二七九）に印刷された漢文の仏典の集成で、『宋版大蔵経』と呼ばれる。漢文の仏典ははじめ書写によって伝えられたが、宋代になり、木版印刷されるようになった。

北条実時《さねとき》（一二二四～七六）は、自ら中国に使者を派遣し、二種類の大蔵経を輸入していた。このうち一つは西大寺《さいだいじ》寄進本で、西大寺長老叡尊《えいそん》（一二〇一～九〇）を鎌倉に招く時に贈られた。もう一つが称名寺《しょうみょうじ》寄進本で、今回の調査対象となったものである。

称名寺寄進本の印刷の年代は、南宋の淳祐一一年（一二五一）から景定二年（一二六一）までの一〇年間に分散している。このように、現存する大蔵経が複数の版本の取り合わせ本である場合は少なくない。

現在、この版本は称名寺（神奈川県）が所蔵している。

装幀は、縦二八・三×横六七・〇㎝の紙（計一三紙）を順継で貼り継ぎ、一一㎝ごとに折り目を付けた折本である。調査対象とした巻では、本来の表紙が失われており、無表紙の状態のまま保管されている。

上下に二本の横界線（天界二・〇、界高二四・三、地界二・〇㎝）が引かれており、字配りは六行／一折、一七字／一行である。一紙ごとに界線の位置が異なる点などから、印刷は一紙単位でなされたと判断できる。『成唯識論了義灯《じょうゆいしきろんりょうぎとう》』（和版、279頁）の場合、巻子状に紙を継いだ後で印刷しているのに対し、宋版は一紙ごとに印刷する特徴を持つ。

所　見

溜め漉きの技法で、竹繊維を充分洗滌《せんじょう》して、柔細胞分を除去して漉いた紙である。米粉などの混入物は一切含まれていないが、竹紙では通常のあり方である。地合《じあい》の状態は、並程度である。虫損は少々あるが、目立つほどではない。

紙厚は〇・二五㎜前後と、大変に厚い。これに貼り付けられている裏打紙（紙厚〇・〇六～〇・〇七㎜）は、近世以前の補修の際のものだろう。

打紙《うちがみ》加工は施されていないので、文字はややにじむ（上下の界線が部分的にかすれるのは、版木に由来するものだろう）。ただし膠《にかわ》が表面に塗布されているので、墨の乗りはそれなりである。簀目《すのめ》などは視認できない。

円覚経

中国・唐代成立
一三三三年書写
重要文化財

【カラー口絵41頁】

史料の性格

中国・唐代の禅宗経典『円覚経《えんがくきょう》』（仏陀多羅訳、一巻）である。奥書によれば、正慶二年（一三三三）三月、称名寺《しょうみょうじ》（神奈川県）で盛大に行われた亡父金沢顕時《あきとき》（一二四八〜一三〇一）の三三回忌供養に際し、金沢貞顕《さだあき》（一二七八〜一三三三）が亡父顕時の書状を漉き返して仕上げた料紙に書写したものである。貞顕は、父の好みを考えて、供養経として『円覚経』を選んだ。書写後、供養にあわせて金沢北条氏の菩提寺である称名寺に収められ、現在に至っている。

貞顕は一四代執権・北条高時《たかとき》の連署《れんしょ》として衰退期の鎌倉幕府を支え、金沢家の全盛時代を築いた人物である。この二ヶ月後、鎌倉幕府は滅亡し、貞顕も鎌倉で自刃している。

今回調査したのは、上・下巻のうちの下巻。装幀は巻子装で、第一紙目の寸法は縦二五・八×横五四・〇cmである。全体に金泥界（天界三・〇、界高一九・六、地界三・二、界幅一・八cm）が引かれている。継目（順継）の形状から見て、紙を継ぎ合わせた後に、界線を引いたものだろう。字配は二八行／一紙、一五字／一行である。なお虫損の間隔などから見て、現状とは異なる継がれ方だった時期が長いと推測される。おそらく伝来の過程で錯簡が生じていた時期があるのだろう（現状では、正常に継ぎ直されている）。

所見

楮《こうぞ》繊維を半流し漉き技法で漉いた漉き返し紙である。つまり漉き返しに用いられた書状は、いずれも楮紙《ちょし》だったと判明する。この種の再生紙の特徴として、部分的に墨色繊維の固まりが混じり、全体に薄墨色を呈する。ただしこの紙の場合、「後醍醐天皇綸旨」（264頁）などと比較しても、クリーム色に近い大変に上品な色調である。

墨色の固まりのほか、異物はほとんどなく、また地合《じあい》もよい。簀に布などを挟んで漉いたらしく、簀目《すのめ》はまったく見えない。虫損・シミなども少なく、保存状態はかなりよい方である。裏打紙はなく、紙厚は〇・〇五㎜強と、比較的、薄い。

金泥で引かれた界線の間に、丁寧な筆致で経典が書写されている。しっかりとした打紙《うちがみ》加工が施され、繊維は半透明である。そのため、金泥の界線・墨文字は、いずれもよく乗っている。

【コラム】漢籍と料紙

髙橋　智

漢籍とは

漢籍とは漢文で書かれた中国人の著作を指す。仏典以外では、日本で成立したテキストについていえば、室町時代以前の古写本、南北朝期を中心とした五山版《ござん》（旧刊本）、慶長時期を中心とした古活字版、そして江戸時代の和刻本と続く。漢文は中世・近世を通じて必携の実用書であったから、芸術性を追求するような豪華本は出現しない。従って、料紙・装訂ともにむしろ安価な、普及性を主な目的としていた。室町時代を中心とした大量の古写本も、また、五山版も、多くは、いわば楮紙《ちょし》（ないしは斐《ひ》楮交漉《ちょこうろく》紙）で括られる料紙を用いている。たくさんの実物に触れて豊富な経験を有する人が、歴史事実などに基づいた知識をもって、漢籍テキストの成立時代の前後などを判断する場合、紙の材料や墨質などは有力な手掛かりになることがしばしばである。料紙は書物の内容や価値と絡んで、時代や真贋を見極める為に欠かすことのできない資料であるといえよう。

中国で成立した漢籍（これを唐本《とうほん》という）についてはとりわけこの考え方が重要になってくる。書物の料紙は無論、書画用の、あるいは書簡用の紙のように意匠を凝らしたものは少ないが、場所（空間）、時代（時間）、対象（所蔵者・読者）など、様々な要素が背景にあり、書物の実態を明らかにする、極めて重要な材料となり得るのである。そして、それと相俟って、歴史事実や版本学の知識が有効に作用するのである。現今、中国では骨董・古籍ブームで、古籍の売り買いが盛んに行われている。家の物置をかき分け、ゴミ箱をひっくり返し、線装《せんそう》（袋綴）本があったら兎に角金になる、こんな風潮である。果ては、古籍の価値を見分ける簡便手帳が飛ぶように売れる。当然、そこには料紙の色や質による鑑定法も記される。

紙と書物

紙の研究の権威、潘吉星《はんきっせい》氏の説によって、以下にその歴史を概観してみよう。紙の発明は周知の如く中国文化の根元であり、時代とともに先端を走っていた技術である。一方、書物は古来、竹簡や木簡を使用していた。その二者が合流してほぼ簡牘《かんとく》に取って代わる時代となったのは、西晋の末、永嘉年間（三〇七～三一三）の頃ではないかといわれている。司馬《しば》氏政権の東晋になると麻紙《まし》の生産が増え、宮中には「布紙」（麻紙）数万枚が保存されていたという。もはや全国至る所で麻紙・皮紙の生産が行われていた。南朝劉《りゅう》宋《そう》の張《ちょう》永《えい》（四一〇～四七五）が造った張永紙は特に著名であった。写本の時代の到来である。梁の袁《えん》峻《しゅん》（四七七～五三七）は家が貧しくて書が無かったので借りて毎日五〇紙の書写を日課とした、という伝えもある。この頃には紙の需要が急激に増えた。それによって、麻だけでは材料が不足を来たし、桑などの樹皮を用いた混合紙の開発へと発展したのである。さらに唐時代を経て北宋時代にいたる頃には、印刷技術も発展し、印刷本（摺《しゅう》本《ほん》・版本）が書写本と競合するようになる。そして南方において、竹紙の生産も盛んに行われるようになったのである。蘇《そ》軾《しょく》（一〇三六～一一〇一）が「今人竹を以て紙を造る、亦古に有る無き所なり」（『東《とう》坡《ば》志《し》林《りん》』巻九）としているのが有力な証拠となっている。潘吉星氏等は王《おう》羲《ぎ》之《し》の真筆といわれるものであっても紙質が竹紙である以上、贋品であると推測する。これはまさに紙研究の成果といえよう。そして、紙は書物だけでなく、傘・凧・剪《せん》紙《し》（切り紙）など日常品の応用へと拡大し、種々の原料が考案され、また染《せん》潢《こう》という染色技術も現れるようになるのである。

唐代の造紙

南北朝時代の戦乱期には図書の焼失による新たな書写活動の興起、さらに楊《よう》堅《けん》の隋《ずい》王朝による中国の統一は、新たな官吏登用試験による読書人口の増加を生んだ。李《り》淵《えん》が継いだ唐時代には書物文化の最盛期を迎え、樹皮による皮紙（桑・藤・楮など）の生産が、麻紙の生産と拮抗することとなる。所謂藤紙は唐時代宮中でも高級紙として尊ばれた。しかし、藤はもともと美しい鑑賞用の植物で、濫用は自然破壊に繋がることを知っていた古人は、次第に楮や桑など実用的植物の運用へと移行していった。麻紙は表面が粗いが、硬く丈夫で書写には適している。しかし、唐時代は皮紙の製造技術が飛躍的に発展した時代で、文人も皮紙を人格化して「楮《ちょ》先《せん》生《せい》」「楮《ちょ》国《こく》公《こう》」などと呼んで尊んだ。現存する隋・唐時代の古写本は一般に麻紙料紙といわれるが、楮紙・皮紙料紙も少なくないようである。そして、竹紙の生産も開始され、全体的に紙の産地は全国に及んだ。益《えき》州《しゅう》（成都）の黄・白麻紙、均《きん》州《しゅう》（湖北）の大《だい》横《おう》紙、蒲《ほ》州《しゅう》（山西）の細薄白紙、韶《しょう》州《しゅう》（広東）の竹紙、越《えつ》（浙江）の藤紙、といった具合に、特産地も固定化した。

宋・元の造紙

宋時代は出版文化の隆盛を迎えるとともに、書・画の文化も空前の活況を呈した。造紙は竹紙が全盛となり。蘇軾が海南島から帰ると越の紙二〇〇〇番を買った。そのうちの八割は竹紙であったという。北宋時代末から南宋時代初にかけて竹紙は藤紙を圧倒した。著名な書法家米芾《べいふつ》（一〇五一～一一〇七）も越の竹紙を好み、金版紙《きんはん》と呼んで愛でた。従って宋・元時代の版本の多くは竹紙を用いて印刷された。特に竹の産地であった福建《ふっけん》を中心にした建刻《けんこく》本（閩《びん》本）、杭州《こうしゅう》を中心とした浙刻《せっこく》本は竹紙による印刷が主であった。ただ、杭州や四川《しせん》の地でも、権威ある書物は高級な麻紙・皮紙を用いた。有名な南宋廖氏世《なんそうりょうしせ》綵堂《さいどう》刊『昌黎《しょうれい》先生集』、南宋江西刊『文苑英華《ぶんえんえいが》』（いずれも中国国家図書館蔵）などは皮紙を用いている。清朝以来、宋版は麻紙といわれてきたが、潘吉星の研究によれば必ずしもそうとはいえない。

総じて、宋代には、四川の麻紙、浙江《せっこう》の藤紙・竹紙、蘇《そ》州の竹紙、安徽《あんき》の楮皮紙が多く用いられたのである。版本には、杭州の国子監本は桑皮紙、四川（蜀本）は皮紙と麻紙、福建本は竹紙を用いられたというのが一般的である。無論、宋版も竹紙は多く、その紙紋の幅間隔が広いのが特徴で、二本指《にほんし》大《だい》といわれ、明時代以降の一指《いっし》大《だい》と比較される。しかし、こうした知識が固定的観念となって鑑定（観察）の際の妨げとなってはいけない。さらに、宋代以来の特徴として廃紙（故紙）を再利用する製紙法も行われ、役所で不要となった反故紙の裏面を利用して印刷する（公文紙印本）ことも往々あった。加工技術では、防虫のために黄檗《きはだ》で染色したり、美しさを求めて彩色したり、表面に蠟《ろう》を塗って平滑にしたり、雲母《うんも》を散りばめたりもした。元代もおおよそ宋代の技法と習慣を受け継いで発展した。

明・清の造紙

明代の造紙法は、宋応星《そうおうせい》『天工開物《てんこうかいぶつ》』に詳しい。また清代は鄧之《とうし》誠《せい》『骨董瑣記《こっとうさき》』にひく黄興三《こうこうさん》の『造紙説』にその一端が記される。竹・麻・樹皮などの原料は前時代に同じく、皮紙では明代江西の宣徳《せんとく》紙、清代安徽の涇県《けいけん》紙など著名な紙も出現した。竹紙は、連史《れんし》紙、毛辺《もうへん》紙が流通し、明末清初、汲古閣《きゅうこかく》の出版物は毛辺（厚い）、毛太《もうたい》（薄い）を用い、これらは江西・福建で生産された。他にも、榜《ぼう》紙（厚い）、開化《かいか》紙（薄い皮紙）、綿連《めんれん》紙（皮紙）などの名称が生まれ、清代に受け継がれていく。加工技術も前時代に倣い、とりわけ出版用紙の防虫加工に見るべきものがあった。清末に

図1　明末毛氏汲古閣本『十三経注疏』（初印本）の封面（見返し）

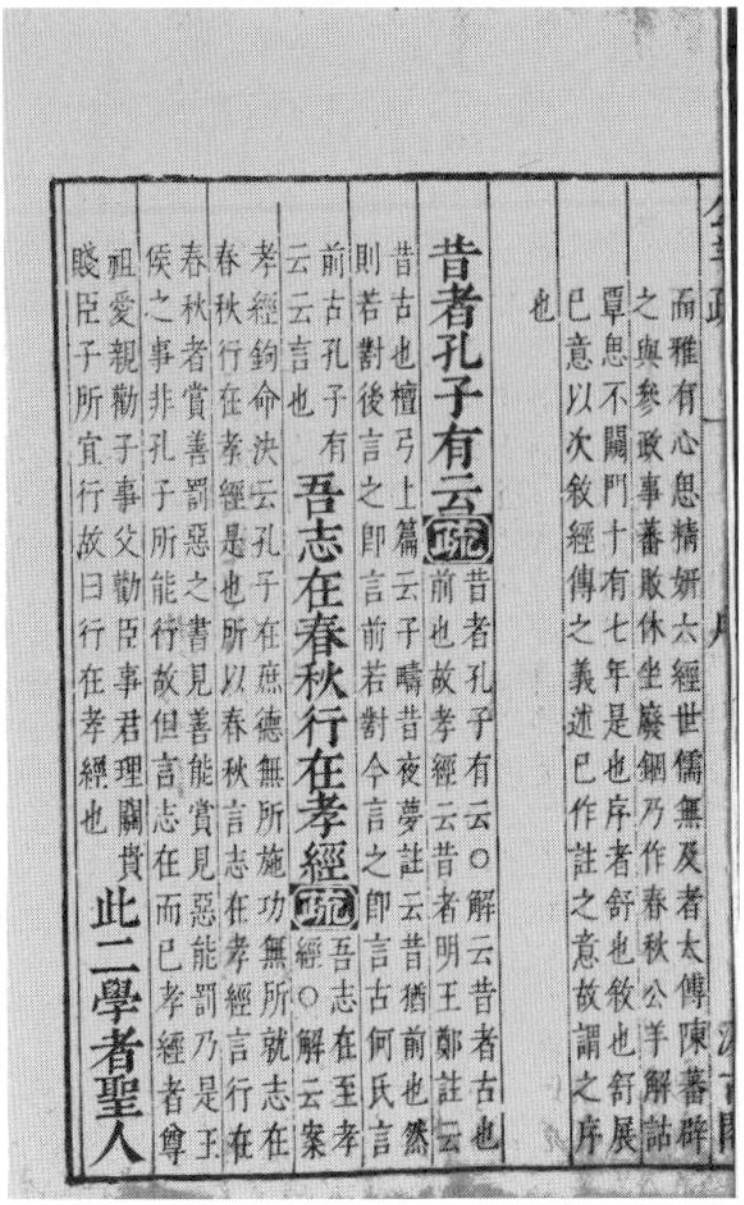
而雅有心思精研六經世儒無及者太傅陳蕃辟
之與參政事蕃敗休坐廢錮乃作春秋公羊解詁
覃思不闚門十有七年是也序者舒也敘也舒展
已意以次敘經傳之義述已作註之意故謂之序
也
昔者孔子有云 疏 昔者孔子有云○解云昔者古也 前也故孝經云昔者明王鄭註云
昔古也檀弓上篇云予疇昔夜夢註云昔猶前也然
則若對後言之即言前若對今言之即言古何氏言
前古孔子有云云言也 吾志在春秋行在孝經 疏 吾志在至孝經○解云案
孝經鉤命決云孔子在庶德無所施功無所就志在
春秋行在孝經是也所以春秋言志在孝經言行在
春秋者賞善罰惡之書見善能賞見惡能罰乃是王
侯之事非孔子所能行故但言志在而已孝經者尊
祖愛親勸子事父勸臣事君理關貴賤臣子所宜行故曰行在孝經也 此二學者聖人

図2　毛辺紙『十三経注疏』の一部

は機械製造の紙も出現し、石印など近代印刷技術の用紙として商業出版の主役となっていく。

鑑定と実用

こうした大きな流れを知った上で実際に唐本（中国古籍）の鑑定に役立てていくことになる。我々が最も身近に接するのは、明・清時代の刊本であり、時代的にもこれ以前のものには出会わない。明時代の初期は元時代の遺風を継いで、黄色の竹紙を用いるものが多い。その後、正統《せいとう》年間（一四三六〜四九）に紫禁城《しきんじょう》の内府で出版された内府本は、白く、やや厚手の白綿紙《はくめんし》といわれるものを用いていた。その後、成化《せいか》・弘治《こうち》・正徳《せいとく》時代（一四六五〜一五二一）には白綿紙が多く使われる。嘉靖《かせい》年間（一五二二〜六六）も多い。白色で紙面は精細、柔軟性があり、平滑で、細かい紋が見える、上質の紙を用いた。場合によっては、明時代に宋版と偽って売ることが多く、綿紙を染色したりすると非常に宋代の料紙に近く見える。この綿紙は、清時代以降はほとんど見られなくなる。明時代後期、嘉靖時代以降は特に竹紙が多くなる。黄色が特徴である。そして何より廉価なのが特長である。

清時代になると、やはり初期の内府刊本は明時代に倣

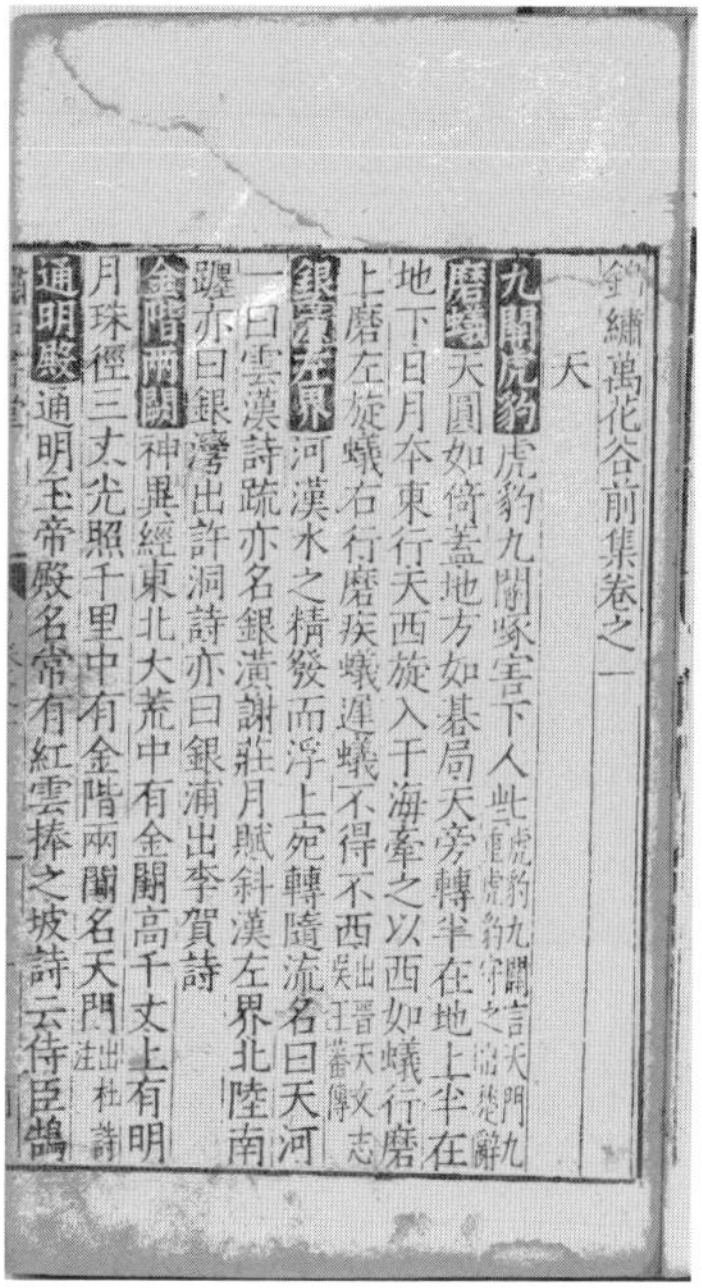
錦繡萬花谷前集卷之一
天
九關虎豹 虎豹九關啄害下人此虎豹九關言天門九重虎豹守之出楚辭
磨蟻 天圓如倚蓋地方如碁局天旁轉半在地上半在地下日月本東行天西旋入于海牽之以西如蟻行磨上磨左旋蟻右行磨疾蟻遲蟻不得不西 出晉天文志王蕃傳
銀潢左界 河漢水之精發而浮上宛轉隨流名曰天河一曰雲漢詩疏亦名銀潢謝莊月賦斜漢左界北陸南躔亦曰銀潢出許洞詩亦曰銀浦出李賀詩
金階兩闕 神異經東北大荒中有金闕高千丈上有明月珠徑三丈光照千里中有金階兩闕名天門 注出杜詩
通明殿 通明玉帝殿名常有紅雲捧之坡詩云侍臣鵠

図3　白綿紙　明時代中期刊『錦繡万花谷』

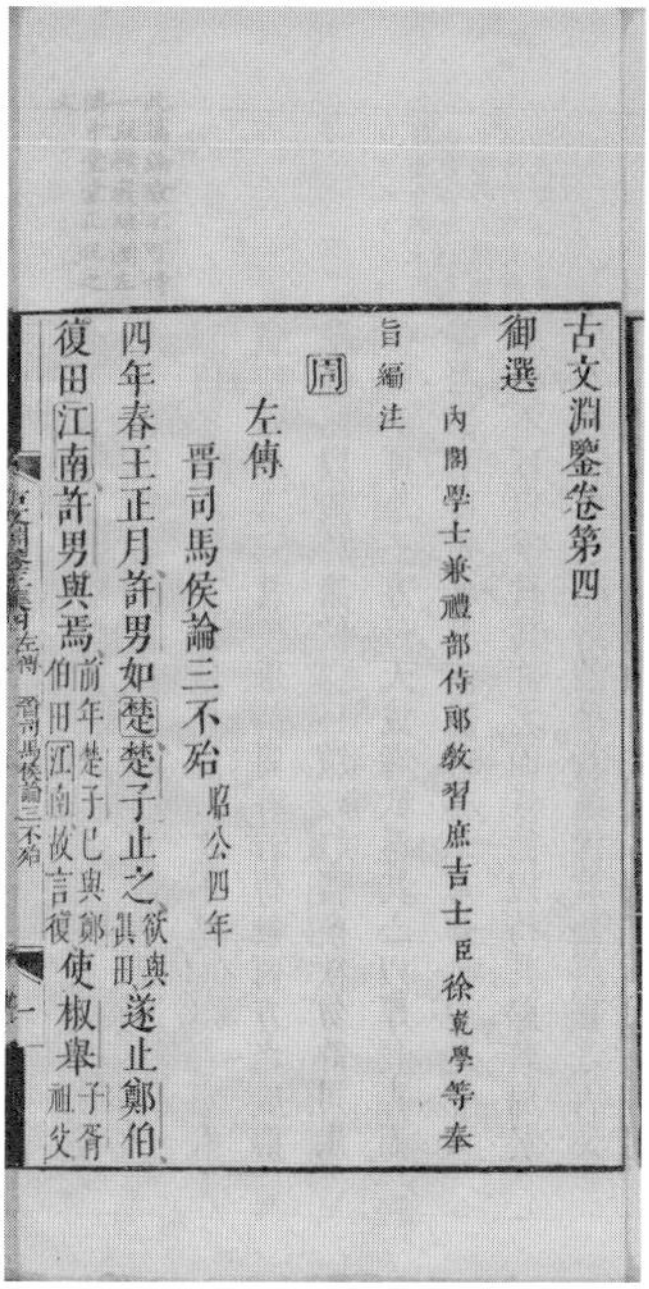
古文淵鑒卷第四
御選
内閣學士兼禮部侍郎教習庶吉士臣徐乾學等奉
旨編注
周
左傳
晉司馬侯論三不殆 昭公四年
四年春王正月許男如楚楚子止之 欲與俱田 遂止鄭伯
復田江南許男與焉 前年楚子已與鄭伯田江南故言復 使椒舉 子胥祖父

図4　開化紙　清康熙年間内府刊『古文淵鑑』

い白綿紙を使うことがあるが、康熙《こうき》・雍正《ようせい》・乾隆《けんりゅう》時代（一六六二～一七九五）の内府本は開化《かいか》紙を用いた。浙江の開化県で造られたのでこの名があるが、白く、薄く、丈夫で、紋も見えないくらい繊細である。桃花《とうか》紙ともいわれる。やや厚手になると開化榜《かいかぼう》紙という。清代の版本では開化紙本が最も尊ばれる。また、『古今図書集成』（雍正年間に銅活字で印刷）に用いられた太史《たいし》連《れん》紙はやや黄色に傾き、開化紙よりは弱く、無紋で平滑なものである。太史連紙は乾隆時代以降、多く見られる。特に拓本などに使われるものを連綿《れんめん》紙といって区別する。また、形状から、横紋が明瞭なものを特に羅紋《らもん》紙と呼ぶ。しかし、清時代を通じて、一般には竹紙が隆盛で、毛辺も依前として用いられた。清末民国時代には機械製法による洋粉連《ようふんれん》紙が流行し、排印《はいいん》（鉛印）本や石印本に利用された。

以上大まかな実用について概述したが、個別の鑑定については慎重な判断が必要とされるものである。

参考文献

潘　吉星　一九九八　「造紙与印刷」『中国科学技術史』科学出版社（中国書）

【コラム】経典と料紙

赤尾栄慶

紙が書写の材料として用いられるようになったのは、後漢の蔡倫《さいりん》（？〜一二一）がそれまでの造紙技術を大きく改良したことによるといわれている。それ以前、中国で文字を書き写す時に使われた材料は、竹や木をうすく削って短冊状にした札であった。竹で作ったものは竹簡といい、木で作ったものは木簡といった。

一般的な木簡は、漢時代で長さ約二三cm（漢代の一尺）、幅は一cm、厚さは二〜三㎜程度であった（手紙のことを尺牘《せきとく》というのはこれによる）から、一枚の木簡に書くことができる字数にも自ずと限りがあった。そこで、字数の多い典籍などを書き写す時には、何枚もの木簡を使わなければならなかった。何枚も書き連ねられた木簡は、その順序が狂わないように紐で上下を編んだ上で、巻き込むように一塊りにしたのである。これが書物を数える単位である「冊」のルーツであることは、いうまでもない。

その結果、典籍などを書写する時に紙が使われるようになっても、その形が受け継がれた。経典や漢籍を書写する料紙には、界線《かいせん》と呼ばれる罫線が引かれているが、その一区画ずつが木簡一本一本の名残だといわれている。

中国最古の経典と麻紙

そもそも、中国に仏教が伝わったのは、後漢の明帝《めいてい》（五七〜七五在位）の頃とされており、同時に経典の漢訳や書写も行われたと考えられる。その後、漢訳の経典が増加するに伴って次第に写経も盛んになり、南北朝時代から唐時代にかけては、数百万巻にもなる経典が書写されたと思われる。北宋時代以後は版本の普及などに伴って写経も衰微するに至った。残念ながら、中国ではそれら膨大な数の写経はすでに失われてしまい、わずかに日本に伝世している写経が知られる程度であった。このような状況に大きな変化をもたらしたのは、二〇世紀初頭に世界の耳目を集め、人々のロマンを掻き立てた敦煌《とんこう》写本の出現であった。この敦煌写本によって、古佚《こいつ》（古くに失われること）と考えられていた経典類が発見されたり、五世紀から一一世紀にかけての中国の写経の字体や料紙の変遷などが肉筆の写本で観察できるようになったことは特筆すべきことである。

現存する紙本墨書の経典で、最古とみられるのが神璽《しんじ》三年（三九九）の奥書がある『正法華経《しょうほけきょう》』光世音普門品《こうぜおんふもんぼん》（べルリン国立インド美術館蔵）である。これは、縦が一二cm程度の大きさであることから、料紙を半分に切って用いたものであり、紙質は麻紙《まし》と推察される。この料紙がどのように漉かれたかは明らかではないが、ごく初期の麻紙は故麻布や漁網などを砕いて、その材料としたのである。

この『正法華経』以外に確実に四世紀に遡る遺品は見あたらず、これに続く最古層の写経となれば、五世紀の遺品ということになる。この五世紀の写経の特徴としては、これ以後の平均的な界線の高さが二〇cm前後であるのに対して、全体として二二cmから二三cmと大きめとなり、これに伴って天界・地界の余白が狭くなっている点が挙げられる。また一般に経《きょう》・律《りつ》・論《ろん》の三蔵として書写された経典は、長行《じょうごう》（散文で書かれた経文）の部分が一行一七字で書写されるのが定形となっているが、五世紀前半とみられる写経では未だ一行一七字とはなっていない。おそらく、太和《たいわ》三年（四七九）の書写奥書を有する大英図書館蔵の『雑阿毘《ぞうあび》曇心経《どんしんきょう》』巻第六（S.九九六）が一行一七字詰となっており、これがその最も早い例かと思われる。この時点では、いずれも麻紙が用いられたと思われる。

隋唐経と楮紙

六世紀の写経料紙の一般的な傾向としては、その前半期では一紙長が四〇cmに満たないものが多く、一紙の行数も二二、二三行の写経が多くなっている。後半期になると一紙長も四〇cm以上となり、ことに隋の開皇《かいこう》年間（五八一～六〇〇）になると五〇cm前後となり、一紙に三〇行近くが書写されるようになってくる。これら隋時代の写経の料紙は、従来から上質の薄手の麻紙とみられてきたが、隋唐経に分類されている聖語蔵《しょうごぞう》経巻の近年の繊維調査によって、いずれも麻紙ではなく楮紙《ちょし》という結果が出た。

開皇年間以後の七世紀に入った直後と思われるが、一紙の行数が二八行の規格となり、その規格は唐時代の天宝《てんぽう》年間（七四二～七五六）頃までは続いているように思われる。従って一般的な唐時代の写経は、一紙二八行の書写となっているが、例外的な規格としては、唐の高宗の咸亨《かんこう》二年（六七一）から儀鳳《ぎほう》二年（六七七）頃にかけて、官吏の監督下で門下省と秘書省や弘文館などの書手によって書写された「長安宮廷写経《ちょうあんきゅうていしゃきょう》」と呼ばれている一群の写経があり、これらは一紙三一行の書写となっている。「長安宮廷写経」には、基本的にはいずれの巻末にも写経及び校経の列位が記されており、現在世界のコレクションの中で知られている遺品は『法華経』と『金剛般若経』、合わせて五〇点弱のみである。料紙に関しては、巻末の写経列位の中に、しばしば「用麻紙」「用小麻紙」などの記述があることから、上質の麻紙とみて間違いない。この「長安宮廷写経」こそは、字すがたや料紙の点で漢字文化圏における紙本墨書の「素紙経《そしきょう》」の頂点に立つものといっても過言ではない。

さて、この唐時代の開元《かいげん》一八年（七三〇）には、後世の一切経《いっさいきょう》（経・律・論などを含む仏典の集大成、大蔵経《だいぞうきょう》ともいう）の基準を確立した『開元釈教録《かいげんしゃっきょうろく》』が智昇《ちしょう》（生没年未詳）によって編纂され、五〇四八巻が一切経一蔵ということになった。この一蔵五〇四八巻を書写するのには、八万五〇〇〇枚余りの料紙が必要となる。料紙一枚の標準的な大きさは、縦が二六cm前後、横が五〇cm程度と考えてよかろう。また中国六世紀以降の一般的な写経には、楮紙が用いられた可能性が高いとみられることから、従来の考え方を修正する必要があるように思われる。

朝鮮半島では、最古の写経の遺品としては、韓国・湖巌《ホアム》美術館蔵の天宝一四年（七五五、新羅景徳王一四年）の奥書を有する「八十巻華厳経」（唐、実叉難陀《じっしゃなんだ》訳）が知られている。これは、一〇巻分を一巻としたもので、一行の字数が一七字の倍の三四字という、いわゆる「細字経」の形式になっており、もと全体が八巻よりなっていたとみられる。字すがたは端正な楷書の写経体であり、経文には則天文字も使用されている。また巻末には書写の経過などを記した詳細な奥書があり、料紙に関しては楮紙を使ったことが記されている。

日本の経典

わが国の奈良時代には、官立や有力寺院の写経所で、質・量ともに兼ね備えた大量の経典が書写されており、現存する遺品数も群を抜いている。いずれも、それらの形は巻子本であるが、「正倉院文書」によって装潢《そうこう》の手順を見ると、天平宝字六年（七六二）一二月一一日付の「奉写灌頂経《ほうしゃかんじょうきょう》料紙装潢下充帳《りょうしそうこうしたあてちょう》」（『大日本古文書』巻一六所収）によれば、装潢の仕事は、継・打・界・端切・表紙の順で進められたようである。

まず、料紙が継がれる。一切経などの大部な写経では、二〇紙を継いでおくのが一つの目安とされた。次いでその料紙に打紙《うちがみ》加工を行う。打紙には砧《きぬた》が用いられたと思われるが、砧で表面を打つことによって料紙の表面が平滑になり、その結果、にじみ止めの効果や巻物として巻きやすくなるという効果が得られる。実際、一枚物の古文書などを一巻に貼り継いだものは打紙加工が施されていないことから、意外に巻きにくいものである。その後は定規状のものを使ったと思われるが、天地の横界と行を分かつ縦の界線が引かれる。界線が引かれた後に、おそらくは天地の耳の部分の端切が行われ、その後、経文が書写されることになったと思われる。そして、軸と表紙を付けられ、外題が認《したた》められて完成となる。

　料紙の紙質については、願文の末尾に「天平十二年（七四〇）五月一日記」とある光明《こうみょう》皇后発願一切経の「五月一日経」では、麻紙が用いられたが、それ以降は楮紙を使うことが多くなったとみられる。また天平勝宝八年（七五六）から天平宝字三年（七五九）にかけて書写された「善光朱印経」と呼ばれる一群の写経の巻末には、料紙に「穀《こく》紙《し》」を用いた旨が記されている。基本的には穀紙は楮紙と同じものと考えてよい。これとほぼ同じ頃、伝称筆者が聖武天皇とされる威風堂々とした字すがたの『賢愚経《けんぐきょう》』（通称、大聖武）が書写されたとみられるが、これには骨粉を漉き込んだという伝えから荼毘《だび》紙と呼ばれる料紙が用いられた。あまりにも堂々とした字すがたであることから、中国の写経ではという説も行われたが、近年の繊維調査によって、この荼毘紙はマユミから造られたマユミ紙であることが確認され、その制作地もわが国であることが確定的となった。

　平安時代に入ってからは、楮紙に加えて雁皮《がんぴ》紙を用いることも多くなり、楮と雁皮を交漉した料紙も用いられた。ただし、よく打紙加工された楮紙は、雁皮紙と変わらぬ光沢がある。従来から三椏《みつまた》は、江戸時代から用いられるようになったとされてきたが、少なくとも平安時代にはすでに使われていた材料であったことが近年明らかとなった。

　また料紙を染める場合には、黄蘗《きはだ》で染めるのが一般的であり、紺色の場合は藍染め、紫色に染める場合には紫根《しこん》を使って染めている。平安時代後期には、金銀箔や種々の染めなどを用いた装飾料紙に経文が書写された「装飾経」が大量に制作された。その最高峰が「平家納経」であり、平安貴族の繊細かつ豪華な美意識を今に伝えている。平安時代以後、故人の菩提を弔うために、生前に書かれた手紙の紙背に経典を書写したり、その手紙を漉き返して料紙とし、経典を書写する「供養経」などもしばしば行われた。

【コラム】絵巻の料紙

名児耶明

詞書とは

わが国の美術史の中で、重要な位置を占める一群が絵巻である。絵巻は絵画の分野として一般に知られるが、それは現代の絵画偏重の見方にすぎない。たしかに絵があってその存在が意識されることには誤りはないが、絵巻が成立するためには、その母体となる説話や物語、歴史的事実、事件などが不可欠である。つまり、特殊な場合を除き、どれもはじめに話があったはずである。それをわかり易く絵解きしているのが絵巻であり、話の説明の補助から始まっている。もちろんそうした話から一点の絵画として独立していった作品があることも事実であるが、絵巻は、話の本体としての文章、つまり詞書《ことばがき》がまずあり、それを説明する絵と一体で、完成しているのである。したがって絵画の分野に限定してみるものではないことは、明白であろう。

著名な作品のひとつに『鳥獣人物戯画』（高山寺ほか蔵）があり、詞書がない絵巻に違いないが、このほうが特殊な例として考えたほうがよい。見た目に場面ごとの解釈はできても『鳥獣人物戯画』がなぜ描かれたのかについては様々な意見が出ることになり、正しい解釈かどうかを特定することは難しいからである。

また、画中に言葉が書き込まれた絵が主体の絵巻も存在している。独立した詞書はなくても、そこに言葉が存在していることは事実であり、わずかでも言葉がなければ絵の真意が伝わらないことを語っている。ただ、絵巻の成立については、個別の事情も考えておいたほうがよい。

詞書の料紙

重要な役割を担う絵巻の詞書の料紙（紙）を見てみよう。わが国で最古の絵巻として、経典が書かれその内容を絵で表す奈良時代の『絵因果経』（東京藝術大学ほか蔵）がある。これは、下部に釈迦の物語である『過去現在因果経』の経文が書写され、その絵解きが上部に描かれている。同時代の写経の料紙と同様の料紙が使用され、絵と経文を書いている。やや薄茶色を帯びた紙で、防虫などを兼ねて染められたものと言い伝えられ、麻紙《まし》と判断されている。たしかに絵解きであるが、その文章は、わが国に伝来した経典そのままの形式であるから、一般的な絵巻のイメージとはかなり異なる。

いわゆる大和絵の最古の遺品としては、よく知られる平安時代後期の『源氏物語絵巻』（五島美術館・徳川美術館蔵）がある。この詞書の紙は、金銀の装飾を加えた美しいものである。以後の絵巻と比較しても荘厳な装飾をほどこしたものである。前述のように詞書は絵巻にとって重要なものであれば、素紙《そし》ではなく、『源氏物語絵巻』の料紙のように、物語を演出するような料紙を使用するのが普通のようにも思えるだろう。しかし、伝存品の絵巻全体では、装飾料紙を使用する数はそれほど多くはなく、詞書料紙といえばほとんどが素紙であることがわかる。

『源氏物語絵巻』以後の、平安時代の絵巻としてよく知られる『伴大納言絵巻《ばんだいなごんえまき》』（出光美術館蔵）、『信貴山縁起絵巻《しぎさんえんぎえまき》』（朝護孫子寺蔵）、平安時代から鎌倉時代とされている『地獄草紙』（東京国立博物館ほか蔵）、『餓鬼草紙《がきぞうし》』（京都国立博物館ほか蔵）、『吉備大臣入唐絵巻《きびだいじんにっとうえまき》』（ボストン美術館蔵）等、名だたる絵巻のほとんどにあてはまる。

そこでまずは、素紙の詞書を眺めてみよう。おおよそ天地の長さが三〇㎝前後で、短くて二五㎝くらいの絵巻が多い。また、三五㎝や四〇㎝など、変則のものもわずかながら残されている。そして幅、すなわち一紙の長さは、最大で五〇㎝前後のものを使用している。つまり、基本的には縦三〇㎝、横五〇㎝ほどの紙を使用したのである。

絵巻によっては、詞書の長さに合わせて横の長さは調節して短くしており一様ではない。絵と同一大の紙の場合もある。鎌倉時代の『北野天神絵巻』（承久本・北野天満宮蔵）と『当麻曼荼羅縁起絵巻《たいままんだらえんぎえまき》』（光明寺蔵）の二点のように、縦が五〇㎝を超える、大型の巻物もある。これは、通常横位置に使用する紙を縦に使用したものと考えられている。

紙の多くは楮紙《ちょし》と思われるが、叩《たた》いて滑らかにする（打紙《うちがみ》）など加工された紙は、光沢のある雁皮《がんぴ》系の紙に見える場合があり、注意が必要である。今日では、可能なものから科学的な料紙調査がなされているので、今後は、さらにそうした結果を考慮して理解する必要がある。

詞書の装飾料紙

つぎに絵巻全体では少数ではあるが、注目すべきものが『源氏物語絵巻』の詞書の装飾料紙である。『源氏物語絵巻』の成立時期については、一二世紀の中頃が大方の意見である。その根拠のひとつとして、詞書の筆致の研究がある。現存する五島美術館と徳川美術館が所蔵する国宝の『源氏物語絵巻』の四種の詞書書風の分析をして時代推定がなされている。書風は時代の流行や書風の伝承の範囲など書写時期を限定できるものもあり、時代の推定には絵よりも有効な手段である。『源氏物語絵巻』の場合、国宝に残される四種の書風が同一巻物を分担した結果なのか、別の巻物が合体して残されたものかを明らかにする必要もあるだろう。現在のところ、寄せ集まった『源氏物語絵巻』ではなく、もともと、画家も詞書の筆者も分担したものと考えられるが、その根拠のひとつが、詞書の料紙である。

　現存の『源氏物語絵巻』は、徳川美術館の所蔵する「柏木《かしわぎ》」と「横笛《よこぶえ》」の帖、それに続く五島美術館蔵の「鈴虫《すずむし》」「夕霧《ゆうぎり》」「御法《みのり》」の帖までが連続する帖であり、同じ筆跡で画風も同じものであることから、これを「柏木」グループという。

　「柏木」の帖は、「柏木Ⅰ」「柏木Ⅱ」「柏木Ⅲ」の三点の絵があり、当然それぞれの前に詞書がある。まず「柏木Ⅰ」の詞書のはじめは欠落しているが、現存の紙は金銀の小切箔や大切箔、砂子、銀の細かな砂子による霞み引きの雲を適度に散りばめたほぼ四角の料紙二枚と、それらの上に樹木を描きこんだ料紙一枚の計三枚を使用する。「柏木Ⅱ」には、「柏木Ⅰ」と同様の八枚の料紙が使用され、その内の一枚は、飛ぶ鳥が上部に描かれ、最後の一枚に梅花を型抜きしている。「柏木Ⅲ」の詞書には二枚を使用。「柏木」に続く「横笛」の詞書にも二枚の料紙を使用、詞書一枚目の巻頭に「よこふえ」の帖名が書される。「柏木」の料紙と較べ、銀の霞み引きに加え赤色の染色がある。

　「鈴虫」には、「鈴虫Ⅰ」「鈴虫Ⅱ」の二枚の絵が付され、それぞれに三枚、四枚の詞書料紙が使用されている。「鈴虫Ⅰ」の詞書第一紙巻頭には帖名があり、紙を斜めにおいて銀泥を部分的に塗り、独自の装飾を施している。この一枚の印象は、「柏木」「横笛」と異なるが、第二紙は、共通する。「鈴虫Ⅱ」の詞書は、全体に白の具《ぐ》引地《ひきち》をした紙を使用、「柏木Ⅱ」の詞書第一紙と共通する。こうして、現在は別々に伝来した作品でも共通の装飾を確認できる。そして何より、「横笛」の帖の最後である絵の部分と、五島美術館所蔵分の最初にあたる「鈴虫」詞書第一枚目の右端の部分には、かつて同一の巻物であったことを証拠付ける連続する皺があり、以前は一巻であったと判明する。したがって、「柏木」から「御法」までは同時代に製作されたものである。「柏木」から「御法」に見られる詞書料紙とほかの帖に見える詞書の料紙を比較し、同一と判断できれば、そのほかの製作時期も確認できることになる。こうして現存の国宝『源氏物語絵巻』の詞書料紙も同一時期のものであることが明らかになる。詞書の書風が異なっていても、それは分担して書いたことを意味しているのである。『寝覚物語《ねざめものがたり》絵巻』（大和文華館蔵）も『源氏物語絵巻』に似た金銀装飾の詞書料紙であり、平安時代の美意識を表している。また書風は寂蓮《じゃくれん》（一一三九～一二〇二）の筆跡といわれる書風で、通常鎌倉時代の書風とされてきたが、近年は、それも平安時代から見られると考えられている。それを裏付けるのが詞書料紙の装飾であることは容易に理解できるであろう。

鎌倉時代の『紫式部《むらさきしきぶ》日記絵巻』（五島美術館ほか蔵）の詞書料紙も個性的で成立時期のおよその限定ができる。料紙は、伝存するすべての巻物で共通の装飾を施してあり、筆跡もみな同じ人物による。筆跡はおよそ一三世紀前半と考えられるが、料紙も、同時期とされるほかの古筆遺品や絵巻の断簡と思われる料紙から、一三世紀半ばまでにつくられたと考えられる。すなわち金銀の切箔や砂子の大きさ、撒き方が、古筆「興福寺切」「箔切」「姫路切」そして、『蜻蛉《かげろう》日記』の断簡と考えられる一葉の装飾と共通しており、それらが、一三世紀前半の遺品であることが推定されている一群である。

そのほかの装飾料紙を使用した絵巻では、『葉月物語《はづきものがたり》絵巻』（徳川美術館蔵）の詞書料紙に、金銀を用いた下絵を見ることができるが、これは鎌倉時代以降に見られる特色を示すものである。現存の詞書部分は絵画部分より後に何かの理由で補われたものと思われる。『枕草紙《まくらのそうし》絵詞《えことば》』（個人蔵）や『伊勢物語絵巻』（和泉市久保惣記念美術館蔵）の詞書料紙もほぼ同様の下絵で、鎌倉時代のものと思われる。

個性のある装飾料紙の整理と分析は、装飾技術や装飾美の違いを明らかにし、時代の流行や特色をも示すことがあり、美術史上に重要な役割を果たすものでもある。

参考文献

小松茂美編　一九七七～一九七九『日本絵巻大成』全二六巻・別巻一、中央公論社
小松茂美　一九八七「『源氏物語絵巻』の成立」『日本の絵巻』一、中央公論社

【コラム】拓本と料紙

髙橋広二

拓本資料の意義

二〇世紀初頭、忽然と現れた甲骨文は、実物の写真よりもむしろ拓本の刊行によって広く流布し、中国史の解明や文字学の研究に大きく寄与した。

そのもととなった金石学は、北宋の欧陽脩《おうようしゅう》が古い金石文に注目したことに始まる。金石の文字刻をもって文献を補おうという学問である。宋代に、古銅器を集めた呂大臨《りょたいりん》『考古図』（一〇九二ごろ成立）、徽宗《きそう》勅撰『博古図録』（一一〇七～一一〇ごろ成立）、南宋の薛尚功《せっしょうこう》、王俅《おうきゅう》、王厚之《おうこうし》など各家の収める古器物の器影や銘文の刊行が相次いだ（林一九八四）。

これらは彫版印刷であるが、摸写と共に拓本を摸刻《もこく》したものもある。他に宋拓《そうたく》と称する石刻の拓本もいくつか伝わっており、重要な資料となっている。その一方、歴代名人の書を刻した法帖《ほうじょう》は、宋の淳化閣帖《じゅんかかくじょう》以後、明清と盛行し多くの拓本資料がある。金石学は、元明代はやや衰え、やがて清代にはいり復興し、清末には金石学の盛期を迎え、同時に拓本は重要な資料として盛んに行なわれた。

二〇〇六年三月、上野の森美術館において「拓本を中心とする龍門石窟《りゅうもんせっくつ》展」（主催奎星会）が開催された。展示や図録等の出版にそなえ、当時の同会会長稲村雲洞《いなむらうんどう》先生より蔵拓一五〇〇枚をお借りして、拓本と各著録を照らし合わせて釈文の準備をした。平日一〇枚、休日五〇枚をノルマに作業に没頭し、あっという間の三ヶ月であった。

作業の手順は次のようなものである。一九四一年出版の①『龍門石窟の研究』（水野・長広一九四一）（現地調査と拓本や写真、著録をもとに、目録二四〇〇余種、録文一〇四七を活字で載せている）に、『八瓊室金石補正《はっけいしつ》』（一九二五年）中の龍門造像記六五一種を補い拓本と照合した。著録資料との照合結果は、造像記七五〇余種、重複約二五〇種、題榜二五一枚、不明約二五〇枚である。題名のみ記されているものについては、拓本をもとに新たに釈文をつけることができた。その後に、この結果を②『龍門石窟總録《そうろく》』（一九九九年、二八八一種）の『古陽洞』（劉二〇〇一）と『蓮華洞』（劉二〇〇二）に照らし合わせてみたところ前記整理分と符合しないものが複数でてきた。たとえば「邑子《ゆうし》張元雙《ちょうげんそう》等廿三人《にじゅうさんにん》造像記《ぞうぞうき》」は①永平三年（五一〇）、②正始二年（五〇五）と年号部分が異なり、①「北魏比丘尼《ほくぎびくに》僧《そう》□造弥《ぞうみ》勒観音薬師《ろくかんのんやくし》像記《ぞうき》」は②「比丘尼僧□造像記」と「残造像記」の二種に分けてしまっている。②は壁面の文字を直接読んだもので、現状を最もよく伝えるものであるが、解読という面では問題がある。このくい違いの原因は五八年という両書の時間の開きにある。この間に文字が欠けたり、断裂したものである。

最古の拓本

石刻はこのように年月や拓を重ねるうちに表面が摩滅したり欠損が生じる。従って拓本は、鐫刻《せんこく》時に近いもの、つまり古いものほどよしとされ「唐拓…」「宋拓…」「明拓…」など、その時代をもって呼び珍重されてきた。

現存最古の拓本は、フランス国立図書館蔵の唐拓「温泉銘」である。貞観二二年（六四八）、中国唐の太宗《たいそう》によって書かれた碑で、巻子装、余白に「永徽四年…」（六五三）の墨書があり、立碑後六年までに拓されたものと考えられる。同碑の拓本は、現在この一巻のみが伝わる孤本《こほん》である。他の唐拓孤本に、日本の三井文庫所蔵の褚遂良《ちょすいりょう》（五九六〜六五八）の書「孟法師碑《もうほうしひ》」がある。また同文庫所蔵に唐拓「孔子《こうし》廟堂碑《びょうどうひ》」がある。虞世南《ぐせいなん》（五五八〜六三八）の書で全二〇一七字の碑で、石は唐末に失われ、後に何度か重刻された。翁方綱《おうほうこう》氏の審定により唐刻一四四六字（唐拓孤本にあたる部分）、他は宋代重刻「陝西《せんせい》本」をもって補っているとされている。

拓本の採り方と装丁

拓の採り方は、対象に濡れた紙をあて、さらに凹んだ部分は強く押して食い込ませ、大分乾いてからその上を墨のついたもので擦ったり（擦拓《さつたく》）叩いたり（撲拓《ぼくたく》）する湿拓《しったく》法と、乾いた紙の上を固形の墨などでこする乾拓《かんたく》法などがある。何度も墨を重ね黒々と光るほどの烏金《うきん》拓、蟬の羽のように極薄く均一に墨をつける蟬翼《せんよく》拓などがある。

保存方法としては、拓本の各行を文章の順番に切って一定の行詰めで貼る剪装本《せんそうぼん》、形状により、巻子・折帖・冊子等がある。また対象物全体を紙に拓して切らずにそのまま残す全套本《ぜんとうぼん》（整本《せいほん》）、よいものは軸装にしたものが多い。また別に、文章に関係なく数行を四角に切り取って貼るものが極く稀にみられる。字間行間の雰囲気を残すためであろう。

拓する対象は、先人が書いた文字をそのまま刻りこんだ碑・墓誌・摩崖《まがい》・造像などの石刻類から、甲骨・銅器・陶器・瓦類・銭など多岐にわたる。それ以外に石板・木板に

拓本の採り方

拓本の採り方には色々な方法がある。使用する紙も中国紙や和紙など様々である。今回は宣紙を使って一般的な墓石を対象とした一例を紹介する。

墓　石

紙張り①

紙張り②

水張り①

水張り②　刷毛で紙を石面に貼る

水張り③

水張り完了⑤

密着①　叩き刷毛で紙を石面に密着

密着③　さらにタオルで紙を石面に密着

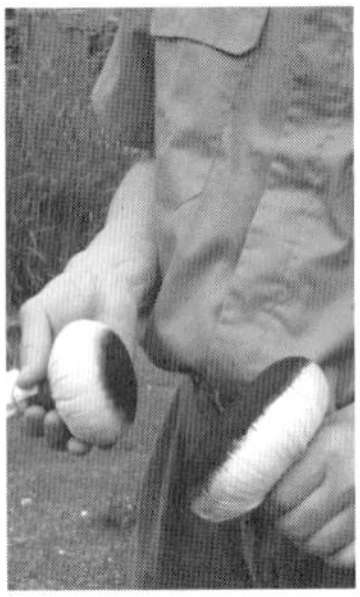
打つ①　拓包で墨を調整

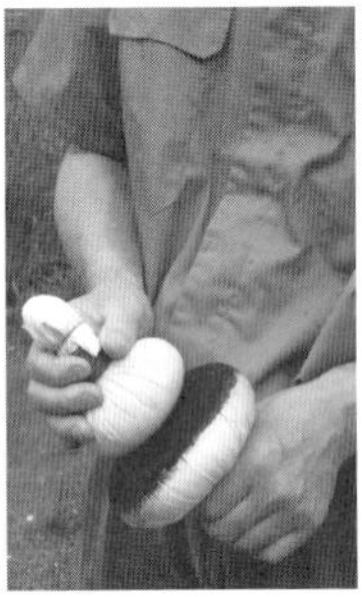

打つ②　紙に多少水分が残った段階にタンポで墨を打っていく

打つ③　上から下へ墨を均等に

打つ④　一回目を終える

打つ⑤　２～３回と墨を打ち加えて濃度を調整

剥がす　ゆっくり剥がす。筒状に巻き取ることもある。

書跡を刻り込んだ法帖（刻帖）もある。歴代の皇帝、名臣や能書家など大勢の書を集めて刻した集帖、個人の書跡のみを収めた専帖、一書に限った単帖などである。

版画や版本、印刷活字は左右が逆になった形に彫るものであり、また別に凸字版《とつじばん》、左版《さはん（ひだりはん）》と呼ばれる方法もあるが、刻って読める状態の法帖は、書いた通りに刻るため筆意を損なうことが少ない。技術が高まった江戸後期から明治の頃の日本の法帖は、繊細な仮名までも見事に再現している。

採拓の盛行

ではこのような拓本は、各時代にどの程度採られたのだろうか。中国の碑刻八〇〇種の拓について、碑面の欠損、文字の残存状況等により、各碑刻拓本の採拓時期について考証した（王二〇〇八）の判定結果と、歴代の法帖三四二種の目録（容庚一九八〇〜八六）により成立年代別に表を作成した。表1の拓本数は、過眼したもの、過去に拓されたと考えられる記録や伝聞のあるものを含めた数である。唐拓は八種で、現存するものは六種となっている（王氏は唐拓一一種で、現存は九種とする（王二〇〇八））。重刻翻刻は、原碑の毀損または損壊による消失のため、主として残っている拓本や雙鉤本《そうこうぼん》等により刻り直すことであり参考のために附した。

石刻の発現・出土・再出土等を数えると、金二、元一、明九、清約一六五ほどとなる。記録や発見出土が相次ぎ、清末民国期に至って七〇〇を超す石刻が採拓され、また期を同じくして法帖も作られている。表1・2ともに宋から明は三倍弱、明から清は四・六倍とほぼ同じ割合で増えており、表全体の数字の変化は、先に記した金石学の進展具合とも重なる。明代の法帖のうち五三種は、嘉靖（一五二二〜六六）年間以後一〇〇年の間のものであり、明代の書画を含む文化の成熟によるものであるが、ここは省く。

ところで、日本にはこのような研究はまだない。日本の

表1

	拓本	碑刻数	重翻刻
唐	八	四五〇	—
宋	四一	四六二	一四
金	—	四五〇	二
元	四	四五〇	五
明	一一八	四五五	六
清	五四一	七〇五	一〇
民	約七〇七	七五四	八

表2

	法帖
唐	—
宋	一九
金	—
元	一
明	五五
清	二五二
民	一三
他	二

碑や法帖の採拓となると、高玄岱《こうげんたい》「草書千字文」（一七〇四以後）、「白雉帖《はくちじょう》」（一七一二）や細井《ほそい》広沢《こうたく》「太極帖」（一七一四）が法帖の始まりとされている。そして、江戸中期以降、立碑が盛んになると採拓もされ、以後法帖（日本の書や他の翻刻等）も陸続と製作された（北川二〇一〇）。

このようにして、拓本は印刷術の普及以前、金石学等の重要な文字資料として、また学書の法帖として、古典籍として研究され鑑賞されてきたのである。

紙の分析

これらの拓本は、各種資料として重要であるが、他に紙の資料としての価値も見逃せない。中国の各時代の拓といわれるものは、当時かそれ以前の紙が使用されているからである。日本には、鎌倉室町頃に僧らが請来した拓や（胡二〇〇七）、江戸時代に船載された拓本がかなり残っている。また清末の楊守敬《ようしゅけい》、余元眉《よげんび》らに触発されて起きた碑版《ひばん》法帖《ほうじょう》の一大ブーム以降、大量に中国の拓本が日本に渡っている。いずれも玉石混交の観はあるが、中には唐拓二種（王氏は三種とする）をはじめ各時代の良拓が数多く含まれている。

以上を踏まえて、今回の紙の分析の資料は時代や時期を考慮して選んでみた。１請来品の宋拓、法帖製作が盛んになる２明後期と、３〜５清の中ごろ、６〜７は碑刻採択の最も多い清末中華民国期のものである。調査は、マイクロスコープにより繊維成分の分析を中心に行われた。

１宋拓「明州《めいしゅう》阿育王山《あいくおうさん》広利寺《こうりじ》宸奎閣《しんけいかく》碑」（宮内庁書陵部蔵）

繊維分析　青檀にわずか別物（ワラと思われる）　整本　縦二九二六㎜横一三二六㎜

元祐六年（一〇九一）蘇軾《そしょく》（一〇三六〜一一〇一）の書の碑である。東福寺開山円爾《えんに》弁円《べんえん》が、鎌倉仁治二年（一二四一）に日本に持ち帰ったもので、原碑は早くに失われ、今は弧本とされている。

整本は学書には不向きであることから、手本に頼らず、その精神性を重んじるという禅僧の書への姿勢をうかがわせる。江戸後期、浅野楳堂《ばいどう》により法帖として刊行された。

２明拓「玉煙堂《ぎょくえんどう》董帖《とうじょう》」（個人蔵）

繊維分析　青檀四〇％藁六〇％　二五八㎜横一二〇㎜

萬暦四四〜崇寧三年（一六一六〜三〇）海寧《かいねい》陳元瑞《ちんげんずい》撰集、上海呉朗《ごろう》摸刻の明《みん》董其昌《とうきしょう》の書のみを集めて四巻とした専帖である。陳元瑞には萬暦四〇年に歴代の書を集め刻した集帖「玉烟堂帖《ぎょくえんどうじょう》 二四巻」がある。

3 清拓「慈蕙堂墨寶《じけいどうぼくほう》」（個人蔵）

繊維分析　竹一〇〇%　縦二六一㎜横一二〇㎜

乾隆三三年（一七六八）恵安曽《けいあんそ》恒徳《こうとく》撰集による八巻の集帖である。江戸時代の舶載目録に名がある。ドーサの使用による劣化がみられ、日に焼けたようにパリパリの状態になっている。杭州項氏《こうしゅうこう》による翻刻本もあるという。

4 清拓「詒晋齋巾箱帖《いしんさいきんそうじょう》」（個人蔵）

繊維分析　青檀四〇%藁六〇%　縦二〇五㎜横九〇㎜

嘉慶一二年（一八〇七）金匱銭泳摸勒《もろく》の成親王《せいしんのう》専帖四巻。『叢帖目』（容庚一九八〇～八六）によると、銭泳の関わった法帖は二三種、その内一六種の摸勒を記している。

5 清拓「詒晋齋法書《いしんさいほうしょ》一六巻」（個人蔵）

繊維分析　青檀四〇%藁六〇%　縦二七八㎜横一四三㎜

一集四巻で全四集一六巻。「詒晋齋巾箱帖」と同じ銭泳摸勒の成親王専帖。帖中「餞呉穀人詩《せんごこくじんし》」の後に「嘉慶二年…泳敬んで雙鈎一通を為し、門弟子呉生国宝《ごせいこくほう》に命して刻せしむ。この楽石を以って遠久に垂《た》る。この歳十二月廿日国子監生銭泳謹んで識す。」この次に、「この帖摸刻最も前、椎搨《すいとう》の過多を以っていよいよ剝蝕《はくしょく》に至る。謹んで重ねて鈎《こう》を為し、二集中に勒入《ろくにゅう》す。丙寅秋七月泳再び題す。」とある。嘉慶二年（一七九七）の刻が拓を採りすぎて傷んだため再刻し他を加えて一六冊としたとあり、嘉慶一一年（丙寅、一八〇六）の刻成とする。なおこの本には、各冊冒頭に旧蔵者による墨書の目録と識語がある。それによると「玄進《げんしん》学解《がくかい》」冊と「与粛親王論書《よしゅくしんのうろんしょ》、草書百家姓《そうしょひゃっかせい》」冊を失い、咸豊九年（一八五九）に二冊を補って、翌年重装したとある。

6 民国拓「皇甫《こうほ》驎墓《りんぼ》誌《し》」（個人蔵）

繊維分析　青檀二〇%藁八〇%　縦一一八〇㎜横七〇五㎜　整本軸装

北魏の延昌四年（五一五）の墓誌銘。拓本上部にある金鉞の識語によって民国七年（一九一八）以前の拓本とする。石は、清末端方《しんまつたんほう》が収蔵しており、氏が亡くなって後、金鉞《きんえつ》が手に入れた。「金鉞浚宣《きんえつしゅんぎ》」「屏廬《へいろ》」等の同氏の印がある。

7 民国拓「乞伏保《こつふくほ》達墓《たつぼ》誌《し》 並《ならびに》 蓋《がい》」個人蔵

繊維分析　青檀二〇%藁八〇%　縦四六〇㎜横四七〇㎜　整本

北斉の武平二年（五七一）の墓誌銘。「6 皇甫驎墓誌」と同じく端方の収蔵を経て金鉞の手に渡った。拓本に6と同じ印があり、同氏によって同時期に採拓されたものと思

1　宸奎閣碑

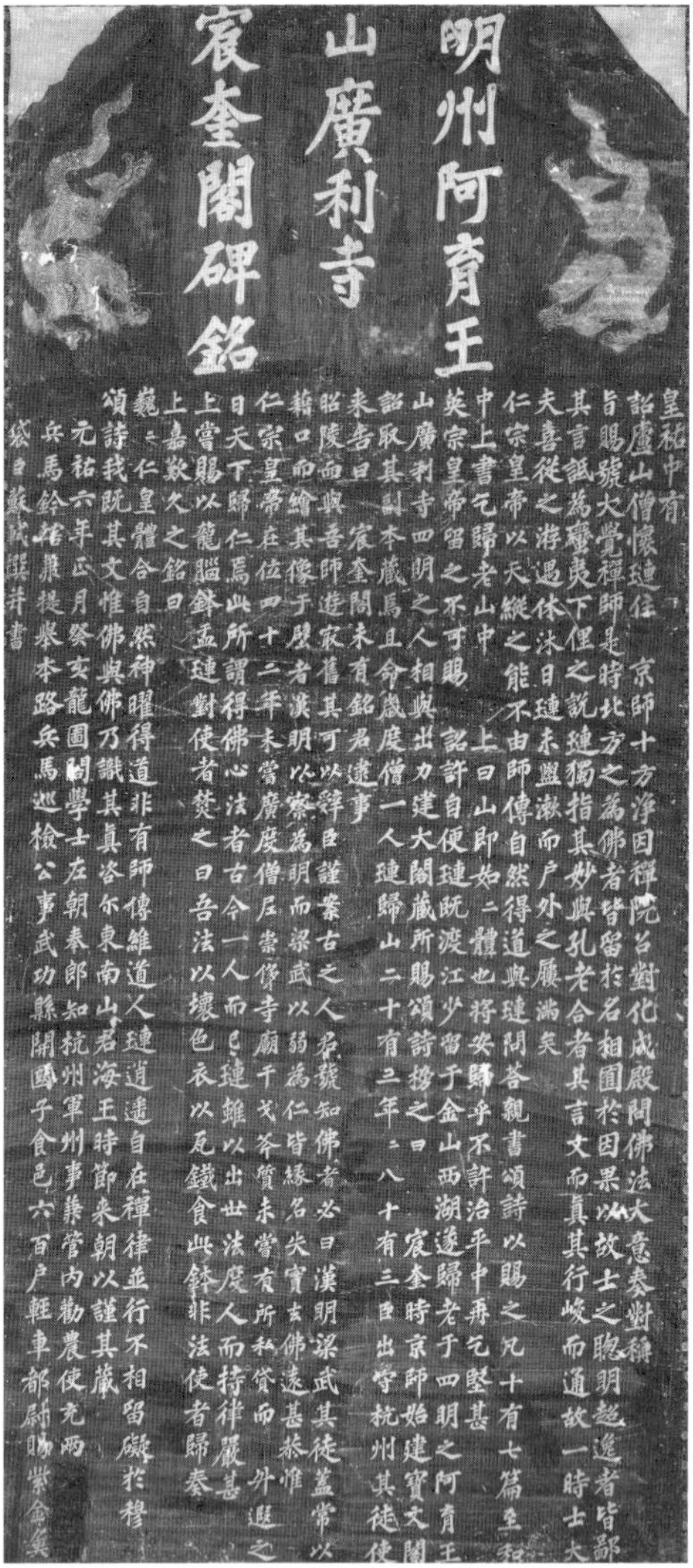

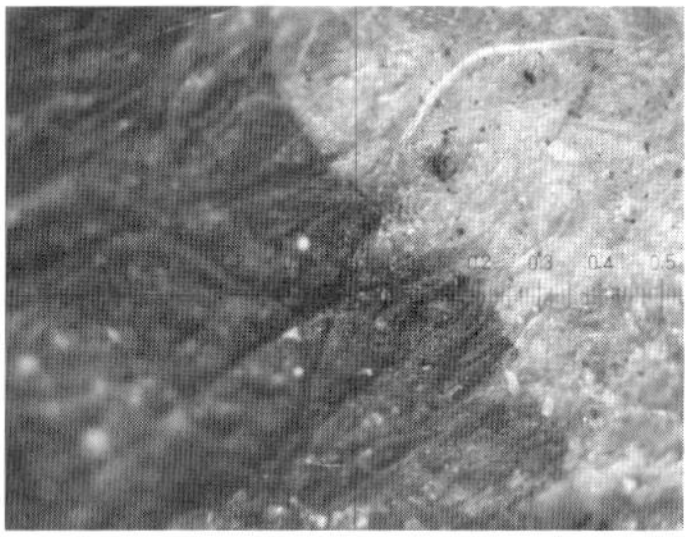

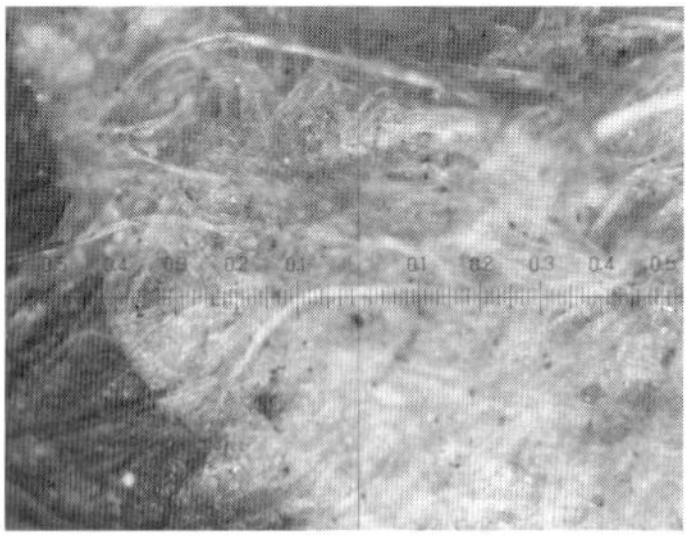

北宋の蘇軾（1036 ～ 1101）の書を、元佑6年（1091）に刻した石碑の拓本。日本には仁治2年（1241）東福寺開山の円爾によって将来された。蘇軾の楷書による書で、拓本部分が2.92m×1.32m。原碑はすでに失われており、原拓としては本品が唯一のものである。

本紙：青檀にわずか別物（ワラと思われる）。

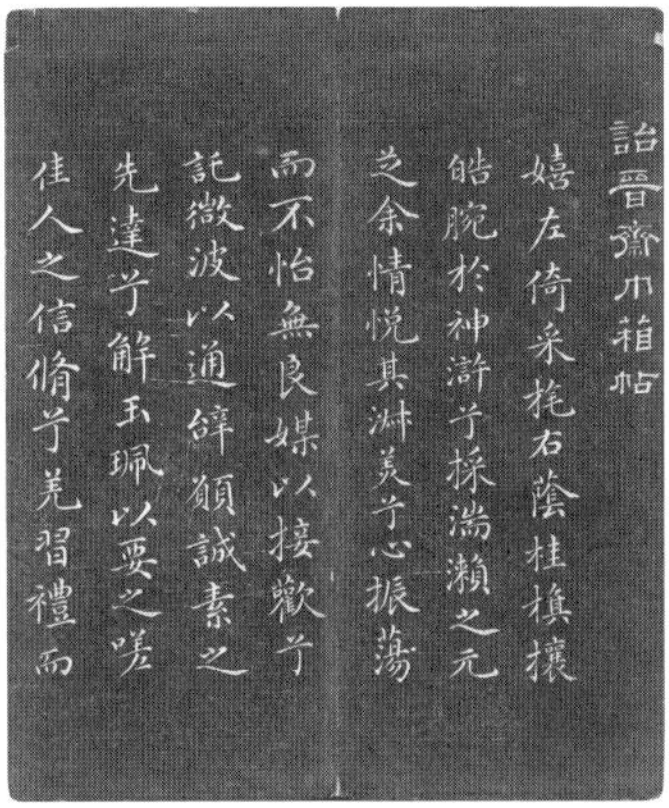

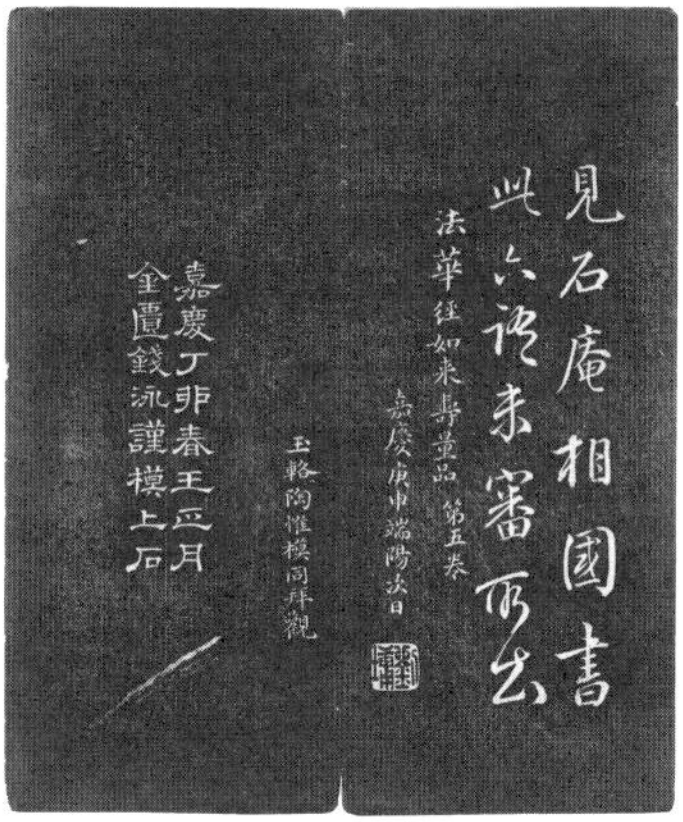

4　詒晉齋巾箱帖　第 1 巻

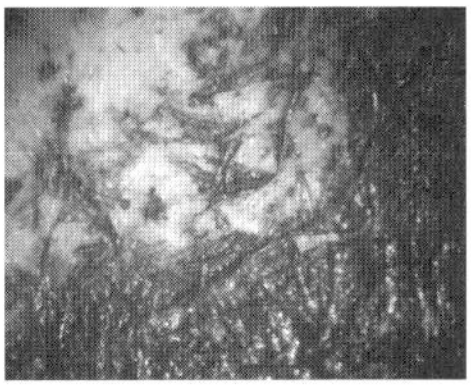

6　皇甫驎墓誌（部分）
青檀 20% + ワラ 80%

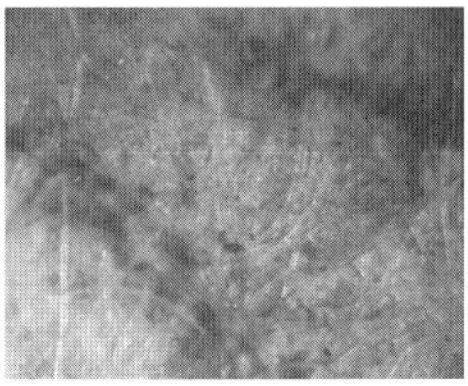

2　玉煙堂董帖
青檀 40% + ワラ 60%

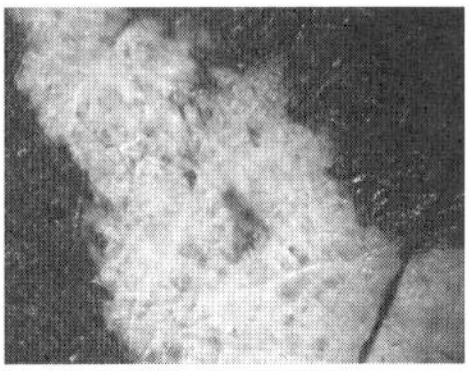

7　乞伏保達墓誌并蓋
青檀 20% + ワラ 80%

3　慈蕙堂墨寶
竹 100%

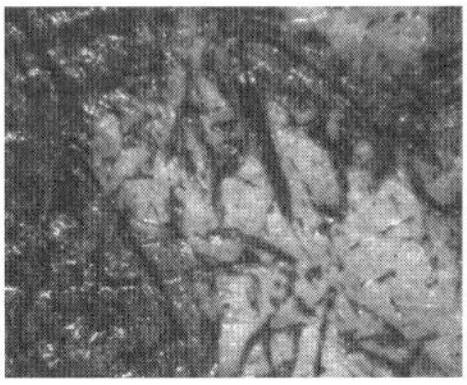

4　詒晉齋巾箱帖
青檀 40% + ワラ 60%

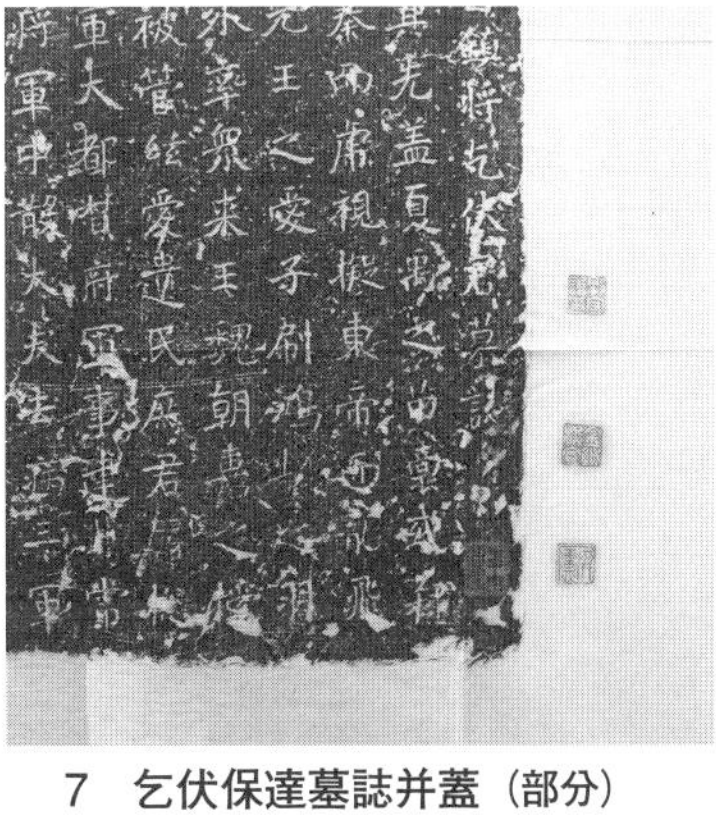

7　乞伏保達墓誌并蓋（部分）

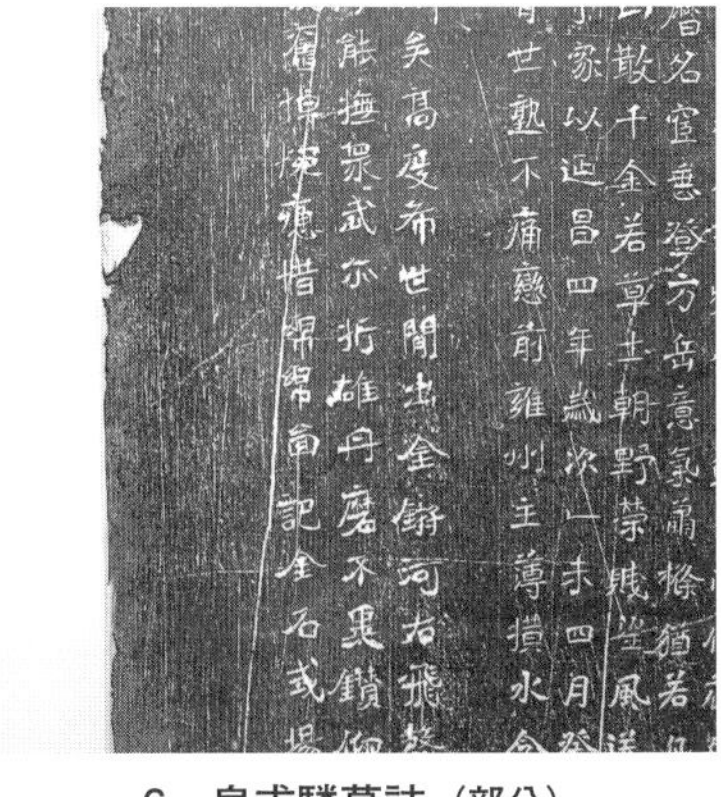

6　皇甫驎墓誌（部分）

われる。

分析後記

　採拓に使われた紙は、1宋拓は皮紙（青檀《せいたん》）、3清拓は竹紙、それ以外の拓は宣紙《せんし》が用いられている。宣紙は、後漢時代に生まれたとする説があるが根拠はない。唐後期、張彦遠《ちょうげんえん》『歴代名画記』中に「好事家は、宜《よろ》しく宣紙百幅を置き…」とあることから、唐代にはすでにその名のあったことが分かるが、現代と同じものかどうかは疑問が残る。宣紙の原料については、宋時代は青檀の樹皮のみで作られ、やがてワラが混ぜられ、製法が洗練されるに従ってワラの比率が高くなったという（久米一九八五）。分析結果はその傾向を示しているようだ。

　はじめ紙は麻を主な原料とした。その後、改良が加えられ、他の材料も用いられるようになり、竹の使用は唐代に始まったという。それでは唐拓はどのような紙を使用しているのだろうか。他の拓本の紙はどうか。今回は紙面も限られるため資料も少なく十分な考察に至らなかったが、今後の原料や製法の移り変わりの解明の意義は大きいといえる。

参考文献

王　壮弘　二〇〇八『碑帖鑑別常識』上海書画出版社

北川博邦　二〇一〇「日本の法帖」『若木書法』九

久米康生　一九八五『造紙の源流』雄松堂書店

胡　建明　二〇〇七『中国宋代禅林高僧墨蹟の研究』春秋社

林巳奈夫　一九八四『殷周時代青銅器の研究』吉川弘文館

方若原著・王壮弘増補　一九八一『増補校碑随筆』上海書画出版社

水野精一・長広敏夫　一九四一『龍門石窟の研究』一九七九年、同朋舎復刻

容　庚編　一九八〇〜一九八六『叢帖目』中華書局香港分局

劉　景龍　二〇〇一『古陽洞』科学出版社

劉　景龍　二〇〇二『蓮華洞』科学出版社

【コラム】キリシタン文献の和紙

豊島正之

日本イエズス会での紙の格付け

「われわれの紙には僅か四、五種類あるだけである。日本の紙は五十種以上ある。」

（ルイス・フロイス『日欧文化比較』一五八五年、一〇章）

ザビエルの初渡日（一五四九年）以降、一六世紀後半から一七世紀始めにかけて日本での宣教を主導するイエズス会は、和紙の多様さと美しさ、長い歳月に耐えるその強靱さをよく知っていた。

イエズス会ローマ文書館（ARSI）に保存されている「日本のプロクラドール（財務責任者）の規則」（一五九一年）は、日本各地のイエズス会士に対して、各地元で調達出来ないために京都から送付すべき必需品として次の二種の紙を特に挙げる（高瀬一九七七、五二三頁）。

鳥の子紙（papel de torinoco）

杉原紙（papel de suibara）

日本イエズス会は、日本全国に、京都から用紙を配給していたのである。

禁教によってマカオに追放された後の一六一六年にも、在マカオ日本イエズス会の財産目録（アジュダ文庫四九―V―五、一九六～二〇七頁）は、

鳥の子紙（Papel de Torinoco）三六〇〇枚程度

間合紙（Papel de Maniai）一五〇〇枚程度

ポルトガルの紙（Papel de Portugal）五〇〇枚綴が一四しめ

と和紙の二種を、洋紙とは区別して数え上げている。「鳥の子」紙には、布教中は京都からわざわざ配給し、離日後も「財産」として数え上げるだけの理由があった。

イエズス会ローマ文書館（ARSI）は、世界各国のイエズス会士から送られた報告・通信の原文書を整理・保存することで名高い。日本関係だけでも、総数一万八〇〇〇葉と言われ、これらの原文書が宣教史に関する第一級の史料であることは論を待たないが、それは同時に、当時の和紙の現物証拠でもある。日本イエズス会が、わざわざ全国の宣教師に配給までして使わせた「鳥の子」は、日本からの通信記録として、そのままARSIに保存されている。

現代の我々には、「鳥の子」の呼称からは奈良絵本等が思い浮かぶが、当時の日本イエズス会の「鳥の子」は、

ARSIの現存例から推すに、やや広義に、今日一般に言う「楮斐紙《ちょひし》」を指し、薄手で、ぱりぱりとした感触と平滑な表面を持ち、繊維がよく叩解《こうかい》された、淡い黄色の強靭な紙である。「楮斐紙」とされ来たったものは、実は楮紙に対する紙加工（打紙《うちがみ》）の結果にすぎず、素材に雁皮《がんぴ》を交える訳ではないとする見解があり、イエズス会文書についても、今後の定性分析が期待されるところであるが、当時の彼らがそれを「鳥の子（torinoco）」と呼んでいる以上、以下では「鳥の子」の語を用いる。

ARSI蔵の日本関係報告書類を検するに、日本から発信する通信物はそのほとんどが「鳥の子」であり、また、発信地が日本でなくても、高位の人物が送る報告書は「鳥の子」（恐らく日本産）を用いる。マカオ、広東・韶州《しょうしゅう》、南昌《なんしょう》、ゴア等から発信された「鳥の子」の書簡は多数ある。

JAPSIN 20-I 等にまとめられたセルケイラ（Luis Cerqueira）日本司教発信報告は、一つを除き必ず「鳥の子」で、しかも均質かつ良質である。唯一の例外が、一五九八年一〇月二四日長崎発報告（JAPSIN 13-2, pp.204-205）で、竹紙であるが、この通信は日本着を伝える第一報なので、恐らく「予定稿」として事前に（船中などで）準備されていたものであろう。

他にも、巡察使バリニャーノ（Alexandro Valignano）がゴアから送った報告書（JAPSIN 12-2）、マテオ・リッチ（Matheo Ricci）がNancian（南昌）から送った報告書（JAPSIN 12-2）等が「鳥の子」を用いている。

普通のイエズス会士であっても、日本から発信された報告書では「鳥の子」を用いるのは上記の通りで、日本イエズス会においては、「鳥の子」は上長への報告用紙としての「必需品」で、それ故に全国に配給したのである。

上長への報告には「鳥の子」を用いるという紙質の格付けは、それを受け取るローマの上長達にも、意識されていたようである。

フランシスコ・カルデロンは、一五九六年二月五日に、イエズス会総会長顧問ジョアン・アルバレス宛に、竹紙の短い書簡を送る。これは、日本発通信が竹紙に書かれる極めて珍しい例であるが、書簡の最後に、紙に関する言い訳がある。

De preposito uaj esta carta cõ pouco papel por la causa q̃ V.R. entendera.

（本書簡は尊師御賢察下さるべき事情により敢えて少紙にて

認め候）

（JAPSIN 12-2,p.357,358）

「pouco papel」が難解で、文字通りは「少ない紙」であるが、カルデロンの書簡はそもそも常に短く、また、内容から言っても、簡潔さを詫びた訳ではない（尚、カルデロンはスペイン人だが、この書簡はポルトガル語）。当時のポルトガル語が専門のCarlos Assunção博士の御教示によれば、何かの紙を臨時に流用したことの謂いではないかとのことで、どうやら「本来の用紙ではない竹紙を用いた」ことを詫びているようである。発信側のカルデロンもローマの受信側も、紙質の差を知っており、紙質の格付けを共有していたからこそ行われた注記かもしれない。

紙の格付けは通信に止まらない。通事ジョアン・ロドリゲスがマカオで一六三〇年頃に作成した『日本教会史』写本は、印刷用の清書本（A本）は楮斐紙であるが、自筆稿本は竹紙（C本）・楮紙（B本）に書かれている（共にスペイン王立歴史アカデミー図書館（マドリード）現蔵）。

写本の和紙

キリシタン文献の写本には、稿本・印刷用清書本の類と、既に刊行された版本（キリシタン版）を写したもの（版本写し）がある。稿本類は多数あったはずだが、禁教やその後の経緯から、伝存は多くはない。例えば、著名なルイス・フロイスの大著『日本史』（一六世紀後半）には自筆稿本が全く（一葉も）現存しない。ジョアン・ロドリゲスの『日本教会史』は自筆稿本が伝存するが、これはマカオへ追放後の著作であり、しかも伝存部分は極く一部である。

日本国内での著作で現存する最大のものは、日本司教ルイス・セルケイラの秘書を務め、後にプロクラドール（財務責任者）に任ぜられたマノエル・バレトの著書『ポルトガル語・ラテン語辞書』三巻（一六〇六～〇七年）である。本書は、現在リスボン科学アカデミー図書館（ポルトガル）に蔵され、序文を除くそのほとんどがバレトの自筆（岸本・豊島二〇〇五）、三巻計一七六〇丁を越える大冊である。寸法は、背で二つ折りにした半丁が三五・四～三六・二cm×二五・四～二六・〇cm程度、従って化粧截《けしょうだ》ち前の原紙寸法がほぼ一尺八寸（五四・五cm）×一尺三寸（三九・四cm）で、即ち美濃判用紙の倍である。本書はすべて（イエズス会の）「鳥の子」であり、漉きむらもほとんどない高級紙で一貫している。この大きさ・品質の「鳥の子」を九〇〇枚近く費やして成った本書の風格は、当時の日本司教秘書という

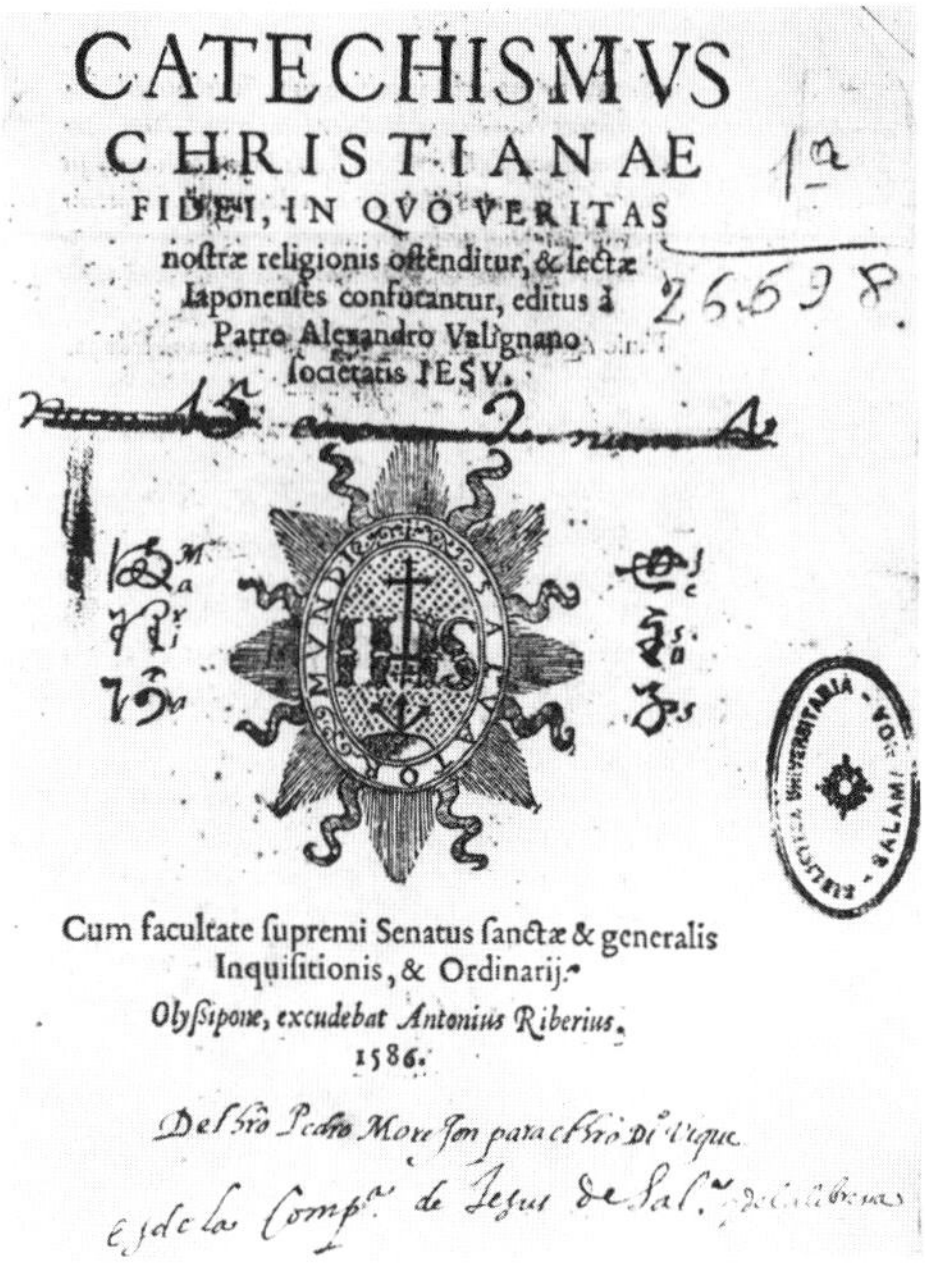

図『日本のカテキスモ』（一五八六年）サラマンカ大学本

要職の権威を伺わせるに十分である。

版本の和紙

イエズス会が印刷刊行したキリシタン版は、用字から、ラテン文字本（言語は、ラテン語、ポルトガル語、ローマ字書き日本語）と国字本（日本語）に分かれるが、前者は原則として「鳥の子」、後者は美濃紙で、いずれも活字によるプレス印刷である。活字は金属活字が原則であるが、末期の国字本数点は、木活字を混用する（豊島二〇〇九）。

一五九四年頃までの前期キリシタン版は、ラテン文字（ローマンのみ・イタリック無し）・漢字（三〇〇字程度）とも、遣欧使節が欧州で製造させて持ち帰った金属活字によるものである。和紙へ金属活字をプレス印刷した最初の例は、天正少年遣欧使節（一五八二〜九〇年）がリスボン滞在中の一五八六年に刊行したバリニアーノ著『日本のカテキスモ』（上図、Catechismus christianae fidei）である。本書には少なくとも五本が現存するが、表紙に「世主子《ぜずす》・満《ま》理阿《りあ》」の漢字活字印刻を持つ本は二本、そのうちパッソス・マノエル校本のみが和紙（「鳥の子」）に印刷されている（少部数のみを特別用紙に印刷することには他例がある）。

本書の「世主子・満理阿」活字、及び前期国字本キリシタン版のすべての漢字活字（欧州製）の版下を書いたのは、遣欧使節の随行ジョルジェ・デ・ロヨラ（日本名不明の日本人）である（豊島二〇一〇）。使節は、本書を二巻に分かち、各巻の印刷を別々のリスボンの著名印刷所二社に並行して出して、二社に互いに異なる活字・組版・製本（折）を行わせ、一冊中であらゆる印刷・造本のバリエーションを試行している。

和紙への印刷試行はリスボンを離れても続く。

日本への帰国の帰途マカオで印刷した、著名なデ・サンデ『遺欧使節対話録』（De missione legatorum japonensium, 1590）は、リスボン国立図書館蔵本三本のうちの一本のみが、一部に和紙（「鳥の子」）を交えている。他の多くの伝本も、竹紙（中国産か）・洋紙（ヨーロッパ産）を様々に混用しており、最適の印字効果を得るための紙の試行が続いていたことを示唆する。

帰国後金属活字ラテン文字（ローマ字）で「鳥の子」に摺った『ドチリナキリシタン』（東洋文庫蔵、一五九二年）は、遺憾ながら印刷に成功したとは言い難く、インクの流れ・溜り・むら・版の崩れ等の事故が随所にある。

キリシタン版がこの問題を克服するのは、一五九五年に、ラテン文字（ローマン・イタリック両方）・漢字（二五〇〇字以上）双方の金属活字の国内製造に成功した後で、これ以降を「後期キリシタン版」と呼び、著名な『日葡辞書《にっぽじしょ》』・『サカラメンタ提要』（ラテン文字版）、『落葉集《らくようしゅう》』・『ぎやどぺかどる』・『朗詠雑筆《ろうえいざっぴつ》』（国字本）等を数える。ラテン文字版は「鳥の子」、国字本は美濃紙にプレス印刷されて、どちらも四〇〇〇年の経年を微塵も纏わず、「昨日印刷されたような」という形容そのものの輝きを、今日も保っている。

参考文献

岸本恵実・豊島正之　二〇〇五　「バレト著「葡羅辞書」のキリシタン語学に於ける意義」『日本学・敦煌学・漢文訓読の新展開』汲古書院、二四七～三〇六頁
高瀬弘一郎　一九七七　『キリシタン時代の研究』岩波書店
豊島正之　二〇〇九　「キリシタン版の文字と版式」小宮山博史・府川充男編『活字印刷の文化史』勉誠出版、六九～一〇三頁
豊島正之　二〇一〇　「前期キリシタン版の漢字活字に就て」『国語と国文学』平成二二年三号、四五～六〇頁

第四章　百万塔陀羅尼

百万塔陀羅尼の料紙

百万塔陀羅尼とは

『百万塔陀羅尼《ひゃくまんとうだらに》』とは、天平宝字八年（七六四）から約六年かけて宝亀元年（七七〇）に完成された、高さ二〇cm、露盤の直径一〇cm前後の三重の小塔の中に納められた陀羅尼の総称である。陀羅尼は、縦五・五cm、横二五～五七cmの印刷紙片で、包み紙に巻いて納められていた。陀羅尼には、根本《こんぽん》・相輪《そうりん》・自心印《じしんいん》・六度《りくど》の四種がある。

分析結果

小型の稀少な料紙で、貴重な文化財であるから、これまで繊維を採取した分析例は少ない。しかし、私は静嘉堂文庫など、国内各所に収蔵されている百万塔陀羅尼の修復の際に剥落した繊維片を採取して、顕微鏡観察をすることができた。調査結果は、次のとおりである。

調査点数は全部で一七点。このうち苧麻《ちょま》紙一点、楮《こうぞ》単独紙一二点、楮と他の繊維の混入紙三点、クワ紙一点である。クワも含めて楮がほとんど使われていることから、百万塔陀羅尼の製作された奈良時代において、製紙原料の主体は楮と推定される。この結果をまとめると次表（313頁）のようになる。

ジンチョウゲ科植物である雁皮《がんぴ》やオニシバリが、すでに補助原料として使われていることが注目される。

楮も色々な処理がなされている。たとえば、切断面が多くみられる楮と切断面がほとんどみられない楮があったり、さらに蒸煮《じょうしゃ》後の洗滌《せんじょう》の程度が異なることから、非繊維細胞の多いものや少ないもの、また叩打《こうだ》処理による外部フィブリル化の状況が違う、などである。原料の処理方法は一定していないといってよい。

表面観察や透過光観察の結果からも、さまざまな製紙法があったことが確認される。萱簀《かやす》跡や竹簀《たけす》跡のみえる紙、紗漉《しゃず》きと思われる紙や、溜め漉き風地合《じあい》の繊維の方向性が一定してない紙、流し漉き風に繊維が流れている紙などである。

表面加工についても、同様である。膠《にかわ》処理はすべての料紙に行われているが、水の吸収速度には大きなばらつきがある。膠《にかわ》加工がされていないと思われるような、墨が紙表面の繊維の中に沈んでいるものもあり、黄檗《きはだ》もすべての紙に塗布されているわけではない。

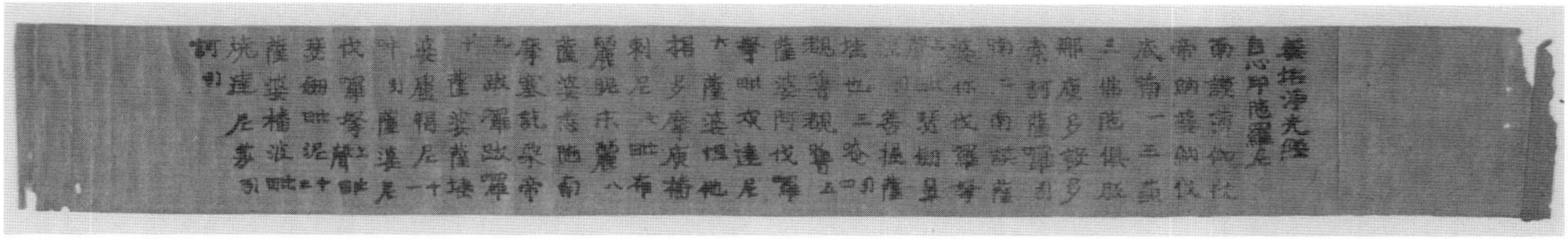

陀羅尼経（自心印）（本紙：縦 5.6 × 横 37.7 cm　表紙：縦 5.6 × 横 6.8 cm）

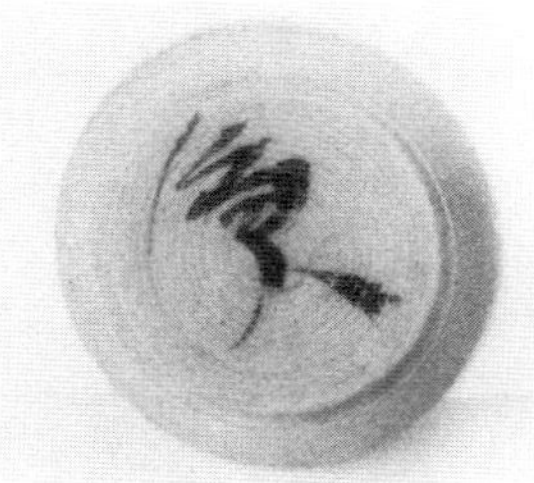

笠部底部

塔身底部（赤外線撮影）

百万塔

包み紙（縦六・三×横七・〇cm）

図　百万塔陀羅尼（参考）

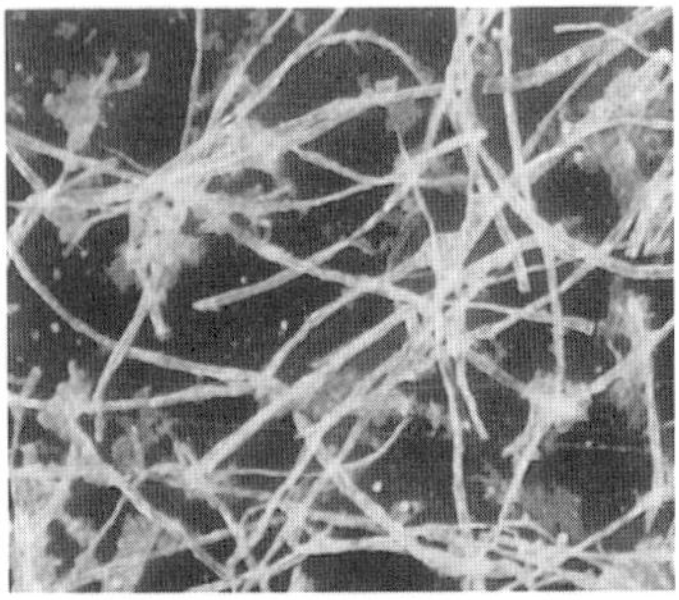

根本　切断された楮

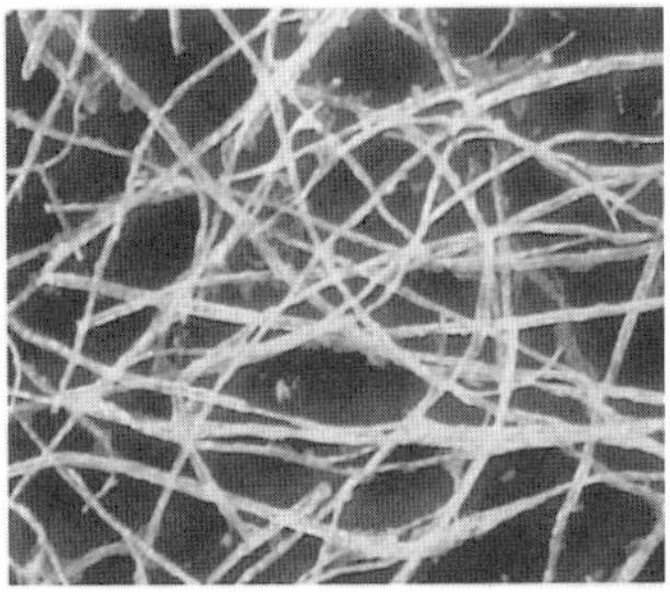

根本　楮に澱粉を塗布

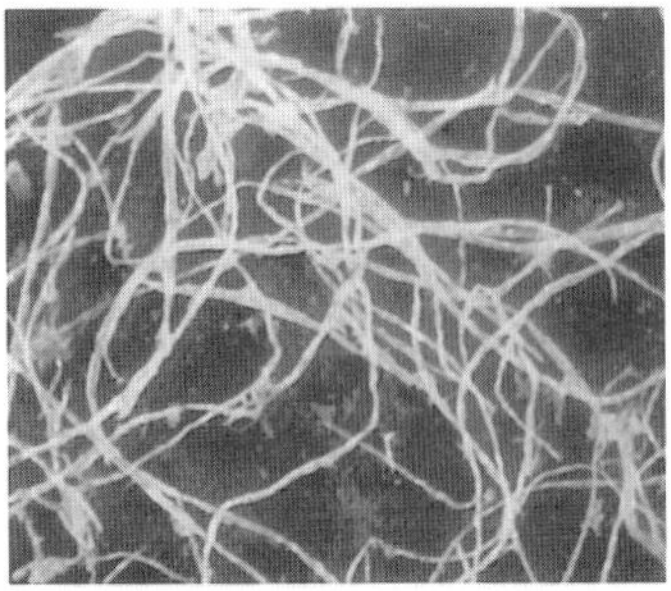

相輪　雁皮に楮が少量混入

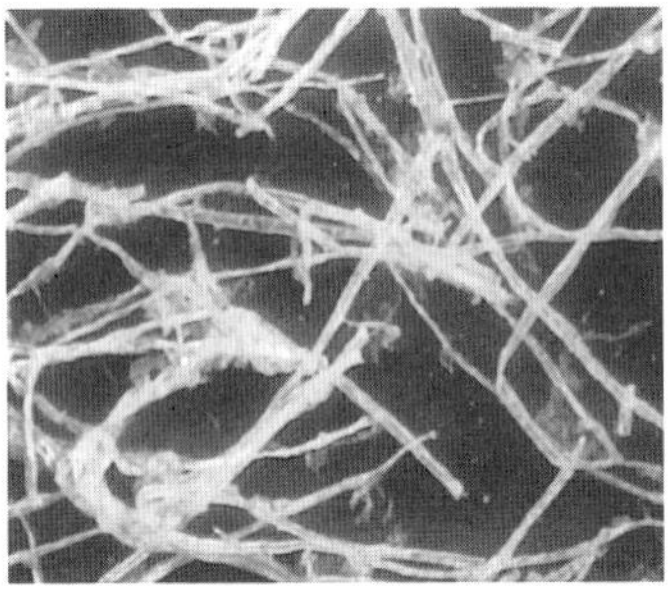

相輪　切断された楮

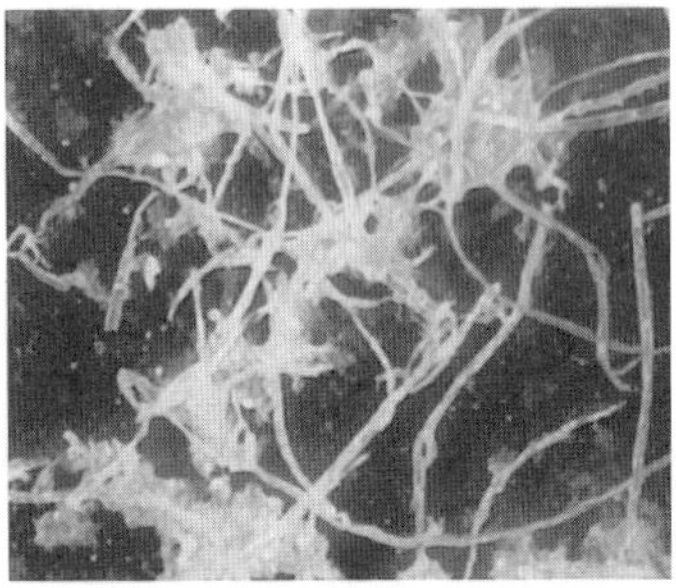

自心印　切断された楮に非繊維細胞が残っている

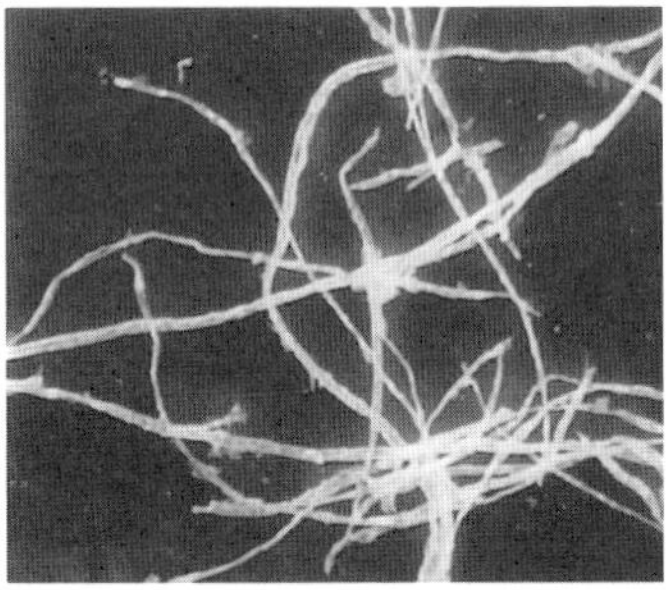

自心印　叩解された楮にオニシバリが混入

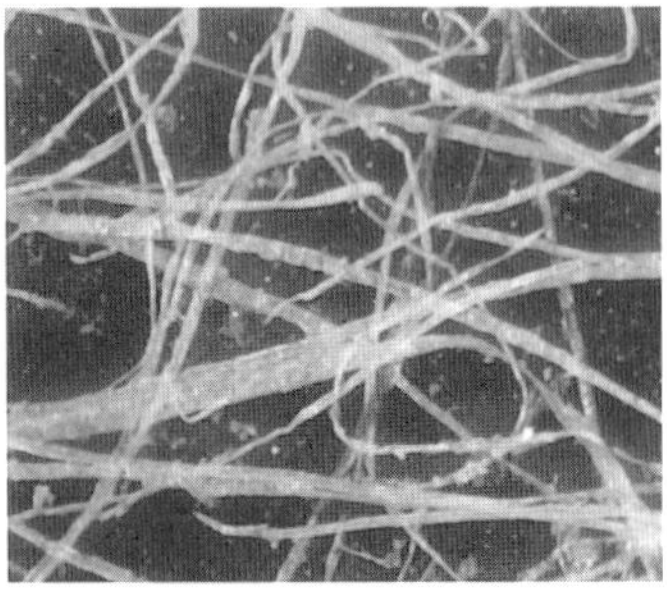

六度　太くまっすぐな楮

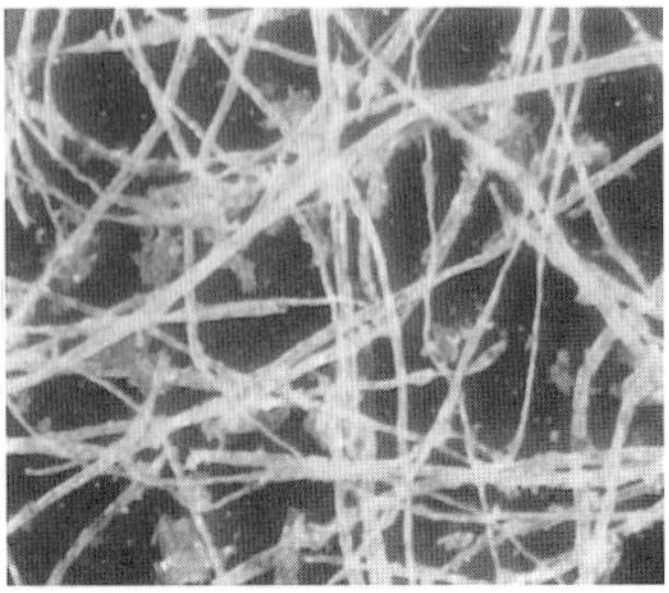

六度　楮

表『百万塔陀羅尼』料紙の分析結果（合計 17 点）

陀羅尼名	資料数	楮		他の原料	表面加工	
		切れた楮	長い楮		膠	黄　蘗
根　本	6	4		切れた苧麻 1	6	2
				切れたクワ 1		
相　輪	6	3	1	楮・雁皮 1	6	2
				楮・オニシバリ 1		
自心印	3	1	1	長い楮・雁皮 1	3	1
六　度	2		2		2	1

四種の百万塔陀羅尼のなかでも、とりわけ稀少なため貴重といわれる六度の料紙は、二点とも瑩紙《えいし》か打紙《うちがみ》加工が施されていた。このように、陀羅尼の料紙には、多種多様な紙が使われたのである。

まとめ

以上の結果、百万塔陀羅尼に使われた紙には、さまざまな原料・原料処理法・表面加工などがみられることが確認された。このように、さまざまな技法が施された紙が使用されていることは、百万塔陀羅尼の紙がある特定の一ヶ所で生産され供給されたのではなく、さまざまな場所や工房で生産され、また製紙に携わった人も数多くの人々が存在したことが推定される。

さらにこうした多種多様な製紙技術がこの段階でみられるということは、奈良時代の紙の生産技術（原料・原料処理法・漉き簀・漉き方）に対する改良が、想像以上に早期から進められていたことも推定される。

百万塔陀羅尼の包み紙

『百万塔陀羅尼』は基本的に巻紙形式でつくられており、陀羅尼は包み紙で包まれている。包み紙には「一」「二」「三」と書かれた文字がみられるが、あまり注目されず、伝来の過程で多くの包み紙は廃棄されてきた。この包み紙が現存しているのは稀で、民間の所蔵機関として百万塔陀羅尼料紙の収蔵量が最も多い静嘉堂文庫でも、陀羅尼と包み紙がセットになっているのは七点だけである。

静嘉堂文庫には、その他に裏打されて保存されている包み紙が四二点あり、極微量の繊維採取可能な三九点について繊維分析をすることができた。その結果は下表のとおりである。

印刷された陀羅尼料紙の紙の製法が、現在の和紙の製法と同様に千差万別だったことは、前項で述べたとおりである。書写のない包み紙も同様で、製法は地方や技術者ごとに異なっていたと思われる。

一方で、全資料三九点すべてに楮《こうぞ》が使われていた点は注目される。切断された楮の紙、長い楮の紙、雁皮《がんぴ》や苧麻《ちょま》・

表『百万塔陀羅尼』包み紙の分析結果（合計39点）

原材料	非繊維細胞	表面加工など	点数
切断された楮	残る	黄檗染め、澱粉・膠塗布	2
		膠塗布	6
	残らない	膠塗布	4
長い繊維の楮	残らない	膠塗布	7
		黄檗染め後膠塗布（ネリ剤あり）	2
楮主体で雁皮の混合	残る	黄檗染め後に膠塗布	5
	残らない	黄檗染め後に膠塗布	5
雁皮主体で楮の混合	−	膠塗布（1点黄檗染めあり）	4
楮とオニシバリの混合	−	−	2
楮と苧麻の混合	−	−	2

オニシバリが混合された紙など、いずれも楮が加わっているのである。この点は陀羅尼本紙とも共通している。このことから、奈良時代後期は、楮主体の和紙の製法が確立されていく過渡期にあると推定される。

分析結果

陀羅尼の包み紙には、四種類の植物繊維が使用されている。これらの繊維を倍率一三五倍の顕微鏡で観察し、繊維判定用C染色液で検査し、次の四種を確認した。

①楮

大きく分けて二種の繊維がある。円筒形の細い繊維は幅一五〜二五㎛、リボン状で透明性がある繊維は二五〜四〇㎛である。リボン状の繊維にはクワ科靭皮《じんぴ》繊維特有のソックス状の膜状物がみられ、C染色液で鈍い小豆色か灰紫に反応している。

繊維の長さは、料紙によって異なる。鋭利な刃物で切断されたと思われる繊維が多く、膨潤状態で叩打《こうだ》切断されたと思われる繊維は、先端部の短いフィブリルがみられる。

②雁　皮

スライド上で水中分散時に凝集《ぎょうしゅう》する。繊維は薄く透明性が高くリボン状で、繊維幅は一〇〜二五㎛。切断されていない繊維が多いので、長さは平均四・五㎜前後である。C染色液では、淡緑色か灰青色に反応する。

③オニシバリ

細く透明な繊維であるが、水中分散時に凝集しない。幅一〇〜二〇㎛で、同じジンチョウゲ植物である三椏《みつまた》の靭皮《じんぴ》繊維に類似しているが、三椏と比べて細く透明性があり、長さは平均四・五㎜前後である。

C染色液で淡い黄緑色に反応し、三椏のような鮮やかな黄みはない。一七・五％の苛性《かせい》ソーダ溶液に浸すと長楕円形に数珠状に膨潤する。

④苧　麻

繊維の両端が切断されている。繊維幅は三五〜五五㎛と太く、叩打部分には長いフィブリルがあり、C染色液で鈍い茶色と赤味の強いオレンジ色に反応する。

苧麻《ちょま》は単繊維の長さが平均一七〇㎜と植物繊維の中で最も長いので、切断しなければ紙に漉くことができない。

この時代の麻紙《まし》には着古した布襤褸《ぼろ》が使われたと思われるので、集められた襤褸の繊維を短く切断して利用したのだろう。

百万塔陀羅尼の料紙再現

先に記載したとおり、陀羅尼の料紙には多種の原料が使われ、繊維の処理法・漉き方・加工法も異なる。さらに生産地も定かでないなど、製紙条件の範囲が広い。そのため、陀羅尼の料紙を再現することは難作業と考えていた。

しかし、陀羅尼の料紙を奈良時代の和紙の一部ととらえ、陀羅尼以外の奈良時代の紙のデータも参考にして、陀羅尼料紙の再現を試みた。

①奈良時代の料紙の特徴

奈良・正倉院に収蔵された紙類は、一般に観察することはできない。そこで、特種製紙ＰＡＭなどに収蔵されている奈良時代の古文書類を調査することにした。その結果をまとめると、次のようになる。

原　料

切断処理された楮《こうぞ》が多く、他に切断された苧麻《ちょま》や雁皮《がんぴ》・オニシバリと切断された楮との混合したものの他、中国産と思われる竹紙もみられる。

漉き具と漉き方

萱簀《かやす》で漉いたと思われる紙は厚紙が多い。一方、竹簀《たけす》と推定される紙は地合のバラツキが目立ち、厚薄がある。紗《しゃ》漉《ず》きの紙は少なく、ほとんど薄い紙である。漉き方はほとんどが溜め漉きと思われ、繊維の流れ方向が一定でない。

紙　質

チリは少ないが、地合《じあい》のよくない紙が多い。

表面加工

すべて打紙《うちがみ》加工が施されているか、瑩紙《えいし》であるから、平滑にみえる。また写経紙はほとんど黄檗《きはだ》染めしてあり、にじみ止めに膠《にかわ》を塗布してある。

奈良時代の料紙を考える上で参考になるものとして、「古経切貼屛風」（特種製紙蔵）がある。この繊維分析の結果、次のような調査結果を得ることができた（宍倉二〇〇〇）。

このうち、奈良時代中期の紙は七点である。三点は苧麻紙で、このうち一点は中国産と推定され、他の二点は『五月一日経』である。外部フィブリル化が多く溜め漉き法でつくられている。残り四点は鋭利に切断された楮を充分洗滌《じょう》《せん》していている。写経用紙であるから黄檗で染められ、膠が塗布されていて、打紙加工も施されている。

奈良時代後期の料紙は、中期同様に切断された楮が多く含まれる。しかし、切断量の少ない楮や切断のない楮もみられる。また長い楮には雁皮が混合され、打紙加工の施されていない紙もある。雁皮を混合させると原料液が粘性を帯び、繊細で地合のよい、優美な良質紙ができあがる。これらの紙から、粘性物質を紙料液に加えると良質紙ができることに気付いたと考えられる。

苧麻を原料とする料紙が減少した理由は、繊維の切断・打紙という大変な作業を行う必要のない雁皮などの出現によると考える。

オニシバリは伊豆地方で鳥子草と呼ばれるジンチョウゲ科植物で、「慶長三年（一五九八）徳川家康黒印状」に出ている製紙原料で、幻の製紙原料と呼ばれている。この紙はとくに表面が平滑で美しい特徴があり、表面に文字が書かれていなくても、手鑑などに貼られている。

以上のような基礎知識に加え、寿岳文章《じゅがくぶんしょう》氏の『日本の紙』（寿岳一九六七）に記載された初期の製紙法を参考に、再現試作を行った。

②第一回再現試作

条　件

(1)　原料処理法

イ　楮の白皮を七㎜前後に切断して、ソーダ灰（原料に対し一〇％）を加え煮沸。

ロ　楮の白皮を切断せず、ソーダ灰一三％を加えて煮沸。

(2)　煮沸原料の洗滌結果

イ　非繊維細胞は残した黄茶色紙。

ロ　繊維以外の異物を流出した白色紙。

(3)　手漉き法

溜め漉き法と流し漉き法（ネリ剤を少量使用）。

(4)　乾燥法

板貼り乾燥と吊るし乾燥

結果とまとめ

切断した楮

・流し漉きで地合のよい表面平滑な紙となる。溜め漉きでは地合がよい紙となったが、表面が平滑で繊維の動きがみられる。

・蒸煮《じょうしゃ》後に未蒸解物や結束繊維を除去することは、繊維が短くて困難なため、これらの切断異物が紙に残留して見栄えの悪い紙となった。

・叩《こう》打《だ》分散後に充分洗滌すると、非繊維細胞が消失して、脱水が早く地合が悪くなる。溜め漉きでは竹簀から湿紙が剝がれない。
・切断しない楮・溜め漉きでは厚薄が多く生じてしまい、きちんとした紙の形にならない。流し漉きでは繊維の流れがみられ、古代紙風でなく近代紙風となる。
・洗滌をしない場合、非繊維細胞が残っているため紙が硬くなる。一方、充分洗滌すると白色度が高く、ソフト紙となるが、脆《もろ》い印象を受ける。
・吊るし乾燥では、檀紙《だんし》風の皺があり高級感はあるが、陀羅尼料紙にみえるような素朴さが再現されない。

陀羅尼料紙や写経料紙など奈良時代の紙の表面は、比較的平滑で、繊維が肉眼でもみられる。顕微鏡観察では繊維が切断されていることがわかるが、楮繊維の長さが不均一である。これらの紙は楮を切断・叩打しているためと思われるが、蒸煮前の切断ではないと判断される。

試作した紙では、古代紙にあまりみられない切断された未蒸解異物と、結束繊維の混入が多く、楮繊維の折れ曲がりが少なく、紙に粘りが少ない。このことから、切断した楮繊維の長さと原料の切断時期に問題があると推定した。

③第二回再現試作

条　件

前掲『日本の紙』に記載された製法によれば、古代紙は楮の白皮を切断後に蒸煮するとしているが、平安時代の法律書『延《えん》喜《ぎ》式《しき》』では、白皮を蒸煮後に灰汁抜きし、チリ取り後に切断している。そこで、この『延喜式』の製法で試作した。

⑴　原料処理法

イ　楮白皮を蒸煮前に三〜五㎜に切断して、ソーダ灰一三％で蒸煮後、灰汁抜きしてチリ取り後、叩打して分散。

ロ　楮白皮をソーダ灰一三％で蒸煮後、灰汁抜き・チリ取り後五㎜前後に切断し、叩打して分散。

⑵　煮沸原料の洗滌結果

イ　非繊維細胞は残した黄茶色紙。

ロ　繊維以外の異物を流出した白色紙。

⑶　手漉き法

溜め漉き法と流し漉き法（ネリ剤を少量使用）。

(4) 乾燥法

板貼り乾燥と吊るし乾燥

結果とまとめ

溜め漉き法

・蒸煮前切断は前回試作より短く切断したので、地合はよくなり表面は平滑であるが、厚い紙しかできない。

・蒸煮後に切断した楮は、地合はやや劣るが、表面は適度に荒れ、繊維を観察することができ、紙に粘りがあり、陀羅尼料紙と類似点が多い。厚紙も薄紙もつくりやすい。

流し漉き法

・蒸煮前に切断した場合、細い木材パルプで漉いた紙の様に地合がよく、表面平滑で洋紙風となる。

・蒸煮後に切断した場合、地合がよく、表面平滑で、繊維に動きが感じられる。ソフト感があり、外観は陀羅尼料紙に似ている。

④**考　察**

繊維分析の結果と二回の試作から、陀羅尼料紙に多く使われている楮紙《ちょし》の製法を、次のように想定した。

1) 楮は栽培種でなく、自生種が使われた（成長を終えた円筒形の繊維が多い）。

2) 切断は、蒸煮後に洗滌やチリ取りをした上で行われた。

3) 手漉きの方法は溜め漉き法で行い、少量のネリ剤を使用した可能性が高い（C染色液でトロロアオイに類似した粒子がみられる料紙がある）。レチング（醗酵精錬）した繊維があることから、紙料液を醗酵させて漉いたと想定される。

4) 醗酵した雁皮繊維の使用やネリ剤の多過で脱水が遅くなると、流し漉き風に紙料液を揺する操作も行った。

5) 表面のケバ起ち防止のために、黄檗や膠の塗布、打紙や瑩紙加工をしていた。

今から一二七〇年以上も前に造られた料紙から採取した米粒大の紙片を試料として、繊維分析を行った。この調査結果をもとに楮白皮の前処理、手漉きの方法などを検討して、陀羅尼料紙に使われた楮紙に近似の紙を再現した。科学機器による調査と、私の天然繊維に関する知識を最大限に使った作業である。

必ずしも満足できる結果とはいえないが、陀羅尼料紙に興味を持つ人に何らかの役に立つように、願っている。

第五章　歴代古紙聚芳

繊維分析の実践

料紙調査の現状

料紙を知るためには、多くの要素を調査する必要がある。しかし、そのすべてを正確に行うことは難しい。

とくに古典籍や古文書は、現存する資料の数自体が限られている。さらに、それぞれ原料や製造法、製造時期などが異なり、保管状態などにより紙質が大きく変化することも少なくない。

料紙の調査は基本的には既存の正確な見本を準備して、比較検討することが望ましいが、非破壊法では正確に繊維を判別することは困難である。製造法や製造時期などは、資料に記された内容や紙質などから、推測するしか方法はない。

洋紙や近年製造された和紙などは資料の量も多く、とくに洋紙は世界的に繊維組成分析法が確立されており、調査結果報告や参考文献もある。これらを基礎に紙の調査は比較的容易にできる。

一方、日本の文化財と呼ばれる古典籍・古文書類や絵画などの料紙調査は、参考にする調査方法や調査結果の文献が乏しい。資料内容の研究は進んでいるが、料紙自体の研究は大変遅れている。近年、科学の発展で高級な顕微鏡が開発され、古典籍・古文書などの料紙調査が行われるようになったが、調査方法は確立しておらず、調査研究者が独自の方法で調査を行っているのが現状である。

私は製紙用繊維の研究者として、四〇年以上も製紙用の繊維を研究し、紙の分析も行ってきた。そのため比較的容易に文化財の料紙を観察できる立場におり、場合によっては破壊と呼ばれない程度に料紙の繊維を採取して顕微鏡観察もしてきた。

しかし、最も苦労したのは古典籍・古文書類を調査した資料データが少ない点である。さらに参考文献などもほとんどない上に、文化財を破壊しなければ繊維観察ができなかった。今後もこのような状態が続けば、紙の調査を行う研究者などは、また同じ苦労をしなくてはならないことになる。

『歴代古紙聚芳』とは

そうした状況の中、本書『必携　古典籍・古文書料紙事典』は、過去の調査結果を報告するよい機会ととらえ、私がかつて調査した『歴代古紙聚芳《れきだいこししゅうほう》』（反町茂雄編、文車の会、一九八二年）の成果をここに紹介する。

『歴代古紙聚芳』は、刊行元である文車《ふぐるま》の会の会員が、古書の調査および勉強を目的に一九八二年に製作されたものである。奈良時代から江戸時代前期頃までの古典籍に使われた料紙の実物一枚一枚を見本として、限定五〇部で印行され、八木書店所蔵のものは第三五号にあたる。古くは奈良時代の古写経の実物資料がそのまま貼りこまれており、

図　『歴代古紙聚芳』

大変貴重である。

この『歴代古紙聚芳』を取り上げるのは、料紙の資料名や印刷時期（製造時期）または製本した時期が比較的明確で、原料や製造法なども、かなり正確に判別できる試料だからである。

このたび、この貴重な『歴代古紙聚芳』を所蔵している八木書店の許可を得て、料紙の繊維を微量採取し、細かい繊維分析を行うことができた。

『歴代古紙聚芳』は、日本の歴史を代表する料紙として、今後の料紙調査の参考に値すると思われるので、この調査結果を報告し、これから料紙の調査をする際の参考になれば、と考えている。そのうち六二点から、その年代を代表すると思われる料紙を選び調査した。なかでも、冒頭に掲げた『大般若波羅蜜多経』（天平一三年（七四一））、『三摩地儀略次第』（天暦一〇年（九五六））、『胎蔵大法対受記』（仁安二年（一一六七））、『疏第二聞書第八』（文和五年（一三五六））の四点については、繊維写真に加え、史料全体の写真と拡大写真を掲載し、解説した。

なお、説明文中に掲げた「史料の性格」は、『歴代古紙聚芳』に掲載された反町《そりまち》茂雄氏の解説を要約したものである。

繊維分析　奈良時代

大般若波羅蜜多経
天平一三年（七四一）

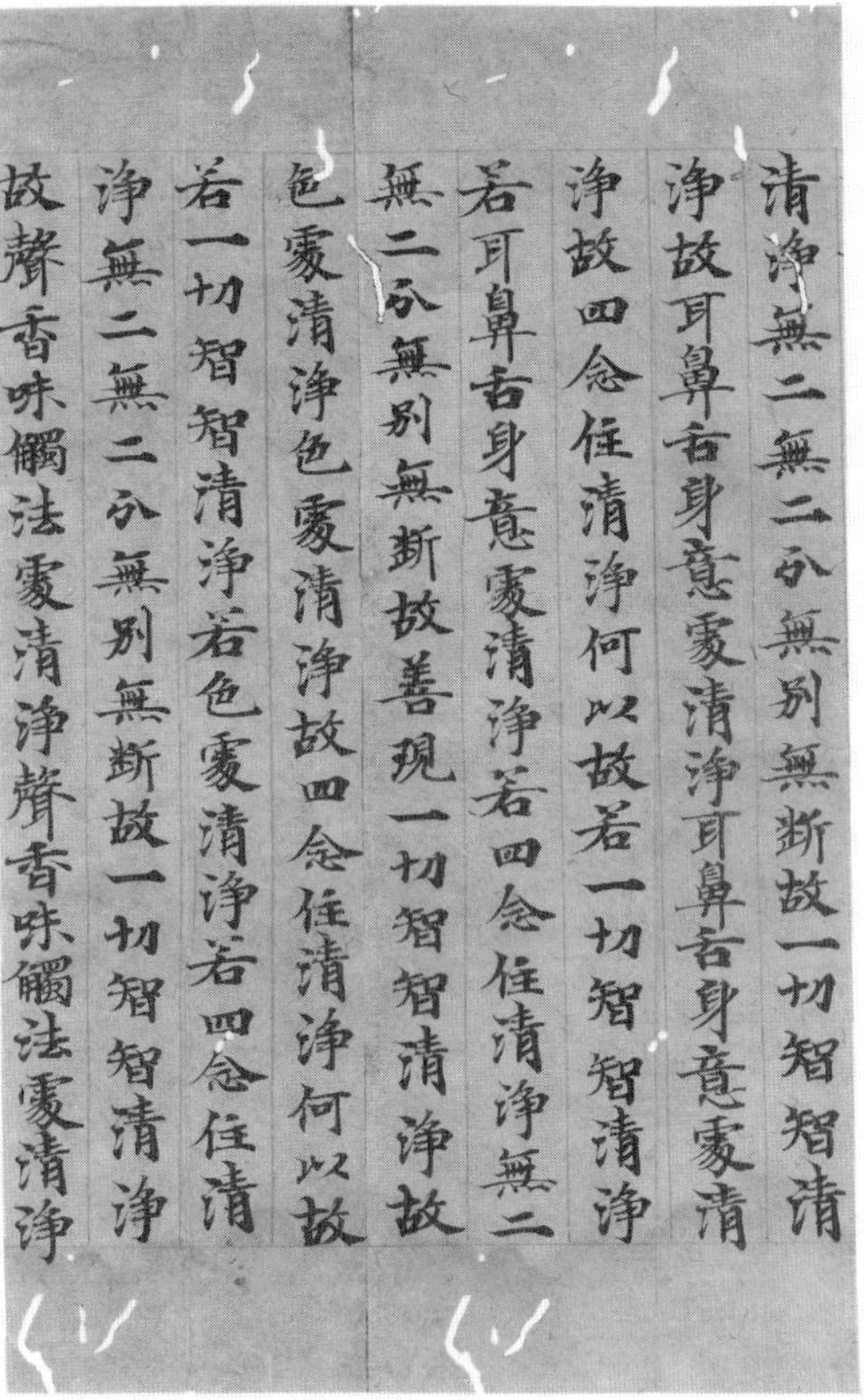
清淨無二無二分無別無斷故一切智智清
淨故耳鼻舌身意處清淨耳鼻舌身意處清
淨故四念住清淨何以故若一切智智清淨
若耳鼻舌身意處清淨若四念住清淨無二
無二分無別無斷故善現一切智智清淨故
色處清淨色處清淨故四念住清淨何以故
若一切智智清淨若色處清淨若四念住清
淨無二無二分無別無斷故一切智智清淨
故聲香味觸法處清淨聲香味觸法處清淨

史料の性格

本史料は、『大般若波羅蜜多経』巻二六八の断簡である。この大般若経は、もと古社の玉祖神社《たまおや》（大阪府八尾市）が所蔵していたもの。『古紙聚芳』に断裁・掲載されたときは折帖だったが、もとは巻子本だった。本書の奥書には、

天平十三年歳次辛巳七月十八日、奉為四恩　写檀越　下村主広麿句切了　永恩（この一行朱書）

とあった。各巻末に「句切了　永恩」と別筆で朱書があるので、俗に「永恩経」と呼ばれている。永恩は、鎌倉時代初期、貞永二年（一二三三）前後の奈良興福寺の蔵司で、大般若経を収集し一部六百巻にまとめて読み、自ら朱点をつけて、各巻末に署名を施した。永恩経のうち、最古のものは天平二年（七三〇）、それ以外に天平一三年（七四一）、同一六年（七四四）のものが知られている。

所見

寸法は、縦二五・三×横一六・一cm（二枚）。全体に薄墨界（天高二・六・地高二・七・界高一九・九・界幅一・八cm）が引かれている。二枚の紙の紙継目（〇・二cm）は、濃茶の物質（膠《にかわ》か大豆糊）で貼り付けられている。

黄蘗《きはだ》染めして、黄味の強い茶色を呈した楮紙《ちょし》である。顕微鏡観察によれば、楮《こうぞ》繊維は細い円筒形である（つまり毎年伐採して

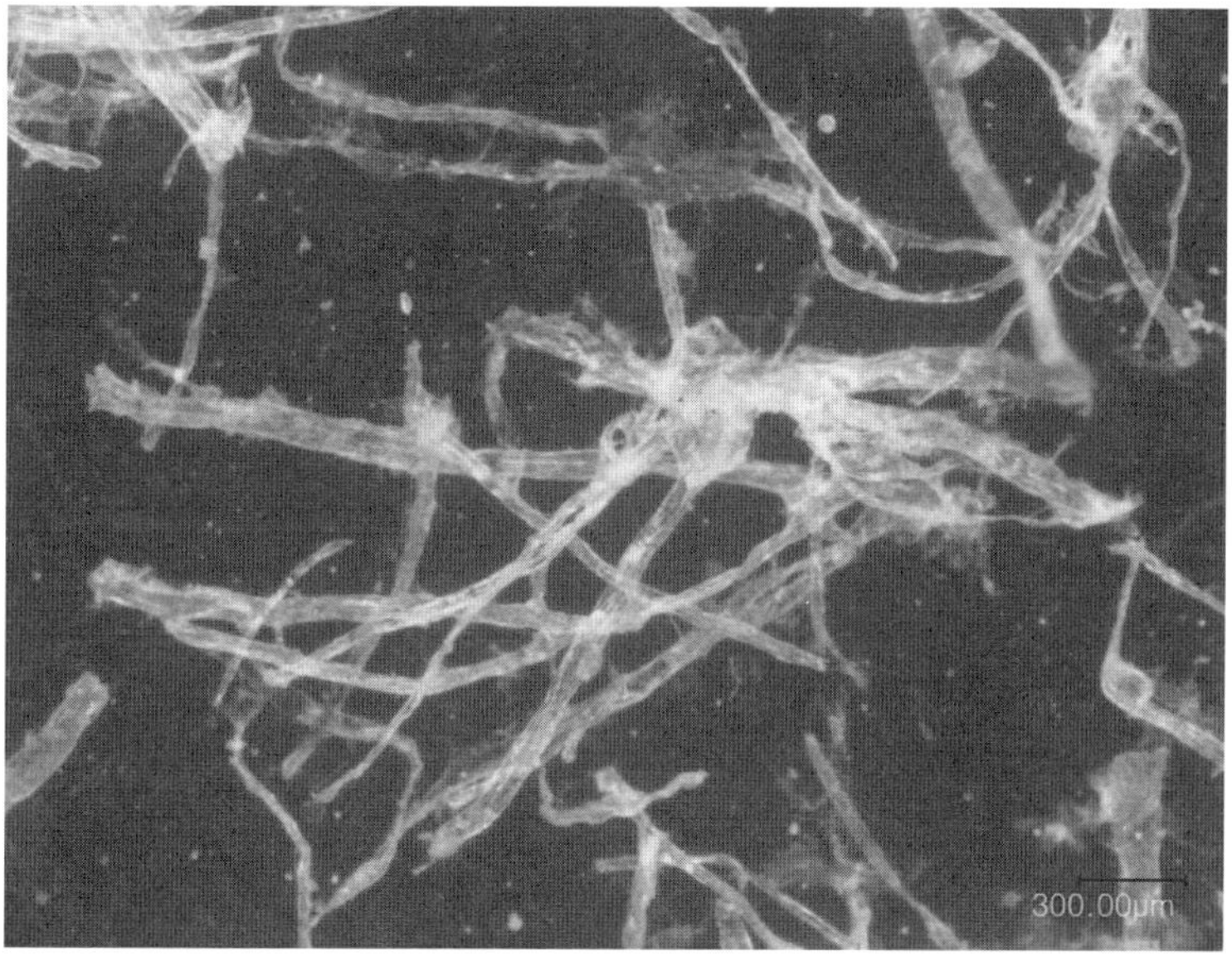

切れた楮（繊維写真）

透過光撮影（五〜七行目）

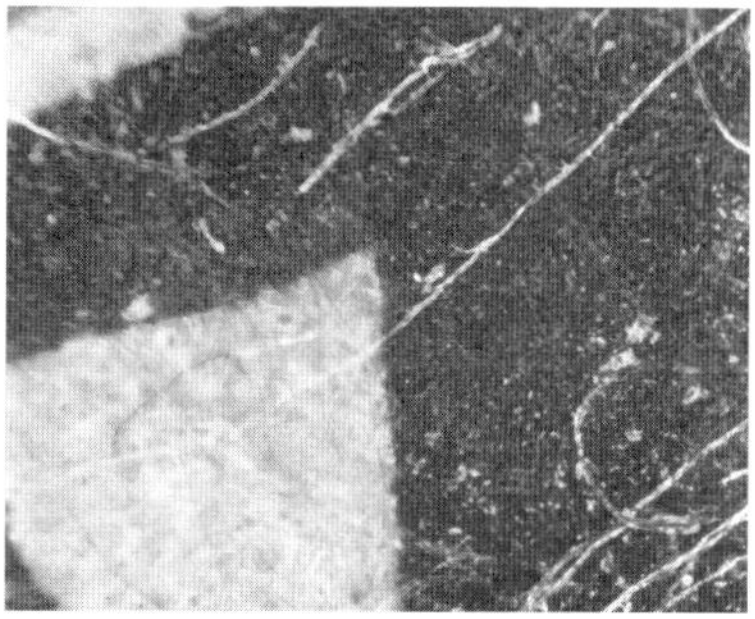

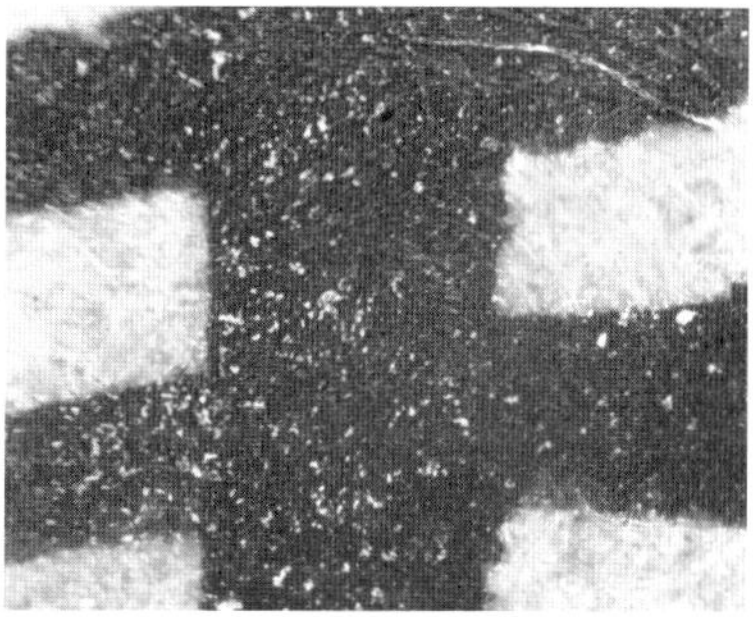

いない楮と推定できる)。この繊維を、〇・三㎝前後に切断された上で漉いている。このように繊維が切断されているのは、古代に行われた溜め漉き技法で漉いた紙の特徴である。なお繊維間には非繊維細胞(繊維の周りに付着した繊維以外の物質)が残っているので、蒸煮《じょうしゃ》・叩打《こうだ》・洗滌《せんじょう》などの作業が不足していたと考えられる。

漉目は、糸目二・八㎝、簀目《すのめ》一七本/三㎝で、竹簀《たけす》で漉いた紙と推測される。表裏ともに繊維の方向性はなく、典型的な溜め漉き技法で漉かれた紙と判断できる。これは透過光写真でみられるとおり、紙に厚薄があり(地合《じあい》が悪い)、厚い部分に繊維が凝集《ぎょうしゅう》していることで確認できる。紙厚は〇・〇七〜〇・〇八㎜と標準的な厚さである。この紙に、丁寧な打紙《うちがみ》加工が施されており、墨の乗りは大変よい。なお水の吸収がゆっくりなので、表面に膠《にかわ》の類を塗布していると判断される。つまり奈良時代の写経所で作成された、典型的な経典の諸要素をあわせ持ったものと評価できる。

紙料液に米粉などが混入しておらず、虫損は少ない。八㎝間隔の連続虫損があり、反町氏の指摘どおり、当初は巻子装だったと思われる。それ以外に八・八㎝間隔の縦折線もあるので、のちに折本へと改装されたことが分かる。

繊維分析　平安時代1

三摩地儀略次第
天暦一〇年(九五六)

史料の性格

内容は天暦一〇年(九五六)当時に流行した真言宗の祈禱の方式を説明したもの。

巻末の細字奥書には次のようにある。

天暦十年十一月之比、以高尾本、於□〔円カ〕勝寺写了
求法沙門(梵字)

もとは粘葉装《でっちょうそう》の冊子本で、表紙をふくめて紙数は二〇枚あった。毎面七行、界線はほとんどみえない。紙幅は縦二三・〇㎝、横一五・二㎝。

所見

寸法は、縦二二・九×横五・〇㎝。界線の類は見えない。

淡い灰赤色の紙である。両面に文字が書かれている。繊維は、繊維写真でみられるとおり、細くて透明性の高い雁《がん》皮《び》繊維(八〇%)と、太くて不透明な楮《こうぞ》繊維(二〇%)が混在している。つまり雁皮をベースにした楮との混漉紙である。なおこのうちでも、楮繊維については、そのまま利用するのでなく、紙料液に投入する前の段階で、短く切断

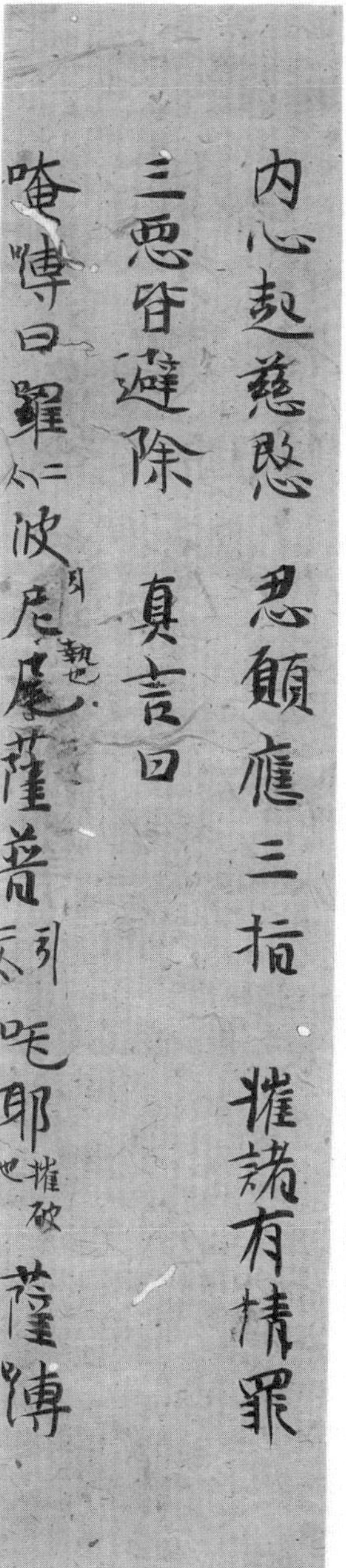

している。虫損は少ないが、紙料液には米糊が加えられている。また、ネリとしてトロロアオイも混入させている。
顕微鏡観察によれば、両面ともに繊維の方向性は弱いように思われる。透過光写真では紙の厚薄は比較的少なく、紙に透明性が少ないので厚紙で、不鮮明であるが縦に厚薄の線がみられる。この線は漉き簀《す》跡《あと》であり、溜め漉き技法で起きやすい現象である。漉目は、糸目二・二cm・簀目《すのめ》一七本／三cmなので、竹簀《たけす》で漉かれた紙と推定される。この紙を、横方向に利用している（つまり糸目が横方向に伸びている）。
未蒸解繊維《みじょうかいせんい》・未《み》叩解繊維《こうかいせんい》ともに多く残っており、チリ取り・叩解《こうかい》などの工程は不十分だったと判断せざるをえない。そうしたこともあって、地合《じあい》もあまりよくない。紙厚は〇・〇七〜〇・〇九㎜と、かなりムラの多い紙である。ただし、表面には強い打紙《うちがみ》加工を施しているので、墨の乗りはよい。なお水の吸収は早いので、膠《にかわ》の類は塗布されていない可能性が高い。表面には澱粉《でんぷん》を塗布しているようである。

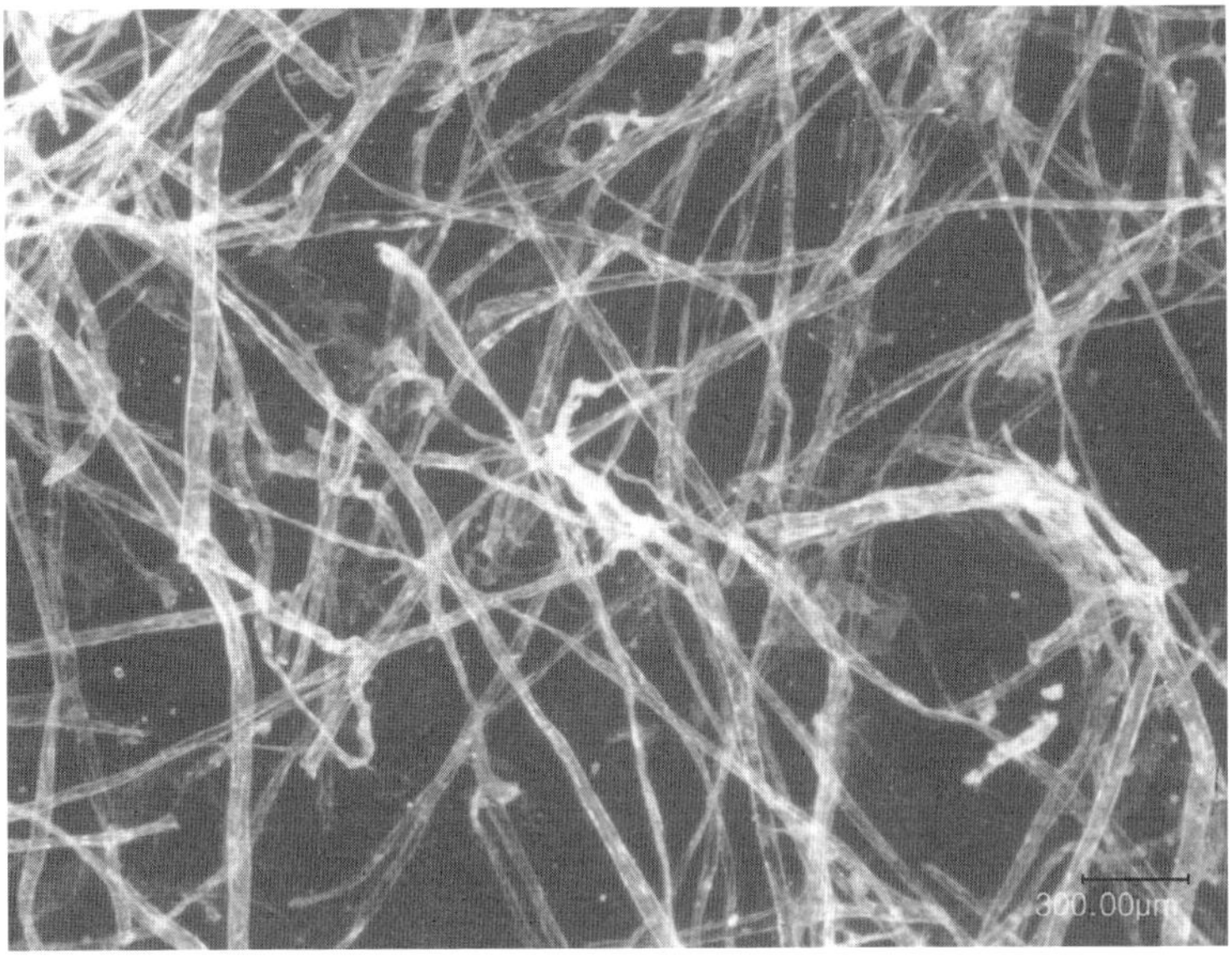

雁皮に楮が混入（繊維写真）

透過光撮影（三行目）

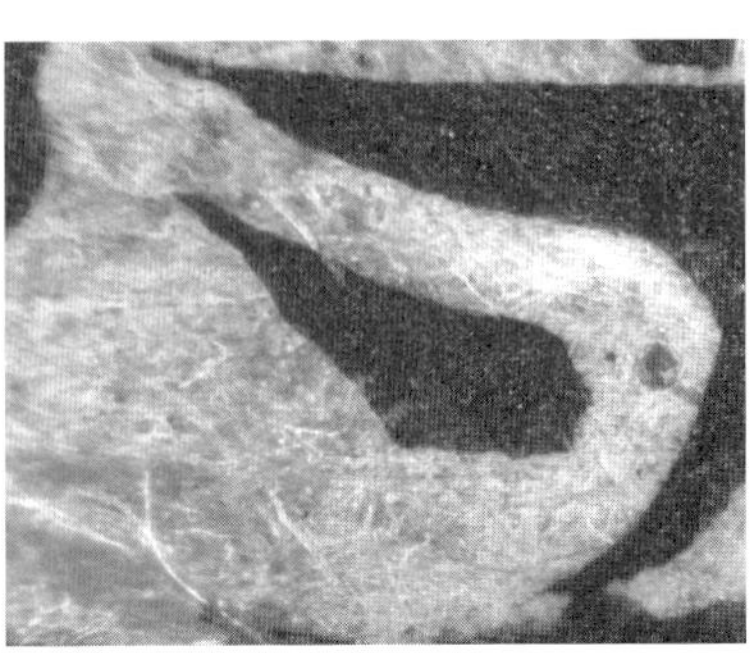

繊維分析　平安時代2

胎蔵大法対受記
仁安二年（一一六七）

史料の性格

もとは薄葉の粘葉装《でっちょうそう》の冊子本。
巻末の余白一枚の中央に、次のようにある。

　仁安二年五月三日書写畢　金剛弟子（梵字）之

所　見

寸法は、縦一七・六×横一四・九cm。全体に押界《おしかい》（天高一・五、地高一・六、界高一四・七、界幅一・六cm）が引かれている。わずかに赤みを呈する乳白色の紙である。オニシバリは、和紙原料のなかでも最も細い繊維なので、表面の美しい紙ができる特徴を持つ。

繊維の方向性は、表面では縦だが、裏面ではないようである。そのため、半流し漉き技法で漉かれた紙と判断できる。紙厚は〇・〇四五〜〇・〇五五mmなので、薄紙の部類に分類される。未叩解《みこうかい》繊維が目立つ点を始め、地合《じあい》はかなり悪い。全体に漉きムラが激しいこともあり、漉目は糸目・簀目《すのめ》ともにほとんど視認できないが、萱簀《かやす》で漉いた紙と推定される。

表面には打紙《うちがみ》加工が施されており、墨の乗りはよい。水の吸収がゆっくりなので、膠《にかわ》の類が塗布されている可能性を推定できる。そのため、両面に書かれた文字の墨はかなりよく乗っている。

虫損は、糊代付近に集中している。糊は、色調から澱粉《でんぷん》質のものと思われるので、紙ではなく糊が原因で虫損を生じている可能性が高い。

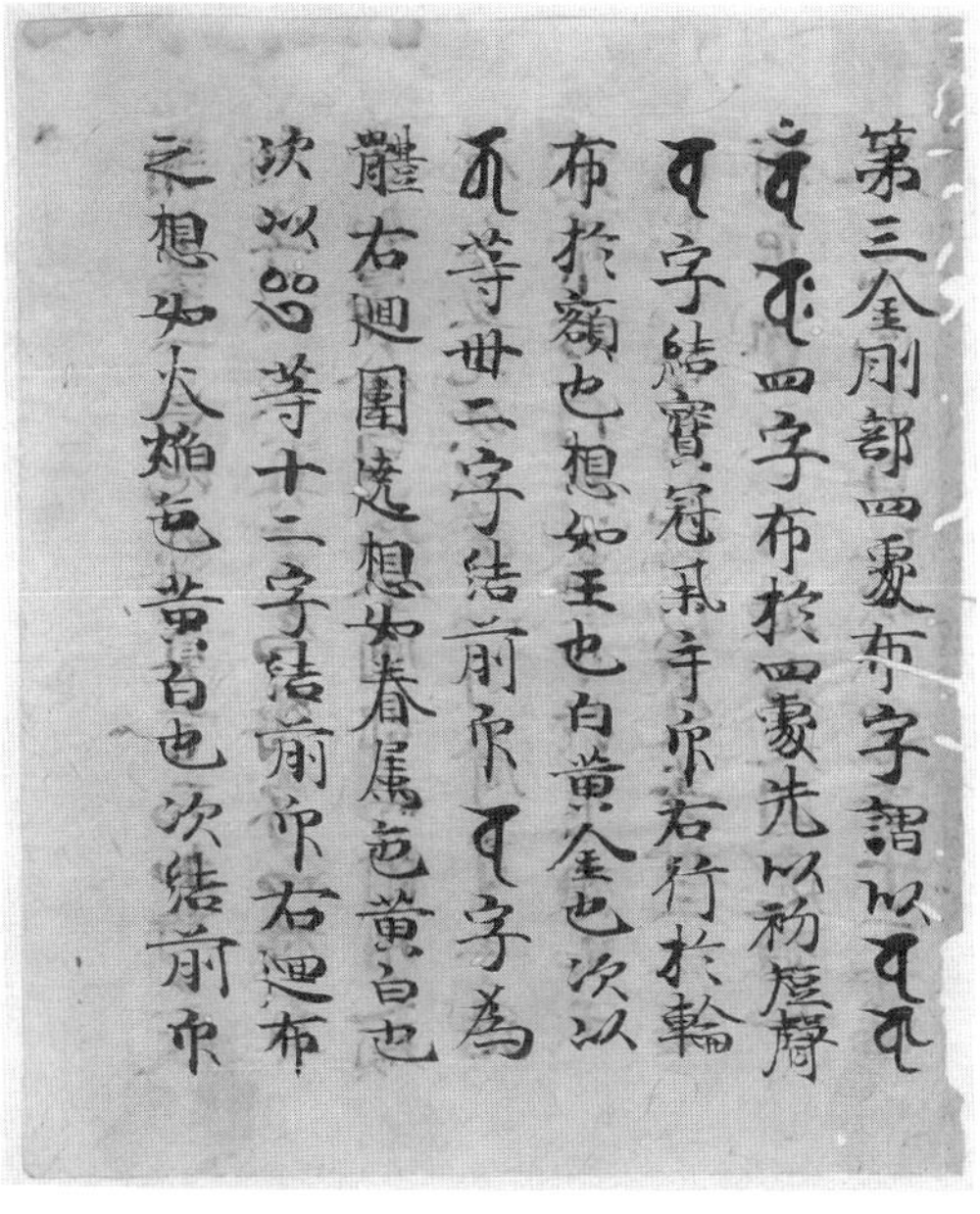

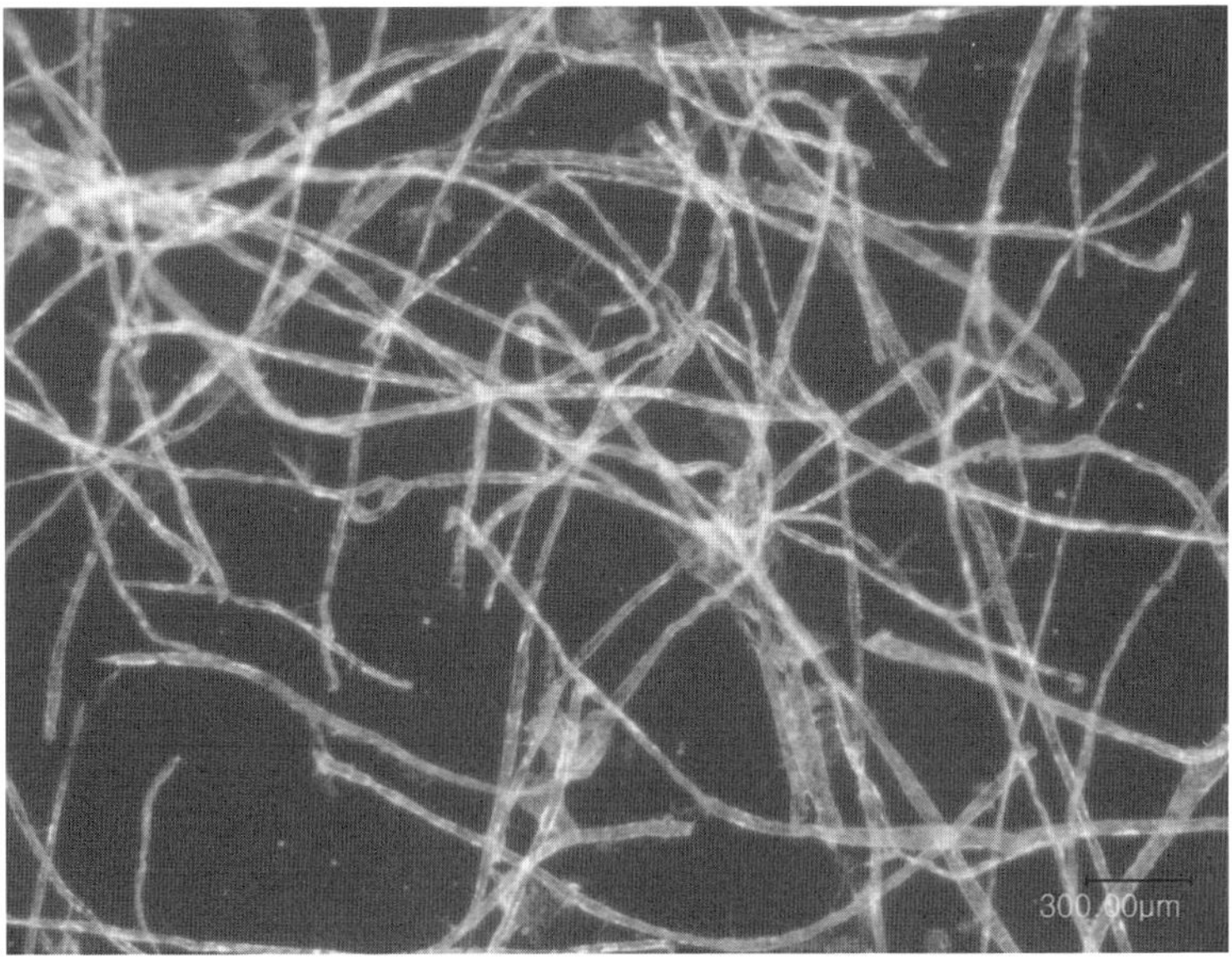

オニシバリの繊維（繊維写真）

透過光撮影

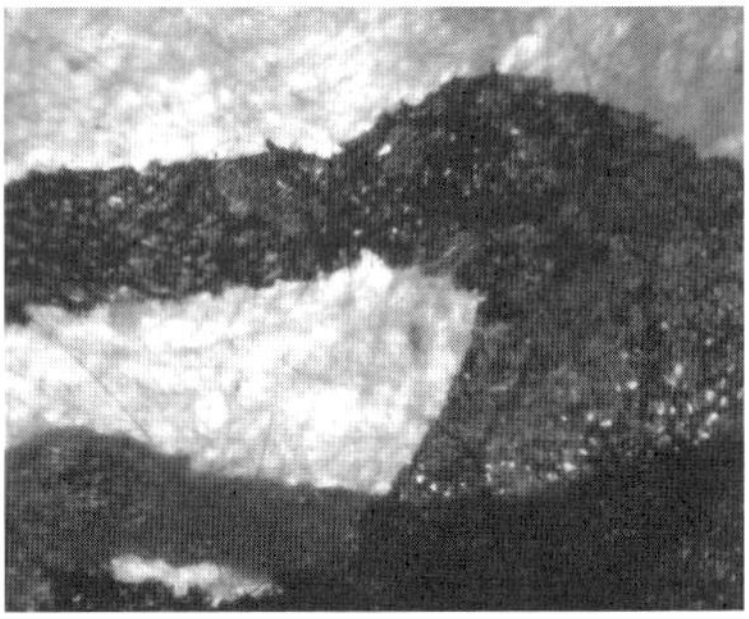

繊維分析　室町時代

疏第二聞書第八
文和五年（一三五六）

史料の性格

内容は師の講釈を聞きとったノートの一種と思われる。巻首を欠き、奥題が記されていないので書名は不詳。江戸中期に『疏第二聞書第八』と題している。

巻末の奥書には次のようにある。

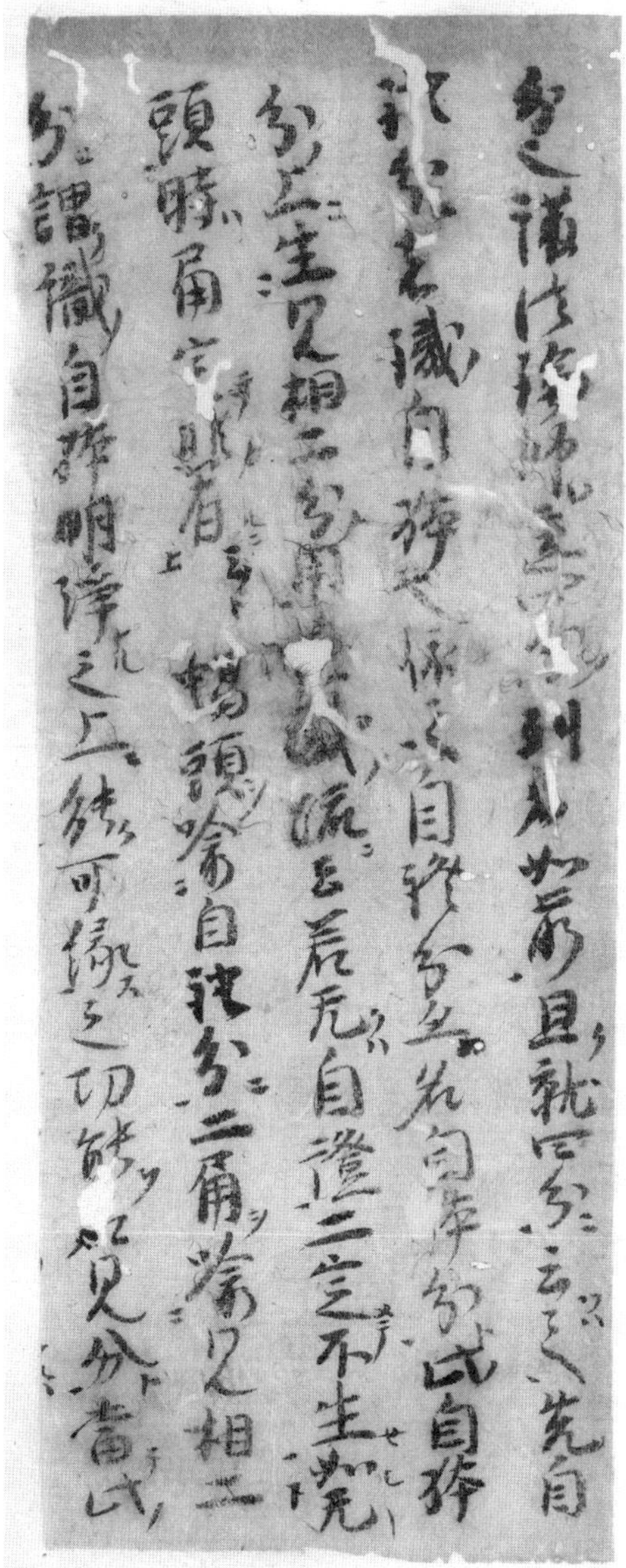

文和五年〈丙申〉二月十二日、於東寺　西院内講席、以口筆抄之了
大法師賢宝〈生廿四〉

このあと四、五行をへだてて「寛正二〈辛巳〉正月日修復了　宋杲〈五十四〉」という補修時の記録がある。寛正二年は一四六一年にあたる。

無界のやや薄手の紙と、有界の少し厚めの紙とを混用しており、前者には裏打が施されている箇所がある。

所見

寸法は、縦二七・四×横一〇・九㎝。界線などは、一切引かれていない。

淡い灰色の楮紙《ちょし》である。色調などからみて、漉き返し紙と推定される。繊維は、表面のみ縦方向に並ぶ（裏面は方向性なし）ので、半流し漉き技法で漉かれた紙と判断される。漉きムラのためもあり、漉目はややみえにくいが、糸目二㎝（ややみえにくい）・簀目《すのめ》一四本／三㎝なので、萱簀《かやす》で漉いた紙だろう。全体にソフト感のある紙に仕上がっているのも、萱簀で漉いた結果と推測できる。紙厚は〇・〇六五～〇・〇八五㎜とムラが目立ち、また未叩解《みこうかい》繊維も多く、全体として地合《じあい》は悪い。

全体に墨はややかすれ気味で、裏うつりも散見される。しかし、文字が読みにくいほどのにじみなどは生じていない。顕微鏡で観察しても、墨は楮繊維にしっかり定着している。水の吸収が遅い点をふまえると、紙漉き後、表面にドーサを塗布した（ドーサ処理した）可能性が高いと判断される。

やや大きめの虫損が六㎝間隔で連続するので、かつては巻子装だったと考えられる。虫損が多めなのは、紙料液に米糊が混ぜ込まれたためと推測される。

なお顕微鏡観察によると、楮繊維の間には米糊以外にも、細く細かい結晶物が確認される。これらは、紙漉きの際のネリとして、紙料液にノリウツギが混ぜられた結果、繊維間に入り込んだものと判断できる。

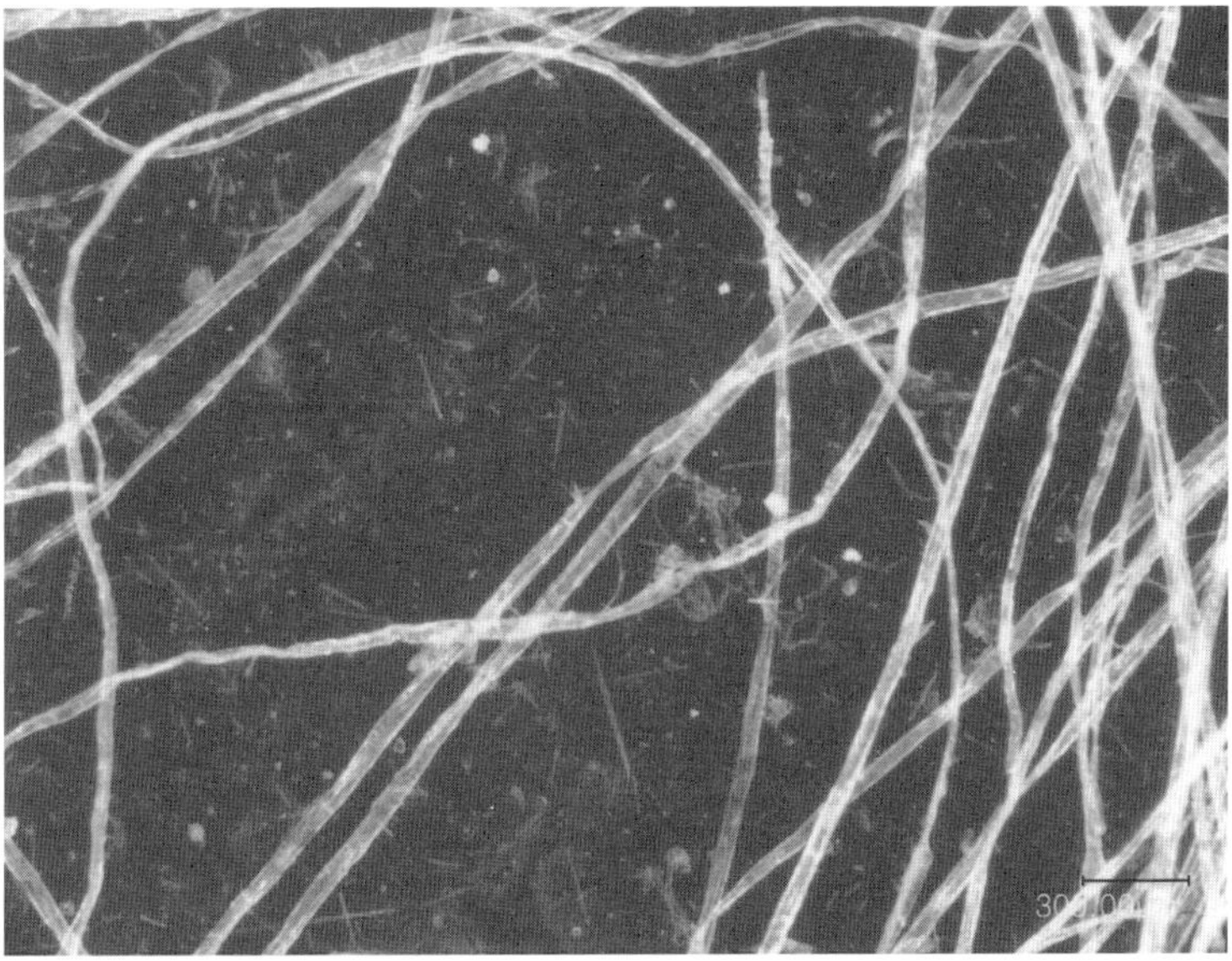

ノリウツギ　繊維の間にある細かい白色結晶物

透過光撮影（三〜五行目）

繊維分析　奈良・平安時代

1 神護景雲元年（七六七）法隆寺行信僧都発願経

濃い茶色紙。裏打がある三層の厚い紙。本紙は表面の薄い紙。虫喰いがある。白い紙は裏面紙で、打紙《うちがみ》がある。水の吸収はゆっくり。細い円筒形の楮《こうぞ》に米粉を加えて、黄蘗《きはだ》と膠《にかわ》を塗布する。

2 天長三年（八二六）大般若波羅蜜多経　巻一一四

赤みの薄茶色紙。細い竹簀で漉いている。部分的に裏打された打紙で、水の染み跡がフケと思われる。水の吸収はゆっくり。十分に洗滌《せんじょう》された細い円筒形の楮の紙に、黄蘗染めして膠を塗布する。

3 保延二年（一一三六）毘盧遮那経義釈　巻一二　沙門皇昭自筆

乳白色の薄い両面書写紙。地合はよい。簀跡はみえない。チリ・シミは少ないが虫喰いが多い。表面は打紙されているが、水の吸収は早い。細かい折れ曲がりのある楮。石灰が溶出したと思われる起泡がある。微量の膠を塗布する。

4 永治元年（一一四一）倶舎論本頌

鮮やかな黄色の薄紙。地合はよい。太い簀跡がある。チリ・シミ少ないが虫喰いがあり、打紙され、チャリツキ感があり、紙に粘性を感じる。水の吸収はゆっくり。非繊維細胞が残った楮に、米粉を加えて漉き、黄蘗と膠を塗布する。

5 仁平元年（一一五一）道場観根本真言

乳白色の薄紙。簀跡がみえない。チリ・シミがないが、虫喰いがある。強い打紙でパリパリして、水の吸収はゆっくり。打紙に使用する液に、膠を混合したと思われる。非繊維細胞の残った、円筒形の楮に米粉を加えて漉き、膠を塗布する。

6 仁平二年（一一五二）金剛頂瑜伽金剛薩埵儀軌

わずかに赤みのある乳白色の両面書写紙。簀跡はみえない。細かいチリが多く、虫喰いがあり、下部はフケで消失している。強い打紙でパリパリして、水の吸収はゆっくり。透明性の高い繊維に、モチ米の米糊を加えて漉き、膠を塗布する。透明な繊維で細かいチリがあるので、桑の繊維を使用したと考えられる。

7 平治元年（一一五九）決示三種悉地法文

乳白色の紙。縦に使用した両面書写紙。萱簀《かやす》で漉く。厚薄があり、わずかにシミもある。糊の部分に虫喰いの多い瑩紙《えいし》で、水の吸収は早い。円筒形の楮を石灰液で煮た紙に膠を塗布する。

8　長寛二年（一一六四）雑秘抄　**沙門定慶筆**

淡いクリーム色紙が灰紫色カビで部分的に変色して、模様紙にみえる。虫喰いがあり、裏打で修補されている打紙で、水の吸収は早い。円筒形の楮に米糊を加えて、トロロアオイで漉き、膠を塗布する。

9　承安三年（一一七三）迦桜羅王持念経　**興然大法師自筆**

淡い黄色紙を縦に使用した両面書写紙。萱簀跡がある。もと薄い紙であったが、虫喰いを修復している。強い打紙でパリパリしていて、水の吸収はゆっくり。楮に少量の填料と米糊を加えて漉き、膠を塗布する。填料《てんりょう》が使われている最初期の紙。

10　承安五年（一一七五）大般若経　**巻第二三六**

淡い黄色の厚紙。柿渋と思われる色料を片面塗布している。澱粉を塗布して弱い打紙がされ、水の吸収はゆっくり。透明なソックス状をした繊維が多い楮を、トロロアオイで漉く。

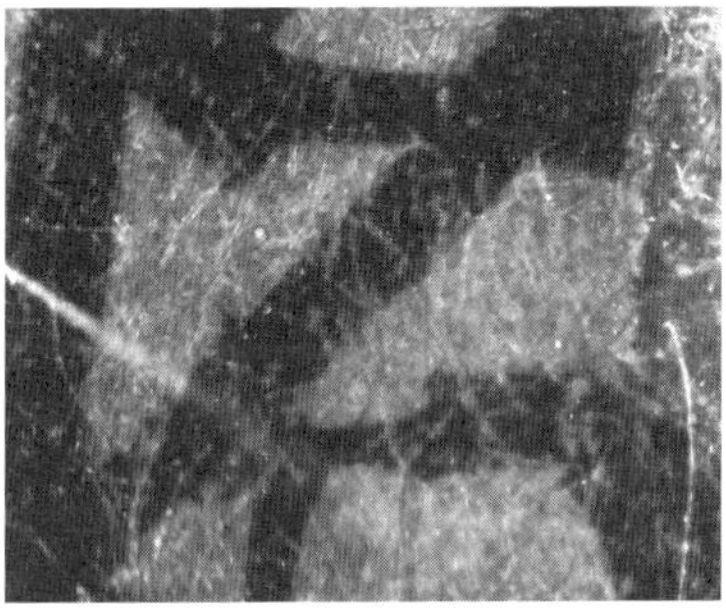
1

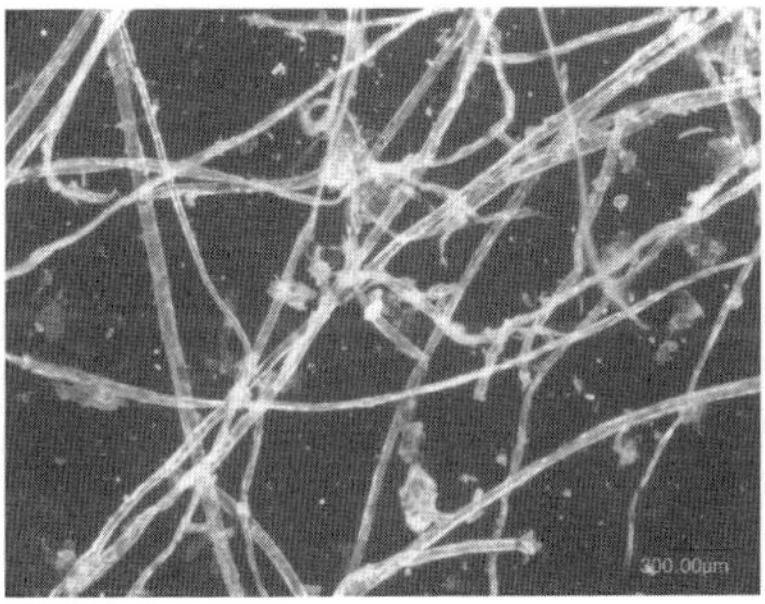
1

2

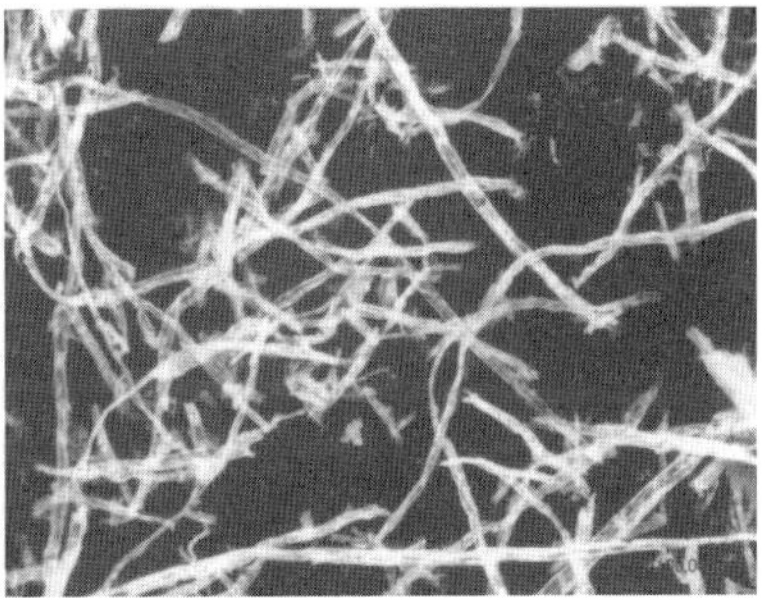
2

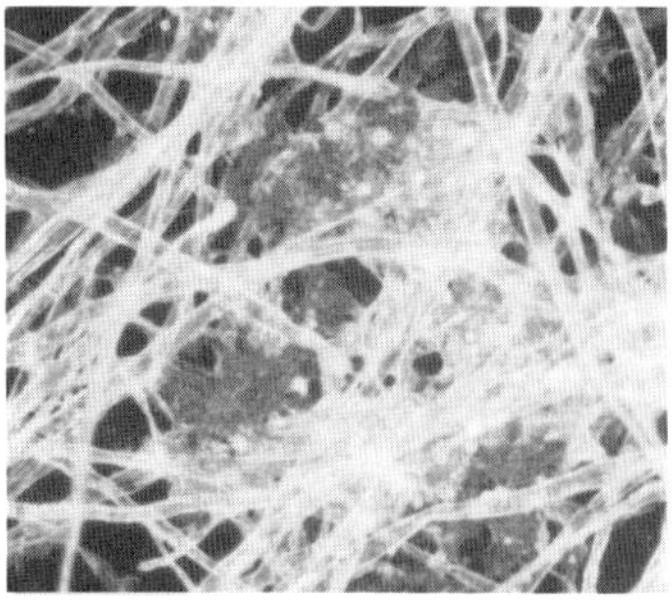
5

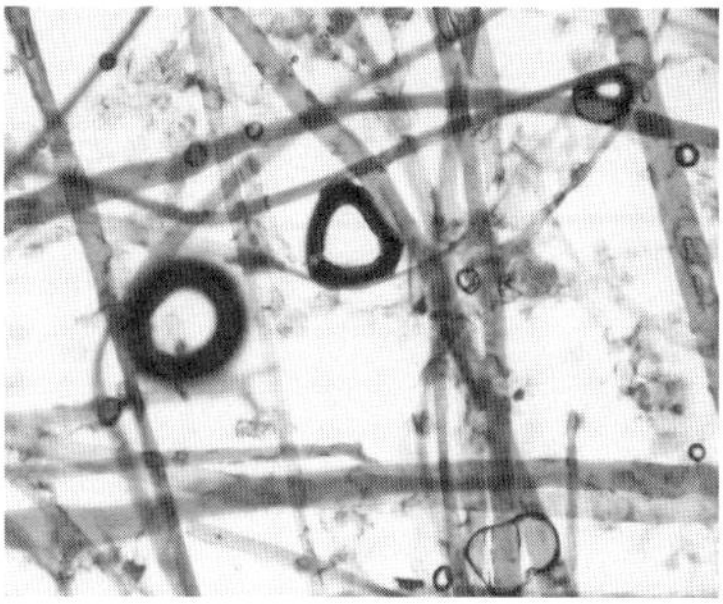
5（C染色液染め）

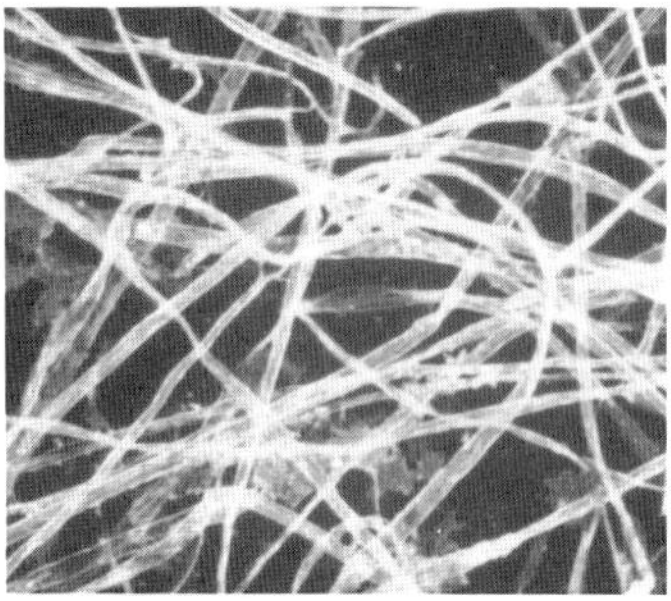
6

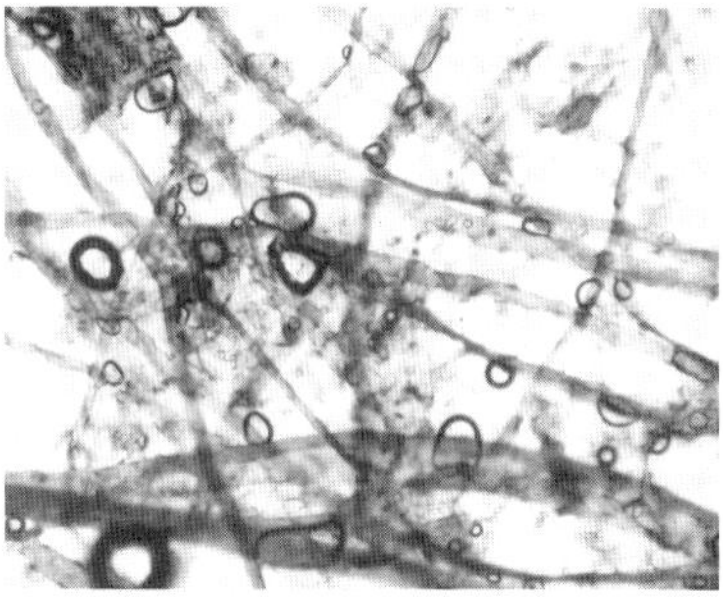
6（C染色液染め）

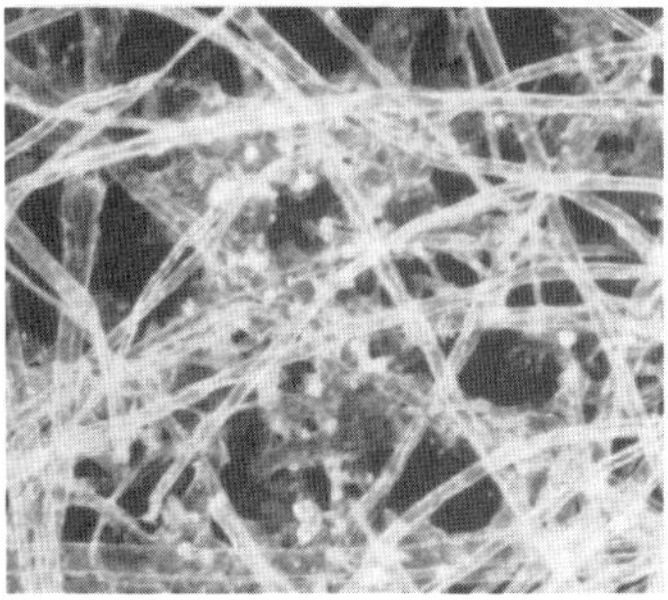
7

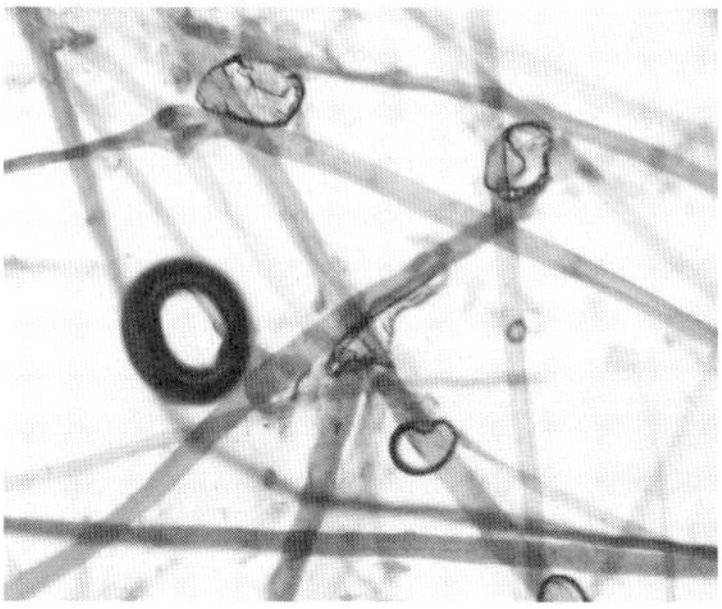
7（C染色液染め）

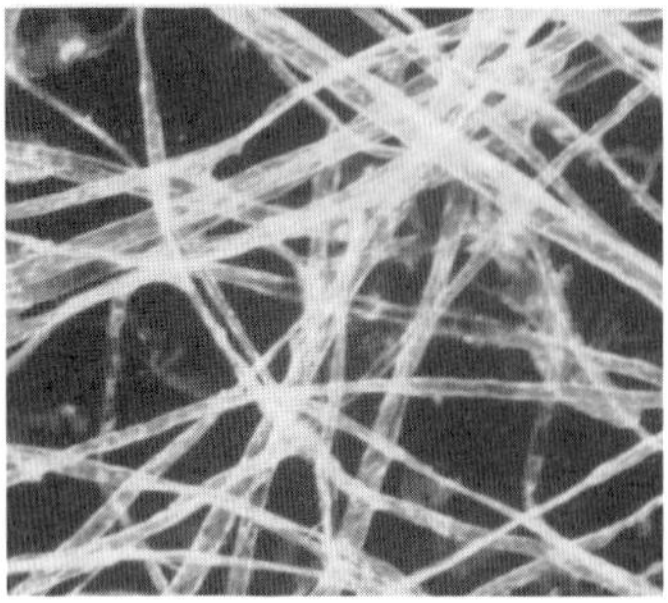
9

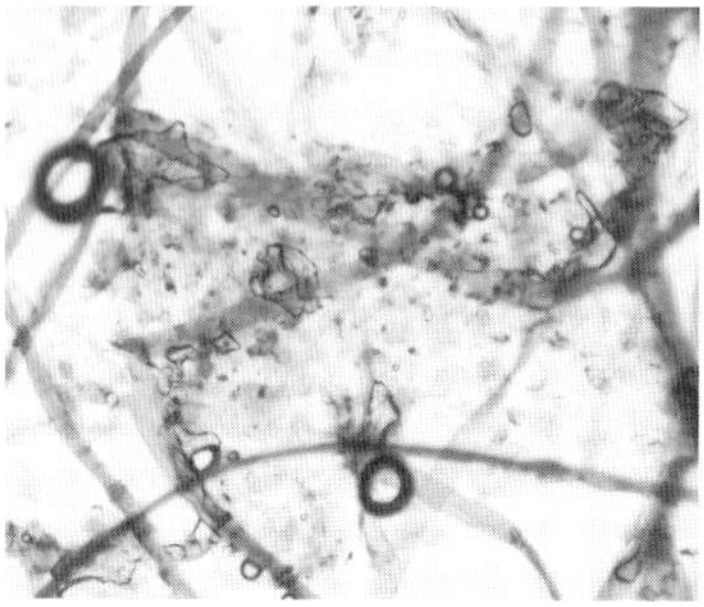
9（C染色液染め）

繊維分析　鎌倉時代

1 正治元年（一一九九） 大般若経 巻第一六六

茶色の紙に黄蘗《きはだ》の黄色シミが縦線状に出る。未分散《みぶんさん》繊維があり、虫喰いもある。打紙《うちがみ》され緊度が高く、水の吸収はゆっくり。雁皮《がんぴ》に楮《こうぞ》を微量に混ぜ、米糊を加えて漉き、膠《にかわ》と黄蘗《きはだ》を塗布する。

2 建保五年（一二一七） 蘇悉地羯羅経略疏 第五

厚紙を縦に使用した乳白色の両面書写紙。萱簀《かやす》跡がある。繊維の流れから半流し漉きと思われる。虫喰いがあり、打紙があるが、膠の塗布がないため、水の吸収は早い。細い円筒形の楮紙《ちょし》。

3 嘉禄元年（一二二五） 嘉禄版 **大般若経** 巻第四九

鮮やかな黄色紙。黄蘗を片面刷りする。簀跡《すあと》はみえない。地合《じあい》はよく、虫喰いが多い。打紙され、水の吸収はゆっくり。洗滌《せんじょう》された円筒形の楮に米糊を多量に加え、トロロアオイで漉く。

4 宝治二年（一二四八） 如意輪教悔

乳白色の厚紙。萱簀跡がある。細かいチリがあり、打紙がしてありチャリツキ感があるが、水の吸収は早い。膠の塗布はない。米粉を加えて漉いた桑の紙（桑は黒皮が薄いので、チリになりやすい）。

5 建長二年（一二五〇） 大方広仏華厳経 巻之一五

乳白色の厚紙。縦に使用した萱簀《かやす》跡がある。細かいチリが多く、地合は悪い。虫喰いがあり、打紙された紙の表面に雲母粉がある。水の吸収はゆっくり。桑の紙に雲母《きら》入りの膠を塗布している。雲母粉は膠液が冷え、粘度の低下を防ぐために使われると思われる。

6 文応元年（一二六〇） 十住心論 第一巻私示

赤味の乳白色紙。萱簀の凹凸跡が残っていて、表面が粗い。未蒸解繊維やチリが多く、虫喰いが少量ある。水の吸収は遅い（反町氏の解説には、この時代特色の紙質であると記している）。桑の紙にドーサを塗布する。長い繊維を溜め漉き風に、漉き枠を止めて漉いたと思われる。松皮紙と呼ばれた。

7 弘長二年（一二六二） 大勝金剛頂品秘決

乳白色の紙。萱簀跡がある。地合はよい。チリは少なく、虫喰いがない。打紙され、水の吸収はゆっくり。太い円筒形の楮に、米粉を加えてトロロアオイで漉き、澱粉《でんぷん》を塗布する。

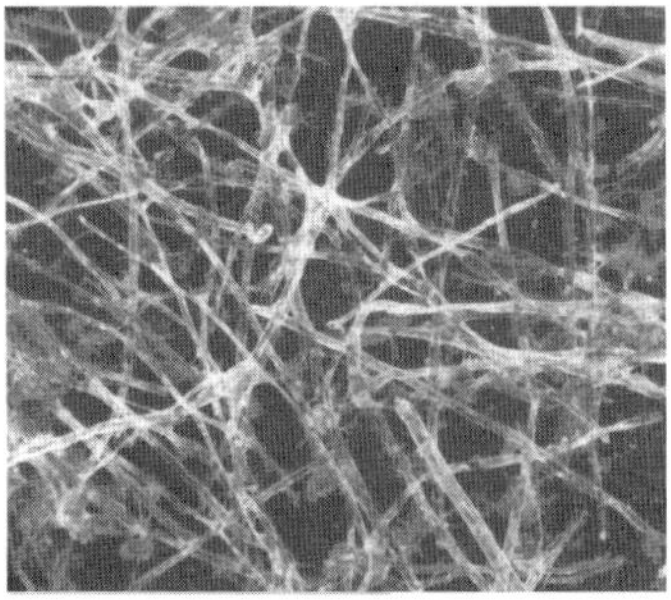

1

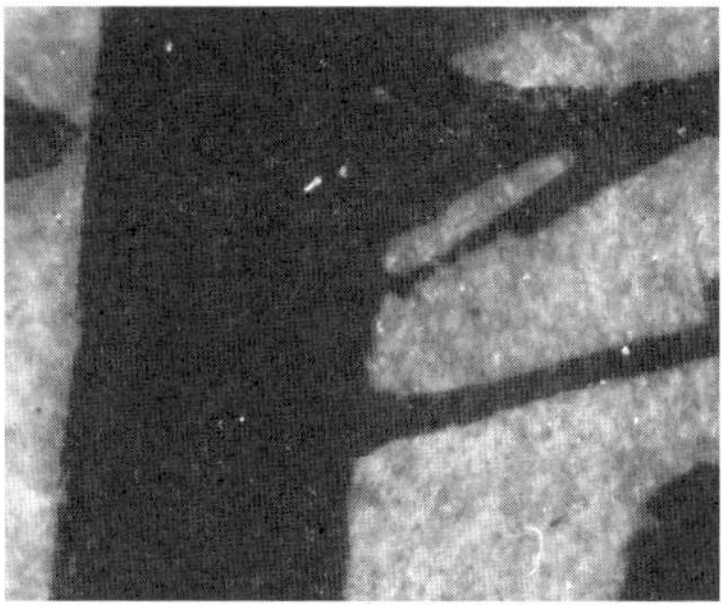

1

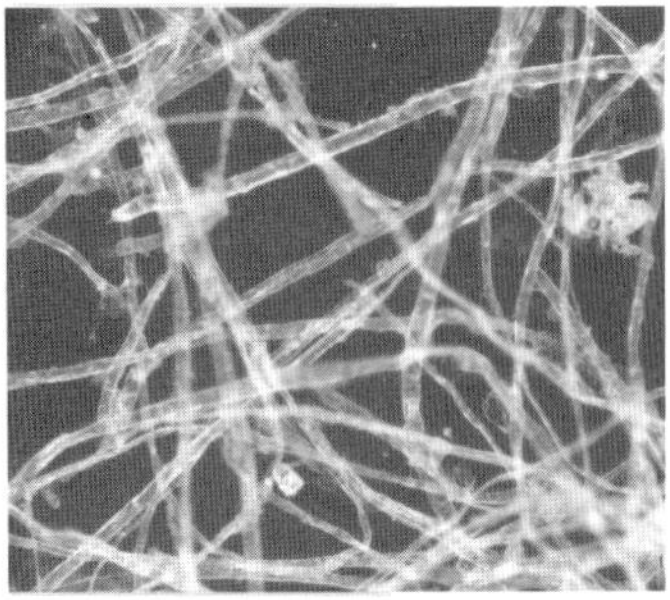

5

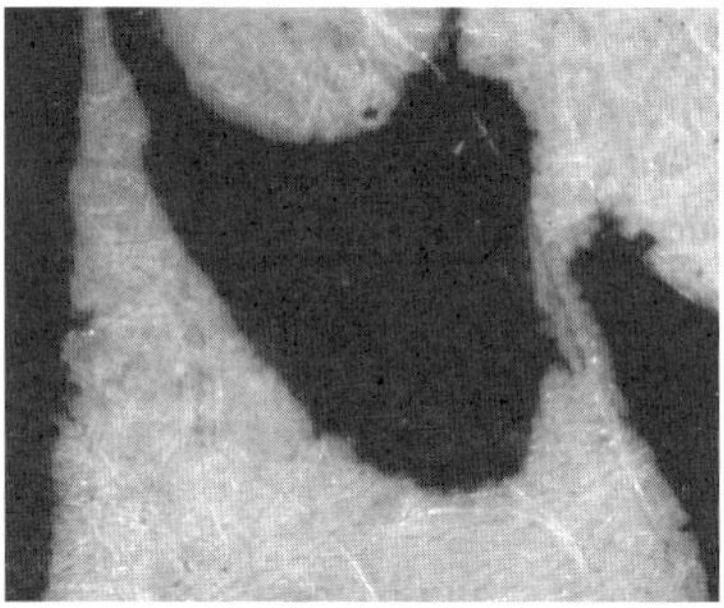

5

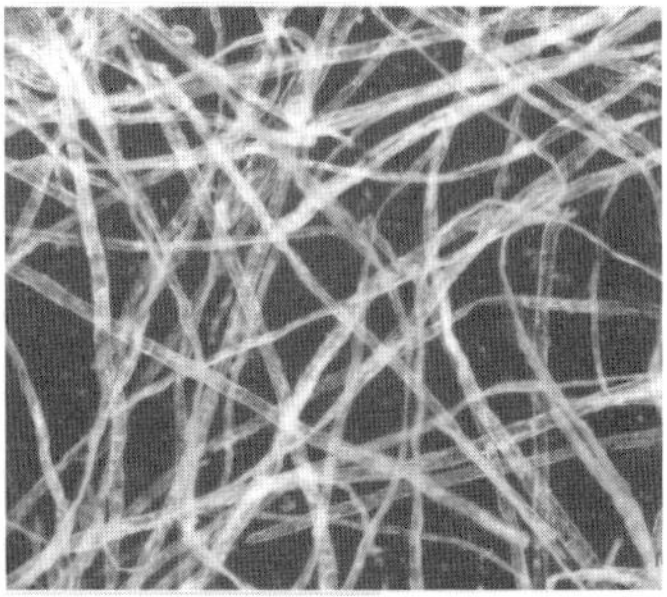

13

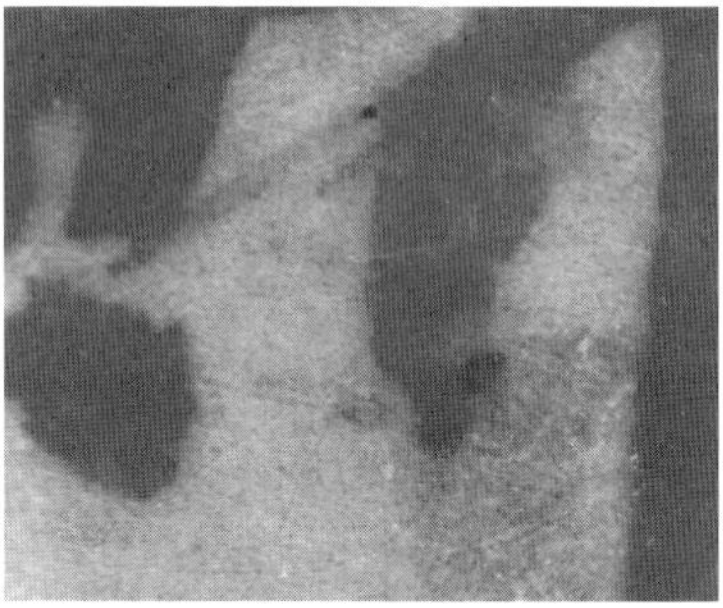

13

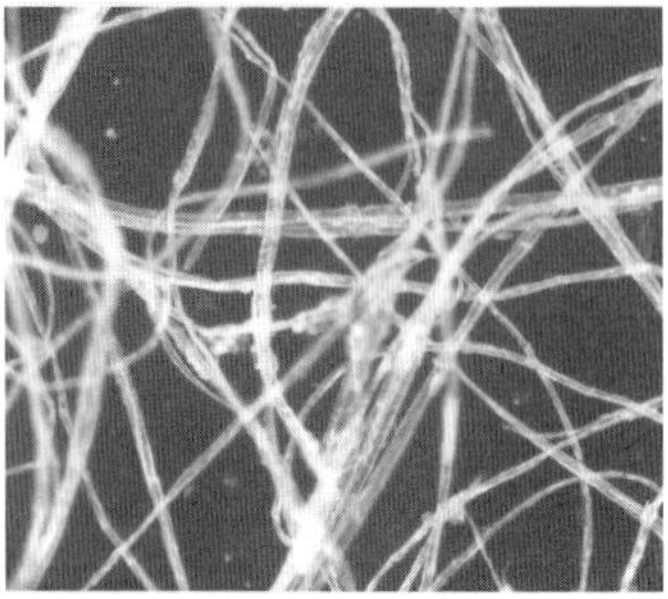

14

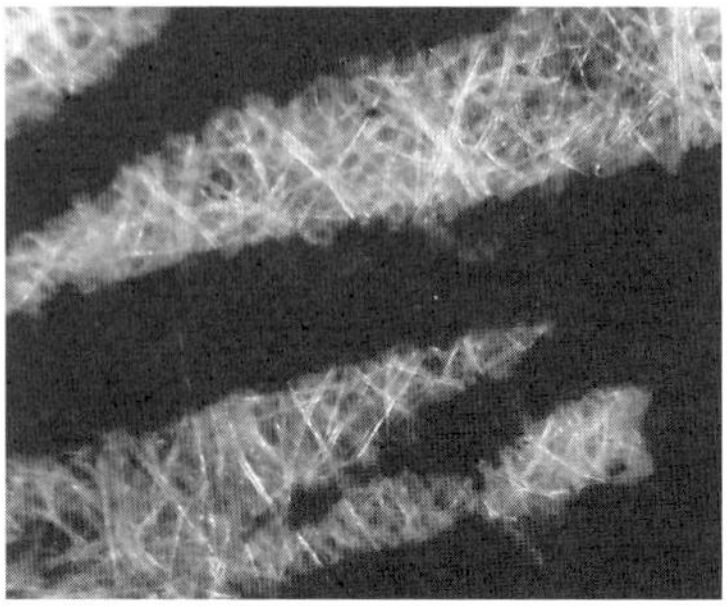

14

8 文永二年（一二六五）春日版 大般若経 巻第五一〇

黄味の茶色の厚紙。萱簀跡がある。チリや虫喰いなどがない良質紙。打紙され、表面に雲母粉がある。水の吸収はゆっくり。円筒形の楮の紙に、雲母粉を混ぜた柿渋を薄く塗布したと思われる。

9 文永三年（一二六六）護国三部経講釈

淡い灰色の薄い紙。簀跡はみえない。厚い裏打がある。細かいチリがあり、一部にフケがある。水の吸収はゆっくり。円筒形の楮に少量の填料《てんりょう》と、澱粉を加えて漉き、膠を塗布する。

10 文永五年（一二六八）十住心論 第六抄出 沙門観海筆

乳白色の両面書写紙。簀跡はみえない。チリはなく、地合はよいが、虫喰いが多い。皺のある打紙で、水の吸収は遅い。円筒形の楮の紙にドーサ処理する。

11 弘安五年（一二八二）大乗起信論 巻上 僧覚弁筆

乳白色の薄紙。簀跡はみえない。地合はよくない。虫喰いがあり、打紙されているが、水の吸収は早い。円筒形の楮をトロロアオイで漉き、澱粉を塗布して打紙している。

12 正安三年（一三〇一）金剛頂経開題 勘注抄

淡い茶色紙。萱簀跡がある。地合は悪く、表面は凸凹で黒い異物が多く、シミがある。水の吸収は遅い。細い円筒形の楮をトロロアオイで漉き、ドーサ処理する。

13 文保元年（一三一七）弁才天等次第 西大寺大慈院旧蔵本

クリーム色のやや厚い両面書写紙。簀跡はみえない。地合はよく、チリは少ない。糊部に虫喰いがあるが、表面は艶がなく、チャリツキ感がある最上級紙。水の吸収は遅い。現在の紙幣用紙に似ている。洗滌された楮を黄蘗染めして、トロロアオイで漉き、打紙した後に澱粉液を塗布する。

14 元亨元年（一三二一）理趣釈口決 第二

乳白色の両面書写紙。萱簀漉き。地合はよく、虫喰いがある。表面はソフト感があり、瑩紙《えいし》と思われる。水の吸収は早い。透明でソックス状の繊維が多い楮を、トロロアオイで漉く。表面写真でみられるとおり、楮の繊維間に空間が多いのは打紙処理がないことを示している。

15 元弘四年（一三三四）大般若経 巻第四二三

鮮やかな黄色紙。竹簀跡がある。地合はよく、チリは少なく、虫喰いはない。打紙されているが、表面に艶がなく、ソフト感がある良質紙。水の吸収は早い。透明性の高い楮に、少量の澱粉を加えてトロロアオイで漉く。

繊維分析　室町時代

1　延文五年（一三六〇）大般若経　巻第二〇三　出羽国羽黒堂旧蔵

やや厚手の黄色紙。萱簀《かやす》漉き。地合《じあい》はよい。チリは少なく、虫喰いはなく、表面に艶のない打紙《うちがみ》。水の吸収は遅い。円筒形の楮《こうぞ》に填料《てんりょう》を加えてトロロアオイで漉き、黄蘗《きはだ》・膠《にかわ》を塗布して後、澱粉《でんぷん》液で打紙する。

2　貞治三年（一三六四）頃　愛染王法　東寺旧蔵

淡いクリーム色の半透明紙。細い竹簀跡がある。地合はよく、虫喰いがある。チャリツキ感があるが、表面に艶はなく、水の吸収は早い。楮に微量の米糊を加えて漉き、澱粉を塗布する。

3　応安二年（一三六九）大方広仏華厳経　巻第五一

淡いクリーム色の薄紙。萱簀漉き。地合はよい。上部にフケ、下部に変色した細かいチリが多いが、虫喰いはない。繊維間は詰まっていて、水の吸収は遅い。円筒形の楮に填料と微量の米糊を加えて、トロロアオイで漉き、ドーサ処理する。

4　至徳四年（一三八七）摩訶般若波羅蜜多経　巻第三

乳白色の薄紙。萱簀跡がある。地合はよく、虫喰いがある。表面が平滑なため瑩紙と思われる。水の吸収はゆっくり。非繊維細胞が残った透明な楮をノリウツギで漉き、膠を塗布する。

5　明徳四年（一三九三）大般若経　巻第三〇二

濃いクリーム色紙。簀跡はみえない。地合はよく、細かいチリが多い。繊維間は詰まっていて、水の吸収はゆっくり。黄蘗染めした楮に、少量の填料と米糊を加えて漉き、表面に多量の澱粉を塗布する。

6　応永六年（一三九九）大般若経　巻第一一六

黄色の薄紙。簀跡はみえない。部分的な厚薄があり、打紙でチャリツキ感がある。水の吸収は遅い。円筒形の楮に微量の米糊を加えて、トロロアオイで漉き、表面に黄蘗と膠を塗布する（反町氏の解説には、ワラ入りと記しているが、楮に少量の雁皮《がんぴ》が混合されているので、これをワラと間違えたと推測される）。

7　応永一一年（一四〇四）十住心論第一見聞

乳白色紙。萱簀漉き。繊維の流れがある地合のよい紙で、打紙はなく、水の吸収は早い（高野紙の障子紙との反町氏の解説がある）。楮をノリウツギで漉く。

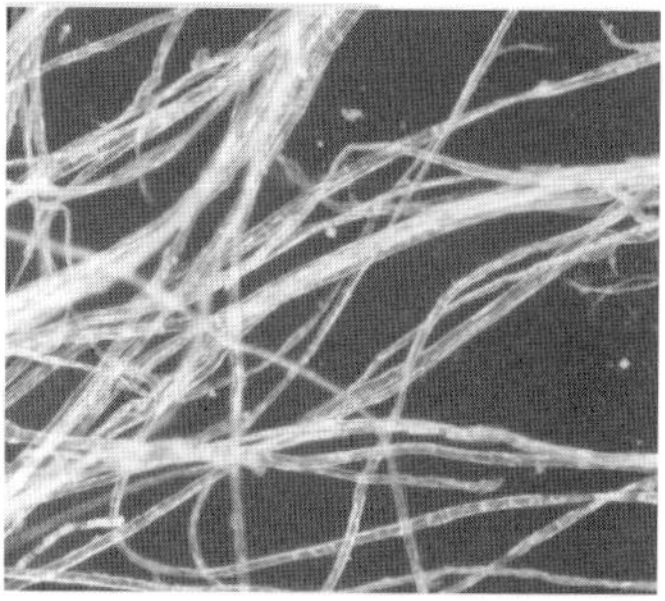
6

6

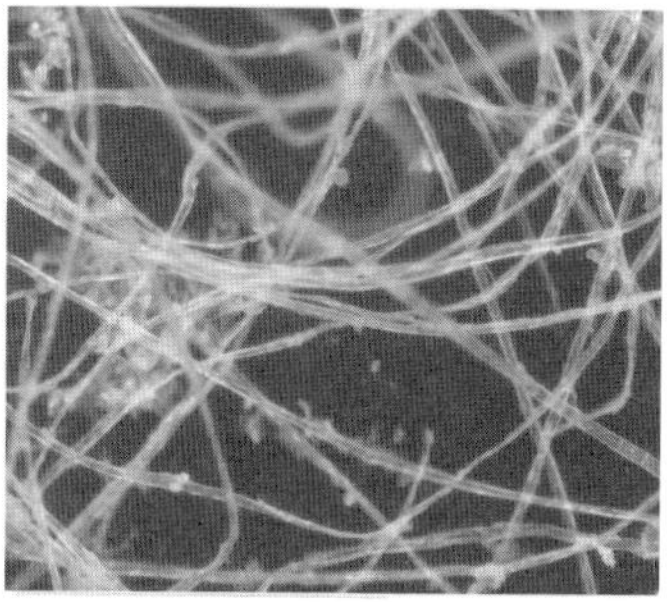
10

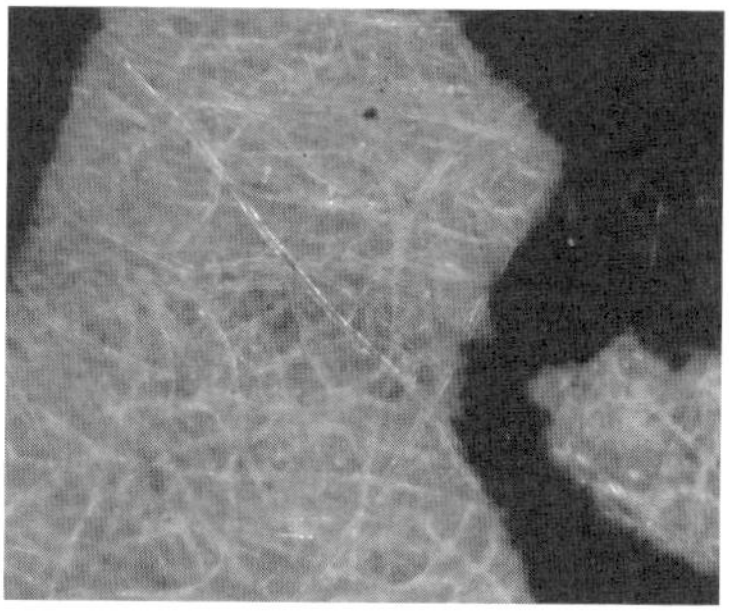
10

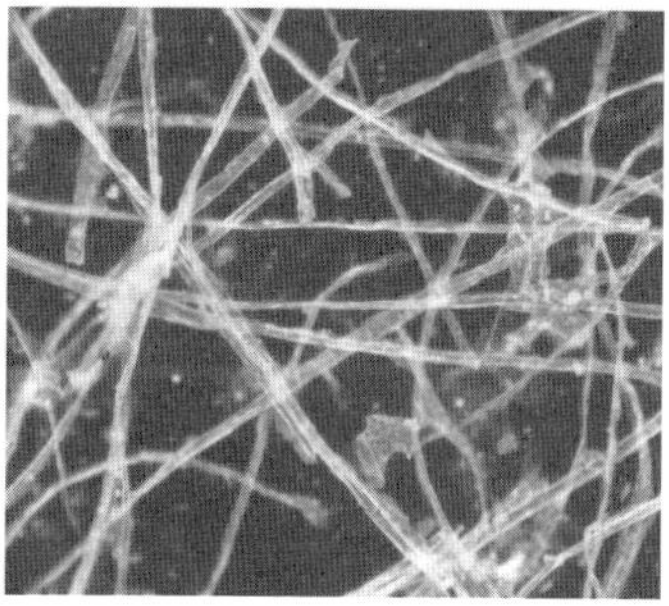
13

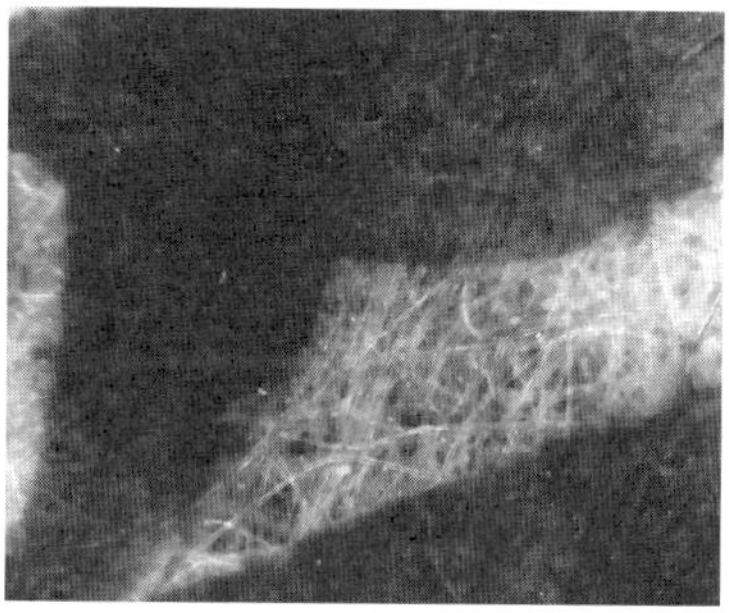
13

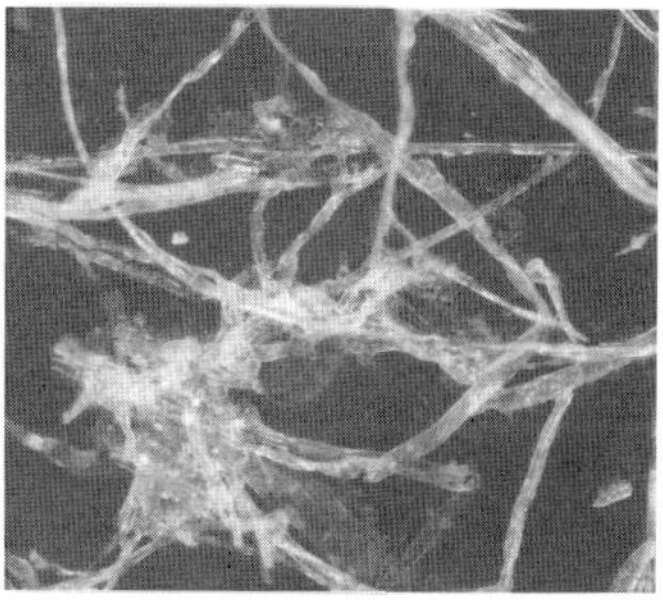
23

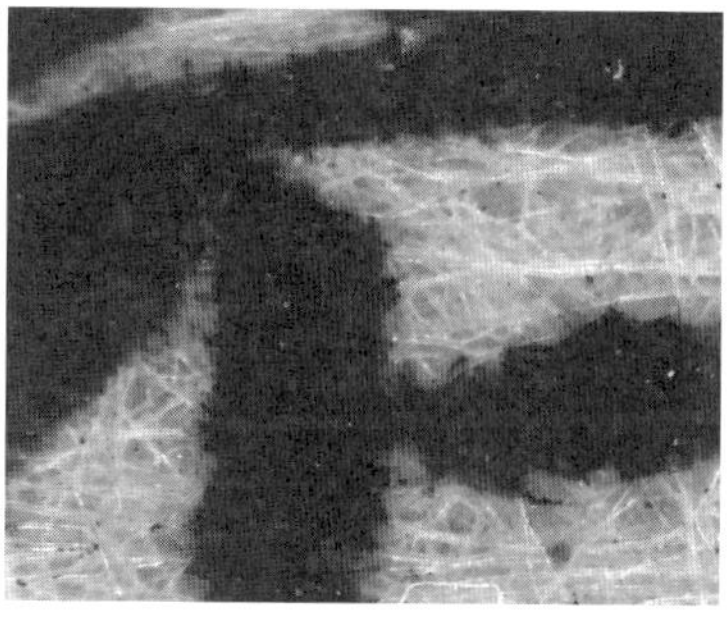
23

8 応永一二年（一四〇五）春日版 大般若経 巻第二四四

淡いクリーム色の厚紙。簀跡はみえない。地合はよく、表面平滑で繊維間は空いていて、内部に添加物がある。水の吸収は遅い。黄蘗染めした細い楮をノリウツギで漉き、ドーサ処理する。

9 応永一九年（一四一二）吽字義聞書

乳白色紙。萱簀漉き。地合のよくない薄紙。チリは小量で、シミがあり、虫喰いが多い。水の吸収はゆっくり。非繊維細胞が残っていて、C染色液を塗布すると、石灰泡がみられるので、洗滌《せんじょう》が少ない紙と想像される。細い楮をトロロアオイで漉き、ドーサ処理する。

10 応永二四年（一四一七）金剛界念誦私記

乳白色の厚紙を縦に使用した両面書写紙。萱簀で漉く。周囲全面が焼けている。地合はよく、表面平滑な良質紙。水の吸収は遅い。円筒形の楮に米粉を加えてノリウツギで漉き、膠を塗布して、多量の澱粉も塗布する。

11 文安三年（一四四六）両界許可作法私記 沙門宥勢筆

淡い黄茶色紙。竹簀跡がある。虫喰いがあり、全体が汚れている。水の吸収は遅い。洗滌《せんじょう》された楮に填料を加えて漉き、黄蘗染めして、ドーサ処理する。

12 文安五年（一四四八）大日経疏 第三抄二 高野山正智院旧蔵

乳白色の両面書写紙。萱簀跡がある。地合はよい。虫喰いが少量あり、打紙されているが水の吸収は早い。透明性の高い楮に少量の米糊を加えて、トロロアオイで漉く。

13 文明一三年（一四八一）大疏第一愚章 第一

クリーム色紙を縦に使用して両面書写したやや厚紙。萱簀漉き。未分散繊維があり、地合は悪い。パリパリ感があり、水の吸収は遅い（高野紙との反町氏の解説にあり）。C染色液を塗布すると、石灰泡が発生する。楮をトロロアオイで漉き、ドーサ処理する。

14 文 明一四年（一四八二）職原鈔 巻上残簡

薄い茶色の薄紙。萱簀漉き。周囲全体が焼けているが、地合はよく、チリ・虫喰いがない良質紙。弱い打紙があるが、水の吸収は早い。細く円筒形の楮をトロロアオイで漉く。

15 明応二年（一四九三）西方短冊

乳白色の両面書写紙。萱簀漉き。地合は悪く、チリ・虫喰いが微量あり、表面に添加物がみえる。水の吸収は早い。透明性の高い楮に炭酸カルシウムを加えて、トロロアオイで漉く。

16 永正元年（一五〇四）五山版 聚分韻略

薄茶色紙。漉き簀跡はみえない。地合はよいが、部分的に裏打がある。水の吸収は早い。黄蘗染めした細い円筒形の楮に、塡料を加えてトロロアオイで漉く。

17 永正五年（一五〇八）釈論第二勘注 第一末

薄茶色の薄紙。萱簀跡がわずかにみえる。地合は悪く、チリ・シミ少量がある。虫喰いがあり、水の吸収は遅い。黄蘗染めした、洗滌の少ない楮に塡料を加えて漉き、ドーサ処理する。

18 永正一〇年（一五一三）四恩報謝抄 東寺真性院陽春筆

薄クリーム色の薄紙。簀跡はみえない。地合は悪く、虫喰いが多い。水の吸収は早い。円筒形の楮に米粉を加えてトロロアオイで漉く。

19 天文四年（一五三五）唐賢三体家法詩 巻之一

薄茶色の薄紙。漉き簀跡はみえない。未分散繊維あるが地合はよい。汚れがあり、虫喰いもある。弱い打紙で水の吸収はゆっくり。黄蘗染めした円筒形の楮に塡料と米糊を少量加えて、トロロアオイで漉き、澱粉を塗布する。

20 天文一七年（一五四八）伝法灌頂初夜作法

クリーム色の厚紙。萱簀跡がみえる。繊維の流れがあり、地合はよいが、チリがある。打紙され、水の吸収はゆっくり。黄蘗染めした洗滌の少ない楮に炭酸カルシウムと米糊を加えて、トロロアオイで漉き、表面に澱粉を塗布する。

21 弘治三年（一五五七）菩提心論初心抄 下

白色の薄紙。簀跡がみえない。繊維の流れがあり、地合はよい。シミが少量あり、水の吸収はゆっくり。円筒形の楮に少量の塡料と米糊を加えて、トロロアオイで漉き、澱粉を塗布する。

22 元亀四年（一五七三）即身成仏顕得鈔 巻上

薄クリーム色の厚い両面書写紙。萱簀跡がある。地合はよいが、チリは少々ある。打紙されているが、表面の艶がなく、パリパリ感があり、水の吸収は早い。黄蘗染めした太い円筒形の楮の紙。

23 天正一三年（一五八五）三宝院伝法灌頂聞書 二・三　高野山往生院宥慶等筆

薄クリーム色の厚い両面書写紙。萱簀跡がある。地合はよい。表面の繊維は詰まっていて、パリパリ感がある。水の吸収はゆっくり。黄蘗染めした洗滌が少ない円筒状の楮に、塡料と微量の米糊を加えて漉き、澱粉を塗布する。

繊維分析　江戸時代

1　慶長八年（一六〇三）万出入日記

薄クリーム色の薄紙。萱簀《かやす》跡がある。未分散《みぶんさん》繊維が多く、表面の繊維の流れが大きい。チリが多く、水の吸収は早い。洗滌《せんじょう》が少ない透明な桑に填料《てんりょう》を加えて漉き、膠《にかわ》を塗布する。

2　慶長一一年（一六〇六）悉曇十八章

薄い黄色の薄葉紙。萱簀漉き。繊維の流れが大きく、未分散繊維が多く、虫喰いもある。水の吸収は早い。外観は現代の大礼紙に似た粗紙。洗滌の少ない細い楮《こうぞ》を石灰液で煮て、トロロアオイで漉く。

3　慶長一四年（一六〇九）諸国鍛冶之次第

薄茶色の薄紙。簀跡《すあと》がみえない。地合《じあい》はよく、チリは少ないが、汚れと虫喰いがある。表面の繊維間に異物がある。打紙《うちがみ》され、水の吸収はゆっくり。石灰液蒸《じょうしゃ》煮と思われる、洗滌の少ない透明な楮に、少量の填料を加え、トロロアオイで漉き、膠を塗布する。表面の異物は石灰粒子と思われる。

4　慶長一四年（一六〇九）大和流鏑馬術伝書　金子豊前守家秀伝授

淡い赤茶色の両面書写紙。簀跡はみえない。地合がよく、細い繊維で滑らかな肌で、チャリツキ感がある。チリも虫喰いもない良質紙で、水の吸収は早い。細い雁皮を米の研ぎ汁を加えてノリウツギで漉く。表面写真にみられるように、表面が非常に滑らかで、打紙《うちがみ》にない自然な平滑性を感じる。

5　慶長一五年（一六一〇）嵯峨本謡曲「安宅」

薄いクリーム色紙。竹簀漉き。繊維の流れがあり、未分散繊維がある。チリも少しあり、水の吸収はゆっくり。楮をノリウツギで漉き、膠を塗布する。

6　慶長一五年（一六一〇）古活字版　太平記　巻第三一・二

薄クリーム色紙。萱簀漉き、繊維の流れがあるが、分散不足で地合は悪い。シミと虫喰いがあり、水の吸収は早い。透明性の高い楮をトロロアオイで漉き、膠を塗布する。

7　慶長二〇年（一六一五）暦林問答集　断簡

薄クリーム色の薄紙。萱簀で流し漉ている。地合《じあい》はよく、チリも少ないが、虫喰いがある。水の吸収はゆっくり。楮をトロロアオイで漉き、膠を塗布する。

8　元和四年（一六一八）残儀兵的　断簡

薄茶色の薄紙。竹簀で流し漉きしている。地合はよく、チリが少ないが、汚れが目立つ。弱い打紙であるが、全面に裏打がある。水の吸収は遅い。円筒形の楮に米糊を加えて漉き、表面の薄い膠液を塗布した後打紙した。C染色液で塗布澱粉《でんぷん》の反応がみられるが、この糊は貼合時の糊と思われる。

9　元和五年（一六一九）高野版　蘇悉地羯羅経　巻下

薄クリーム色の薄紙。萱簀で漉く。地合はよく、チリは少ないが、虫喰いがある。打紙があるが、水の吸収は早い。黄蘗染めした非繊維細胞が残った楮を、ノリウツギで漉く。

10　元和九年（一六二三）古活字版　貞観政要　巻第二

薄いクリーム色の薄紙。萱簀で流し漉きしている。未分散繊維あるが、地合はよい。チリと虫喰いが少々ある。水の吸収はゆっくり。透明性が高い楮をトロロアオイで漉き、膠を塗布する。

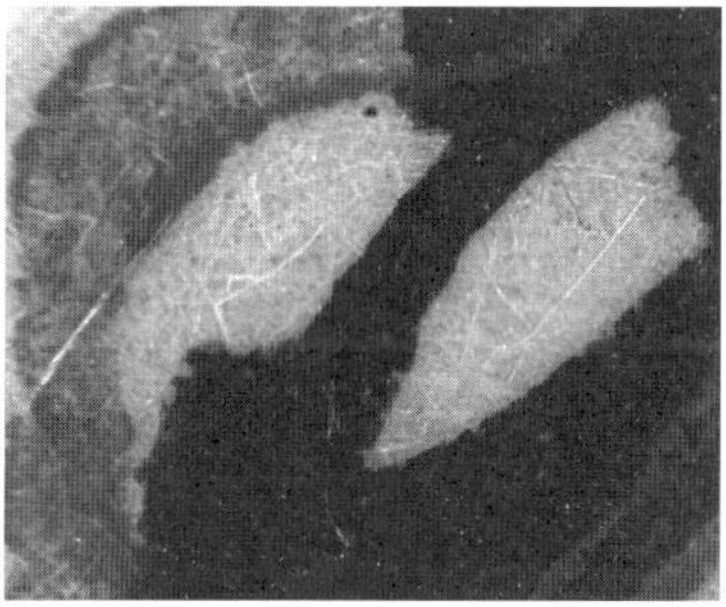

4

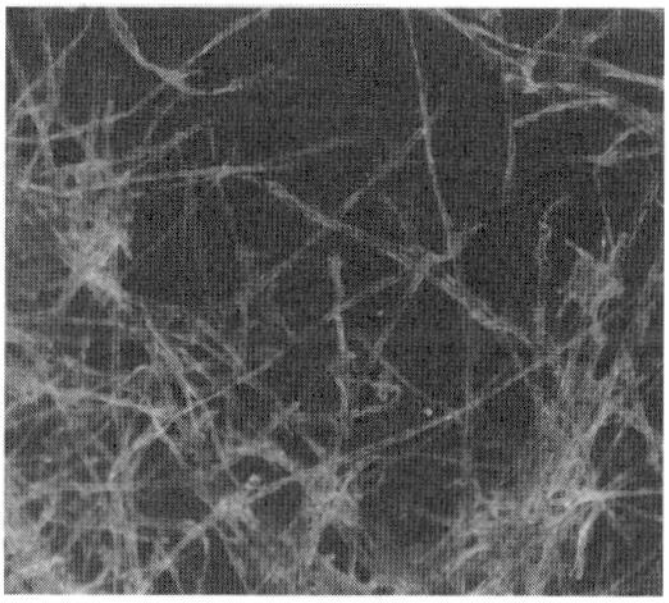

4

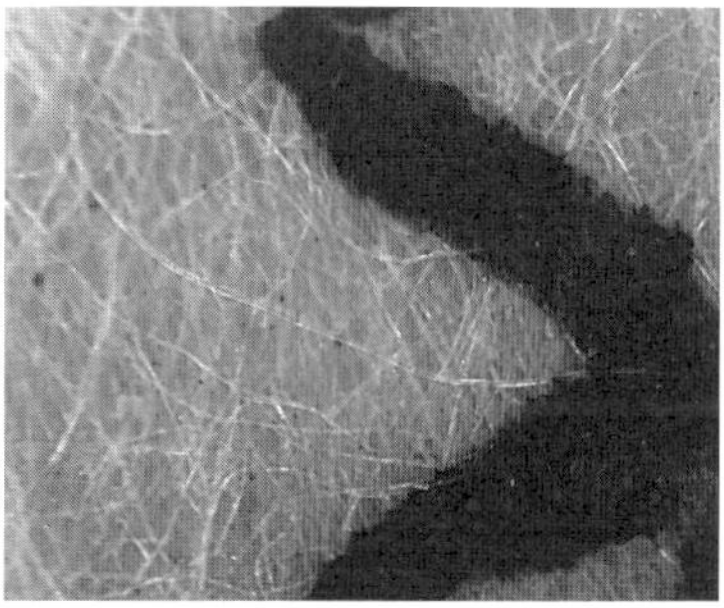

5

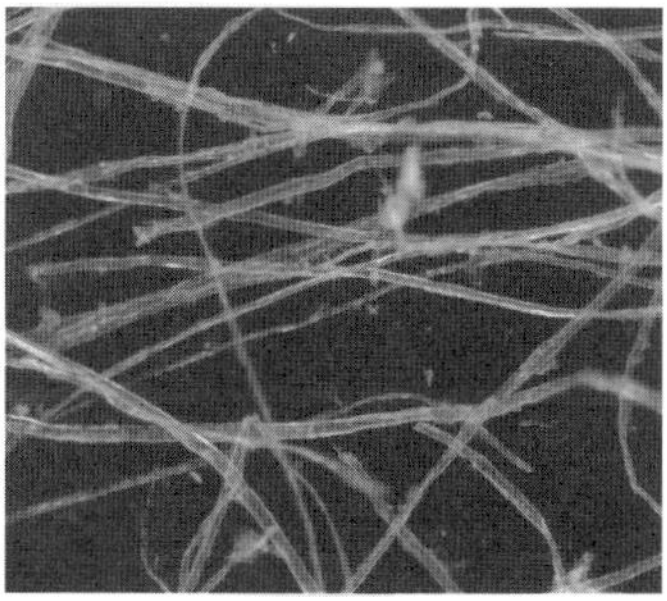

5

第六章　藩札と私札

藩札

歴史

元和九年（一六二三）、徳川家康の孫、越後高田藩主松平忠昌《ただまさ》（一五九七～一六四五）は、兄の越前福井藩主忠直《ただなお》が度重なる不遜な言動により改易されたことから、かわって越前に入封した。お家騒動の後であり藩財政は困難を究めていた。忠昌の子光通《みつみち》が藩主になると、寛文元年（一六六一）越前福井藩では藩の財政再建のために幕府の許可を得て銀札を発行した。これが藩札《はんさつ》の最初といわれてきた。

近年の研究では、備後福山藩が寛永七年（一六三〇）に発行したことが指摘されているものの、現物は発見されていないが、一七世紀中頃に発生したことはまちがいないだろう。

藩札の発行の背景には、政情が落ち着き藩財政が膨張したことがある。参勤交代に関わる膨大な費用、御普請手伝いを命ぜられた外様大名らの財政負担・天災飢饉など、藩財政の窮迫は著しく、これを打開する必要があった。一時的な藩財政立て直しのため各藩は藩札の発行に踏み切ったのである。

寛永一二年（一六三五）の改訂「武家諸法度《ぶけしょはっと》」に明文化され、翌年から始まった参勤交代の制度は、各藩に多大な経済的負担を強いた。とくに江戸から遠い西国や東北の藩においては、参勤交代で全国に通用する金銀貨を貯える重要があり、藩内にある金銀の流出を抑えるため、藩内だけに通用する藩札を発行した。江戸近隣や関東周辺の藩に藩札の発行が少ないのは、参勤交代による経済的負担が少なかったことも一因と考えられる。

藩札は原則として領内だけで通用する信用通貨であるが、明治四年（一八七一）にまとめられた数値によると、二四四藩と旧幕府直轄領一四、旗本領九で藩札が発行され、その種類は一六九四種に及んでいる。

明治政府が成立すると、近代的通貨制度確立のため、明治二年（一八六九）に藩札の増刷禁止と通用停止を命じた。さらに明治四年、藩札回収令を発布し、新紙幣との交換が始まり、明治一二年（一八七九）に交換・回収を終了し、ここに藩札の歴史は終焉した。

公的な性格を持つ藩札に対し、民間で発行・流通した「私札《しさつ》」と呼ばれる紙幣もあった。はじまりは、伊勢山田の神領で発行された山田羽書《やまだはがき》で、伊勢商人が商取引に使っていた手形が発展したもので、利用時期は戦国時代末期から江戸初期と伝えられている。最初の藩札と言われる前述した福井藩札は、これをモデルにしている。

私札には寺社・宮家・公家によって発行された「寺社札」や「公家札」、町村による「町村札」または「自治体札」、商家による「町人札」、宿場・伝馬所・問屋場・渡川会所などによる「宿場札」、鉱山などの作業場による「労賃札」などがある。

藩札と私札の違いは発行主体で、領主か、私的なものかで判断できるが、個々の札によって性格は大きく違ってくる。地方によっては、有力な商人が発行した私札は信頼性が高く、藩札はほとんど機能しなかったところもある。

藩札や私札は紙に印刷され、貨幣の代替品として流通したが、当時の技術の枠を究めていることから、紙の歴史・紙の製法・印刷法・墨やインクの種類・偽造防止対策・版のデザイン性など、現代からみても学ぶ点が多い。そのため、紙関係者だけでなく、古札研究者・版画家・印刷技術者・インク製造業者・偽造防止研究者・デザイナーなど、藩札を研究対象とする人も少なくない。

以下、これまで私が行った藩札・私札（約六〇〇〇点）の調査結果から特徴的なものを選んで報告する。

藩札の調査結果

二〇〇年余の長い年月と広い地域で発行された藩札を調査するにあたり、年代の分類は田谷博吉氏の研究（田谷一九八九）掲載の第四表を参考にして、近世初期（寛文元年〜元禄七年）、近世中期（元禄八年〜宝暦八年）、近世後末期（宝暦九年〜慶応三年）、明治維新期の四分類とした。地域の分類は「藩札発行藩分布図」（『方泉處』創刊号三号）を参考に関東以北・近畿周辺・関西以西の三地域に分類した。

①近世初期（一六六一〜九四年）の藩札

近畿周辺の八藩から発行された藩札のうち、最も古い越前福井藩の藩札は、雁皮《がんぴ》に楮《こうぞ》を混合して漉いた紙を貼合している（図1）。雁皮紙を打紙した良質紙は、但馬・豊岡藩札のもので、さらに雁皮に黄色土を加えた名塩紙《なじおがみ》を使った尼崎藩札が雁皮を主原料にしている。他は楮紙を二〜三枚貼合した紙が多く、摂津・麻田藩札は柿渋を塗布してある。

関西以西では五藩から発行されている。長門・萩藩札は薄い雁皮紙の貼合で、肥前・平戸藩札は楮を薄紅色に染めて漉いた紙に手書きした札である。

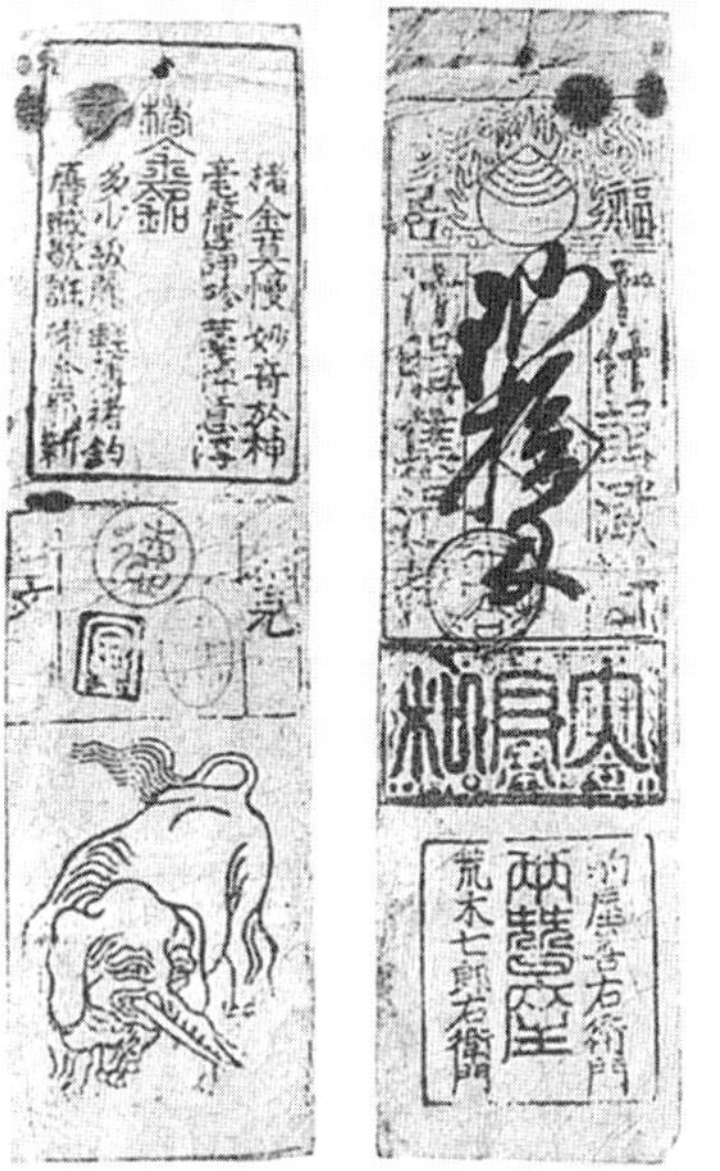
図1　初期の福井藩札

この年代の藩札は伊勢・山田羽書の影響を受け、長さや幅・厚みなどの形態は山田羽書とほぼ同じで、異物の混合・透かし入れ・隠し文字などの偽造防止対策はみられない。

②近世中期（一六九五〜一七七二年）**の藩札**

近世中期になると、藩札を発行した藩は増大した。近畿周辺では三五藩、関西以西では四一藩と増え、関東以北でも三藩が発行した。藩札が発行されて年月が経過し、藩札の贋造・乱発などによる物価高騰など、幾多の問題が生じた。さらに幕府貨幣の流通促進を期待して、幕府は宝永四年（一七〇七）に藩札による取引・発行を禁止した。

図2　ジャガード織りの布を貼り付けた陸前国仙台藩の藩札

二三年後の享保一五年（一七三〇）には、届出制を採用したり、通用期限を設定したりと制限を設けることで藩札発行の禁止が解除された。幕府による藩札発行の制度化と、各藩の通用規則も整備され、経済活動が活発化していくに伴い、この時期に多くの藩が藩札の発行を急激に増やしていった。

近世初期にはなかった関東以北の岩代・会津藩札は、楮に黄色や青色の土を加えて漉いた紙が使われた。相模・小田原藩札は雁皮に数色の土を加えた名塩紙を使用した。紙に布などがつけられたのは偽造防止のためであり、字の読めない人に紙の色で額面を示す目的もあった。陸前・仙台藩札は、楮紙に羅文紙《らもんし》（口絵45頁）風の漉き掛け模様など高度な技術が施され、偽造防止の役割を果たしている（図2）。

近畿周辺でも偽造防止対策が多くみられる。信濃・飯田藩札は、中央部が楮紙で表裏の両面は雁皮紙の貼合紙である。摂津・麻田藩札は、中央紙が色土を加えた雁皮紙で両面は薄い雁皮紙の貼合紙である。

近畿周辺で発行された藩札は、雁皮紙や雁皮と楮の混合紙が多い。これらは白土の他、黄・赤・茶・青などの色顔料を加えて漉いた色札である。楮に比べ雁皮は粘性が高いことから、色顔料の歩留まりが高くなるために使用されたと思われる。雁皮を主体につくられた藩札の多くは、上下耳付き紙である。一方、藩札専用の漉き枠を持つ記録がある名塩で漉かれた紙で、耳付きでない摂津・三田藩札は上部に打曇《うちぐも》模様を漉き掛けた高級紙である。

図3　大型の透かし模様入りの藩札

美濃・大垣藩札は、楮に米粉を加えて、藍や黄檗《きはだ》・薄墨で染めた紙にドーサ液で雲母《きら》を塗布してある、上下耳付きの専用枠を使った高級紙である。加賀・金沢藩札は楮紙を貼合してあり、貼合の中央部には帯状の青色紙を挿入した偽造防止策がみられる。

関西以西で発行された藩札は、紙に施された工夫は少ないが、伊予・松山藩札では、貼合わせた楮紙に布袋が文書を読んでいる図が描かれている。備中・足守藩札では、雁皮紙に老人が掛け軸を掛けた図や文書を見ている絵図がある。讃岐・高松藩札は、楮と雁皮の混合紙で、四隅の角を切り落とした珍しい形の札で、備中・成羽藩札銭五厘は八・二×二・二cmの小型札で、刷りも美しい。反対に肥後・熊本藩の藩札は大型札が多く、万延元年（一八六〇）発行の銭札は二〇×一五cmで最大の藩札と思われる（図3）。

②近世後期（一七七三〜一八六七年）の藩札

近世後期では、関東以北で二七藩、近畿周辺で

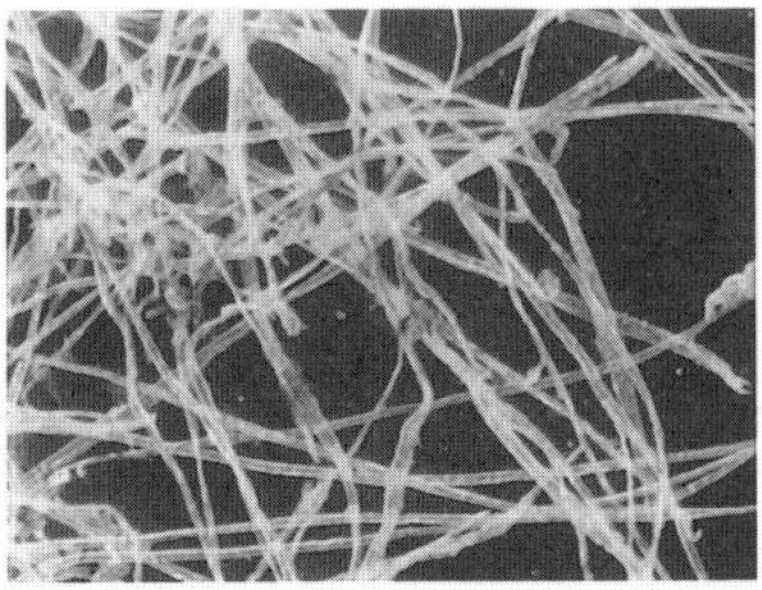

藩札　染色された楮

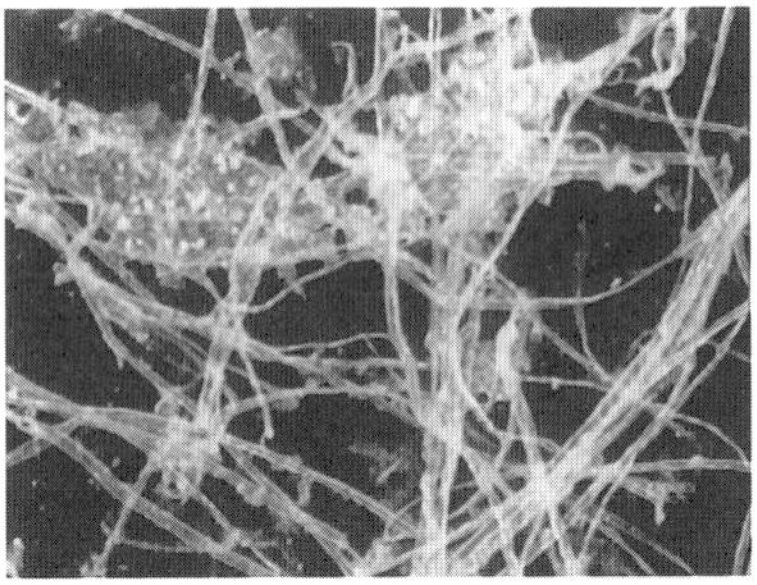

藩札　洗滌の少ない楮

一一七藩、関西以西で八九藩が藩札を発行している。

この時期、飢饉や天災に加えて、御普請手伝いなどにより藩の財政を救済するため数多くの藩札が発行され、なかには特徴ある藩札も含まれている。

関東以北の陸前・仙台藩は多くの藩札を発行し、楮紙を貼合した紙で安政年間（一八五四〜六〇）の藩札には、文字を刺繍した絹布が貼られた高度の偽造防止策がみられる。陸中・盛岡藩の天保六年（一八三五）発行の銭札は四方耳付きの雁皮紙で、その後に発行された札は楮紙となったが各種の透かし模様が入っている。

尾張・名古屋藩札の多くは、楮に米粉を加えて、赤・茶・黄色などの草木染めをして不明確な透かし模様がある。播磨・三日月藩の文政四年（一八二一）の銭札は白土・ベンガラ・藍などで染めた楮の流し漉き紙を、表裏逆の流れに貼合して強度を増大させる処置が施されている。伊勢・桑名藩札は、雁皮に白土・黄・青・灰色・茶色などの色顔料を加えて漉き、貼合後にドーサを塗布してある。丹波・綾部藩の嘉永年間（一八四八〜五四）の銀札は、四方耳付きの専用漉き枠で漉いた楮紙で墨書きされている。播磨・赤穂藩の元治年間（一八六四〜六五）の銀札は、厚み一・四㎜と最も厚い。遠江・浜松藩札は、名塩紙にオランダ語が刷られ、播磨・山崎藩札は名塩紙に隠し文字が刷られている。

関西以西では、肥後・熊本藩札の享保（一七一六〜三六）年間の銀札は、楮紙を二枚貼合して、内側に胡粉《ごふん》で文字や模様を書き、透かし模様風の細工がされている。出雲・松江藩の文政（一八一八〜三〇）年間の銭札は、楮に墨を加えた灰色紙で、半流し漉きの透かし入り紙である。豊後・府内藩札は、貼合した楮紙の間に、特産のイグサを挟み込んでいる。土佐・高知の慶応（一八六五〜六八）年間の札は、文字を型紙で染めている。

私　札

私札の調査結果

私札の多くは個人が発行した貨幣の代替品で、全国の至る所で発行されているが、発行年代や使用範囲が不明な札が多く、時には藩札ブームに乗って、後世につくられた偽札も多い。そのため、これまでの私札の調査結果のすべてを記載してもあまり意味がないと思われるので、藩札の発行がほとんどなく、私札の種類が多くて、調査しやすい現在の静岡県（遠江・駿河・伊豆）の事例を中心に報告する。

駿河に藩札の発行がない理由は、駿河国の大名は譜代で占められ、幕府の重職をも兼ねていたことから、財政的にゆとりがあり、他藩の如く藩札を発行する必要がなかったため、といわれている（藩札研究会編『静岡県の藩札』）。駿河は江戸に近く、参勤交代の費用も少なく、気候が温暖で飢饉が少ない。さらに、御普請手伝いがほとんどなかったことなども、藩札の発行されなかった理由の一つと考えられる。

一方、東海道の発達にともない宿場町が発展し、宿の諸業務が多繁になるに従い、宿場における金銭の管理のため、私札の一つ、宿場札が必要になった。駿河・遠江国には大河川が多く、渡川は命懸けであったため人足に頼ることが多く、なかには質のよくない人足もいて、旅人とのいさかいを起こす者もあった。これを管理するために発行されたのが川越札であった。

①宿場札

宿場札は宿場内のみ使用可能な私札で、人足札・人馬賃札・米札・銭札などがある。原料や製法などから推測して、藩札のような特殊性のある紙は使われていないが、島田宿の米札（図1）は赤線の透かし模様があり、楮紙に幅の異なった赤色の線を刷毛刷りし、無地の楮紙と貼合し、表裏

図1　島田宿の米札

差のない厚紙にしてある。通常は赤い線はみえないが、光にかざすと赤い線がカラー透かしとなり、墨文字の黒と紙の古色の三色で、幻想的な雰囲気を醸し出している。楮《こうぞ》に雁皮《がんぴ》を混ぜて、白土を加えトロロアオイで流し漉きし、表面を磨いた米札は、高級な藩札にある気品を感じる。

大井川を挟んで島田宿の対岸になる金谷宿の米札は、御伝馬所引替札で楮に米粉を加えて漉いた紙に、表裏に柿渋を塗布して強靭性を高めてある。

川会所引替の米札は、洗滌《せんじょう》された楮に米糊を加えて漉いた紙を打紙《うちがみ》してあり、白色で表面性のよい紙である。東海道を行き交う旅人が多く集まり、渡川宿場町らしい洗練された心情がこの私札から伝わってくる。

同様に船宿場町である新居宿の銭札は、楮紙に「あらい」の透かし文字があり、表面を貝などで磨いた跡がある。透かしは漉き具に細工をしたものでなく、楮紙に薄墨で文字を刷り、文字面に楮紙を貼合してある。

掛川宿の銭札は、駿河半紙の原料として知られる三椏《みつまた》が使われている。三椏の使用の背景には、地元産紙の産業奨励の意味があるのか、興味が引かれる。

②駕籠札

宿場札ではないが、多くの宿場に残っている特異な札があり、静岡県古札研究会ではこれを「駕籠札《かごふだ》」（図２）と称している。この札には、はじめに公家の名があり、末尾には駕籠一挺と刷られ、中央下方に宿場名が毛筆で書かれている。これは公家や貴族が旅をした時、駕籠を使い代金に替えて札を問屋に置き、後日家中の者が問屋に代金を納めにきたことを示している。現在の企業が利用しているタクシー券に似ている。

飛脚《ひきゃく》制度は鎌倉時代に駅路の法が定められ、街道に発展した宿を利用して発達した。江戸時代になると、幕府が街道の整備に着手し、飛脚は急激に発展した。宿場においては常駐して飛脚米も支給され、大きな川に近い宿場には川越飛脚がいた。

飛脚には大名飛脚・御継飛脚など種々あり、町飛脚は民間通信需要にもこたえていたので、飛脚問屋制度も許可されていた。この問屋から問屋に引き継ぐ札を「飛脚札」と呼ぶ。京都から金谷宿まで、一枚の楮紙《ちょし》で情報が伝えられた。

東海道の安倍川や大井川は江戸防衛の見地から、架橋・渡船は許されず渡渉制度であった。川越人足は両岸に控えていて、川越札を持った旅人を背負い川を渡した。川越賃

図２　駕籠札（吉原）

図３　町村札（河津）

は川の水量によって役人が決めていた。

安倍川の川越札は楮に三椏を混ぜて流し漉きした紙で、大型で料金も高いので蓮台渡し用の川越札と思われる。大井川の川越紙縒《こより》札《ふだ》は楮紙に渋と油を浸して耐水性をもたせ、半分を紙縒にして人足のちょんまげに挟んで渡川した私札で、大井川周辺のみにある大変珍しい札である。

③町村札

幕末から明治初期に社会経済が乱れた時期に、町村札（図３）が多く発行された。町や村自体が引替所になり、使用は自治体内に限られ、期限も定められるなど使用範囲も狭い札であるから、経費の高い厚紙は使用されず、楮紙の薄紙が使われている。多くは水害などの緊急対策に発行されたと思われるで、河川の近隣地域自治体の発行が多く、工事人夫の日当代金などにされている。

静岡県内にも発行理由などがよくわからない私札がある。たとえば、焼津の「さかな札」（図４）、森町の「米一俵」などである。

全国には同様に品物の数量を額面の代わりにした美濃・加納藩の「傘札」「ろくろ札」や、各地に多い「酒札」「醤油札」「スルメ札」「昆布札」関西地方に多い「豆腐札」や

図4　さかな札
（焼津）

「うどん札」などの物品札もある。

これまで藩札や私札を約六〇〇〇点調査したが、以上のように、発行年代・発行地域により用紙・形態・印刷・デザインなどに大きな違いがある。藩札や私札を簡潔に整理して説明することは大変難しく、古い紙札を明確に整理することは不可能に近い。

この結果を改めて見直してみると、機械で大量につくられた現在の紙幣と異なり、楮や雁皮を各種の色顔料などで染めたり、米粉や米糊を加えて、特殊な専用枠で漉いた紙に、木版刷りや銅板刷り、手書きなどを行い、表面に漆や膠・柿渋・澱粉《でんぷん》などを塗布して、切断したり、表面に打紙加工や瑩紙を施した藩札や私札は、単品で個性豊かな芸術品であることを強く感じる。

第三部　料紙の調査方法

第一章　調査の流れ

紙のできるメカニズム

長短二種の植物繊維

紙の主な原料は、植物繊維から得られる。もっとも、中国では、最初はボロ布が紙の原料に使われ、次に布の原料ともなる麻類が、さらに製紙に適した木本植物の靭皮《じんぴ》(桑《くわ》・楮《こうぞ》・藤《ふじ》・青檀《せいたん》など)が使われた。その後、竹・稲ワラ・麦ワラなど、多くの野生植物繊維も原料とされた。

植物学の分野では、「繊維」とは両端が紡錘状の細長い細胞のことをさす。一方、製紙業界では、細長い細胞で紙料の主要な組織を構成するものの総称である。

植物繊維には、靭皮部(樹木の外皮のすぐ内側にある柔らかな部分)を用いる植物と、茎幹部の維管束《いかんそく》(繊維と導管が結合した束状の組織)を利用する植物の二種類がある。

靭皮部を用いる植物には木本靭皮(桑・楮・雁皮《がんぴ》・三《みつ》椏《また》)と草本靭皮(苧麻《ちょま》・大麻《たいま》・亜麻《あま》・マニラ麻《あさ》などの麻類)がある。これらの繊維は長いため、製紙の原料に利用する場合は、切断して使われた。こうしてつくられた紙の強度は高い。

一方、茎幹部の維管束を利用する植物としては、一年生(稲や麦のワラ)と多年生(竹など)がある。繊維は短く紙は弱いが、表面が平滑で書写適性のよい紙ができる。

これらの長短二種の異なった繊維を混合してつくる技術により、二種の繊維の欠点を補った良質紙が生まれた。これは、その後の製紙技術改革の一つの基礎となった。

紙のできるメカニズム―セルロースの水素結合

製紙用の繊維は、主にセルロースで構成されている。セルロースとはブドウ糖基(グルコース)が結合してできた高分子多糖体である。植物繊維で最も長い苧麻は、ブドウ糖基が八〇〇〇個以上も重合《じゅうごう》している。

ブドウ糖基には水酸基《すいさんき》がある(図1―A)。水酸基とは酸素と水素各一原子が結合した一価の基のことである。強い親水性があり、繊維が水を吸うとふくらむ性質がある(図1―B)。

セルロースの分子が相互に近寄った時、隣り合った二つのセルロースの間には水の分子によって「水のかけ橋」ができる(図1―C)。余分な水分を濾《こ》したり、絞ったりすると繊維は連結して湿った紙になるが、そうした紙の強度は低い。

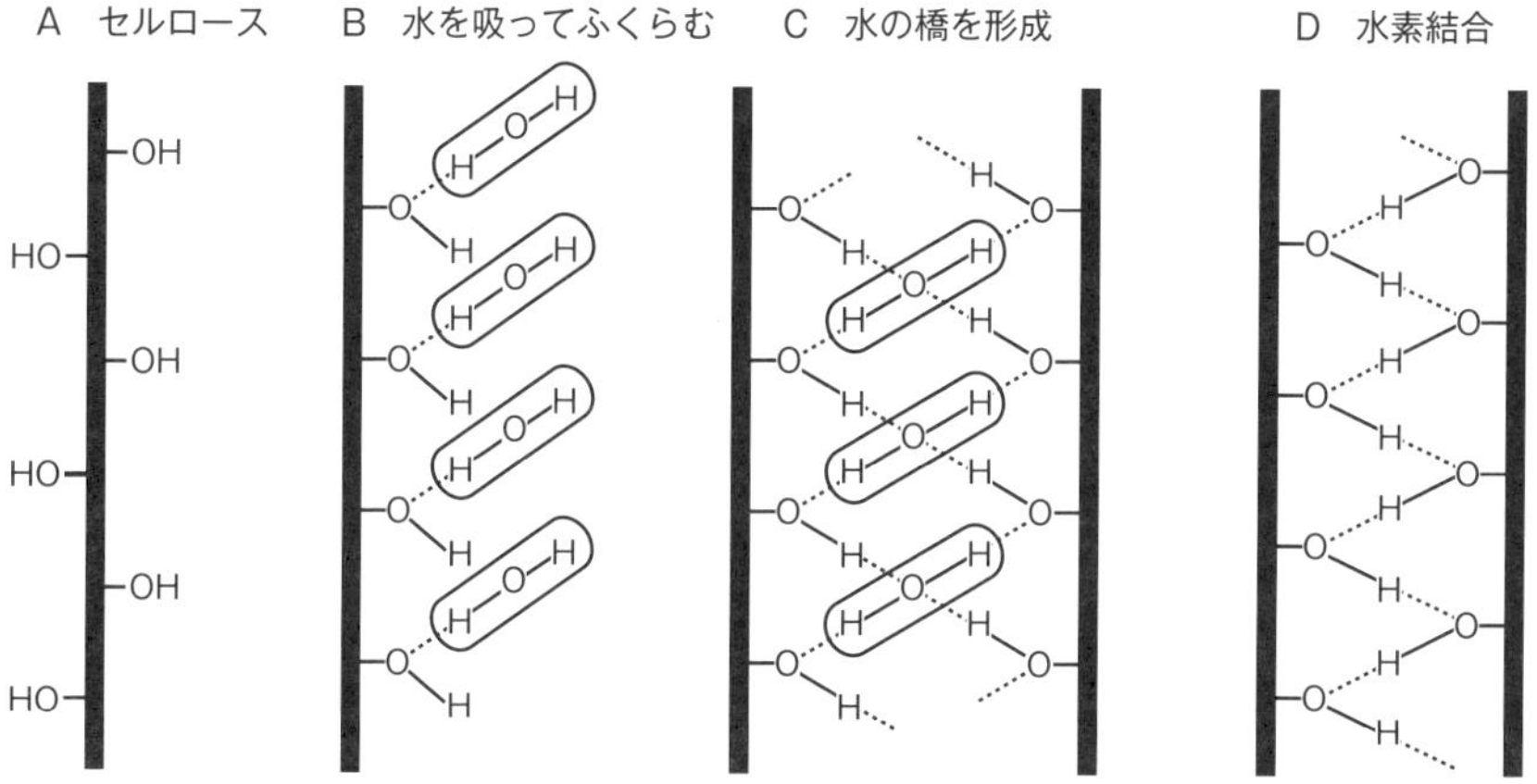

図1　紙のできるメカニズム

紙の水分が蒸発すると、セルロースは強い表面張力の作用を受け、セルロース間の距離が縮む。セルロース間は緊密になり、お互いに結びついて、紙ができあがる。この化学結合を「水素結合」と呼び（図1―D）、紙ができるメカニズムの鍵となる。したがって、同じ繊維でも水酸基のない羊毛や生糸などでは紙をつくることは難しい。

　植物繊維の紙はセルロースが水素結合することによってつくられるが、紙をつくるにはかなり純粋なセルロースを得る必要がある。しかし、紙になる植物繊維原料の中にはセルロース以外にペクチン・リグニン・タンパク質などの化学成分が含まれ、紙の品質に悪影響を与える。そこで、これらの成分を取り除くことも大事な製紙技術の一工程となる。多くはアルカリ成分である草木灰液や石灰液などで原料を蒸煮《じょうしゃ》して除去する化学過程を経る。この技術を発明したことは、製紙技術上の大きな成果といえる。

　ただし、蒸煮しただけの原料には、分散されていない繊維束（未分散繊維《みぶんさんせんい》という）が残ってしまう。そのため、叩《たた》いたり、揉み解したりするなどの物理的作用により分散させ、単繊維にする必要がある。麻類のように長い繊維は、抄紙性がよくなる程度の長さ（三〜六㎜）に切断するとよい。

和紙と洋紙・唐紙

ここまでの製紙工程は、和紙と洋紙・唐紙ともに同じだが、これ以後の工程により三者は区別されることになる。

洋紙と唐紙の場合、「叩解《こうかい》」という過程は共通する。叩解とは、繊維の細胞壁と繊維束を打ち砕き、細かい繊維に切断し、膨潤させることをいう。洋紙と唐紙での違いは動力である。洋紙は単繊維を風力や水力により叩解するが、唐紙は牛などの畜力や水力を利用した水臼や石臼など、機械の強い力で行われる。

繊維には、水中で沈もうとする性質（沈降性《ちんこう》）と、互いに集まろうとする性質（凝集性《ぎょうしゅう》）の二つがある。この繊維を短く切断し、細胞膜を砕き外部フィブリル化（箒状化）させて、繊維の柔軟性や可塑性を高める。こうして、多くの水酸基が繊維の表面に現れ、水素結合力を高めると同時に、地合《じあい》を形成する際の効率を向上させて、緻密な良質紙ができあがるのである。

一方、和紙には叩解の過程がない。繊維の特性である沈澱性と凝集性は、トロロアオイで代表されるネリ剤を混入させることで抑制される。そのため水素結合力は重視されず、原料である植物繊維の表面は物理的には傷められていないので、繊維の持つ特徴はそのまま活かされる。一方で水素結合力が弱く柔軟なため、紙を引く力量である引張り強度が低い紙になる。

ネリ剤が使われる以前の奈良時代の製法では、ほぼ唐紙と同様に繊維が切断されている。実際、顕微鏡で観察すると、楮などの繊維が鋭利に切断されていることがわかる。中国の紙と製法が同じこの紙のことを、一般に「古代紙」と呼んでいる。

加工法

紙のもとになる植物繊維には、水酸基がある。親水性であることに加え、顕微鏡でみると、繊維間には無数の「小さな路」がある。この小さな路は水を吸い込み、水性の墨やインクがにじみやすい特徴があり、書写適性はよくない。そのため、書写効果を高める目的で、多くの技術的な処理が加えられた。これらを「加工法」または「加工処理法」という。

簡単な加工法としては、表面が平らな石で紙面を擦る方法や（「瑩紙《えいし》」という）、木槌などで紙面を叩く方法（「打紙《うちがみ》」という）などがある。ともに繊維間をふさいで水の染み込みを少なくした物理的な方法である。これはかつて紙

叩解前
繊維が硬く光っている。

叩解後
箒状となり、柔らかく可塑性がある。

図２　繊維叩解前後の比較

の発明者とされた蔡倫《さいりん》が開発したものと推定されたこともあったが、定かではない。日本古代からみられる加工法である。

その後、紙の表面に膠《にかわ》などの液体を施し、水の透過性を抑制する化学的な方法が発見された。こうしてできた紙の表面は毛羽立ちがなく、墨の文字が鮮明になるという効果があった。

技術がさらに進むと、紙を漉く前の紙料液に澱粉《でんぷん》を加えて、繊維の沈澱を抑えると同時に、結合力を増加するという加工法が採用された。鉱物などの粉末を漉き込んだ紙もつくられ、紙の平滑性・白色度・不透明性の向上に大きく貢献した。

「このような卓越した技術は、中国古代の紙工が発明したものであり、実物がその証拠となっているが、いつごろから始まったのかは、大変永い時期に渡るので決められない」と指摘されている（潘一九八〇）。

技法の観察

紙の歴史

製紙技術の発展史を学ぶには、製紙の起源を知る必要がある。紙は中国で発明されたといわれるが、いつ、誰によって発明されたかは不明である。近年まで後漢時代の蔡倫《さいりん》が発明したといわれていたが、遺跡などから発見された漢代の古紙片などの分析の結果、すでに蔡倫以前に紙が存在していたことが判明した。

敦煌に近い、漢時代の遺跡の発掘調査に参加した中国の文化財研究員は、これら資料の一部を、日本の友人に渡し、繊維分析を依頼した。この紙片の分析を私が担当した。蔡倫以前のこの紙は、短く切断された布を叩打《こうだ》して繊維化した大麻《たいま》の紙で、多少文字がみられたが、表面は織物の細片や撚《よ》り糸の繊維束がみられ、フェルト状であった（58頁）。裏打されてあったので詳しい製法は考察できなかったが、現在の溜め漉き法と同様に漉かれたと思われる。

『後漢書』によると、蔡倫は布織物とともに、織物原料になる麻類や漁網などのほかに、樹皮繊維などの植物繊維を使って紙をつくることを提案し、その紙を皇帝に献上して高い評価を受けたことを伝えているが、その製紙工程については触れていない。

その後、朝鮮半島に製紙技術が伝わり、推古《すいこ》天皇一八年（六一〇）までには日本に製紙術が伝えられていたという（『日本書紀』）。このころの紙は、古い布織物を切断して叩《たた》きほぐした楮《こうぞ》や麻《あさ》の繊維を溜め漉きしたと推定される。

『延喜式』にみえる製法

中国の製紙技術の詳細は一六三四年に撰述された『天工開物《てんこうかいぶつ》』にみえるが、それ以前については不明である。日本では延長五年（九二七）に撰修された『延喜式《えんぎしき》』図書寮式《ずしょりょう》に製紙工程が詳細に述べられているので、これを整理しておこう。

製紙原料には古い布織物・楮《こうぞ》・麻《あさ》・雁皮《がんぴ》と現在ではみられない苦参《くじん》（クララ）があげられる。古布や麻は蒸煮《じょうしゃ》がなく、楮と雁皮は木灰汁で蒸煮する。古布は洗濯や天日乾燥され、異物の混入など少ないので精選作業である「択《たく》」の工程はないが、ほかの麻や楮・雁皮の繊維は蒸解後に可溶性になった非繊維物を流水に浸けて流出する「灰汁だし作業」がある。原料には黒皮や未蒸解繊維などの不純物が多く含まれているので、手指で丁寧に取り除く「チリ取り作業」が行われた。灰汁だし作業が不十分であると、残留薬品による繊維の変色が生じる。チリ取りが少ないと紙中に異物として残り、書写適性を損ない、場合によっては文字の読み間違いにもつながる。

古代紙

多数の繊維が集まって集合体をつくる植物繊維は、蒸煮や洗滌《せんじょう》処理だけでは単繊維にならないので、繊維を解きほぐす離解作業を行う必要がある。このままでも紙は漉けるが、紙面に凹凸が出やすく、地合《じあい》が悪く、強度も出ない。そのため、ある一定の長さに切断して、臼などに入れて搗《つ》く作業がある。これを「叩解《こうかい》」と呼ぶ。この処理を加えた原料を漉き槽に入れ、水と混ぜ充分に攪拌《かくはん》して、萱簀《かやす》で溜め漉きしたものが古代の紙である。以上が流し漉き法以前の製紙法で、この製法でつくられた紙を「古代紙」と称することは先に記した。

古代紙は溜め漉き法で製紙したものであるから、顕微鏡で表面を観察すると、繊維の方向性がない。また繊維が部分的に凝集している部分があり、縦にも横にも破れにくい特徴がある。そこで表面の凹凸を修正して書写しやすいように打紙《うちがみ》加工され、繊維間が詰まっているものも多くみられる。このほか、繊維は切断作用を受け、外部フィブリル化のみられる紙が多い。

ところで、一九六〇年から二年間にわたり、寿岳文章《じゅがくぶんしょう》・大沢忍・上村六郎・町田誠之・安部栄四郎の専門諸家によって、『正倉院文書』が調査されたことがあった。調査の結果、奈良時代の天平年間（七二九〜七四九）に溜め漉きの製法でつくられ、叩解を充分に行った良質の紙であることが判明した。さらに詳細に調査した結果、楮紙《ちょし》に雁皮の繊維が混じる場合があったことも判明した（正倉院事務所一九七〇）。町田誠之氏は、同調査の成果のなかで、雁皮は分散剤、つまりネリ剤として利用したのではないか、と推定している。

植物のなかには、粘質性を持つ植物がある。この粘質性のある植物を紙に利用することが、紙屋院《かみやいん》の造紙手《ぞうししゅ》らによって行われた。実際、奈良時代の七七〇年に完成した『百万塔陀羅尼《ひゃくまんとうだらに》』の料紙にも、楮繊維と雁皮繊維が混合した紙がみられ（310頁）、打紙加工が施されていなくても表面は平滑である。さらに、溜め漉き法よりも生産効率のよい流し漉き法が九世紀初期に登場したとされている。

ネリ剤

ネリ剤には植物のニレが古くから利用された。七四九年に「楡紙《にれがみ》」の語がみられ、そのころからニレがネリ剤に使われ始めたと思われる（正倉院事務所一九七〇）。ビナンカズラ・アオギリなども使われていたと推定されるが、顕微鏡での判断は困難である。

その後に使われたトロロアオイやノリウツギ・ハルニレは、雁皮の成分に近いが、使用時期は明らかではない。ともに繊維分析時にプレパラート上で、粒子や針状物質として顕微鏡での観察ができる。

トロロアオイは、C染色液で紫色に反応した粒子状物が残る。これと同様の粒子は、奈良時代の『百万塔陀羅尼』の料紙でも観察することができた（310頁）。

ノリウツギは、カルシウムの針状結晶物が観察でき、室町時代の和紙にもみられるが、多くは江戸時代の薄い流し漉き紙に使われている。

ハルニレは、吉野紙や古い高野紙、近年では韓国紙などにみられる。ノリウツギ同様、カルシウム針状結晶物であるが、結晶物はやや短い。

これらトロロアオイ・ノリウツギ・ハルニレなどは、現在の和紙業界では「ネリ剤」と呼ばれている（391頁）。

ネリ剤を使い、流し漉き法で製する紙は、日本独特のものとされる。そこで、ネリ剤を使った紙のことを、近年「和紙」と称するようになった。

流し漉き法による技術革新

流し漉き法の紙には、溜め漉き法の段階に比べて、多くの技術革新が加えられている。たとえば、繊維の持つ沈澱《ちんでん》性と凝集《ぎょうしゅう》性を抑制するために、それまでは繊維の切断と強い叩解《こうかい》作業が行われていたが、ネリ剤が使用されると、切断作業の必要な長い繊維を持つ麻類の使用が激減した。

さらに、ネリ剤の影響で脱水が遅くなり、枠内に残った紙料液を向こう側に捨てる「捨て水」という操作が加わった。その結果、紙の上面は平らになり、上面の粗さを整える打紙作業が不要となった。流し漉き技法の導入により生産方式が大きく改善され、生産効率は大きく向上したのである。

ただし、製法の変化に伴って、質の変化も生じた。流し漉きでつくられた紙は、繊維の方向が枠の上下のみ一方向に流れている。そのため、繊維は縦方向に並び、紙は縦に破れやすく、横に破れにくい、均整のない紙ができる。また、枠内の紙料液は常に流動しているので、薄紙がつくりやすく、部分的な厚薄は少なくなり、結果として地合《じあい》のよい平滑な紙が多くなった。しかし一方で、古代紙のような大型で厚い紙はつくりにくくなった。

流し漉き技法でつくった紙の繊維を顕微鏡で観察すると、原料である楮繊維の切断跡がなくなり、外部フィブリル化がみえず、打紙が減少しているという特徴が確認できる。紙表面の水の吸収を抑制するために、膠《にかわ》剤を塗布した料紙もみられる。膠剤は、ガラス板の上で料紙を水中で分散して五〇～六〇℃で水分を蒸発すると、透明樹脂状にみえる。

その後、武士が登場し、文字の読み書きをするようになると、書写材としての紙が増大した。武士は、繊維が一方向に流れ、小型で薄く、安価な流し漉き法で漉かれた紙を好んだ。こうして、紙の生産地は急激に全国へと拡大した。

厚くて大型の紙

一方、貴族や僧侶は、繊維に方向性がない溜め漉き法で漉かれた厚い紙を使い慣れており、技術力が低くても漉くことのできる、流し漉き法で漉かれた小型で薄い紙を好まなかった。こうした貴族や僧侶の要求に応じて、厚くて大型の紙をつくる技術の研究も進み、溜め漉きと流し漉きの中間的な製法が行われた。このことは、現存する中世の紙背文書の料紙から確認される。この製法を、私は「半流し漉き」と称することにした。

厚くて大きな紙は、枠内の紙料液の動きを一旦停止する方法でつくられたと思われる。これは流し漉きの「初水《うぶみず》」または「化粧水《けしょうみず》」と呼ばれる操作を何回か行った後、「調《ちょう》子《し》」と呼ばれる操作を簡単に行い、捨て水の操作を行わず、枠内の紙料液を停止して、紙料液を濾《こ》し、湿紙を形成する方法である。半流し漉き法では、簀《す》の面は流し漉き同様に繊維方向は縦に流れ、平滑であるが、反対面は溜め漉きと同じように繊維の方向性がなく、捨て水がない。そのため紙面に多少凹凸が生まれるが、紙はソフトで厚くなり、大型紙もつくりやすい。

中世から昭和年間にいたるまで、たとえば高野紙が半流し漉き法でつくられていたことは、中川善教著『高野紙』に詳しく解説されている（中川一九四二）。

こうしてできた紙は、表面と裏面で繊維の方向性が異なる。貴族や僧侶が求めた大型で厚い紙をつくることができたのは、この半流し漉き法のみだった。紙質は強靭でソフト感があり、簀の面は打紙をしなくても書写できるという利点もあった。紙漉き技術は高度だったが、当時の需要の大きさから考えて、生産量は多かったと思われる。

今日、反故となった中世文書の裏面に書かれた「紙背文書」は、半流し漉き法でつくられた紙に多い。簀面は平らであるから正式な文書（表）が書かれ、反対面はやや凸凹があるので、打紙した上で書写された（裏、紙背文書）。

薄い紙

近世になると、庶民も紙を使うようになり、紙の需要がさらに増大した。それに応えるために、紙は量産され、結果として紙は薄くなった。薄い紙が多くつくられると、文字の裏移り防止策が必要となり、米粉や石灰・白土などを紙に漉き込む製法が開発された。「奉書用紙」という浮世絵版画などに使われた高級紙と、洗滌《せんじょう》や叩打処理が少なく、縦の流れが強く、かつ地合のよくない薄い楮紙は、かわら版や草子の紙として多く使われた。

また、流し漉きの薄い紙は、折ったり、揉んだりなどの加工がしやすいため、書写材以外にも紙布《しふ》・紙子・傘・合羽・玩具・建築資材などの広い範囲で紙が利用された。

今日、「和紙」と称してつくられる日本の紙は、この近世後期の和紙を模倣したものが多い。

加工紙の観察

紙に文字を書き、画を描くためには、紙を漉いた後、何らかの加工をする必要がある。中国では、漉き槽から漉いた後、天日などで乾かしてできた何も処理してない紙を「生紙《きし》」と称し、生紙に何らかの加工処理を施した紙を「熟紙《じゅくし》」と呼ぶ。

加工の目的

紙の繊維には親水性がある。繊維と繊維の間には無数のすき間があるので、多くの水を吸収するという特徴である。加工の主な目的は、紙表面の繊維間の毛細孔をふさぐことにある。加工することで、墨で書写する時に、墨が走ったり、にじんだりすることを防ぐことができる。和紙は表面が毛羽立ちやすいという性質もあり、さまざまな加工によってこれを抑制する工夫がなされた。紙の加工は、書画の芸術効果をより一層向上させることにつながる。なお、加工法の源流はほとんどが古代中国にさかのぼる。

加工の方法

加工の方法は、色を染めること（染色）、表面を叩《たた》き平らにすること（打紙《うちがみ》）、表面を磨くこと（瑩紙《えいし》）、表面に柿渋・コンニャク液や膠《にかわ》剤などの液剤を引き延ばすこと、白土などの粉をうずめることなど、さまざまである。古くは奈良時代の『正倉院文書』にみえる「装潢師《そうこうし》」がこれらの多くの加工を行った。

加工された紙の時代を鑑定するには、主として紙に書かれた筆跡や、墨の文字の流れ具合、にじみの様子、かすれの様子、墨液のたまりの跡などを総合的に判断する必要がある。上記の作業は資料を損傷することのない観察であり、顕微鏡や光学顕微鏡を使用すると効果はより一層高まる。

これ以外に、紙の色・繊維の粗密や流れ方向などを観察するのも重要である。裏面がみえる場合は同様な観察を行い、光に透かして紙の地合《じあい》や簀跡《すあと》などを観察して考察することが大事である（378頁）。

加工の種類と観察ポイント

次に、さまざまな加工の方法について、具体的に説明していく。

①染　色

紙に色を着ける材料は、染料や顔料である。染料は主に植物から得られる天然染料が使われるのに対し、顔料は鉱物や貝殻などの無機顔料が使われる。草木から採取される植物染料は純粋性が劣るので、耐光性が弱く、濃く染まりにくいという欠点を持つ。しかし、媒染剤《ばいせんざい》の種類により、色がさまざまに変化するという長所もあるため、和紙にはよく使われている（媒染剤とは、草木染めなどに使われる色材の定着剤で、色材によりナトリウム、カルウム、アンモニアなどの種類がある）。

経典などによく使われている藍や黄蘗《きはだ》（図1）は、媒染剤がなくても染まるので、「単色染料」と呼ばれる。一方、絵画の絵の具として使われた「多色性染料」は変色しやすい。胡粉《ごふん》・黄土などの色土や、墨などの無機顔料は、光や熱に対して変色しにくい。そのため染められた紙は、変色は少ないが、繊維に定着しにくいので、接着剤が必要となる。顕微鏡観察すると、染料は繊維に染み込んで個体はみえないが、顔料は微細な粒子であるから倍率の高いルーペでは確認することができる。

②打　紙

古代の写経料紙や中世文書の高級紙には、繊維間にす

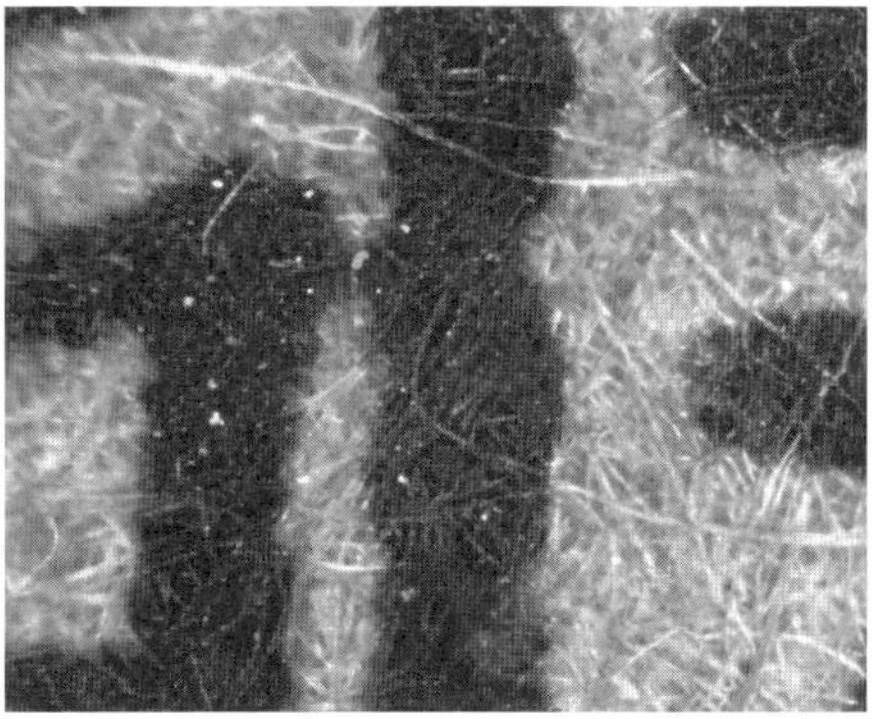

図１　黄蘗での染色
（『大蔵経』南宋時代）

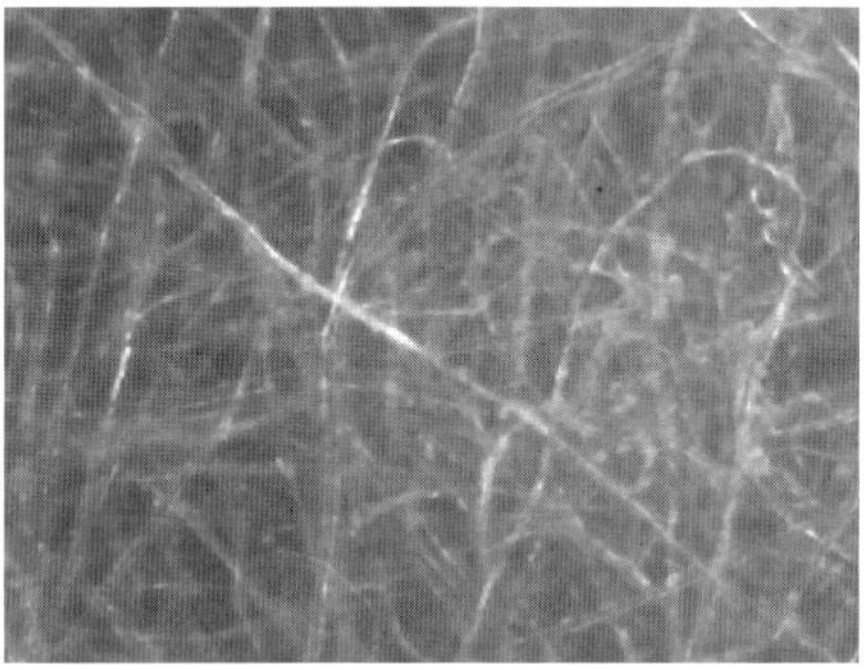

図２　楮の打紙なし
（本書付録の『繊維判定用 和紙見本帳』）

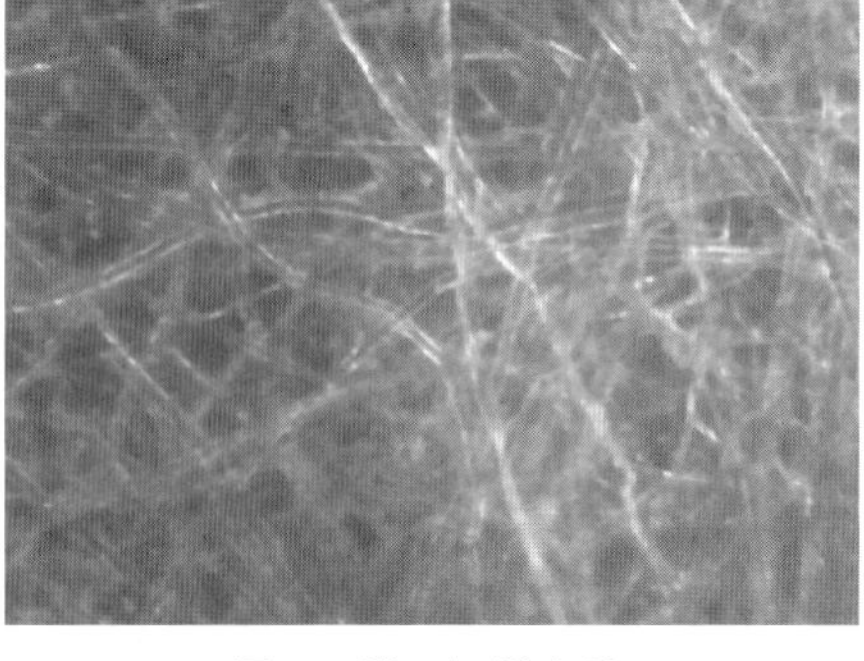

図３　楮の打紙あり
（本書付録の『繊維判定用 和紙見本帳』）

き間が少なく、表面が平らで、墨のにじみがない紙がある。顕微鏡調査などの技術がなく、手触りで紙の質を判断していた近世以前では、こうした紙は「斐紙《ひし》」と呼ばれ、雁皮紙《がんぴし》の一種と考えられていた。

表面加工のされていない紙の表面をルーペなどで見慣れてくると、雁皮紙の表面と異なり、繊維が水分を含んでいるようにみえ、繊維の一本一本が太いことがわかる（図2）。多くの事例は楮紙《ちょし》か麻紙《まし》で、これらの紙の繊維は太く長いので、繊維空間率が大きくなる。つまり、墨のにじみが大きく、文字が不鮮明になりやすい。そこで考えられたのが「打紙《うちがみ》」という加工方法である。

打紙とは、湿らせた紙の表面を木槌などで叩き、繊維空間をうずめて紙を平らにして、運筆の効果を向上させる加工技術である。打紙された紙の表面は、顕微鏡などで詳細に観察すると、繊維が細かく折れ曲がっているという特徴がある（図3）。

③研　磨

楮や麻などの長い繊維でつくられた紙は、破れにくい特徴がある。そのため、打紙処理が可能であるが、中国で生産された竹紙や宣紙《せんし》（中国産の書画の料紙）など、繊維が細く短い紙は、叩《たた》くと破れやすいという性質があるので、打紙加工を施すことができない。そのため、かわりに表面を磨いて平らにした。

表面を磨く加工は、次のようになされた。板の上に紙を置いて、表面の平らな石や動物の牙・貝殻などで、紙の表面を磨く。こうすることで、繊維空間は少なくなり、筆の運びはよくなる。日本のある和紙の生産地では、乾燥前の湿紙時に椿の葉や青竹でこするという方法もとられた。中国では、現在でも古典籍・古文書のなどの修復所で竹紙を磨くことが行われており、私も実際にその光景を何度か目にしたことがある。

磨かれた紙をルーペなどで観察すると、加工時に生じた傷跡をみることができる。磨いた紙は打紙と比べて硬くなく、表面は平らである。たとえば、装飾経の紺紙金泥経や金銀泥経は文字の輝きを増すために表面が磨かれている場合が多く、加工した痕跡をみつけやすい。

④液剤の塗布

紙の表面に薄い蠟液《ろうえき》や澱粉液《でんぷんえき》・膠《にかわ》などの液剤を塗布する方法は、中国では唐代から行われていた。薄い蠟液を表面に塗り、光沢と平滑性を与えた紙を「蠟箋《ろうせん》」と呼ぶ。

澱粉や膠を表面に塗布する目的は、書写適性の向上というよりも、むしろ表面の毛羽立ちを抑えるためと考えられる。ここでは、墨液のにじみは無視されたのだろう。

加工された料紙の中に墨のにじみがみられるものがある。なかには、にじみが生み出す墨文字の多様さを楽しんでいるものもあると思われる。

⑤鉱物の粉末の塗布

石灰・白亜・石膏などの鉱物質の粉末を表面に塗り、紙のすき間を少なくした紙を、中国では「粉箋《ふんせん》」と呼ぶ。粉末の接着剤として澱粉・膠・カゼインなどが使われた。その加工方法はいろいろあるが、書写適性を向上させることが共通の目的であった。日本でこの方法は「灰打《はいうち》」と呼ばれ、紋様を紙面に残した「から紙」と加工紙を揉《も》んで文様を創り出した「揉紙《もみかみ》」という二つの製法に発展した。

表面に接着剤で粉末を塗布する加工法を応用して、雲母《きら》(白雲母の粉末)や胡粉《ごふん》(貝殻の粉末)などと顔料とを膠と一緒に混ぜ、版木で摺る「から紙」が生まれ、型染め法の防染糊の製法が開発され、各種の染紙がつくられた。布海苔と顔料の利用を加えた具《ぐ》を和紙に塗り、これを揉んで特殊な色紙となった「揉紙」は、江戸時代に掛軸などの表装用として多く使われた。

粉末を塗布する方法が一段と発展すると、これらの粉末を紙料液に混合して、繊維とともに漉き上げる方法ができあがった。これを「加塡法《かてんほう》」という。中世の奉書紙は、米粉を加え、兵庫県の名塩紙《なじおがみ》や奈良県の宇陀紙《うだがみ》は特殊な粘土を加えるなど、それぞれ特色ある和紙として知られる。

⑥柿渋・コンニャク液の塗布

繊維には親水性という特徴があるから、水に接触すると繊維結合が解け、分散しやすくなる。これを防ぐ手段として、膠や澱粉が使われることがあるが、一時的な効果しか得られない。耐水性を長期に保つためには、柿渋やコンニャク液・荏油《えのあぶら》(えごま油)などを塗布する処置がとられた。

柿渋は塗料液を何回塗っても耐える染型紙や、絨毯代わりの紙に使われ、水拭きされる渋紙は、古典籍の表紙などに使われる。

コンニャク液は、揉んで柔らかく、強度もある楮紙に塗布して、紙布《しふ》や袋物に使われる。

荏油は楮紙に塗布して雨合羽や雨傘に使われることが多いが、古文書などへの使用は少ない。

⑦膠《にかわ》の塗布（ドーサ加工）

水滴を紙の上に落とすと、瞬く間に吸収されてしまう。これは、繊維の親水性と多孔質による毛細管現象によるものである。この多孔質を抑える方法に、表面を磨いたり、叩いたりする物理的加工法と、膠や澱粉を塗布して水の吸収を抑制する化学的加工法の二つの方法がある。なかでも、膠を塗布する方法は最も重要な加工法と考える。

一般的に膠塗布とは、ドーサ（礬水《どうさ》）加工を指し、膠単独で使われることは少ない。膠の単独の場合は接着剤として使われるが、紙の加工には膠に明礬《みょうばん》を加えたドーサ液が使用される。

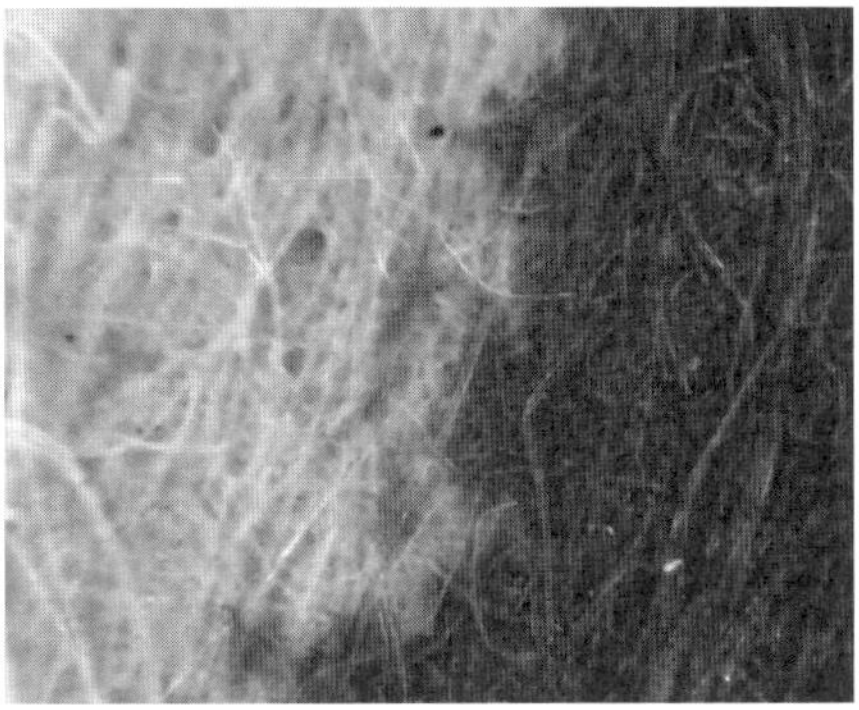

図４　膠の塗布された文書
（1273 年 六波羅探題御教書）

紙の表面にドーサ液を塗布すると、表面の毛羽立ちが抑制され、墨液や顔料液の浸透がなくなる。その結果、版画の色摺りや型染めの色付けが容易になり、紙の伸縮が減少するなどの利点が大きいが、明礬には酸性物質が含まれているので、明礬の量が多すぎると紙が酸性になりやすく、酸性劣化の原因となることもある。

第二章　必要な道具とその使い方

繊維判定用　和紙見本帳

料紙の観察調査は、外観観察や物理的・化学的な調査など、さまざまな方法で行われる。古典籍や古文書など文化財の料紙は、肉眼による外観観察と、ルーペや顕微鏡などを使った観察とがある。こうした調査方法をとるのは、基本的に文化財を破壊しないためである。

もっとも、これらの観察のみから、繊維の種類・漉き方などを判定することは難しい。とくに一朝一夕には判定することは容易ではなく、より正確な判定が必要な場合には、多くの経験と知識が必要となる。

私は製紙会社の研究所で四〇年以上にわたり、紙に使われる植物繊維の研究をして、数えきれないほどの各種繊維を観察した。しかし、それでも外観の観察だけでは正確な繊維判定を行うには困難が伴う。

そこで、『正倉院の紙』（正倉院事務所一九七〇）の調査に用いられた方法を参考として、破壊せずに紙の判定をする方法を考案した。

古典籍・古文書に使われている料紙の原料を判断するための指標として、各種の蒸煮《じょうしゃ》処理法の手漉き紙をつくり、小冊子の見本帳『繊維判定用　和紙見本帳』（紙の温度株式会社、二〇〇八年）を作製した。基準となる和紙の現物見本があれば、繊維の判定もしやすいと考えたのである。

本書の刊行に際して、この見本帳は不可欠と考え、紙の温度株式会社にご協力いただき、この中から調査に必要な繊維六種（楮《こうぞ》〔打紙《うちがみ》なし・打紙あり〕・雁皮《がんぴ》・麻《あさ》・三椏《みつまた》・竹《たけ》）を選び出し、本書の付録として収録した。

使い方は、次のとおりである。

1）調査資料と似ている料紙を、和紙見本紙の中から肉眼でさがす。

2）和紙見本紙を資料の横に並べ、ルーペで比較し観察する。

肉眼観察では繊維の長さや曲がり具合に注意し、ルーペ観察では繊維空間と繊維幅に注意して観察するとよい。

さらに、各見本紙に任意の文字を墨で書き、料紙による墨の乗りの違いを観察すれば、本見本帳はなお一層の効果を得ることができる。

本書に付録の見本帳はA5判サイズで、携帯にも便利である。ぜひ活用いただきたい。

ペン式携帯用小型マイクロスコープ

マイクロスコープは、本来オフセット印刷の網点を点検する目的でつくられた。そのため、平らな面のインクの状態を観察するのには適しているが、繊維空間がある和紙では焦点を合わせることが難しいという欠点がある。

しかし、慣れると楮紙の空間の奥がみえ、倍率が一〇〇倍以上であれば、米粉など和紙に添加されているものの存在も確認することができる。

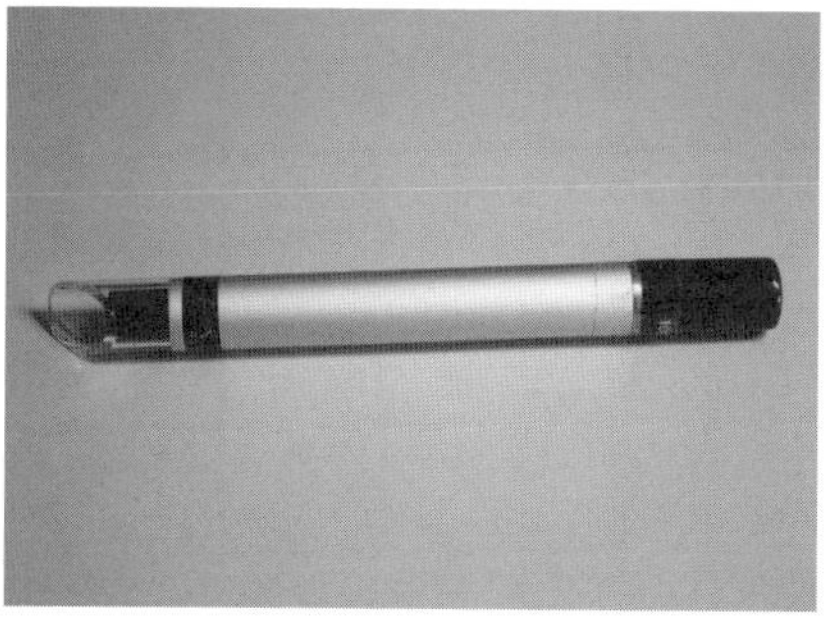

図　ペン式携帯用小型マイクロスコープ

万年筆式で、太さや長さはメーカーにより異なるが、長くても一四cm程度であるから、作業着やワイシャツの胸ポケットに収まり携帯にも便利である。多くは布製の小袋に入っているので、傷も付きにくく、資料を破損することもほとんどない。

倍率は各種あるが、料紙調査に使用する場合は五〇倍がよい。表面が平滑な洋紙には一〇〇倍が焦点を合わせやすい。

たとえば、稲ワラの繊維は、長さ平均〇・八㎜、平均繊維幅一五㎛と細く短い。そのため、肉眼観察ではほとんど繊維の形態は把握できない。これを五〇倍以上のマイクロスコープで観察すると、およその繊維の形態は確認することができる。

ほかの植物繊維は稲ワラ繊維よりほとんど長く、太いので、観察は比較的容易である。

紙の基礎性質測定用具

古典籍や古文書の多くは、貴重な文化財として扱われ、表装や裏打がされている。裏打が施されていると、紙質を観察することが難しくなる。厚み・重さ・寸法などの基本性質が測定できないと、数値による各種料紙類の比較が困難となる。しかし、紙を正確に把握するためには、こうした基礎性質を測定することが重要である。

紙は環境湿度に応じて水分が変化する。そのため、厳密には標準状態（室温二三℃±一℃、湿度五〇%±二%）で十分調湿した環境下で測定すべきである。よって、商取引や強度測定などを目的とする場合に用いられる調湿装置が必要になるが、大規模で設置費用も高価であり、一般的でない。古典籍や古文書の場合、人間が生活できる程度の環境条件で計測できるデータでも十分な効果が得られる。

以下、紙の基礎性質を計測する必要性について述べる。

重　量

寸法と重さの数値から、一㎡あたりの重量が計算できる。これを「坪量《つぼりょう》」と呼び、g（グラム）で表す。坪量は色々な試験値の補正手段として使用され、洋紙の場合は商取引などにも用紙の単位である「連《れん》量《りょう》」の基準値として使われる。そのため紙の最も基本的な数値とされ、計測は標準条件下で行われ、測定は紙坪はかりが使われる。

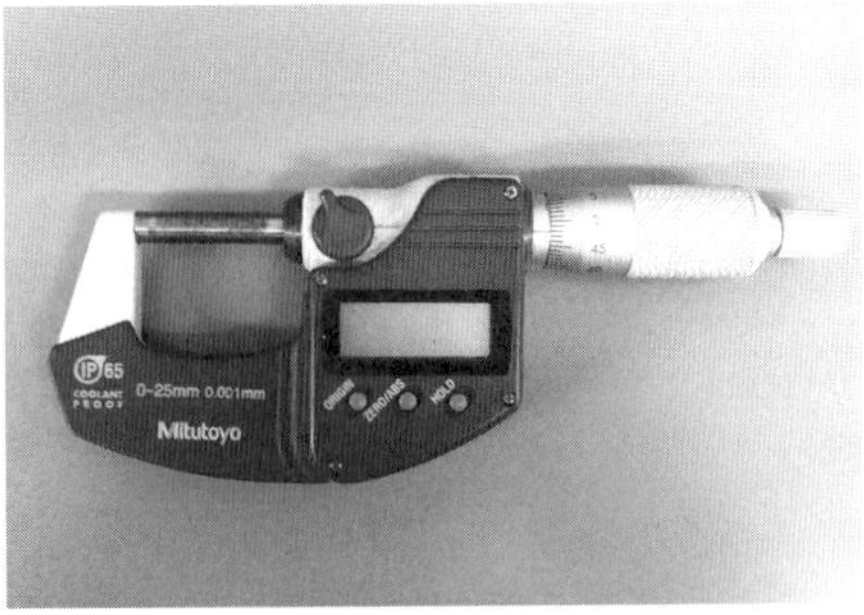

図　紙厚計測機器

古典籍や古文書は、かりに商取引されることがあったとしても、現在では重さと関連はない。また和紙は枚数売りが基本で、紙の重さは重視されていない。こうした理由から、紙の重量測定は家庭内で使われるはかりを使用することで、目的は充分達成できる。

厚　み（紙厚）

紙の厚みは、坪量と密接な関連を持つ基本的な性質の一つである。厚さは紙の物理的性質及び光学的性質に影響を及ぼし、印刷適性とも密接な関連性を持っている。紙の厚みを測定する器具は、各種工業で使われる「マイクロメーター」と呼ばれる簡単な厚み計が普通使用される（図）。和紙の場合は、同じ一枚の紙でも部分により厚薄の差が大きいので、できるだけ多くの個所を測定し、その平均値を採用することが必要である。

寸　法

料紙の大きさ（寸法）も測定する必要がある要素の一つである。洋紙の製紙業界では、商取引上で詳細な計測値が必要とされるが、古典籍・古文書の料紙の場合は大きさなどで商取引されることがないので、厳密な測定数値を出す必要はない。そのため、紙の寸法は、縦と横の長さを定規で一㎜単位まで計測し、㎝単位で記録する。紙の寸法測定には普通の定規で十分であるが、文化財にキズなどを付けないように十分な配慮が必要である。そのため、堅い鉄製やプラスチック製は避け、布製の巻尺などでの計測が好ましい。

密　度

紙の厚みと紙の一定面積の重量（坪量）が計測されると、紙の密度が計算できる。坪量の数値と厚みで、紙の密度が数値化できるのである。

密度は、紙の単位体積あたりの重量、すなわち「見掛け比重」を意味するものでg／㎤で表され、計算式は左記のとおりである。密度は、コンマ以下二ケタまで表示する。

数値の読み取り方

紙の基礎性質である坪量・厚み・密度が計測されると、紙の柔軟度や硬度・大まかな紙の性質が推定できる。これらの数値から、使用原料・原料の洗滌《せんじょう》量・叩解《こうかい》の程度・内部添加薬品の有無・打紙《うちがみ》処理などの製法の違いも読み取ることができる。

坪量からは、料紙の大小や形態に関係なく、その料紙の一定面積あたりの重さがわかる。さらにほかの料紙との重さの違いが正確に比較でき、大きくても軽い料紙や、小さくても重い料紙などの分別ができる。

【密度の計算式】

$$\text{密度（g/cm}^3\text{）}=\frac{\text{坪量（g/m}^2\text{）}}{\text{厚さ（mm）}\times 1{,}000}$$

厚みからは、現物を観察しなくても料紙の使用目的や紙質などが想定できる。

密度は嵩《かさ》ともいい、料紙の内部の様子を推定することができる。和紙は墨で書くとにじみやすく、嵩があり柔らかいという性質があるが、洋紙（上質紙）は墨を吸収しにくく、にじまず、嵩がなく、硬くしっかりしているという特徴がある。両者のこうした相違点は密度の違いによる。

表　紙の密度

和紙の密度	0.3 ～ 0.6g/㎤＊
楮紙	0.3g/㎤
三椏紙か楮紙の打紙	0.6g/㎤
雁皮紙	0.6g/㎤以上
新聞用紙	0.64g/㎤＊
上質紙	0.82g/㎤＊
晒クラフト紙	0.76g/㎤＊
コート紙	1.20g/㎤＊
グラシン紙	1.00g/㎤＊

＊印は『おもしろい紙のはなし』より引用

目安となる紙の密度の数値を、右の表に示す。数値が低いほど、嵩高で紙の空間率が高いことを意味する。

以上の数値から、洋紙に比較して和紙は嵩高で、紙の空間率が高いことがわかる。たとえば新聞用紙の嵩が高いのは高速印刷され、インクの速乾性が求められるためである。

和紙や新聞用紙の密度が低いのは、使用原料の楮《こうぞ》や機械パルプが嵩高になりやすいことが要因である。

同じ木材化学パルプからつくられる上質紙と晒クラフト紙でも、上質紙のほうの密度が高いのは、上質紙には重量の重い鉱物質の填料《てんりょう》が使われているからである。

グラシン紙はパルプを極端に粘状叩解して、プレスで強く締めているから繊維空間が少なくなって、密度が高くなっている。

コート紙は木材パルプ紙に無機顔料の入った塗料を裏表に塗布しているので、最も密度が高い。

古典籍や古文書では、密度の数値によってさまざまな情報がわかる。繊維間結合力の様子から、使用原料の違い、漉き方やプレス圧の状況、内部添加薬品の有無、打紙・瑩《えい》紙《し》など、表面加工の程度が判断しやすくなるのである。

料紙の基礎性質を把握することは、修復時や複製品作成時に使用する紙の選択などにも、貴重なデータとして重要である。

簀目測定帳

紙をみると、簀目《すのめ》の粗さや細かさが目につく。簀目が発生する原理は次のとおりである。

簀で紙を漉く時、萱《かや》や竹ヒゴで編まれた簀が使われる。簀には簀の部分と空間部とがあり、紙料液を汲み込むと、繊維は最初に空間部に多く集まる。簀の部分は遅れて繊維が並ぶため、紙に厚薄が生じる。これを「簀目」と称している。ヨーロッパの透かし文様と同じ原理である。

簀目が発生する大きな要因は、原料繊維と漉き方とにある。細く短い繊維のほうが、簀目は出やすい。また流し漉きのように繊維が動く漉き方よりも、繊維の動きが少ない溜め漉きのほうが、簀目は出やすい。

ヨーロッパの透かし文様の研究者は、透かし文様の形だけでなく、簀目の細かさと糸目の間隔を記録して、歴史研究において多くの成果を挙げている。古典籍・古文書料紙の調査ではまだ研究途上であるが、重要な調査項目であることを認識すべきである。

簀目測定には、最近スキャナを使用した画像解析法も行われているが、手間がかかる。そのため、調査資料数がある程度多量になる場合、増田勝彦氏作成の簀目測定帳が便利である。本書に付録として収録しているので使用していただきたい。

簀目測定帳は、紙を漉く時に使われた漉き簀のヒゴの数を測定するために開発されたものである。この判定帳の中には、三cmあたり八本から五一本の密度の平行線が二七種類収録されている。

資料の料紙に少しでも簀目が認められたら、テーブルライトの上に資料を載せ、簀目測定帳の適当なページを開いて、比較し、ほぼ同じと思われる平行線に書かれている数字を読み取り、これを記録する。

たとえば、簀目が大きいと萱簀《かやす》が使われ、細いと竹簀《たけす》が使われていることなどがわかる。とくに細い簀目の場合、中国産の紙であることも推定される。またさらに細かく分析すると、和紙の産地なども推定することができる。

ＵＳＢデジタルマイクロスコープ

ＵＳＢデジタルマイクロスコープは、紙の表面を観察するための器具である。この器具は携帯用小型マイクロスコープと同一の効果があるが、デジタルなので、コンピューターにＵＳＢ接続・閲覧するソフトウェアも付いている。そこで拡大した画像が簡単に観察・記録できる点に特徴がある。

たとえばDino-Lite Digital Microscope 500x（図）は手で持つタイプのものである。自由に場所を選択でき、価格も手頃（本機種は一万円台）であるが、倍率が高く資料に直接触れてしまう難点もあるが、有効な観察法である。

従来の小型マイクロスコープでは、調査している当人しか観察できなかった。しかし、このＵＳＢデジタルマイクロスコープでは、共通画面で同一画像を多くの人々が観察できる。そのため、繊維判定や打紙《うちがみ》・薬品の塗布などについて意見交換しながら、紙の表面を分析することができる。

貴重資料にキズを付けることもなく、表面の画像をコンピューターに保存して残しておくことも可能である。重要文化財などの門外不出の資料でも、調査時に画像をコンピューターに保存しておけば、後日ゆっくりと検討することもできる。もっとも、これは精密機器の測定や肌の状態をみるために開発されたものであるため、今後は紙素材（繊維）を観察する専用機器が安価で発売されるのが待たれる。

図　コンピュータ接続したUSBマイクロスコープ　（協力：水木喜美男氏）

近年、和紙文化研究会会員の一部のグループが、ＵＳＢデジタルマイクロスコープを活用して、「繊維判定用　和紙見本帳」を基本に、コンピューターに正確な各種繊維紙の特徴を記憶させ、これをベースとして古典籍・古文書料紙の繊維を判断させる方法を研究している。今後の料紙研究に不可欠な調査方法と感じており、大いに期待している。

ある和紙販売店では、この装置を利用して、顧客が求める紙の表面を映像で示しながら解説し、顧客の納得する和紙を販売していると聞いている。

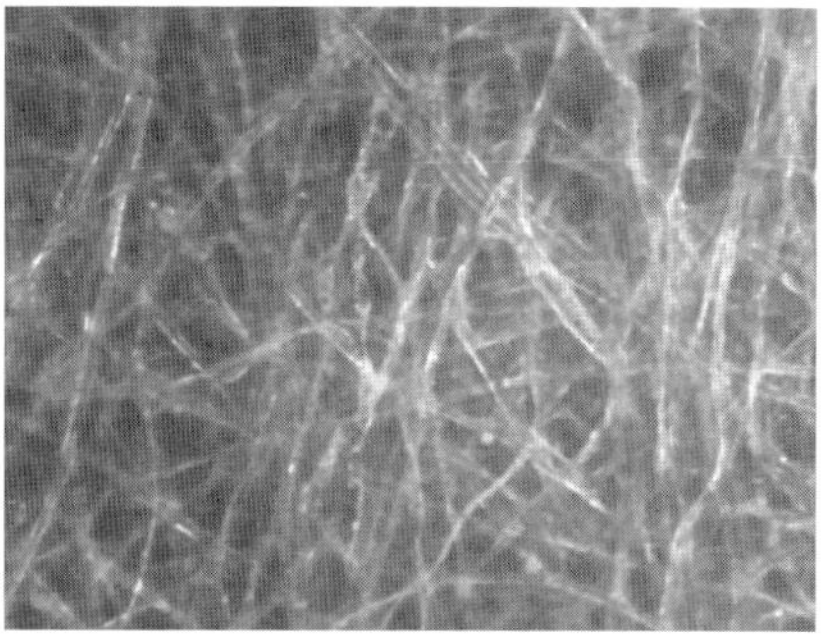

図1　楮の打紙なし
（本書付録の『繊維判定用 和紙見本帳』）

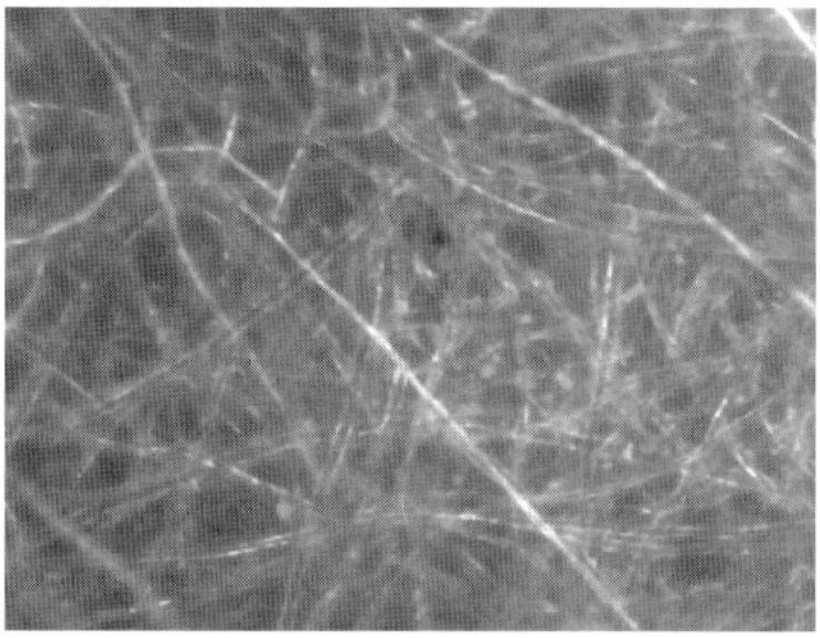

図2　楮の打紙あり
（本書付録の『繊維判定用 和紙見本帳』）

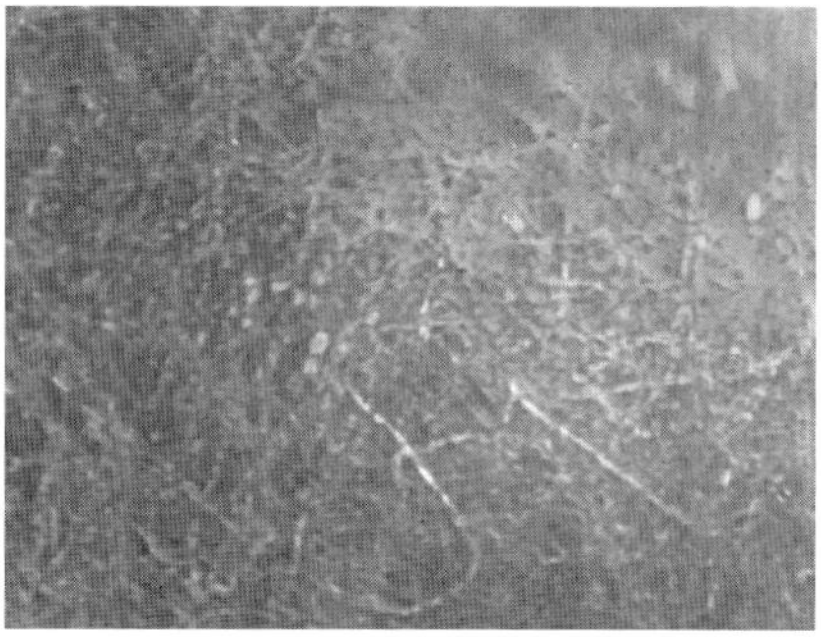

図3　雁　皮
（本書付録の『繊維判定用 和紙見本帳』）

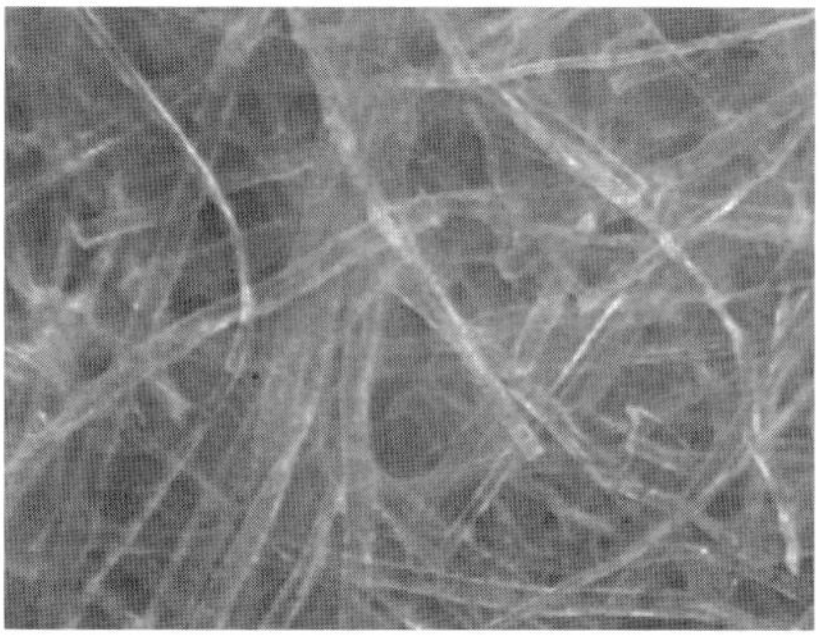

図4　麻
（本書付録の『繊維判定用 和紙見本帳』）

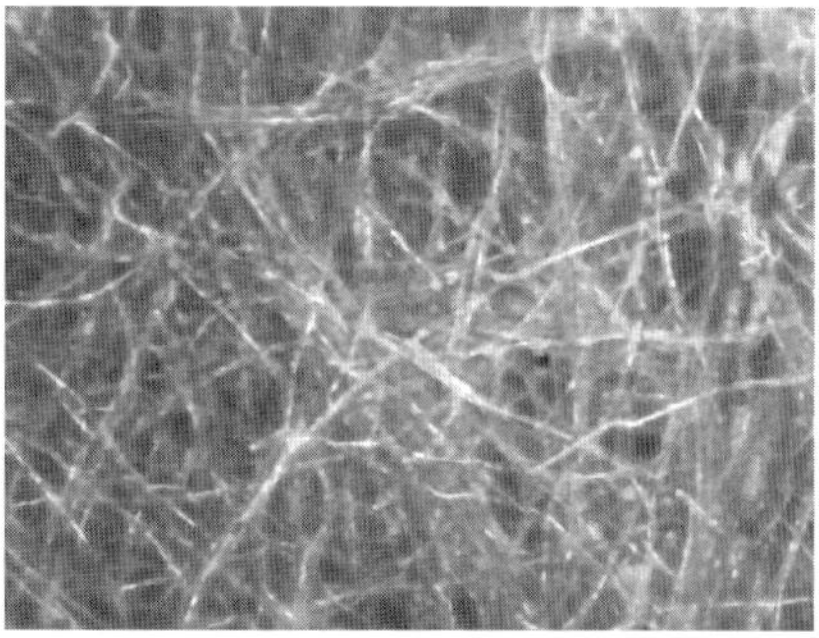

図5　三　椏
（本書付録の『繊維判定用 和紙見本帳』）

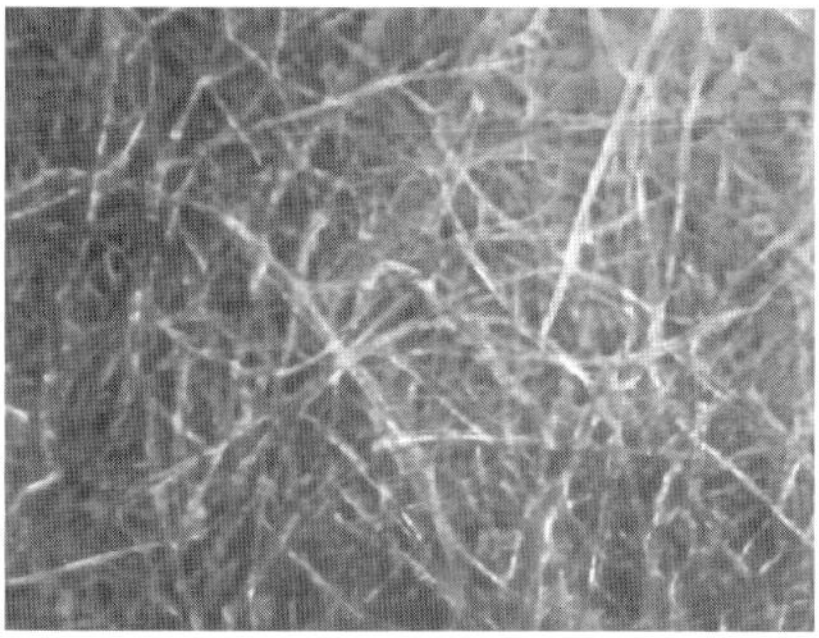

図6　竹
（本書付録の『繊維判定用 和紙見本帳』）

繊維分析用顕微鏡

紙は、原料の組成や加工の程度によって分類される。紙の性格をより正確に見分けるためには、繊維を染色して顕微鏡で視見する繊維分析を行う必要がある。繊維分析をすることで、繊維の種類・配合割合がわかり、その結果から、料紙のつくられた年代や製法も判明する。

必要な器具

この繊維分析は、特別な機器や設備がなくてもできる試験法である。必要な器具は、スポイト・高性能ピンセット（医療用のものがよい）・卓上型拡大鏡・ホットプレート・顕微鏡・染色液・解剖針・プレパラートをつくるガラス器具などである。洋紙と異なり、和紙は、単一の原料でつくられることが多いので、比較的容易に判別できる。

①スポイト

水滴を紙面やプレパラートの上に置く時に使用する。

②高性能ピンセット

古典籍や古文書の料紙から、繊維分析用の試料を採取する時に使用する。貴重な文化財では、最低限必要な分量だけを慎重にサンプリングする必要がある。そのため、ピンセットは高性能のものがよい。採取作業は修復家に依頼するとより確実である。打紙《うちがみ》など表面に加工処理のある料紙は、事情が許せばスポイトで微量の水滴を紙面にたらし、柔らかくなった繊維層から微量の繊維を採取するとよい。

③卓上型拡大鏡

倍率は二〇倍程度がよい。プレパラートの上に少量の水滴を置き、試料繊維を入れる。拡大して、両手に持った解剖針で繊維塊を分散し、一本一本ずつにばらして観察する。

④ホットプレート

水中で分散した繊維を、プレパラートの表面に付着させるため、水分を蒸発させるのに使う。

⑤顕微鏡

倍率一〇〇～一五〇倍が観察しやすい。五〇倍以下は繊維の長さを確認するのに適しているが、二〇〇倍以上になると繊維の幅が同じ程度にみえてしまい、比較判断が難しくなるので、注意が必要である。

⑥染色液

繊維分析に使われる染色液にはさまざまな種類があるが、最も多く使われるのがC染色液で、繊維によってそれぞれ特有の色に変化する。反応の特徴は次のとおりである。

〔楮・桑〕赤みの強い茶色に変色する。

〔楮皮をレチングした繊維〕淡い青色に反応する。

〔雁皮〕明るい青みの灰色に反応する。

〔三椏〕明るい黄色か鈍い黄色に染まる。

〔中国産の竹〕繊維が短く、すべての繊維はくすんだ青か薄い紫色になる。薬品蒸解が少なくて、リグニン（植物の繊維同士を接着する物質）が残留している場合は鈍い黄色になる。

〔麻類〕ほとんど赤みのある濃茶色に染まるので、個々については繊維形態で判断するとよい。

染色液の調製法

A）塩化アルミニウム溶液・塩化アルミニウム四〇ｇを水一〇〇ccに加えて、二〇℃で比重一・一六の溶液をつくる。

B）塩化カルシウム溶液・塩化カルシウム一〇〇ｇを水一五〇ccに加えて、二〇℃で比重一・三七の溶液をつくる。

C）塩化亜鉛溶液・塩化亜鉛一〇〇ｇを温水五〇ccに加えて、不容分が残るまで飽和させる。室温まで冷却し、塩化亜鉛の結晶が析出するのを確認する。二〇℃で比重一・八二の溶液をつくる。

D）ヨウ素溶液・ヨウ化カリウム〇・九〇ｇ及び乾燥ヨウ素〇・六五ｇを混合する。ピペットを用いて五〇ccを攪拌《かくはん》しながら滴下する。

ヨウ化カリウムがヨウ素に対する溶媒《ようばい》になるので、滴下する水の量は、ヨウ素の溶解に必要な最少量であることが重要である。水の滴下が早過ぎると、ヨウ素が溶けずに残ることがあるが、その場合は、溶液を捨てる。

E）C染色液、A）で調製した液二〇cc、B）で調製した液一〇cc、およびC）で調製した液一〇ccをピペットで取り出し、メスシリンダーに入れて混合する。この液にD）で調製した液一二・五ccを加えて再び混合し、直立の高い容器に入れて暗所に放置する。一二～二四時間後に沈殿物ができたならば、上澄み液をピペットで吸い出し、暗色ビンに入れ、ヨウ素の一片を投入して暗所に保存する。

第三章　観察と分析方法

視覚・聴覚・触覚による観察

かつて、新聞でこんな記事を読んだことがある。銀行で多量の紙幣の中から一枚の偽札が銀行員によって発見された。銀行員は、器具も使わずに偽札に気が付いたという。長年の経験により、紙幣の透かし模様などを視覚で感じ、枚数を数える時の紙幣の跳ね返りの音を聴覚で感じ、紙幣の手触りを触覚で感じていたのである。

古典籍・古文書料紙の調査でも、神経を集中して紙を観察し、紙の音を聞いて、紙に触ると、感覚が研ぎ澄まされ、紙からさまざまな情報を得ることができる。機械を使わなくても、視覚・聴覚・触覚を働かせることでいろいろなことがわかるのである。

次に、いくつかの簡単な方法を説明する。

①視覚による観察

視覚は、人間の五感で最も敏感な感覚ともいわれている。視覚では色合い・明るさ・不透明度などが判断できるが、紙には資料を上から眺める場合よりも、もっと有効な観察法がある。それは、紙を明るいほうにかざし透かして観察するという方法である。

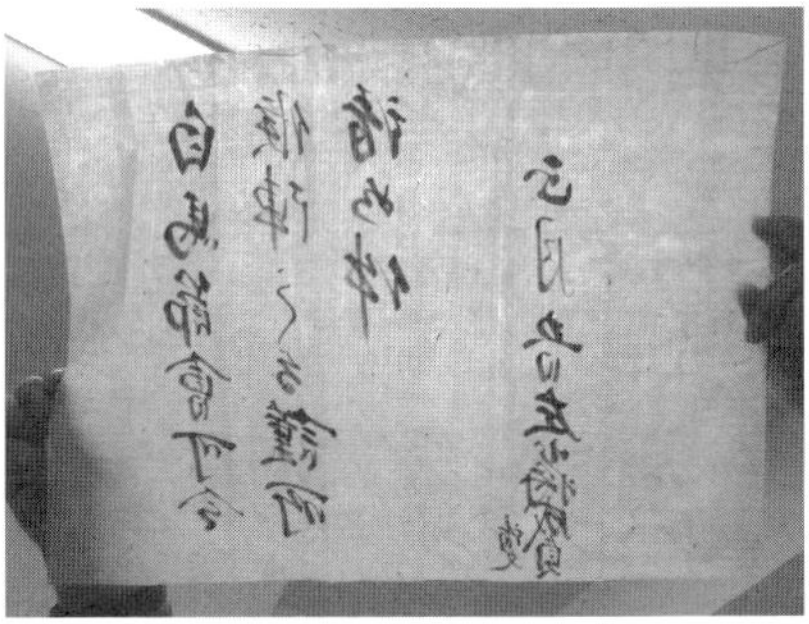

図　地合をみる

調査資料を目前にして、まず白さや色合いを瞬間に判断する。その後、資料を明るい方向にかざして透かしてみる（図）。すると、曇り空のように陰りがなく一様にみえる紙と、台風前の空のように何層にも薄い部分と濃い部分のみえる紙とがある。こうした紙の状態を「地合《じあい》」と呼ぶ。地合を視覚観察することは、重要である。

全体に均一に曇り空のようにみえる紙は、「地合のよい紙」である。こうした紙は繊維が平均して分布しているので、紙の強度が高く、平滑性もよい。

一方、台風前の空のようにみえる紙は「地合の悪い紙」である。紙を構成している繊維にムラがあり、紙に薄い部分と、厚い部分が生じており、書写適性もよくない。

地合のよい紙には、細く短い繊維が使われることが多い。ネリ剤を多く使用した流し漉きで、漉く際には縦横に揺すられている紙である。雁皮《がんぴ》や三椏《みつまた》を原料とする紙は、繊維が細く短いので、地合のよい紙が多い傾向にある（楮《こうぞ》の場合は那須楮など）。

楮など長い繊維でも地合のよい紙を漉くことのできる職人は、手漉き技術が優れていると考えてよい。現在の製紙技術でつくられたもののなかでは、紙幣用紙が地合のよい紙の代表といえよう。

地合の悪い紙は、長い繊維の楮が使われているものが多い。長い繊維を溜め漉き風に漉いた紙や、叩打《こうだ》が少なく結束繊維が残っている紙、繊維分散が不十分で繊維に絡みがある紙、ネリ剤が少なくて縦流れを強くした紙なども、地合が悪くなる。

こうした問題点が発生したのは、大量に発行された江戸時代の草紙の紙などにみられるように、生産量の拡大にともなう技術力の低下が招いたためと考えられる。

②聴覚による観察

和紙と洋紙は、紙片を耳元で振って、音を聞くことで区別することができる。洋紙はカサカサと硬い音がするのに対して、和紙はサラサラと柔らかい音がする。これを「紙の鳴り」という。

古典籍・古文書の料紙も、音を聞くと色々な「鳴り」を感じることができる。

もっとも、紙の音は厚みや密度とも関係があるので、同一音でも同一紙とは限らないが、大まかには音によって原料を推定することができる。

⑴　雁　皮

雁皮紙を振ると、チャリチャリと快い金属的な音がする。これは雁皮の繊維が細く扁平であることから、繊維間結合力が大きく、ヘミセルロースであるウロン酸が存在して密度が高くなっているために生じた音と考えられる。

⑵　楮

円筒形で、長く太い繊維の楮の紙は、柔らかい音がする。楮の紙は、繊維の空間が多く繊維間結合は低い。そのため布のようなフワフワした音となる。

ただし、打紙《うちがみ》や膠《にかわ》の塗布などの表面加工を施すと繊維間結合が高くなるので、硬い音に変わる。しかし繊維自体は長いため、雁皮のような乾いた高い音にはならない。

⑶　三　椏

繊維の長さや幅は雁皮と同様であるが、繊維は円筒形で、ビニールシートのようなパサパサした弱い音が聞こえる。

③触覚による観察

紙を手で触って感じとることのできる情報は、表面の滑らかさ・紙の厚さ・重さ・硬さ・しなやかさなどである。これらは計測して数値化されているが、紙には計測しにくい「風合《ふうあ》い」という複合的な表現がある。風合いには、嵩《かさ》高《だか》でふっくら、硬さとソフト感、腰がある、滑らか、弾力性、しっとり感、光沢、温かみなどがあり、これらは触覚によって判断される。

嵩高でふっくらしている料紙は楮の紙が多く、腰が弱い感じがして、萱簀《かやす》で漉いた厚紙（檀紙《だんし》風）で打紙がされていない紙が多い。こうした紙は、さわった時の硬さとソフト感などとも関連があり、半流し漉きの楮の厚紙を打紙処理すると腰が出て、滑らかで弾力性のある紙となる。とくに打紙処理するときに膠液を使った楮紙は、しっとり感があり、光沢も生まれる。

⑴ 楮

加工処理の少ない楮紙は繊維の空間が多く、ヒトの熱が空気伝導しやすいので、暖かく、温もりを感じる。和紙が暖かいといわれる所以である。

⑵ 雁　皮

雁皮紙は嵩高で、ふっくら感やソフト感はないが、腰があり、滑らかで、弾力性と光沢、しっとり感がある。そこに優雅さを感じるが、楮紙のような温かみには乏しい。

⑶ 三　椏

化学薬品のない時代の三椏で漉いた紙は、赤茶色で品位が感じられない。ただし嵩高でソフト感があり、表面が滑らかで、温かみも感じられるが、繊維が短いので腰がなく弱い。そのため、書物以外の用途（建築や生活用具など）には使いにくい。

料紙の損傷・劣化

古典籍や古文書の紙を観察すると、変色したり、染みや虫穴がみえたり、脆《もろ》くなったり、焼け跡がみえたりする。これらは紙の損傷や劣化という現象であり、保存状態に問題があったために生じる場合が多い。場合によっては原料や漉き方、加工処理法などの製紙技術に原因があることもある。

ここでは紙の敵である①虫喰い（虫害）、②汚れ、③酸化劣化、④フケ・ムレ、⑤人的障害の五項目を中心に、紙の損傷・劣化について説明する。

①虫喰い（虫害）

和紙で最も損傷が目立つのは、虫害である。その原因となるのは昆虫による紙の食害で、ヤマトシミ・シバンムシ・ゴキブリ・シロアリなどがいる。なかでもとくに目立つのはヤマトシミの害である。昔から「紙魚《しみ》」と呼ばれ、糊付けした和紙を表面から喰い荒らし、暖地ほど個体数が多いといわれている。

シバンムシは体長三㎜内外の小型の甲虫で、シミと異なり糊の付いていない部分を好む特徴がある。料紙をトンネル状に食べて穴を開ける。

ゴキブリは家庭害虫として古くから知られ、シミと同様に糊の付いた部分を好む。本の背表紙などに害が多くみられ、食害と同時に、ゴキブリの排出する糞《ふん》による害も多い。

木造建築物に害を与えるシロアリは、建物から紙へと移動し、害を及ぼすことも多い。

古典籍・古文書料紙の虫害の多くは、シミとシバンムシである。これらの虫に損傷を受けた紙を繊維分析すると、最も虫害が多いのは米粉や米糊が添加された楮紙《ちょし》で、次に多いのが澱粉《でんぷん》類で表面加工した紙である。澱粉類が添加されていない楮紙でも、原料の洗滌《せんじょう》が不充分で、非繊維細胞が残っている紙には食害が多い。

なおシロアリなどの木材を喰う虫が木材のどこを好むかを観察したところ、多くは針葉樹の柔らかい春材部から食し、硬い秋材は残していることがわかった。紙の場合も、こうした差が生じている可能性はある。

紙を喰う虫の実態を知るために、木の葉や芽を食する蓑虫《みのむし》を使って、次のような実験を行った。

タバコの箱ほどの大きさのプラスチック容器の中に、各

図１　虫喰いのある資料
（『大般若経』文永４年〔1267〕写）

種の和紙や洋紙の細かい紙片を用意し、蓑虫を入れ二週間放置した。その結果、蓑虫はリグニン（植物の繊維同士を接着する物質）量の多い新聞紙や雑誌紙、澱粉をコートした印刷紙、楮紙などでは蓑をつくったが、澱粉質のない塗工紙や画用紙などの洋紙と三椏紙《みつまたし》・雁皮紙《がんぴし》では蓑はつくらず、死滅していた。

この実験結果から、蓑虫は繊維のほかに、澱粉などのヘミセルロースやリグニンを餌にしていることがわかった。シロアリを代表に紙を喰う虫も、澱粉類とペクチンやリグニンなどの重合《じゅうごう》度（一種類以上の分子が化学的に結合し、もとより分子の大きい化合物をつくること）の低い非繊維質を好み、最初にこれらの物質を喰い、その後セルロースを喰っていると想定することができた。

繊維が長く、太く、円筒の形状を持つ楮は、紙にすると空間率が高く、柔らかい質感となる。そのため、虫類は紙中に入り込みやすく、重合度の低い非繊維細胞や米粉・米糊などの澱粉質が存在した紙は、生育に好条件であるから、楮紙の虫害は多くなると考えられる。

同じ靭皮《じんぴ》繊維である雁皮や三椏には、ある種のアルカロイドが含まれている。虫類はこれらを嫌うので、ジンチョウゲ科植物の靭皮繊維でつくられた紙に、虫類の食害は少ない。

これらの虫類は、湿気のある暗いところを好む。そのため、和紙の保存には、明るい場所で風通しをよくすることが大事である。

虫が付いてしまった文書類は、虫を除去してから、風通しのよい場所で陰干しして、防虫剤を入れた紙製の保存箱に保存するとよい。

②汚　れ

汚れの一つである「染《し》み」とは、料紙に褐色斑点が生じる汚れである。原料の中に含まれた微生物や、大気中のカビ・ほこり類の微生物が紙に付着し、適度な湿度と温度条件によって活動を始め、菌糸を発生して、有機酸などを生成する。これが染み発生の原理である。

染み発生の原因は、原料を洗滌《せんじょう》するときの水質や、漉き槽内の水温の影響などがあげられる。乾燥中の大気汚染や、保管条件などにも関係する。染みを防ぐためには、できるだけほこり類を付着させないようにして、湿気から守ることが重要である。重要な資料は、調湿紙に包んで保存箱などに保管するとよい。

紙の変色する原因は色々考えられるが、とくに多いのは紙の表面に塗布した植物染料の変色である。天然染料のなかで唯一の塩基性物質である黄檗《きはだ》で染めた紙は、料紙が製作された当初は鮮やかな黄色だったが、長い年月を経ると茶色に変色していく。

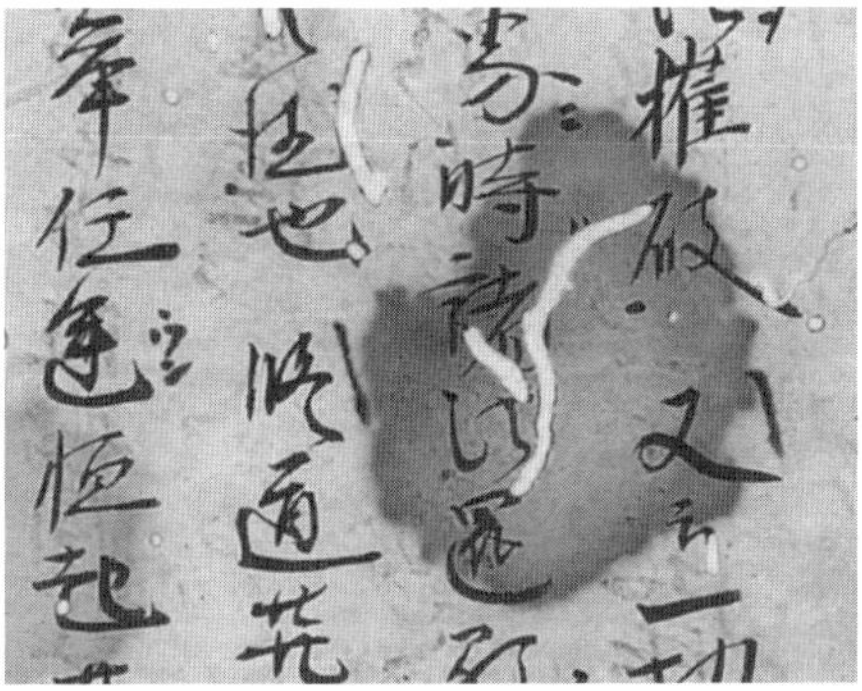

図2　汚れのある資料
（『理趣釈口決第二』元亨元年〔1321〕写）

今でこそ茶色にみえる古経料紙の多くは、黄檗が変色したものである。平安時代に紫草の根で表面染色した紫紙金泥経も、今では変色して濃い茶色にみえる。

植物染料は媒染剤《ばいせんざい》（繊維に染料を固着させる役をする物質）の使用で、さまざまな色調を表す。和紙に描かれた絵画に多く使われているが、これらの色に使われた植物染料の判定は難しい。そのため、色材の詳細な検討は、専門研究者に意見を聞くことが重要と考える。

楮・雁皮・三椏を原料として、木灰液で蒸煮《じょうしゃ》してつくられた料紙は、木灰液がマイルドなアルカリ液であるため、繊維変質の影響が少なく、変色も少ない。

一方、石灰液で原料を蒸煮した中国の竹紙は、洗滌が不十分だったり、天日漂白が少なかったりすると、残留したアルカリ成分やリグニンが繊維を変質させ、結果として料紙は変色する。この現象は、中国の印刷物である宋版《そうはん》などにみられる。

動物や虫などの尿や糞による変色や、室内の湿度上昇によって生まれた水滴に濡れた汚れをみることがあるが、これらは保存状態に問題があり、多くは人為的な問題である。

文化財を汚れから保護するには、保存環境が重要である。

とくに酸性物質による汚染に注意する必要がある。市街地や交通量の多い場所では、煤煙やチリ・ほこりは汚損のもとである。

海岸近くでは、風で海水の飛沫や塩の粒子が問題となる。こうした物質がほこりに混じって文書などに付着すると、紙中の酸や鉄分と反応して変色・劣化を早めることになるからである。

水分の吸収を抑制した加工紙（ドーサなどをうすく塗布したもの）は、水を吸収する前に布などで拭き取ると被害は減少する。

すでに汚れてしまった料紙は、専門家に脱色洗滌を依頼すると、被害を最小限に食い止めることができる。

③酸化劣化

化学的劣化の一つに、「酸化劣化」がある。

日本には、千年以上も前の紙が現存する。一方で、近代以後につくられた洋紙でも、百年程度でボロボロになってしまうものもある。近年の研究によれば、紙がぼろぼろになる現象は、紙に含まれる酸性物質に起因していることが指摘され、製造時に使われた硫酸アルミニウムが劣化の原因といわれている。

松脂《まつやに》サイズや澱粉《でんぷん》・白土などを原料繊維に定着させるために硫酸バンドを使用すると、紙の中に硫酸が残留する。この硫酸から分離した水素イオンが触媒となって、紙の中の水分がセルロース分子を切断する。こうした状態を「酸化劣化」という。

ヨーロッパやアメリカでは、すでに百年ほど前から紙の酸化劣化が問題として検討されてきた。

しかし日本では、酸性劣化問題については検討が遅れていた。日本で酸化劣化が重要な問題と認識されたのは、ようやく近年になってからのことである。その背景には、奈良・正倉院の紙など、奈良・平安時代につくられた料紙のほとんどが損傷なく保存されており、「硫酸アルミニウムを使用していない和紙には酸化劣化はない」という先入観があったためである。

もっとも、古典籍・古文書の研究者や修復担当者のなかには、和紙にも劣化があることを指摘した人もいた。しかし、劣化に対する専門的知識が乏しいこともあり、劣化原因の追及はなかなか進まなかった。

その後、一九七〇年代になると、和紙だけでなく洋紙も含めた紙類の修復家が海外に渡り、紙の劣化のメカニズムを学ぶようになった。その結果、紙は酸性物質で劣化しやすいことがわかった。

古典籍・古文書料紙には、膠《にかわ》に明礬《みょうばん》を混合したドーサ液を塗布することがある（367頁）。この混合液を塗布することで、和紙はpH５以下となり、強度劣化が顕著となった。このことから、和紙にも酸化劣化のあることが判明した。

微量に採取された資料の料紙片を水に付けると、水の吸収がとくに遅いものがある。これは膠に加えられた明礬による影響であり、このような料紙は酸化劣化を起こしている可能性があると考えてよい。

紙の酸化劣化が進む速度は、保存環境によって異なる。たとえば温度が高く、湿度が低いと劣化が速い。ヨーロッパやアメリカに比べ日本の紙に劣化が少ないのは、概して保存環境がよいことに加え、湿度が高いことにも原因がある。

④フケ・ムレ

昔の倉庫や土蔵では、温度差や湿度変化が大きくなりやすいことがある。こうした環境下で保管された紙類は、夏季になると、湿度の上昇と高温の影響で紙の中の水分が増加しやすくなる。水分が多くなるとセルロースのルーメンの内部にまで入り込み、含有水となって繊維は膨潤する。このまま放置された紙類は、秋季以降に気温が低下することで紙の表面は乾燥するが、ルーメン内の水分は残留する。残った水分が酸化すると、ルーメンの内層部の柔らかい部分から酸化劣化が始まる。硬い外層部は膨潤したままなので、繊維は膨潤状態となり、紙は膨張したままとなる。これがフケとかムレと呼ばれる現象で、酸化劣化の一つといわれている。

針葉樹の木材パルプの話になるが、一年でフケ・ムレが生じた紙をみたことがある。もっとも化学的に分析した研究は少なく、詳細は今後の研究に委ねられる。

私の調査では、繊維壁の厚薄の繊維が混じった楮《こうぞ》・竹や針葉樹パルプを原料に使用した紙に、フケ・ムレが多くみられる傾向にある。高い水分状態で放置すると、水分は繊維壁の薄い繊維が速く吸収して、この繊維内部の水分が酸化しやすく、酸化劣化も速まる。一方、繊維形態が揃っている雁皮《がんぴ》・三椏《みつまた》や広葉樹パルプなどの紙は、フケ・ムレによる劣化が少ない。

フケ・ムレを防止するためには、昔から行われている「虫干し」がよい。天気がよく湿度の低い日に、収蔵庫を開放し、資料に風を入れるという方法である。

⑤人的障害

文化財保存の歴史をふりかえると、紙類の大敵は人間である。劣化の多くは人為的な原因で、次の五つがある。

第一は、水と湿度変化である。洪水などによる水害や、火事の消化水による濡れ、収蔵庫内の湿度変化と結露は、紙を脆弱にする。こうした状況下の料紙には、カビが原因と思われる変色や汚れがあり、フケやムレが発生しているものもある。

第二は、火と温度変化である。部分焼失の文化財として知られる「二月堂焼経」がよい例で、火事は紙の大敵である。

保存空間が高温になると、紙の繊維内部にある保有水が蒸発し、さらに硬質化して柔軟性が失われ折れやすくなる。そして温度の変化は繊維間結合力を弱める。硬質化し茶色に変色した料紙は、これらの影響と考えられる。

第三に、光の影響である。直射日光や紫外線などの光源は紙の変色を促進する。そのため、調査時の長時間放置や強い光の下での資料展示には注意が必要である。

第四は、酸素である。酸素によって酸化反応を起こし、セルロースに悪影響を及ぼすこともある。

第五は、人間の無知である。紙の扱い方や、文化財の知識が乏しいために起きる劣化である。

果物の汁・飲物などで汚れた料紙をみたことがある。喫煙・喫茶・食事などをしながら文書や絵画をみることは、近世以前には普通に行われていたようである。

現在でも、知識のない人がハサミなどの刃物で文化財を切ったり、鉛筆以外の筆記物で文字を書くなどが行われることもある。

保管に新聞紙による包装が最適などと、まことしやかにいわれている現状があるとも聞く。いうまでもなく、こうした行為は文化財に有害であり、慎むべきである。

繊維分析法

日本工業規格（JIS P 8120）に繊維組成試験方法の規定があり、一般に繊維分析はこの規格に準じて行われる。

適用範囲

紙・板紙、およびパルプ試料中の繊維組成の判別、およびその定量に関する試験方法について規定している。この試験方法は、繊維の構成や染色性に影響を与えないことが大事となる。しかし、離解または脱色することが困難な、含浸加工した試料や着色処理した試料には適さない。

正確な結果を得るためには、相当の熟練と経験が必要となる。この試験には、組成既知の標準見本及び代表繊維の見本をしばしば用いるので、それら繊維の形態的特徴及び染色液で処理した時の状態を熟知していなければならないと、「紙・板紙及びパルプ　繊維組成試験方法」（一九九八年設定、二〇〇五年確認）に規定されている。

試験片及び離解

試験片とは、試料のさまざまな位置から、総量で約〇・二五ｇの小片を採取したものである。

多層漉き紙について、各層ごとの分析が必要な場合は、約五×五㎝の試験片を五枚採取する。

試験片の離解

試験片を試験管またはビーカーに入れ、水を加えて数分間煮沸し、分散機で分散させる。この段階で試験片が完全に分散しない場合は、水酸化ナトリウム溶液を加え、攪拌《かくはん》しながら数分間煮沸する。ガラスフィルタを用いて濾過《ろか》し、水で二回洗滌《せんじょう》した後、塩酸溶液を加え、数分間浸漬《しんせき》して中和させる。水で数回洗滌し、分散機で分散させる。

耐水紙・高叩解《こうかい》パルプ紙・含侵《がんしん》紙などの特殊な処理を施した紙の場合には、各種の化学薬品の使用や煮沸・洗滌などを行うこととされている。

以上の日本工業規格では非常に多くの試料量が必要となる。そのため、大量にサンプルを採取できる紙類には適しているが、貴重な文化財では破壊につながり適用できない。

そこで、私は次のような方法を考案した。虫喰いなどで資料から分離した極微量の繊維塊か、墨付きのない毛羽立った繊維をピンセットで引き抜き、試験試料とする方法である。この方法であれば、資料を傷つけることはほとんどない（前述のとおり、貴重品の採取作業は専門家が行うことが望ましい）。

繊維の分散は繊維量が微量であるから、すべて手作業で行う。卓上拡大鏡の下にスライドを置き、ピペットで水滴を載せる（水量は試料の量によるが、一滴は必要ない）。水の上の試験片が変化する様子をチェックする（ただちに水に沈む場合や、浮いている場合は、その時間を記憶する。水をはじく場合など）。この結果から料紙に施された処理を推定することができる。解剖針で繊維を一本一本に分散して、六〇℃前後に温めたホットプレート上で水分を蒸発する。

染色法

日本工業規格には、ベルツベルグ染色液・ロフトンメリット染色液・C染色液の三つの方法が記載されている。

染色及びスライドの調製

分散させた繊維懸濁液《けんだくえき》の半分をビーカーに採り、水で希釈して約〇・〇五％の濃度にする。スポイトでスライドの上に懸濁液〇・五ccを滴下し、解剖針を用いるか、スライドの端部を軽く叩《たた》いて均一に分散させる。温熱板または赤外ランプでスライドを乾燥した後、冷却する。適切な染色法で染色し、気泡が入らないようにしてカバーグラスを載せる。一〜二分間放置した後、スライドの長端部を傾けて、余剰の染色液を吸取り紙で除く。

定性分析法

染色した繊維スライドを顕微鏡の可動ステージ上に載せ、規則的にゆっくりとスライドを移動させながら繊維を観察する。形態的特徴・染色性を考慮し繊維組成を判別するが、正確な結果を得るためには相当の練習と経験が必要である。

定量分析

繊維の種類を識別するほかに、二種以上の繊維を含む紙の繊維の量比を求めることが必要になる場合がある。量比の分析者は、既知の配合の標準試料を用いて、繊維の外観と染色した時の呈色状態に精通していなければならない。

定量分析

顕微鏡の可動ステージ上でスライドを動かし、接眼鏡のセンターマークがカバーグラスの一端から三〜五㎜になるようにする。ゆっくりとスライドを移動させ、センターマークを通過する繊維を各種別に判別し計数する。繊維の総数が六〇〇以上になるまで計数し、各種繊維の重さ係数を掛け、実測値を出して各種繊維の割合を表す。この分析法は、試料量の多い洋紙に使われる分析法で、繊維数の少ない古典籍・古文書料紙などの貴重品には使われない。

必要な器具類と簡単な観察

米粉・米糊

米粉とは生米を砕いたものを、米糊とは炊きあげた米を潰した糊状のものをいう。

資料観察をしていると、米粉を入れた料紙をみることがある。生米《なまごめ》を水に浸して、挽《ひ》き臼で挽き、米の乳液をつくって、漉き舟の紙料液にまぜて漉いた紙である。米粉を料紙に入れるのは、紙を白くし、かつ表面の平滑性を向上させ、繊維間の目を詰めて墨液の浸透を防ぐためである。しかし、米は澱粉《でんぷん》であるから、虫害の被害にあいやすく、暖かくなると腐敗する。そのため、米粉は寒冷期間に紙を漉く際にのみ使用された。

米粉を混入した料紙は、奈良時代のものにはほとんどみられないが、平安時代の後期になるとあらわれる。かつて私は高野《こうや》山正智院《さんしょうちいん》（和歌山県）所蔵資料の調査をしたが、この時の知見をもとに紹介する。

高野山正智院蔵の長承五年（一一三六）書写の『法花経開題』の料紙は、切断された楮《こうぞ》に米粉を加えて半流し漉きされており、膠《にかわ》液を加えて打紙《うちがみ》されている。料紙に米粉を混入しはじめたのは、このころと想定される。

平安時代後期から鎌倉時代にかけての料紙には、米粉よりも米糊の使用が多くみられる。使用目的や処方などはほとんど解明されていないが、生の米粉は夏季に使用すると腐敗しやすいので、「煮糊」つまり米粉を糊化して使用したようである。

鎌倉時代前期の春日版『成唯識論』（奈良・興福寺印刷、高野山正智院蔵）の料紙は、溜め漉き地合《じあい》で、米粉が使われ、打紙された良質紙である。一方、同時代の西大寺版や浄土経版などの版本の料紙は、米糊や米粉の使われた料紙はない。

米粉は、鎌倉時代の建治二年（一二七六）一二月二日「僧観然田地譲渡状」、正応四年（一二九三）六月一四日「大法師良応正智院共僧田宛行状」などに使われている（ともに高野山正智院蔵）。高野山正智院に所蔵するこれ以外の例などから、鎌倉時代に一般に重要とされた文書の料紙には米粉が使われている。このことは、米粉の使われた紙は高級紙と認識されていた証と思われる。

米粉が使用される料紙が増加したのは、中世以降と考え

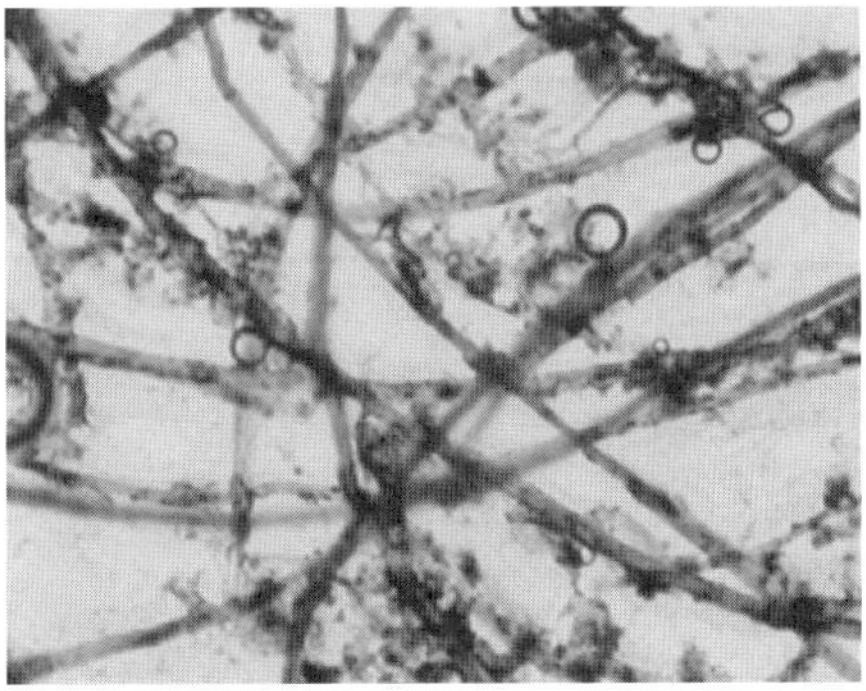

図１　楮の米粉入り（中世）

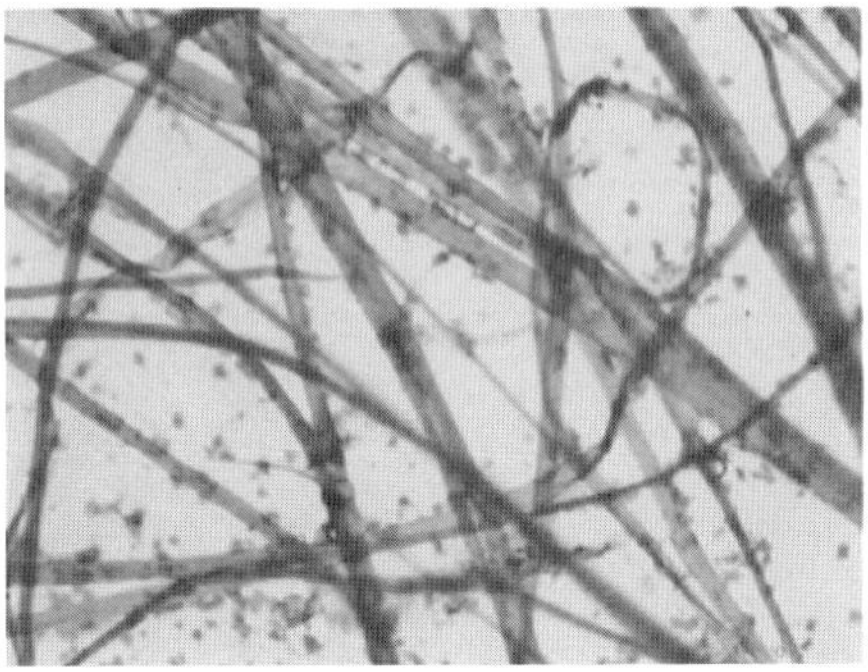

図２　楮の米粉入り（近世）

られる。時代は降り、『和漢三才図会』（一七一三年刊）の造紙法の条（巻一五）には「奉書、杉原紙は米粉を少々まぜて白くする」とある。近世期の幕府御用紙に、米粉の入った奉書紙が使われており、このころから米粉入りの紙が多く生産されたようである。

　かつて古文書研究会が、近世料紙を文書の内容から檀紙《だんし》・奉書紙・杉原紙に分類して、それぞれの繊維組成を調査したことがあった。私の調査の結果、檀紙一四点のうち七点、奉書紙一二点のすべて、杉原紙六点のすべてに米糊か米粉が混入されていた。この結果からも近世の書写材に使われる料紙には米粉が使用されたことが確認できるが、ほかにも藩札《はんさつ》や私札・富くじなどにも使用された（第二部第六章）。

填料

　填料《てんりょう》とは、紙を漉く時に紙料液に加える鉱物質の粉末のことである。白土・炭酸カルシウム、滑石などが使われる。その使用目的は紙の用途によって異なるが、白色度の向上・紙の伸縮防止・防熱効果・表面平滑性と不透明度の向上・墨液の裏移り防止などがあげられる。和紙の場合、鉱物質の使用は少ないが、洋紙の場合、鉱物質が使用される。鉱物質の使用によって重量が増加し、コストダウンが可能なためである。

　填料がいつごろから使用されるようになったのかは、明らかでない。奈良時代の料紙にはみられないが、平安時代の保延四年（一一三八）に書かれた『最勝王経伽陀等』（高野山正智院蔵）等の料紙には炭酸カルシウムが使われている。長寛三年（一一六五）書写の『倶舎頌疏』（巻三末、高野山正智院蔵）の料紙には、白土がみられる。このように、平安時代後期の料紙には塡料の使用が確認できる。

鎌倉時代の承元四年（一二一〇）の『倶舎論義』（高野山正智院蔵）は炭酸カルシウムの使用がみられるが、米粉の入った料紙と比較すると、使用例は少ない。

室町時代になると、さまざまな資料に塡料の使用が認められるが、やはりこの時期になっても米粉入りの料紙に比べて使用例は少ない。

室町時代から江戸時代にかけては、米粉入り紙が全盛だった。一方、塡料類を使用した料紙は、地方に残る下級紙に炭酸カルシウムの紙をわずかにみる程度で、数は少ない。

現在も塡料入り紙として有名なものに、兵庫県西宮市で漉かれた名塩《なじお》間似合《まにあい》紙がある。古文書に使われることは少ないが、襖などの建具材や、耐熱性を活かして金箔打紙として使われた。吉野で漉かれた国栖《くず》紙（宇陀《うだ》紙）は塡料入りの厚い紙で、帳簿や傘・衣類を包む畳紙《たとうし》として使われた。現在は塡料入り紙の特徴を活かし、表装の総裏打にも使われている。

江戸時代になると、藩札にも塡料入りの料紙がみられるようになる。藩札に塡料を入れるのは、多くは偽造防止のためである。名塩の泥間似合紙には、紙料液に数色の色土を混ぜて漉かれた着色紙があるが、これで藩札がつくられ、色で金額を判断できる。塡料を入れることで、虫害や難燃性・伸縮防止などの効果をあげた紙もある。

ネリ剤

ネリ剤とは、和紙を漉く時に紙料液に混ぜる植物性粘液のことである。

植物性粘質物は、植物界に広く分布する。粘質物の含有量が多い植物を、総称して「ネリ剤植物」としている。ネリ剤植物は、澱粉《でんぷん》やペクチン、アルギン酸ソーダなどの粘性と異なり、ゴム質物のようなゼリー状のゲルはつくりにくく、曳糸《えいし》性《せい》（納豆のような糸をひく性質）の強い特徴がある。

日本では、ネリ剤は古くから使われていた。たとえば、男性の整髪料にも使われたサネカズラ（美男蔓《びなんかずら》ともいう）は、『万葉集』にも歌われている。他にも、食品に使われたニレの樹皮や、根をつぶして得た粘液の滑り剤、線香を固める成形剤に使われる椨《たぶ》（イヌグス・タマグス）、水仙や彼岸花（マンジュシャゲ）の鱗茎《りんけい》から得た粘液などで、織物の糊料や表具の接着剤に使われた。

またコンニャクの地下茎の粘液は、接着剤として重宝された。このことから、和紙のネリにも、これらの植物性粘液が最初に使われたと推定される。しかし、現在ではこれらの植物はほとんど使用されず、黄蜀葵《おうしょくき》（トロロアオイ）や糊空木《のりうつぎ》が主に使われている。明治時代になり、アオギリをネリ剤として活用する研究がなされたことがあった。

植物性粘液を紙料液に加えると、繊維の沈澱《ちんでん》性と凝集《ぎょうしゅう》性を抑え、繊維を均一に分散して、漉き簀から漏れる液の量を調製することができる。さらには、漉き枠内の液を前後左右に揺すって、繊維の方向性を変えたり、繊維を絡みあわせたりすることもできる。そのため、地合《じあい》がよく、平滑《し》で腰の強い紙をつくることができる。さらに脱水後の紙床《と》離れがよくなる効果があるなど、和紙製造には欠かせない薬品である。

中国では、植物性粘液は「紙薬《しやく》」や「滑水《かっすい》」と呼ばれ、ナシカズラや黄蜀葵・楡皮《ゆひ》が日本の和紙の場合と同様の使われ方をしている。

ネリ剤の解明

成紙の最終過程において、湿紙を一夜放置して脱水すると、紙中には水分がほとんど残らない。そのため、これまでは紙になった以後はネリ剤の使用の有無やその種類を確認することはできないといわれていた。しかし、科学の発展により感度の高い顕微鏡が開発されると、ネリ剤を確認できるようになった。

ただ、ビナンカズラやアオギリ、椨《たぶ》などはネリ剤として使用された紙の資料が少なく、確認しにくいのが現状である。一方、トロロアオイやノリウツギ、ハルニレなどを使った紙は資料量が多く、確認することができた。

トロロアオイは透明である。そのため、C染色液で染めて確認する。染色すると、トロロアオイに含まれている澱粉質の粒子が、濃い紫色の円形物として現れる。粒子の量は少なく、米粉や澱粉などと同じ色調であるから、見分けるには経験が必要である。顕微鏡の倍率は、五〇〜一〇〇倍がよい。

平安時代の天暦一〇年（九五六）『三摩地儀略次第』（324頁、『歴代古紙聚芳』所収）、承安五年（一一七五）『大般若経』巻第二三六（333頁、『歴代古紙聚芳』所収）、正和四年（一三一五）頃の宗義要文集（『歴代古紙聚芳』）などを調査した結果、濃い紫色の粒子がみつかった。これがトロロアオイである。平安から鎌倉時代にかけて確認されたが、これ以降にも多くの料紙に使われたと推定される。

ノリウツギとハルニレは、一〇〇倍以上の顕微鏡で観察すると、長さ五〇μm前後の白色針状結晶物となって確認することができる。ノリウツギは細く長いが、ハルニレは短いという違いがある。両方とも類似しており、見分けにくい。そのため正確な見本を準備して、比較して確認することが望ましい。

南北朝時代の文和五年（一三五六）の『疏第二聞書』第八（329頁、『歴代古紙聚芳』所収）、延文五年（一三六〇）の『大般若経』巻第二〇三（338頁、『歴代古紙聚芳』所収）などの料紙などにノリウツギがみられ、江戸時代の浮世絵や草紙の紙などにも使われている。

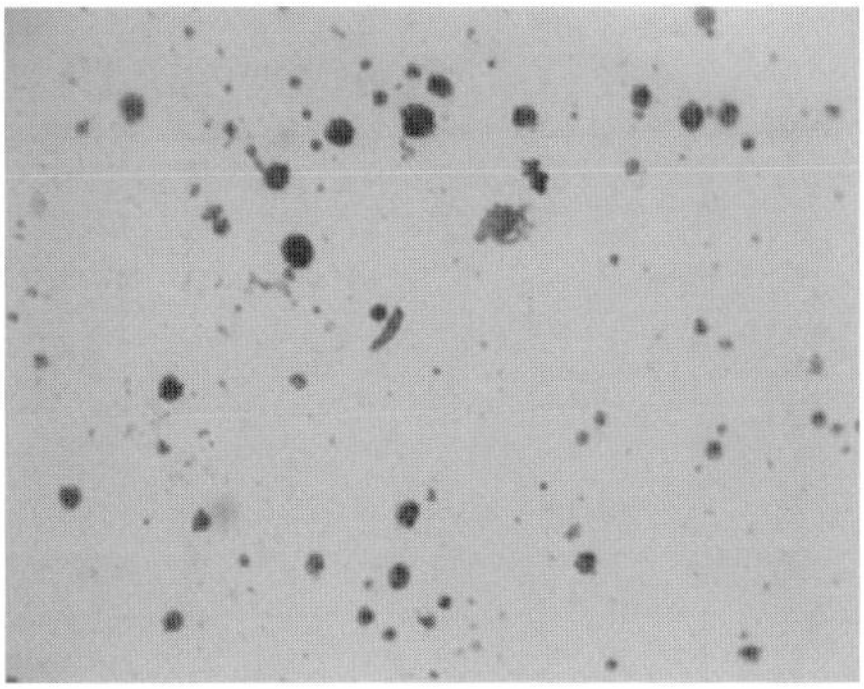

図3　トロロアオイ

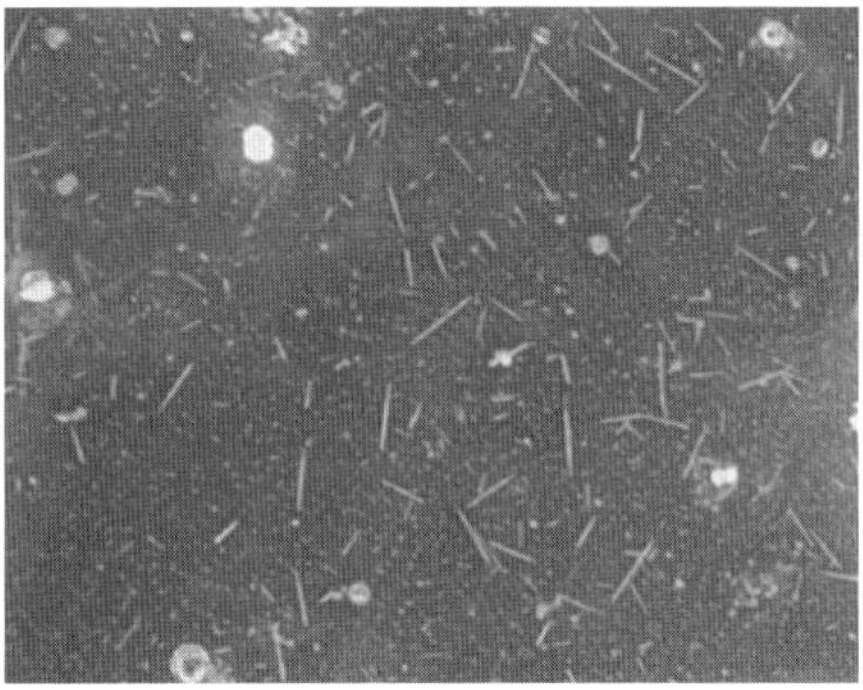

図4　ノリウツギ

表面処理剤

紙の表面に膠《にかわ》剤を施す技術は、中国・晋朝の時代に行われていた紙があるという（潘一九八〇）。早期の膠剤は植物澱粉《でんぷん》の糊で、紙面に塗布する場合と紙料液に混入する場合とがある。

膠剤には、紙の繊維と水酸基で結合するという性質がある。そのため、紙の強度を増し、水の浸透を抑制する力が生まれ、繊維間の毛細孔をふさぐ。紙料液に加えた場合は、繊維の浮遊性を改善し、紙を緊密にする。表面に澱粉を塗布すると表面に澱粉粒子が残り、これに磨きをかけると、書写の時に、墨の乗りがよくなったり、にじみ現象をなくしたりするなど、書写適性がよくなる。膠剤の塗布は効果の高い技術ではあるが、いつから始まったのかは不明である。

新疆《しんきょう》（ウイグル自治区）から、五世紀から

七世紀ごろの表面に石膏《せっこう》を塗布した紙が発見された。これが最も早い時期の表面塗布紙といわれる。紙の表面には塗り跡がみられるので、磨きをかけていたことがわかる。顕微鏡で観察すると、繊維が鉱物の微粒子で覆われている様子が知られる。

膠やドーサを塗布した料紙は、顕微鏡で表面を観察しただけでは確認することは難しい。しかし、実体顕微鏡などで表面を観察すると、ドーサのなかの明礬《みょうばん》が観察できたり、膠の硬質化物がみえることもある。経典類にわずかな雲母《きら》が塗布された料紙が時々みられる。雲母は膠の粘度低下を抑えるために用いられたと思われるが、この種の料紙では膠の塗布を肉眼でも確認できる。

微量の水滴の利用法

少量の資料により微量に塗布された膠剤を確認することは大変難しいが、古典籍・古文書料紙の膠剤塗布の有無を知る試験方法として、微量の水滴を利用した方法がある。手順は、次のとおりである。

1）卓上拡大鏡や手持ち型ルーペを使い、資料となる料紙のできるだけ隅の空白部（文化財としての価値を低下させない部分）を探しておく。

2）一、二滴の水を小皿に準備する。爪楊枝の頭部に小皿の水滴を付け、先に準備した料紙の上に慎重に置く。

3）水滴がただちに料紙に吸収されたら、膠剤の使用はされていないことになる。一方、水滴が吸収されない場合は、膠剤が使われていることになる。そこで、水滴が完全に吸収されるまでの時間を計測し、ドーサの量を推測する。水滴をはじいているようにみえる場合は、ドーサの塗布量が多いと考えてよい。

この試験法は樹皮紙には適用できるが、リグニンやヘミセルロースの多い繊維紙には適用できないこともあるので、注意が必要である。

また破壊試験の部類になるが、別な方法もある。紙の修復技術を持つ人に、文化財の価値を低下させない部分の繊維（虫喰い跡のこぼれ落ちた微細な紙片、耳付きや破れ、毛羽立ちなどの露出した繊維など）を採取してもらい、これを試料とする方法である。段取りは次のとおりである。

1）卓上拡大鏡の上にスライドグラスを準備し、爪楊枝の頭部に付けた水滴を、グラス中央に置く。

2）水滴の上にピンセットで試料をゆっくり載せ、水中で試料が変化していく様子を観察する。そのまま沈んだ場合は膠剤などの表面処理はない。また沈まない場合は表面処理が施されているので、沈むまでの時間を観察して、ドーサなどの使用量を推定する。

3）プレパラート上の水滴に沈んだ試料を、解剖針で単繊維に分散する。水分はホットプレートで蒸発させ、顕微鏡で観察する。水滴の外部分となったところに、繊維以外の透明な異物が帯状にみえる場合、膠剤である可能性が高いが、この時点では剤種はわからない。

4）C染色液で染めると、透明な帯状物が発色する。紫色に発色したら澱粉、黄身の茶色に発色したら膠かドーサの使用と判断できる。

紙の表面処理は、日本でも古くから行われた技術と思われる。「古経切貼屏風」（特種製紙蔵）に貼付された、奈良時代の写経料紙を繊維組成分析した結果、奈良時代中期の『五月一日経』（光明皇后願経）や敦煌発掘の「隋経切」など七点のうち、五点の資料に膠剤が確認でき、膠剤の確認ができなかった料紙は二点のみであった。

また奈良時代後期になると、「東大寺天平切」、「二月堂焼経」、「中聖武」、『百万塔陀羅尼』など全部で三二点のうち、黄蘗《きはだ》染か打紙《うちがみ》加工だけの料紙は四点で、繊維が酸化劣化して表面処理剤が確認できない料紙が二点あり、残り二六点は膠かドーサによって処理されていた。

平安・鎌倉時代以降になると、澱粉を塗布した料紙をみることがある。もっとも、打紙加工されていない料紙で膠剤のない紙は珍しい。

室町時代になり、米粉や米糊を紙料液に加えて漉いた料紙が増大すると、逆に膠剤を使った料紙も減少する。

江戸時代の場合、膠剤を使用した紙と米粉などを加えた紙の比率は、量的に逆転しているようである。

大まかにいって、現存する古典籍や古文書のうち、文化財としての評価が高いものには膠剤が塗布され、価値の低いとされた紙は米粉や米糊が使われていると結論づけられる。

繊維の形態的特徴と識別法

和紙や洋紙のうち、特殊処理紙・着色紙などの調査方法は、アメリカの紙・パルプ試験方式であるＴＡＰＰＩ（Technical Association Pulp And Paper Industry Standards）などを参照するのが通例である。中国やヨーロッパなどの外国産手漉き紙や、日本の古典籍・古文書などを含めた和紙全体は、特殊紙の分野になるので、日本工業規格よりＴＡＰＰＩ標準法を応用している。

形態によって繊維を識別する場合には、繊維の形状・細胞壁膜の厚さ・内腔（ルーメン）・膜壁の紋様・柔細胞・繊維の長さ・繊維の幅などの特徴を観察する必要がある。

製紙の繊維は、種々の物理的・化学的処理を受けており、繊維の特徴が失われている場合があり、注意が必要である。

次に、主に和紙に使われた植物繊維について、顕微鏡観察でみられる特徴を記す。

針葉樹繊維

この繊維は針葉樹の仮導管で、針葉樹パルプはほとんど繊維細胞だけからなり、夾雑細胞の量はきわめて少ない。繊維はリボン状で、細胞壁膜は春材が薄く、秋材は厚い。内腔は春材が広く、秋材は狭い。春材の紋孔は円形で数が多く、秋材は裂け目状で数は少ない。紋孔の多くは重紋孔である。繊維長は樹種により異なるが、多くは二～四・五㎜、繊維幅は二〇～七〇㎛程度である。Ｃ染色液で染めると、リグニンの残っている機械的パルプは鮮やかな黄色、サルファイトパルプは赤みのある薄茶色、クラフトパルプは灰肉色となる。針葉樹繊維は、明治三〇年（一八九七）以降に和紙の補助原料に使われるようになった。

広葉樹繊維

広葉樹の木繊維と導管節と柔細胞を含んでいる。木繊維は円筒形で、先端部がとがり膜壁は厚い。裂け目状の紋孔があり、内腔は樹種によって異なる。繊維長〇・八～一・八㎜、繊維幅一〇～一五㎛程度で、導管の多くは木繊維の五～一〇倍の幅があり、長さは短く樽型の細胞が多い。Ｃ染色液で、青か濃い青紫色に染まる。一九四五年（昭和二〇）以降に機械漉き和紙の補助原料として使われた。

マニラ麻繊維（図１）

直径が全長にわたって均一であり、先端は徐々に狭まって尖っている。細胞壁膜は薄く、内腔は広い。珪酸化《けいさんか》した

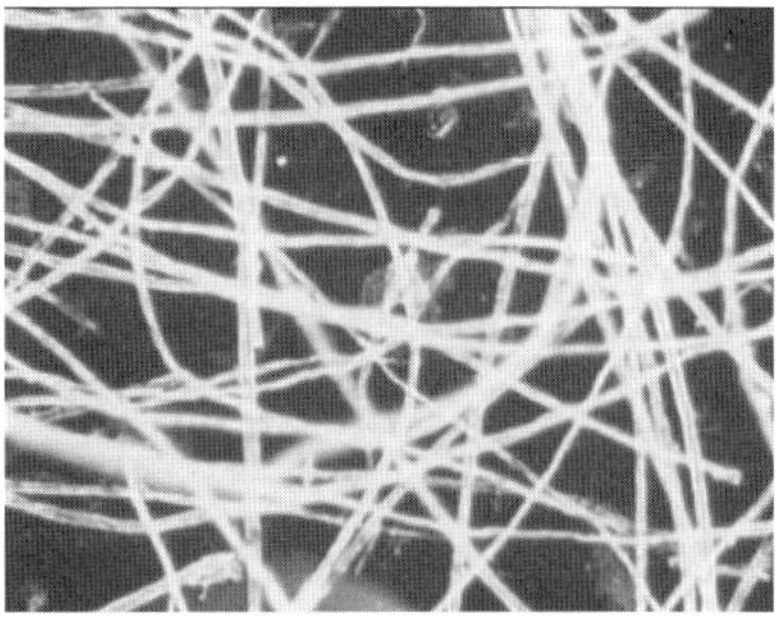

図1　マニラ麻繊維

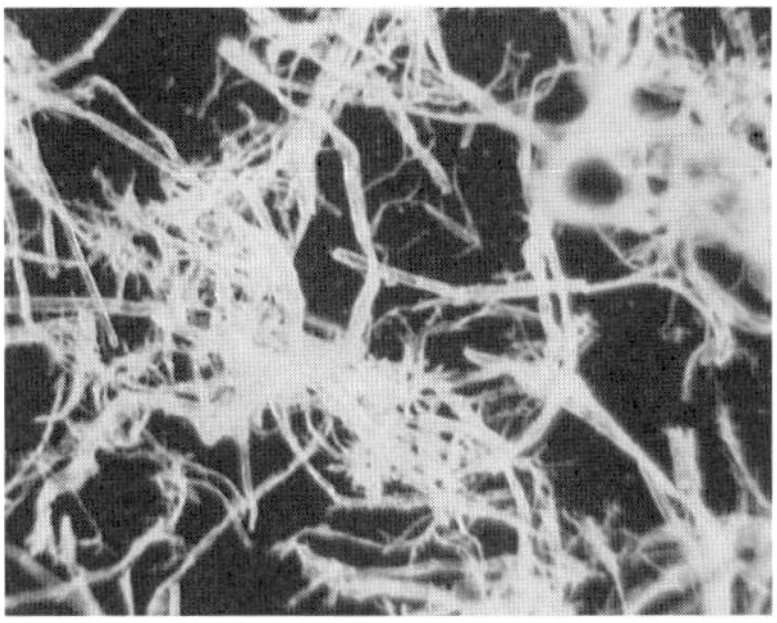

図2　大麻繊維（中国古代紙）

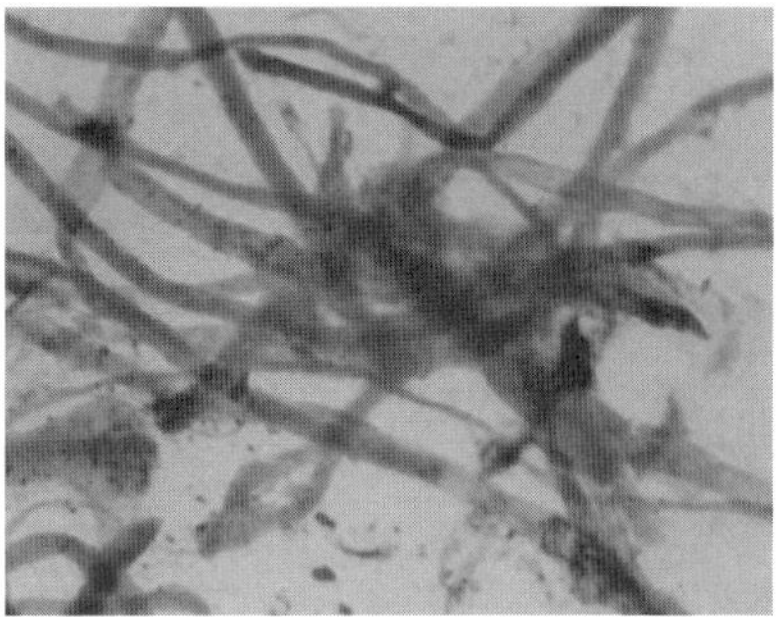

図3　苧麻（ラミー）繊維
（『百万塔陀羅尼』相輪）

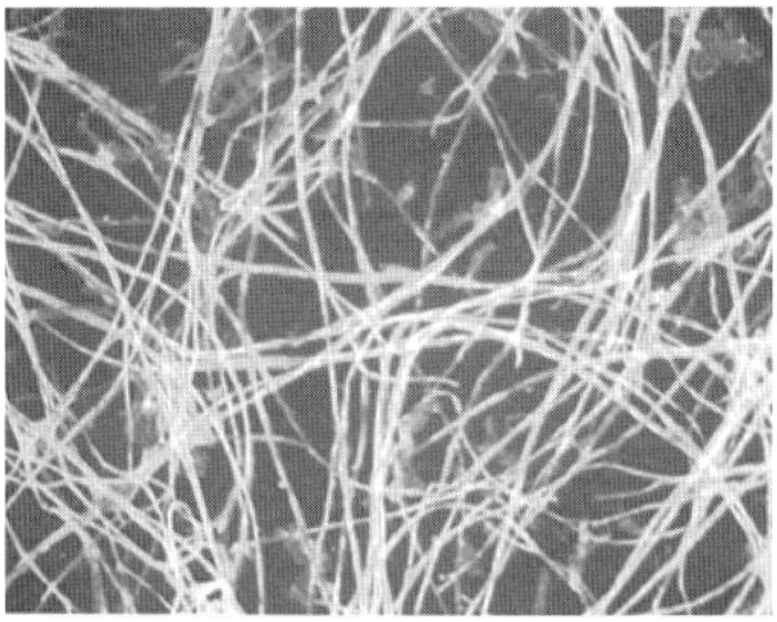

図4　三　椏
（16世紀、伊豆北条氏の文書）

管状細胞ステグマタ（煉瓦を積み重ねた形に似ている）がある。繊維長は二・五～一二㎜、繊維幅七～四〇㎛程度。C染色液で染めると、濁った黄身の茶色か灰紫色に染まる。楮に似た呈色反応となる場合があるので、長さも含めた検討が必要である。マニラ麻繊維は、明治三〇年（一八九七）ころから主に機械漉き和紙の原料とされた。

大麻繊維（図2）

繊維が切断され、先端が分岐しているものもある。細胞壁膜は厚く、縦条跡があり、所々に節状部がある。繊維長五・〇～五・五㎜、繊維幅七～五〇㎛程度。C染色液で灰赤色に染まる。古代の中国紙にみられるが、和紙では少ない。

苧麻（ラミー）繊維（図3）

扁平または円筒形で、所々に縦の裂け目がある。細胞膜は厚く、とくに先端は厚い。内腔は先端部で線状で、中央部では繊維壁の厚さより広い。繊維長は六〇～二五〇㎜、繊維幅一一～八〇㎛程度。単繊維が長く、紙の原料には七㎜前後に切断して使われるので、両端部は切断されている。C染色

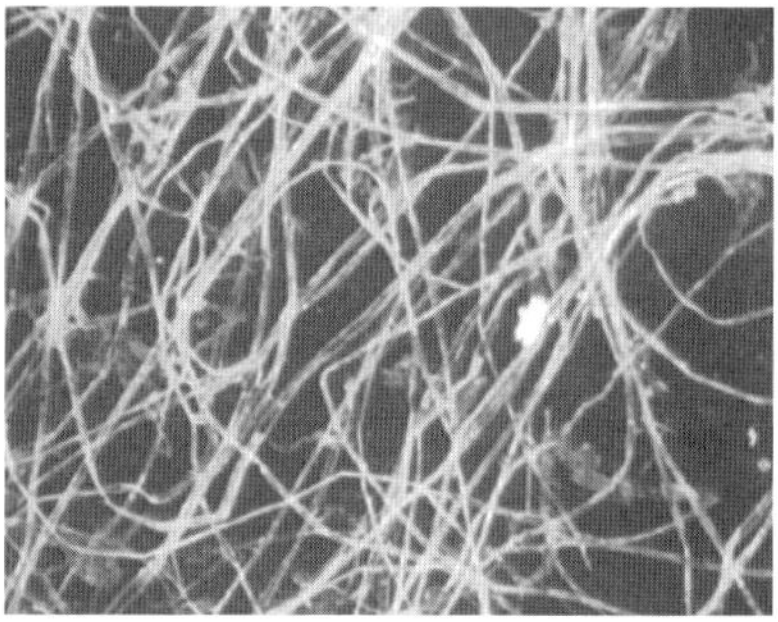

図5　雁　皮

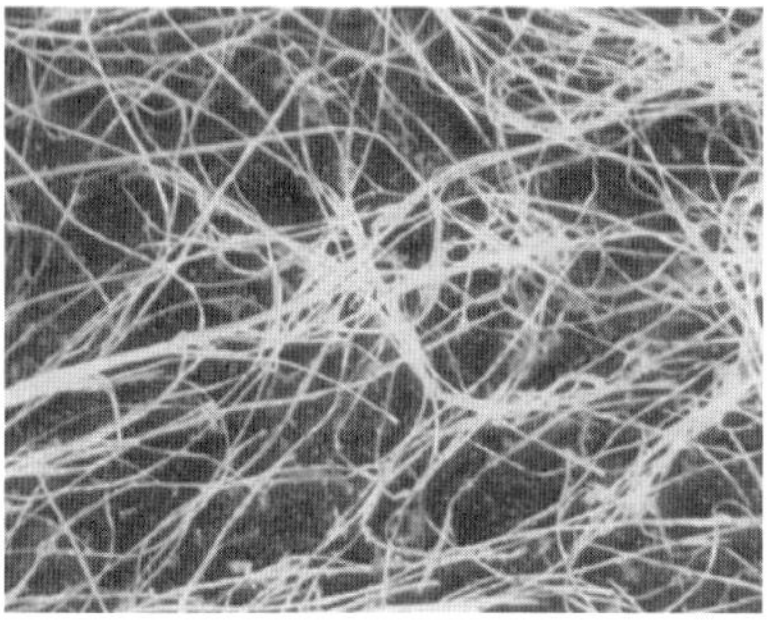

図6　楮（中世の高野紙　30倍）

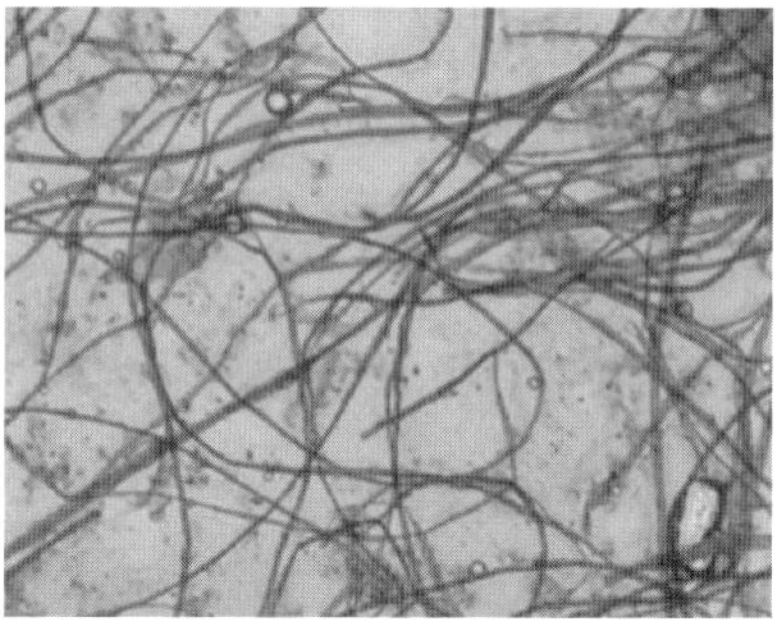

図7　楮（中世の高野紙・C液染め　30倍）

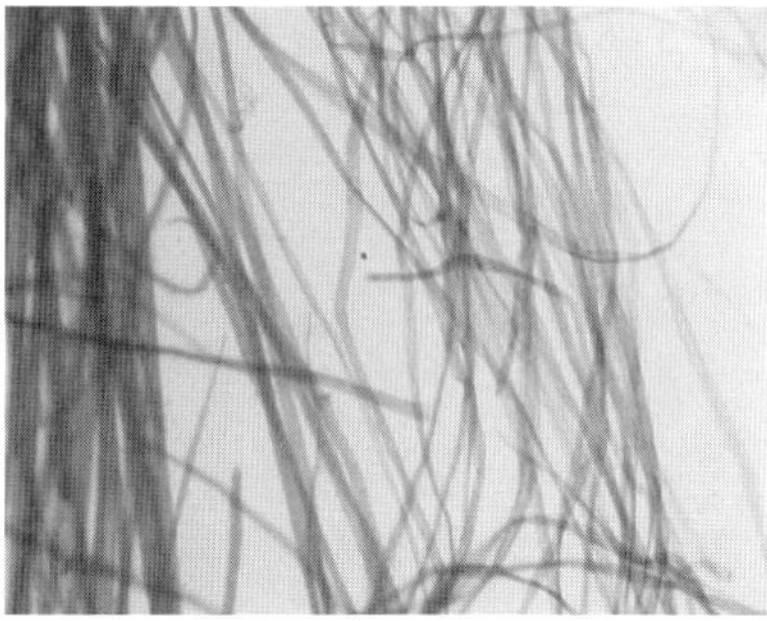

図8　レチングした楮

液で赤味の茶色に染まる。奈良時代の麻紙では、ほとんど麻が使われている。近年は、雲肌麻紙《くもはだまし》の原料とされている。

三椏繊維（図4）

繊維は円筒形で、幅は不定である。中央部の幅はほかの部分の約二倍あり、繊維壁膜の厚みも不同で、内腔はほとんどみられない。先端は丸く、分岐したものもある。繊維長三〜五㎜、繊維幅一〇〜三〇μm程度。C染色液で、黄色か鈍い黄色に染まる。和紙原料としては室町時代後期から使用されるようになったといわれているが、伊豆地方・三河地方で漉かれた鎌倉時代後期の料紙があり、それ以前にもあったとの説もある（197頁）。

雁皮繊維（図5）

扁平なガンピ種と、円筒形のジンチョウゲ種の二種がある。繊維には縦条跡があり、所々に結節があり、先端部は丸い。細胞は薄く、内腔は広いが部分的に狭いところもある。繊維長三〜五㎜、繊維幅一〇〜三〇μm程度。C染色液で、鈍い若草色か灰青色に染まる。和紙原料として奈良時代から使われ、現在でも重要な原料の一つである。

楮繊維（図6～8）

繊維幅の狭いものと広いものがあり、縦条跡がある。断層または十字跡などがある。狭く細い繊維は先端が尖り、細胞壁が厚く、広く太い繊維は壁が薄く、先端が丸い。繊維長六～一二㎜、繊維幅一五～三五μm。C染色液で、鈍い赤茶色に染まる。とくに水に長浸漬（レチング）して得た繊維は薄い紫となり、鎌倉時代の完全レチング繊維は灰青に染まる。古くから和紙の主要原料で、クワ科の桑の繊維に類似するが、先端部がやや細い。

ワラ繊維（図9）

パルプ化したワラには、靭皮《じんぴ》細胞・導管節・柔細胞・表皮細胞など多くの種類の細胞がある。このうち、主な細胞は靭皮繊維で、細く先端部が尖っている。細胞膜壁は厚く、内腔は狭い。鋸歯状の表皮細胞や、俵状の柔細胞・有紋・環状・螺旋状などの導管があり、鋸歯状細胞の有無や大きさ・形で稲・小麦・草類などで判別する。繊維長〇・七～三㎜、繊維幅五～一三μm。C染色液で鈍い青か灰青に染まる。和紙には明治時代から使われ、それ以前にみることは少ない。製紙に使われる植物繊維のなかでは最も小さい繊維と考えられる。

竹繊維（図10）

繊維形態はワラに似ているが、繊維は長く、太く幅も広い。細胞壁膜の薄い繊維や導管節があり、節部の繊維は円形で小判型をしているのが竹繊維の特徴である。繊維長一・三～四㎜、繊維幅七～二六μm。C染色液でワラや草類と同じ青か灰青に染まる。和紙には若竹が使われ、その伐採時期は竹の種類により異なるので、すべてが同一形態ではない。

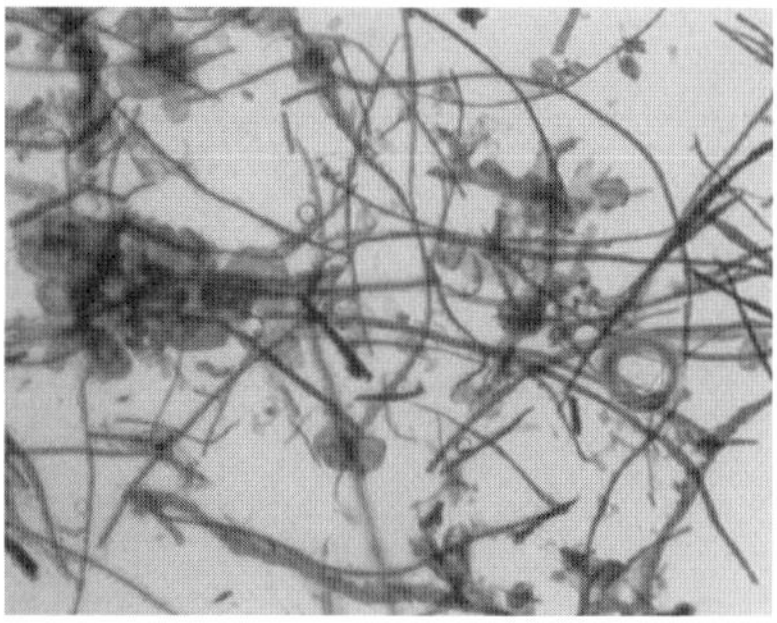

図９　稲ワラ（明治時代の切手）

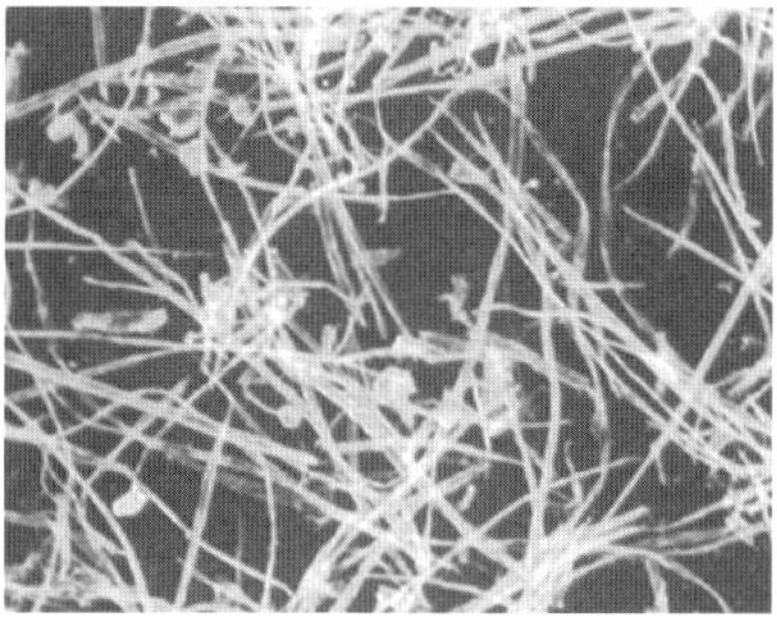

図10　竹
（18世紀の中国紙、未蒸煮がある）

第四章　観察と撮影方法

吉野　敏武

はじめに

古典籍・古文書の料紙観察には、目視と機器利用という二つの方法がある。

料紙観察は、ペン式のルーペ等で観察する方法もあるが、繊維観察には正確さが要求されるため、ペン式ではない持ち運びできる軽便なものが必要な場合もある。

資料の厚み計測ができる機器も必要である。料紙は、洋紙のように全体が平均的な厚みではない場合も多いので、厚薄があっても平均値を計ることができるものが必要である。このような機器を使うことで、料紙の墨付き部分の状態や繊維・厚みなどについての基礎情報を得ることができる。

注意が必要なのは、資料を所蔵する機関等では、機器での調査に対する認識を持たない場合がある点である。そのため、事前に必ず許諾を取った上で、調査を行う必要がある。

今日では、繊維分析写真を撮影するには、本紙から繊維を数本採取し、顕微鏡写真を撮って、繊維分析を行う方法が一般的である。しかし、調査のためとはいえ、繊維を採ることは資料の破壊になるとの認識もある。そのため、繊維を採取せずに機器で判断できる調査方法も必要である。

こうした関心から、原紙のまま撮影する方法を模索していたところ、筆者の元勤務先である宮内庁書陵部で科学研究費による蔵書調査の依頼があった。機器で撮影することはまだ書陵部内で許可されていなかったが、協議の結果、例外的に撮影許可が出された。

調査方法は、東京国立博物館修復室長高橋裕次氏（現在情報課長）が、資料の近撮や繊維写真を撮るため、マイクロスタンド式を使って、デジタルカメラでの撮影方法であった。筆者はこの調査方法を見学させてもらった。

この撮影作業を参考に、筆者が参加した研究（「指図調査研究」）で、所蔵者や所蔵館の許可を得た上で、料紙観察と繊維撮影を重ねた。その結果、かなり鮮明に撮影できることが判明したのである。現状では資料の破壊と危険性がないこの方法こそ、最良であると考えている。

繊維を採取する方法ではなく、資料のままで繊維が撮影できる方法こそ第一に追求すべき方法である。このような方法を広く認知していただくため、料紙の観察機器などの使用方法を以下に記すことにした。

観察・撮影・測定機器

料紙の観察・撮影には、マイクロスコープにカメラが付けられたもののほか、USBでパソコンにつないで、繊維を撮りこみ、複数名でみられる機器もある（374頁）。

ここでは、調査で持ち運びやすく、安価で入手しやすい機器を次に紹介する。

料紙の観察・撮影機器

墨付きや繊維の観察・撮影には、「ワイドスタンド・マイクロスコープ」（図1、ピーク社）がよい。倍率は一〇〇倍。

ほかにも種類はあるが、資料に合わせたデジタルカメラが、設置時などにスコープに接触してしまい、ピントがズレてしまうタイプが多い。その点、同機№二〇三四―一〇〇であれば、動きにくく撮影しやすい。

ただ改良すべき点もある。この機種に付属するペン式ライトは、使用時間が長いと光量が落ち、暗くなってしまうのである。

そのため、LEDライトの「LEDレザー・ムーン」（型名：OPT―七五七〇B〈白〉）を別途購入し、付属のペン式ライトと交換することをお薦めする。問題となる紫外線もなく、光量も十分で長時間使えるので、観察・撮影には最適である。ただし、このLEDには、裏ブタにキーリングが付いているので、取り外して使用した方がよい。

図1　墨付き・繊維の観察・撮影用機器
（ワイドスタンド・マイクロスコープ）

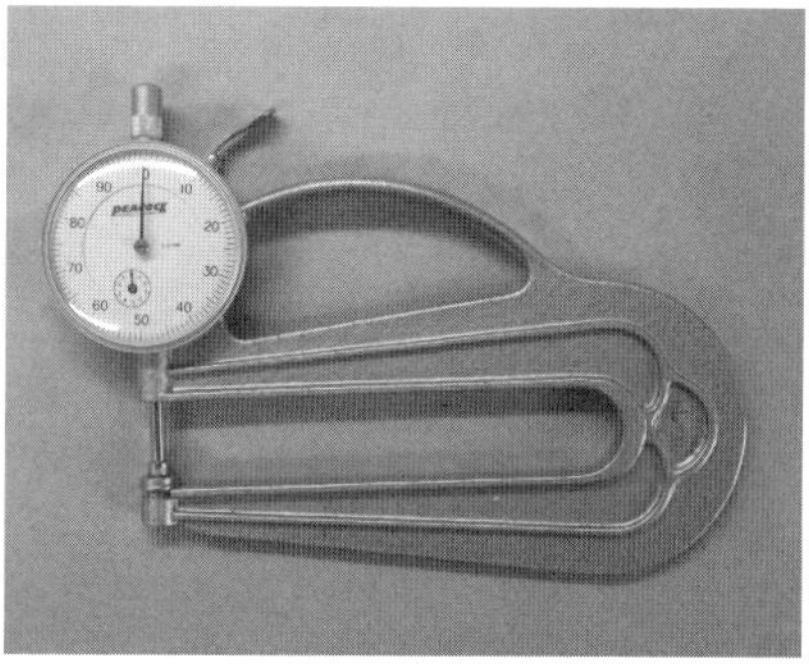

図2　紙厚計測機器

紙厚計測機器

厚み計測には、洋紙の厚み計測用につくられた「ピーコック・ダイアル・シクネス・ゲージ

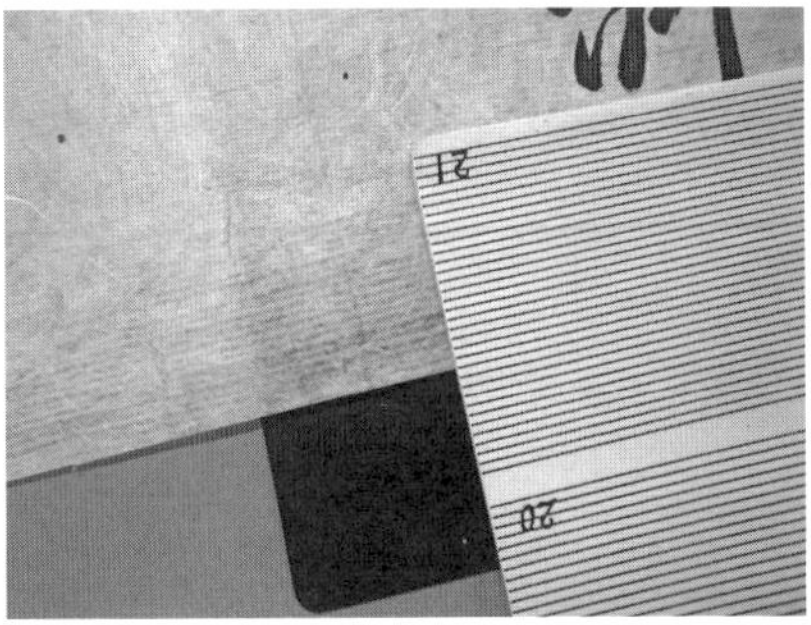

図3　簀目測定帳
（増田勝彦氏作成、本書に付録）

H形」（図2、尾崎製作所）がよい。計測値は〇・〇〇一〜一〇㎜まで。U字溝が一二〇㎜と深くなっており、数ヶ所を計測する場合に便利である。

　和紙は洋紙のように厚みが均一はなく厚薄がある。そのため、透過光を通して料紙を観察して厚薄のある場合は、それらの部分の数ヶ所を測るが、計測では十ヶ所以上を測ることが必要である。厚薄の差がかなりある場合は、平均値を表記するか、それぞれの計測数値を記す。

　また、流し漉きや二層漉きは、厚薄の差が少ないが、それでも多少紙厚に相違があるので、測った厚みの平均値を表記するとよい。

簀目測定帳

簀目《すのめ》を計測するシート（図3）は、東京文化財研究所修復技術部に在職していた増田勝彦氏（現、昭和女子大学大学院教授）が、一九八八年に料紙の簀目数を計測するために、簀目測定帳として作成したものである。三㎝幅に八本から五一本の平行線で二七種を表したもので、増田氏の許可を得て、本書の付録として収録した。

　簀目の計測で注意が必要なのは、雁皮《がんぴ》紙系の鳥の子紙や間似合《まにあい》紙は繊維が短く、紗漉《しゃず》きで漉かれているため、簀目がみえない点である。また、米粉塡料《てんりょう》が多く入ったものも、簀目のみえないものが多い。

　簀目のみえるものでは、太いものでは萱簀《かやす》が多く、一〇本〜二〇本前後までがある。竹簀は二〇本〜三〇本位までがみられ、竹紙は一六本〜二二本位で、毛辺紙《もうへんし》や宣紙《せんし》は三三本前後である。これらの厚葉紙の場合には、簀目がみえないものも多くある。

撮影機器

　撮影機器は、小型のデジタルカメラで、サイバーショット方式でレンズが前に出ないタイプがよい。

　一眼レフ型や大型の三脚などでは、持ち運びに苦労することが多い。その点、小型デジタルカメラであれば、三脚も中型で軽量であるため、持ち運びがしやすいので、ぜひ試してみるとよい。

墨付き状態を確認するのには、近撮も必要である。そのため、マクロ撮影（接写）が一cm位までできるカメラがよい。具体的な使用機器では、「Ｏｐｔｉｏ・Ｗ90」（図４、ペンタックス）だと、レンズが前に出ないタイプなので、資料の全体撮影（419頁図１）・近撮（419頁図２）・繊維写真（419頁図３）に最適である。

撮影には三脚が必要となる。小型のデジタルカメラはカメラ本体が軽量なため、中型の三脚で十分である。「ウルトラルックスアイ・エスエフ」（ベルボン）がお薦めである。大きさが最適で、脚も五段式である。全高一二一cmとなる。資料の全体写真に対応でき、開脚も三段階に設定でき、雲台の取り外しができる。支柱を取り外し、雲台が下方になるように付け替えてデジタルカメラを付け、ピント合わせしたマイクロスコープの位置に合わせることもできる（後述）。

図４　デジタルカメラ
レンズが前に出ないタイプ（右側）が便利

デジタルカメラの水平機器

三脚に付けたデジタルカメラの水平が保てないと、ピントの合わない部分が出てしまう。そのため、丸形の小型水平器を用意し、デジタルカメラの上に載せて水平にして、三脚に据え付けるとよい（419頁図１）。接眼した時に曲がりを調整することで、繊維写真にピントのひずみが出ない撮影をすることができる。

目視観察方法

目視観察とは、資料を直接目視することで、料紙の情報を判断することである。目視観察でわかる料紙の特徴を挙げる。

　目視観察から繊維を判別することができる料紙は、斐《ひ》紙《し》・鳥の子紙・楮紙《ちょし》、中国の竹紙の毛辺紙《もうへんし》などである。目視観察のしにくいものとしては、麻紙《まし》・斐楮混漉紙《ひちょまぜすきし》・三椏《みつまた》紙《し》などがある。

　もっとも、私の場合、永年観察の経験を積み重ね、さらに繊維分析の専門家である宍倉氏の指導を受けるという恵まれた環境もあり、ようやく繊維の判別がつくようになった。このように、繊維を判別することは容易でないが、多くの資料の料紙観察を経験することこそが重要である。

　目視観察の方法は、わかりやすいものから進めるのがよい。繊維の長短や太さと漉き方を覚えることで、その料紙の状態を把握できるようになる。

　各繊維ごとの特徴を列挙しよう。楮紙をみると、楮繊維は雁皮《がんぴ》繊維より長く太いので判別しやすい。雁皮紙系は楮紙系より繊維が短いことで、目視でも十分に観察ができるので、最初に覚えるものとして最適である。これらの繊維を把握した後、徐々に繊維素材の幅を拡げていくのがよい。

麻紙

　麻紙《まし》は、衣類に使用していた廃布の麻繊維を一・五～二・五㎜位に裁断して短くし、碾磑《てんがい》（石臼）で水車や牛馬で引き、繊維を細かくして漉かれた。繊維が細かいため、目視観察での判断は難しい。

　しかし未修補の巻子本で天地部が損傷している箇所があれば注目したい。ギザギザの鋸目《のこめ》のようにみえることがあるが、雁皮紙や楮紙などではみられない麻紙の特徴で、繊維が短いためにこのような形状になると考える。

　ただし、古代の写経料紙には、顕微鏡観察によれば楮繊維にも麻紙同様の形状が認められている。楮でも麻紙同様に繊維が裁断されているため、形状や紙面の目視観察では両者の区別が難しい。そのため、機器観察での判断が必要となってくるのである。

　現物資料での観察は、資料が貴重であるので、閲覧観察が難しい場合も多い。そのため、麻紙の調査・観察は古写経断簡を購入するか、自助努力で公的機関などの所蔵する資料を閲覧するか、博物館の展覧会での目視観察をして経験を積むしかない。

雁皮系斐紙

斐紙《ひし》は、雁皮繊維であるため楮繊維より短い。煮熟《しゃじゅく》や洗《せん》滌《じょう》が完全ではないものの紙面は少し黄色みを帯び、繊維《せんい》叩《こう》解《かい》量が少ないものは太く長い繊維も多くみられる特徴がある。紙面は滑らかで、目視での観察でも雁皮紙とわかる。

この料紙を使用したものに、打紙《うちがみ》加工した大和綴《やまととじ》装の歌書なども残存している。

雁皮系鳥の子紙

鳥の子紙は、鳥の卵の色をしていることに名称の由来がある。斐紙同様に繊維間が詰まっているが、煮熟と洗滌が完全であるため、繊維はきれいで紙面は美しい。大半の料紙には、塡料に米粉が混入されて漉かれているため、墨付きににじみのみえないものが多い。

これらの料紙は、書写用紙となっているため、打紙加工が施された上で書写されている。巻子本では装飾写経・絵巻物・歌書・物語・伝授免許書等があり、大和綴では物語・歌書等に多く、線装本《せんそうぼん》では歌書・物語や記録史料にみられる。

斐紙とこの料紙の打紙加工の有無は、目視観察ではにじみもなく判断が難しいので、マイクロスコープでの繊維観察が必要となる。

雁皮系間似合紙

間似合紙《まにあいし》は、雁皮繊維に泥を塡料として入れて漉かれているため、泥間似合いとも称されており、半間の丈に合うことから間似合紙と称され、懐紙《かいし》にも使用される色間似合紙もある。

この料紙は、雁皮繊維に塡料として泥を混入して漉かれている。そのため、透過光で観察すると紙漉き時の水分を落とす工程で、簀の糸目と下桁部分から水分と泥が落ちないので、その部分が塡料の泥が避けて、桁部分が薄く透け筋となる。

紙面観察では、料紙の手触りでは鳥の子紙より柔らかめで、多少重量もある。この料紙は、折れ損ができると紙面に折れ筋があらわれるため、取扱いには注意を要する。泥が混入されているため、紙面の繊維がみえにくい。さらに繊維間に泥が埋まっているため、平滑な紙面となって艶がないという特徴を持つ。

間似合紙は、懐紙《かいし》・歌書・物語・伝授免許書のほか、屏風や襖に使用されている。

楮紙系

楮紙《ちょし》では、打紙加工の有無は、紙面の墨付き部分をみることにより判断することができる。

打紙加工の確認には、手触りと目視が有効である。手触りで紙面がざらついているものと、にじみとかすれがあるものは、打紙されていないと判断できる。打紙されたものは手触りで紙面がすべすべしており、にじみやかすれがみられない。また細い墨付きがきれいに出ていることからも、打紙加工がしてあると判断できる。

打紙加工がされていない料紙で、填料入りでない紙は墨付き面ににじみやかすれがはっきりみられる。填料入りの紙はにじみが少ないが、墨付きの少ないところにかすれが出ている。

これらは、古写経・具注暦・歌書・物語・注釈書のほか、記録史料の写本など、多くのものにみられる。

斐楮混漉紙

斐楮混漉紙《ひちょまぜすきし》は、楮繊維に雁皮《がんぴ》繊維を混入して漉いた料紙で、雁皮繊維の割合が少ない。

打紙のない料紙は、楮単一繊維のものよりにじみやかすれが少ない傾向にある。

打紙された料紙は、楮繊維に雁皮繊維が入っているため、紙面に滑らかさが加わり、填料の入った料紙に近くなっている。

これらの料紙には、米粉填料が入れられたものもある。料紙は書写本が多く、大半は打紙され、にじみやかすれがみられない。

この料紙は、目視観察ではわかりにくいため、ルーペやマイクロスコープ等の機器での観察が必要である。

米粉填料入りの料紙

米粉填料混入の料紙は、楮紙や鳥の子紙などの多くの資料にみられる。

紙厚のある厚葉では目視観察ではわかりにくいが、中葉の薄めのものや薄葉で、目視でわかるものもある。白く漉かれた杉原紙中葉などによくみられもので、米粉填料の多さから、紙面が他の資料より白色を呈している。中には紙面上に米粉溜まりがみられ、その米粉溜まりの中央がはじかれ輪となったものなどがみられることで、米粉填料が混入されていると判断することができる。

中葉以上の厚いものは、目視では観察不可能であるため、マイクロスコープなどの機器観察でないと判断できない。

打紙なしの雁皮紙

『蓮空短冊　祈恋』甘露寺親長（1424～1500）、権大納言正二位、明応2年（1493）出家、法名を蓮空

打雲紙（雁皮100%）、紗溜漉き、0.22㎜厚、米粉填料入り

近撮　目視観察用

雁皮繊維は細いが、打紙されておらず、「や」の文字にかすれがある。「な」の文字の方は墨が濃いためにじみがなく、墨付きがよい。

繊維一〇〇倍　機器観察用

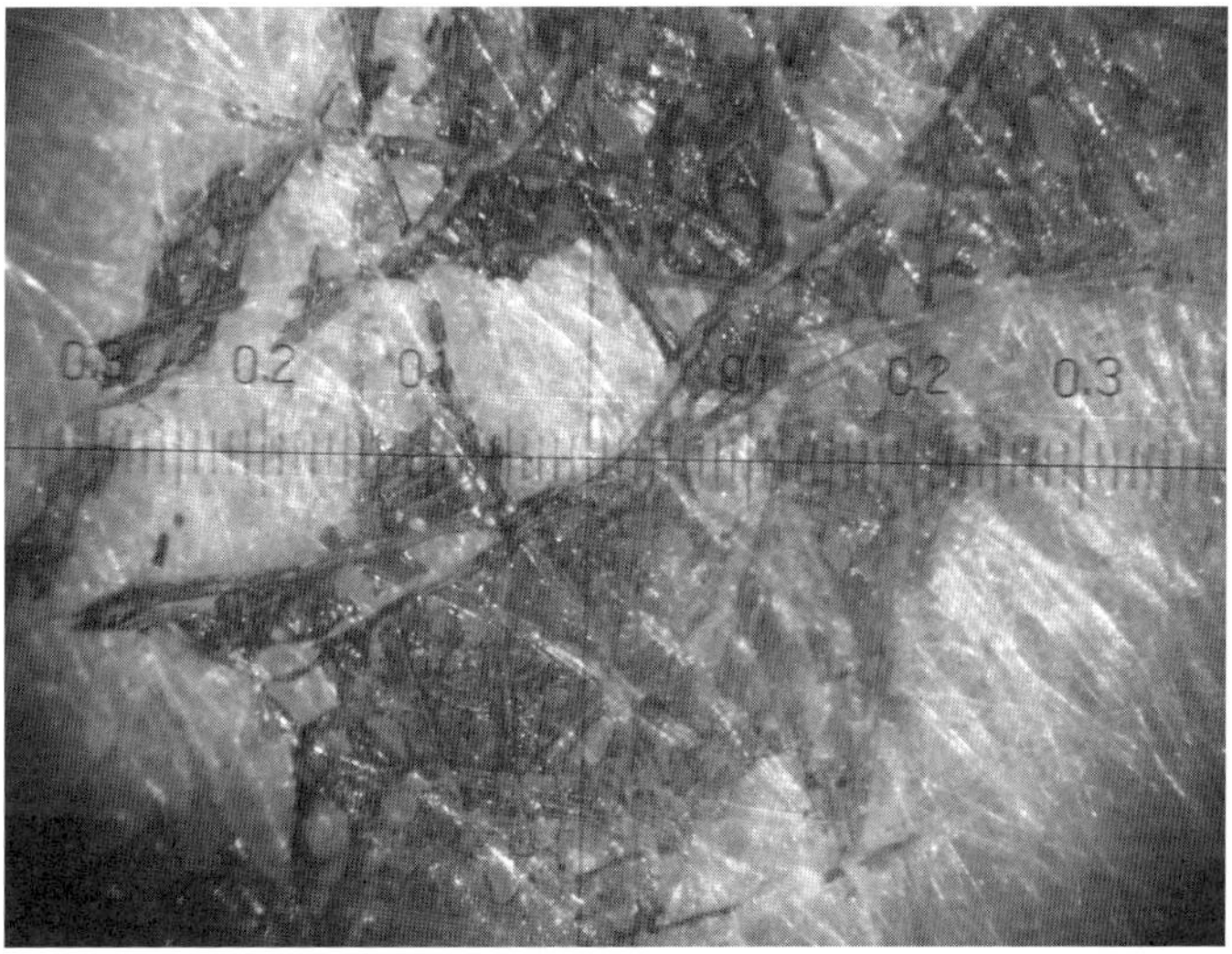

「や」のかすれ部分の繊維写真。楮繊維のようには凹凸が少ないが、繊維の凹凸が多少みられる。

打紙加工の雁皮紙

『三十六人歌撰集』１巻　江戸初期写、尾形宗謙（1621 ～ 1658）筆か
鳥の子紙（雁皮 100％）、溜漉き、0.09 ㎜厚、米粉填料入り、ドーサ塗布打紙加工、金泥草花蝶下絵

近撮　目視観察用

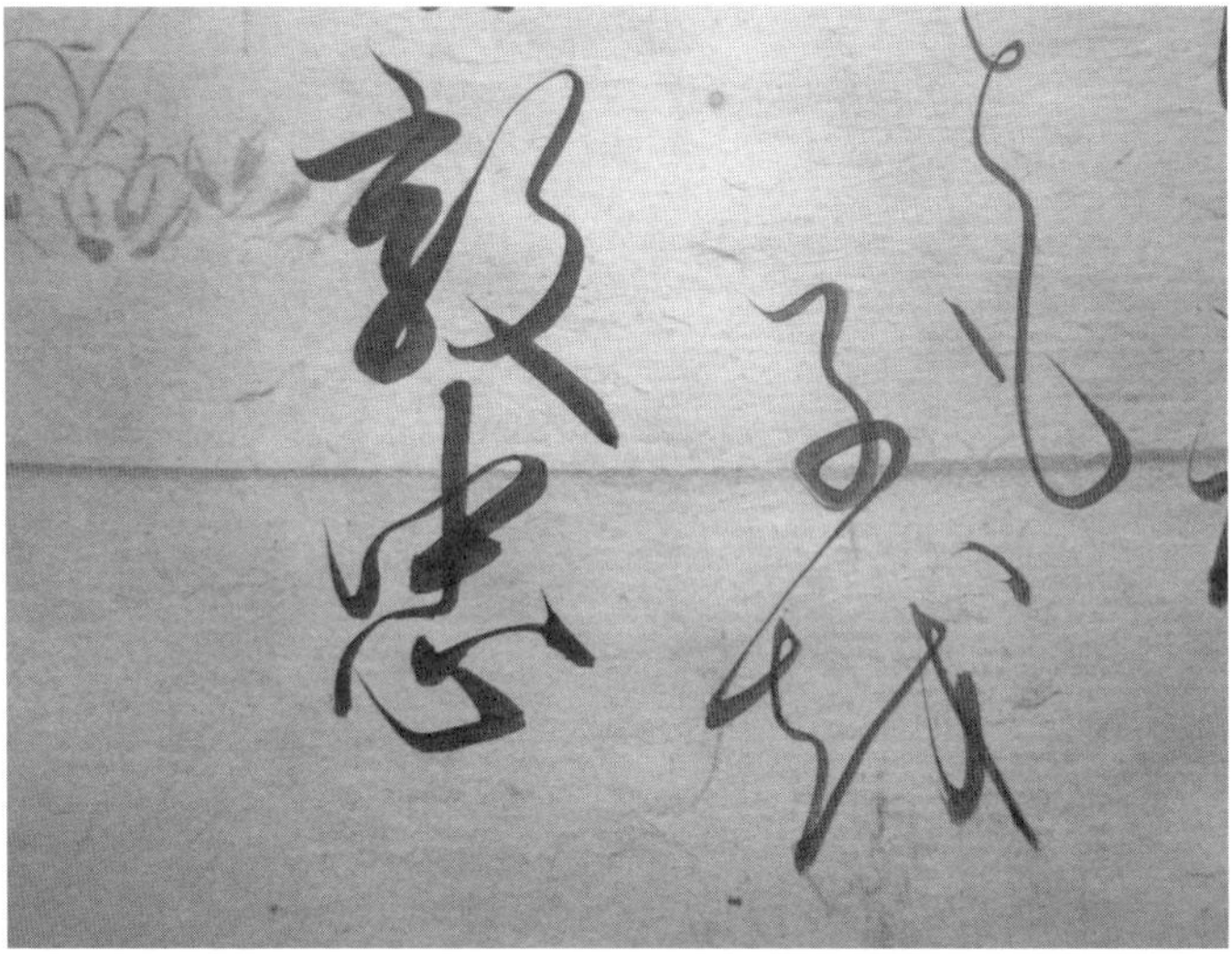

墨付きに濃淡が出ていることから、打紙加工されて書かれているとわかる。

繊維一〇〇倍　機器観察用

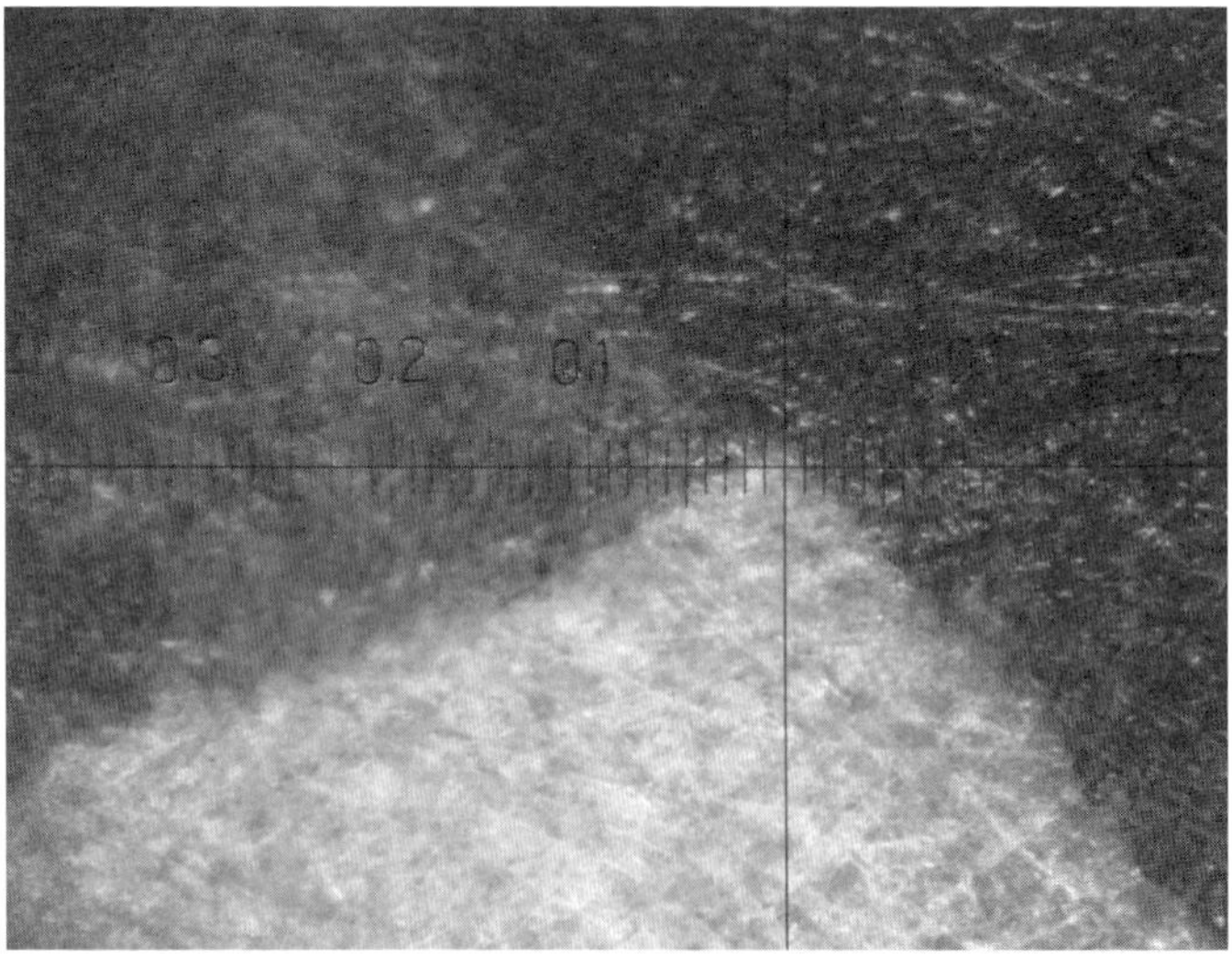

上図の「敦」の文字の右下の交差部分。墨付きの重なりで、上に載った墨付きが濃くなっている。

打紙なしの楮紙

『大蔵経目録　第一』5 冊　嘉永 6 年（1853）正月 6 日、上田巨基誌
楮紙（楮 100%）、竹簀 21 本、流漉き、0.13 ㎜厚

近撮　目視観察用

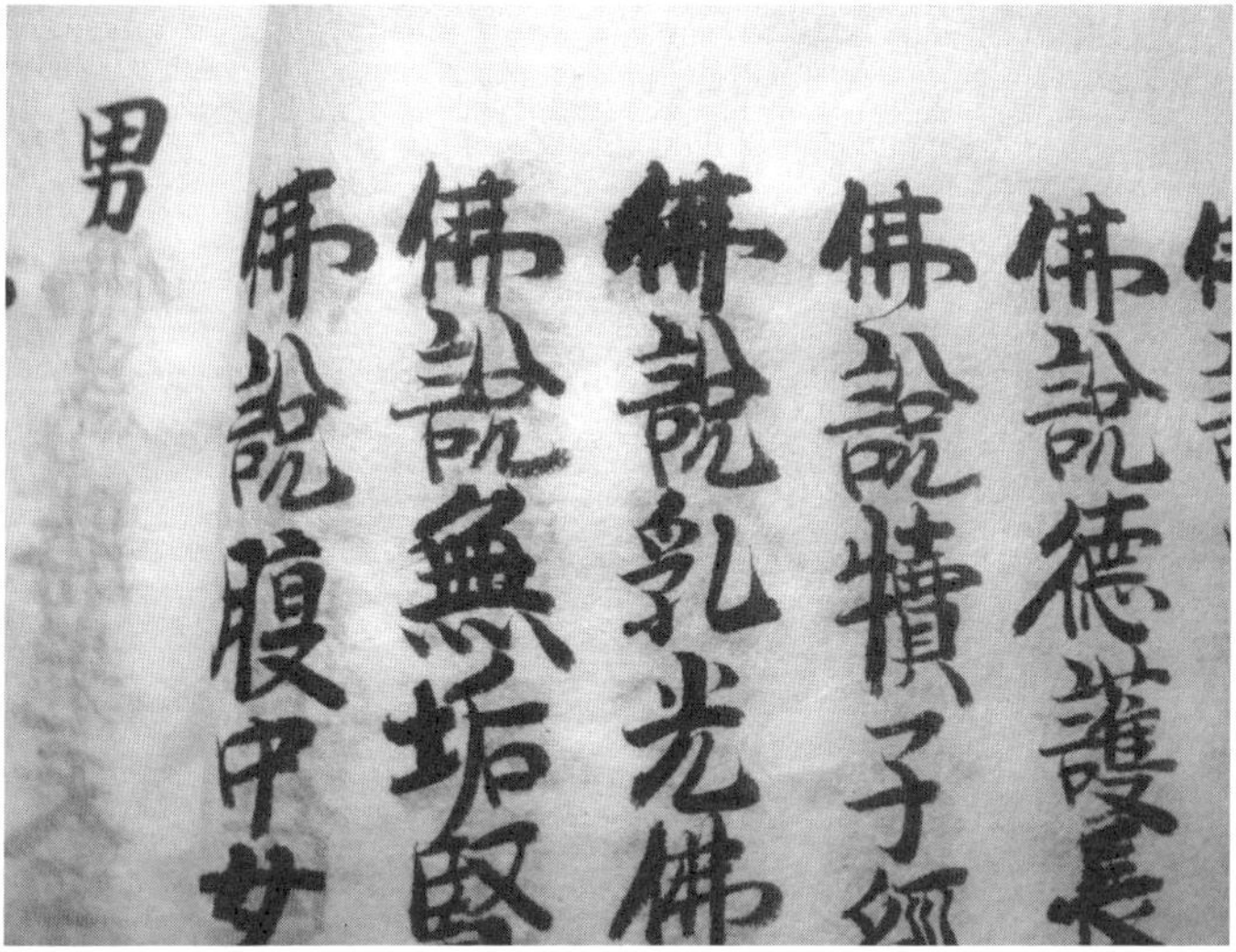

書写料紙には地紙が使われているようで、墨付きににじみが多いのは繊維浮きが多いためである。

繊維一〇〇倍　機器観察用

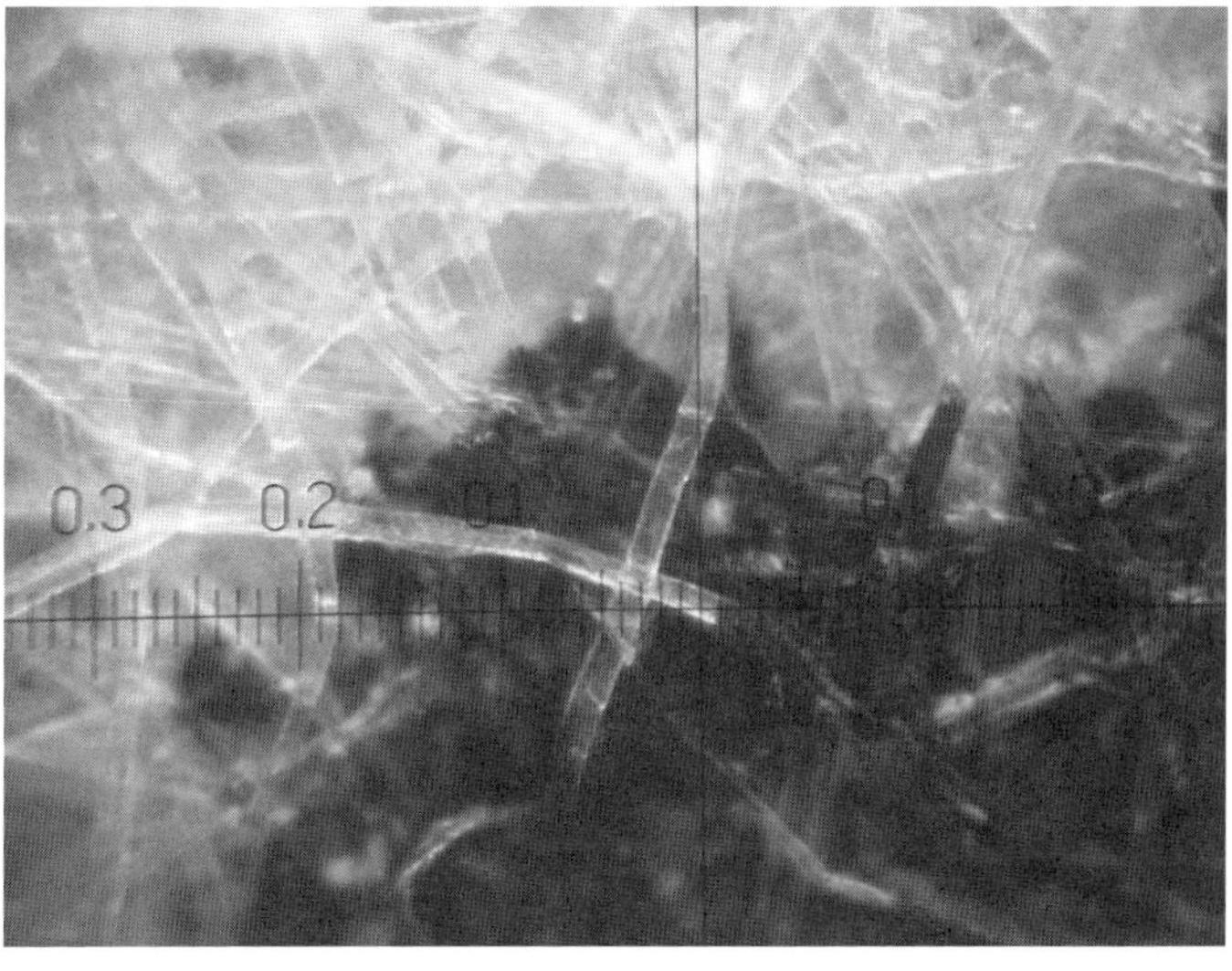

墨付き面の上に浮いた繊維が載っており、墨付き以外の繊維もかなり凹凸がみられる。

打紙加工の楮紙

『職原抄　利・貞』2冊　江戸中期以降の書写
楮紙（楮100％）、竹簀22本、流漉き、0.05㎜厚、米粉填料入り、打紙加工

近撮　目視観察用

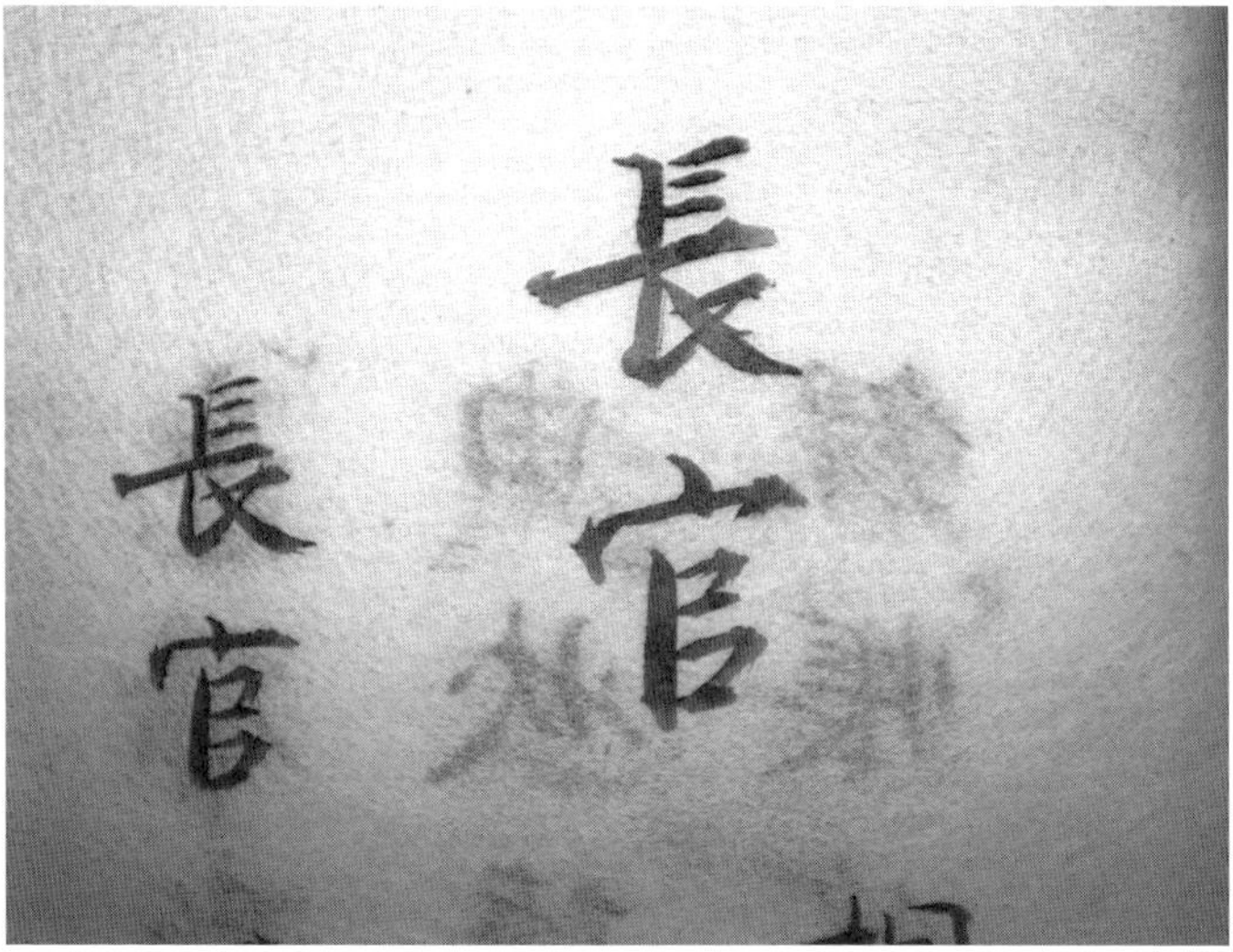

打紙が強くされているため、墨付き文字をみると書写文字に濃淡が出ており、紙面も滑らかさが出ている。

繊維一〇〇倍　機器観察用

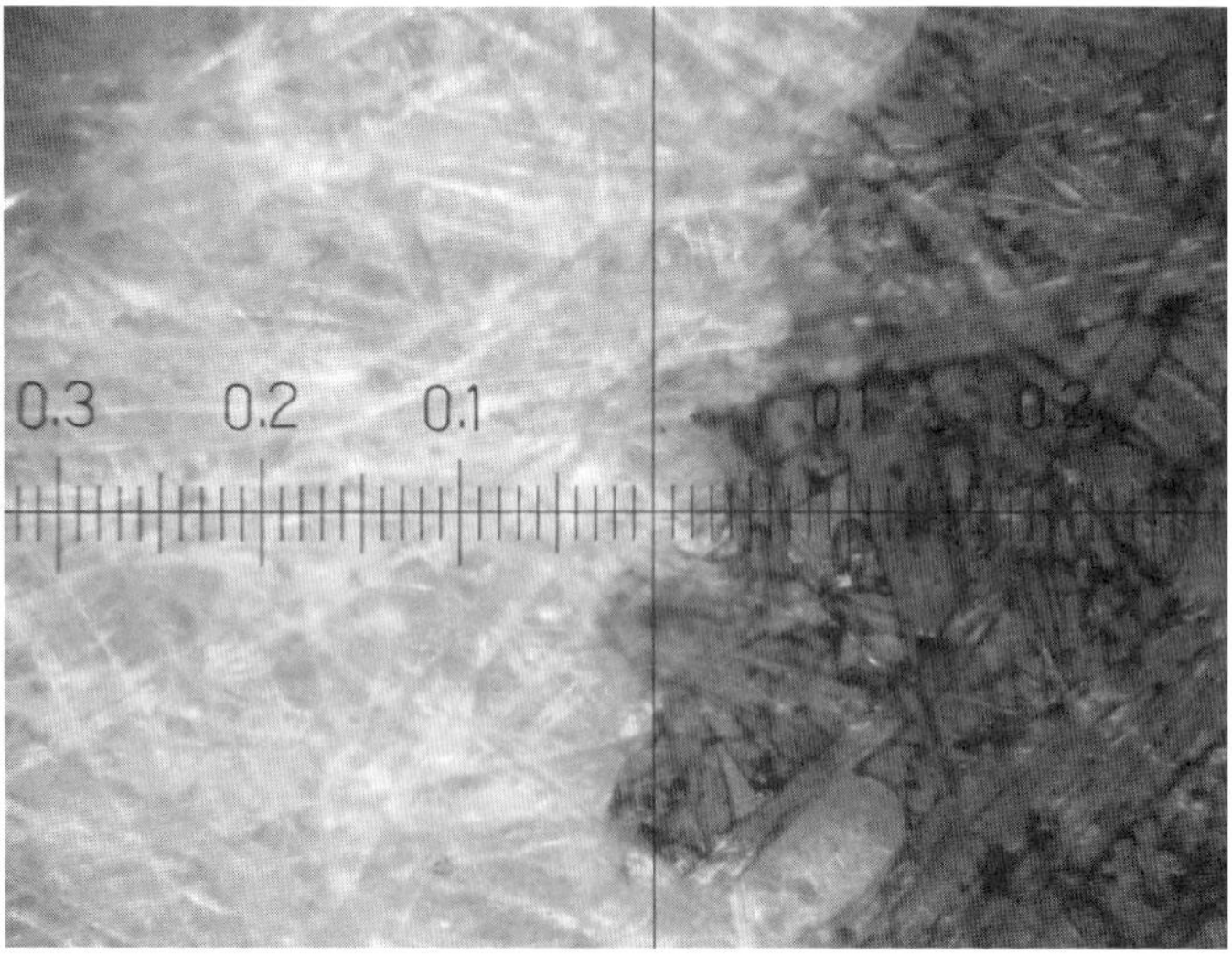

繊維面に凹凸がなく、打紙のため繊維幅も〇・〇〇三㎜幅前後のものがみられ、紙面は透明化している。

填料入り打紙なしの楮紙

『貸地借用金證文之事』1通　天保5年（1834）8月、上久方村貸地主長次郎

近撮　目視観察用

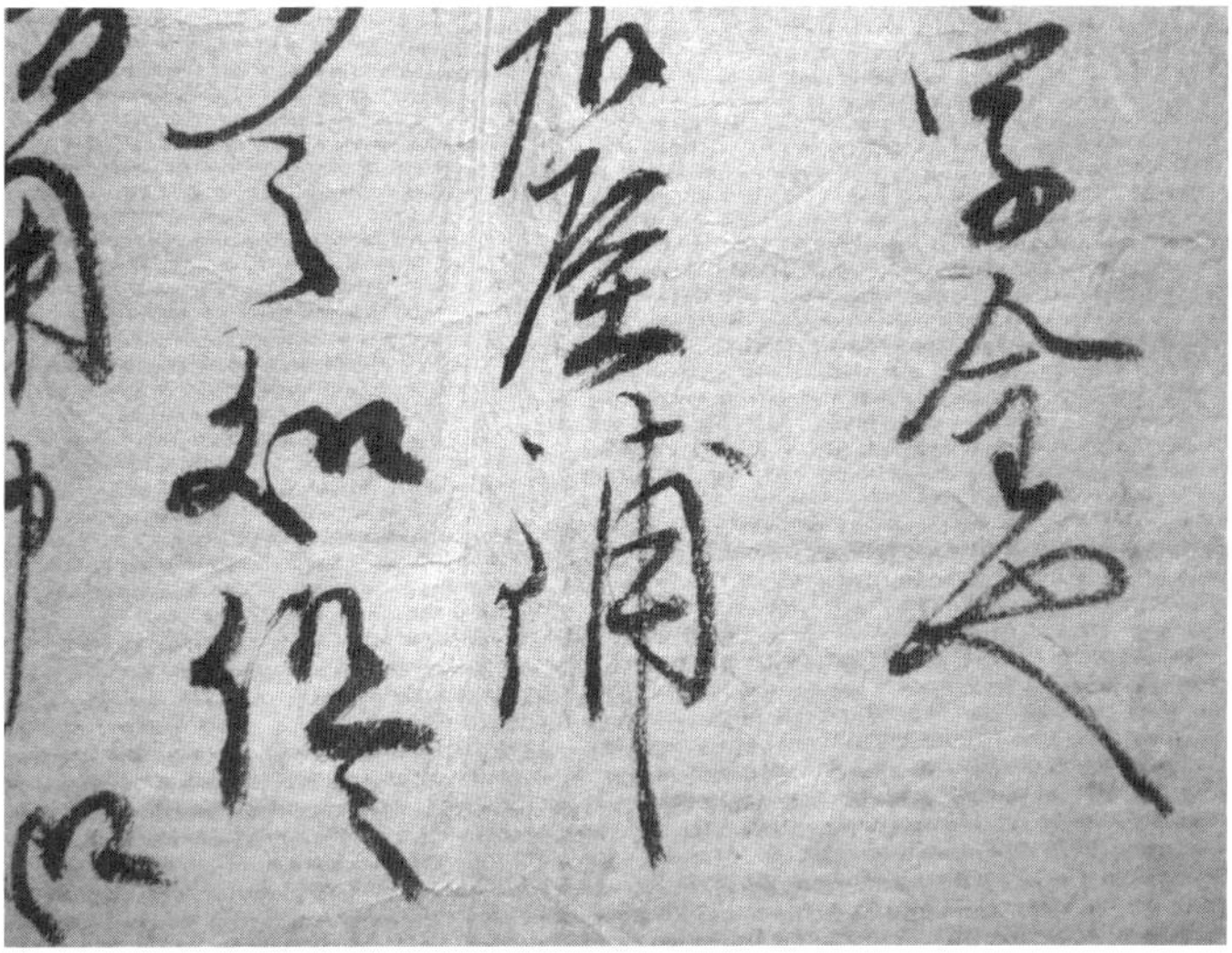

米粉填料の入ったものに書かれている。墨付きはにじみが少ないが、かすれがみられる。

繊維一〇〇倍　機器観察用

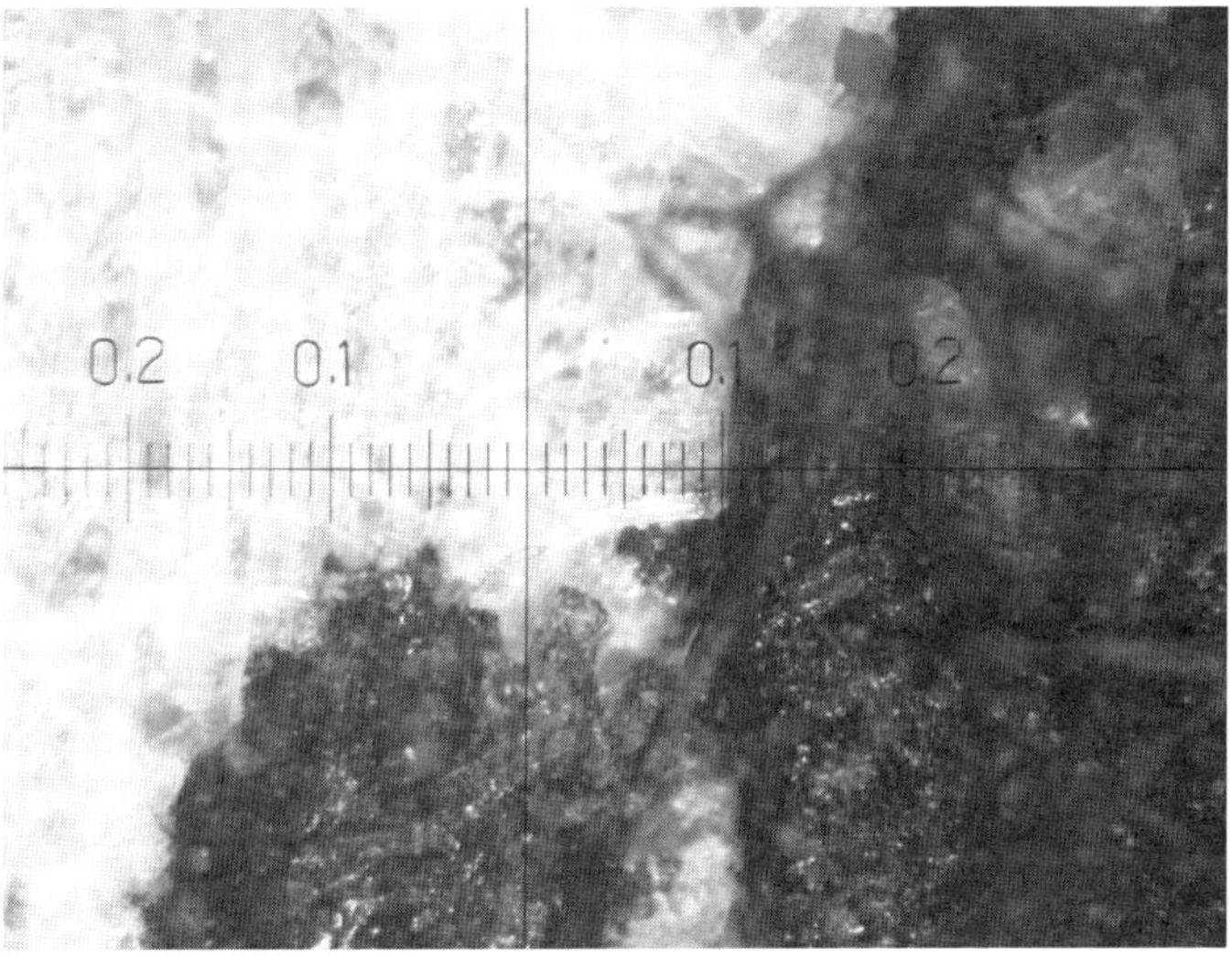

墨付き面外ににじみがなく、外側の繊維は米粉填料のため多少の凹凸があり、繊維がよくみえない。

機器での観察方法は、紙面を漠然とみても填料の有無はわかりにくい。そこで、資料の虫害部分をよく観察し、填料の凝固物があるかどうかで確認することができる。

中国の漢籍料紙

中国の漢籍料紙には、大蔵経《だいぞうきょう》の印刷用紙とされた竹紙や、線装本《せんそうぼん》漢籍の印刷用紙である毛辺紙《もうへんし》・毛太紙《もうたいし》などのほか、碑法帖《ひほうじょう》に使われた宣紙《せんし》とがある。これら代表的なものを記す。

①竹紙《ちくし》

竹紙が使われるものには、南宋代に福州《ふくしゅう》版《ばん》一切経《いっさいきょう》があり、元豊三年（一〇八〇）～政和二年（一一一二）開版の東禅寺《とうぜんじ》版《ばん》と、政和二年（一一一二）～紹興二一年（一一五一）改版の開元禅寺《かいげんぜんじ》版《ばん》などのほか、碑法帖などの内側や表紙等の裏打紙にも使用されている。

東禅寺版の印刷用紙は、〇・二〇㎜の厚葉で、透過光を通してみると、溜め漉きと考えられる料紙に黄檗《きはだ》染めされていることがわかる。観察では細かい繊維がみえず、紙面は洋紙の画用紙に似た雰囲気を持っている。艶がなく滑らかさに欠けるが、印刷には適した料紙である。表裏の紙面では、繊維がみえないため、填料《てんりょう》が混入されわずかに稲ワラ繊維も混入されている、と宍倉氏は分析している。竹紙には、和紙にはみられない、直線的な細い繊維を持つという独特の特徴がある。

開元禅寺版の料紙は、〇・一二㎜の中厚に黄檗染めされ、多少の厚薄があることから溜め漉きと考えられる料紙である。紙面は、東禅寺版よりもきれいな良質紙で、竹紙の毛辺紙ではないかと考えられ、表裏面に竹独特の細かな繊維もみられる。また、元版の料紙も開元禅寺版に類似しているが、繊維のなかに多くの竹独特の繊維が多くみられることから、漉き場の違いと考えられる。

東禅寺版で使われるような繊維の竹紙は、厚葉ばかりではなく中葉や薄葉もあり、表紙の芯紙とされたり、碑法帖にされた帖装本の内側の裏打紙にも使用されている紙である。このような芯紙や裏打紙などに利用される紙は、漉きが粗く漉きムラもある紙が多くみられる。

②毛辺紙

漢籍料紙の毛辺紙《もうへんし》は、嫩竹《どんちく》（若竹）の繊維で漉かれたもので、繊維長一・五～二・〇㎜で繊維幅〇・〇一四㎜前後である。宋版・明版・元版・清代初期あたりまでは紙厚は〇・四～〇・六㎜前後で、竹紙より繊維が細かく、紙面も滑らかで一定の厚みを持ち、雁皮薄葉の紙面に類似した感じにみえる。

清代初期までは同じように漉かれているが、徐々に紙厚が増して繊維も粗くなっている。毛辺紙は、楮紙のように強くないため、繊維は裂け等に弱い。そのため、版芯《はんしん》の折り目の裂けや破れが出やすいので、裂け等の出ないよう、慎重な取扱いが必要である。

毛辺紙の中には、厚葉は二層漉き紙で玉扣紙《ぎょくこうし》と称されたものがある。中葉の紙も漉かれており、日本国内の所蔵機関に絵地図などが残っており、絵図面用紙として使用されたものもある。

毛辺紙の特徴は、紙面に三〜一〇㎜前後の黄色みを帯びた固く細い竹繊維がみられる点である。この特徴は、紙面を観察することで確認することができる。

③宣　紙

晩唐（八三六〜九〇七）に出た宣紙《せんし》は、楡《にれ》科落葉喬木《きょうぼく》の青檀《せいたん》樹皮で漉かれている。繊維長三・五六㎜前後、繊維幅〇・〇一三㎜で、繊維両端が鈍尖《どんとつ》となり、少量の薄膜や端部に球状的なものもみられる。抄紙の初期段階では、青檀樹皮のみで漉かれていたが、徐々に稲ワラなどを混ぜて漉かれた。

料紙は、墨付き部分ににじみなどが出やすい紙であり、味わいがよいため書画用紙として用いられており、現在でも使われている。

また、文字のある甲骨文・石鼓文・青銅器のほか、著名な書家の石碑などから拓を取るなど、拓本用紙としても使われている。このような拓本用紙は、文字内しか料紙素材のままの状態がないため、目視観察では繊維状況を判断することができない。

宣紙の紙面は白色を呈しており、繊維が短いため毛辺紙同様に裂けや破れに弱く、観察では判断しずらい。繊維は細く紙面が平面で、薄い洋紙のような印象がある。このため、観察機器での調査が欠かせない。

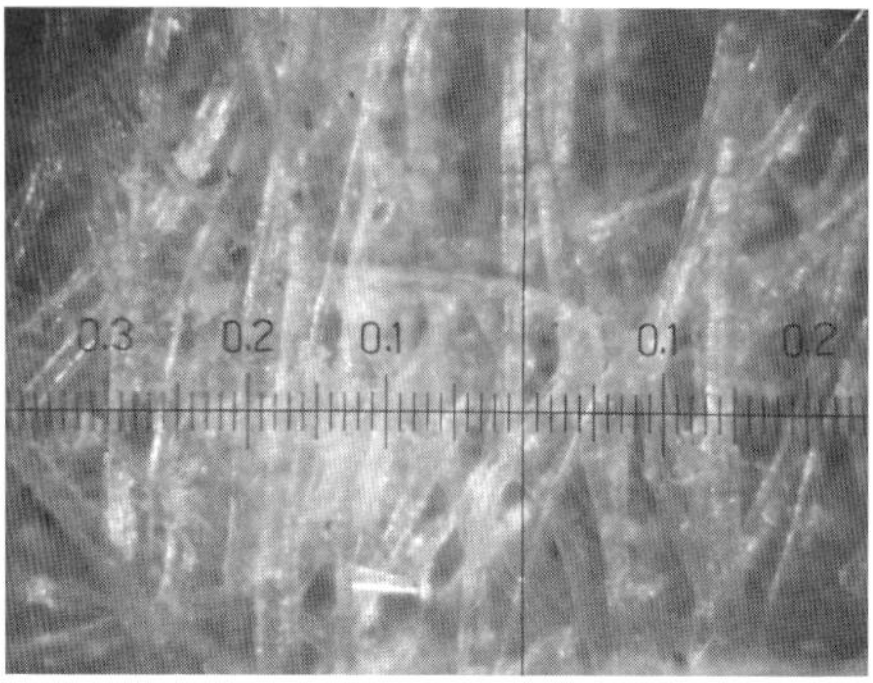

楮　紙

楮は桑科楮属で栽培可能種。楮繊維は太く長いのでので、雁皮繊維と比較作業によって覚えられる。

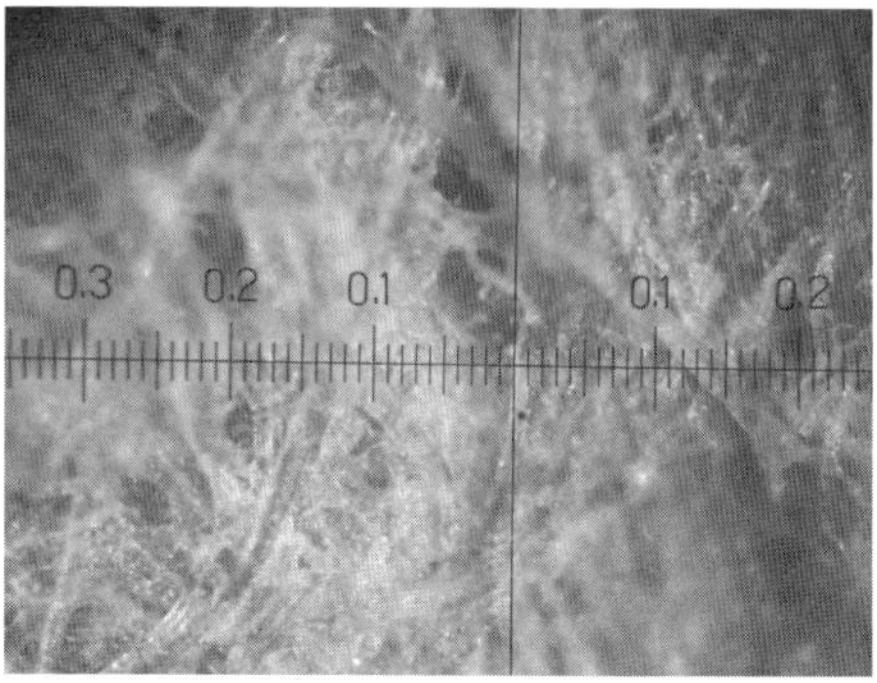

麻　紙

麻紙は、衣類に使用された大麻や苧麻が紙料となる。中国の『造紙工程技術史』によると、繊維を1.5㎜から4㎜前後と種々に裁断され、挽き臼などで細かな繊維として抄紙されている。繊維がループ状が見えたり繊維の裁断部分が見られることで、麻紙繊維と判断できる。

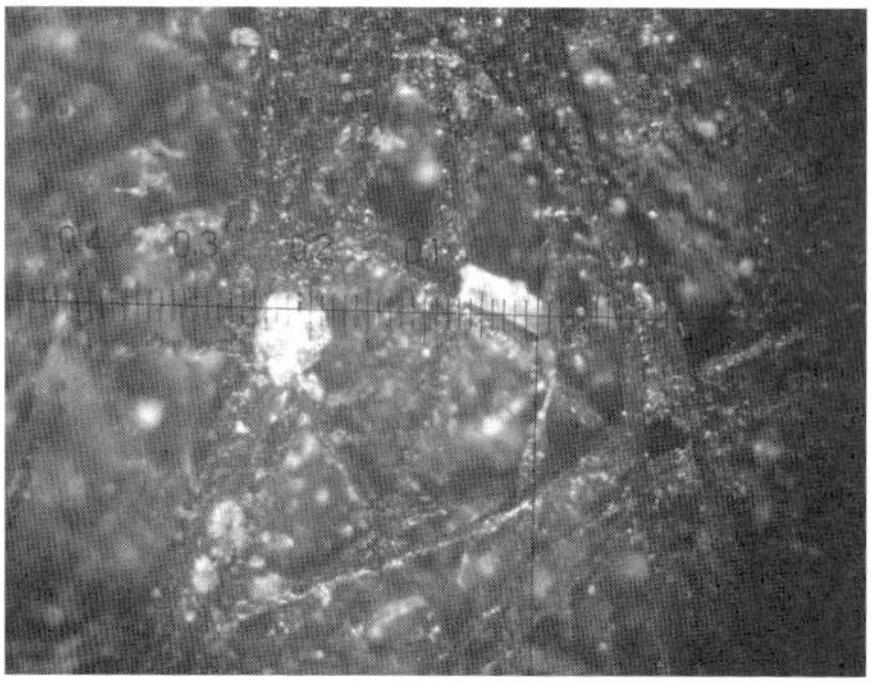

楮紙　米粉入

一通物礼状包み紙『徳川第11代将軍 家斉黒印状』一通一包　安永2年（1773）～天保12年（1841）小出信濃守は、園部藩主小出英筠《ひでふさ》（1774～1821）宛

杉原紙（楮100％）、溜漉き、0.20㎜厚

この礼状の包み紙は、杉原紙と考えられ、墨付き部分を撮ったものであるが、部分的に白い固形の米粉填料がみられる。墨付き以外の部分も米粉填料が多く入っているため、繊維が見えにくい状態である。

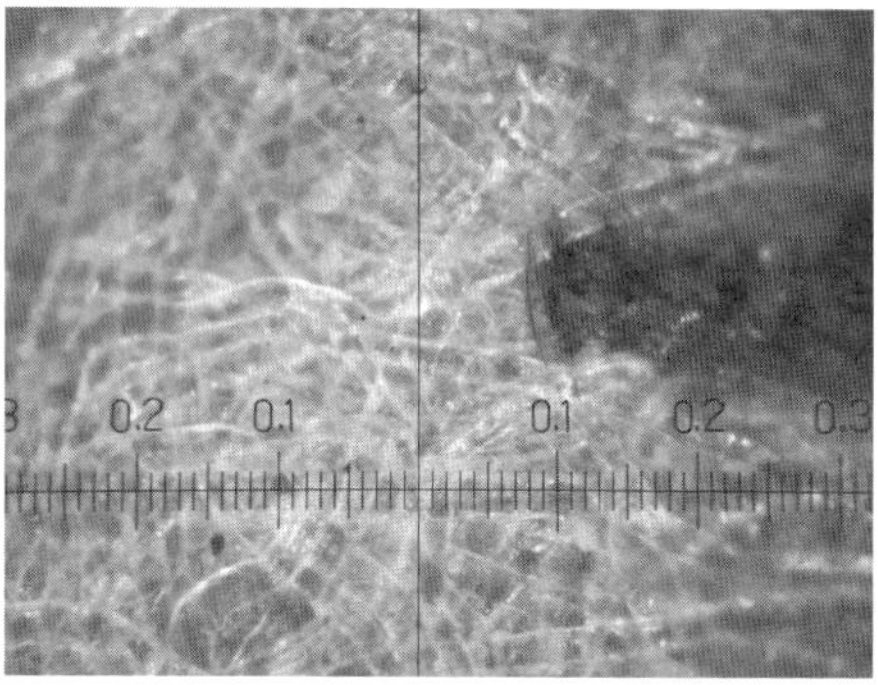

楮紙　打紙

巻子本断簡『毘尼討要　巻下』平安初期写（9～10世紀）

楮紙（楮100％）、簀目不明、溜漉き、0.09㎜厚

米粉填料入り、打紙加工、膠塗布か

墨付きの周りの繊維が、打紙によって潰され繊維が透明化し、太くなった部分が見られ、平滑になっている状態が判る。

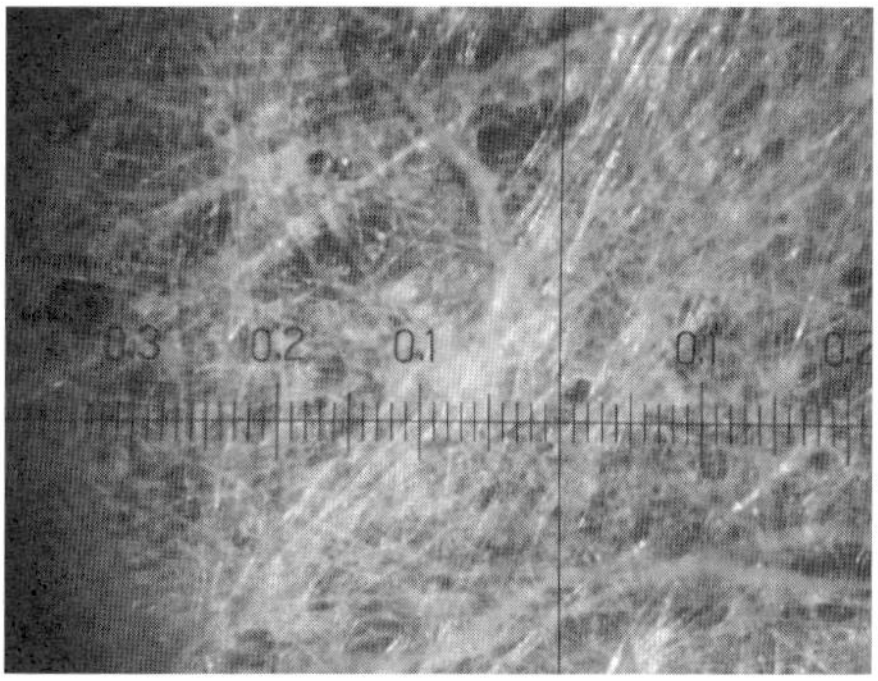

三椏紙

三椏は、沈丁花科三椏属で栽培可能種。繊維も雁皮より少し太いのが特徴である。

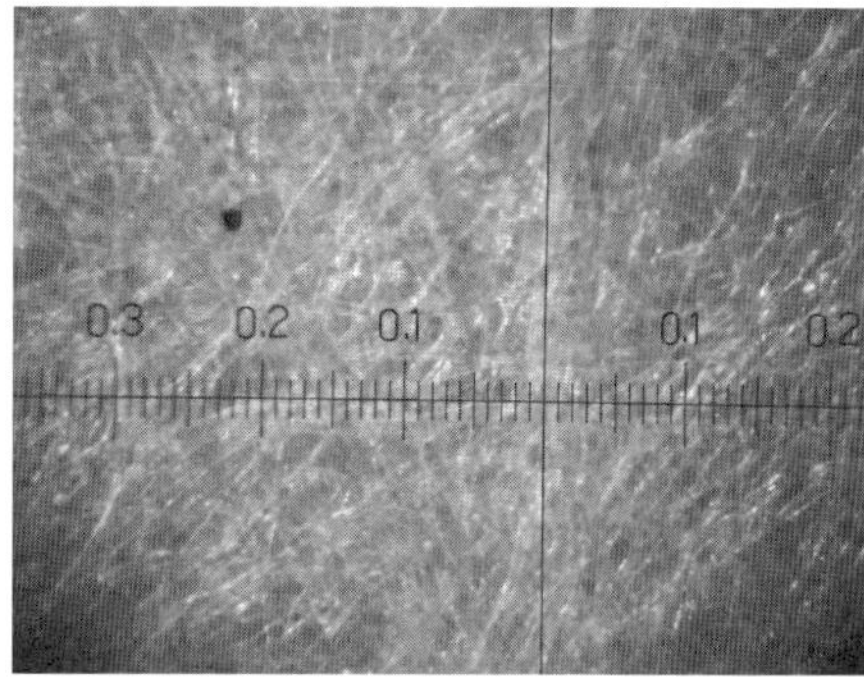

雁皮紙

雁皮は、沈丁花科雁皮属の栽培不可能種。山野に自生しているものを採取して抄紙されており、繊維はかなり細く短いため楮繊維の太さの半部以下であり、楮よりも凹凸が少ない。

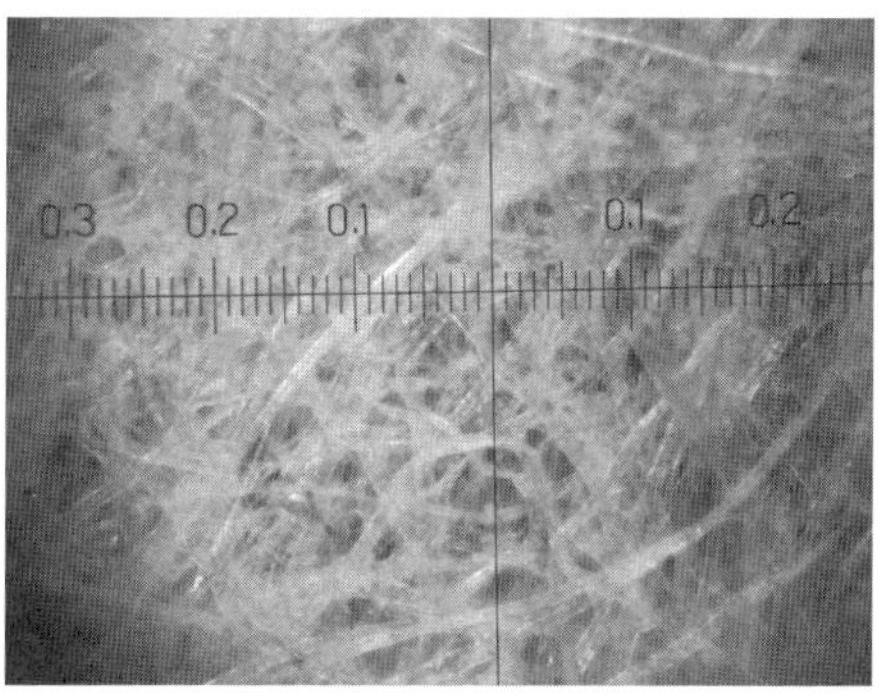

宣　紙

宣紙は、『造紙工程技術史』の抄紙繊維の表によると、楡科青檀樹皮と稲藁繊維とで漉かれており、古い宣紙は青檀80％・稲藁20％で漉かれているが、清代末期では檀・稲が50％ずつになったり、檀20％・稲80％などと変化して漉かれている。毛辺紙とは相違があり、繊維が白くかなり繊維もランダムとなっている。

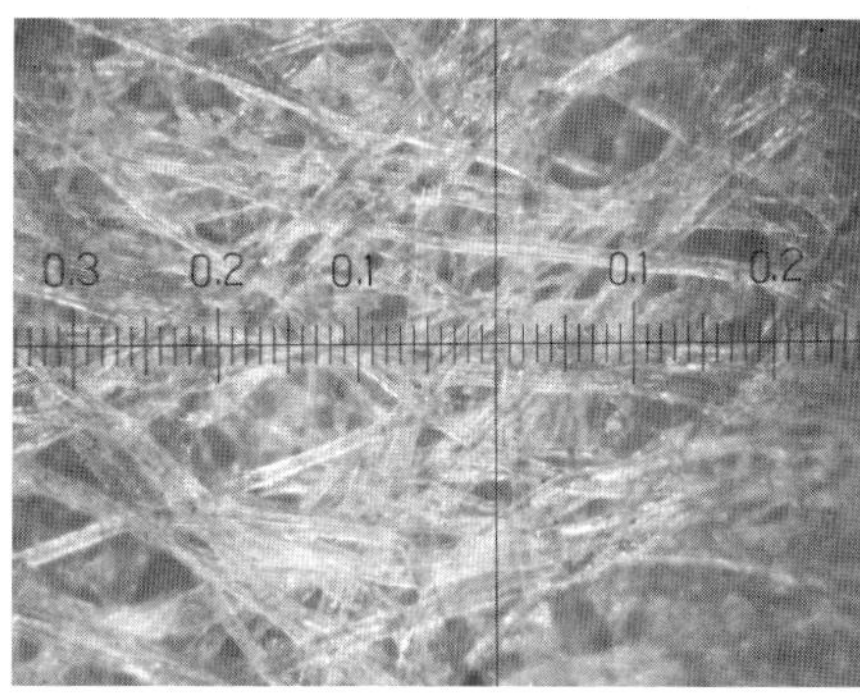

竹　紙

竹繊維は、繊維幅は0.002 ㎜前後で長さは1㎜から1.5 ㎜前後であり、繊維には黄色繊維も見られる。漉かれた繊維は、直線的なものが多く見られ湾曲した繊維が少ない。

機器での観察方法

観察機器の設置方法は、次のとおりである。

１）マイクロスコープにＬＥＤを装着する。

２）下方レンズ部分の下にライトが当たるように差し込み、ストッパーで動かないように固定する。

３）ライトを付けて観察を始める。一〇〇倍だとピント合わせの幅が少ないので、注意して合わせる。スコープ上部のレンズを動かし、スケールの目盛りもみえるよう合わせる。

目視観察でわかるように、雁皮紙《がんぴし》と楮紙《ちょし》は繊維を見比べることで判断できるが、麻紙《まし》や竹紙《ちくし》などは繊維の特徴をよく把握した上でないと、繊維の判断は難しい。

打紙《うちがみ》加工されていない料紙では、にじみがあるので目視でも繊維を判断できる。一方、打紙加工された料紙は、墨付きににじみもなく繊維の浮きと凹凸がない。そのため、書写された文字の境界がはっきりした平滑な紙面となる。打たれた繊維は、繊維の潰れた太さ幅に太細が出ており、繊維も透明度が出て滑らかな凹凸のない紙面となって、打紙加工が施されている。打紙加工の有無は、それぞれを比較し観察することで、紙面状態がわかるようになる。

図１　機器での観察

図２　機器での観察（拡大）

紙面の観察から米粉填料《てんりょう》の有無を判断することは、なかなか難しい。しかし米粉が溜まった部分に注目することで判明する場合もある。一番わかりやすい部分は虫害部分であり、機器観察すると虫穴に固まった結晶がみえることがある。填料が鉱物質であれば、このような固形とはならない。固形となった結晶は、虫の唾液により米粉が虫害部分に固まったと考えられ、米粉填料と判断できる。

紙厚測定方法

紙の厚さは、料紙を知る上で重要な要素である。

紙の厚さを示す用語として、厚葉・中葉・薄葉などが使われることがある。およその様子を知るのには役に立つが、それだけでは資料の状況はわかりにくい。より正確な厚みを測定することで、料紙の漉き方や使用方法など、資料の重要性を知ることのできる場合がある。

料紙抄紙では、漉き方に溜め漉き・流し漉き・紗漉《しゃず》きなどがある。溜め漉きは江戸初期頃までの料紙大半にみられ、紙厚測定では平均値が測りにくい。そのため薄い部分と厚い部分を測り、両者を表示する必要があるが平均値で表示してもよい。流し漉きや紗漉きである場合は、十ヶ所以上を計測し平均値を出すとよい。

ただし、打紙《うちがみ》加工が施された料紙は、成紙時の厚みと相違がある場合も多く、打紙加工前の原紙の厚みを正確に把握することはできない。

紙厚測定する前には、透過光をとおして紙面の厚薄状態を観察しておくと、測定する部分が確定できるのでよい。

測定時には、資料本紙の紙面と測定器のシクネス・ゲージの測定面を平らにして置く。曲がっていると正確な測定はできないので、本紙とゲージ接着面を平らにして測定することが重要である。

資料の測定では、和歌懐紙《かいし》等の一枚物や巻子本《かんすぼん》・粘葉《でっちょう》装《そう》・大和綴《やまととじ》などは、紙面が一枚状態となっているため計測しやすい。

一方、線装本《せんそうぼん》は袋状となったいるため、本紙袋状を開き差し込む方法を取ることで測定できるが、資料を傷めないように注意して測定することが大切である。

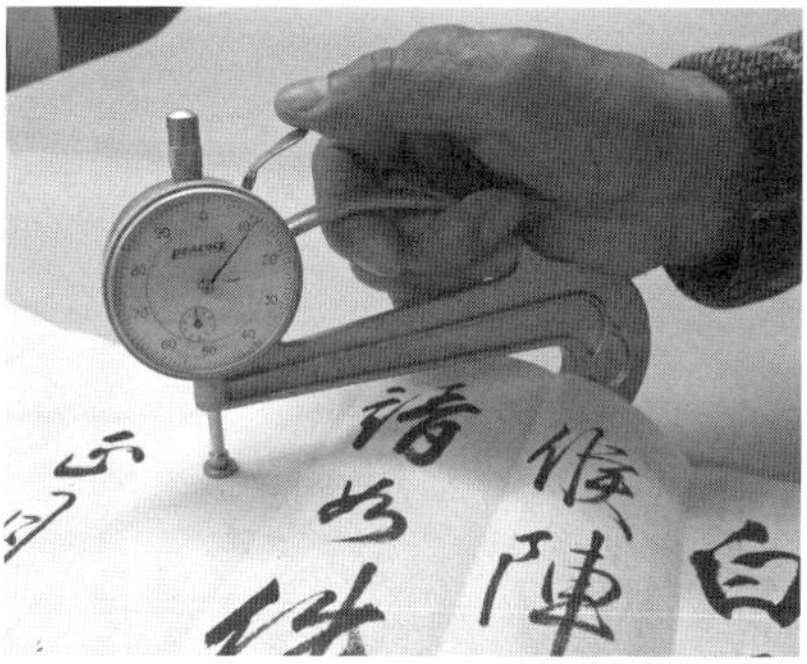

図　紙厚計測機器

実際の測定方法については、上の図を参照して頂きたい。

撮　影

撮影では、①資料の全体撮影と、②墨付き部分の近撮、及び③繊維撮影を行うことで紙面の状況を把握することができる。そのため、この三種類の撮影方法を説明する。

①全体撮影（図1）

資料の全体撮影は、デジタルカメラを三脚に設置して撮影をする。全体を撮るので、資料の内容を知るのには適しているが、書写・印刷面などの細かな状態はわからない。

②近撮（接写　図2）

紙面の状況を知るためには、近撮が有効である。近撮では、紙面の状態とともに、墨付きや印刷がどのようになっているかを判断するのに有効である。一cm距離のマクロ撮影ができるデジタルカメラを利用するが、選んだ文字に影ができないように配慮し、特徴ある部分を選んで撮影する。

③繊維撮影（接写　図3）

繊維撮影は、機器観察で繊維をよく把握して場所を決定し撮影することが必要である。また繰り返し練習し、撮影の仕方を完全に把握・熟知してから、資料の撮影に望む必要がある。

最初から所蔵館の資料で撮影すると、万が一の場合に不都合が生じる。そのため、個人で所有する資料で練習することが大切となる。個人で資料を所蔵していない場合は、楮《こうぞ》・雁皮《がんぴ》ほか種々の単一繊維のものを、和紙販売店で購入して学ぶ方法と、安価な現物資料を古書展などで購入して学ぶ方法とがある。現物の資料で撮影を経験することが、一番の近道である。

撮影方法は次のとおりである。まず墨付きと特徴のある部分を選んでピントを合わせる。三脚の雲台を下方にして水平器を使ってデジタルカメラを平らに取り付けて、繊維写真ではマニュアル・フォーカス撮影に切り替える。スコープのぞき面の縁に外光を遮るゴムの輪が付いているので、そのゴムの輪を外して撮影に対処する。

撮影は、デジタルカメラのスイッチを入れ、画面をみながらスコープのぞき面を中央にして降ろし、スコープに接着させて支柱を止める。接着時にデジタルカメラと接触するとピントずれが生じるので、一mm位の空間をつくって接着させることが重要である。ピントが合っていてもデジタルカメラ画面では、中央に丸くなっているため、被写体拡

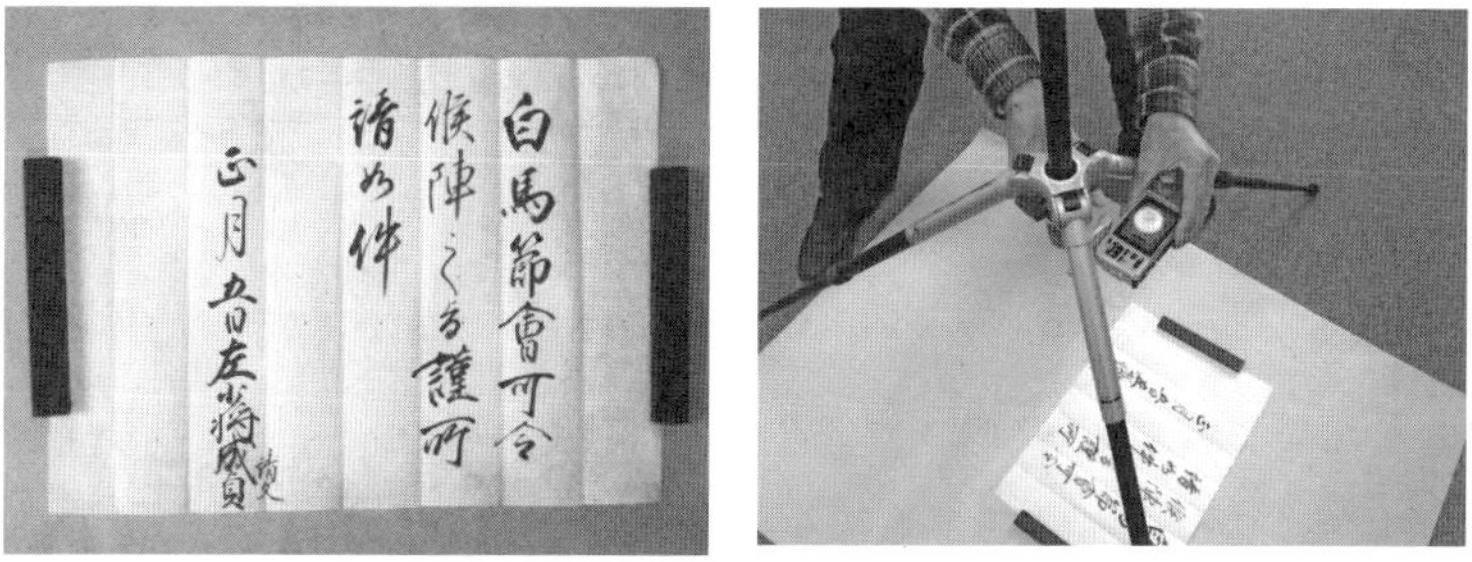

図１　①全体撮影
三脚で固定し水平機器で調整する。

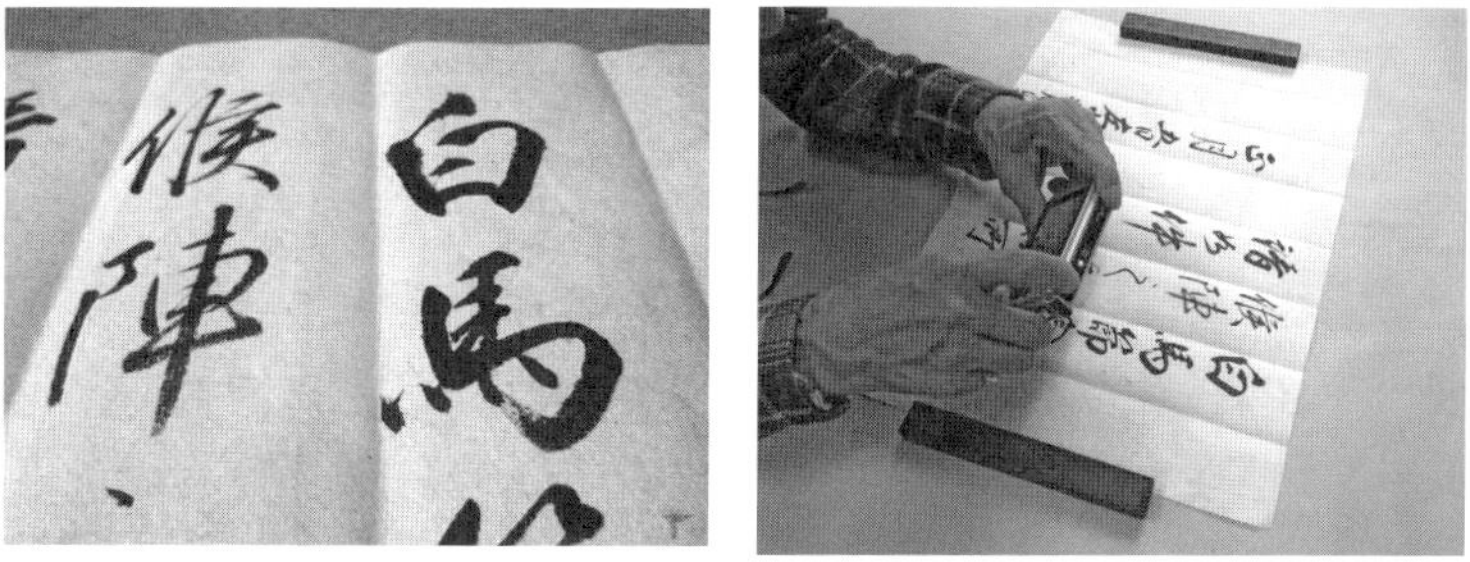

図２　②近撮（接写）
一㎝までのマクロ撮影に対応するカメラがよい。

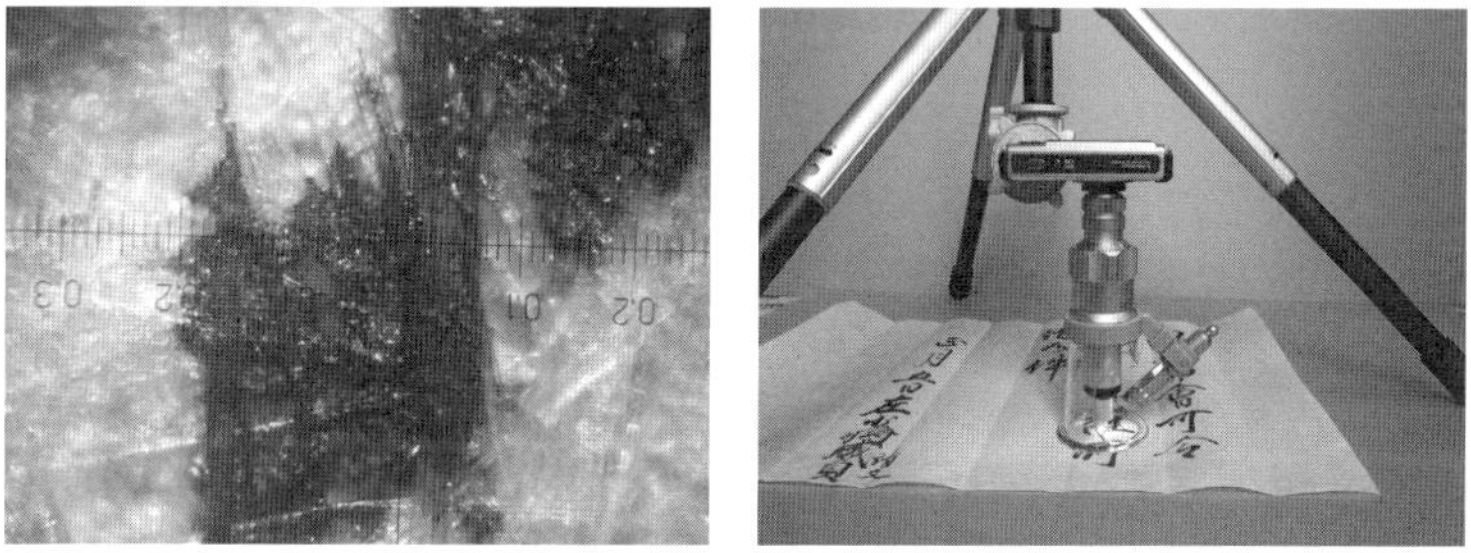

図３　③繊維写真
マイクロスタンドとデジタルカメラの組合せ。

大のズーム機能を使って、拡大しながら黒い部分を除いて画面を全体に入れて撮影する。ピントがずれている場合には、スコープを押さえて再度ピントを合わせて繊維撮影をする。撮影後は画面ですぐに確認し、必要であれば再度撮影をやり直す。

　このようにデジタルカメラ撮影は、撮影資料がすぐに確認でき、再撮影も可能である。そのため、練習を何度も行うことができる。

　実際の繊維撮影方法については、図３を参照いただきたい。

【コラム】専用機器による分析方法

渡辺　滋

本書では、紙の性質を解明する様々な方法を説明している。このほかにも、専用機器を用いて行う分析方法が、いくつか存在している。ここで主なものを紹介しておこう。

①放射性炭素年代測定法

放射性炭素年代測定法は、炭素を含む物体の成立年代を測定する分析法である。一九四〇年代末に開発された初期の方式では、分析に必要な試料量が多いという難点があり、人文科学系の分野では考古遺物の年代測定に用いられるに止まっていた。ところが一九七〇年代後半に加速器質量分析法（Accelerator Mass Spectrometry, AMSと略称）が登場したことにより、必要な試料量が〇・〇〇一gまで低下し、現実問題として、多量の試料採取が難しい歴史的な紙資料の分析にも応用できるようになった。

具体的な分析方法は、まず少量の紙片を採取し超音波洗浄する。そして、薬液を用いた漂白によって、繊維間の不純物（リグニン・ヘミルロース・β－ヘミルロース・γ－ヘミルロースなど）を除去する。そのうえで各種の植物細胞のなかから最も安定した成分であるα－セルロースのみを抽出し、分析を始めることになる。

国内では、名古屋大学年代測定総合研究センターが関連研究に先鞭をつけた。各種の古典籍・古文書・古筆切など多様な歴史資料に関する年代測定が行われ、奥書などから正確な成立年代が確認できる史料に関する分析結果も併用しつつ、測定精度を向上させ続けているのが現状である。

非破壊による調査ではない点、考慮が必要とはいえ、今後、より多くの紙資料の分析成果を蓄積していくことで、多様な研究の展開が予想される。分析成果を有効に活用していくことが望まれよう。

参考文献

小田寛貴　二〇〇七「加速器質量分析法による歴史時代資料の^{14}C年代測定―和紙資料の測定を中心に―」『国立歴史民俗博物館研究報告』一三七

池田和臣・小田寛貴　二〇一〇「続 古筆切の年代測定―加速器質量分析法による炭素一四年代測定―」『紀要　言語・文学・文化』（中央大学）一〇五

②「近赤外線分光分析装置」を利用した組成分析法

近年、注目を集めているのが、「近赤外線分光分析装置」を利用した組成分析法（Near Infrared Tool for Collection Surveying. SurveNIR と略称）である。これはヨーロッパ各国の図書館・文書館・保存関係機関が連携して開発したシステムで、完全な非破壊方式で、携帯可能な重量（一〇kg以下）の機器を利用することにより、感覚に頼らない客観的なデータを、短時間で収集することが可能な点に特徴がある。

具体的にはこのシステムを組み込んだ機器から、対象とする紙資料に近赤外線を数秒間照射することにより、繊維組成やリグニン・ゼラチンなどの含有量など各種物質の含有量、あるいはpH（potential Hydrogen）・強度などに関するデータを、数値化して収集することが可能となる。また同様のシステムを導入した所蔵機関の間では、事前に決められた統一フォーマットによる収集データの共有・相互参照も想定されている。

このシステムは、一八世紀以降のヨーロッパで作成された紙資料をもとに形成されているので、そのままでは日本前近代の和紙資料の分析に適応できない。しかし、各種の機関が連携を取り、これをベースに同種のシステムを構築することは、急務であると思われる。

参考文献

佐竹尚子「SurveNIR を用いた紙資料非破壊分析と蔵書の状態調査の可能性」(http://www.hozon.co.jp/report/satake/satake-no001-nir.html)

付録

用語辞典

藍染め（あいぞめ）　タデ科の蓼藍《たであい》（一年草）から採った染料で染める方法。原料繊維を先に染めてから漉く近代以降の染色法と異なり、この段階では水に溶けにくい雁皮《がんぴ》などを混ぜた成紙を、藍の染料液に浸漬《しんせき》して乾す作業を数回繰り返して藍色にしていた。

【参考文献】宍倉佐敏『和紙の歴史 製法と原材料の変遷』（印刷朝陽会、二〇〇六年）

厚み（あつみ）　紙の基礎性質の一つで、㎜単位で表す。厚みと重さ（坪量＝一㎡の重量グラム）によって密度が計測され、これらの数値によって、その紙の性質が判定できる。厚さ測定器（マイクロメーター）がない時代は、紙を触感で評価していた。現代的な数値の判定に置き換えると、およそ〇・一五㎜前後より厚い紙を厚紙と判断していたと考えられる。高野山（和歌山県）に残る中世の文献資料にみられる「厚紙」とは、檀紙《だんし》のことと推定される。

【参考文献】坪量に関しては、山本信吉・宍倉佐敏『高野山正智院伝来資料による中世和紙の調査研究』（特種製紙、二〇〇四年）

麻（あさ）　皮繊維の一種。かつて中国では、大麻《たいま》や苧《ちょ》麻《ま》が紙の原料に使われていた。麻の繊維は長いので、紙の原料とするには切断する必要がある。また切断しても、漉きっぱなしの麻紙《まし》の表面は粗く、書写適性が低い。そのため、打紙《うちがみ》をすることで表面を平らにして、書写適性を向上させる必要があった。

このように麻紙を漉く際は、繊維の切断・叩打《こうだ》や、成紙後の打紙などの重労働が求められるため、平安時代ごろからは楮《こうぞ》の紙に代えられたようである。現在では、太く折れ曲がりの多い苧麻は、水彩絵の具がのりやすいためか、日本画用紙などの特殊な紙に使われている程度である。

打紙（うちがみ）　表面加工の一つ。筆の筆運びがよくなるように、紙の表面を木槌などで叩《たた》いて平滑にしていた紙と、その作業のこと。

「溜め漉き」法によって漉いた紙は、製紙の過程で漉き簀《す》を揺すらないので、水中で繊維の凝集《ぎょうしゅう》が起こりやすい。

その結果、出来上がった紙は表面が平らになりにくく、凸凹が目立ってしまうので、打紙加工が施された。

史料上は、奈良時代の正倉院文書のなかに多数の用例が確認され、「打紙所」(「天平勝宝三年四月五日 写書所解」『大日本古文書』編年三—四九五)の存在もみえる。

打紙の工程は以下のとおりである。①生紙《きし》(表面加工を行っていない紙)を、水や濃度が薄めのニレ液・膠液《にかわ》に浸して膨らませ、繊維の絡みを緩め柔軟にする。②その表面を木槌などで均一に叩く。③その結果、紙は乾燥すると同時に繊維間が締まり、表面は平滑になり光沢が生まれ、書写適性が改善される。

打紙加工は、「溜め漉き」法でつくられた奈良・平安時代の紙や、中世の「半流し漉き」法で製紙した紙(裏面は溜め漉き法で漉かれた紙と同様の特徴を有する)を二次利用する際にも行われた。

ただし、奈良時代の正倉院文書の場合ですら、かならずしもすべての事例で打紙加工がなされている訳ではない。

表面加工の有無・種類などは、奈良時代の段階ですら、料紙の用途などによって、はっきりと区別された可能性が高い。

打紙は近世になっても行われ、そうした表面加工を経た紙を、貴族や僧侶・上級の武士・大商人などが使っていた。たとえば享保一一年(一七二六)成立の『万宝智恵袋』(三芳梅庵著)のなかに打紙加工をしている絵があり、当時の作業を確認することができる。この時期に打紙された紙の実例は、国立歴史民俗博物館所蔵の高松宮家伝来禁裏本のなかに、数多くみることができる。

【参考文献】大柳久栄「打紙の再現をめざして」(『和紙文化研究』七、一九九九年)・同「打紙再考」(『和紙文化研究』一三、二〇〇五年)

裏打紙(うらうちがみ) 日本画や書写された布や紙などを補強するために、料紙の裏に張った紙。一般に表装した掛軸などは肌裏打・増裏打・総裏打などがされている。裏打紙には中性か弱アルカリ性の紙が使われるので、絵画や書の酸化を防ぐ効果があり、文化財保護に大切な役割を果たしている。

瑩紙(えいし) 平らな石・動物の牙・貝殻などの固いもので紙の表面を磨き、平滑にして文字などを書きやすくした紙のこと。

史料上、奈良時代の段階から「瑩生壱拾陸人〈々別瑩紙十張〉」（「天平勝宝三年 写書所解」『大日本古文書』編年三―五〇五）などとしてみえる。

紙の表面を硬いもので磨いて平滑性を高めたとしても、その程度の加工では、いくらかの墨のにじみが生じるはずである。

大型紙（おおがたし）　平安時代の『延喜式《えんぎしき》』には、縦一尺二寸×横二尺二寸（三六×六七cm）の紙をつくるように、と規定されている。現在、大型紙の多くは檀紙《だんし》とされるが、以降も四〇×六〇cm以上の大きさの紙を大型な紙と認識していたようである。

古くからよい紙の条件として、白さ・厚さ・大きさが求められた。社会的地位の高い人々（貴族や上級僧侶など）には、とくに大型紙が好まれた。

オニシバリ（おにしばり）　奈良時代から平安時代にかけての時期に、紙を漉く際に用いられた繊維。雁皮紙《がんぴし》と似ていて、透明感がなく、表面の美しい紙。繊維は三椏《みつまた》と類似しているが、三椏より細く、紙の表面は平滑で白く上品な印象がある。近年までこの紙は「雁皮紙」といわれてきた。

しかし筆者の調査の結果、雁皮紙とは別のもので、ジンチョウゲ科植物であり、夏に落葉するナツボウズ（たとえば修善寺地方では鳥子草《とりこぐさ》と称する）と呼ばれる靭皮《じんぴ》植物の繊維と判明した。これは幻の和紙原料といわれ、中世以降の料紙には稀にしかみることがない。オニシバリは、天然に成育して成長が遅く自然環境が限定され、樹皮部には付着異物が多く、これが紙に混入してチリが多い紙となりやすい、などの欠点があるので、中世以降の料紙に使われなくなったのだろう。

【参考文献】宍倉佐敏「科学の眼で見た奈良朝古写経料紙」（『水茎』二八、二〇〇〇年）

重さ（おもさ）　紙の基礎性質の一つで、和紙の場合は匁《もんめ》（単位）で表す。ただし和紙の大きさに、全国一律の基準はなく、現代でも漉き手個人や地方（生産地ごと）による枠の大きさで重さもまちまちなので、数値に曖昧な点が多い。こうしたことが、現代和紙の工業的な大量生産を難しくする一因となっている。

柿渋（かきしぶ）　渋柿から搾り採った渋を醗酵させた液体。紙に塗布したり、紙を染めて、水に耐える紙（傘・合羽）や防虫になる蚊帳・掛け布団・油団の紙として使われた。

攪拌（かくはん）　漉き槽内の水中に投入された原料繊維を、棒や馬鍬《まぐわ》と呼ばれる道具で「分散」するまでかき混ぜる作業。繊維を一本一本に分散することが理想だが、重労働なため手抜きもある（明治時代以降は自動攪拌機が使われた）。攪拌が不充分だと、蒸煮《じょうしゃ》・洗滌《せんじょう》された繊維の束や凝集《ぎょうしゅう》した繊維の塊（結束繊維）が生じ、紙に厚薄ができてしまう。その結果、つくられた紙は墨で文字が書きにくく、障子紙などの場合は醜い紙となる。

【参考文献】利用者の社会的地位と、紙質の相関関係に関しては、宍倉佐敏「紙漉の技術にみる中世の古文書」（『金沢文庫研究』三一三、二〇〇四年）

紙の品質（かみのひんしつ）　白く、チリがなく、地合《じあい》がよいなどの特徴を持つのが、一般的な「良質紙」である。これに加えて、大きくて厚みがあり、繊維の方向が均一で表面が平らな紙を「高級紙」と称することとする。「上紙九百張直〈張別二文〉」（「天平宝字六年造石山院所解」『大日本古文書』編年五―三二九）など、奈良時代の史料に記された「上紙」も、同質の紙を指した表現だろう。

「高級紙」に対して、紙を漉く明確な目的や姿勢が感じられない紙を粗紙《そし》という。具体的には、チリが多く、赤茶色で薄く、地合構成が悪く、表面が粗いなどの欠点が目立つ紙のこと。小型の紙が多い（技術の低い漉き工は、小型の漉き枠で、薄い紙をつくる傾向がある）。現在の手漉き和紙生産でも、紙に関する経験が豊富で視野も広い人が、大型で厚い高級紙を漉くことが多い。

史料上、「白麁紙」（「某年疏紙充装潢帳」『大日本古文書』編年九―二七一）などとみえるものが、粗紙にあたる。一見、白く、チリが少なく、繊維の流れも均一にみえる打紙《うちがみ》であるが、紙を透かしてみると、地合が悪い点に気づくことがある。これは漉き工の技術が劣っていた可能性が高い。

萱簀跡（かやすあと）　紙をつくる道具の一つ。萱《かや》の穂の付いた先端茎部を竹ヒゴでつないで長くし、それを絹糸などで編んだ簀。竹簀《たけす》同様に紙料液を漉して紙層をつくるが、ヒゴが太く軽いので大型の厚い紙がつくられる。紙に簀跡が残りやすく、表面が平らになりにくい欠点もあるが、竹簀に比べて簀と簀の間が広いので、繊維は簀の間に多く集まり厚くなり、簀の上は繊維が少ないので、厚薄が生まれソフト感があり、木版印刷に適している。近世の浮世絵版画などには、簀跡が多い柾奉書が好んで使われた。

萱の穂先の茎部は、上部と下部では太さが異なる。そこで、細い穂先同士と太い同士を交互に竹ヒゴでつないで長くして、漉き簀に編む。しかし、すべてを同一の太さの萱でつくるのはむずかしいので、簀跡に太さの違いが生じることは避けられない。

また簀跡により、使われた簀の材質を知ることができる。三cm内に何本の簀跡がみえるかが目安になる。

雁皮（がんぴ）　ジンチョウゲ科植物の樹皮から採れる繊維。日本には一五種ほどの雁皮が生育しているが、九州地方に多いアオガンピ属と、北陸・東海以西にあるガンピ属に大別される。これらは、奈良時代の段階から、和紙の原料として使用されている。

アオガンピは東南アジア・オーストラリア・ハワイ諸島などにも産し、現在はフィリピンなどから和紙原料として輸入されているものもある。繊維形態は円筒形で三椏《みつまた》に類似して、紙の表面は美しいが雁皮特有のチャリツキ感（紙の鳴り）が乏しく、国内では紙への利用はほとんどみられない。

ガンピは、現在、本州東北部を除いた地域（多くは温泉地に近い場所）にしか自生しない。このことを疑問に感じ、調査・研究した結果、ガンピは地熱がある地域に生育しやすいことが判明した（たとえば、地熱の低い富士山周辺には生息しない）。このように成育条件が厳しいので、栽培はほとんど行われず、天然自生のものを採取せざるを得ないため、供給量が少ない。

繊維の形態は偏平で薄く、粘質性のヘミセルロース成分が多いので、透明性が高い。水のなかに入れると、紙料液の粘度を高め、簀からの水漏れを遅くして地合のよい紙ができる。紙にすると、緊度が高く、光沢があり、美しい紙肌の強い紙ができる。その特性から、仮名文字が書きやすいので、平安時代の女流詩人などに愛用された。

【参考文献】宍倉佐敏『和紙の歴史 製法と原材料の変遷』（印

刷朝陽会、二〇〇六年）

黄檗（キハダ）染め（きはだぞめ）　黄檗はミカン科の落葉高木。その樹皮から抽出した黄色の染色剤は防虫性が高いとされ、紙に塗布された。しかし、黄檗の残留物はＣ染色液で紫色に反応するので澱粉《でんぷん》質に近く、紙を喰う虫にはむしろ好まれた可能性がある。

黄檗染めされた紙の多くが仏典であることを考えると、灯りの少ない場所で文字を読むには、表面が鮮やかな黄色となる黄檗（植物染料のなかでも数少ない塩基性染料）を塗布すると、黒い墨の組み合わせによって文字がみえやすかった可能性があると推測される。黄檗染めしたものには麻紙《まし》や楮紙《ちょし》などがある。

【参考文献】河田貞「和紙文化と仏教」『別冊太陽四〇　和紙』（一九八二年）・宍倉佐敏「科学の眼で見た奈良朝古写経料紙」（『水茎』二八、二〇〇〇年）

桑（くわ）　和紙の原料となるクワ科植物の繊維の一つ。楮《こうぞ》・三椏《みつまた》などの代表的な和紙原料の補助原料として古くから使われた。日本では奈良時代の『百万塔陀羅尼』などにみられる。

【参考文献】中島今吉『最新和紙手漉法』（丸善、一九四六年）

結束繊維（けっそくせんい）　叩打《こうだ》された原料繊維が、漉き槽内で充分に攪拌《かくはん》・分散されなかった結果、単繊維化しないまま繊維の塊として紙のなかに混ざり込んでしまったもの。植物が正常に成育せずに、虫害・キズ・雑菌などの障害にあった繊維は、これら外敵に対し何らかの抵抗物質を生じる。この外敵物の侵入を防ぐ際に生じる物質によって、樹皮には未蒸煮《みじょうしゃ》部分ができ、繊維の塊ができやすくなる。

楮（こうぞ）　各種の和紙原料のうちで、最も重要な植物。現代和紙生産の原料の九割以上を占めている。楮の樹皮繊維は苧麻《ちょま》に次いで長く、平均七～九㎜の長さである（種類によって異なる）。繊維幅は二種が混合しており、春から夏にかけて成長した繊維は円筒形で長くなり、秋に成長した繊維は偏平で薄く半透明になる。この二種の繊維は、気候・生育環境などにより、配合率が異なるので、各種の性質を持った楮が生まれ、その種類は多数ある。

楮とは①ヒメコウゾ・②カジノキ・③コウゾの総称。厳密にはこの三種の植物は異種である。ただし、三種の判別は容易でないので、通常はすべてを「楮」と表現する。

①ヒメコウゾは日本在来の植物で、雌雄同株で灌木状に成長する。②カジノキは東南アジア原産で、照葉樹林文化の渡来時にサトイモや茶などとともに渡来したと考えられる。雌雄異株で喬木《きょうぼく》状に成長し、雌花は成長すると赤く熟し食用にされた。③コウゾはクワ科に属する植物で、時代・地方によりさまざまな呼称がある（カジ・カジノキ・カミノキ・ヤコソ・コウゾウ・カゾノキ・カゾ・カズ・カゴ・カミソなど）。同じクワ科の①ヒメコウゾと②カジノキの二種が自然交配して、二種のどちらかに似た種類が生まれたものである。

このような理由から、コウゾは複雑な特徴を帯びた植物となり、また各地方特有の紙原料となった。なお、①ヒメコウゾ系の楮（那須楮など）は偏平な繊維が多く、平均繊維長七㎜前後で、紙の表面は平らになりやすく、緻密で明るく、書写材や障子・襖など見栄えのよい紙となる。一方、②カジノキ系は繊維が長く（平均九㎜）、円筒形で太いので、漉きにくい欠点はあるが、強靭で粘り強い紙をつくることができるので、紙衣・傘紙・壁紙・座布団・凧紙などに適している。

叩打（こうだ）　蒸煮《じょうしゃ》しただけの植物繊維は単繊維に分離せず、弱い結合力で結束している。この結束を解くため、木棒・木槌などで原料繊維を叩《たた》いて結合力を弱め、繊維分散を容易にすること（地域によっては、この作業を「打解」と呼ぶ）。「溜め漉き」の製法で切断した繊維を叩打《こうだ》するのに、繊維のフィブリル化（枝状化）を促進して粘性を高める目的もある。洋紙の場合は叩解《こうかい》ともいう。

鉱物（こうぶつ）　薄い紙は透明性が高く、表面に書写した文字などが裏から透けてみえてしまうため、これを防ぐ方法として、紙のなかに漉き混む白土・石灰・滑石などの鉱物が使われた。通常は紙料液に米粉・米糊などを混入させるが、こうした鉱物も利用された。

高野紙（こうやがみ）　高野山（和歌山県）の麓で漉いた楮《こうぞ》の紙。厚くて強いが、チリ取りや繊維分散がほかの紙より劣る。自家製の萱簀《かやす》が使われているので萱簀跡が強く残っていて、その編み糸の幅は六cm前後と広い。湿紙を圧縮しないで自然脱水し、乾燥板に刷毛などで張り付けないので、紙は柔らかく、ふっくらしているという特徴がある。

極薄紙（ごくうすがみ）　具体的には現代のティッシュペーパー程度より薄い紙で、主に楮《こうぞ》を原料とする吉野紙や典具帖《てんぐじょう》などのこと。平安時代に「薄葉《うすよう》」と呼ばれた薄い紙も同様で、これらは雁皮《がんぴ》でつくられている。

典具帖は、「カゲロウの羽」と呼ばれるほど薄い紙で、これを漉くには高度な流し漉きの技術が必要とされる。現在、こうした紙を漉ける技術者はもはや少なく、通常は機械で抄紙されている。用途としては、漆濾し紙・宝石や貴重品の包装・絵画の修復や表装の裏打などがある。

胡粉（ごふん）　貝殻を焼いて粉にしたものに、膠《にかわ》などを混ぜて、紙の表面に塗布したもの。これを塗布することで、紙の白色度が向上する。主に、絵画を描くための紙に使われた。古代の紙で胡粉を塗布した実例としては、いわゆる「大聖武《おおじょうむ》」があげられる。扁平なマユミで漉いた紙を打紙《うちがみ》し、さらに胡粉を塗布して筆記性を一層改善した最高級の紙である。

【参考文献】宍倉佐敏「科学の眼で見た奈良朝古写経料紙」（『水茎』二八、二〇〇〇年）

米粉（こめこ）　玄米を臼で碾《ひ》き、粉にしたもの。紙を漉く際、米粉を混入させることで、墨のにじみの遅延や、白色度・不透明性の向上などの効果が期待された。また米は紙より安価であったため、重量で取引される紙の性格を反映して、増量剤としても使用されたとも考えられる。

これを紙料液に入れ、繊維とともに漉く製法がいつごろから行われたかは定かでないが、古代の紙にも米粉を混入した事例をみることがある。

紙漉の際に米粉を混入させる技法自体は、早い段階からみられる。しかし、こうした製法の一般化は、おそらく「流し漉き法」の発展と関係している可能性が高い。流し漉き法で漉いた紙は、繊維の流れが一方向で、紙は薄く透明になりやすいので、米粉を加えて不透明性を増し、文字（墨）の裏うつりを防止する必要が認識されたからである。とくに流し漉き法が盛んに行われた近世の紙に、米粉の混入している事例が多くみられるのも、そのためと考えられる。

米糊（こめのり）　米でつくられた糊のこと。紙繊維間に米糊が存在することは、採取した紙の繊維に試薬を加えた上で、顕微鏡で観察する際、澱粉《でんぷん》反応が生じることによって確認できる。しかし米粉の場合と異なり、米糊は一定の固形でなく、不定形に凝集している。一般に、澱粉反応液で赤みを帯びた青色に反応するので、アミロペクチンが多く含まれる糯米が使われていると思われる。米粉の場合とは異なり、カビなどで食べられなくなった餅などを粉砕して、紙漉の際に紙料液へ混入したものと考えられる。

サイズ（さいず）　表面加工をしてない紙などに、墨で文字を書くと生じる現象のこと。にじみとも。

再生紙（さいせいし）　書写し損ねた紙や、不必要になった書状・日記などの紙を再び水に溶解してつくり直した紙。日本では平安時代からはじまったと考えられる。史料上、「宿紙《しゅくし》」・「漉き返し紙」・「還魂紙《かんこんし》」などと表現される。故人の筆跡を記した料紙を再利用した事例では、魂の宿った紙として尊ばれる場合もあったようである。

酸化劣化（さんかれっか）　和紙を利用する際、その前処理として表面に膠《にかわ》のたぐいを塗布する場合が少なくない。装飾経の場合、全面に金・銀粉などを塗布するため、その紙繊維内部への沈降を防ぐ目的で、通常の和紙の場合よりも強めにドーサを引く。その結果、ドーサのなかに含まれる明礬《みょうばん》が、繊維の酸化劣化を進行させてしまう。酸化劣化は、料紙を著しく損なう危険がある。対応として、アルカリ性の液を塗布するなど、脱酸化処理を行うことが望まれる。

地合（じあい）　紙の繊維が全体に均一に分散している様子を表す言葉。現代の洋紙でも、とくに地合を重視し、新聞紙・コピー・印刷紙など地合のよい紙が多い。これは、和紙と比べて材料とする繊維が短く分散が容易であることのほかに、作業の過程で粘液性のある澱粉《でんぷん》液・樹脂液などを混入させた効果でもある。

一方、和紙に用いる楮《こうぞ》など長い繊維は、水中で沈みやすく、凝集《ぎょうしゅう》しやすいため、地合のよい紙をつくるのがむずかしい。

地合が悪いとは、「地合がよい」の反対語で、紙を透かした際、繊維の分散が不均一で、部分的に紙の厚薄がみえる状態を指す。地合が悪いと紙に凸凹ができ、毛筆などによる書写や、金属版などを用いた印刷に支障をきたす。

紙床（しと）簀《す》に付いた湿紙を外して重ね合わせたもの。ネリ剤の作用により、どれほど高く紙床をつくり、重石にかけて水をしぼり出しても、紙層が密着せず乾かす時には完全に一枚一枚を紙床から剝がすことができる。

抄紙法（しょうしほう）和紙の製法の一つ。紙料液を漉き簀《す》で汲み込み、簀の上に湿紙を形成することを「紙を漉く」と表現するが、外国における製紙過程ではふつう「抄紙」と称する。「漉く」とは、原料繊維を漉き槽に入れた以後から、湿紙を脱水するまでの広い範囲の作業のことで、漉き方だけの違いを解説するには抄紙法とする方がわかりやすい。

製紙における抄紙法は、手漉きと機械抄紙の違いだけでなく、生産国・地方によっても異なる。さらに手漉きでは個人ごとに違うので詳細に解説できない。ただし、和紙には歴史的に三つに大別できる抄紙法（溜め漉き法・半流し漉き法・流し漉き法）がある。

簀跡（すあと）紙を漉いた時に使われた道具（萱簀・竹簀・紗・金網）で生まれる漉き模様。萱や竹ヒゴを編んだ絹糸の模様もある。簀跡を観察することで、簀の材質や太さのほか、編み糸の幅や糸の太さなどを手懸かりに、漉かれた時代・地方・漉き方・原料などまで推定することもできる。

紙を漉く時に、簀は横向きにして使い、紙料液は簀に対して直角に流す。すると繊維は流れと同一方向に動き、縦の方向に長い繊維が並び、縦方向に強い紙ができる。こうしてできた強度の高い方向の紙を、横向きに冊子にすると、強く耐久性の高い冊子ができる。

墨の沈み（すみのしずみ）書写した当初、墨は紙の繊維の上にあるが、長い年月の間に空気中の水分を吸収して墨の粘度が低下すると、表面の繊維から離れ、親水性の繊維が多い（＝表面加工の影響が少ない）内部に移動する。この結果、表面の繊維に付着した墨は減少して、繊維のなかに沈んでみえる（表面の墨がかすれて失われたわけではない）。

この現象を確認できるのは、古い時代の書写料紙を多く観察した人だけであって、正確な判定は難しい。そのため多くの関係分野の研究者による調査が必要だろう。

【参考文献】増田晴美編『百万塔陀羅尼の研究―静嘉堂文庫所蔵本を中心に―』（汲古書院、二〇〇七年）

墨ののり（すみののり）　書写した墨が、紙の繊維の上にしっかりとのっている（定着している）状態の料紙のこと。膠《にかわ》液を使って打紙《うちがみ》した紙や、適度なドーサ処理がされた紙では、とくに墨ののりがよい。

切断（せつだん）　平らな紙をつくるために、繊維を切断して短くする製紙の工程の一つ。

かつての「溜め漉き法」の場合、麻《あさ》や楮《こうぞ》（繊維が長い）を原料とする紙では、そのままだと繊維が凝集《ぎょうしゅう》し、表面に凸凹が大きくできてしまう。そこで、繊維を切断し短くする必要があった。

一方、紙料液にネリ剤を混入させた上で漉き枠を揺する新たな製紙法（「流し漉き法」）が開発されると、楮の繊維を切断する必要はなくなった。楮の繊維が切断されているか否かを観察することが、その紙の漉き方を判定する際、重要な指標となるのは、こうした違いのためである。

【参考文献】宍倉佐敏「奈良時代の料紙とその再現について」（『和紙文化研究』一二、二〇〇四年）

繊維（せんい）　紙の主要な構成要素。和紙の原料となる植物繊維は、最も長い苧麻《ちょま》が平均一五〇㎜、短いワラは平均〇・八㎜、楮《こうぞ》は平均七～九㎜、三椏《みつまた》・雁皮《がんぴ》は平均四㎜前後である。和紙の関係者は三椏・雁皮を原料繊維の長さの標準とするのに対し、洋紙の関係者は三㎜平均の針葉樹パルプを基準とすることが多い。

繊維間の詰まり（せんいかんのつまり）　書写適性のよくない紙に、実際の利用前に、書写適性を向上させるために行われること。繊維間を詰まらせる具体的な方法としては、打紙《うちがみ》・瑩紙《えいし》などの表面加工を施し繊維間を締める方法や、澱粉《でんぷん》・胡粉《ごふん》・雲母《きら》などの物体を表面に塗布する方法などがある。

紙の原料となる繊維には、形態によって繊維間が密着しないものもある。その代表が楮《こうぞ》や三椏《みつまた》などである。ただし三椏は繊維が細いので、紙の表面は平滑となり書写適性もよい。一方、楮は繊維が太いので表面が粗く繊維空間ができてしまう。こうした繊維に繊維間を詰めることが行われた。

印刷適性が重視される洋紙の場合、繊維間が詰まっていることが重要視される。そこで、植物繊維の形態が変形するまで切断や叩解（リファイニング）したり、数本の鉄ロールの間をとおしたり、紙の表面に鉱物の粉末を塗布するなど、多くの製法が行われている。

繊維空間（せんいくうかん）　和紙は長さ平均〇・八㎜、幅一〇㎛のワラから、長さ平均七～九㎜、幅三〇～三五㎛の楮《こうぞ》まで、多種類の形態をした植物繊維同士の間隔のこと。

これらの繊維は、長さだけでなく、繊維の形態も円筒形や偏平など異なっているので、それから作成した紙もさまざまな性質を示す。

たとえば雁皮《がんぴ》やワラのように偏平な繊維は、繊維と繊維の間の接着力が強いので、空間はできにくく紙は硬くなる。一方、円筒形の繊維の多い楮や三椏《みつまた》は、繊維間の接着力が弱くなるので、繊維と繊維の間が大きくなり、柔らかくソフト感のある紙ができる。

繊維の方向性（せんいのほうこうせい）　水中に分散した繊維は水の流れとともに移動するので、「流し漉き」の繊維は簀《す》の上で水の流れと同じ方向に並ぶ。一方、紙料液を多量に汲み込んで簀桁《すけた》を動かさない「溜め漉き」は、水の流れが生じず、繊維も移動が少ない。そのため、成紙後の表面を観察しても、紙漉の際に繊維の動いた形跡は確認できない。

ワラや竹繊維のように細くて短い繊維を原料として紙を漉いた場合、紙の繊維の方向はわかりにくい。しかし、麻《あさ》や楮《こうぞ》のように太く長い繊維は、漉く時の紙料液の流れに添って繊維も動いているので、繊維の方向が判断しやすい。また、その方向をみることで、紙の漉き方も判断できる。

また漉き槽内の紙料液を汲み込んで、大きく流さずに細かく揺すって紙層をつくった溜め漉きの紙を「繊維の流れが少ない」という。紙料液を流していないので、繊維は方向性がなく、厚み方向に動くので、厚くて柔らかい感触の紙になる。

繊維分散（せんいぶんさん）　叩打《こうだ》された原料繊維を漉き槽に入れ、棒や馬鍬《まぐわ》で分散して単繊維化すること。繊維分散の作業が充分されると、繊維一本一本は独立するので、水やネリ剤などに馴染み、地合《じあい》のよい綺麗な紙ができる。分散が悪いと、数本の繊維が絡み合ったり固着したりするので、凸凹のある地合のよくない粗い紙になる。

洗滌（アク抜き）（せんじょう）　製紙工程の一部で、「長功日。煮穀皮三斤五両。択一斤十両。截三斤五両。舂十三両。成紙一百九十六張」（『延喜式』図書寮式）とみえる作業のうち、「択《たく》」に相当する。具体的には、アルカリ性の液で蒸煮《じょうしゃ》した原料繊維を、籠や布袋に入れ、流れのある清水に放置し、繊維に残留した蒸煮液剤や繊維以外の不純物を流出する作業のことである。この作業が不充分だと、蒸煮液剤が繊維内部に残り、後年の変色の原因になる。

ソフト感（そふとかん）　紙の状態を表す表現の一つ。洋紙は、植物繊維を機械で叩《たた》いて、繊維間が緊密になるよう製造してあるので、硬くて冷たい印象を与える。一方、和紙は、植物繊維の性質や形態をそのまま表現した紙であるから、柔らかく、温かく、指先で表面を擦ると壊れそうな感覚がある。このことを、「ソフト感」と表現する。

竹（たけ）　中国で九〜一〇世紀ごろに紙の原料として用いられた繊維。北宋期以後に一般化し、今日現存する竹紙もこのころより以後のものと思われる。南宋期になり品質が向上し、書が巧みな人はこれを喜んで使った。墨ののりがよく、墨色を発し、紙魚《しみ》が喰わないなどの優れた点が挙げられている。書物を印刷する場合にも多く用いられ、活字印刷術の発展にも多くの功績を残した。

中国産の竹紙は、若竹を伐採して、石灰の加えられた池などに数ヶ月浸漬《しんせき》して、レチングしたものを紙にする。豊富な竹原料に恵まれた中国で、最も代表的な紙といえる。

【参考文献】宍倉佐敏『和紙の歴史 製法と原材料の変遷』（印刷朝陽会、二〇〇六年）

竹簀跡（たけすあと）　紙をつくる道具によってできた漉き模様。竹を細く（直径〇・二〜〇・五㎜）丸く削ったヒゴを、絹糸などで編んだものを「竹簀」という。そのなかに、紙料液を漉き槽から汲み込み、紙料層を形成する。この時、紙料液の流れによって竹の間に多くの繊維が移動し、竹の上には少量の繊維が残る現象が生まれる。つまり、繊維の少ないところが道具の跡となって薄く、繊維の多いところが厚くなり、その厚薄の差が模様として残ったものが「竹簀跡」である。同じようにしてできた萱簀《かやす》や、絹紗で漉いた跡も、みえることがある。

溜め漉き（ためすき）　手漉き紙の製法の一つ。麻《あさ》類のような長い繊維を木槌などで叩《たた》いて粘性を持たせた後に、できるだけ短く切断して、紙漉き槽の水中に入れ、充分に分散する（紙料液の完成）。その後、紗を敷いた漉簀《すきす》に紙料液を汲み込み、漉き桁を揺すらず水をそこから自然に滴下させ、紗の上に紙層を形成する（これが湿紙となる）。そうしてできた湿紙を床板の布に伏せ、静かに紗から剝がす。この作業法が「溜め漉き」の基本である。

苧麻（ちょま）　中国やエジプトで、古代から栽培されていた重要な衣料用繊維。日本でも大麻《たいま》同様に古くから衣料に使われ、湿度が高い日本では夏の衣料の素材として重用された。苧麻は、単繊維の長さが平均一五〇㎜と楮《こうぞ》の一五〜二〇倍もあるので、紙にする際は三〜六㎜前後に切断した上で、その繊維を充分叩打《こうだ》して漉き、成紙後には表面を打紙《うちがみ》する必要があった。このように、製紙工程で手間がかかるという大きな欠点があるので、加工が簡単な楮になったと考えられる。

【参考文献】宍倉佐敏『和紙の歴史 製法と原材料の変遷』（印刷朝陽会、二〇〇六年）

チリ（ちり）　紙には、繊維以外の表皮・キズ跡・煮え斑・虫・ゴミなどの異物が混入している。これらを総称して「チリ」と呼ぶ。ただし、後加工に使われる膠《にかわ》・黄檗《きはだ》・雲母《きら》などはチリに含めない。白い紙の場合は、茶色に着色した繊維も「チリ」に含める。

チリ取り（ちりとり）　和紙作成の工程でチリを除去すること。重労働ではあるが、この工程を丁寧に行わないと良質紙はできない。このような異物はクワ樹皮に多い。

ドーサ処理（どーさしょり）　紙の表面加工の一種として、表面に膠《にかわ》を塗布し、墨のにじみを軽減する方法がある。その加工技法を基礎として、たとえば日本画のように鮮やかな色彩の顔料を使う場合、膠に明礬《みょうばん》を加えて紙の表面に塗布することがある。膠だけでは顔料が表面繊維の上に止まりにくく、明礬を加えることで、にじみを一段と防止できるからである。この方法を、「ドーサ処理」と呼ぶ。ただし、明礬には硫酸塩（酸性）が含まれているので、ドーサを多量に塗布したり、ドーサ作成時の明礬の割合が多すぎたりすると、紙は酸性化し、後年に酸化劣化が生じやすくなる。

流し漉き（ながしすき）　紙漉の製法の一つで、その手順は以下のとおりである。まず、漉き槽に叩打《こうだ》・洗滌《せんじょう》した原料繊維を入れ、充分に攪拌《かくはん》した後、ネリ剤を加えて再び攪拌して紙料液を完成させる。次に、簀《す》を挟んだ漉き枠で、最初は浅く少量の液を汲み込み、簀全体に繊維を行き渡らせる（これを「初水《うぶみず》」・「化粧水《けしょうみず》」と呼ぶ）。その後、深く多量に液を汲み込み、前後に大きく、場合によっては左右にも揺することを繰り返す（これを「調子《ちょうし》」と呼ぶ）。繊維層が適当な厚さになった時、枠内にある紙料液を流し出す（これを「捨て水」と呼ぶ）。この結果、繊維は上下方向に流れ、表面には異物の残らない紙ができる。漉き枠内は常に流れがあるので繊維に動きがあり、成紙後の繊維は一方向に流れている。この製法を「流し漉き」と呼ぶ。長い繊維（漉き枠を揺すらない「溜め漉き」では凝集《ぎょうしゅう》しやすい）を漉くのに適している。

膠（にかわ）　紙に施される表面加工の原料の一つ。乾燥した膠《にかわ》を温水に溶かした上で紙の表面に塗布すると、繊維のケバたちを防ぎ、紙の上で墨のにじみを抑える効果がある。膠を塗布することで墨のにじみが抑えられるのは、墨の膠と紙繊維とが接着しやすくなるからである。

膠には、動物の骨・皮・腸などを六〇℃位の湯で煮て、その液を冷やして乾燥させる獣ニカワと、同じようにして魚類から得られる魚ニカワとの二種がある。

六〇℃程で溶出した膠液は、温度の低下とともに液体粘度が高くなり、紙表面への塗布量は増加する。反対に高温で粘度が低い場合は膠の塗布量は少なく、墨のにじみは多くなる。以上のように、塗布された膠量が少ないと判断される場合、「弱い膠処理」と表現する。

乳白色紙（にゅうはくしょく） 白土や石灰などの鉱物的な白さでなく、植物繊維をアルカリ液で蒸煮《じょうしゃ》して、充分洗《せん》滌《じょう》してできるわずかに赤茶色をおびた白色紙のこと。ただし、乳白色紙かどうかは個人の判断による要素が強い。

ネリ剤（ねりざい） 植物繊維には、沈殿《ちんでん》性（水中で沈もうとする性質）と、凝集《ぎょうしゅう》性（水中で集まろうとする性質）がある。

日本特有の楮《こうぞ》など長い繊維からつくった和紙は、繊維の形態を変えることなく、繊維の持つ性質をそのまま紙に表現していることが、最大の特徴である。とくに長い繊維の紙には、この二つの性質が強く現れるので、それを抑制するには粘性の高い物質が必要とされる。粘性の高い物質を得る植物として、古代にはニレ・ビナンカズラが使われ、その後はトロロアオイ・ノリウツギなどが使われた。こうした製紙に用いられた植物をネリ剤という。

ネリ剤の利用によって、長い繊維からでも、地合《じあい》がよく表面の平滑な紙をつくることができるようになる。

白色度（はくしょくど） 酸化マグネシウムを一〇〇％として、その白さに対する割合を数値化した値。和紙の場合、概ね八〇％以上の紙を白色紙と呼ぶ。和紙は機械印刷に用いられる場合が少ないこともあり、洋紙ほど白さの基準が厳しくない。

半流し漉き（はんながしすき） 古代中国で発明された紙の製法は、「溜め漉き法」で、古代日本に伝えられた製法も、基本的にはこれと同じである。当時の実例は、正倉院文書として伝来する。

しかし「溜め漉き」法によって紙を漉く場合、その過程には重労働が多いので、当時の紙生産に携わる人々に敬遠された可能性が高い。そこで平安時代には、ネリ剤を使用する「流し漉き」がはじまり、紙の生産量は増加した。

ここで問題となったのは、「流し漉き」法で漉かれた紙は、繊維に流れがあり、繊維の配列は整然としているが、薄く固い紙となりやすい点である。当時の社会的に地位の高い人々は、「流し漉き」の紙（薄い・固い）より、従来の「溜め漉き」の紙（厚い・柔らかい）を求めた。そこで「流し漉き」の初水《うぶみず》（または化粧水《けしょうみず》）と呼ばれる繊維を流す方法に、「溜め漉き」の紙料液を止めて水を滴下する方法を併用した厚紙の製法が実行されたと考えられる。この二つの方法の利点を活用した技術は、当時の優秀な漉き工によって創出されたものだろう。

近年、私は中世和紙を調査・研究した結果、こうした製法でつくられた紙が多数存在することを発見し、この製法を「半流し漉き法」と名付けた。この製法でつくられた紙は、流れた繊維（初水）の面は平らで文字が書きやすいが、反対面は多少の凸凹がある。そのため平らな面（表）だけ利用された紙も現存する。ただし多くの場合、まず平らな面に書状・文書が書かれ、受取人が凸凹のある面（裏）を打紙《うちがみ》して、日記を記したり写経をしたりするのに二次利用している。

【参考文献】山本信吉・宍倉佐敏『高野山正智院伝来資料による中世和紙の調査研究』（特種製紙、二〇〇四年）

斐紙（ひし）　従来、「雁皮紙《がんぴし》」の古称とされてきた紙の一つ。ただし「斐」字は模様の美しさを意味する会意文字で、そこから「斐紙」とは滑らかで光沢があり、美しくて丈夫な紙を指すようになったと考えられる（「楮紙《ちょし》」などとは異なり、原料に由来する呼称ではない）。

古く奈良時代の正倉院文書のなかに「六巻鈔料斐紙〈嶋院者〉」（「天平一年八月一四日　能登忍人解」『大日本古文書』編年二―六七八）のように「斐紙」と記す史料があるので、このころには存在した呼称と確認できる。

表面が平らできめが細かいので、典雅な仮名文字を書きやすい特徴がある。平安時代に公家や僧侶などに珍重された打曇《うちぐも》（152頁）・飛雲紙《とびくもし》（口絵45頁）・羅文紙《らもんし》（口絵45頁）・墨流《すみながし》などの芸術性の高い紙や、鎌倉時代以降に愛用された鳥の子《とりのこ》紙も、斐紙の一種である。

注意が必要なのは、近年までの日本史研究者は「打紙《うちがみ》した楮紙」と「雁皮紙」とを混同した上で、そのいずれも「斐紙」と表現していた点である（両者は肉眼のみによる表面観察では、比較的似通った特徴を示す）。しかし、奈良期の史料上に現れる「斐紙」と、平安期以降の「雁皮紙」を、同一視すべきではない。「斐紙」が「雁皮紙」を指す事例があるとはいえ、従来、「雁皮紙」（＝斐紙）と分析されたこの時期の事例は、実際に観察してみると、打紙した楮紙という場合がほとんどである。実際に、奈良期の紙漉に雁皮繊維が用いられた事例は、少数ながら確認できる。ただし、古代における雁皮繊維を用いた紙のほとんどは、楮《こうぞ》との交ぜ漉きの事例である。

　こうした状況を念頭に置くと、奈良期の史料に現れる「斐紙」とは、後世にいう純粋な「雁皮紙」そのものを指している訳ではなくて、楮紙の打紙したものを指していた可能性が高いと考えるべきだろう。

【参考文献】宍倉佐敏「百万塔陀羅尼の包み紙調査」『百万塔陀羅尼の研究―静嘉堂文庫所蔵本を中心に―』（汲古書院、二〇〇七年）

非繊維細胞（ひせんいさいぼう）　植物は、繊維（セルロース）のほかに、リグニン・ペクチン・ヘミセルロースなどで構成されている。これを魚の場合に例えると、繊維は「骨」で約五割、リグニンやペクチンは「肉」で三割前後、ヘミセルロースは「筋」や「血管」で二割前後の割合で存在している。

　アルカリに比較的弱いリグニンは、木灰や石灰などのアルカリ液の作用で水に溶解しやすくなる。一方、ヘミセルロースは多種類が混合していて、繊維やリグニンに絡み合って水に溶解しにくい種類や、繊維に定着して紙の繊維接着に貢献している種類などもある。

　蒸煮《じょうしゃ》を完了した原料繊維は、叩打《こうだ》することで繊維と繊維以外の物質を分離して、その後、水で溶出する物質は洗《せん》滌《じょう》作業の過程で流れ出る。ただし、蒸煮・叩打・洗滌の不足などが原因で、繊維の周りに付着した繊維以外の物質が紙のなかに残ることがある。これらの物質を「非繊維細胞」と総称するが、その多くは蒸煮・洗滌不足に起因するリグニン物質である。

表面加工（ひょうめんかこう）　紙の繊維は「親水性」を持っているので、水を含んだ墨などで文字を書くためには、表面を「疎水性」に加工する必要がある。簡潔にいえば、「墨のにじみを抑制する」ということである。この疎水性に加工する作業を、「表面加工」という。

　紙には繊維空間があり、それを埋めてにじみを抑えるため、湿らせた状態の紙の表面を木槌などで叩《たた》いた「打紙《うちがみ》」や、紙の表面を石や牙などで磨いた「瑩紙《えいし》」などが作成された。この後、膠《にかわ》液を紙の表面に塗布し、さらに強いにじみ防止のためドーサを塗布した。

また、速い運筆で仮名文字を書写する紙や簡単な木版印刷をする紙の場合には、澱粉液などの塗布が行われる場合も生じた。

　このように表面を加工した紙を「熟紙《じゅくし》」（「某年六月八日大隅公足状」『大日本古文書』編年一六―五五五）と呼び、表面を加工していない紙を「素紙《そし》」と呼ぶ。

フケ（蒸れ）（ふけ）　湿紙を乾燥させると、紙の繊維は、湿紙時に比べ横方向に縮んだ状態になる。この紙を蔵など湿気の多い場所に長期間保管しておくと、湿気の多い時期（梅雨期など）に空気中の水分を紙が吸収して、繊維が再び膨潤する。ただちに水分を除去すれば問題ないが、繊維が膨潤したままの状態が長期間続くと、繊維内部に閉じ込められた水分が酸化して、繊維の最も柔らかい内側の部分から崩壊し、外側の部分だけ残り、紙はふやけた状態になる。こうして紙の繊維間結合力が低下すると、最終的に繊維は粉末状になり、紙は崩壊する。図書館など乾燥した場所で生じる一般的な酸化劣化に対し、このように湿度の高い場所で起きる酸化劣化を「フケ」という。

「流し漉き法」で漉かれた紙は、繊維の方向が一方向に並びやすいので、水分を吸収した際に繊維が横方向に大きく膨潤し、水分保持時間が長くなるとフケやすい。一方、「溜め漉き法」で漉かれた紙は繊維の方向性が少ないので、繊維は縦横に並び、膨潤が分散されるのでフケにくい。同様に、太く繊維壁が厚い楮《こうぞ》や針葉樹繊維は、一旦、膨潤してしまうと水分保持が長くなるのでフケやすい。

分散（ぶんさん）　繊維分散と同一のことだが、製紙工程で使われる「分散」という表現は、紙料液を簀《す》の上に汲み込む直前の紙料液内における繊維の流動状態や、最初の汲み込み（初水《うぶみず》）の繊維が簀の上に広がった状態も含む。

変色（へんしょく）　紙の変色には多くの種類があり、それぞれ原因は異なる。保管中に発生した水滴などによる汚れ、小動物の尿などによる汚れ、繊維の洗滌《せんじょう》不足により残留したアルカリ薬品の黄褐色化、膠《にかわ》などの変色、黄檗《きはだ》や紫草といった染色剤の変色（または色褪せ）などがある。

未蒸解繊維（みじょうかいせんい）　アルカリ性の液で蒸《じょう》煮《しゃ》した植物繊維の多くは、繊維の間に存在するリグニン物質が水に溶出しやすく変化している。しかし、植物の成育中に受けた虫害・キズ・雑菌などにより、部分的にアルカリに変化しにくい（＝煮えない）繊維ができると、叩打《こうだ》や分散作業を経ても単繊維化できていない結束繊維の生じる場合もある。通常、これらは「チリ取り」と呼ぶ作業で、「異物」として除去されるが、除去しにくい細かい植物繊維は残ってしまう。これを「未蒸解繊維」と呼ぶ。

三椏（みつまた） ジンチョウゲ科の植物。通説では室町時代後期に製紙用として使われはじめたとされる。実例によれば、中世前期の文書・書状には、三椏繊維を原料とする事例をみることができる。木灰や石灰のような弱いアルカリ液では煮えにくく、紙の色も赤茶色のため広範には普及しなかったが、白皮からの収率が高く、自然発芽した苗から栽培ができるなどという特性もあった。

繊維は円筒形で長さは四㎜前後で一五㎛と細く、紙に漉きやすく、表面が平らになるので書の練習用に最適とされた。とくに毛筆で文字が書きやすく、江戸など各地で発展した。

【参考文献】宍倉佐敏「紙漉の技術にみる中世の古文書」（『金沢文庫研究』三一三、二〇〇四年）

未分散繊維（みぶんさんせんい） 蒸煮《じょうしゃ》された植物繊維から、薬液を洗滌《せんじょう》した上で、「叩打《こうだ》」作業や、馬鍬《まぐわ》と呼ばれる道具を用いた「分散《ぶんさん》」作業が行われる。「叩打」や「分散」の作業は、繊維を一本一本に分離することを目的とする。しかし、叩打量の不足、馬鍬の揺すり不良などで単繊維化できずに、数本の繊維が連なった状態が生じる場合もある。「未蒸解繊維」が、主に自然（虫害・キズ・雑菌など）の影響で煮えない結果として生じた繊維結束であるのに対し、この「未分散繊維」とは、煮えてはいるが分散作業の不足から生じた繊維結束を指す。

蒸煮・洗滌・チリ取りの作業を済ませた繊維原料は、丁寧に分散して良質の紙を漉くことが求められる。しかし中世以後には、故意に充分な分散をしないで、未分散繊維を模様状にみせた紙もつくられていた。現代の大礼紙が、これと同じ製法である。ただし、芸術性を求めたのでなく、単に漉き工が充分な分散を怠った事例と考えてよい。

虫喰い（むしくい） 楮《こうぞ》で洗滌《せんじょう》の少ない紙（繊維の洗滌が

少ないと澱粉《でんぷん》質を含む非繊維細胞が残る）や、米粉や米糊などの澱粉質が混ぜ込まれた紙などによる虫害のこと。虫損の生じた事例の多くは、紙の管理状態に問題がある。たとえば湿気のある暗い場所に、包装などせず長期に渡り放置すると、シバンムシなどに喰われやすい。これを防ぐためには、風通しのよい明るい所に保管したり、時々風に当てたり、箱に入れ衣類の防虫剤などを側に置くのがよい。

レチング（レッティング）（れちんぐ）　醗酵精錬のこと。麻《あさ》類は、伐採後、清流に浸漬《しんせき》すると、表皮と茎部が剝離しやすくなり、長い麻糸の基ができる。同じように、木灰液などで蒸煮《じょうしゃ》した楮《こうぞ》を、三〜六ヶ月間、桶などに浸けておくと、楮繊維に付着していた不純物は醗酵菌によって消滅し、楮の純粋な繊維だけが残り、白色になる。中世ごろまでは、この方法で白色紙をつくっていたと考えられる。しかし、この製法でつくられた紙は強度が低下することに加え、醗酵に時間がかかるため生産効率が悪く、生産性を重視する近世までには行われなくなったようである。

なおこうした製法は日本独特のものではなく、たとえば中国では、水に石灰を加えた大きな槽に若竹を入れ、三〜六ヶ月放置してレチングした後、石灰液で煮て竹紙をつくっていた。また西洋では、コットンに水や腐敗した牛乳・人尿などをかけ、レチングして紙をつくっていた。

ワラ（わら）　紙の原料となる繊維の一つ。中国で千数百年前から生産が行われ、このころから紙の原料にされていたといわれている。日本でも奈良時代の『正倉院文書』に、「波和良紙《はわらし》」などとみえ、ワラ紙があったと推定できる。

【参考文献】宍倉佐敏『和紙の歴史 製法と原材料の変遷』（印刷朝陽会、二〇〇六年）

参考文献

E・スヨストローム　近藤民雄監訳　一九八三　『木材化学』講談社
NHKプロモーション　一九九七　『冷泉家の至宝展』
青木国夫ほか　一九七六　『紙漉大概』恒和出版
朝日新聞社編　一九七八　『週刊朝日百科　世界の植物』全一三冊　朝日新聞社
朝日新聞社編　一九八四　『樹の事典』朝日新聞社
朝日新聞社編　一九八六　『和紙事典』朝日新聞社
厚木勝基　一九三〇　『パルプ及紙』丸善
安部栄四郎　一九八〇　『紙漉き七十年』アロー・アート・ワークス
荒木豊三郎編著　一九七二　『日本古紙幣類鑑』増訂版　思文閣
飯島太千雄　一九九四　『王朝の紙』毎日新聞社
池田秀男　一九七四　『和紙年表』三茶書房
市川大門町教育委員会　一九九二　『肌吉紙のふるさと』市川大門町教育委員会
伊東秀三　一九九四　『島の植物誌』講談社選書メチエ
茨城県立歴史館　一九九七　『装飾料紙の世界』
上島　有　二〇〇〇　『中世の紙の分類とその名称』私家版
上山春平　一九六九　『照葉樹林文化』中公新書
臼田誠人　一九九一　『パルプおよび紙』文永堂出版
宇都宮貞子　一九八二　『植物と民俗』岩崎美術社
江幡　潤　一九八二　『色名の由来』東書選書
遠藤忠雄述・笹氣出版編　二〇〇三　『紙の手技』笹氣出版
大江礼三郎他編　一九八二　『製紙科学』中外産業調査会
大江礼三郎・臼田誠人翻訳　一九八四～八五　『紙及びパルプ』全四巻　中外産業調査会
大蔵省印刷局　一九七一　『大蔵省印刷局百年史』二　大蔵省印刷局
大柳久栄　一九九九　「打紙の再現をめざして」『和紙文化研究』七
大柳久栄　二〇〇五　「打紙再考」『和紙文化研究』一三
岡島三郎・右田伸彦　一九八九　『紙と天然繊維』大日本図書

小野蘭山　一八〇三（享和三）『本草綱目啓蒙』

加藤晴治　一九六六『折紙（技術編）』東京電機大学出版局

海部桃代　一九八九『ももよの和紙恋紀行』丸善出版サービスセンター

片倉健四朗　一九二六『三椏・楮の地理的分布』私家版

片倉信光　一九八八『白石和紙　紙布　紙衣』慶友社

神奈川県立金沢文庫　二〇〇四『金沢貞顕の手紙』

神奈川県立金沢文庫　二〇〇六『金沢文庫古文書の誘い』

紙の博物館編　一九八三『新撰紙鑑』

紙の博物館編　一九九四『海を渡った江戸の和紙』

紙の博物館編　二〇〇〇『紙の博物館収蔵品』

紙の博物館監修・町田誠之著　二〇〇九『回想の和紙』東京書籍

紙のはなし編集委員会編　一九八五『紙のはなし』Ⅰ・Ⅱ　技報堂出版

紙パルプ技術協会編　一九六四『紙パルプ事典』金原出版

紙パルプ技術協会編　一九六六『紙パルプの種類とその試験法』紙パルプ技術協会

紙パルプ技術協会編　一九六七『クラフトパルプ　非木材パルプ』紙パルプ技術協会

紙パルプ技術協会編　一九九六『クラフトパルプ』紙パルプ技術協会

紙パルプ技術協会編　一九九七『メカニカルパルプ』紙パルプ技術協会

紙パルプ資材調査会編　一九六一『亜硫酸パルプの製造法』紙パルプ資材調査会

神谷すみ子　一九九五『トイレットペーパーの話』静岡新聞社

木原芳次郎・中原彦之丞　一九四二『繊維植物』共立出版

京都国立博物館　二〇〇四『古写経』

工藤祐司　一九九三『方泉處』東洋鋳造貨幣研究所

国東治兵衛　一七九八（寛政一〇）『紙漉重宝記』青木國夫編『江戸科学古典叢書』五　恒和出版　一九七六

久米康生　一九七六『和紙の文化史』木耳社

久米康生　一九九〇『和紙文化誌』毎日コミニケーションズ

久米康生　一九九四『彩飾和紙譜』平凡社

久米康生　一九九五『和紙文化辞典』わがみ堂
久米康生　二〇〇〇「中世武家社会の紙」『和紙文化研究』八
久米康生　二〇〇一「近世町人社会の紙」『和紙文化研究』九
久米康生　二〇〇四『和紙の源流』岩波書店
久米康生　二〇〇五「書写材としての和紙」『和紙文化研究』一三
幸田圭一・朴承榮・松本雄二・飯塚堯介・飯山賢治　一九九九「イネワラのアルカリ蒸解過程における脱シリカと脱リグニン挙動との速度論的比較」『紙パ技協誌』五三―一一
「弘法大師空海と高野山の秘宝」展実行委員会編　二〇〇一『弘法大師空海と高野山の秘宝展』
国立史料館編　一九九三『江戸時代の紙幣』東京大学出版会
後藤清吉郎　一九六七『和紙のふるさと』美術出版社
小林嬌一　一九八六『紙の今昔』新潮選書
小宮英俊　一九九〇『おもしろい紙のはなし』日刊工業新聞社
小宮英俊　一九九二『紙の文化誌』丸善
小宮英俊　二〇〇一『トコトンやさしい「紙の本」』日刊工業新聞社
埼玉県製紙工業試験場編　一九八五『Ｔｈｅ紙』文房四宝　選び方使い方四　日易出版社
佐伯勝太郎　一九〇九「製紙原質論」『製紙講義録』二印刷局抄紙部講究会
佐伯勝太郎　一九三六『本邦製紙業管見』特種製紙
榊　莫山　一九八一『文房四宝　紙の話』角川書店
榊原　彰　一九八三『木材の秘密』ダイヤモンド社
佐野美術館　一九九〇『近衛家の名宝展』
沢村　守編　一九八三『美濃紙』同和製紙株式会社
滋賀県立安土城考古博物館　二〇〇〇『信長文書の世界』
宍倉佐敏　二〇〇〇「科学の目で見た奈良朝古写経料紙」『水茎』二八
宍倉佐敏　二〇〇四『製紙用植物繊維』特種製紙
宍倉佐敏　二〇〇四「紙漉の技術にみる中世の古文書」『金沢文庫研究』三一三
宍倉佐敏　二〇〇四「奈良時代の料紙とその再現について」『和紙文化研究』一二

宍倉佐敏　二〇〇六　『和紙の歴史 製法と原材料の変遷』印刷朝陽会
宍倉佐敏　二〇一〇　「国立歴史民俗博物館蔵古文書・古典籍料紙の調査」『国立歴史民俗博物館研究報告』一六〇
静岡県第五課　一八九七　『三椏栽培要録』静岡県紙業組合
静岡登呂博物館　一九七六　『「紙」生活の中の紙』
寿岳文章　一九四七　『平日抄』靖文堂
寿岳文章　一九六七　『日本の紙』吉川弘文館
寿岳文章　一九七六　『和紙落葉抄』湯川書房
正倉院事務所編　一九七〇　『正倉院の紙』日本経済新聞社
正倉院事務所編　二〇一〇　『正倉院紀要』三二
関　彪　一九三四　『支那製紙業』誠心堂
関　義城　一九五四　『古今和紙譜』木耳社
関　義城　一九七五　『古今紙漉』木耳社
関　義城　一九七六　『手漉紙史の研究』木耳社
繊維学会編　一九八九　『おもしろい繊維のはなし』日刊新聞社
銭　存訓　一九九〇　『中国科学技術史』第一冊「紙和印刷」科学出版社・上海古籍出版社
相馬太郎　一九九七　『紙の世界』講談社出版サービスセンター
曽我部静雄　一九五一　『紙幣発達史』印刷庁
ダート・ハンター　樋口郁夫訳　一九九二　『紙と共に生きて』図書出版社
醍醐寺霊宝館　二〇〇四　『和紙に観る日本文化』
太陽編集部　一九八二　『別冊太陽　和紙』平凡社
太陽編集部　二〇〇〇　『和紙のある暮らし』平凡社
高尾尚忠　一九九四　『紙の源流を訪ねて』室町書房
竹内淳子　一九九五　『草木布』Ⅰ・Ⅱ　法政大学出版局
竹田四郎　一九七六　『東海道宿場札図録』駿河古泉会
田中親美・水尾比呂志・寿岳文章　一九六六　『日本の工芸』四　紙　淡交新社
谷口乾岳他　一九八六　『灌頂歴名』高野山大学
田谷博吉　一九八九　「近世日本の紙幣―藩札発行状況―」『阪南論集社会科学編』二五―一～三
丹下哲夫　一九七八　『手漉き紙の出来るまで』私家版
手漉き和紙連合会　一九九二　『平成の紙譜』手漉き和

紙連合会
手漉き和紙連合会　一九九五『活路開拓・調査研究ビジョン報告書』手漉き和紙連合会
手漉き和紙連合会　一九九六『和紙の手帖』Ⅱ　手漉き和紙連合会
天来書院　二〇〇九『筆墨硯紙事典』天来書院
中川善教　一九四一『高野紙』便利堂
中島今吉　一九四六『最新和紙手漉法』丸善
中谷ネットワークス編　一九九六『土佐派の家』パートⅡ「技と恵」ダイヤモンド社
西本俊三　一九九八『手技の魂にふれて』日本繊維新聞社
日本色彩研究所編・福田邦夫著　一九八七『日本の伝統色』読売新聞社
日本習字　一九八九『和紙と書の紙』文實閣
日本綿業振興会監修　大野泰雄・広田益久編　一九八六『はじめての綿づくり』木魂社
日本林業技術協会　一九九五『木の一〇〇不思議』東京書籍
野口英昭　一九九五『静岡県樹木名方言』静岡新聞社
橋本弘安　二〇〇六『絵画材料の小宇宙』生活の友社
林　正巳　一九八一『産業の神々』東京書籍
林　弥栄・富成忠夫監修　一九八四『樹木たちの歳時記』講談社
潘　吉星・佐藤武敏訳　一九八〇『中国製紙技術史』平凡社
樋口清之　一九八〇『日本人の歴史』七　講談社
美術出版社編　二〇〇一『紙の大百科』美術出版社
非木材紙普及協会編集委員会編　一九九七『非木材紙関連用語の知識』非木材紙普及協会
深澤和三　一九九七『樹体の解剖』海青社
福島久幸　一九九六『紙と古典と金泥』清松アート
藤田貞雄　一九九五『杉原紙』加美ふるさと塾
藤原栄司　一九七九『もし紙がなくなったら』サイマル出版
文化学園服飾博物館　二〇〇九『三井家のきものと下絵』
平凡社編　一九九一『日本の野生植物』樹木編　平凡社
堀田満他編　一九八九『世界有用植物事典』平凡社
本州製紙再生紙開発チーム編著　一九九一『紙のリサイクル一〇〇の知識』東京書籍

毎日新聞社編　一九七七『書の紙』毎日新聞社
前川新一　一九九八『和紙文化史年表』思文閣出版
増井一平監修　一九九八『日本の型紙』繊研新聞社
増田晴美編著　二〇〇七『百万塔陀羅尼の研究―静嘉堂文庫所蔵本を中心に―』汲古書院
町田誠之　一九八一『和紙の風土』駸々堂出版
町田誠之　一九八四『和紙の伝統』駸々堂出版
町田誠之　一九八九『紙と日本文化』ＮＨＫブックス
町田誠之　一九九四『和紙つれづれ草』平凡社
町田誠之　二〇〇〇『和紙の道しるべ』淡交社
町田誠之　二〇〇九『平安京の紙屋紙』京都新聞出版センター
水上　勉　二〇〇一『竹紙を漉く』文春新書
美濃市編・久米康生著　一九九四『美濃紙の伝統』美濃市
民俗文化財集編集委員会　一九八六『阿波の太布』徳島郷土文化会館
村井　操・中西　篤　一九六四『製紙工学』工学図書
室井　綽　一九七九『竹の記』鳩の森書房
室井　綽　一九八七『竹を知る本』地人書館
森本正和　一九九五『非木材繊維の基礎と応用』特種製紙講演会資料
森本正和　一九九九『環境の二一世紀に生きる非木材資源』ユニ出版
安江明夫他編著　一九九五『図書館と資料保存』雄松堂書店
柳田国男　一九五五『木綿以前の事』角川文庫
柳橋　真　一九八一『和紙』講談社
山本　和　一九七八『暮らし〈紙〉』木耳社
山本　和　一九八四『紙の歳時記』木耳社
山本信吉　二〇〇四『古典籍が語る―書物の文化史―』八木書店
山本信吉・宍倉佐敏　二〇〇四『高野山正智院伝来資料による中世和紙の調査研究』特種製紙
吉井源太翁口述・平山晴海編輯　一九七六（明治三一年の複製版）『日本製紙論』アローアートワークス
吉野敏武　二〇〇六『古典籍の装幀と造本』印刷学会出版部
頼富本宏・赤尾栄慶　一九九四『写経の鑑賞基礎知識』至文堂
渡辺勝二郎　一九九二『紙の博物誌』出版ニュース社

おわりに

製紙用植物繊維を四〇数年研究し、和紙の繊維と古典籍・古文書料紙の調査研究も三〇数年続けている。この間に洋紙の研究の一環として、アメリカ・カナダのパルプ工場で、その地域に生育する木材と繊維の研究もした。

和紙の調査研究では、北海道・九州をのぞく日本全国の和紙生産地のほとんどを訪問した。中国の奥地では竹の栽培と竹紙の製法、韓国では韓紙の製法、台湾では竹紙と日本式の手漉き法を学び、これらの各地から、植物繊維や植物そのものを許される範囲で採取して研究資料とした。

勤務先（特種製紙）で収蔵していた古典籍・古文書の料紙の調査は、二〇数年間に渡った。これは業務として行った調査であり、調査資料数はおよそ六万点前後と膨大になる。中でも最も長時間を要したのは藩札で、その数は六〇〇〇点にものぼる。

社外では、宮内庁書陵部での調査期間が長く、貴重な資料を観察することができた。高野山正智院《しょうちいん》では資料数が多く、表装などしていない未調査の資料が多くあり、料紙の本質を充分調査することができた。また国立公文書館では明治時代以降の料紙が多く、和紙の量は少ないものの、洋紙の研究には貴重な仕事であった。

一方、国立歴史民俗博物館や神奈川県立金沢文庫では、貴重な資料が多く、資料点数も多いので、試料採取による繊維分析はせず、主に表面観察と透過光、および顕微鏡による調査を実施した。これらの資料は料紙を使用した者の地位・経済力・教養などが判明しているので、使われた料紙でその人物が評価できるという貴重な体験をした。

以上の調査研究の時に、多くの人々に指摘されたのは後継者問題であった。私の培ってきた製紙技術全般の後継については、育った環境の違い・好みや性質などに加え、時代の変化もあり、現在の日本における利潤追求型の企業や大学では、繊維分析などの基礎研究をする人の養成は難しい。また、私はほぼ独学で植物繊維の研究をはじめたため、後継者の育成法を知らないということも、育たない要因の一つとも思う。

現在も後継者はいない状況は変わらない。しかし、近年科学技術の発展とコンピューターなどの応用研究と機器の開発が進んでいる。顕微鏡やUSBデジタルマイクロスコープなどの器具の使用と、本書に付録した「繊維判定用和紙見本帳」や「簀目測定帳」を適切に用いれば、紙を使い慣れた人なら、和紙の原料となる繊維を比較的容易に判定できるまでの方法が、ある程度完成されている。実際、すでに何人かの人々が、この方法を採用して料紙研究をしている。方法については、本書第三部「料紙の調査方法」に詳しく記載してある。こうした機器の使い方をふまえ、紙の繊維分析法だけでも、場合によっては和紙の分析だけでも学んでもらい、後継者が現れることを切に願っている。

長い間の繊維研究の成果を、このような形でまとめることができたことと、器具を使えば紙の繊維分析が、普通の人々でも、分析可能な方法にまで達したことは個人的にうれしいことで、少々ではあるが、肩の荷が下りた気がする。

長いが細々とした研究回顧録がようやくまとまった。これも多くの人々のご指導、ご協力のおかげと感謝したい。

とくに古典籍・古文書の料紙を研究し調査することを薦めて頂き、文書内容などをご指導頂いた元奈良国立博物館館長山本信吉先生。奈良・平安時代の国宝や重要文化財など貴重な資料を閲覧させて頂くと同時に、古典籍・古文書の解説をして頂いた元国立歴史民俗博物館教授（現東京大学史料編纂所客員教授）吉岡眞之先生。調査中にも助言やお手伝いをして頂き、今回このように立派な書籍を世に送り出して頂いた八木書店の編集者恋塚嘉氏、資料調査時から手助け頂き、的確な指摘もして頂いた明治大学渡辺滋氏、毎回の編集協力者の会議に出席して頂き、コラムなどの文章まで書いて頂いた元宮内庁書陵部修補長吉野敏武氏、昭和女子大学教授増田勝彦氏、書誌研究家日野楠雄氏ほか、金沢文庫の永井晋氏など本書にコラムを寄せていただいた多くの方々に紙上を借りて心より感謝申しあげる。

二〇一一年四月二九日

宍倉 佐敏

執筆者紹介（五〇音順／＊は編集協力者）

赤尾栄慶（あかお えいけい）一九五四年生まれ。東洋写経史。大谷大学大学院。現在、京都国立博物館学芸部副部長（上席研究員）。〔主な著作〕『写経の鑑賞基礎知識』〔共〕（至文堂、一九九四年）・『国宝の美三三　書跡Ⅰ』〔編著〕（朝日新聞出版、二〇一〇年）・「書誌学的観点から見た敦煌写本と偽写本をめぐる問題」（『仏教芸術』二七一、毎日新聞社、二〇〇三年）。

荒川浩和（あらかわ ひろかず）一九二九年生まれ。漆工芸。学習院大学大学院。現在、漆工史学会会長・東京国立博物館名誉館員。〔主な著作〕『漆椀百選』（光琳社、一九七五年）・『琉球漆工藝』〔共著〕（日本経済新聞社、一九七七年）・『螺鈿』（同朋舎出版、一九八五年）。

大川原竜一（おおかわら りゅういち）一九七五年生まれ。日本古代史。明治大学大学院。現在、明治大学古代学研究所研究推進員。〔主な著作〕「利波氏をめぐる二つの史料―『越中石黒系図』と『越中国官倉納穀交替記』―」（『富山史壇』一六三、二〇一〇年）・「律令制下の神賀詞奏上儀礼についての基礎的考察」（『ヒストリア』二一一、二〇〇八年）・「令制官司内における物的管理についての一考察―正倉院文書にみえる筆墨紙の出納事例を通して―」（吉村武彦編『律令制国家と古代社会』塙書房、二〇〇五年）。

菊池紳一（きくち しんいち）一九四八年生まれ。日本中世史。学習院大学大学院。現在、㈶前田育徳会（理事）尊経閣文庫主幹。主な著書に、「「院分」の成立と変遷」（『国史学』一二八、一九八六年）・『図説前田利家―前田育徳会史料にみる―』（新人物往来社、二〇〇二年）・「武蔵国留守所惣検校職の再検討―『吾妻鏡』を読み直す―」（『鎌倉遺文研究』二五、二〇一〇年）。

小森正明（こもり まさあき）一九六一年。日本中世史。筑波大学大学院。現在、宮内庁書陵部図書調査官。〔主な著作〕史料纂集『黄葉記　第二』（続群書類従完成会、二〇〇四年）・『史料纂集　教言卿記　第四』（八木書店、二〇〇九年）。

髙城弘一（たかしろ こういち）一九六四年生まれ。日本書学書道史。筑波大学大学院。現在、大東文化大学文学部書道学科准教授。〔主な著作〕『近衞家煕写手鑑の研究〔仮名古筆篇〕』〔共〕（思文閣出版、一九九八年）・『平安かなの美』（二玄社、二〇〇四年）・『書の総合事典』〔共〕（柏書房、二〇一〇年）。

髙橋　智（たかはし さとし）一九五七年生まれ。中国書誌学。

慶應義塾大学大学院。現在、慶應義塾大学教授。〔主な著作〕『室町時代古鈔本『論語集解』の研究』（汲古書院、二〇〇八年）・『書誌学のすすめ』（東方書店、二〇一〇年）。

髙橋広二（たかはし ひろじ）一九六二年生まれ。書道史。國學院大學。現在、毎日書道会会員。

田中大士（たなか ひろし）一九五七年生まれ。国文学・万葉集伝本研究。筑波大学大学院。現在、文部科学省主任教科書調査官。〔主な著作〕「石川県立歴史博物館蔵春日懐紙・春日本万葉集解説」（『石川県立歴史博物館紀要』二一、二〇〇九年）・「万葉集片仮名訓本（非仙覚系）と仙覚校訂本」（『上代文学』一〇五、二〇一〇年）・「西本願寺本万葉集巻十二の再検討」（『万葉集研究』三一、二〇一〇年）。

豊島正之（とよしま まさゆき）一九五五年生まれ。日本中世文献学・宣教に伴う言語学。東京大学大学院。現在、東京外国語大学アジア・アフリカ言語文化研究所。〔主な著作〕『キリシタン版ぎやどぺかどる本文・索引』（清文堂、一九八七年）・「キリシタン文献の漢字整理について」（『国語と国文学』平成一四年一一月号、二〇〇二年）・「翻訳が担うもの—キリシタン文献の場合—」（『文学』二〇〇七年一一・一二月号、二〇〇七年）。

鳥居和之（とりい かずゆき）一九五五年生まれ。日本中世史。名古屋大学大学院。現在、名古屋市博物館学芸課長。〔主な著作〕「応仁・文明の乱後の室町幕府」（『史学雑誌』九六—二、一九八七年）・「織田信秀の尾張支配」（『名古屋市博物館研究紀要』一九、一九九六年）。

永井　晋（ながい すすむ）一九五九年生まれ。日本中世史。國學院大學大学院。現在、神奈川県立金沢文庫主任学芸員。〔主な著作〕『人物叢書　金沢貞顕』（吉川弘文館、二〇〇三年）・『金沢北条氏の研究』（八木書店、二〇〇六年）・『日本史リブレット035　北条高時と金沢貞顕』（山川出版社、二〇〇九年）。

名児耶明（なごや あきら）一九四九年生まれ。日本書道史・古筆学・博物館学実習。東京教育大学。現在、㈶五島美術館理事・学芸部長。〔主な著作〕『書の見方—日本の美と心を読む—』（角川学芸出版、二〇〇八年）・『日本書道史年表』（二玄社、一九九九年）・「隆能源氏の詞書と十二世紀の古筆」（『古筆学叢林』八木書店、一九九四年）。

成瀬正和（なるせ まさかず）一九五四年生まれ。保存科学・美術工芸材料史。東京藝術大学大学院。現在、宮内庁正倉院事務所保存課長。〔主な著作〕『正倉院宝物の素材』（至文堂、二〇〇二年）・「正倉院宝物に用いられた無機顔料」（『正倉院紀要』二六、二〇〇四年）・『正倉院の宝飾鏡』（ぎょうせい、二〇〇九年）。

＊**日野楠雄**（ひの　なんゆう）一九六一年生まれ。文房四宝・拓本。和光大学。〔主な著作〕「墨色の変化」（『和紙文化研究』一七、二〇〇九年）・「日本の法帖調査中間報告」（『和紙文化研究』一八、二〇一〇年）。

別府節子（べっぷ　せつこ）一九五七年生まれ。日本書跡史。東京女子大学。現在、公益財団法人出光美術館学芸員（書跡）・淑徳大学非常勤講師。〔主な著作〕『古筆手鑑大成』一二巻〜一六巻〔共編〕（角川書店、一九九三〜九五年）・「金剛院切に関する一考察―十四世紀の女性歌人による百首歌の懐紙の可能性―」（『出光美術館紀要』一、一九九五年）・「時代を映す古筆切―しるされた仮名のかたち―」（『古筆への誘い』三弥井書店、二〇〇五年）。

＊**増田勝彦**（ますだ　かつひこ）一九四二年生まれ。紙資料の文化財保存。東京教育大学。現在、昭和女子大学大学院生活機構研究科教授。〔主な著作〕「正倉院文書料紙調査所見と現行の紙漉き技術との比較」（『正倉院紀要』三二、二〇一〇年）・「いわゆる流漉と溜漉について」（『文化財保存修復学会第三二回大会要旨集』二〇一〇年）・「修復材料としての和紙」（『紙と本の保存科学』二〇〇九年）。

山本信吉（やまもと　のぶよし）一九三二年生まれ。日本古代史・日本古代文化史。國學院大學大学院。現在、國學院大學研究開発推進機構客員教授（元奈良国立博物館長）。〔主な著作〕『摂関政治史論集』（吉川弘文館、二〇〇三年）・『古典籍が語る―書物の文化史―』（八木書店、二〇〇四年）・『高野山正智院經藏史料集成』一・二・三（吉川弘文館、二〇〇四・〇六・〇七年）。

＊**吉野敏武**（よしの　としたけ）一九四三年生まれ。古文書古書籍修補。現在、東北芸術工科大学非常勤講師（前宮内庁書陵部修補師長）。〔主な著作〕「装潢の種々相その一・二」（『水茎』二五・二六、古筆学研究所、一九九八・九九年）・「文書・記録の修補」（『今日の古文書学』雄山閣出版、二〇〇〇年）・『古典籍の装幀と造本』（印刷学会出版部、二〇〇六年）。

＊**渡辺　滋**（わたなべ　しげる）一九七三年生まれ。日本古代史。明治大学大学院。現在、明治大学兼任講師。〔主な著作〕「国立歴史民俗博物館所蔵の古代史料に関する書誌的検討」（『国立歴史民俗博物館研究報告』一五三、二〇〇九年）・『古代・中世の情報伝達―文字と音声・記憶の機能論―』（八木書店、二〇一〇年）。

＊「執筆者紹介」は、二〇一一年七月初版発行時のものです。

図版一覧

1頁 『律』第3　職制律（5点　国立歴史民俗博物館蔵 H-63-563）
2頁 『寛平遺誡』（3点　国立歴史民俗博物館蔵 H-743-473）
3頁 『九条殿遺誡』（3点　国立歴史民俗博物館蔵 H-743-444）
4頁 『西宮記』臨時5（3点　国立歴史民俗博物館蔵 H-743-487）
5頁 『延喜式』巻50（3点　国立歴史民俗博物館 H-1588）
6頁 『別聚符宣抄』（3点　国立歴史民俗博物館蔵 H-63-542）
7頁 『北山抄』（5点　国立歴史民俗博物館蔵 H-63-332）
8頁 『春記』（3点　国立歴史民俗博物館蔵 H-743-456）
9頁 『扶桑略記』巻4（4点　国立歴史民俗博物館蔵 H-63-937）
10頁上段・下段右上・右下 『愚昧記』承安2年巻（3点　国立歴史民俗博物館蔵 H-97）
10頁下段左上、11頁上段 『中右記部類』巻7（2点　国立歴史民俗博物館蔵 H-98）
10頁下段左下、11頁下段 『中右記部類』巻19（2点　国立歴史民俗博物館蔵 H-1555）
12頁 『顕広王記』巻5（5点　国立歴史民俗博物館蔵 H-743-296）
13頁 『阿不幾乃山陵記』（5点　国立歴史民俗博物館蔵 H-743-455）
14頁 『醍醐雑事記』〔異本〕（5点　国立歴史民俗博物館蔵 H-743-445）
15頁 『源氏物語』若紫（3点　国立歴史民俗博物館蔵 H-600-30-5）
16頁 『万葉集』第11（5点　国立歴史民俗博物館蔵 H-743-35-11）
17頁 『正倉院流出文書』1-1「天平6年（734）5月1日造仏所作物帳」（3点　国立歴史民俗博物館蔵 H-67）
18頁 『正倉院流出文書』1-2「天平15年（743）写集論疏充紙帳」（3点　国立歴史民俗博物館蔵 H-67）
19頁 『正倉院流出文書』2「天平16年（744）5月3日王広麻呂手実」（5点　国立歴史民俗博物館蔵 H-1587-1）
20頁 『正倉院流出文書』3「天平宝字2年（758）3月15日新羅飯万呂請暇解」（3点　国立歴史民俗博物館蔵 H-68）
21頁 『正倉院流出文書』4「宝亀3年（772）9月25日答他虫麻呂手実」（3点　国立歴史民俗博物館蔵 H-1587-2）
22頁 『正倉院流出文書』5「宝亀4年（773）7月13日无下雑物納帳」（4点　国立歴史民俗博物館蔵 H-1517）
23頁 「東大寺奴婢帳」天平勝宝元年（749）11月3日（4点　国立歴史民俗博物館蔵 H-72）
24頁 『山城国葛野郡班田図』（櫟原里　5点　国立歴史民俗博物館蔵 H-1441）
25頁上段、26頁下段右上・右下 『栄山寺文書』1-1　栄山寺文書巻3-10

「永保3年（1083）興福寺政所下文」（3点　国立歴史民俗博物館蔵 H-74）
25頁下段、26下段左上　『栄山寺文書』1-1　栄山寺文書巻1「長保4年（1002）栄山寺牒」（2点　国立歴史民俗博物館蔵 H-75）
26頁上段・下段左下　『栄山寺文書』1-2　康和4年（1102）栄山寺牒（2点　国立歴史民俗博物館蔵 H-76）
27頁　「平宗盛書状」仁安2年（1167）9月18日（4点　国立歴史民俗博物館蔵 H-79）
28頁　「大江某奉書」元暦元年（1184）5月18日（4点　国立歴史民俗博物館蔵 H-80）
29頁　「六波羅探題御教書」文永10年（1273）正月27日（5点　称名寺蔵・神奈川県立金沢文庫寄託）
30頁　「金沢貞顕書状」正和5年（1316）7月ヵ（5点　称名寺蔵・神奈川県立金沢文庫寄託）
31頁　「金沢貞顕書状」〔年不明〕2月4日（2点　称名寺蔵・神奈川県立金沢文庫寄託）／「向山景定書状」正和4年（1315）4月25日（称名寺蔵・神奈川県立金沢文庫寄託）
32頁　「後醍醐天皇綸旨」元弘3年（1333）11月8日（3点　国立歴史民俗博物館蔵 H-65-1-5-1）
33頁　『史記』第1冊〔宋版〕（3点　国立歴史民俗博物館蔵 H-172-1）
34頁　『白氏文集』巻8（3点　国立歴史民俗博物館蔵 H-743-460-1）
35頁　『周易』巻1（3点　国立歴史民俗博物館蔵 H-743-466-1）
36頁　『文選集注』巻66（5点　称名寺蔵・神奈川県立金沢文庫寄託）
37頁　『百万塔陀羅尼』自心印（6点　国立歴史民俗博物館蔵 H-214）
38頁　『成唯識論了義灯』巻1〔版本〕（4点　国立歴史民俗博物館蔵 H-226）
39頁　『妙法蓮華経』如来神力品（5点　国立歴史民俗博物館蔵 H-63-563）
40頁　『大蔵経』阿毘達磨大毘婆沙論巻111〔宋版〕（5点　称名寺蔵・神奈川県立金沢文庫寄託）
41頁　『円覚経』巻下（5点　称名寺蔵・神奈川県立金沢文庫寄託）
42頁　『勝鬘寶屈』巻上（3点　宮内庁書陵部蔵 512-18）
43頁　『大般若波羅蜜多経』巻244（3点　宮内庁書陵部蔵 503-33）
44頁　『無言童子経』巻上（3点　宮内庁書陵部蔵 512-83）
45頁　飛雲（伝藤原佐理「紙撚切」2点　村上翠亭氏蔵）／羅文紙（『蓬左文庫本 続日本紀』巻39　2点　名古屋市蓬左文庫蔵）
46頁　図1　楮紙（2点）／図2　雁皮紙（9点）／図3　楮紙（3点）／図4　古代紙（打紙）／図5　古代紙（打紙）と楮紙（2点）／図6　楮紙／図7　楮紙／図8　雁皮紙（以上、著者提供）
47頁　図9　竹紙（6点）／図10　宣紙（2点　以上、著者提供）／図11　甲州画宣（古梅園「名友」）／図12　墨と紙の違いによる墨色バリエーション（16点　著者提供）／図13　各種　江戸古墨　宣紙（3点　個人蔵）
48頁　『百工比照』第一号第一架帙「紙類」（前田育徳会尊経閣文庫蔵）
52頁　図1　蔡倫をモデルにした中国

の切手（宍倉佐敏著『和紙の歴史』2006年、印刷朝陽会より転載）
57頁　表　製法の違い
59頁　図1　中国古代紙（大麻）／図2　新疆出土の大麻繊維／図3　新疆出土の苧麻繊維／図4　新疆出土のカジノキ繊維（以上、著者提供）／図5　紙槽の攪拌と紙漉きの道具（潘吉星『中国製紙技術史』1980年、平凡社をもとに作図）
61頁　図1　苧麻と雁皮（『五月一日経』　著者提供）
62頁　図2　マユミ（『大聖武』）／図3　切断された楮繊維（『百万塔陀羅尼』〔自心印〕　以上、著者提供）
65頁　図1　朝鮮の国書（1617年、桑皮）／図2　高麗版（楮　以上、著者提供）
67頁　図1　ブータンの紙（レモングラス）／図2　ネパールの紙（13世紀の経典、ロケタ）／図3　ネパールの紙（C染色液染めで撮影、ネパール三椏）／図4　チベットの紙（C染色液染めで撮影、ジュートか）／図5　フィリピンの紙（サラゴ）／図6　ベトナムの紙（C染色液染めで撮影、ダフネ・イボルクラ　以上、著者提供）
68頁　図7・8　インドの紙（経典、ジュート　著者提供）
91頁　〔表　日本古代の紙漉の工賃〕（『正倉院の紙』1970年、毎日新聞社より転載）
104頁　図1　米粉の入った中世の紙（楮　著者提供）
105頁　図2　ドーサ液のテスト結果
109頁　図1　ヨーロッパで最古の紙漉き図（ヨスト・アマン『職人づくし』1568年／図2　ポルツェーリアスの紙漉き図（1689年　以上、小宮英俊『トコトンやさしい紙の本』2001年、日刊工業新聞社より転載）
111頁　図3　ルネ・レオミュール（1683～1757　小宮英俊『トコトンやさしい紙の本』2001年、日刊工業新聞社より転載）
113頁　図1～3　初期の機械漉き紙（3点　『シリーズ〔紙の文化〕②洋紙百科』1986年、朝日新聞社より転載）
115頁　図　版インキとフローテーション（『紙の大百科』2001年、美術出版社をもとに作図）
124頁　①-⑴　巻子本装　『大般若波羅密多経　巻167』1巻（吉野敏武氏蔵）
125頁　①-⑵　旋風葉装　『王仁昫刊謬補缺切韻』1巻（王以坤著『書画装潢沿革考』1991年、紫禁城出版社より転載）／①-⑶　旋風葉装『易経』1巻（大英図書館蔵 TheBritishLibrary,Or.8210/s.6349）
126頁　②-⑴　胡蝶装　『流灌頂支度并図開眼供養』1帖・『胎蔵界念誦次第』1帖（吉野敏武氏蔵）
127頁　②-⑵　胡蝶装　『十竹齋書画譜』8冊（吉野敏武氏蔵）
128頁　③-⑴　経折装　『大般若波羅密多経　巻494』1帖（吉野敏武氏蔵）
130頁　③-⑵　経摺装　『妙法蓮華経如来寿量品第16-6』1帖／③-⑶　折本装　『伝法灌頂三昧耶戒作法』1帖（以上、吉野敏武氏蔵）
133頁　③-⑸　書画帖装　『詩情茶味』1帖（伸帖形態　吉野敏武氏蔵）

134頁　③-⑹　碑帖装　『大唐西京千福寺多寶佛塔感應碑文』1帖（吉野敏武氏蔵）
135頁　④-⑴　大和綴装　『素性集』1帖（吉野敏武氏蔵）
137頁　④-⑵　結び綴装　『職原抄　利・貞』2冊（吉野敏武氏蔵）
138頁　④-⑶　線装本装　『経済要略』1冊／④-⑷　線装本装　『古文析義二集 巻6』1冊（以上、吉野敏武氏蔵）
140頁　④-⑸　線装本装（金鑲玉装）『儀礼註疏　巻16』1冊（吉野敏武氏蔵）
141頁　④-⑹　線装本装（朝鮮本）『松湖集』1冊（吉野敏武氏蔵）
142頁　⑤-⑴　封印綴装　『大蔵経目録　第一』（吉野敏武氏蔵）
143頁　⑤-⑵　紙釘装　『元禄11年村鑑大概頂下総国葛飾郡鹿野村』1冊（吉野敏武氏蔵）
144頁　⑤-⑶　紙縒綴装　『御寄進講懸銭請取通』1冊（吉野敏武氏蔵）
145頁　⑥　一通・一枚物　『徳川家斉黒印状』1通（吉野敏武氏蔵）
146頁　⑦　畳み物　『北野天満宮御境内図』1舗（吉野敏武氏蔵）
147頁　図1　竪折り／図2　横折り
149頁　穴埋め作業の虫損直し「修補道具類」／穴埋め作業の虫損直し「作業方法」（以上、著者提供）
155頁　図1　試作　平安時代打雲／図2　江戸時代打雲（以上、著者提供）
160頁　図1　巻筆の構造図（著者提供）
162頁　図2　巻筆の製造工程／図3　正倉院蔵筆　予想断面図（以上、著者提供）／図4　製法と形状（服部誠一「正倉院御物の文房具」『書之友』臨時増刊8-14、1942年、雄山閣より転載）
163頁　図5　籠巻き筆
165頁　図1　三彩有蓋円面硯（奈良県立橿原考古学研究所附属博物館蔵）／図2　風字硯（斎宮歴史博物館蔵）
166頁　図3　長方硯（著者提供）
167頁　図4　『和漢硯譜』（空海研著者提供）
169頁　表　各地出土の墨
177頁　表　正倉院宝物中に見出された無機顔料
184頁　表　一閑使用の和紙調査分析
187頁　表1　楮繊維の大きさ／図　楮（中世　著者提供）
189頁　表2　各種楮の繊維形態（テーブル実験結果　加藤晴冶著『和紙（技術編）』1966年、東京電気大学出版局をもとに作成）
190頁　表　麻の種類
191頁　図1　大麻の繊維写真（中国・『西蔵経』　著者提供）
192頁　図2　苧麻の繊維写真（『五月一日経』、奈良時代　著者提供）
194頁　図　オニシバリ（著者提供）
196頁　図　雁皮の繊維写真（著者提供）／表　日本に生育するジンチョウゲ科植物
198頁　図　三椏の繊維写真（著者提供）
200頁　図　竹の繊維写真（著者提供）
201頁　表　製紙用の植物繊維
223頁　図　墨映の概念図
232頁　図1　春日懐紙「山家残暑」（石川県立歴史博物館蔵）

235頁　図2「春日本巻七目録」(石川県立歴史博物館蔵)
237頁　図1　石山切　伊勢集断簡(平安時代　出光美術館蔵)
238頁　図2　広沢切　伏見天皇御集断簡(鎌倉時代　出光美術館蔵)／図3　和歌短冊　二条為親筆(鎌倉末～南北朝時代　個人蔵)
240頁　図4　和歌懐紙　正親町三条公兄筆(室町時代　出光美術館蔵)／図5　短冊　高倉永宣筆(室町時代　個人蔵)
249頁　図『看聞日記』(宮内庁蔵特・107)
263頁「性心書状」書状本紙・裏書(4点　称名寺蔵・神奈川県立金沢文庫寄託)
267頁　図「(年月日不明)金沢貞顕書状」(紙背文書・『宝寿抄』3点　称名寺蔵・神奈川県立金沢文庫寄託)
271頁　図1～3　紺紙金字法華経　建長4年(1252)書写(3点　円増寺蔵〔愛知県南知多町〕・撮影杉浦秀昭氏)
286頁　図1　明末毛氏汲古閣本『十三経注疏』(初印本)の封面(見返し)／図2　毛辺紙『十三経注疏』の一部(以上、斯道文庫蔵)
287頁　図3　白綿紙　明時代中期刊『錦繍万花谷』／図4　開化紙　清康熙年間内府刊『古文淵鑑』(以上、斯道文庫蔵)
298頁　拓本の採り方(16点　著者提供)
299頁　表1〔拓本・碑刻数・重翻刻の数〕／表2〔法帖の数〕
302頁　1　宸奎閣碑(4点　宮内庁書陵部蔵E4-6)
303頁　2　玉煙堂董帖／4　詒晋齋巾箱帖(3点)／6　皇甫驎墓誌(部分2点　以上、稲村雲洞氏蔵)／3　慈蕙堂墨寶／7　乞伏保達墓誌并蓋(部分2点　以上、髙橋広二氏蔵)
308頁　図『日本のカテキスモ』(1586年　サラマンカ大学本)
311頁　図　百万塔陀羅尼(参考　5点　八木書店蔵)
312頁　根本　楮に澱粉を塗布／根本　切断された楮／相輪　切断された楮／相輪　雁皮に楮が少量混入／自心印　叩解された楮にオニシバリが混入／自心印　切断された楮に非繊維細胞が残っている／六度　楮／六度　太くまっすぐな楮(以上、著者提供)
313頁　表『百万塔陀羅尼』料紙の分析結果
314頁　表『百万塔陀羅尼』包み紙の分析結果
321頁『歴代古紙聚芳』(八木書店蔵)
322～323頁『大般若波羅蜜多経』巻268断簡(5点『歴代古紙聚芳』)
325～326頁『三摩地儀略次第』(5点『歴代古紙聚芳』)
327～328頁『胎蔵大法対受記』(5点『歴代古紙聚芳』)
329・331頁『疏第二聞書第八』(5点『歴代古紙聚芳』)
333頁　1　神護景雲元年(767)法隆寺行信僧都発願経(2点)／2　天長3年(826)大般若波羅蜜多経巻114(2点　以上、著者提供)
334頁　5　仁平元年(1151)道場観根本真言(2点)／6　仁平2年(1152)金剛頂瑜伽金剛薩埵儀軌(2

点）／7　平治元年（1159）決示三種悉地法文（2点）／9　承安3年（1173）迦桜羅王持念経（2点　以上、著者提供）
336頁　1　正治元年（1199）大般若経　巻166（2点）／5　建長2年（1250）大方広仏華厳経　巻15（2点）／13　文保元年（1317）弁才天等次第　西大寺大慈院旧蔵本（2点）／14　元亨元年（1321）理趣釈口決　第2（2点　以上、著者提供）
339頁　6　応永6年（1399）大般若経　巻116（2点）／10　応永24年（1417）金剛界念誦私記（2点）／13　文明13年（1481）大疏第一愚章　第1（2点）／23　天正13年（1585）三宝院伝法灌頂聞書　2・3（2点　以上、著者提供）
343頁　4　慶長14年（1609）大和流鏑馬術伝書（2点）／5　慶長15年（1610）嵯峨本謡曲「安宅」（2点　以上、著者提供）
346頁　図1　初期の福井藩札（2点／図2　ジャガード織りの布を貼り付けた陸前国仙台藩の藩札（以上、宍倉佐敏著『和紙の歴史』印刷朝陽会、2006年より転載）
347頁　図3　大型の透かし模様入りの藩札（宍倉佐敏著『和紙の歴史』2006年、印刷朝陽会より転載）
348頁　図4　藩札　染色された楮／図5　藩札　洗滌の少ない楮（以上、著者提供）
349頁　図1　島田宿の米札（『紙パルプの技術』51-3・4、2001年、静岡県紙パルプ技術協会より転載）
351頁　図2　駕籠札（吉原）／図3　町村札（河津　以上、『紙パルプの技術』51-3・4、2001年、静岡県紙パルプ技術協会より転載）
352頁　図4　さかな札（焼津　『紙パルプの技術』51-3・4、2001年、静岡県紙パルプ技術協会より転載）
355頁　図1　紙のできるメカニズム
357頁　図2　繊維叩解前後の比較（潘吉星『中国製紙技術史』1980年、平凡社をもとに作図）
364頁　図1　黄蘗での染色（『大蔵経』南宋時代）／図2　楮の打紙なし／図3　楮の打紙あり（以上、著者提供）
367頁　図4　膠の塗布された文書（1273年　六波羅探題御教書〔称名寺蔵・神奈川県立金沢文庫寄託〕）
369頁　図　ペン式携帯用小型マイクロスコープ
370頁　図　紙厚計測機器
371頁　表　密度の計算式
372頁　表　紙の密度
374頁　図　コンピュータ接続したUSBマイクロスコープ
375頁　図1　楮の打紙なし／図2　楮の打紙あり／図3　雁皮／図4　麻／図5　三椏／図6　竹（以上、著者提供）
378頁　図　地合をみる（著者提供）
382頁　図1　虫喰いのある資料（『大般若経』文永4年〔1267〕写　『歴代古紙聚芳』）
383頁　図2　汚れのある資料（『理趣釈口決　第2』元亨元年〔1321〕写　『歴代古紙聚芳』）
390頁　図1　楮の米粉入り（中世）／図2　楮の米粉入り（近世　以上、著者提供）

＊本書第 2 部第 1 章・第 2 章・第 3 章に収録した国立歴史民俗博物館の所蔵資料に関する解説は、渡辺滋が「史料の性格」を、宍倉佐敏が「所見」をそれぞれまとめ、双方の意見を受けて完成稿を確定した。

＊国立歴史民俗博物館所蔵、および称名寺所蔵（神奈川県立金沢文庫寄託）資料に関する写真などのデータは、渡辺滋「日本古代における「文書主義」の導入と、その展開過程」（日本学術振興会科学研究費補助金・特別研究員奨励費）・「紙素材としての古文書・古典籍の機能論的研究」（同・研究活動スタート支援）による研究成果の一部である。

＊各資料名は、任意に付けた場合もあるので、資料の検索・特定には所蔵番号等を参照いただきたい。

協力者（敬称略）
稲村雲洞／村上翠亭／吉田徳雄／株式会社 古梅園／攀桂堂

【編著者】宍倉佐敏（ししくら さとし）

1944年　静岡県沼津市に生まれる。

1965年　日本大学短期大学部卒業、特種製紙総合研究所勤務。製紙用植物繊維の研究を主に画材用紙、保護・保存用紙、ファンシーペーパー、再生紙の開発に携わる。

2005年　特種製紙定年退職。宍倉ペーパー・ラボ設立（繊維分析）

現　在　特種東海製紙テクニカルアドバイザー、女子美術大学特別招聘教授、紙の温度株式会社顧問、日本鑑識学会会員（紙の分析）、紙の博物館・陀羅尼会会員

〔主な著書・論文〕

・『高野山正智院伝来資料による中世和紙の調査研究』（共編、特種製紙、2004年）

・『和紙の歴史　製法と原材料の変遷』（印刷朝陽会、2006年）

・「国立歴史民俗博物館蔵 古文書・古典籍料紙の調査」（『国立歴史民俗博物館研究報告』第160集、2010年）

必携《ひっけい》 古典籍《こてんせき》・古文書料紙事典《こもんじょりょうしじてん》

2011年 7月25日　初版第一刷発行　　定価（本体10,000円＋税）
2014年10月10日　初版第四刷発行

編著者　宍　倉　佐　敏

発行所　株式会社　八 木 書 店 古書出版部
代表　八　木　乾　二
〒101-0052 東京都千代田区神田小川町3-8
電話03-3291-2969（編集）-6300（FAX）

発売元　株式会社　八　木　書　店
〒101-0052 東京都千代田区神田小川町3-8
電話03-3291-2961（営業）-6300（FAX）
http://www.books-yagi.co.jp/pub/
E-mail pub@books-yagi.co.jp

印　刷　精興社
製　本　博勝堂
用　紙　中性紙使用

ISBN978-4-8406-2072-7